mio natural

초보맘을 위한
임신·태교·출산·육아백과

임신과 출산, 분만, 산후조리, 육아에 이르기까지 꼭
알아 두어야 할 사항과 최신 정보를 제공하고 임신부들이
가장 알고 싶어하는 궁금증을 속 시원히 해결해
임신 중 발생할 수 있는 각종 문제들과 응급 상황에
대처할 수 있게 한 것이 특징입니다.

이 책은 예비엄마가 처음 임신 사실을 확인했을 때 무엇을 해야 하는지, 남편이나
가족에게 임신 소식은 어떻게 전할 것인지, 병원은 어떻게 선택해야 하는지 등에서부터
임신으로 인해 생기는 크고 작은 증상과 신체 변화, 태아의 성장과정 정기검진,
생활 수칙 등을 상세하게 다루고 있습니다. 또한, 최근 증가하는 고령 임신과 10대 임신,
임신 합병증에 대한 자세한 정보도 제시하고 있습니다. 이 밖에 건강하고 똑똑한 아이를
만드는 태교, 건강한 임신 생활, 순산을 위한 여러 가지 분만 방법, 산후 관리,
신생아 키우기 등 예비부모가 알아야 할 필수 정보까지 꼼꼼하게 짚어 주고 있습니다.

의료 현장에서 직접 산모들을 만나다 보면 예기치 못한 여러 증상으로 당황하는 경우를
흔히 보게 됩니다. 뿐만 아니라 잘못된 정보로 인해 불필요한 고통을 받거나 심지어는
잘못된 결정을 하는 경우도 수없이 보아왔습니다. 이 책이 임신부들의 그러한
잘못된 선택과 고통을 줄이고, 임신 10개월뿐 아니라 출산 후 1년까지 건강하게 안내해
줄 것이라 생각합니다. 이 책이 의사의 진료를 대체할 수는 없겠지만 의사의 조언을
보완하고 임신 중 막연한 두려움을 해소하며 임신 중 머릿속에 떠오르는 갖가지
궁금증에 대한 답을 제시해 줄 것이라 믿습니다.

마지막으로 새 생명의 탄생을 곁에서 돕는 의료인의 한 사람으로서 오늘도 고군분투하는
이 세상 모든 예비엄마, 아빠에게 응원의 메시지를 보냅니다. 새 생명의 탄생을 위한
전 과정은 세상 그 무엇과도 바꿀 수 없는 가장 귀중한 경험이라고 감히 이야기해 봅니다.
부디 이 책을 통해 사랑과 정성으로 조심스럽게 준비한 만남이 행복이라는 값진
결실을 맺기를 희망합니다.

CHA 의과학대학교 강남차병원 산부인과 교수 차동현

1. 새 생명의 첫걸음

2. 임신부 신체변화 & 태아 궁금증

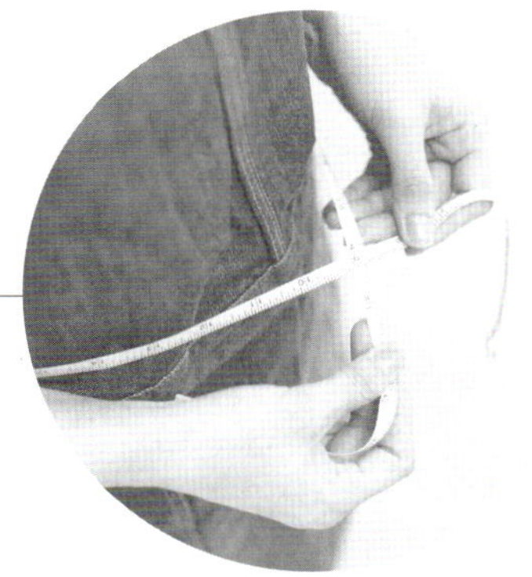

mom's note

7. 산후조리

8. 눈높이 육아

chapter ❶ 신생아 키우기

chapter ❷ 월별 육아 포인트

chapter ❸ 이유식 가이드

생명의 시작

임신 후 8주 동안 아기는 수정란으로부터
인간의 모습을 갖추기 시작하는 태아로 자란다

세포분열

수정이 되면 거의 동시에 세포
분열이 시작된다. 세포는 나팔관
아래로 내려가면서 계속해서
분열이 이루어져 점점 많은
세포를 만든다.

세포 분열 과정

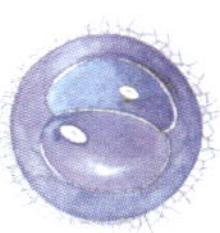

← **첫 번째 분열**
수정란은 2개의
똑같은 세포로 나뉜다.

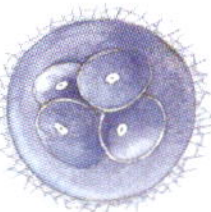

← **두 번째 분열**
첫 번째 분열로 2개가
된 세포는 각기 두
번째 분열을 해 4개의
똑같은 세포가 된다.

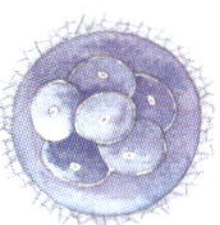

← **세 번째 분열**
4개의 세포에서 8개의
세포로 분열된다.

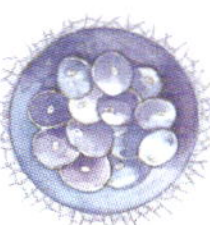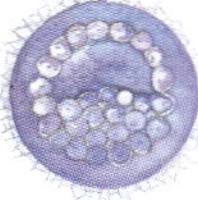

↑ **수정란은 상실배가** 될 때까지 계속
분열한다. 상실배로 분열을 거듭하여
나중에는 포배낭이 된다.

배란

생리 후 약 14일 경 난소에서 하나의 성숙한 난자가
배출된다. 난자는 나팔관 끝 부분의 '돌기'에 걸려
나팔관 안으로 끌려 들어간다. 난자는 배란 후
24시간까지 살아 있으며 수정되지 않으면 다음 달
생리 기간에 자궁 내벽과 함께 질에서 떨어진다.

수정

정자에는 난자의 외피를 용해할 수
있는 물질이 포함되어 있으며, 그러한
정자 가운데 하나가 난자에 침투한다.
정자가 성공적으로 난자 속으로
들어가면 그와 동시에 다른 정자들은
난자에 접근할 수 없다. 정자는 꼬리가
없어지고 머리는 팽창하기 시작한다.
난자와 하나가 되어 세포를 형성한다.

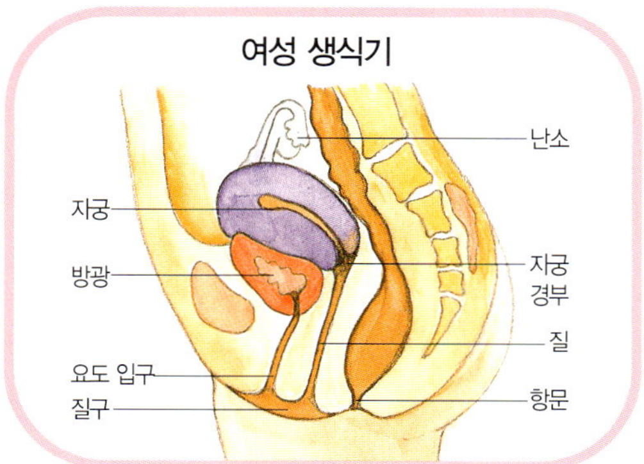

수정된 지 4일 정도 지나면 난자는 자궁에 도달하고, 속이 빈 채 가운데가 유동액으로 가득 찬 100개의 세포덩어리로 자란다. 이것은 너무 작아 육안으로는 보이지 않는다. 그 후 며칠 동안 자궁 속을 부유한다.

수정된 난자는 3주가 끝날 무렵이면 부드럽고 두터운 자궁 내벽 안으로 파고들기 시작한다. 이 상태를 착상이라고 한다. 난자가 자궁 내벽에 무사히 착상되면 수정은 완전히 끝난다. 배아(胚芽)의 외부 세포로부터 나온 스펀지 같은 돌기는 자궁 내벽으로 파고들어 산모의 혈관과 연결된다. 이것은 나중에 태반을 형성한다. 세포 가운데 일부는 배아를 보호하는 세포막과 탯줄로 변한다. 내부 세포는 3개의 층으로 분열되는데, 이것은 나중게 배아의 신체 각 부위를 형성한다.

남성은 오르가슴을 느끼는 동안 200만 개에서 400만 개의 정자를 여성의 질 속에 뿜어낸다. 대부분의 정자는 죽거나 길을 잃지만, 몇 개의 정자는 자궁경관(자궁의 목에 해당)에서 분비되는 점액을 통해 헤엄쳐 자궁을 지나 나팔관으로 들어간다. 자궁경관은 배란일이 가까워지면 얇고 부드러워진다. 난자를 만나지 못한 정자는 나팔관 안에서 48시간까지 살아 있다.

정자의 모습

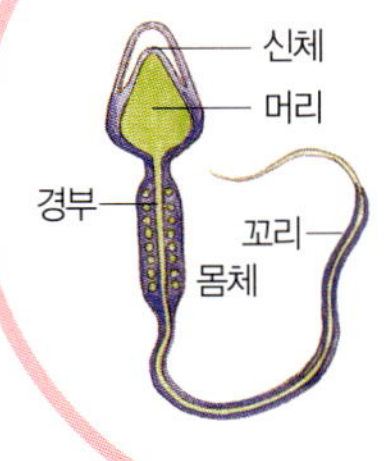

정자는 고환에서 만들어지는데 유전물질이 들어 있는 머리와 앞으로 움직일 수 있게 운동성을 가진 꼬리로 구성되어 있다.

임신 개월별 체크리스트

임신 1개월
1~6주

임신 첫 달은 겉으로 드러나는 변화가 없어 임신 사실을 모르고 생활하는 경우가 많다. 따라서 임신 전부터 몸 관리에 신경 쓰고 임신 가능성을 염두에 두는 것이 좋다. 이 시기는 임신 계획을 세우고 자신에게 잘 맞는 병원을 택해 신체 변화를 체크하는 것이 우선이다. 임신 초기 유산을 피하려면 임신 여부를 가능한 한 빨리 확인하고 몸가짐을 바르게 한다.

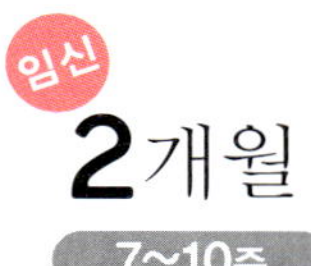

임신 2개월
7~10주

태아의 성장과 발달에서 매우 중요한 시기다. 심장과 신장 등 내부 기관이 형성되는 시기로, 술이나 담배, 환경 오염물질 등 해로운 것에 영향을 받으면 태아에게 영구적인 손상을 줄 수 있다. 아직 초기 단계이긴 하지만 세포가 3겹의 층을 이루며 분화하기 시작한다. 각각의 층은 나중에 태아의 기관으로 발달하게 된다.

이 시기는 입덧이나 피로 등 불쾌한 증세들로 인해 컨디션이 떨어지므로 틈틈이 휴식을 취하고 영양 보충에 힘쓴다. 유산 위험이 있으므로 과격한 운동이나 여행은 피한다.

임신 3개월
11~14주

임신 초기 막바지다. 이때쯤이면 태아의 신체는 거의 4배나 성장하고 다른 조직도 급성장한다. 임신부의 몸에도 서서히 변화가 일어나는 시기로, 하복부의 변화가 느껴지고 입던 옷이 답답하게 느껴진다.

임신 12주가 지나면 유산 위험도 줄어든다. 하지만, 아직 과격한 운동을 하거나 격렬한 움직임은 피하는 것이 좋다. 무거운 것을 들거나 쪼그리고 앉아 있는 등 신체에 무리를 주거나 하복부를 누르는 일은 없도록 한다.

임신 4개월
15~18주

임신 4개월에서 6개월까지는 임신 기간을 통틀어 가장 편안한 시기다. 임신 초기의 피로감과 입덧에서 해방되고 기력과 식욕이 돌아오며 심리적으로도 안정된다. 이제 겉으로 봐도 임신했다는 표시가 나고 주변 사람들로부터 많은 관심을 받게 되므로 기분도 좋아진다. 태아의 성장에도 가속이 붙는 시기이므로 양질의 영양분을 충분히 공급해주는 것이 필요하다. 육류, 어류, 야채, 과일, 해조류 등 몸에 좋은 식품을 챙겨 먹는다.

임신 5개월 19~22주

태동이 느껴지는 시기로, 태아는 엄마 뱃속에서 발로 차며 규칙적으로 평온함을 깨뜨리는데 이는 태아의 움직임이 그만큼 활발해졌다는 증거다. 말을 하지 않아도 모두 임신 사실을 알게 될 정도로 배가 커지므로 임신복을 준비하는 것이 좋다. 지나치게 헐렁한 옷은 오히려 배를 더 강조할 수 있으므로 몸에 달라붙지 않으면서 실용적인 디자인으로, 약간 여유 있는 사이즈를 고른다.

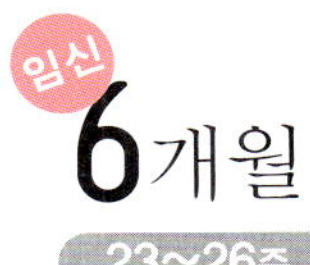

임신 6개월 23~26주

임신부의 몸에 살이 많이 붙게 되며 유방도 무척 커진다. 따라서 모유수유를 할 생각이라면 지금부터 유방을 꾸준히 관리하는 것이 좋다. 뱃속 태아는 미숙하지만 성인과 같은 모습을 갖추고 있다. 폐는 아직 양수로 가득하지만 호흡을 연습하기 시작한다.

이제 투명했던 태아의 피부는 불그스름한 빛을 띠면서 불투명해지고 만삭의 아기와 비슷한 모습으로 변해간다. 청각 기능도 눈에 띄게 발달하여 태아에게 말을 걸고 자극을 주면 그에 맞춰 반응을 보이기도 한다.

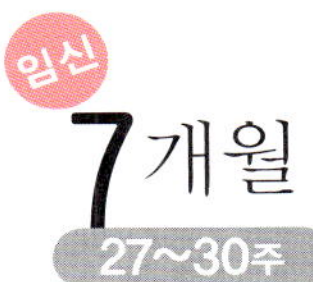

임신 7개월 27~30주

출산에 대한 기대감과 두려움이 교차하면서 생각이 많아진다. 하루빨리 아기를 낳았으면 좋겠다는 생각이 들다가도 한편으로는 아기를 잘 낳을 수 있을까 걱정이 된다. 배가 점점 불러올수록 아기에 대한 기대감이 커지고 하루가 길게 느껴진다. 태아는 이제 아래쪽으로 이동해 자리를 잡게 되며 자궁이 비좁아지면서 움직임이 둔해진다. 이 시기에 태어나더라도 신생아 집중치료실에서 보살핌을 받으면 건강하게 자랄 수 있다.

임신 8개월 31~34주

분만을 앞두고 처리해야 할 일들을 정리하고 새 식구를 위한 만반의 준비를 한다. 임신 후기에는 몸이 무거워져 쉽게 피로감이 느껴지므로 집안 일은 남편이나 다른 사람의 도움을 받는 것이 좋다. 언제라도 출산 가능성이 있으므로 상태를 꼼꼼히 체크한다. 출산 예정일이 점점 가까워질수록 하루가 더 길게 느껴질 수 있지만, 인내심을 가지고 차분히 아기를 기다린다. 출산에 필요한 호흡법이나 체조 등을 익히고 기분 좋은 상상을 하면서 시간을 보내면 곧 예쁜 아기를 만날 수 있다.

임신 9개월 35~40주

출산 예정일이 코앞에 다가오면서 얼마 안 있으면 아기를 품에 간아볼 수 있다는 사실에 어느 때보다 설레고 긴장된다. 이 시기는 언제 분만이 이루어질지 모르므로 특별한 주의가 필요하다. 이때 남편이나 가족이 든든한 버팀목이 돼 주어야 한다. 출산 준비물을 체크하고 산전 교육을 받으면서 진통이 올 때를 기다리되, 늘 즐거운 마음으로 임한다. 가능하면 외출을 삼가고 위급 상황에 대비해 항상 산모수첩이나 의료보험증, 비상연락망 등을 챙긴다. 예정일보다 진통이 빨리 오거나 늦어질 수 있으므로 당황하지 말고 침착하게 대처한다.

1

새 생명의 첫걸음

임신은 사랑으로 만난 남녀가 새로운 생명을
만들어 가는 기적 같은 일이다.
남자의 정자와 여자의 난자가 만나 세포 분열을 하고 눈, 코, 입,
팔, 다리 등을 가진 사람으로 성장해 나간다는 것은 그야말로
신비롭고 경이로운 과정이다. 임신 사실이 확인되면 먼저
남편이나 친지, 친구들에게 임신 사실을 알리고 정기적으로 가야
할 병원을 선택한다. 또한 걱정보다는 긍정적인 생각으로
즐겁게 생활한다. 임신을 하면 월경이 사라지고 가슴이 커지며
입덧이나 피로감, 변덕 등이 나타나는데, 이러한 신체적,
정신적 변화에 대처하려면 자신의 몸에 어떠한 변화가
일어나는지 알아 두는 것이 좋다.

임신 성공

 임신을 알리는 신호는 무엇일까?

정자와 난자가 만나 임신이 이루어지면 월경이 사라지고 입덧이나 소화불량, 피로 등 불쾌한 증상이 나타난다. 이는 임신이 되었음을 알리는 신호다. 임신 사실을 확인하려면 자가 진단 키트를 이용하거나 병원을 방문해 정확한 진단을 받는다.

월경이 없어진다

월경 주기가 됐는데도 월경이 없다는 것은 임신의 첫 번째 신호로, 이는 가장 확실한 임신 징후다. 월경이 중단되면 일단 임신을 의심한다.

구역질이 나타난다

속이 메스껍고 구역질이 난다. 평소 아무렇지도 않던 냄새가 거슬리고 거북하게 느껴질 수 있다. 이는 임신이 되었다는 신호다.

몸이 나른하고 피곤하다

평상시보다 쉽게, 그리고 자주 피로를 느끼고, 감기 기운이 있는 것처럼 온몸이 나른하고 미열이 계속되며 이유 없이 피곤하다.

현기증과 두통이 나타난다

머리가 아프고 어지러운 증상이 지속적으로 나타난다. 하지만 증상은 대체로 가벼운 편이다.

🌸 입던 옷이 몸에 꼭 끼는 듯 느껴진다

수정란이 자궁벽에 착상하면 곧 유방은 부드러워지면서 커지기 시작한다. 따라서 편안하던 스웨터가 왠지 꽉 끼는 듯하며 답답한 느낌이 든다. 이런 변화는 유방이 작은 여성들이 더 빨리 의식한다.

🌸 출혈이 있을 수 있다

임신 초기에는 간혹 자궁내막이나 자궁구에서 출혈이 일어날 수 있다. 출혈이 비치면 당황하겠지만 이럴 때는 먼저 침착하게 상태를 살펴 본 다음 병원에 가서 정확한 진단을 받는다.

🌸 정서적으로 불안하다

임신이 되면서 늘어난 생식 호르몬의 영향 때문에, 본인은 의식하지 못하지만 종종 사람들로부터 요즘 좀 이상해졌다는 말을 듣게 된다. 공연히 짜증이 늘고 화가 나는 일이 많아지기 때문이다.

＊월경 예정일을 체크한다

착상이 되는 것은 최종 월경일 후부터 다음 월경이 시작되기 전 사이이므로 임신부의 자각 증세는 거의 없다. 단, 월경 예정일이 1주일 이상 늦어지면 서둘러 검진을 받는다.

＊질 분비물을 체크한다

매일 질에서 나오는 분비물을 확인해 보면 배란일을 알 수 있다. 분비되는 점액의 양과 상태, 감촉을 달력에 상세하게 기록한다. 점액은 배란 전에 더 끈끈하고 탁한 느낌이 들며, 점액의 양은 배란 3일 후에 약 20배 증가한다.

＊기초체온을 잰다

평소에 기초체온을 재는 여성이라면 임신 사실을 빨리 알 수 있고, 임신 초기에 범하기 쉬운 여러 가지 위험을 안전하게 피해 갈 수 있다. 매일 아침 기초체온을 재서 그래프를 그려 놓으면 임신 사실과 임신 주수, 분만 예정일을 아는 데 도움이 된다.

기초체온은 매일 아침 누운 자세에서 재는데, 체온계를 혀 밑에 5~10분 동안 넣고 잰다. 이때, 기침이나 기지개 등을 하지 않도록 주의한다.

임신이 되지 않았을 때의 기초체온은 배란기 무렵부터 상승해서 다음 월경 직전부터 떨어진다. 임신이 되었다면 다음 달 월경 예정일이 지나도록 고온 상태가 계속된다.

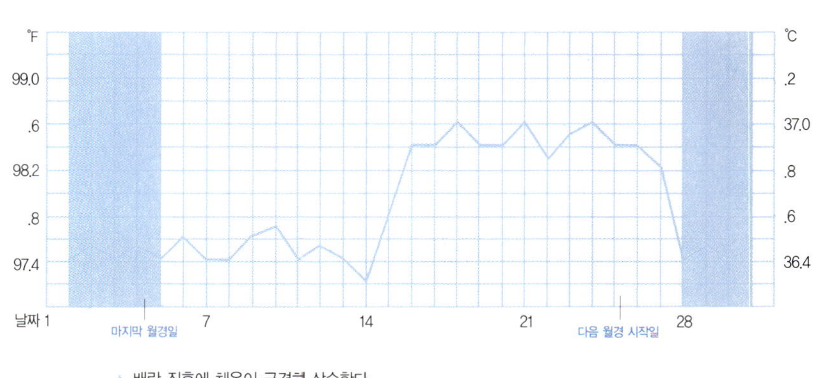

▲ 배란 직후에 체온이 급격히 상승한다.

남편에게 임신 소식을 어떻게 알릴까?

임신이 되었다는 사실은 아내가 먼저 알게 되는 경우가 많다. 이럴 때 아내들은 이 벅찬 소식을 남편에게 어떻게 알려야 할지, 또 남편의 반응은 어떨지 초조하고 궁금하다. 대다수의 아내들은 급한 마음에 남편의 직장으로 전화를 걸게 되는데 이때 남편의 반응이 기대에 못 미치거나 전화를 받을 수 없는 상황이어서 얼버무리기라도 하면 남편이 원망스럽고 서운한 감정이 마음에 오래오래 남게 된다.

남편에게 임신 사실을 알릴 때는 적절한 상황이나 방법 등을 생각해 보고 기쁨을 함께 나눌 방법을 택하도록 한다.

임신 소식을 전할 센스 있는 방법을 생각한다

곰곰히 생각해 보면 임신 소식을 알릴 방법들은 많이 있다. 특별한 저녁 식탁을 준비해 축하할 일이 있다며 말을 꺼낼 수도 있고, 산책을 하면서 말하거나 사랑을 나누는 중에 속삭이듯 귓속말을 할 수도 있다. 이른 아침 남편이 출근 준비를 하기 전에 세면대 거울 위에 립스틱으로 "예비아빠, 축하해!"라는 메시지를 써 놓는 것도 방법이다. 혹은 임신 반응이 뚜렷이 나타난 자가 진단 키트를 리본으로 묶어 상자에 넣어서 남편에게 선물처럼 보낼 수도 있다.

임신 소식을 듣게 된 남편의 반응은 각양각색이다

TV 드라마나 영화를 보면 아내가 임신했다는 소식을 듣는 순간 남편은 그에 어울리는 적절한 말과 행동으로 아내를 기쁘게 하고 자신도 감정이 벅차 '야호!'를 외치며 행복에 겨운 모습을 보여준다. 낭만적인 남편은 꽃다발을 아내에게 안겨주기도 한다.

이러한 연출은 드라마나 영화에서 보여주는 멋진 장면일 뿐이다. 모든 아내들은 남편들이 이렇게 해주기를 바라지만 남편들의 반응은 전혀 그렇지 않을 수 있다.

많은 남편들이 아내의 임신 소식을 처음 들었을 때 당황하고, 어떤 반응을 보여야 할지 잘 몰라 전전긍긍해 한다. 오히려 기쁘고 행복하다는 표현보다는 "이제부터 큰일이군!" 하는 감정을 불쑥 내비치기도 한다. 또 어떤 남편들은 속마음은 벅차면서도

그 마음을 표현하는 방법을 몰라 얼버무리면서 넘어가려고 한다. 이럴 때 아내들은 크게 실망한다. 그렇지 않아도 임신을 하면 호르몬의 변화로 신경이 예민해져 조그만 일에도 서운한 마음이 드는데, 이런 남편의 반응에 실망할 수밖에 없다. 하지만 시간이 흐르면서 아내의 임신이 더욱 현실적으로 다가오기 시작하면 아빠로서의 자세가 확실해지고 아내와 태아를 위해 무엇을 할 것인지 구체적으로 생각하게 된다.

남편의 심리를 이해한다

임신 소식을 전해 들은 남편은 더할 나위 없이 기쁜 한편 당혹스러울 수 있다. 이제 성숙한 가장으로 아내와 자식을 책임져야 한다는 생각이 머릿속에 가득하고 앞으로 태어날 아기에 대해 자신이 감당해야 할 문제들이 구체적으로 다음속에 그려지기 때문이다. 하지만 곧 남편도 아내가 임신했다는 사실에 같이 기뻐하고 흥분할 것이다.

임신 사실을 듣게 된 남편들은 대개 아빠로서의 역할을 잘해낼 수 있을까? 태어날 아기를 위해 무엇을 해야 할까? 아내와의 사이가 멀어지진 않을까? 하는 걱정을 하는데, 특별히 소심하거나 부정적인 사고 방식을 가진 사람만이 이런 걱정을 하는 것은 아니다. 인생에서 중요한 새로운 변화를 앞두고 이런 걱정을 하는 것은 당연하다.

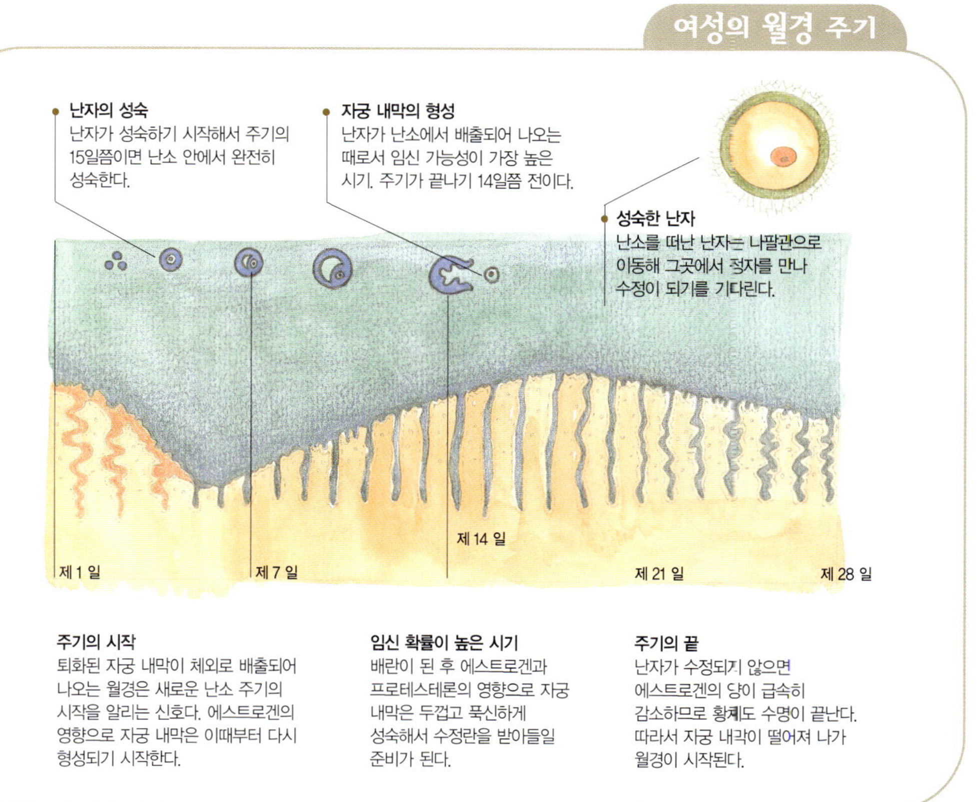

주기의 시작
퇴화된 자궁 내막이 체외로 배출되어 나오는 월경은 새로운 난소 주기의 시작을 알리는 신호다. 에스트로겐의 영향으로 자궁 내막은 이때부터 다시 형성되기 시작한다.

임신 확률이 높은 시기
배란이 된 후 에스트로겐과 프로게스테론의 영향으로 자궁 내막은 두껍고 푹신하게 성숙해서 수정란을 받아들일 준비가 된다.

주기의 끝
난자가 수정되지 않으면 에스트로겐의 양이 급속히 감소하므로 황체도 수명이 끝난다. 따라서 자궁 내막이 떨어져 나가 월경이 시작된다.

남편을 임신에 어떻게 참여시킬까?

임신 사실이 확인되면 남편과 호흡을 맞춰 임신 기간을 보낼 계획을 짜야 한다.

정기검진 시 남편과 병원에 함께 가서 태아의 성장과정을 체크하고, 분만교실에 함께 나가 임신에 따른 자신의 신체 변화를 실감할 수 있게 하는 것도 좋다.

임신은 부부가 함께 치러야 할 공동작업이다

아내를 사랑하는 남편이라면 임신과 출산을 여자들만의 일이라고 생각하지 않고 공동의 작업으로 생각한다. 아기를 낳는다는 것은 사랑의 확인일 뿐 아니라 함께 치러야 할 책임과 의무이다. 아기가 태어나기 전부터 이런 것을 깨닫고 준비되어 있어야 한다. 통계에 의하면 남편이 아내의 임신에 적극적으로 참여하여 출생한 아기가 정신적으로나 육체적으로 건강하고 똑똑하다고 한다.

임신은 부부가 서로 더 잘 이해할 수 있는 계기를 만들어 준다. 이 시기에는 남편과 아내가 서로 배려하기 위해 노력하고 함께 하려는 자세가 필요하다.

임신 중 신체 변화가 나타나기 시작하면, 부부 마사지 프로그램이나 분만교실에 함께 참여하는 것도 좋은 방법이다. 남편이 아내의 신체 변화를 자연스럽게 받아들

여야 아내의 임신 생활이 더 행복하다.

물론 부모가 된다는 실감이 아내보다는 남편이 덜 하다. 남자는 임신이라는 신체적인 변화과정이 없기 때문이다. 따라서 임신기간 동안 관심을 가지고 아내를 꾸준히 지켜보면서 고통과 기쁨을 함께 나누다 보면 자연히 부부간의 팀워크가 형성된다.

임신·출산을 함께 계획한다

임신은 두 사람의 인생에 많은 변화를 가져다 줄 것이다. 이제부터 예비엄마아빠는 임신 중에 일어나는 여러 가지 변화와 준비할 것들, 알아봐야 할 정보들, 함께 겪어야 할 과제들, 매달 체크해야 할 건강상태, 꼭 짚고 넘어가야 할 검사 등 할 것이

너무 많다. 잘 모르는 것들은 책을 통해 알아보든지, 담당의사에게 묻든지 선배에게 물어 실수 없이 실천하도록 계획을 짠다. 이러한 모든 계획들을 남편과 함께 짜고 실천해야 임신기간을 즐겁게 보낼 수 있고 건강한 아기를 낳을 수 있다.

정기검진 시 남편과 동행한다

임신부는 정기검진을 통해 자신과 태아의 건강상태를 꾸준히 관리하고 임신으로 인해 생기는 문제나 출산에 대한 두려움을 덜 수 있다. 이 과정을 남편과 함께 한다. 정기검진을 받으러 갈 때 남편과 같이 가면 아기의 성장과정과 아내의 신체변화를 세심하게 관찰할 수 있고 이상 증세가 있을 때도 함께 대비할 수 있다.

어떤 남편들은 산부인과는 여자들만 가는 곳으로 알고 가기를 쑥쓰러워 하지만 처음 한 번이 어렵지 몇 번 가다보면 익숙해지고 담당의사와도 대화를 나누게 되어 이것저것 묻기도 하고 임신 사실이 두 사람의 공동작업이라는 것을 인식하게 된다.

실제로 요즘은 많은 남편이 아내와 함께 산부인과를 방문한다. 아내를 따라 병원에 가 보면 뜻밖에 많은 남편이 있다는 사실을 알게 될 것이다.

태아의 심박동 소리를 듣게 한다

남편이 병원 가기를 꺼리는 것은 회사 업무를 제쳐놓고 아내의 검진을 따라간다는 것이 마음에 걸리기도 하고 산부인과 병원에 가는 것이 쑥스러워서다.

병원에 함께 가자고 했을 때 남편이 거절한다고 해서 서운하 하거나 단념하지 않는다. 남편이 병원에 함께 가는 것을 꺼리거나 가지 않겠다고 하면, 초음파 검사를 받을 때나 아기의 심박동 소리를 들을 때 등 특별한 검진을 하는 날 함께 가자고 권유해 본다. 남편이 크게 흥미를 보이지 않더라도 몸의 변화나 태아의 성장에 대해 이야기해 주고, 병원에 갈 때마다 같이 갈 수 있는지 물어본다. 남편의 마음이 스스로 움직일 수 있도록 슬기롭게 유도하는 것이 중요하다.

남편과 임신·출산 정보를 공유한다

임신을 하면 임신과 태교, 출산에 관한 책을 한두 권씩 읽게 된다. 책 안에 있는 많은 정보는 임신부는 물론 남편에게도 도움이 되므로 함께 읽으면 좋다.

남편이 자신과 아기에 대해 더 많은 것을 이해하고 알기를 바란다면 거실 탁자 위나 남편이 편안하게 책을 읽을 수 있는 장소에 임신·출산·육아에 관한 책을 놓아둔다. 이때 남편이 읽었으면 하는 부분이 있으면 접어두던지 미리 밑줄을 쳐두는 센스를 발휘해본다. 다니면 그 부분을 읽어보라고 권유해도 좋다.

병원은 어떻게 선택할까?

임신 사실을 확인한 후에는 산전 관리와 분만에 도움을 줄 수 있는 병원을 선택한다. 병원을 선택하기 전에는 개인병원인지, 혹은 종합병원인지, 의사가 신뢰할 만한지, 긴급 상황 시 도움을 받을 수 있는지, 교통편은 어떻게 되는지 등에 대해 상세히 알아보고 자신에게 맞는 병원을 결정한다.

믿음이 가는 의사를 찾는다

의사는 걱정과 두려움에 휩싸인 임신부가 임신과 출산을 순조롭게 진행할 수 있도록 돕는다. 따라서 진료 경험이 많고 신뢰할 수 있으며, 모든 것을 맡길 수 있을

정도로 편안한 의사를 선택해야 한다.

💗 담당의사의 성별을 고려한다

담당의사를 선택할 때는 의사의 성별을 고려해 본다. 실력만 있다면 의사의 성별은 중요하지 않다는 임신부가 있는가 하면 담당의사가 여자냐 남자냐가 매우 중요한 사안인 임신부도 있다.

남자 의사든 여자 의사든 능력의 차이는 없다. 의사의 능력은 성별의 차이가 아니라 실력의 차이에서 비롯되기 때문이다. 남자 의사 혹은 여자 의사 중에 어느 쪽을 택하느냐 하는 것은 개인적인 선택에 달려 있다. 어느 쪽이든 진료 시 부담이 없고 편안한 쪽을 선택한다.

개인병원과 종합병원 중 한 곳을 선택한다

개인병원이 좋을지 종합병원이 좋을지도 고려한다. 개인병원은 대개 의사가 한 명뿐인 곳으로 진료나 분만도 한 의사가 담당하는 반면 종합병원은 의사가 여러 명 있어 선택 진료가 가능하다.

💗 개인병원 … 대기시간이 짧고 관리가 세심하다

개인병원은 종합병원보다 임신부의 개

별적인 요구를 맞춰 주고 보다 세심한 관리를 해 주며 규모가 작아서 비용이 덜 들고, 어느 정도 프라이버시를 보장받을 수 있어 효과적이다.

또한 개인병원은 규모가 작기 때문에 어느 정도 개인의 사정을 들어줄 수 있고, 환자의 수가 적기 때문에 세심하게 관찰을 해 준다. 궁금한 점에 대해서도 충분한 설명을 들을 수 있다. 또 입원실을 선택하는 데도 어려움이 없으며, 입원 중에 가족들이 드나드는 데도 문제가 없다.

💗 종합병원 ··· 긴급 상황 시 빠르게 대처할 수 있다

종합병원에는 대학병원과 산부인과 전문 종합병원이 있다.

대학병원은 산부인과뿐 아니라 내과, 소아과 등을 갖추고 있어 위급한 상황이나 산부인과와 관계가 없는 질병 또는 합병증에 대해서도 진료를 받을 수 있어 좋다. 또 마취전문의가 항상 대기하고 있어 수술이 필요한 경우에 신속한 조치를 받을 수 있다. 조산아처럼 아기에게 문제가 있을 때도 인큐베이터 등 질높은 의료 혜택을 받을 수 있다.

하지만 대기자가 많아 장시간 기다려야 하고 비용이 많이 들며 과장급 전문의에게 진료를 받게 되면 특진비가 부과되어 부담이 커진다.

산부인과 전문 종합병원은 산부인과를 전문으로 하는 만큼 신뢰도가 높아 임신부가 안심하고 다닐 수 있다. 산부인과 전문 종합병원은 산부인과 외에 임신부에게 필요한 진료과를 대부분 갖추고 있어 고위험군에 속하는 여성도 안심하고 출산할 수 있다. 또 의료 설비가 완벽하게 갖춰져 있으며 불임이나 기형아 등 특수 클리닉도 운영하고 있어 필요할 경우 적절한 진료를 받을 수 있다.

하지만 대학병원과 마찬가지로 검진 시 비교적 오랜 시간을 기다려야 하고, 검진 시간이 짧으며, 분만이나 검진 비용이 비싸고, 입원실을 구하기가 비교적 어렵다.

병원 선택 시 알아둘 점

★ 집에서 가까운 곳으로 정한다

병원이 집에서 너무 멀면 정기검진을 받으러 다니기도 불편하고, 급하게 분만하게 될 경우 당황하게 된다. 교통이 편하고 전철을 이용하더라도 갈아타야 하는 불편이 없는 곳으로 선택한다.

★ 자신의 건강 상태를 고려한다

건강상 큰 문제가 없는 경우라면 가까운 병원이 바람직하지만 만성질환이나 기타 위험한 문제가 있는 임신부라면 좀 멀더라도 종합병원에 다니는 것이 안전하다.

★ 원하는 분만법을 시행하는 병원을 선택한다

요즘은 병원마다 색다른 방법으로 분만을 시행하는 곳이 많다. 어느 병원에서 어떤 분만법으로 아기를 낳을 수 있는지 알아보고 자신이 원하는 분만법을 시행하는 병원을 선택한다.

★ 입원실 분위기가 쾌적한지 살핀다

입원실은 청결하고 마음에 드는지, 온돌과 침대 중 어느 것을 사용하는지 살펴본다.

★ 산전 산후 프로그램을 체크한다

임신 전반에 관한 변화, 출산 방법 등 교육 프로그램을 갖추고 있는 곳이 좋다. 산후 육아 강좌를 들을 수 있다면 출산 후에도 안심할 수 있다.

병원 정보를 수집해 최종 결정한다

병원을 선택하는 일은 태아와 자신의 안전과 직결되는 문제이므로 신중하게 결정해야 한다. 의료진이나 시설은 물론 병원 규정, 특징까지 꼼꼼히 살펴서 자신에게 맞는 병원을 선택한다.

일단 의사의 성별이나 병원 종류 등 기준을 정했으면 몇 개의 후보 가운데 최종적으로 한 군데를 선택하는데, 가장 바람직한 것은 친구나 친척에게 산부인과 의사를 추천받아 만나 보고 결정하는 것이다. 아기를 낳아본 선배 엄마들의 이야기를 듣는 것도 도움이 된다. 병원이나 의사마다 검진 방법이나 환자를 대하는 태도 등이 다르기 때문이다.

🌸 병원 선택 체크리스트

● 종합병원인가요, 개인병원인가요?

정보를 얻는 시점과 막상 예약을 하려는 시점에 상황이 달라질 수도 있으므로 확인해 보는 것이 좋다.

● 몇 시부터 몇 시까지 진료하나요?

직장에 다니는 임신부라면 저녁이나 토요일에 진료하는지 반드시 확인한다.

● 예약이 가능한가요?

진료 시간이나 예약제 운영, 이용시설, 남편의 동참에 대한 병원 규정까지 모두 알아본다. 그런 다음 자신이 가장 편안하게 이용할 수 있는 곳인지 판단한다.

● 검진 횟수는 어떻게 되나요?

건강에 이상이 없고 임신이 순조롭게 진행된다면 임신 28주까지는 4주에 한 번 정기검진을 받는다. 36주까지는 2주에 한 번, 36주 이후부터 분만 예정일까지는 매주 정기검진을 받는다. 단, 걱정되는 증세가 나타나거나 고위험군에 속하는 임신부는 이보다 더 자주 검진을 받는다.

● 정기검진 때 남편과 함께 들어갈 수 있나요?

남편과 함께 진료실에 들어가길 원한다면 반드시 물어본다.

● 남편이 분만실에 들어갈 수 있나요?

남편이 분만실에 들어가는 것을 환영하는 의사도 있고 그렇지 않은 의사도 있다.

● 진통제 사용에 대해 어떻게 생각하세요?

분만 시 어떤 의사는 임신부가 요구할 때까지 진통제를 놓지 않지만, 어떤 의사는 자유롭게 진통제를 놓는다.

● 제왕절개 수술과 유도분만 비율은 어떤가요?

제왕절개 수술이나 유도 분만 비율이 상대적으로 높은 병원이 있으므로 미리 알아보는 것이 좋다.

● 신생아 병동이 있나요?

신생아 병동은 의학적인 합병증을 가지고 태어난 아기들을 위한 특별 시설로 고위험군에 속하는 임신부는 반드시 확인한다.

● 아기와 산모가 한방을 쓰나요?

아기와 방을 함께 사용하기를 원하는 임신부도 있고 그렇지 않은 임신부도 있다. 어느 쪽이든 자신이 원하는 환경을 제공하는지 물어본다.

가족·친구에게 임신 소식을 어떻게 알릴까?

남편에게 임신 소식을 전했다면 이제 가족과 친구들에게 알릴 시기도 정한다. 임신이 어느 정도 진행되면 자연스럽게 임신 사실을 눈치 채겠지만 직접 알리는 것이 좋다. 이때 중요한 것은 언제, 누구에게 먼저 알리느냐는 것이다.

과거에는 유산의 위험이 줄어드는 임신 3개월이 될 때까지 주변 사람에게 임신 사실을 알리지 않는 것이 보통이었지만 요즘에는 비교적 그보다 일찍 임신 사실을 알린다.

임신 소식은 대개 부모나 친척에게 먼저 알린 다음 친구나 동료에게 알리는 것이 일반적이다. 단, 직장 상사나 동료에게 임신 사실을 알릴 때는 신중히 생각한 다음 적당한 시기를 정한다.

먼저 부모님께 알린다

남편과 의논하여 임신 사실을 알리기로 했으면 대개 할아버지 할머니가 될 부모님께 가장 먼저 소식을 알린다. 이때 기억에 남을 만한 멋진 이벤트를 마련해 보는 것도 좋다.

대개는 전화를 통해 부모님께 임신 사실을 알리겠지만 좀 색다르게 임신 소식을 알리는 카드를 보내거나 아기의 초음파 사진을 휴대전화로 보내고 첫 손자임을 밝히

는 것도 센스 있는 알림이 될 것이다. 말로만 듣는 것보다 눈으로 확인하면 기쁨이 더 크다.

자녀들의 임신은 부모에게도 특별한 감동을 가져다 주므로 임신을 기념할 수 있는 의미 있는 이벤트를 생각해 실행에 옮기면 평생 기억에 남는 추억이 될 것이다.

친구나 회사동료에게 알린다

이제 친구나 직장동료에게도 임신 사실을 알린다. 직장여성은 상사에게 알린 다음 동료들에게 알리되 무슨 말을 어떻게 전할 것인지 미리 준비하면 좀 더 효과적으로 임신 소식을 알릴 수 있다.

임신 사실을 알리고 나면 주위 사람들이 그 어느 때보다 관심을 가져 주고 배려도 해 준다.

건강에 대해 걱정을 해주고, 좋아하는 음식이 무엇인지 관심을 보이거나 무거운 물건을 들지 못하게 태려해 주기도 하고, 틈이 생길 때마다 쉬라고 권하기도 하며, 전자파를 조심하라며 콕사를 대신 해 주기도 할 것이다.

2. 임신 중 신체 변화

유방은 어떻게 변할까?

임신을 하면 유방이 팽창하기 시작하는데, 개인에 따라 그 변화는 조금씩 다르지만 유방이 묵직하고 쑤시는 듯한 느낌이 들며 유두의 색도 진해진다. 이는 임신 초기에 일어나는 자연스런 변화로, 몇 주가 지나면 곧 사라진다. 산후 모유를 먹일 예정이라면 임신 중 유방 관리에 신경을 쓴다.

유방이 커지고 유두의 색도 진해진다

임신과 동시에 유방은 아기를 맞이할 준비를 한다. 유방은 수정란이 착상하는 순간부터 임신 호르몬의 영향을 받아 유선 조직이 발달하게 되어 유방이 붓는 듯한 느낌이 들고 유두도 민감해진다.

유방 팽창은 뚜렷한 임신의 징조 가운데 하나로, 출산과 수유를 마치면 임신 전 크기로 돌아간다. 임신중기쯤에는 유선 조직이 거의 완성되고 피하지방도 붙으면서 유방도 많이 커진다. 따라서 통증이 느껴지기도 한다. 유두도 민감해져서 유방 전체가 화끈거리며 임신 7개월쯤에는 유두가 단단해지면서 연한 갈색으로 변한다. 그러다가

임신 중 유두 손질법

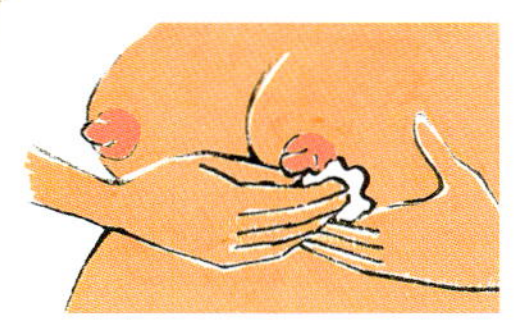

1 잠자기 전에 유두에 콜드크림을 바르고 깨끗한 가제를 덮어 부드러워지면 닦아 낸다.

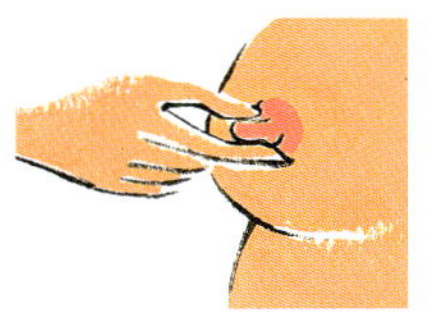

2 유두를 단련시킨다. 엄지와 검지로 유두의 위아래를 잡고 아프기 직전까지 잡아당겨 멈춘 채로 넷까지 센다.

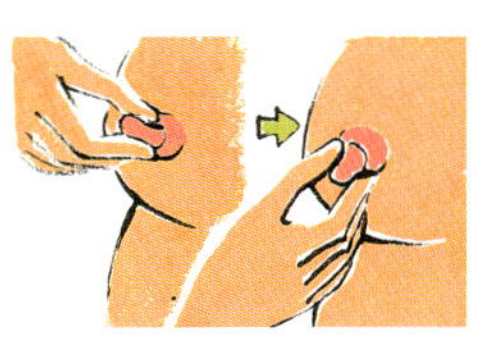

3 유관을 열어 준다. 엄지와 검지로 유두의 위아래를 잡고 피아노 치듯 두 손가락을 번갈아 가며 눌러 준다. 10회 정도 반복한다.

임신 후기쯤이 되면 끈적끈적한 초유가 조금씩 나오는데 이것은 임신 과정 중에 일어나는 정상적인 현상이다. 이때 유방은 눈에 띄게 커지고 아프며 유두가 진한 갈색으로 변한다. 첫아기를 가진 임신부보다 경산부일 때 이런 현상이 더 심하다.

모유수유 여부를 생각해 둔다

모유수유를 할 것인지, 분유수유를 할 것인지 임신 중에 미리 생각해 둔다. 첫 임신이면 모유 먹이는 것이 꺼려지거나 자신 없을 수 있다. 하지만 모유수유는 아기의 건강에 도움이 될 뿐 아니라 우유병을 소독하거나 우유를 타야 하는 번거로움이 없으므로 훨씬 편리하다. 또한 산후 몸매 회복에도 도움이 된다. 이러한 사실 때문에 모유수유를 선택하는 경우도 있다.

유방관리를 한다

모유수유를 결정했다면 아기가 젖을 잘 먹을 수 있도록 유방 관리에 좀 더 신경을 써야 한다. 단, 임신 중 유두 관리를 잘못하면 자궁 수축이 일어나 조산을 유발할 수 있으므로 유두 마사지는 임신 36주 이후에 하도록 한다. 함몰유두인 경우 유두균열이 일어나기 쉽고 납작유두인 경우 아기가 젖을 물기 어려우므로 목욕이나 샤워할 때 유륜 부분을 엄지손가락과 손끝으로 만져 주고 부드럽게 잡아당겨 탄력을 준다.

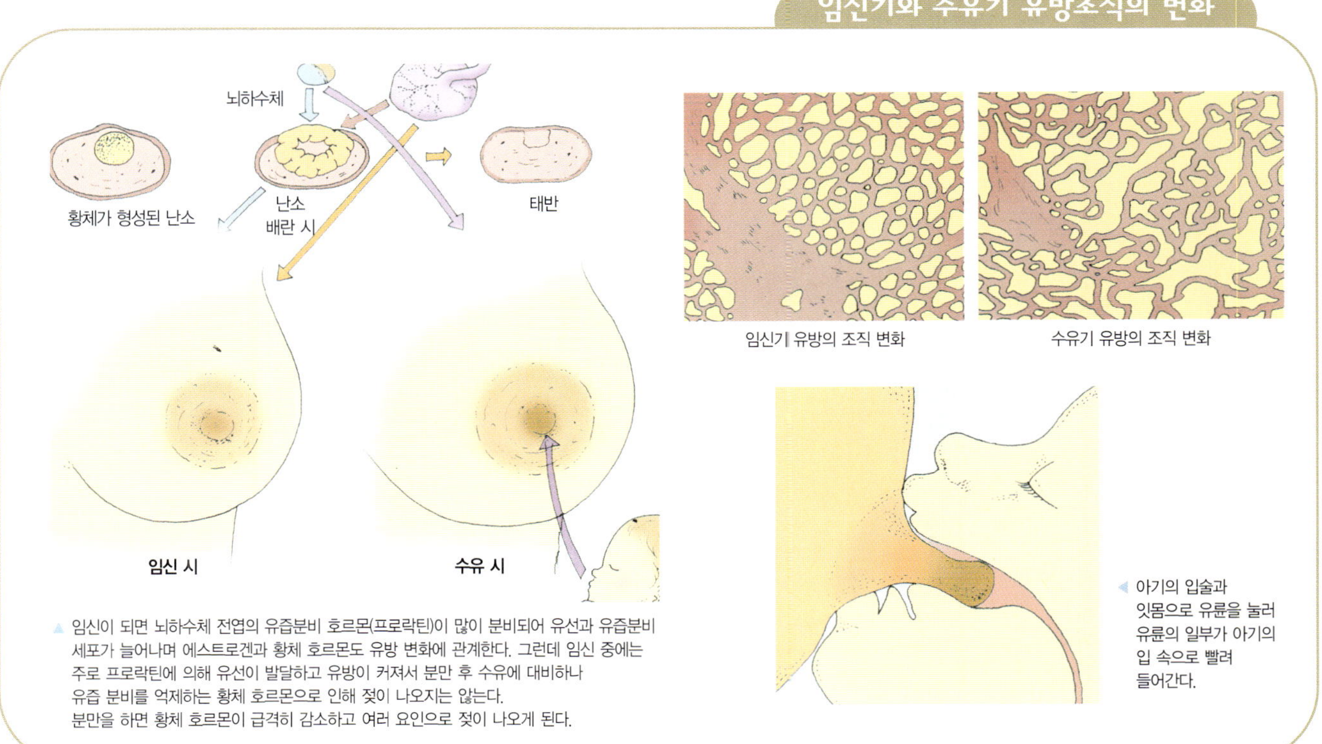

임신이 되면 뇌하수체 전엽의 유즙분비 호르몬(프로락틴)이 많이 분비되어 유선과 유즙분비 세포가 늘어나며 에스트로겐과 황체 호르몬도 유방 변화에 관계한다. 그런데 임신 중에는 주로 프로락틴에 의해 유선이 발달하고 유방이 커져서 분만 후 수유에 대비하나 유즙 분비를 억제하는 황체 호르몬으로 인해 젖이 나오지는 않는다. 분만을 하면 황체 호르몬이 급격히 감소하고 여러 요인으로 젖이 나오게 된다.

입덧에 어떻게 대처할까?

입덧은 많은 임신부가 겪는 흔한 증상으로, 임신부의 약 80%가 입덧 증세를 경험한다. 하지만 사람에 따라서는 입덧이 전혀 없는 사람도 있고 반대로 너무 심해 일상생활에 지장을 받는 사람도 있을 만큼 개인차가 크다.

입덧은 건강한 임신의 신호다

임신부 5명 가운데 4명꼴로 경험하는 입덧은 건강한 임신의 신호다. 이는 임신한 여성이 겪는 자연스런 과정이므로 너무 예민하게 받아들일 필요는 없다.

입덧의 원인은 여러 가지로 추측하고 있는데 임신부의 혈액내 당수치가 내려갔거나 임신 중에 생성되는 여러 호르몬의 작용으로 입덧이 일어난다. 그밖에 예민하고 신경질적인 임신부일수록 입덧이 심하다고 한다. 입덧은 몸에 해로운 식품으로부터 태아를 방어하려는 작용이라고 하는 설도 있다. 임신을 하면 후각이 예민해져서 일상적으로 먹던 음식 냄새도 역겨워져서 구토를 하는데 이러한 현상이 뱃속아기를 보호하려는 모체의 방어 수단이라는 것이다. 원인이 무엇이든 입덧을 부정적으로 생각하지 말고 아기를 보호하려는 건강한 신호라고 받아들이는 것이 입덧에 대처하는 방법이다.

공복 상태에 입덧이 심해진다

입덧은 메스꺼움과 구토를 동반할 수 있다. 이러한 입덧 증세는 임신 초기 가장 심하며 시간이 지날수록 점차 좋아진다.

속이 메스껍고 구토가 날 때는 음식물을 이용하는 것도 좋은 방법이다. 입덧은 주로 공복이나 속이 빈 아침에 많이 나타난다. 음식을 충분히 섭취하지 못하면 혈당이 떨어져 구토가 일어나는데, 이럴 때 임신부들은 메스꺼움을 피하려고 음식 먹기를 꺼린다. 하지만 속이 비면 오히려 구토나 메스꺼움이 심해지므로 조금씩이라도 먹도록 한다. 자기 전에 머리맡에 간식거리를 놓아두었다가 눈뜨자마자 조금 먹고 일어난다든지 식초나 레몬 등의 신맛이 나는 음식으로 속을 가라앉히는 것 등도 방법이다. 찬 음식도 냄새를 덜어주는 효과가 있다.

하지만 음식이 당기지 않는다면 굳이 먹으려고 애쓸 필요는 없다. 사실 임신 초기에는 음식을 잘 먹지 못한다 하더라도 임신부의 몸에 저장된 영양만으로도 태아는 문제없이 잘 자란다. 뱃속 아기를 위해서 꼭 먹어야 한다는 중압감에서 벗어나 식욕이 있을 때 충분히 먹는다. 단, 한꺼번에 지나치게 많이 먹으면 오히려 입덧이 심해져 구토를 일으킬 수 있으므로 주의한다.

💗 입덧을 완화하는 방법

● 이른 아침 침대에서 나오기 전에 바나나, 사과, 건포도, 크래커 등 가벼운 음식물을 섭취한다. 그리고 15분쯤 후에 일어나면 위를 진정시키는 데 도움이 된다.

● 평소 음식을 조금씩 자주 나누어 먹는 습관을 들인다.

● 레몬 조각의 냄새를 맡거나 사탕을 빨아 먹으면 입덧이 완화된다.

● 과일이나 정백하지 않은 곡물을 섭취한다.

● 밤새 속이 비면 구역질이 심해지므로 잠들기 전 가벼운 음식을 먹는다. 그럼 아침 구역질은 어느 정도 예방할 수 있다.

● 구토 증세가 심하면 탈수 증세가 일어날 수 있으므로 수분을 충분히 섭취한다. 물, 우유, 과일주스는 물론 아이스크림, 셔벗, 수프 등도 자주 챙겨 먹는다.

● 손바닥을 편 다음 손목 아래에서 7.5cm 되는 지점을 다른 손의 엄지손가락으로 꼭꼭 지압한다. 한 번에 5~10분씩 하루에 4회 누른다.

● 하루 중 특정 시간에 입덧 증세가 더 심하면, 그 시간 30분 전에 과자나 과일 등 가벼운 음식을 먹어 증세를 예방한다.

　평소 입덧을 완화하기 위해 많은 노력을

기울였음에도 증세가 호전되지 않는다면 의사로부터 입덧을 가라앉히는 처방을 받는다. 입덧이 심해 아무 것도 삼킬 수 없다면 탈수증이 일어나기 쉬우므로 탈수를 막기 위해 의료적인 치료가 필요하다.

입덧을 가라앉히는 한방차

생강차

　동의보감에도 "생강에는 구역감을 진정시키는 작용이 있다."고 했다. 생강 한 톨을 씻어 껍질을 벗기고 강판에 갈아 꼭 짜서 즙을 낸다.
　이것을 커피잔 한 잔의 뜨거운 물에 한 스푼 정도 섞고 꿀로 맛을 내어 마신다. 하루에 서너 번 마신다. 생강 냄새가 너무 강하면 즙을 조금만 탄다.

★ **만들기**
1 생강 한 톨을 씻어 껍질을 벗기고 강판에 간다.
2 강판에 간 생강을 거즈에 넣고 꼭 짠다.
3 커피잔 한 잔 정도의 드거운 물에 섞어 꿀로 맛을 내어 마신다.

모과차

모과 한 개를 강판에 갈아 즙만 받아낸 다음 모과 즙의 두 배 되는 양의 물을 부어 반으로 줄 때까지 졸여 냉장고에 차게 보관해 두고 하루에 3~4회 20~30ml씩 마신다.

★ **만들기**
1 모과 한 개를 강판에 갈아 즙만 받는다.
2 모과 즙의 두 배 정도 되는 양의 물을 부어 반으로 졸인다.
3 다 졸여지면 냉장고에 차게 보관한다.
4 찬 것을 하루에 20~30ml씩 3~4회 마신다.

피로감을 어떻게 이겨낼까?

은 임신과 함께 나타나는 자연스러운 현상으로, 모체가 태아를 키우기 위해 열심히 활동하고 있다는 좋은 징조다.

눈으로 확인하긴 어렵지만, 임신 초기에 임신부의 몸은 아기를 만들기 위해 밤낮으로 열심히 일하고 있다.

임신 초기에는 왕성한 호르몬 분비로 인해 온몸이 나른해지고 무거워지며 쉽게 지쳐 잠도 잘 오지 않고 숙면을 취할 수도 없다. 하룻밤에도 몇 번씩 자다 깨는 일이 생기지만 곧 익숙해진다.

중증일 경우, 입원치료를 받기도 하는데, 입원 치료를 해서 무조건 좋아지는 것은 아니지만 탈수현상을 막고 전신이 쇠약해지는 것을 막을 수 있다.

많은 여성이 임신 중 심한 피로감을 느낀다. 특히 임신 초기에는 시도 때도 없이 잠이 쏟아질 만큼 피로감이 몰려온다. 하지만 이는 아기를 만들기 위한 자연스런 현상이므로 이상하게 생각하지 말고 편안한 마음으로 휴식을 취한다. 쉴 때 다리를 올려놓으면 몸이 훨씬 가벼워진다.

잠이 쏟아지고 쉬 피로해진다

임신 초기와 후기에는 눈을 뜨는 것이 힘들 정도로 피곤할 수 있다. 이런 피로감

피로감을 느낄 때는 쉰다

임신을 하면 온몸이 나른해지면서 쉽게 피로를 느낀다. 감기나 몸살로 오해할 수 있는 이 증상은 임신으로 인한 피로감이다. 이럴 때 가벼운 목욕으로 몸을 청결히 하고 산뜻한 기분으로 지낸다. 피로를 풀어주는 마사지를 남편에게 부탁해보는 것도 좋은 방법이다.

직장 여성이라면 점심시간에 다리를 올려놓고 잠시 쉴 수 있도록 상사에게 양해를 구한다. 온몸이 무거워지고 눈이 자꾸 감기는 것은 임신부의 몸이 아기 만드는 일을 하는 동안 임신부의 휴식을 요구하기 때문이다. 임신 중에는 주변인의 배려와 도움이 절실히 필요하다.

복부에 어떤 변화가 나타날까?

임신을 하면 자궁이 커지면서 허리선이 서서히 사라진다. 사람에 따라서 허리선이 더 빨리 없어지기도 하는데, 특히 몸이 날씬해 자궁이 확대될 공간이 없는 사람은 허리가 더 빨리 굵어지는 경향이 있다.

아랫배, 엉덩이에 지방층이 생긴다

임신 7주쯤 되면 몸속에서 많은 변화가 일어난다. 유방이 탱탱해지고 자궁도 늘어난다. 아직은 배가 커지는 것이 아니라 유선이 발달하면서 유방이 커져 평소에 착용하던 브래지어가 답답해지고 허리선이 굵어지는 느낌이 들어 평소에 입고 다니던 옷의 허리 부분이 좀 조이는 듯한 느낌이 든다. 그러다가 임신이 진행되면 허리선이 사라지고 몸 전체가 살이 찌는 것처럼 느껴진다. 그 외에 허벅지, 엉덩이, 아랫배에 지방층이 형성되어 뱃속아기를 보호한다. 이 지방층은 임신기간 내내 자궁을 보호하고 에너지를 저장하여 뱃속아기에게 공급한다. 임신부의 몸은 태아를 성장시키고 태반을 발달시켜야 하기 때문에 매우 활발하게 활동해야 한다.

허리선을 커버하는 코디네이션 노하우

★ 포인트1 A라인 원피스를 입는다

아래쪽으로 갈수록 폭이 넓어지는 A라인 원피스나 가슴선 밑에서부터 개더로 처리된 엠파이어라인 원피스가 부른 배를 가릴 수 있어 무난하다. 그 아래에 판탈롱 팬츠나 면 레깅스를 받쳐 입으면 더욱 멋스럽고 날씬해 보인다.

★ 포인트2 레깅스의 고무줄을 없앤다

상의는 헐렁한 티셔츠나 남편의 셔츠를 입고 하의는 레깅스를 입는다. 만삭이 가까워지면 레깅스의 고무줄이 배를 조여 불편할 수도 있으므로 배 부분의 고무줄을 없애면 편리하다.

★ 포인트3 장식이 많이 달린 옷은 피한다

임신 후기쯤 되면 배가 눈에 띄게 커진다. 이때는 어떤 옷을 입어도 모양이 나지 않는다. 특히 장식이 많이 달린 옷을 입으면 더욱 눈에 띄므로 될 수 있는 한 심플한 디자인의 캐주얼한 옷을 입는 것이 좋다. 요즘에는 직장생활을 하는 임신부들을 겨냥해 임신복 티가 나지 않으면서 세련된 디자인의 임신복들도 시중에 많이 나와 있다. 그런 옷을 골라 입으면 크게 눈에 띄지도 않으면서 커리어우먼의 이미지를 살릴 수 있다. 여성스럽고 귀여운 느낌을 원한다면 프릴과 레이스 장식만으로도 배 쪽으로 향하는 시선을 장식 쪽으로 유도할 수 있다.

★ 포인트4 허리 조절이 가능한 바지를 입는다

바지를 즐겨 입는 임신부라면 바지 허리 부분에 여러 개의 단추가 달려 있어 배가 불러옴에 따라 조절할 수 있게 만든 옷을 선택한다. 임신복 전문 매장에서 임신부용 바지를 사거나 사이즈가 큰 바지를 사서 단추 위치를 조절해서 입는 방법도 있다.

코막힘에 어떤 조치를 취할까?

임신 중 생식 호르몬의 증가로 인한 순환계의 변화로 코 이상을 호소하는 임신부들이 있다. 하지만 전문의의 지시 없이 코 소염제나 코 스프레이를 함부로 사용해서는 안 된다.

코점막으로 가는 혈액량이 증가해 생긴다

임신 중에는 코가 잘 막힌다. 코가 막히는 것은 코점막으로 가는 혈액량이 늘어났기 때문이다. 가끔 코막힘이 코피로 연결되는 경우도 있는데 코피가 나는 것은 고혈압의 신호일 수도 있으므로 상세하게 체크한다. 하지만 대개의 경우 임신으로 인한 혈액증가가 원인인 경우가 많다. 코피가 자주 나면 병원에 가서 고혈압 체크를 해 본다.

코막힘을 해결하는 방법

물을 자주 마시고 실내 공기가 건조해지지 않도록 가습기를 사용한다. 필요하다면 코 스프레이 대신 콧속에 식염수를 몇 방울 떨어뜨린다.

코피가 나는 것을 예방하려면 모세혈관을 강화하는 약을 복용하고 콧속을 후비는 일이 없도록 한다. 코막힘은 출산을 하고 나면 저절로 낫는다.

임신 중 감기 예방법

임신 중에는 입덧이나 피로, 스트레스 등으로 인해 면역력이 떨어져 감기에 걸리기 쉽다. 따라서 충분한 수면을 취하고 균형 잡힌 식사를 하며 피로가 쌓이지 않게 한다.

- 외출해서 돌아왔을 때는 반드시 양치질을 한다.
- 감기에 걸렸을 때는 무즙이나 생강차를 마신다.
- 겨울에는 방 안이 쉽게 건조해지므로 가습기나 세탁물로 습도를 높여 준다.
- 공기 유통이 나빠지면 목의 점막이 약해져서 감기 증세가 나타나기 쉽다. 자주 창문을 열어 환기를 시켜 준다.
- 급격한 체온 변화는 감기의 원인이 되므로 겨울에는 체온 조절에 유의하고 여름에는 에어컨을 직접 쐬지 않는다.

소변이상에 어떻게 대처할까?

빈뇨가 나타난다

임신이 시작되면 화장실에 자주 가게 되고 밤에 소변이 보고 싶어 깨는 일도 많아진다. 임신 초기 빈뇨는 자궁 바로 앞부분에 방광이 위치하고 있어 자극을 주어서 생기는 증상이다. 임신 4개월 이후에는 자궁이 방광 위로 자리를 잡아 압박을 덜 받으므로 이런 증세가 줄어든다. 그러다가 출산 시기가 가까워지면 태아가 골반 안으로 깊숙이 들어가기 때문에 자궁 밑으로 내려와 방광과 직장을 압박하므로 소변이 잦아지고, 배뇨 후에도 잔뇨감이 있어 개운하지가 않다.

요실금이 생긴다

요실금은 임신중이나 분만 후에 생기는 증세로 방광·수축 기능이 약화되어 생기기도 하고 태아의 머리가 질 앞에 붙은 방광을 지속적으로 눌러 찔끔찔끔 소변이 새어나오는 것이다. 요실금이 있을 때는 위생패드를 사용하든지 괄약근을 조이는 케겔운동을 한다. 케겔운동은 질과 항문 주변의 괄약근을 조여 주는 운동으로 요실금을 완화하는데 효과가 있다.

소변이 마려워 일상생활에 불편을 느낄 정도라면 배뇨를 느끼기 전에 자주 방광을 비우고 이뇨 작용이 있는 과일이나 음료는 피한다. 저녁 7시 이후 수분 섭취를 줄이면 한밤중 소변을 보려고 자다가 깨는 일도 줄어든다. 밤에 몇 번씩 깨는 것이 귀찮겠지만, 출산 후 밤에 스유하거나 아기가 울어서 일어나야 할 때를 대비해 연습하는 것으로 생각하면 마음이 조금 편안해진다.

방광염에 걸릴 수 있다

방광이 압박을 받아 상처가 나거나 늘어지면 소변 배출이 흩들어 소변이 고이게 된다. 이때 세균 감염으로 염증이 생기게 된다. 염증이 생기면 소변을 볼 때 화끈거리고 아프다. 방광염을 그대로 두면 신장염이 될 수 있으므로 방치하지 말고 즉시 치료하도록 한다. 방광염일 때는 양상추 샐러드나 수프를 마시면 효과가 있다. 평소 꽉 끼는 옷은 피하고 면으로 된 속옷을 입는다. 소변을 참지 않는 것도 중요하다.

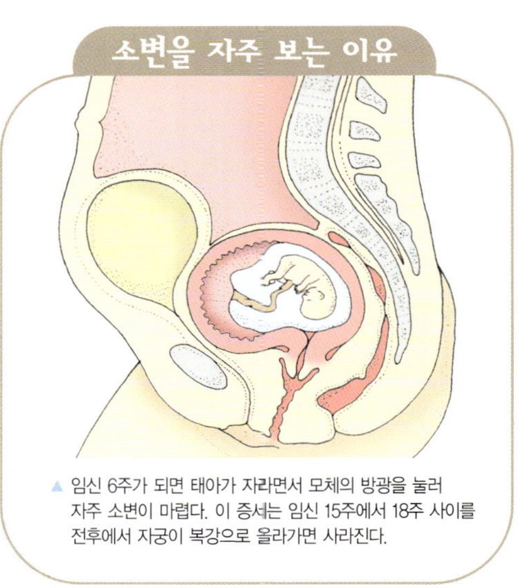

▲ 임신 6주가 되면 태아가 자라면서 모체의 방광을 눌러 자주 소변이 마렵다. 이 증세는 임신 15주에서 18주 사이를 전후에서 자궁이 복강으로 올라가면 사라진다.

감정에는 어떤 변화가 있을까?

임신을 하면 신체뿐만 아니라 감정적으로도 변화가 일어난다. 이랬다저랬다 변덕스러워지고, 사소한 일에도 눈물이 나며 자주 짜증이 날 수 있다. 이런 감정적인 변화는 지극히 정상적인 것으로, 임신 기간 내내 어느 정도 지속된다.

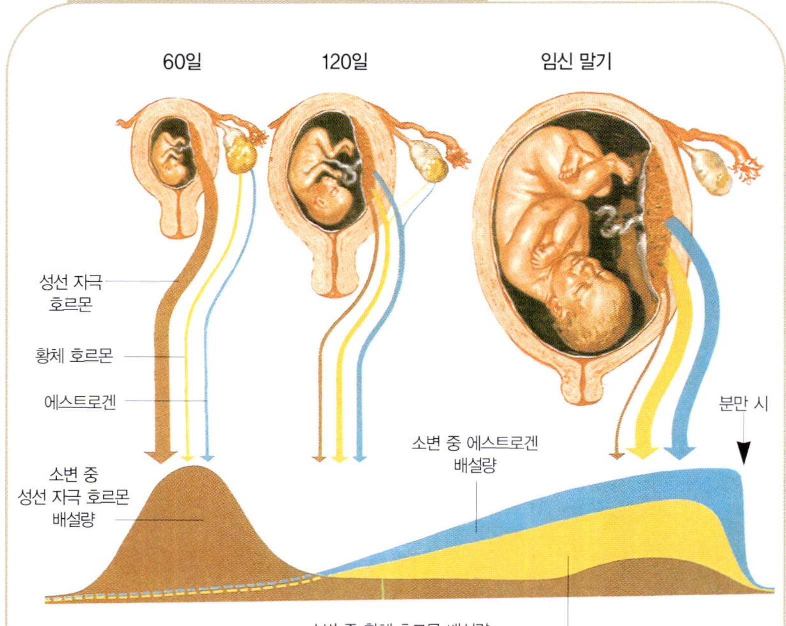

임신 초기에는 난소의 황체에서 황체 호르몬과 에스트로겐을 주로 분비하며 태반에서는 성선 자극 호르몬만 주로 분비된다.

임신 4개월이 지나면서 태반에서 대부분의 호르몬을 생산하게 된다. 태반에서 임신 기간 동안 생산되는 호르몬의 양은 한 여성이 평생 생산하는 호르몬의 양보다도 훨씬 많은 양이다.

분만과 함께 태반이 몸 밖으로 배출됨으로써 이들 호르몬의 양은 급속히 줄어든다. 이 그림은 임신 기간 동안 소변으로 배설되는 호르몬 대사물질의 양을 보여주며 이 배설량은 임신부의 혈액 내 호르몬의 농도와 비례한다.

호르몬 변화로 예민해진다

임신 기간 동안 생산되는 호르몬의 양은 한 여성이 평생 생산하는 호르몬의 양보다 훨씬 많다. 이와 같은 호르몬의 증가로 인해 임신부는 감정의 변화를 겪게 된다. 내가 왜 이럴까 하는 생각이 들 정도로 기분이 변화무쌍하게 변하거나 예민해지기도 하고 아무런 이유 없이 눈물이 나고 짜증이 날 수도 있다.

변덕을 당연하게 받아들인다

임신을 하면 감정 변화가 심해진다. 잡지를 보다가 갑자기 눈물이 왈칵 쏟아지기도 하고 아무것도 아닌 일에 화가 치밀어 오를 수도 있다.

또한 어느 한 순간에는 엄마가 된다는 생각에 벅차 한없이 기쁘다가도 그 다음 순간에는 불쾌한 증세와 출산에 대한 막연한 두려움에 한없이 슬프고 우울해질 수도 있다. 이런 임신 중 감정 변화는 호르몬 변화로 인한 자연스러운 현상으로, 너무 심각하게 받아들일 필요는 없다. 이러한 변덕을 이상하게 생각하지 말고 임신한 사람이 누리는 특권이라고 생각하고 마음을 편하게 갖는다.

임신 중 나타나는 변화와 처방

	불면증	감정 변화	입덧	유방 변화와 피부착색
변화	밤에 잠을 잘 수 없어 낮에도 피곤하고 짜증이 난다. 임신이 진행되는 동안 수시로 발생할 수 있다.	감정이 수시로 바뀌고 이유 없이 울고 싶어지거나 불안감이 몰려온다. 이 증세는 임신 기간 흔히 나타난다.	속이 메스꺼워 간혹 구토를 한다. 하루 중 어느 때든 입덧이 일어날 수 있지만 대체로 음식을 먹지 않거나 아침 공복에 일어난다. 임신 초기 3개월 동안 주로 일어나며 그 후부터는 줄어든다.	유방이 팽팽해지고 유두 주위와 아랫배 중앙의 피부가 검게 변한다(흑선). 주근깨나 모반도 두드러진다.
원인	태아는 24시간 주기로 생활하므로 엄마가 자고 싶을 때조차 이 주기에 맞춰 신진대사가 이루어진다. 따라서 임신부도 잠을 설치게 되는 것이다. 또한 시도 때도 없이 태아가 방광을 압박하므로 소변이 보고 싶어져 잠을 잘 수가 없다.	임신 기간 동안 호르몬에 변화가 생겨 기분이 우울해지는데, 이 증세는 월경 전 증후군과 비슷하다. 임신이 진행됨에 따른 몸매 변화와 자기 정체감 위기가 기분에 크게 영향을 미친다. 또한 임신과 양육에 대한 부담도 갑작스런 감정 변화를 일으킬 수 있다.	주된 원인은 혈당 수치가 낮아지기 때문이지만 임신 호르몬이 직접 위를 자극하기 때문이기도 하다.	호르몬 변화로 유방이 팽팽해지고 멜라닌 세포 자극 호르몬(MSH)의 수치가 높아진다. 이 호르몬이 피부를 자극하여 피부를 검게 만든다.
처방	따뜻한 물로 목욕하거나 따끈한 우유를 마시면 도움이 된다. 편안한 자세를 취하고 실내 온도를 일정하게 유지한다. 수면제를 복용하면 태아에게 나쁜 영향을 줄 수 있으므로 절대 먹어서는 안 된다.	이런 감정들을 당연하게 받아들인다. 우울, 불안, 변덕은 임신 중 흔히 일어나는 감정이다. 이런 감정을 분석하려 하지 않는다. 왜 그럴까 하고 걱정하면 더욱 스트레스가 쌓인다.	음식을 먹으면 메스꺼움이 덜해질 수 있으므로 조금씩 자주 먹는다. 차 안이나 책상, 가방 안에 가벼운 스낵이나 사탕을 준비한다. 아침에 입덧을 방지하기 위해 자기 전에 침대 곁에 물 한 컵과 크래커를 준비한다. 아침에 침대에서 일어나기 15분 전어 간식으로 먹는다.	외출할 때는 선크림을 바른다. 출산 후 몇 달 지나면 피부는 다시 본래 상태로 되돌아온다.
태아에 미치는 영향	없음	없음	심해지면 탈수 현상과 저혈압을 유발할 수 있다. 사흘 동안 하루에 세 번 이상 구토하면 의사의 진료를 받는다. 심한 경우는 병원에 입원해서 몸속의 수분을 정상으로 유지해야 한다.	없음

3. 조금 특별한 임신

10대 임신은 무엇에 주의해야 할까?

10대 임신부는 저체중아를 낳을 확률이 높다. 이는 성장이 완료되지 않은 상태에서 태아와 영양분을 나눠 가져야 하고 지나친 다이어트, 흡연, 음주 등 좋지 않은 습관에 익숙해질 우려가 높기 때문이다.

20세 이전의 임신부

20세 이전의 임신은 원치 않는 상황에서 발생하는 경우가 대부분이다. 10대 임신부라도 뱃속아기를 건강하게 키워야 할 책임이 있으므로 임신 초기부터 반드시 정기검진을 받아야 한다.

그리고 태아에게 충분한 영양이 공급될 수 있도록 균형잡힌 식사를 하고 술과 담배는 반드시 끊도록 한다.

엄마가 되기 위해서는 생리적, 신체적인 변화를 감당해 내는 것 외에도 성숙한 여성으로서의 역할을 해 낼 수 있어야 한다.

저체중아를 낳기 쉽다

저체중아는 태어날 때 아기의 체중이 2.5kg 이하인 경우를 말하는데, 저체중아 중에서도 1.5kg 이하로 태어나는 아기도 있고, 1.0kg 이하로 태어나는 아기도 있다. 이런 아기들은 집중관리를 받아야 하는데 사망률이 높고 질병에 걸릴 확률도 높다.

저체중아를 낳기 쉬운 이유

● 몸매 유지를 위해 임신 사실을 안 뒤에도 영양 섭취를 하지 않는다. 이것은 태아

성장에 치명적인 악영향을 준다.

- 임신 사실을 숨기려고 다이어트로 체중
  을 줄인다.

- 임신 중 담배를 피우거나 술을 마신다.

- 부끄럽고 당황스러워서 성병에 걸리더
  라도 숨기고 치료를 받지 않는다.

미숙아 · 저체중아 · 과숙아

미숙아

★ 임신 36주 이전에 태어난 아기

임신 기간이 짧아서 체중도 덜 나가고 피하지방이 만들어지는 임신 말기를 거치지 않았으므로 피부가 쪼글쪼글하다. 임신 37주 이후에 태어나면 대부분 정상적으로 자라지만 28주 이전에 태어나면 생존률이 떨어진다.

★ 살갗은 얇고 투명한 선홍색이다

혈관이 연약하기 때문에 태어날 때 멍이 들기 쉽지만 멍은 곧 없어진다. 근육 역시 미처 발달하지 못해 팔다리를 오그리지 못하고 쭉 편 상태로 잔다. 또 임신 기간이 짧을수록 호흡 곤란을 일으키기 쉽다.

★ 미숙아 집중 치료를 받아야 한다

미숙아는 정상아보다 매끄러운 손발바닥을 가지고 있으며 솜털이 많다. 이는 임신 말기에 저절로 없어지는 부드러운 배냇머리를 그냥 가진 채 태어났기 때문이다. 미숙아는 특별한 주의가 필요하므로 미숙아 집중 치료실에서 돌봐야 한다.

저체중아

★ 임신 기간에 비해 작은 아기

임신 기간에 비해 작은 아기로, 임신 37주 이상이어도 태내 성장이 지나치게 느려 아기의 체중이 2.5kg 이하인 아기를 말한다. 임신부 측 원인으로는 20세 이전의 임신, 만성적인 급성 간염증, 습관성 약물 중독증, 영양실조, 음주, 흡연, 쌍둥이 임신을 들 수 있고, 태아 측 원인으로는 선천성 기형, 태내 감염증(풍진, 매독 등)이 있으며 태반의 원인으로는 태반기능부전증, 혈류 장애 등을 들 수 있다.

★ 1년 후면 정상아와 비슷해진다

저체중아의 몸통은 미숙아와 비슷하지만, 신체적 특징이나 신경 반사는 만삭아와 비슷하다. 머리 크기는 체중보다 크고 몹시 야위었으며 머리카락이 길다.

남아의 성기는 음낭의 주름이 뚜렷하고 고환이 확실하게 만져진다-. 여아의 성기는 대음순이 소음순보다 잘 발달되어 있고 발바닥은 만삭아와 같다.

하지만 선천성 기형의 가능성이 크며, 혈당치나 칼슘치가 낮은 경우가 많다. 따라서 수유를 일찍 시작하고 수시로 혈당치를 체크하여 결과에 따라 수유 방법을 바꾸고 포도당을 정맥에 주사하여 혈당치가 안정될 때까지 관찰해야 한다. 대개 1년 후면 정상아와 비슷해진다.

과숙아

★ 임신 42주 이후에 태어난 아기

임신 42주가 지나서 태어난 '늙은' 아기로, 임신 기간은 길어도 발육 상태가 좋지 못하며 머리둘레와 키는 크나 정상아보다 여윈 경우가 대부분이다.

★ 생후 1주일이면 정상적으로 자란다

과숙아의 피부는 흰빛을 띠는데, 산소결핍증으로 인해 태내에서 태변을 보면서 피부와 손톱, 탯줄이 노랗게 착색될 수도 있다. 생후 며칠이 지나면 정상적으로 성장하므로 크게 걱정하지 않아도 된다.

고령 임신은 무엇을 알아둬야 할까?

늦은 나이에 아기를 가졌다고 해서 모두 위험한 것은 아니다. 임신부의 나이보다 더 중요한 것은 임신부의 건강 상태로, 지속적인 정기검진을 받으면 건강한 아기를 낳을 수 있다.

요즘에는 고령에도 건강한 아기를 낳는 예가 많아졌고 점점 더 고령화 되어가고 있는 추세다. 산부인과 전문의들은 대개 생식 능력이 떨어지는 35세 이상의 임신부를 고령 임신 범주에 넣고 있다. 아무튼 나이 든 여성의 임신은 의학적으로 주의를 기울여야 할 일이 많다.

임신부의 건강 상태가 중요하다

35세가 넘어 임신한 여성은 보다 특별한 주의가 필요하다. 나이 들었다고 해서 미리 겁을 먹을 필요는 없지만 젊은 여성보다 제왕절개 수술이나 유산, 합병증의 확률이 높은 것은 사실이다.

하지만 이러한 문제점들이 고령임신이기 때문만은 아니다. 보다 중요한 것은 나이가 아니라 임신부의 건강상태와 가족력이다. 특히 나이든 임신부가 고혈압이나 당뇨병 등의 질병을 가지고 있다면 임신 중에 꼬박꼬박 정기검진을 받고 임신부 스스로 철저한 몸관리를 해야 한다. 고혈압이나 당뇨병은 치료가 우선되어야 하기 때문이다. 또 고령임신부가 고혈압, 당뇨병, 각종 임신합병증을 갖고 있다면 다운증후군을 가진 기형아를 출산할 확률이 높으므로 특별히 주의해야 하고 반드시 의사의 지시에 따라야 한다.

진통과 분만 과정에 어려움을 겪을 수 있다

고령 임신은 진통과 분만 과정에서도 어려움을 겪는다. 고령 임신부의 태아는 머리를 위로 둔 자세로 출산을 어렵게 하는 경향이 있다. 또한 초산의 고령 임신부는 산도가 노화되어 난산이 예상되므로 제왕절개 수술을 받을 확률이 높다. 또 혈압 때문에 태반조기박리가 될 가능성도 있다.

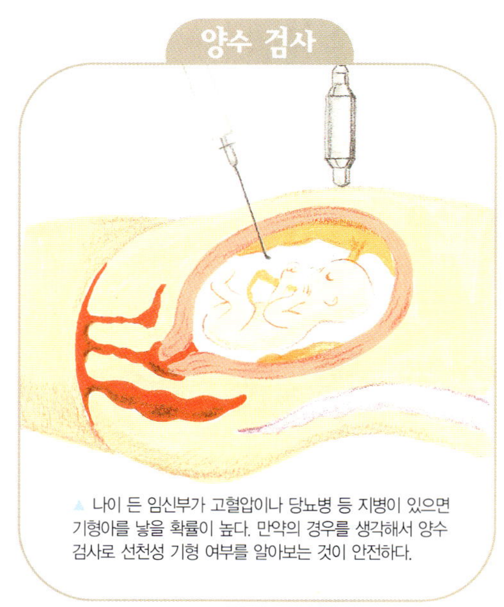

▲ 나이 든 임신부가 고혈압이나 당뇨병 등 지병이 있으면 기형아를 낳을 확률이 높다. 만약의 경우를 생각해서 양수 검사로 선천성 기형 여부를 알아보는 것이 안전하다.

양수 검사로 태아 기형 여부를 미리 체크한다

임신부의 연령이 높을수록 기형아 출생률도 높아진다. 난자가 노화하면서 생식세포 분열이 정상적으로 이루어지지 못하고 문제를 일으킬 가능성이 높아지기 때문이다. 따라서 임신과 진통, 출산이 원만하게 이루어진다고 해도 아직 마음을 놓을 수 없다.

다운증후군에 걸린 아기를 출산할 확률은 나이가 들수록 높아져 20대 임신부는 1,200명 가운데 1명, 35세 임신부는 270명 가운데 1명, 40세 임신부는 70명 가운데 1명, 40세 이상은 그보다 더 높아진다고 발표된 바 있다. 그러므로 나이 든 임신부라면 양수 검사를 통해 선천성 기형 여부를 알아보는 것이 좋다.

양수 검사를 하면 아기의 유전적 구성과 유전병 여부를 알 수 있다. 이를 통해 임신 초기 뱃속 아기가 기형인지 아닌지 알 수 있다. 양수 검사 결과가 좋지 않으면 아기를 낳을 것인지 말 것인지를 의사와 의논해서 빨리 결정한다.

요즘은 의학 기술의 발달로 고령 임신부라도 의사의 지시 하에 임신 기간을 보내면 건강한 아기를 출산할 수 있다. 가능하면 임신 전 몸 상태를 미리 체크하고 평소 산전 검사를 철저히 받도록 한다.

---

mom's note

다운증후군과 임신부의 나이

염색체 변이로 인해 다운증후군이 유발되는 원인은 아직 정확하게 밝혀지지 않았지만, 임신부의 나이가 중요한 요인인 것으로 추측된다.

일반적으로 임신부의 나이가 많을수록 태아가 다운증후군에 걸릴 위험이 높은데, 대개 35세 여성 중 다운증후군을 가진 아기를 출산할 확률은 270명 가운데 1명꼴이다.

다운증후군은 특정한 보통 염색체(21번 염색체)가 세 개 결합하여 발생하며, 주로 다운증후군 가능성 검사를 받지 않은 35세 이상의 임신부에게 태어난다.

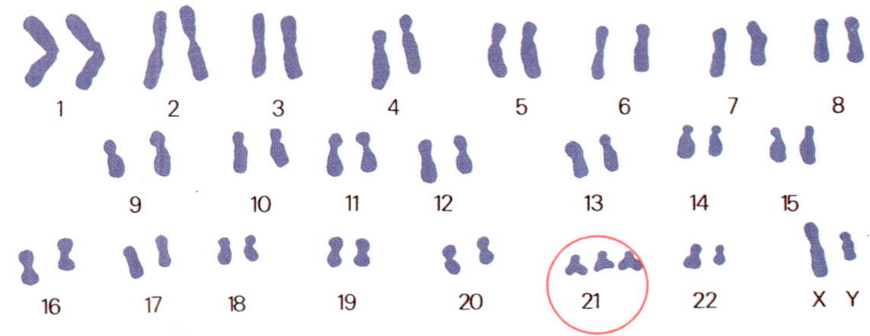

◀ 다운증후군(몽고증)은 제 21번째 염색체의 과잉에 의해(이러한 형의 염색체 과잉이 전체의 약 95%를 차지) 나타난다. 21번째 염색체 수가 3개인 것을 볼 수 있다.

쌍둥이를 임신하면 어떤 관리가 필요할까?

쌍둥이 임신은 한 명을 임신했을 때보다 훨씬 더 힘이 든다. 자궁도 빨리 커지고 입덧도 심하며 고혈압이나 당뇨 등 합병증에 걸리기도 쉽다. 따라서 의사의 지시에 따라 영양 섭취나 임신 중 관리 등 모든 면에서 주의를 기울여야 한다.

세심한 관리와 휴식이 필요하다

쌍둥이 임신은 한 아기를 임신했을 때보다 영양섭취나 휴식, 출산 후 관리 등 모든 면에서 두 배로 신경을 써야 한다. 쌍둥이를 임신하게 되면 임신부의 신체에 무리가 오게 되는데 그것은 아기가 둘이다 보니 자궁은 물론 모든 신체 기관의 변화도 두 배로 증가하기 때문이다. 물론, 의학기술의 발달로 쌍둥이 임신이 예전보다 위험은 덜하지만 다른 임신부보다 더 많은 관리와 휴식이 필요한 것은 사실이다.

쌍둥이 임신부는 임신 20주 이후에는 2주일에 한 번, 임신 30주 이후에는 1주일에 한 번 정기검진을 받는 것이 좋다. 왜냐하면, 쌍둥이 임신부는 고혈압, 빈혈, 당뇨병, 태반조기박리 등 합병증에 걸리거나 조산할 위험이 크기 때문이다.

쌍둥이 임신 기간

쌍둥이 임신의 평균 임신 기간은 37주로, 임신부의 약 80%가 분만 예정일보다 3주 정도 진통이 빨리 온다. 뱃속 아기는 자궁에 오래 머물수록 출생 시 체중이 증가하고 기관이나 조직이 성숙하므로 가능하면 조산을 피하고 임신 기간을 오랫동안 유지하는 것이 좋다.

쌍둥이 임신부의 생활 수칙

쌍둥이는 대개 초음파 검사로 확인하는데, 출산 전에 쌍둥이 임신 사실을 확인하면 위험 요인을 사전에 예방할 수 있다. 또한 뱃속 아기를 편안하고 안전하게 지킬 수 있도록 발 빠르게 조치를 취할 수 있다.

영양 섭취에 신경 쓴다

쌍둥이 임신부는 저체중아를 출산하기 쉬우므로 영양이 풍부한 식품, 특히 단백질이 풍부한 식품을 충분히 챙겨 먹는다.

🌸 진료 경험이 풍부한 전문의로부터 검진을 받는다

쌍둥이 임신부는 의사의 지시에 따르는 것이 매우 중요하다. 정기검진을 한 번도 거르지 말고 받는다. 참고로, 출산 시에도 예정일보다 빨리 입원하는 것이 좋다.

🌸 체중을 관리한다

다른 임신부에 비해서 쌍둥이 임신부는 체중이 40% 더 늘어난다. 체중이 한꺼번에 지나치게 늘어나는 것을 막으려면 꼼꼼히 체중을 체크한다. 임신 12주째부터 1주일마다 몸무게를 재어 700g 이상 늘지 않게 주의하고 전 임신 기간동안 15~20kg이 넘지 않게 관리해야 한다.

🌸 의사의 처방을 받아 영양제를 먹는다

쌍둥이를 임신하면 철분, 엽산, 아연, 구리, 칼슘, 비타민 B, 비타민 C, 비타민 D 같은 영양소가 다른 임신부보다 더 많이 필요하므로 꾸준히 영양제를 복용한다. 단, 의사의 처방을 받아 복용한다.

🌸 휴식을 충분히 취한다

쌍둥이 임신부는 두 겹의 아기를 만들기 위해 두 배로 신체에 무리를 주므로 피로감도 두 배로 늘어난다. 틈틈이 누워 안정을 취하고 다리를 위로 올려놓고 충분히 휴식을 취한다. 낮잠을 자거나 할 일을 줄이는 것도 좋은 방법이다.

🌸 운동하기 전, 의사와 상의한다

쌍둥이 임신은 운동을 하는 것도 많은 주의가 필요하다. 정산 임신부보다 몸도 무겁고 둔하며 운동을 하다가 넘어지기도 쉽고 신체에 무리를 주어 태아에게도 위험하다. 운동을 하고 싶으면 의사와 의논해서 무리가 가지 않는 운동을 택한다.

쌍둥이의 종류

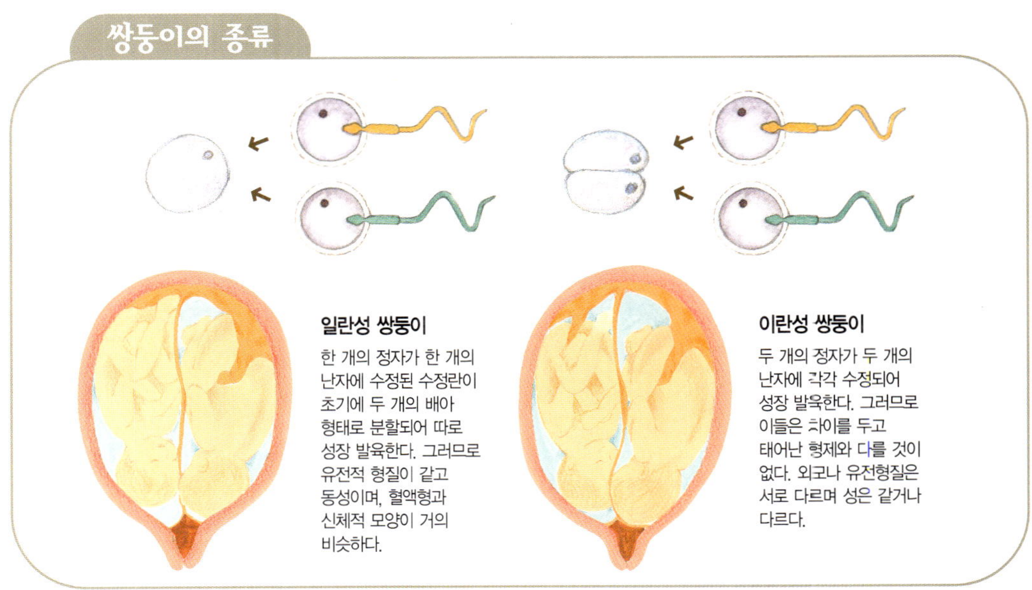

특수한 상황의 임신, 무엇에 주의할까?

10대 임신이나 고령 임신, 쌍둥이 임신뿐 아니라 고혈압이나 당뇨병 등 특수한 상황에 처한 임신부도 특별한 주의와 보살핌이 필요하다.

임신 초기부터 체계적으로 산전관리를 받되, 모체뿐 아니라 태아 건강을 위해서 반드시 의사의 지시에 따르고 컨디션 조절에 유의한다.

천식을 가라앉히는 운동

▶ 서 있는 자세에서 양팔을 들어 옆으로 굽혀 주는 옆구리 운동은 운동 중에서 가장 가벼운 체조로 혈액순환을 돕고 기분 전환에 도움이 된다.

▶ 오래 서 있거나 많이 걸으면 무릎이 아프기 쉽다. 이럴 때 편안하게 앉은 자세에서 다리를 포개고 무릎을 번갈아 주물러 준다.

천식 환자의 임신

천식 발작은 대개 자궁이 커지는 임신 후기에 빈번하게 발생하는데, 이는 모체뿐 아니라 태아의 안전을 위협한다. 천식 발작이 일어나면 호흡 곤란이 일어나면서 뱃속 태아에게 공급되는 산소의 양이 감소하기 때문이다. 하지만 천식 발작이 일어났을 때 신속하게 조치를 취하면, 정상적인 임신과 출산을 할 수 있다.

천식은 기관지가 좁아 기관지 안에 분비물이 고여서 호흡하기가 힘든 병이다. 임신 전부터 천식기가 있었던 여성의 경우, 임신 후에 변화가 생기는데 천식 발작 증세인 기침이 심해지기도 하고 다스려지기도 한다. 그것은 사람에 따라 다르게 나타나는 경과이다.

그러나 천식 환자가 아니라도 임신 후기가 되면 자궁이 커져서 폐 부위를 누르게 되는데 이로 인해 숨이 차면서 쌕쌕거리고 기침이 나온다. 원래 천식기가 있는 임신부의 경우 그 증세가 더 심해질 수도 있다. 이렇게 되면 뱃속아기에게도 악영향을 주므로 의사와 상의해서 천식을 다스린다. 천식약 복용이 꺼림칙한 임신부가 있을 수 있는데, 임신부의 천식약 복용이 태아에게 미치는 악영향보다 임신부의 천식 발작이 태아에게 미치는 영향이 훨씬 위험하므로 처방받은 천식약을 반드시 복용해서 천식을 다스리도록 한다. 약을 복용해도 증세가 나아지지 않으면 위험한 상황일 수 있으므로 즉시 병원으로 간다.

감기나 독감 증세도 뱃속아기에게 나쁜 영향을 미치므로 의사와 상의해서 빨리 치료받도록 한다.

당뇨병 환자의 임신

당뇨병은 임신 중 심각한 영향을 줄 수 있는 질병으로, 당뇨병 환자가 임신하면 유산, 사산, 기형아 출산 등의 위험이 크다. 하지만 너무 걱정할 필요는 없다.

요즘은 의학기술의 발달로 당뇨병이 있다 해도 의사의 지시에 따라 생활하면 건강한 아기를 출산할 수 있다.

🌸 당뇨병 환자의 임신 중 관리

임신 중에는 혈당치를 철저히 검사해야 한다. 뱃속 아기가 고혈당을 흡수하면 정상보다 빨리 성장해 자연 분만이 어려워지기 때문이다. 집에 혈당측정기가 없으면 하나 마련하는 것도 좋은 방법이다. 또한 의사에게 당뇨병이 있다는 사실을 반드시 알리고 의사의 지시에 따른다.

● 균형 잡힌 식사를 한다

당뇨병을 앓고 있는 임신부는 의사와 상의해서 태아에게 영양 공급을 균형있게 할 수 있는 식단을 짠다.

● 체중을 조절한다

과체중인 사람은 임신 초기부터 체중이 늘어날까봐 염려해서 칼로리 섭취를 줄이는 경우가 있는데, 이는 바람직하지 않다. 자칫하면 태아의 발육에 지장을 초래할 수 있기 때문이다. 그렇다고 해서 체중에 관계없이 무제한 먹는 것도 좋지 않은 습관이다. 균형 잡힌 식사를 하면서 적당한 체중을 유지하는 것이 바람직하다.

또한 당뇨병을 앓고 있는 임신부의 경우 지나치게 체중이 늘면 당뇨병이 악화할 수 있으므로 적절한 운동을 하여 체중 조절에 힘쓴다.

● 적절한 운동을 한다

진통과 분만을 잘 견디려면 육체적으로 건강해야 한다. 따라서 모든 임신부는 운동을 적당히 해야 한다. 당뇨병 환자도 혈당 조절을 위해 운동이 필요하므로 먼저 의사와 상의해서 어떤 운동이 좋을지 결정한다.

● 적정량의 인슐린을 복용한다

인슐린 복용량은 뱃속 아기의 성장에 맞춰 지속적으로 조절해야 한다. 식이요법만으로 혈당을 통제할 수 없다면 인슐린을 복용해야 하지만 임신 전부터 인슐린을 복용하고 있었다면 복용량을 조절할 필요가 있다.

● **매일 혈당을 체크한다** 혈당 측정량에 따라 식이요법, 운동 프로그램, 약 복용량 조절에 필요한 정보를 얻을 수 있으므로 매일 규칙적으로 혈당을 측정한다. 하루에 몇 회 측정하느냐는 의사의 지시에 따른다.

🐣 당뇨병 환자의 임신 중 식사 수칙

● **당질과 지방질 섭취를 제한한다**

음식과 적당한 운동, 인슐린 분비 정상화를 통해 적절한 혈당을 유지하는 것이 중요하다. 혈액 내에 낮은 혈당량을 유지하려면 당질과 지방질 섭취를 제한해야 한다. 설탕이나 강한 감미식품도 피하고 버터나 마가린, 샐러드유, 땅콩 같은 지방질 식품도 제한하는 것이 좋다.

임신성 당뇨

임신성 당뇨란 임신 전에 건강하던 사람이 임신 중 당뇨병 증세를 보이는 것을 말한다. 전체 임신부의 3~5%가 혈당량을 제대로 조절하지 못해서 일시적으로 이런 증세를 겪는데 특히 고령 여성이나 비만 여성, 가족력이 있거나 임신성 당뇨병이 있었던 여성에게 흔히 나타난다.

보통 임신 24~28주 사이에 당뇨 검사를 받게 되는데, 임신성 당뇨 증세가 심한 경우에는 인슐린 치료를 해야겠지만, 가벼운 경우에는 식이요법으로 치료할 수 있다.

임신성 당뇨병은 일시적인 증상으로 출산과 함께 자연스럽게 없어지지만, 임신성 당뇨병에 걸린 사람은 나중에 당뇨병에 걸릴 확률이 높으므로 꾸준히 의사의 진찰을 받는 것이 좋다.

● **섬유질이 풍부한 식품을 먹는다**

옥수수, 쌀, 빵이나 감자 등 탄수화물 식품보다는 콩이 좋고 쌀도 도정이 덜 되어 섬유질이 많은 현미를 챙겨 먹는 것이 좋다. 당뇨병 환자에게 섬유질이 풍부한 식품을 먹이면 인슐린 투여량을 줄일 수 있다는 실험 결과도 있다.

● **균형 잡힌 식사를 한다**

고당질·고지방 식품 섭취는 줄이되, 영양을 골고루 섭취하면서 적절한 체중을 유지한다. 몸에 좋지 않다고 아예 먹지 않아 영양이 결핍되는 일도 있는데, 이는 어리석은 행동이다. 항상 영양이 골고루 들어 있는 식사를 하면서 당질과 지방질을 제한하는 식이요법을 한다.

● **염분 섭취를 줄인다**

임신 후기나 임신중독증이 우려될 때는 신장 기능도 저하될 우려가 있으므로 짜게 먹지 않는다.

● **저칼로리 고단백 식사를 한다**

칼로리가 높은 기름진 음식이나 단 음식을 즐겨 먹으면 살이 찔 수 있으므로 달걀이나 우유, 생선, 콩, 기름기가 적은 고기 등 고단백질을 섭취한다. 이때 다른 영양과의 균형을 고려한다.

● **칼슘을 충분히 섭취한다**

임신부의 칼슘 섭취량이 부족하면 체내에 축적된 칼슘이 용해되어 태아에게 간다. 임신부의 몸에서 용해된 칼슘은 혈액의 흐름을 방해하여 혈압을 높이는 원인이 되므로 칼슘을 충분히 섭취해야 한다.

간질병 환자의 임신

간질병은 뇌의 장애와 유전적인 가족력이 원인인 경우가 많다. 요즘은 의학이 발달하여 과거에 비해 환자의 고통도 감소했고 치료율도 높아졌다. 항경련제의 발명이 치료에 도움을 주기 때문이다. 그러나 이 약은 반드시 의사의 진단과 처방에 따라 복용해야 하고 치료에 임해야 한다.

간질은 전신에 강직성 경련이 일어나는 것으로, 이러한 경련은 느닷없이 일어나므로 항상 조심해야 한다.

간질병 환자가 임신을 했을 때는 더욱 더 조심이 필요하다. 연구조사에 의하면 간질병 환자가 임신을 하면 입덧이 더 심해지고 유산이나 조산 확률이 높다고 한다.

간질병 환자의 임신이 발작 횟수에도 변화를 준다고 하는데 발작횟수가 잦아질 수도 줄어들 수도 있다. 그 원인이 무엇인지는 아직 밝혀지지 않아 의학적인 설명은 어렵지만 간질병 환자라도 의사의 지시를 잘 따르면 무사하게 임신·출산을 할 수 있다. 요즘은 간질병을 불치병이 아니라 치료가 가능한 병으로 규정짓고 있다.

임신 중에 발작을 막으려면

휴식을 충분히 취하고 생활 환경이 안정되어야 한다. 잠을 푹 자는 것도 도움이 된다. 평소에 스트레스를 많이 받는다든지 피로가 쌓이게 되면 간질 발작이 잘 일어난다. 스트레스 없는 생활을 하도록 노력하고 발작의 기미가 브이면 곧 의사에게 연락한다. 간질병 치료약은 의사의 허락없이 사용해서는 안 된다. 잘못하면 뱃속아기를 위험에 빠뜨릴 수 있다.

간질병 환자의 입덧 퇴치 방법

● 포인트1 음식을 여러 차례 나누어 먹는다

식욕이 있을 때마다 조금씩 자주 먹는다. 수분 함량이 높은 과일 등을 항상 준비해 두거나 샌드위치, 쿠키 등으로 수시로 요기한다. 잠자리에서 일어나자마자 먹을 수 있도록 음식을 준비해 두는 것도 방법이다.

● 포인트2 차게 먹거나 신맛을 이용한다

신 음식이나 찬 음식을 먹으면 입덧이 줄어든다. 식초나 레몬 등 신 음식은 피로를 덜어 주고 찬 음식은 냄새가 덜하므로 먹기 편하다.

입덧이 너무 심할 때는 편안하게 누워 휴식을 취하고 찬 수건으로 위 부분을 냉찜질하여 진정시킨다. 지나치게 찬 수건은 자극을 줄 수도 있으므로 피하고, 남편에게 부탁해 마사지를 받는 것도 좋은 방법이다. 산책을 하거나 친구들을 초대해 기분 전환을 하는 것도 좋다.

고혈압 환자의 임신

고혈압은 태아에게 전달되는 혈액의 양을 감소시켜 산소의 양을 줄어들게 하므로 혈압을 낮추는 데 신경을 써야 한다.

특히 임신 20주 이후에 발병하는 임신성 고혈압은 모체뿐 아니라 태아에게 위험을 초래할 수 있으므로 정기검진을 받을 때마다 검사 결과를 주의 깊게 살핀다.

출산 전 정기검진을 제대로 받지 않으면 저체중아를 낳거나 아기가 합병증에 걸리거나 사망할 확률이 높으므로 주의한다.

요즘은 다행히 의학기술의 발달로 고혈압 같은 위험한 합병증을 쉽게 관리할 수 있어 의사의 지시만 잘 따르면 정상적인 임신과 출산이 가능하다.

태아에게 치명적일 수 있는 증후성 고혈압

고혈압에는 크게 본태성 고혈압과 증후성 고혈압이 있다. 본태성 고혈압은 혈압 자체는 그리 높지 않고 단백뇨나 부종도 거의 발생하지 않으나 임신 후기에 임신중독증으로 발전할 수 있다.

그러나 신장염을 앓고 난 후의 고혈압이나 예전에 앓았던 임신중독증의 후유증으로 나타나는 증후성 고혈압은 임신이 진행됨에 따라 동시에 혈압이 높아져 단백뇨나 부종이 심해지는 일이 많다. 이는 태반의 기능이 나빠지는 결과를 초래해 미숙아 출산, 태아 사망이나 조산을 일으킨다.

고혈압 환자의 임신 중 생활 수칙

고혈압 치료제와 복용량은 의사의 지시에 따른다

전문의의 지시를 철저히 따르고 조금이라도 증상에 변화가 있으면 담당의사에게 알린다. 또한 의사가 처방한 고혈압 치료제의 복용량을 함부로 줄이거나 중단하지 않는다.

평소 혈압 체크에 각별히 신경 쓰고 염분 섭취량을 줄인다

평소 혈압 체크를 꾸준히 하고 과일과 야채 섭취량을 늘리되 자극적인 음식은 심장에 부담을 줄 수 있으므로 피한다. 가능하면 스트레스를 줄이고 마음을 편안하게 하며 시간이 날 때마다 틈틈이 휴식을 취한다.

심장병 환자의 임신

임신 중기가 지나면 건강한 임신부라도 심장에 부담이 커져 숨이 차는 경우가 생긴다. 이는 혈액량과 심박출량이 임신 전보다 30~50%까지 증가하기 때문이다. 특히, 심장 질환이 있는 임신부라면 더욱 주의가 필요하다.

심장병이 있다면 임신 중 의사를 자주 찾는 것이 좋다. 요즘에는 의학기술의 발달로 무사히 출산하는 경우가 많지만, 증세가 심한 경우에는 모체나 태아 모두 위험해질 수 있으므로 각별한 관리가 필요하다.

🌸 심장병 환자의 임신 중 생활 수칙

● 의약품 복용에 주의한다

평소 복용하는 약이 뱃속 아기에게 어떤 영향을 미치는지 의사와 상의하여 복용 여부를 정한다.

● 마음을 편안하게 갖는다

육체적, 감정적 스트레스는 심장을 흥분시킬 수 있으므로 피한다. 심장 질환이 심각한 경우에는 임신 기간 내내 절대안정을 요할 수도 있다.

● 체중 관리에 주의한다

임신을 하면 체중이 느는 것은 당연하지만, 필요 이상으로 체중이 늘면 심장에 부담을 줄 수 있으므로 주의한다.

● 담배를 끊는다

흡연을 하는 임신부라면 즉시 담배를 끊는다.

● 외출 시 사람이 붐비지 않는 시간을 택한다

질병으로 조심해야 하거나 만삭의 임신부인 경우, 편히 앉아 잘 수 있고 사람도 많지 않은 교통수단을 이용하는 것이 바람직하다. 그리고 외출은 가능한 짧게 한다.

성병 환자의 임신

임신 전 성병이 의심스럽다면 가능한 빨리 성병 검사를 받는다. 부끄러운 마음에 성병을 감추게 되면 태아를 치명적인 위험에 빠뜨릴 수 있다. 헤르페스 같은 성병은 출산 시 태아가 산도를 지날 때 감염되면 태어난 후 사망할 수 있다. 클라미디아는 태아에게 치명적인 영향을 미치는데, 임신부가 태아에게 전염시키는 가장 흔한 성병

mom's note

심장병이 있을 때 주의해야 할 일

★ 산모수첩이나 연락처 등을 항상 소지한다

임신중독증이나 고혈압, 심장병 등의 증세가 있다면 갑자기 혈압이나 심장 질환 등으로 문제가 생길 수 있다. 위급 상황에 대비해서 보험증이나 산모수첩, 여분의 돈과 보호자 연락처 등을 항상 가지고 다닌다.

★ 외출할 때는 간편한 차림을 한다

특별한 질환이 없는 임신부라도 간편한 차림을 하는 것이 좋다. 옷을 길게 늘어뜨리거나 디테일이 화려한 옷을 입고 다니면 걸려서 넘어질 수도 있고, 넘어져도 순발력 있게 대처하지 못한다. 항상 차림은 간편하게, 짐은 작은 가방 하나 정도면 적당하다.

이다. 매독 같은 성병도 치료하지 않으면 태아가 위험에 빠지게 되고, 트리코모나스에 감염되면 아구창을 일으킬 수 있다.

성병은 서둘러 발견하고 치료하면 태아에게 미치는 영향을 줄일 수 있으므로 의사에게 털어놓고 상담하도록 한다.

여성 생식기에 생기기 쉬운 성병

헤르페스 질 외음염

초기 증상은 외음부의 불쾌감, 열감, 약간의 가려움 정도로 나타난다. 그러나 1~2주 후에는 궤양과 작은 물집이 다닥다닥 생기는데, 이렇게 되면 심한 통증이 나타나고 배뇨 시에도 참을 수 없을 만큼 아프다.

헤르페스 질 외음염은 몸의 면역체계가 약해졌을 때 쉽게 감염되므로 피로하지 않는 것이 최선의 예방이다. 헤르페스 질 외음염은 반드시 출산 전에 치료해야 한다. 아기가 산도를 지날 때 이 바이러스에 감염되면 태어난 후 헤르페스 감염으로 사망할 수 있기 때문이다.

만약 분만 때까지 낫지 않았다면 아기에게 감염되는 것을 막기 위해 제왕절개로 출산하는 것이 안전하다.

클라미디아성 경관염

성 접촉을 통해 전염되므로 남편과 함께 치료한다. 이 성병은 임신부가 뱃속 아기에게 전염시키는 가장 흔한 성병이지만 특별한 증세가 없어 그대로 방치하는 경우가 많다. 하지만 뱃속 아기에게 치명적인 영향을 주므로 적절한 치료를 받아야 한다.

트리코모나스 질염

트리코모나스 원충에 의해 감염되는데 증세로는 누런색 거품이 섞인 것 같은 냉이 보이며, 외음부가 몹시 화끈거린다. 심하면 성교 시 통증과 출혈도 생길 수 있고, 요로계통에 감염되면 소변볼 때 통증이 있고 소변이 자주 마렵다.

치료 방법으로는 약물을 복용하거나 질정을 1주일 정도 사용한다. 특히 임신, 수유 중이거나 혈액응고 장애가 있는 여성은 질정을 사용하며, 성생활을 하는 경우는 남성도 같이 치료해야 효과가 있다.

칸디다 질염

임신부 4명 중 1명이 이 병에 걸릴 정도로 흔하다. 항생제나 경구 피임약을 사용하는 여성에게 잘 나타난다. 또 당뇨병이 있을 때도 곧잘 증세를 보이는데 가려움증이 심해 진단해 보면 당뇨병이 발견되는 경우도 있다. 크림색의 뭉클뭉클한 질 분비물이 나오며, 가려움증, 작열감과 함께 외음부가 붉게 붓기도 한다.

의사의 지시에 따라 질정을 사용하거나 약물로 깨끗이 씻는다. 임신부의 경우 잘 치료하지 않으면 분만 시 신생아 입에 감염되어 아구창의 원인이 되기도 한다.

매독

피부 궤양, 피부 발진, 신체 내부 장기 손상 등으로 나타나는 매독은 매우 위험한 질병이다. 다행히 임신 중 치료가 가능하므로 임신 중 음부에 열창이 발견되면 즉시 검진을 받는다.

예비엄마, 예비아빠의 임신 전 플랜

건강하고 머리 좋은 아기를 낳으려면 임신 전부터 몸과 마음이 준비되어야 한다. 김신부의 건강은 곧 태아 건강과 직결되기 때문이다.
부부가 처한 상황에 따라 조금씩 다르지만, 출산을 계획하고 있다면 생활습관이나 몸 상태를 체크해 현명하게 관리한다.

no.1 계획임신을 한다

남녀가 만나 사랑을 하고 결혼을 하면 자연히 2세를 생각한다. 하지만 아무 준비 없이 아기를 갖기보다는 계획임신을 하는 것이 바람직하다.

우선 부부가 각자의 건강 상태를 사전에 체크하고 임신에 방해되는 나쁜 버릇이나 식성은 고친다. 또한 부부가 최상의 컨디션을 유지한 다음 시기를 잡아서 임신이 이루어지게 한다.

no.2 축복 속에 임신이 되게 한다

뱃속 태아에게는 엄마아빠의 사랑뿐 아니라 다른 가족, 친척, 주변 사람들의 축복이 필요하다. 이들의 이해와 축복이 있어야 완전한 임신에서 출산이 이루어진다고 볼 수 있다. 뱃속 아기도 부모의 사랑뿐 아니라 그들 모두를 지켜보는 따뜻한 눈길이 있어야 잘 자랄 수 있다.

no.3 오르가슴 순간에 사정한다

실험 결과 여성이 오르가슴에 도달하면 혈액 속의 아미노산과 당이 질 속에 분비된다고 한다.

식염수와 포도당을 용해한 물속에 정자를 넣어본 결과, 식염수 속에 넣은 정자는 죽은 듯이 움직이지 않지만, 포도당을 용해한 물속에 넣은 정자는 활발하게 움직이는 것으로 확인되었다고 한다.

이러한 사실로 보아 여성이 오르가슴에 도달했을 때 사정하면 정자의 경쟁률을 높일 수 있어 그중에 우수한 정자들이 수태될 가능성이 높다. 그러므로 임신을 계획한 부부라면 오르가슴 타이밍을 잘 잡아 수태할 수 있도록 한다.

no.4 문란한 성생활을 금한다

'성병'하면 에이즈를 떠올리지만 그에 못지않게 위험한 것이 임질과 매독이다.

임신 준비는 엄마 혼자만 하는 것이 아니다. 아빠도 함께해야 건강한 아기를 낳을 수 있다.

아빠의 문란한 성생활은 성병을 초래하고 성병은 결국 아내에게 직접적인 경향을 주어 뱃속 아기에게도 치명적인 문제를 일으킬 수 있다.

no.5 몸을 따뜻하게 한다

결혼을 앞둔 여성이라면 체력을 키워 둘 의무가 있다.

아름답게 보이려고 추운 날씨에 미니스커트를 입는다든지, 꽉 끼는 청바지를 입어 혈액순환을 나쁘게 하는 것은 바보짓이나 다름없다. 항상 몸을 따뜻하게 하고 혈액순환에 무리가 없는 옷을 입는다.

no.6 신선한 공기를 마신다

산소는 혈액 속의 헤모글로빈을 운반한다. 임신을 하면 엄마의 혈액을 통해 태아에게 혈액 공급을 하게 되는데 태아의 신경세포가 활발해지려면 산소 공급이 원활해야 한다. 임신 전이라도 신선한 공기를 많이 마시는 습관을 들이는 것이 좋다.

no.7 주변 오염 요소에 주의한다

오염과 공해가 심한 요즘, 정수되지 않는 물이나 농수산물의 농약, 자동차 배기가스, 전자레인지나 TV브라운관, 합성 목재 살충제, 담배연기 등 임신부가 주의해야 할 것들이 주변에 너무 많다.

태아를 위해서라도 매사에 주의를 기울이고 세심한 마음가짐으로 하나하나 짚고 넘어가는 습관을 들인다.

no.8 담배를 피지 않는다

임신이 이루어지기 3개월 전부터 예비엄마, 아빠는 담배를 끊는 것이 좋다.

특히 정자는 그때그때 생성되어 배출되는 것이 아니라 신진대사 과정인 2~3개월을 주기로 생성, 배출된다. 따라서 아기의 생명을 만드는 정자는 2~3개월 이전의 것이라 할 수 있다.

건강한 아기를 원한다면 2~3개월 전부터 몸과 마음을 바르게 한다.

no.9 알코올을 금한다

술을 마시면 정자의 수가 감소하고 정자의 힘이 약해져 임신이 어려워진다. 또 몸에 들어오는 유해물질이나 이물질을 해독하는 간 기능이 떨어진다. 건강하고 똑똑한 아기를 낳기 원한다면 임신 2~3개월 전부터 술을 끊는다.

no.10 체력 단련에 힘쓴다

여성의 몸은 뱃속 아기의 보금자리이므로 이상적인 환경으로 만들어 놓을 필요가 있다. 임신 전 몸매에 신경 쓴다고 다이어트를 하는 등 체력을 떨어뜨리면 태아는 좋지 않은 환경에서 자라게 된다.

4. 임신 중 신체 트러블

입덧이 나타나면 어떻게 할까?

입덧은 임신과 함께 나타나는 물리적인 현상으로, 임신부의 몸이 무엇을 필요로 하는지 알리는 신호와 같다. 따라서 평소 기호 식품과 관계없이 특정 식품이나 냄새에 구역질이 나고 메스꺼워진다. 괴롭고 힘들겠지만 이 시기 영양 섭취에 부족함이 없도록 신경을 써야 한다.

음식에 대한 기호가 달라진다

임신을 하면 갑자기 어떤 음식이 유난히 좋아지거나 싫어질 수 있다.

임신 전에는 쳐다보지도 않던 새콤한 과일이 자꾸 당기는가 하면 평소 좋아하던 도넛 냄새만 맡아도 구역질이 나거나 메스꺼울 수 있다. 이는 임신 초기 증가한 생식 호르몬 때문인데, 이 때문에 음식에 대한 기호가 달라진다.

평소 좋아하던 각종 요리나 음식 냄새에 구역질이 나고 메스꺼워지더라도 임신 중 자연스런 현상으로 받아들인다.

부족함을 알리는 신호다

입덧이 나타나는 주된 요인은 생식 호르몬이지만, 임신부의 몸이 무엇을 원하고 무엇을 거부하는지 알려 주는 물리적인 현상이라는 설도 있다.

평소 즐겨 마시던 탄산음료가 싫어지고 햄버거 생각만 해도 메스껍고 구역질이 난다면 자신의 몸이 뱃속 아기를 보호하기 위해 좋지 않은 식품을 거부하는 신호일지

도 모른다. 갑자기 좋아하지도 않던 우유
가 당긴다면 몸에 칼슘이, 잘 먹지 않던 과
일이나 채소가 당긴다면 몸에 복합 탄수화
물이 필요하다는 신호일 수 있다.

갑자기 좋아하던 음식이 싫어졌다고 해
서 몸에 이상이 생긴 것은 아니다. 따라서
아무리 음식에 영양가가 많더라도 며칠이
지나도 혐오증이 사라지지 않는다면 애써
먹을 필요는 없다. 대신 그와 영양 성분이
비슷한 다른 음식을 먹는다. 예를 들어 치
즈를 먹을 수 없다면 요구르트나 아이스크
림 등 다른 유제품을 먹어 칼슘을 보충하
고, 우엉을 먹을 수 없다면 섬유질이 풍부
한 다른 채소를 먹는다.

🌸 몸에 좋지 않은 음식이 당길 때

● 몸에 좋은 다른 식품으로 대체한다

젤리나 사탕, 초콜릿 등 단 음식이 자꾸
먹고 싶다면 건포도, 건자두 등 달콤하면
서도 영양이 풍부한 말린 과일을 먹고, 아
이스크림이 자꾸 당긴다면 얼린 요구르트
나 얼린 과일을 먹는 것이 좋다.

● 주의를 다른 곳으로 돌린다

몸에 좋지 않은 음식이 자꾸 먹고 싶다
면 먹고 싶은 생각이 사라질 때까지 주의
를 다른 곳으로 돌린다. 집중할 만한 일을
찾거나 취미생활을 하는 것도 좋은 방법이
다. 아기 용품을 만들거나 산책을 하다 보
면 먹고 싶은 생각이 자신도 모르는 사이
에 사라진다.

입덧을 줄이는 생활습관

임신 중에는 치료약을 함부로 쓸 수 없
으므로 병원에 의존하지 말고 생활습관을
조절하는 것이 좋다.

평소 음식을 조금씩 자주 나누어 먹되,
이때 싫어하는 냄새가 나지 않게 주의한
다. 또, 입덧을 유발하는 특정 음식은 피하
고 배고픔을 느끼기 전에 과일, 자연 재료
로 만든 주스 등 조금씩 먹을 만한 간단한
음식을 준비한다. 비타민 B6가 들어 있는
음식을 먹어도 입덧이 효과가 있다. 비타
민 B6는 당밀, 밀겨, 바나나, 아보카도, 말
린 콩, 달걀, 육류 등에 많이 들어 있다.

구토가 심할 때는 우유, 과즙, 엽차, 물
등을 충분히 섭취해 탈수 현상을 막는다.
레몬 조각의 냄새를 맡거나 종합 비타민을
먹는 것도 입덧 완화에 도움이 된다.

잇몸 출혈은 어떻게 예방할까?

아기를 낳을 때마다 이가 하나씩 빠진다는 옛말이 있을 정도로 임신 중에는 이와 잇몸이 약해지기 쉽다. 임신을 하면 잇몸이 물러지고 혈액이 잇몸쪽으로 많이 가므로 잇몸에서 피가 나고 붓는 현상이 발생한다.

입덧으로 칫솔질이 어렵더라도 입 속 청결에 각별히 신경 쓴다.

임신을 하면 잇몸이 약해진다

임신 기간 잇몸이 붓거나 잇몸에서 피가 나는 현상을 임신성 치은염이라고 한다.

충치와 잇몸 출혈 예방법

★ 칼슘을 충분히 섭취한다

임신을 하면 체내에서 분비되는 호르몬 변화에 따라 잇몸의 혈관 구조가 작은 자극에도 민감하게 반응하므로 치아와 잇몸에 질환이 생기기 쉽다. 치아 보호를 위해서라도 임신 전보다 칼슘을 더 많이 섭취해야 한다.

★ 치아 관리를 철저히 한다

입덧 때문에 칫솔질을 하는 것이 무척 괴로울 수 있다. 하지만 임신 전보다 군것질 횟수가 늘어나므로 이를 자주 닦는다. 하루에 두 번 이상 양치질하고 치태가 끼지 않도록 치실을 이용한다.

★ 단 음식을 멀리 한다

설탕, 과자, 청량음료 등 당분이 많은 음식을 멀리하고, 먹게 되더라도 양치질을 잊지 않는다. 단것이 먹고 싶을 때는 과일이나 견과류로 대신한다.

★ 잇몸 치료는 임신 중기에 받는다

치과 치료를 받아야 할 경우라면 심신이 안정된 중기에 받는 것이 바람직하다. 단, 약물이나 마취, X선 촬영 등으로 태아에게 좋지 않은 영향을 미치는 일이 없도록 미리 치과 의사에게 임신 사실을 알린다.

임신성 치은염에 걸리면 이를 둘러싼 경계선이 부어오르기 시작하여 붉은색을 띠기도 한다. 상태가 악화되면 잇몸이 심하게 붓고 잇몸에서 피가 난다.

부드러운 빵을 먹거나 양치질을 할 때 피가 날 수도 있는데, 이는 임신 중에 나타나는 일시적인 현상으로 출산 뒤에는 저절로 사라진다. 임신성 치은염으로 괴로울 때는 치과를 방문해 올바른 칫솔질과 치실 사용법을 배운다.

임신 중 건강한 치아·잇몸 유지하는 노하우

치과 검진은 임신 전에 미리 받는다. 하루에 적어도 두 번 이상 깨끗이 양치질을 하고, 치실로 치태를 깨끗이 제거한다. 또한 치아를 썩게 하고 잇몸병의 원인이 되는 당분 섭취를 줄인다. 잇몸을 튼튼하게 하는 데 효과적인 비타민 C를 매일 충분히 섭취하는 것도 좋다.

임신 중 바른 칫솔질

이와 잇몸이 만나는 부분에 칫솔을 대고 위아래로 짧게 문지른 다음 이의 바깥 면과 안쪽 면, 씹는 면을 차례차례 닦는다. 칫솔질은 한 군데에 적어도 10회 정도 앞뒤로 깨끗이 닦는다.

부종이 나타나면 어떤 조치를 취할까?

임신 8개월 무렵이 되면 발, 다리, 손가락 등이 붓는 부종을 경험하게 된다. 이러한 부종은 임신이 진행됨에 따라 자궁이 커지면서 혈액순환을 방해하기 때문인데, 이 때문에 수분이 정체되어 일어난다.

발목·다리·손가락 등이 붓는다

임신 부종은 몸속에 있는 수분이 불균형을 이루기 때문에 나타나는 현상이다.

부기가 생기는 곳은 손, 손가락, 발, 발목, 다리 등인데 다리 아래쪽 부분의 뼈 앞부위를 20초 정도 꼭 눌렀다가 떼었을 때, 피부에 눌린 자국이 그대로 남으면 부종이 생긴 것이다. 오랫동안 서 있는 직업을 가진 임신부나 날씨가 덥거나 저녁에 더 심하다.

부종을 피하기 위해서는 다리를 위로 올려놓고 휴식을 취하고, 앉을 때 다리를 꼬고 앉지 않는다. 신발도 꼭 끼는 신발을 신지 말고 노폐물을 씻어내기 위해 물을 많이 마신다.

특히 임신 후기에는 자궁이 커짐에 따라 혈액순환이 잘되지 않으므로 손이나 발이 더 잘 붓는다. 이때 손이나 발의 부기를 빼는 체조를 하면 혈액순환이 원활해져 부기가 쉽게 가라앉는다.

부종을 완화하는 방법

- 소파나 쿠션 위에 다리를 위로 올려놓고 앉는다.
- 발이 꽉 조이는 신발을 신으면 혈행에 방해 되어 발이 더욱 붓는다.
- 판탈롱 스타킹이나 양말은 혈행에 방해가 되므로 신지 않는다.
- 앉을 때 다리를 꼬고 앉으면 혈행을 방해해 발이 붓기 쉽다. 구부정한 자세도 마찬가지다.
- 임신부용 고탄력 팬티스타킹을 신는다.
- 물을 자주 마신다. 물을 충분히 섭취해야 몸속에 정체된 수분이 체외로 빠져나가 부기가 가라앉는다.
- 짠 음식을 섭취하면 수분 정체 현상으로 부종이 더 심해진다. 가능하면 염분이 많이 든 음식은 피하도록 한다.

부기 빼는 체조

★ 발의 부기 빼는 체조

▲ 옆으로 누운 상태에서 위쪽의 다리를 폈다가 무릎을
오므리면서 상체 쪽으로 올린다. 이때 너무 상체 쪽으로 올려
배에 충격이 가지 않게 한다. 이 동작을 10회 정도 한다.

★ 손의 부기 빼는 체조

◀ 의자에 앉아
양손을 어깨
너비만큼 벌리고
양손을 교대로
뻗었다가 오므린다.

▶ 양손을 오므릴
때는 겨드랑이가
벌어지지 않게 한다.
이 동작을 10회
반복한다.

▲ 다음에는
양손을 동시에
뻗었다가 오므려
본다. 이 동작도
10회 반복한다.

부종이 심하면 고혈압을 의심한다

임신부 대다수가 부종을 경험하는데, 대부분은 휴식을 취하면 곧 좋아진다. 만약 충분한 휴식을 취했는데도 부종이 사라지지 않으면 의사에게 알린다. 고혈압의 징조일 수 있기 때문이다.

부종에 좋은 운동

걷는 운동은 임신 중에는 물론 시간에 구애받지 않고 할 수 있는 가장 효과적인 운동으로, 다리 정맥의 혈액을 발에서 위로 보내는 것을 촉진한다. 또한 발목의 가벼운 부종과 다리의 무거운 느낌을 해소하는 데 도움을 준다. 단, 너무 오래 걷거나 장시간 서 있는 것은 피한다.

부종에 좋은 음식

● **녹황색 채소**

태아의 대사 작용을 돕고 비타민 B_1이 풍부해 부기를 완화한다.

● **콩류**

해독 작용이 뛰어나고 임신부의 부기를 가라앉히는 데 효과적이다. 특히 임신 후기에는 몸이 많이 붓는데, 콩을 자주 챙겨 먹으면 부종을 예방할 수 있다.

● **해조류**

식이섬유와 미네랄이 풍부해 혈액순환을 원활하게 하므로 부종 완화에 효과적이다.

정맥류가 나타나면 어떻게 대처할까?

임신을 하면 체중이 늘고 자궁에 압박을 받아 심장 쪽으로 흘러들어가는 혈액 흐름이 지체된다. 이로 인해 정맥혈에 정체가 일어나 혈관들이 이완되면서 혈액을 가두게 되어 정맥류가 생긴다.

임신이 진행될수록 조심한다

정맥류는 커진 자궁이 뱃속 정맥을 눌러 하체의 정맥 혈압이 올라가기 때문인데, 다리나 외음부에 울혈 반점이 생기거나 정맥 혈관이 몹시 굵어지고 튀어나오는 것이 특징이다. 다리가 묵직하거나 부어오르기도 하고 푸른 정맥의 윤곽이 흐릿하게 보일 수 있다.

대개 임신이 진행될수록, 또 오래 서 있을수록, 그리고 몸무게가 많이 늘어날수록 정맥류가 심해진다.

정맥류는 다리나 유방, 외음부에 잘 생기며 항문에도 생긴다. 치질도 항문이나 직장에 생긴 정맥류의 한 종류이다. 특히 정맥류가 다리에 생기면 외관상 보기 좋지 않으므로 스트레스를 받거나 짧은 옷을 꺼리게 되는데 대개는 출산 후 저절로 사라진다.

정맥류를 예방하는 생활습관

평소 올바른 자세를 취한다. 너무 오랫동안 서 있는 것은 좋지 않다. 가능하면 두 발을 자주 의자 위나 소파 위에 올려놓고 안정을 취한다. 임신부용으로 나오는 고탄력스타킹을 신어도 효과가 있고, 부드럽게 마사지하는 것도 정맥류를 예방하는데 도움이 된다.

만일 오랫동안 서 있어야 할 일이 있거나 주로 서서 일하는 직업을 가진 임신부라면 일부러라도 앉아서 휴식을 취하고 한 자세로 오랫동안 있지 말고 자세를 자주자주 바꾸어준다.

휴식을 취할 때는 다리를 부드러운 쿠션이나 의자 위로 올리고 앉거나 눕는다. 또한 체중이 지나치게 늘지 않도록 신경 쓰고 자주 걸어 혈액순환을 돕는다.

수면 시 왼쪽을 보고 옆으로 누워서 자는 습관을 들인다. 이는 심장에서 다리, 태아에게 혈액공급을 가장 원활하게 하는 자세로 부정맥, 부종, 요통 등을 완화할 수 있다.

변비는 어떤 주의를 해야 할까?

변비는 임신 중 증가한 생식 호르몬이 내장 근육을 이완시켜 기능이 떨어지고, 자궁이 커지면서 내장을 압박해 정상적인 기능을 방해해 생긴다. 또한 임신부 영양제에 들어 있는 성분도 변을 딱딱하게 만들어 배변을 어렵게 한다. 임신 중 소화불량 문제는 대개 변비에서 시작되므로 변비에 걸리지 않도록 주의한다.

변비에 걸렸다면 아무리 괴롭더라도 의사와 상의 없이 함부로 약을 복용하지 않는다. 변비약은 몸에 필요한 영양분까지 씻어낼 수 있기 때문이다. 게다가 뱃속 아기에게 해로울 수 있으므로 주의한다.

🌸 변비를 예방하는 방법

섬유질이 풍부한 식품을 먹고, 물을 자주 마신다. 또한 당분이 많이 들어 있는 식품은 제한하고 규칙적으로 배변하는 습관을 들이며, 매일 적당히 운동을 한다.

변비를 다스리는 식생활

🌸 규칙적인 식사 습관을 기른다

변비는 임신 초기 입덧과 관련이 깊다. 입덧이 심해 제대로 먹지 못하거나 식사 시간과 양이 불규칙하면 변비의 원인이 될 수 있다.

조금씩 자주 먹거나 자신의 입맛에 맞는 새로운 조리법을 적극적으로 이용하여 때를 거르지 않도록 주의하고 규칙적으로 식사할 수 있도록 노력한다.

🌸 장 운동을 돕는 식품을 먹는다

임신을 하면 유산을 막고자 장의 활동이 둔해지기 쉽다. 변비 증세를 완화하려면 변을 부드럽게 완화하는 요구르트, 바나나, 감귤류, 양배추, 고구마, 미역, 버섯 등 섬유질이 풍부한 식품을 섭취한다.

아침에 일어났을 때 찬 우유나 물을 마시면 장을 자극하여 변을 보기 쉽다. 매일 일정한 시간에 규칙적으로 배변하는 습관을 들이고 변의를 참지 않는다.

🌸 자극적인 음식을 피한다

평소 위가 튼튼하던 사람도 임신하면 소화가 잘 안 될 수 있다. 이럴 때는 영양가가 높고 소화가 잘되는 식품, 위에서 흡수가 잘되는 식품을 골라 먹는다. 그런 식품으로는 흰살생선, 달걀, 사과, 닭 가슴살 등이 있다.

또한 날것보다는 익히거나 싱겁게 조리해서 먹는다. 가능하면 단것이나 자극성이 강한 것은 피하고 규칙적으로 식사하는 습관을 들이도록 한다.

치질은 어떻게 예방할까?

임신 중에는 황체 호르몬의 작용이 활발해짐에 따라 장의 운동이 저하되어 변비에 걸리기 쉽고 변비는 치질로 이어지기 쉽다. 그러므로 평소 수분과 섬유질 섭취에 각별히 신경 쓴다.

좌욕으로 치질을 완화시킨다

치질은 항문이나 직장에 생긴 정맥류라 할 수 있는데, 과거 치질을 앓은 적이 없는 사람도 임신 중이나 출산 후에는 치질에 걸릴 수 있다. 대표적인 증세로는 직장 작열감, 가려움증, 통증, 출혈 등으로 배변 후 휴지로 항문을 닦았을 때 피가 묻어 나오거나 항문 입구가 아프거나 간지럽다면 치질이 아닌지 병원에 가서 검사를 받는 것이 좋다.

치질에 걸리면 분만 시 더욱 심해질 수 있으므로 분만기가 오기 전에 따뜻한 물로 자주 좌욕해 혈액순환을 높이고 치질 완화를 위해 노력하는 것이 좋다.

만약 치질 증세가 심해 배변을 볼 때 피가 나거나 쓰리고 아파 참을 수 없다면 조치를 취한다. 의사의 지시에 따라 일시적으로 증상을 완화하는 국소마취 연고를 바르거나 치질 부위에 얼음찜질을 해도 좋다. 그래도 괴로울 때는 가만히 누워 쉬면 압박감과 통증이 다소 줄어든다.

치질을 완화하는 방법

치질을 예방하려면 섬유질이 풍부한 야채를 많이 먹고 물이나 우유를 자주 마셔 변을 부드럽게 해 준다. 규칙적인 배변습관과 적절한 운동도 치질을 완화하는데 도움이 된다. 잠을 잘 때는 옆으로 누워 항문쪽에 압박감을 주지 말며, 다리를 올려놓고 무릎을 조금 구부리고 누워 자도록 한다. 오래 앉아 있거나 오래 서 있지 않도록 하고 변을 볼 때도 힘을 많이 주지 말고 빠른 시간에 배변하는 습관을 들이는 것도 중요하다. 하루에 두세 번 온욕을 해서 통증을 달래주는 것도 치질을 완화하는 방법이다.

스트레스는 변비의 적

스트레스는 곧 변비로 연결될 수 있다. 앞으로 태어날 아기를 생각하며 7 분 좋은 생각과 취미 활동을 하여 스트레스가 쌓이지 않게 한다. 혼자서 힘이 들 때는 남편이나 가족의 도움을 받아 우울한 기분이 되지 않게 노력한다.

종아리 경련은 어떻게 해결할까?

임신을 하면 늘어난 체중 때문에 다리 근육이 쉽게 피로해진다. 특히 임신이 진행되어 배가 커지면 대퇴부 정맥을 압박하면서 다리에 쥐가 나기 쉽다. 가능하면 다리를 수시로 마사지하고 휴식을 취한다.

마사지로 종아리 근육을 풀어준다

자궁이 제법 커지는 임신 중기 이후에는 종아리 근육에 쥐가 나거나 억제할 수 없을 정도로 근육이 뭉쳐 자다가 깨는 일이 생긴다. 특히 이런 현상은 임신 중기와 후기에 자주 나타나는데 칼슘 부족이나 마그네슘 부족으로도 나타날 수 있으므로 식품이나 영양제로 충분히 섭취하도록 한다.

❤ 종아리 경련 예방법 & 완화법

- 시간이 날 때마다 잠깐씩이라도 신발을 벗고 다리를 위로 올려놓는다.
- 혈관이 느슨해지는 것을 막아 주는 임신부용 고탄력 팬티스타킹을 신고 발목과 발을 돌려 종아리 근육을 풀어 준다.
- 발끝이 얼굴을 향하도록 발목을 뒤로 젖힌 다음 근육을 부드럽게 마사지한다.

- 벽을 마주 보고 30cm 정도 떨어져서 두 발을 30cm 정도 벌리고 똑바로 선 다음 팔을 뻗어 양 손바닥으로 벽을 짚는다. 그런 다음 팔꿈치를 굽혀 얼굴을 벽 가까이 가져갔다 폈다 하는 동작을 5~10회 반복한다.
- 다리를 자주 위로 올려주고 임신부용 고탄력 팬티 스타킹을 신어 혈액 순환을 좋게 한다. 경련이 일어났을 때 이 동작을 5~10회 반복한다.

❤ 종아리 경련 응급처치

근육 경련은 잘 때 많이 일어나는데 돌아눕거나 다리를 쭉 펼 때 통증이 느껴지기 쉽다. 이는 장딴지와 허벅지 근육이 늘어난 몸무게를 지탱하는 데 지쳐서 생기거나 혈액순환이 나빠져 생기기도 한다.

갑자기 다리가 당기는 것을 막으려면 몸을 너무 피곤하지 않게 하고 칼슘과 비타민 B 섭취를 늘린다. 피로할 때 수시로 다리를 주물러 주는 것도 좋은 방법이다.

다리에 쥐가 날 때는 한 손으로 발을 잡아당기고 다른 손으로 쥐가 나는 종아리를 힘을 주어 잡아 다리를 풀어 준다. 다리를 쭉 뻗고 앉아 발목과 발을 천천히 돌려 혈액순환을 원활하게 해 주는 것도 뭉친 근육을 풀어 주는 좋은 방법이다. 따뜻한 수건으로 감싸는 것도 도움이 된다.

요통에 어떻게 대처할까?

출산이 가까워질수록 자궁이 커지면서 하복부에 무게가 가해지고 척추가 힘을 받아 요통이 생기기 쉽다. 이는 몸의 중심이 뒤로 젖혀지면서 허리 근육을 긴장시키기 때문이므로 자세를 바르게 하고 체중 조절에 힘써야 한다.

늘어나는 몸무게가 문제다

요통은 임신 후기 찾아오는 흔한 증상으로, 임신 중 허리 통증에 시달리지 않는 임신부는 없다고 해도 과언이 아니다.

배가 무거워짐에 따라 똑바로 서면 중심이 앞으로 쏠리는 것 같아 상체를 뒤로 젖히게 된다. 이럴 때 등이나 허리 근육이 무리하게 긴장되어 요통이 생긴다. 또 임신 후기가 되면 자궁이나 임신부의 몸무게가 더해져 등뼈나 골반에 부담을 주게 되는데 이 때문에 허리가 아프다. 이러한 통증은 임신 막달이 되면서 더욱 심해진다. 태아의 머리가 골반 쪽으로 내려가면서 척추를 눌러 통증을 유발하기 때문이다.

요통을 예방하는 생활 습관

임신 중 요통을 줄이는 방법은 여러 가지가 있다. 우선 굽이 낮은 신발을 신고 허리근육을 강화시키는 운동을 한다. 또 잠자는 시간에 허리를 보호하는 것이 중요하다. 너무 푹신한 침대 매트리스보다는 온돌이나 좀 딱딱한 매트리스가 허리보호에 더 효과적이다.

수면 시 옆으로 누워 구부린 자세로 자거나, 잠잘 때 양쪽 무릎 사이에 베개나 방석을 끼고 자는 자세도 허리에 부담을 덜 준다.

물건을 들어 올릴 때는 대퇴부의 힘을 이용하여 들어올리는데 허리를 구부리지 말고 무릎을 구부려 앉았다가 들어 올린다.

그밖에 체중이 지나치게 늘지 않도록 식사 조절을 하고 낮에 30분 정도 신발을 벗고 낮잠을 잔다. 큰 아이가 있다면 아이가 잘 때 같이 낮잠을 잔다. 한자리에 너무 오래 서 있는 것도 요통을 유발하므로 발판을 이용하여 한 발씩 번갈아가며 올려놓아 허리에 가해지는 압박감을 줄인다. 요통이 심하면 의사와 상담한 뒤 의사의 지시에 따른다.

복부 통증에 어떤 조치를 취할까?

임신 중 가벼운 복부 통증은 나타날 수 있지만 심한 복통은 조산이나 유산의 신호일 수 있으므로 복부 통증에 대한 정보를 알아 둔다.

여러 가지 이유로 복통이 생긴다

복부 통증은 임신부가 과로하거나 체했을 때, 운동을 하고 난 뒤나 운동 중 긴장된 근육과 인대에 무리가 갔을 때도 쉽게 찾아온다. 그러나 격렬한 통증은 위급한 상황을 알리는 신호일 수 있으므로 즉시 의사에게 연락을 취하고 병원으로 향한다.

자궁이 커져서 위로 올라오면 위가 압박되어 체한 것처럼 느껴지기 쉽고 복통이 생길 수도 있다. 또한 위산이 증가해서 가슴이 쓰릴 수도 있다. 이럴 때는 한꺼번에 많이 먹지 말고 조금씩 자주 먹는 습관을 들인다. 또한 자궁이 커지면서 자궁을 받치는 근육과 인대가 늘어날 때 복통이 나타나기도 한다. 그러나 이러한 복통은 일시적인 증세이므로 걱정하지 않아도 된다.

위급 상황을 알리는 복부 통증

심한 복부 통증은 위급 상황을 알리는 신호일 수 있으므로 슬기롭게 대처한다. 다음은 복부 통증을 수반하는 위급한 상황이다.

- **유산** 임신 3개월 안에 아랫배가 뭉클하면서 격렬한 통증과 출혈이 있으면 유산인 경우가 많으므로 즉시 병원으로 향한다. 이러한 조기유산은 모든 임신의 20%를 차지하는데 유산 시기가 늦을수록 몸을 회복하는데 많은 시간이 걸린다.

- **자궁 외 임신** 정상 임신은 수정란이 자궁내막에 착상하지만 자궁내막 외에 자리를 잡으면 임신 상태를 지속할 수 없다. 이때 심한 복부 통증과 함께 출혈이 생긴다.

- **조산** 정상적인 출산과 증세는 비슷하지만 예정일보다 아기가 빨리 태어나는 것을 말하는데, 이슬이 비치고 복부에 격렬한 통증이 나타난다. 조산 징후가 나타나면 즉시 병원으로 향한다.

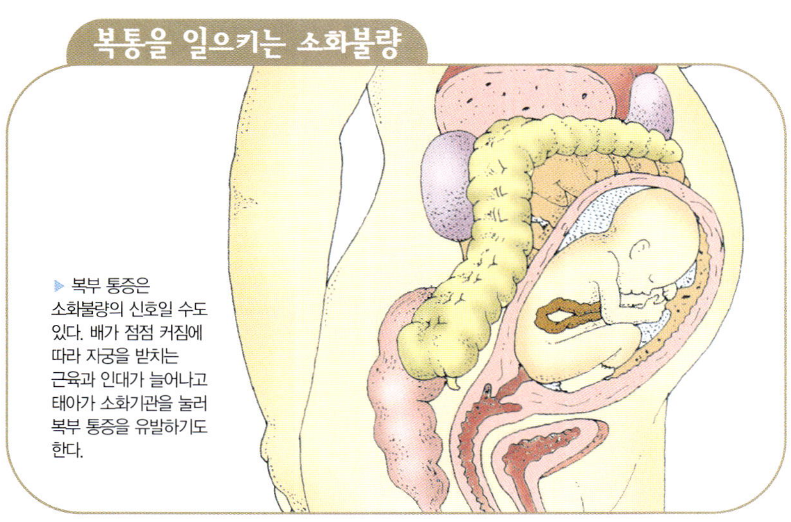

▶ 복부 통증은 소화불량의 신호일 수도 있다. 배가 점점 커짐에 따라 자궁을 받치는 근육과 인대가 늘어나고 태아가 소화기관을 눌러 복부 통증을 유발하기도 한다.

질 출혈에 어떻게 대처할까?

임신 기간에는 항상 질 출혈에 주의해야 한다. 임신 초기 질 출혈은 착상이나 호르몬 변화로 인해 나타날 수 있지만 격렬한 복통과 함께 나타나는 질 출혈은 대개 위험하다. 특히 임신 후기 질 출혈은 유산이나 진통 등의 신호일 수 있다.

임신 초기 질 출혈

임신 초기에는 간혹 자궁내막이나 자궁구에서 출혈이 일어날 수 있다. 출혈이 비치면 당황하겠지만 이럴 때는 침착하게 상태를 살핀 다음 즉시 병원으로 간다.

임신 초기 질 출혈의 대부분은 크게 걱정할 일이 아니지만, 유산이나 자궁 외 임신 등 위급한 상황을 알리는 신호일 수도 있으므로 의사와 상의한다.

🌸 임신 초기 질 출혈의 원인

난자와 정자가 만나 수정된 수정란이 자궁내막에 자리를 잡을 때 약간의 출혈이 있을 수 있다. 월경주기가 되었을 때 호르몬의 영향으로 가벼운 출혈을 보이는 임신부도 있고, 성관계 시 자궁경부에 상처가 있으면 출혈이 있게 된다. 가벼운 염증일 때는 특별한 조치 없이도 낫지만 출혈량이 많을 때는 자궁경부암에 대한 선별 검사로 자궁경부 세포진 검사를 받는 것이 좋다.

🌸 위급 상황을 알리는 질 출혈

격렬한 복부 통증과 함께 심한 출혈이 있으면 유산의 신호일 수 있다. 즉시 병원으로 향해 적절한 치료를 받아야 한다.

수정이 이루어진 난자가 자리를 잡기 위해 자궁내막으로 가는 도중 자궁 외의 난관에 착상되는 경우가 있는데 이것을 자궁 외 임신이라 한다. 이렇게 착상이 된 후 5~6주 후부터 임신부는 하복부에 심한 통증과 질 출혈을 보이게 된다.

수정란이 자궁내막이 아닌 난관에 자리를 잡게 되면 태아가 성장함에 따라 난관이 팽창하여 파열되거나 뱃속에 피가 고이게 되어 임신부가 쇼크를 일으키거나 의식이 몽롱해지는 위험에 처할 수 있다. 자궁 외 임신의 90% 이상이 난관 임신이며 유산이나 난관파열로 이어진다. 난관파열은 수정된지 12주 이내에 같이 발생하므로 그 안에 조치를 하는 것이 중요하다.

임신 중·후기 질 출혈

임신중기와 후기에 나타나는 질 출혈은 내진이나 일시적인 현상이 원인인 경우가 많다. 때문에 크게 걱정하지 않아도 되지만 간혹 태반에 문제가 생겼거나 유산의 징조인 경우, 진통의 신호인 경우도 있으므로 조심한다.

▲ 임신 후기 질 출혈은 유산이나 진통의 신호일 수 있으므로 반드시 의사에게 보여야 한다.

태반에 문제가 있는 경우는 태반이 자리를 잘못 잡았거나 자궁벽에서 떨어져 나올 경우이다. 이때 출혈이 생기게 되는데 출혈의 양과 통증에 따라 심각성이 달라진다. 아무튼 임신중기와 후기에 출혈이 보이면 위험신호일 수 있으므로 서둘러 병원으로 간다.

🌸 임신 중·후기 질 출혈의 원인

태반이 정상적으로 자궁 상부에 부착되지 않고 자리를 잘못 잡았거나 자궁벽에서 분리되어 떨어져 나오면 출혈이 생긴다. 문제의 심각한 정도에 따라 출혈의 양과 통증은 다를 수 있으므로 태반 상태를 확인하고 조치를 취한다.

유산을 알리는 질 출혈은 처음에는 적은 양으로 시작해 점차 많아지는 것이 보통이다. 복부 통증과 함께 심한 출혈이 있으면 유산을 막을 수 없지만 몇 주에 걸쳐서 간헐적으로 소량의 갈색 분비물이 비치거나 분홍색 분비물이 며칠간 비칠 때는 신속한 조치로 유산을 막을 수 있다.

임신 후기 격렬한 통증과 함께 심한 출혈이 일어나는 것은 진통이 시작되었다는 신호일 수도 있다. 예정일을 1~2주 앞두고 이런 증상이 나타나면 분만을 생각해 볼 수 있다. 임신 중기에 이런 현상이 일어나면 즉시 병원으로 가서 조치를 취한다.

조산을 예방하는 생활습관

★ 과로하지 않는다

임신 후기로 접어들수록 몸이 피로하지 않게 주의해야 한다. 직장생활을 하는 임신부는 야근을 피하고, 근무 중 피로감이 심해지면 직장 동료나 상사에게 양해를 구하고 잠시 휴식을 취한다. 집안일은 남편의 도움을 받는다.

★ 장거리 여행이나 심한 운동은 피한다

장거리 여행은 그 자체만으로도 임신부에게 힘든 일이므로 피하는 것이 좋고, 격렬한 운동도 무리가 갈 수 있으므로 피한다. 만약 조산 징후가 보이면 당황하지 말고 의사와 상담하여 적절한 조치를 취한다.

★ 계단은 난간을 잡고 천천히 오르내린다

발을 헛디딘다고 해서 무조건 조산이나 유산이 되는 것은 아니지만 계단을 오르내릴 때는 난간을 잡고 이동하는 것이 좋다.

★ 성생활에 주의한다

자궁 입구가 부드러워져 있으므로 조기 파수나 감염 등을 일으킬 수 있다. 따라서 격렬한 성행위는 자제하는 것이 좋다.

★ 배를 부딪치지 않게 주의한다

책상 모서리나 물건 그리고 길모퉁이를 돌아서면서 사람과 부딪치지 않게 주의한다. 사람이 붐비는 시장이나 백화점, 러시아워 때 지하철을 이용하는 것도 가능하면 피한다.

★ 오래 서 있거나 쪼그리고 앉지 않는다

주방에서 오래 서 있거나 직장 일로 오래 서 있는 경우, 장시간 쇼핑하며 걸어 다니는 경우 혹은 쪼그린 자세로 계속 앉아 있는 경우도 자궁구와 배에 압박을 줘 자궁 수축을 일으킬 수 있다.

★ 질병이나 스트레스를 피한다

몸이 허약하거나 영양 상태가 좋지 않아도 조산 위험이 있다. 심한 피로나 스트레스도 주의한다. 피로나 스트레스가 있을 때는 편안한 마음으로 휴식을 취하는 것이 좋다.

★ 임신중독증에 주의한다

임신 후기 임신중독증에 걸리면 태아에게 충분한 산소와 영양을 공급하지 못하므로 태아의 성장에 방해될 뿐 아니라 조산을 일으키기 쉽다.

임신 중 나타나는 불쾌한 통증과 처방

	갈비뼈 통증	유방 통증	정맥류	부종	질분비물과 통증
증세	보통 가슴 바로 아래쪽이 심하게 쑤시고 아프다. 앉아 있을 때 통증이 더욱 심하다. 주로 후기에 잘 나타난다.	유방이 무겁고 불편하며 유두가 따끔거린다. 유방은 임신 기간 내내 부드러워지는데 출산이 가까워질수록 점점 더 부드러워진다.	피부 바로 아래 정맥이 붓는다. 다리나 항문에 가장 흔히 나타나며 음부에서도 나타날 수 있다.	조직 내에 유동체의 양이 증가하면서 부종이 발생한다. 특히 발과 얼굴, 손이 붓는다. 반지가 손에 꼭 낀다.	질에서 하얀 분비물이 나오면서 질과 외음부, 회음부, 항문 주위가 건조하고 심하게 따끔거린다. 소변을 볼 때 통증이 느껴진다.
원인	자궁이 복부로 올라오면서 갈비뼈가 압박을 받기 때문에 통증이 생긴다. 태아가 머리로 갈비뼈 아래에 상처를 주기도 하고, 손이나 발로 세게 찰 수도 있다.	호르몬은 출산 후 아기가 먹을 젖을 분비할 수 있도록 임신부의 유방을 준비시킨다. 유방에 젖을 채우기 위해 유방 조직이 변화하므로 통증이 따른다.	태아가 점점 자라면서 직장을 압박하고 심장을 향한 정맥의 흐름을 늦춘다. 따라서 혈액이 고이면서 혈액순환이 되지 않아 정맥이 부풀어 오른다.	더운 날씨에 하루 종일 서 있으면 발목에 유동체가 고인다. 임신과 관련된 고혈압으로 인해 유동체를 혈류로부터 조직 안으로 흐르게 하면서 부종이 발생한다.	임신 중 매우 흔히 발생하며, 질의 혈액 흐름이 증가함에 따라 체액 안으로 당분이 유입되기 때문에 발생하는 것으로 보인다. 지나친 당분 섭취는 이 증세를 악화시킨다.
처방	갈비뼈를 압박하지 않는 헐렁한 옷을 입는다. 누울 때는 쿠션을 받친다. 출산 전 태아의 머리가 골반을 향하면 통증이 사라진다.	임신 초기부터 임신부용 브래지어를 착용한다. 가슴이 크면 밤에도 착용하는 것이 좋다. 하루에 한 번 순한 비누로 유방을 부드럽게 씻고 가볍게 톡톡 치면서 말린다.	너무 오래 서 있지 않는다. 가능한 자주 발을 올려놓는다. 임신부용 스타킹을 신거나 부드럽게 마사지하여 정맥류를 예방한다.	더운 날씨에 장시간 서 있지 말고 앉을 때나 누울 때 발을 올려놓는다. 짠 음식을 먹지 않는다. 부기가 심하면 전문적인 치료를 받는다.	몸에 달라붙는 바지는 피하고 면 소재 옷을 입는다. 의사의 지시대로 질 입구와 항문, 대퇴부 주위 피부에 크림을 바르고 부드럽게 마사지하면 따끔거리는 증세가 덜하다.
태아에 미치는 영향	없음	없음	없음	의사는 항상 부종 상태를 체크해야 한다. 부종은 고혈압의 신호가 될 수 있고, 고혈압은 합병증으로 이어질 수 있다.	아기가 태어날 때 입이 감염될 수 있다.

5. 임신 중 산전 검사

진단 검사와 스크리닝 검사는 무엇일까?

진단 검사와 스크리닝 검사는 태아를 검사하는 검사 방법이다. 스크리닝 검사가 태아 문제의 가능성과 위험성 여부를 알 수 있는 검사라면 진단 검사는 그렇다, 아니다를 판단하는 검사다.

진단 검사

진단 검사는 어떤 결과를 통해 사실을 확인할 수 있는 검사로, 의학적인 결정은 진단 검사 결과를 근거로 이루어진다.

예를 들어 임신이 되었다 안되었다를 가려주는 임신 테스트는 진단검사의 한 종류이다. 양수 검사나 융모막 융모 검사 등이 이에 속한다.

스크리닝 검사

스크리닝 검사는 문제점이 있다거나 위험성이 있을 때 그 사실을 알려 주는 검사로, 태아에게 뭔가 이상이 있을 수 있다는 것을 보여주는 검사다. 임신 초기 문제 가능성을 발견해 나중에 더욱 정확한 진단 검사를 받을 수 있게 해 주는 것이 바로 스크리닝 검사의 역할이다.

예를 들어 스크리닝 검사의 한 종류인 알파태아단백질(AFP) 검사를 했을 때 선천성 기형의 가능성이 있다고 결과가 나왔다면 다른 아기보다 위험성이 있다는 것을 알려줄 뿐 그 병에 걸렸다고는 할 수 없다. 그 병에 걸렸는지를 정확히 알려 주는 것은 진단 검사이다.

기본 검사에 어떤 것이 있을까?

기본 검사는 임신 중 정기적으로 받는 검사로, 병원에 갈 때마다 받는다. 체중 검사, 혈압 검사, 소변 검사, 혈액 검사가 여기에 속한다.

체중 검사

임신이 진행되면서 체중이 느는 것은 당연하지만, 지나치게 늘지 않도록 주의한다. 체중이 지나치게 증가하면 태아가 어떻게 성장하고 있는지 의사가 식별하기 어렵고 임신 합병증에 걸릴 위험이 있다.

체중이 늘어나는 양은 사람에 따라 조금씩 다르지만, 임신 기간동안 평균 11~16kg 정도 늘어난다. 특별한 이유 없이 갑자기 체중이 지나치게 느는 것은 몸에 이상이 생겼다는 신호일 수 있으므로 늘 주의 깊게 살펴본다.

혈액 검사

임신 초기 혈액 검사를 통해 여러 가지 건강 정보를 얻을 수 있다. 방법은 팔꿈치 안쪽의 혈액을 채취해 검사한다. 먼저 수혈 시 반드시 필요한 정보로, 혈액형을 알 수 있고, 빈혈 여부를 확인해 필요한 조치를 취할 수 있다. 헤모글로빈은 적혈구에 산소를 공급하는데 임신 중 헤모글로빈 수치가 떨어지면 빈혈이 생길 수 있다.

Rh인자가 음성인지 양성인지도 알 수 있다. 아내가 Rh−형이고 남편이 Rh+형이면 뱃속 아기의 혈액형이 모체와 일치하지 않아 임신에 문제가 생길 수 있으므로 이 또한 조치를 취해야 한다.

풍진 면역성이 있는지 여부와 HIV와 매독 같은 성병 감염 여부도 알아볼 수 있다.

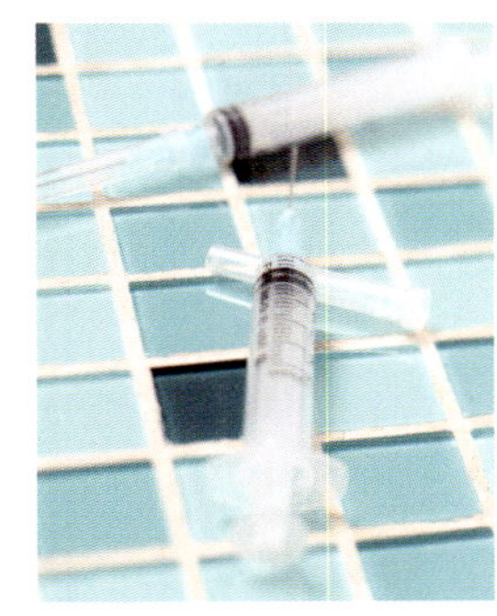

▲ 혈액 검사는 임신 초기와 임신 16주 경에 받는 기본 검사로 혈액형, Rh 인자, 헤모글로빈 수치, 풍진 면역성, 성병 등 정보를 얻을 수 있다.

혈압 검사

혈압 검사는 정기검진 때마다 받는 검사로 매우 중요한 역할을 한다. 갑작스런 혈압의 변화는 문제가 있다는 것을 알려주는 신호로 혈압수치를 보고 검사를 통해 문제점들을 찾는다. 태아에게 문제가 있을 때나 임신부에게 문제가 있을 때 혈압 수치에 변화가 생긴다. 임신성 고혈압이나 임신중독증 같은 위험한 증세를 혈압검사로 1차 판가름하는 것이다.

소변 검사

단백질 정도 체크로 고혈압 징조를 알아낼 수 있고 당분 정도 체크로 당뇨 징조를 알아낼 수 있다. 더불어 조산의 원인이 될 수 있는 박테리아 감염 여부도 확인할 수 있다.

탯줄 검사로 무엇을 확인할 수 있을까?

탯줄 검사는 태아의 빈혈, 유전 질환, 바이러스 감염 여부 등을 확인할 수 있는 검사로, 임신부의 복벽을 통해 탯줄 혈관에 바늘을 꽂아 태아의 혈액 표본을 채취해서 분석한다.

탯줄 검사는 태아의 혈액 검사

탯줄 검사는 임신 초기가 지난 뒤에 받게 되는데, 이를 통해 태아 빈혈은 물론, 유전질환, 풍진, 원충병, 헤르페스 같은 바이러스의 감염 여부와 염색체 총수를 알려주는 백혈구, 혈액의 산성도와 혈액 중 산소, 이산화탄소, 중탄산염의 정도를 알 수 있다.

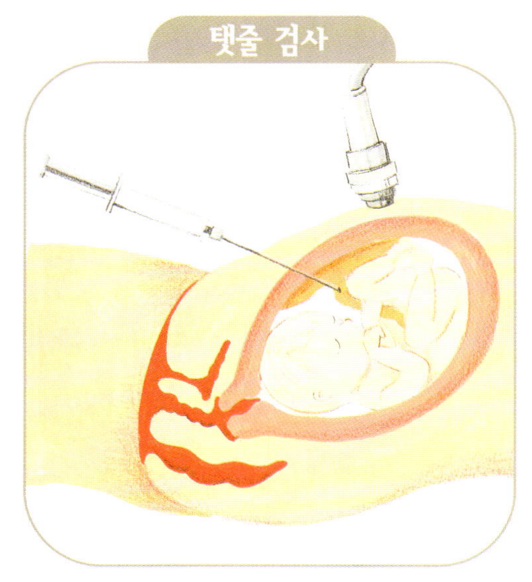

mom's note

임신 중 받는 시기별 검사

★ **기본적인 검사**
체중, 혈압, 소변, 혈액, 자궁 크기 검사로 정기 검진을 받으러 갈 때마다 받는다.

★ **초음파 검사**
태아의 성장, 쌍둥이 여부, 태반의 위치, 양수의 양, 아기의 전반적인 건강 상태, 질 출혈의 원인 등을 알아보는 검사로, 임신 5주부터 출산 때까지 받을 수 있다.

★ **융모막 융모(CVS) 검사**
선천성 기형 검사로 임신 9주에 받는다.

★ **알파태아단백질 스크리닝(AFP) 검사**
이분척추, 무뇌증, 다운증후군 같은 선천성 기형 검사로, 임신 16~18주에 받는다.

★ **탯줄 검사**
태아의 혈액 검사로 임신 초기가 지난 뒤 받는다.

★ **혈당 스크리닝 검사**
임신성 당뇨병 검사로 임신 24~28주에 받는다.

★ **양수 검사**
선천성 기형 검사(정확도 99%)로, 다운증후군이나 여러 가지 유전적인 문제를 확인할 수 있다. 또 태아의 폐 성숙도를 알아보려고 임신 후기 실시할 수도 있다.

★ **태아건강상태(NST) 검사**
태아의 심박동수 검사로 임신 후기에 받는다.

★ **B군 연쇄상구균 검사(GBS)**
출산 중 아기에게 감염될 경우 뇌수막염, 유아 폐렴, 사산의 원인이 될 수 있는 질이나 직장 부근의 박테리아 검사로 임신 35~37주에 받는다.

초음파 검사로 무엇을 알 수 있을까?

초음파 검사 기술의 발달로 모든 임신부와 그 가족들이 검사를 통해 임신 사실 확인은 물론 뱃속 아기의 건강 상태와 태반의 위치, 임신 시기, 발육 상태 등을 한 눈에 확인할 수 있다.

태아의 발육 상태와 건강 상태 알아내는 검사

초음파 검사로 알 수 있는 대표적인 사실은 임신 여부 확인이다.

또한 언제 임신이 되었는지 분만 예정일은 언제인지, 태아가 쌍둥이인지 아닌지, 양수의 양은 적당한지, 심박동 소리는 정상인지 등도 알 수 있다.

태반의 위치나 태아의 전체적인 건강 상태도 확인 가능한데, 임신 14주까지 태아의 심박동 소리를 들을 수 없거나 임신 22주까지 태동을 느낄 수 없을 때 초음파 검사를 하면 태아의 건강 상태를 알 수 있다.

게다가 뱃속 아기의 신체 기관과 중앙신경계를 볼 수 있어 태아 기형이 의심스러울 때 확인할 수 있다.

임신 후기가 되면 태아가 임신주수에 비해 너무 크거나 작은지 여부도 알 수 있고 출산 전 아기의 위치를 미리 알 수 있어 분만에도 도움이 된다.

초음파 검사의 방법

초음파 검사는 쉽고 빠르고 고통이 없다. 의사가 배에 젤리를 바르고 송신기이자 수신기인 탐촉자를 배 위에 올려놓고 움직이면 뱃속 아기에게서 나오는 음파의 공명이 기록되는데, 이것이 므니터에 나타난다.

초음파 검사를 통해 아기의 머리, 심장, 척추, 팔, 다리, 생식기 등을 확인할 수 있고 손가락을 빠는 태아의 모습도 볼 수 있다. 초음파 모니터에서 태아의 전신을 볼 수 있는 시기는 임신 5개월 무렵까지다. 그 이후부터는 태아가 성장해서 한 화면에 보기 어려우므로 태아의 손과 발, 얼굴 등을 부분적으로 관찰한다

초음파 검사 과정

임신부가 편안한 자세로 누우면 의사가 복부에 윤활제를 바르고 변환장치를 굴려가며 검사한다. 변환장치가 자궁 위 복부를 지나가면서 골반으로 음파를 보내면, 자궁으로 들어간 음파가 자궁 속 조직에 닿아 변환장치로 반향되는데, 의사는 그것을 식별해 태아의 움직임이나 신체 부위 등을 탐지한다.

참고로, 임신 초기에는 아기의 심박동을 더 빨리 알아내기 위해 질 초음파 검사를 하기도 하는데, 질 속에 윤활유를 바른 변환기를 부드럽게 삽입하여 검사한다.

알파태아단백질 스크리닝 검사는 무엇일까?

알파태아단백질 검사는 태아의 선천성 기형 여부를 아는 데 중요한 척도가 되는 검사로, 임신 16~18주 사이 임신부의 혈액 샘플을 채취해 태아 단백질을 검사한다.

선천성 기형 여부 알아내는 검사

AFP는 알파태아단백질이라는 뜻으로 태아의 단백질 수치를 검사하여 태아의 기형 여부를 알아내는 검사다. 검사 결과 단백질 수치가 높으면 태아의 이분척추나 무뇌증을 의심할 수 있고, 수치가 낮으면 다운증후군을 의심할 수 있다.

이분척추나 무뇌증은 '신경관 이상'이라는 신경 계통의 선천적 이상으로, 진단 결과가 나오면 임신을 지속시킬 것인지, 아니면 중단할 것인지를 선택해야 한다.

다운증후군은 정상보다 염색체 수가 많아서 생기는 병으로 몽고증이라고도 한다. 다운증후군에 걸린 아이는 외관상 표시가 나고 심장기능 이상과 정신 박약과 같은 심한 선천성 결함을 갖게 된다.

AFP(알파태아단백질) 수치가 높을 때

혈액 속의 알파태아단백질(AFP) 수치가 높으면 태아가 이분척추나 무뇌증 같은 신경관에 결함이 있다는 것을 의미한다. 쌍둥이를 임신했다는 의미일 수도 있다. 혹은 임신한 기간이 생각보다 더 오래되었다는 의미일 수도 있다.

AFP(알파태아단백질) 수치가 낮을 때

혈액 속의 알파태아단백질(AFP) 수치가 낮으면 태아가 다운증후군일 가능성이 있다는 뜻이며 임신 기간이 짧다는 의미일 수도 있다. 다운증후군 여부를 확실하게 알고 싶으면 양수천자 검사를 하면 된다.

알파태아단백질 검사 자체는 모체와 태아에게 별로 위험하지는 않지만 양성 반응이 나오면 양수천자검사 같은 산전검사를 받아야 한다. 알파태아단백질 검사의 문제점은 잘못된 양성 반응이 나올 확률이 높다는 것이다. 실제로 AFP 수치가 낮게 나왔다 하더라도 신경관 결함이나 다운증후군이 있는 아기를 낳는 예는 매우 드물다.

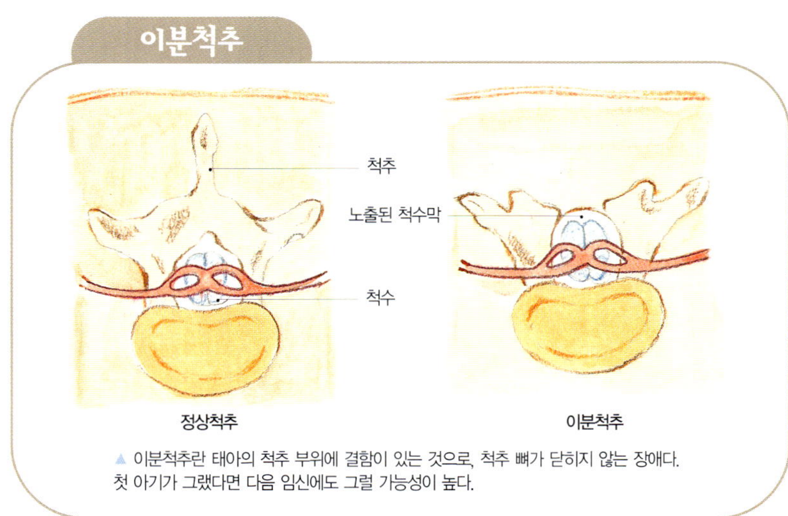

▲ 이분척추란 태아의 척추 부위에 결함이 있는 것으로, 척추 뼈가 닫히지 않는 장애다. 첫 아기가 그랬다면 다음 임신에도 그럴 가능성이 높다.

혈당 스크리닝 검사는 누가 받는 걸까?

혈당 스크리닝 검사는 임신성 당뇨병이 있는지 없는지를 알아보는 검사다. 임신부가 당뇨병에 걸려 인슐린이 부족하면 혈액이나 소변으로 당이 배출되어 당분 대신 지방을 에너지원으로 사용하게 되는데 이는 신진대사에 불균형은 물론 혈액과 조직에 산성화를 가져와 임신부와 태아에게 심각한 해를 끼친다.

임신성 당뇨 여부 알아내는 검사

임신성 당뇨병은 임신 중 혈당치가 정상치 이상으로 나타나는 것을 말한다. 이것은 보통 당뇨병과는 다른 것으로 대개 출산을 하고 나면 사라진다.

임신성 당뇨병 위험이 있는 임신부는 반드시 검사를 받는 것이 좋다. 검사는 임신

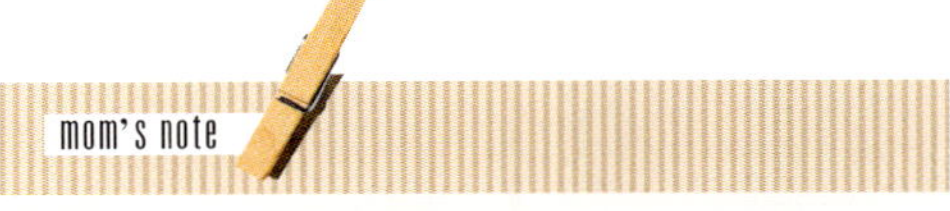

임신성 당뇨병에 걸리기 쉬운 임신부

- 체중이 지나치게 늘면 임신성 당뇨병에 걸릴 수 있으므로 주의한다.
- 35세 이상의 고령 임신일 경우, 혈당 스크리닝 검사를 받는다.
- 임신성 당뇨병에 걸린 경험이 있었던 임신부도 임신성 당뇨병에 걸릴 확률이 높다.
- 첫아기가 거대아였다면 임신성 당뇨병에 걸릴 확률이 높다.

24~28주 사이에 받는다.

임신성 당뇨 위험이 있는 임신부

임신성 당뇨병에 걸린 적이 있는 임신부나 거대아를 출산한 경험이 있는 임신부, 평균 체중보다 20% 이상 늘어난 임신부, 즉 지나치게 체중이 많이 늘어난 임신부, 35세 이상의 고령 임신부, 고혈압이 있는 임신부, 당뇨병 가족력이 있는 임신부는 임신성 당뇨병에 걸릴 위험이 높다.

혈당 스크리닝 검사 과정

혈당 스크리닝 검사는 시간이 오래 걸리지도 않고 수고스럽지도 않다. 설탕 용액을 마시고 한 시간 뒤에 혈액을 채취해서 당뇨병 유무를 가려낸다. 혈당 수치가 비정상적으로 나오면 며칠 뒤 3시간짜리 스크리닝 검사를 다시 받아야 한다.

스크리닝 검사에서 높은 수치가 나왔다 하더라도 85%는 혈당 내성 검사에서 정상인 것으로 판명되므로 크게 걱정하지 않아도 된다.

양수 검사는 언제 받을까?

양수 검사는 선천성 기형 여부를 알아보는 검사로, 태아를 둘러싸고 있는 태낭에서 소량의 양수를 빼내 분석하는 검사다. 양수를 분석하면 여러 가지 선천성 기형 여부를 보다 정확하게 진단할 수 있다.

임신 후기 아기의 폐 성숙도를 확인하기 위해 양수 검사를 하기도 한다. 양수 검사는 주로 임신 15주에 하는데, 임신 12~14주에 할 수도 있고 그보다 늦게 할 수도 있다.

염색체 이상을 확인하는 검사

양수검사는 양수를 배양하여 염색체 검사를 시행하는데, 필요한 경우에는 유전자 검사를 시행할 수 있다. 양수천자 검사로 알 수 있는 것은 염색체 결함, 신경관 결함, 유전자 질환, 태아기 감염 등이다.

또한 조산 위험이 있거나 고위험 임신일 때 아기의 폐가 숨을 쉴 수 있을 정도로 성숙했는지를 알아보기 위해서도 양수 검사를 할 수 있다. 태아의 성별 또한 확실하게 알아낼 수 있다. 하지만 성별 확인 때문에 양수 검사를 하지는 않는다.

양수 검사를 받아야 하는 임신부
- **35세 이상의 고령 임신부** 나이 든 임신부는 염색체에 이상이 있는 아기를 낳을 위험이 있기 때문에 양수 검사를 받는다.
- **고위험군 임신부** 알파태아단백질 검사에서 양성 반응이 나온 임신부는 양수 검사를 통해 염색체 이상이 있는지 없는지를 알 수 있다.
- **가족력이 있는 임신부** 남편을 포함해 선천성 기형의 가족력이 있는 경우 양수 검사를 받아 보는 것이 안전하다.

양수 검사 선택 여부

위험요인을 가진 임신부 중 양수 검사를 받고 싶어 하는 사람이 있는가 하면 양수 검사를 받고 싶어하지 않는 사람이 있다.

양수 검사를 원하는 임신부는 대개 35세 이상의 고령임신부나 고혈압이나 당뇨병 등 지병을 갖고 있는 임신부, 또 가족력이 있는 임신부로 선천성 기형을 염려하는 임신부들이다. 이들은 태아의 선천성 기형을 미리 알아 낙태를 해야 할지 말아야 할지를 결정하기 위해 양수 검사를 원하게 된다.

아기에게 이상이 있다는 것을 미리 발견하면 가장 안전한 출산 시기와 장소, 분만 방법 등을 의사와 미리 의논할 수 있어 위험을 줄일 수 있다. 또한 출산 직후 나타나는 아기의 증세에도 당황하지 않고 대처할 수 있다. 양수 검사를 받고 안 받고는 신중하게 생각해서 결정한다.

융모막 융모 검사는 꼭 받아야 할까?

융모막 융모 검사(CVS)는 선천성 기형 여부를 알아보는 검사로, 모든 임신부가 받아야 하는 검사는 아니다. 나이가 많은 임신부, 선천성 기형아를 출산한 경험이 있는 임신부, 가족력이 있는 임신부 등 위험 요인을 가진 임신부일 때 의사의 지시에 따라 이 검사를 받는다.

태아의 기형 여부 알아내는 검사

융모막 융모 검사는 태아의 융모막 조직 일부분을 직접 채취하는 방법으로 선천성 기형 여부를 알아낼 수 있다. 이것은 양수 검사와 비슷하지만, 임신 초기에 시행할 수 있다는 점이 다르다.

검사 결과 다운증후군, 낭포성 섬유종, 혈우병, 백색근육증이 있는 아기를 출산할 가능성이 있으면 낙태 여부를 결정해야 한다. 낙태 시기는 빠를수록 좋다. 시기가 늦어지면 늦어질수록 힘이 들고 어려움이 따른다.

🌸 양수 검사와 달리 임신 초기에 시행한다

융모막 융모 검사는 자궁경부나 복부에 검사 기구를 넣어 태반에서 태아 조직을 떼어내므로 어느 정도 유산의 위험이 뒤따른다.

이 검사는 위험이 따르므로 경험 많은 의사에게서 검사 받는 것이 좋다. 검사는 보통 임신 10~12주에 한다.

🌸 융모막 융모 검사 · 과정

자궁을 통해 카테터를 삽입하거나 복부에 바늘을 삽입해서 융모막 융모 조직을 채취해 검사하는 것이 융모막 융모 검사이다. 융모막 융모 조직은 태아에게서 나오는 것이기 때문에 태아의 염색체나 유전자에 대한 정보를 제공한다.

이 검사는 아프지는 않지만 임신 초기에 출혈이나 자궁수축 등이 일어나면 검사를 시행할 수 없다. 그리고 바늘 주입으로 인한 유산의 위험이 1% 정도 된다.

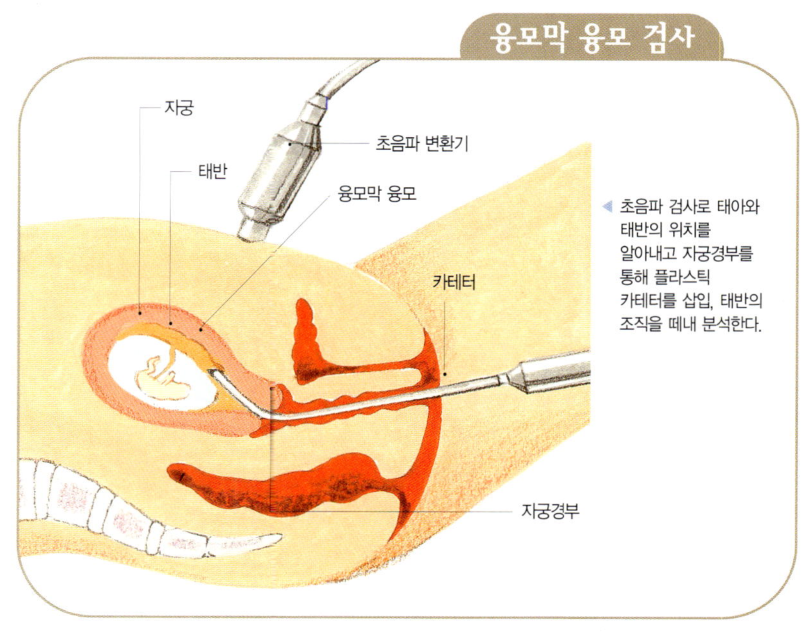

▲ 초음파 검사로 태아와 태반의 위치를 알아내고 자궁경부를 통해 플라스틱 카테터를 삽입, 태반의 조직을 떼내 분석한다.

태아상태 검사와 B군 연쇄상구균 검사란?

분만이 가까워지면 태아가 건강하게 잘 자라고 있는지 주의 깊게 체크해야 한다. 심박동은 정상적인지 자주 체크하고, 세균 감염에 걸리지는 않았는지 B군 연쇄상구균 검사를 받는다.

태아건강상태 검사(NST)

태아건강상태 검사(NST)는 뱃속 아기의 심박수를 알기 위한 검사로, 태아의 건강 상태를 정확하게 체크할 수 있다. 태아 건강상태 장치를 태아의 심박동 소리가 잘 들리는 임신부의 배 위에 장치한 다음 태동이나 자궁 수축이 있을 때 태아의 심박동수 변화를 살핀다.

NST검사는 초음파가 진동소리를 그래프 종이에 표시하여 모니터에 나타난다. 초음파 수신기는 허리띠나 튜브 모양의 복대에 달려 있다. 이 복대를 태아의 심장소리가 잘 들리는 부위에 착용한 다음 진통의 횟수, 간격, 지속시간 등 자궁수축 횟수와 강도, 태아의 심박동수 변화를 살핀다.

태아의 심박동수는 태동이 있을 때 늘어나는 것이 정상인데, 심박동수에 변화가 없다면 자연분만을 견뎌낼 힘이 부족한 것으로 판단한다.

또 태아에게 산소가 부족하거나 쇼크가 오면 모니터를 통해 금방 알 수 있어서 적절한 대응을 할 수 있다. 이렇듯 NST는 태아의 건강상태를 정확하게 체크할 수 있어 사산을 막는데도 큰 도움이 된다. 고위험군에 속한 임신부나 합병증이 있는 임신부는 임신 후기에 이 검사를 꼭 받는다.

B군 연쇄상구균 검사(GBS)

B군 연쇄상 구균은 신생아에게 문제를 일으키는 박테리아의 유형이다. 이 박테리아에 전염되면 뇌막염, 유아폐렴, 사산 등의 위험이 따른다. 또 신생아에게 문제를 일으키는 박테리아여서 조기파수가 되었을 때 아기에게 감염되기 쉽다.

B군 연쇄상 구균 검사는 주로 임신 35~37주에 실시하는데 B군 연쇄상 구균에 감염되더라도 합병증이 생기지 않는 경우가 있고 방광염, 양수염, 자궁내막염 등 합병증이 생기는 경우도 있다. 검사는 매우 간단하다.

검사 결과 양성으로 나와도 진통 중에 항생제 치료를 하면 생후 1주일 내로 아기에게 나타나는 B군 연쇄상 구균 감염 사례의 75% 정도는 예방할 수 있다. 또 분만 전 항생제를 맞으면 아기에게 세균이 감염되는 것도 예방할 수 있다.

초음파 사진 보는 법

직접 모니터를 통해 뱃속 아기의 모습과 성장 상태를 확인하는 대표적인 검사로, 초음파 사진 보는 법을
미리 알아 두면 태아의 시기별 발육 상태를 확인하는 데 유용하다.

❶ + 또는 X 마크 머리 크기, 전신이나 허벅지 길이 등 태아의 크기를 측정하는 데 사용하는 마크. 기계 조작으로 측정하고 싶은 부위의 시작과 끝점에 이 마크를 붙여 놓으면 자동으로 사이즈가 측정된다.

❷ 날짜·시간 초음파 검사를 받은 날짜와 시간의 표시.

❸ 출산 예정일 초음파상 출산 예정일의 표시.

❹ US-GA(초음파상 임신 주수) 초음파에 의해 측정된 태아의 크기를 기초로, 검사 당일의 임신 주기(w=week)와 날짜(d=day)를 산출한 데이터.

❺ CRL(태아 머리에서 엉덩이까지 길이) 태아가 자연스럽게 몸을 굽힌 상태에서 머리부터 엉덩이까지의 길이.

❻ BPD(태아 머리 가로 길이) 머리에서 가장 높은 부분을 통과하여 측정한 좌우 길이.

❼ HC(태아 머리 둘레) 머리에서 가장 높은 부분 둘레를 잰 길이.

❽ FL(대퇴골 길이) 허벅지 뼈의 길이를 표시하는 수치로, 허벅지 근원 부위에서 무릎까지 연결된 뼈의 길이.

❾ FW(태아 몸무게) 태아의 신체 무게를 나타내는 수치.

＊ 대개 임신 15~16주가 지나면 태아가 커서 한 화면으로 보기 어렵다. 따라서 신체 각 부분을 따로 촬영해 조합한 다음 태아의 성장 발육 상태를 확인한다.

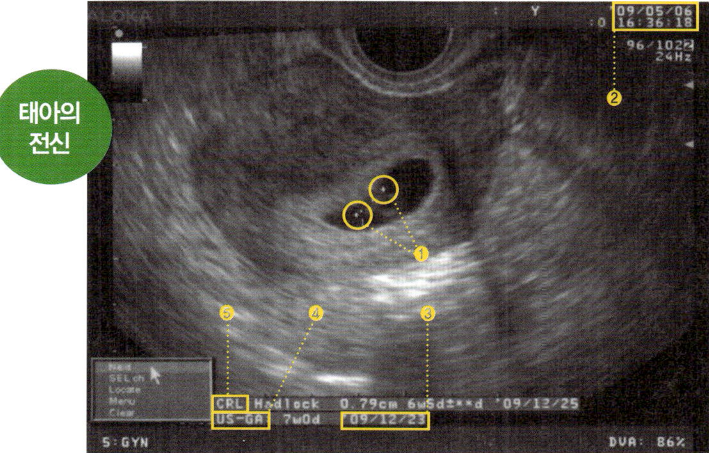

CRL(태아 머리에서 엉덩이까지 길이)
0.79cm/ 6주 5일 된 태아의 평균 수치와 같다는 뜻/ CRL을 기준으로 산출한 출산 예정일 09년 12월 25일

US-GA(초음파상 임신주수)
7주/ 출산 예정일 09년 12월 23일

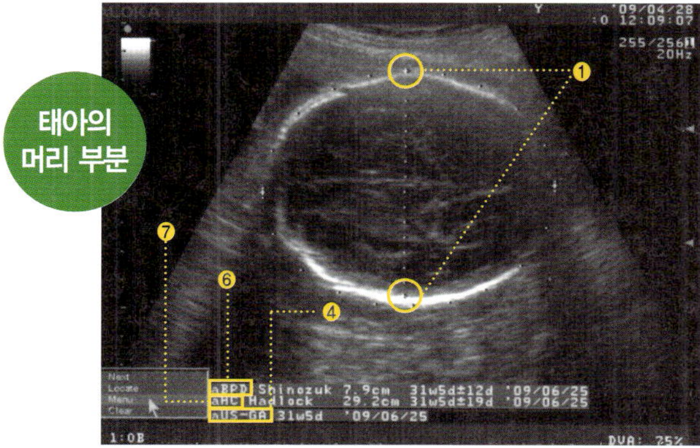

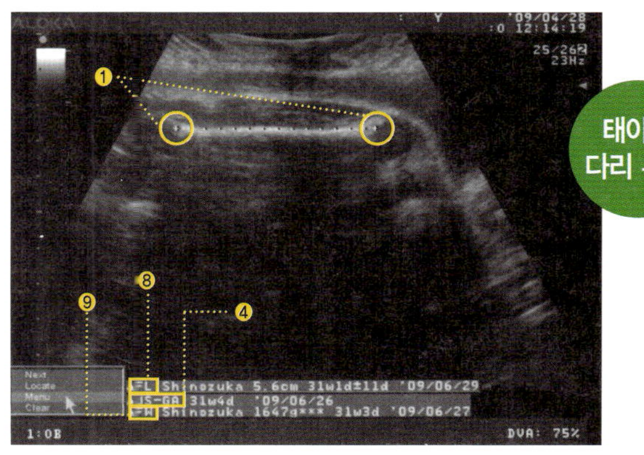

BPD(태아 머리 가로 길이)
7.9cm/ 31주 5일(오차2일) 된 태아의 평균 수치와 같다는 뜻/ BPD를 기준으로 산출한 출산 예정일 09년 06월 25일

HC(두위, 머리둘레)
29.2cm/ 31주 5일(오차19일) 된 태아의 평균 수치와 같다는 뜻/ HC를 기준으로 산출한 출산 예정일 09년 06월 25일

FL(대퇴골 길이)
5.6cm/ 31주 1일(오차1일) 된 태아의 평균 수치와 같다는 뜻/ FL을 기준으로 산출한 출산 예정일 09년 06월 29일

FW(태아 몸무게)
1,647g/ 31주 3일 된 태아의 평균 수치와 같다는 뜻/ FW를 기준으로 산출한 출산 예정일 09년 6월 27일

2

임신부 신체변화 & 태아 궁금증

임신 기간 중 1개월은 우리가 아는 달력상의 1개월과는 차이가 있다. 임신력에서 1개월은 28일로, 임신부가 실제 임신했다고 생각한 날부터 계산하지 않는다.

그것은 너무 불확실하므로 정확히 알 수 있는 마지막 월경을 시작한 날부터 임신 주기를 계산하는 것이다. 하지만 사실 착상은 마지막 월경일 기준으로 약 2주 뒤에 일어난다.

따라서 이 책에서는 실제 착상이 이루어져 임신에 성공한 첫 6주를 첫 번째 챕터로 구성하고 임신 마지막 달을 제외한 나머지 임신 기간을 4주 단위로 나누어 임신부의 신체변화와 뱃속아기의 주별 성장과정, 생활수칙, 걱정거리, 주의사항 등을 짚어 나간다.

1. 임신 1개월

1~6주

임신부의 몸에 어떤 변화가 나타날까?

수정란이 착상하고 세포분열이 일어나면 생식 호르몬이 늘어나고 임신부의 몸에 눈에 보이지 않는 변화가 일어난다.

월경이 멈춘다

월경의 중단은 가장 확실한 임신의 신호다. 난소는 매달 한 개의 성숙한 난자를 배출하고 자궁내막은 수정된 난자를 맞이하기 위해 준비를 하는데 만약 수정이 이루어지지 않으면 자궁내막이 파괴되면서 월경이 되는 것이다.

유방이 커진다

유방은 임신부가 자신의 임신 사실을 자각하기 전에 새로운 생명이 자라고 있다는 것을 먼저 안다. 그런 까닭에 임신부는 임신 초기에 유방의 변화를 분명하게 느낄 수 있다. 유방이 아프고 커지는 느낌이 드

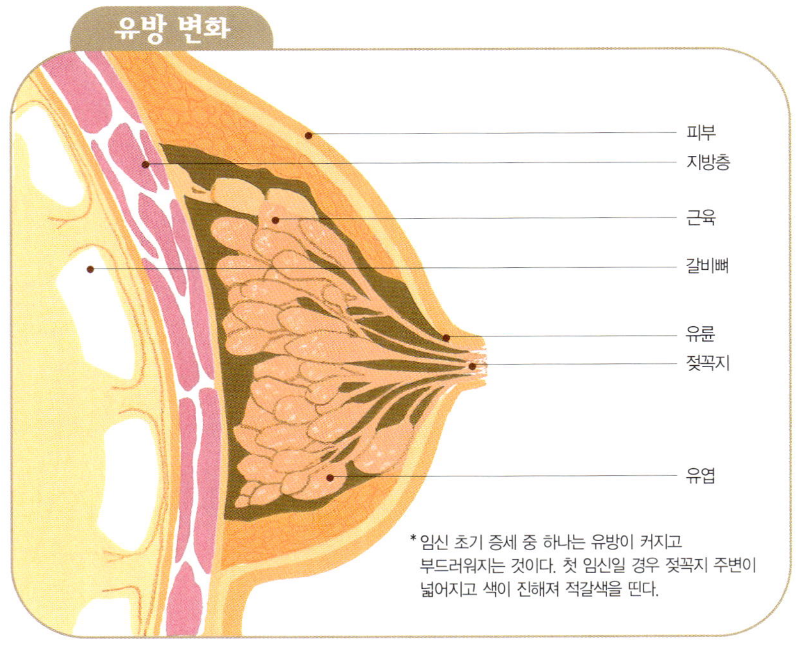

*임신 초기 증세 중 하나는 유방이 커지고 부드러워지는 것이다. 첫 임신일 경우 젖꼭지 주변이 넓어지고 색이 진해져 적갈색을 띤다.

는데 실제 커지는 것이며, 어딘가에 닿으면 통증이 느껴진다.

유방 팽만은 임신부가 느낄 수 있는 최초의 확실한 신체 변화로, 갑자기 브래지어가 작아진듯 꽉 조이는 느낌이 들게 된다.

질 분비물이 늘어난다

임신을 하면 질 분비물이 많아진다. 그 이유는 프로게스테론 호르몬 때문인데 자궁경부의 점액 밀도가 점점 높아지고 탁해지면서 분비물이 늘어나게 된다. 늘어난 질 분비물은 자궁경부가 팽창할 때 배출된다.

소변을 자주 본다

골반이 커지기 시작하는 임신 초기에 신장, 수뇨관, 방광, 요도로 구성된 비뇨기계에 변화가 생겨 소변을 자주 보게 된다. 심지어 한밤중에 소변이 보고 싶어 잠을 깨기도 할 것이다.

변비가 생긴다

임신을 하면 식도에서 위장에 이르는 괄약근이 느슨해져 속이 쓰리거나 심지어 토하기까지 한다. 이는 황체호르몬의 변화 때문에 생기는 현상으로 아랫배 통증과 함께 변비증세를 가져오기도 한다.

6 week 임신부의 몸

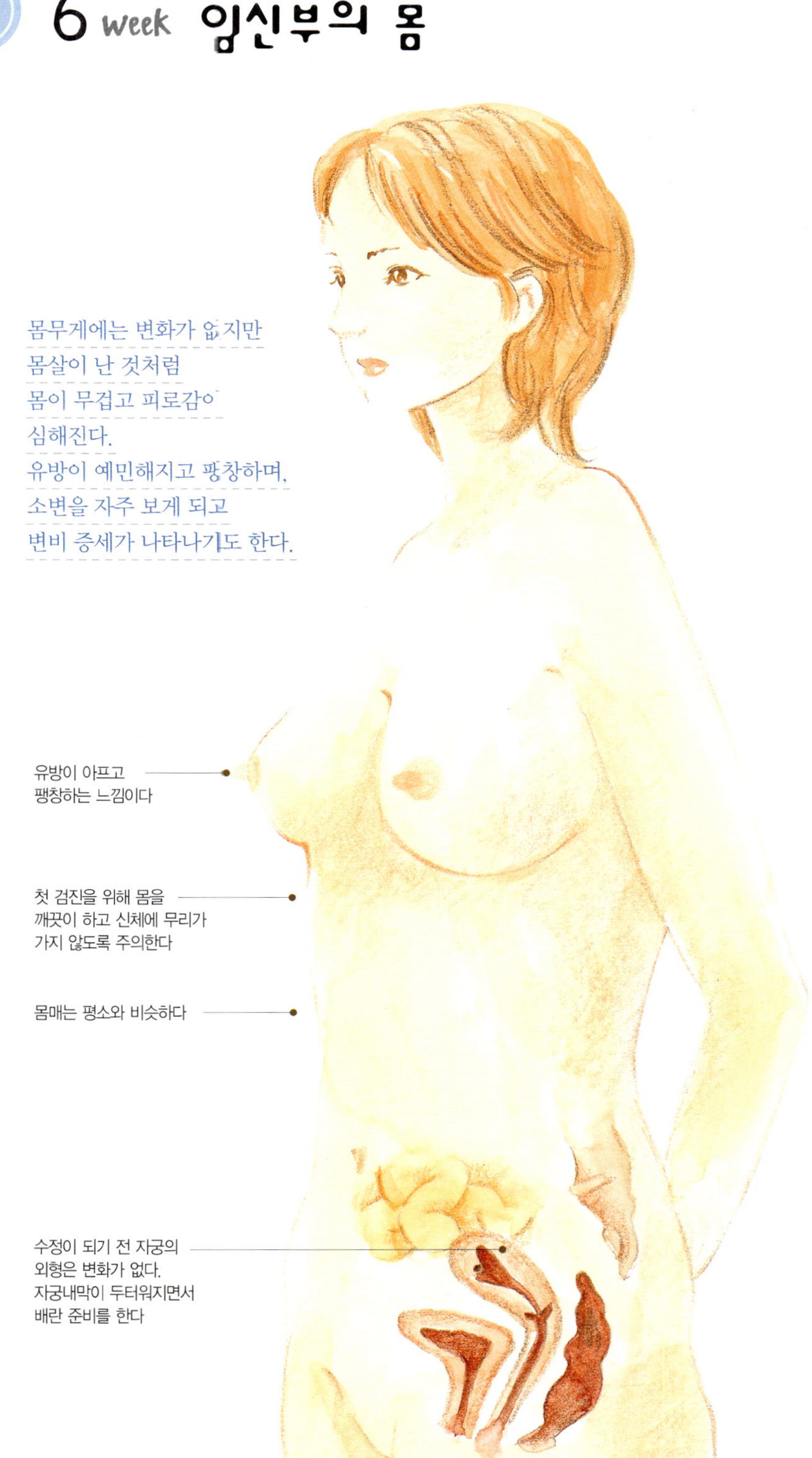

감정 기복이 심해진다

임신 초기 극심한 감정변화로 괴로울 수 있다. 웃다가 갑자기 우울해지고 이내 눈물이 나는가 하면 어느새 즐거워하고 있는 자신을 발견하고, 자신에게 정신적인 문제가 생긴 건 아닐까 고민하게 된다. 하지만 이는 임신과 함께 나타나는 자연스런 현상이므로 지나치게 걱정하지 않아도 된다. 다만 임신으로 생긴 감정 변화는 금방 사라지는 것이 아니므로 마음을 느긋하게 갖도록 한다.

소화가 되지 않고 속쓰림이 나타난다

임신을 하면 체한 것처럼 가슴이 답답하고 불쾌한 느낌을 받게 된다. 배의 윗부분에 둔한 통증이 오기도 하는데 이는 음식물이 내장으로 전달되는 속도가 느려져 위에 얹혀 있거나 위액이 십이지장에 많이 분비되어 나타나는 현상이다.

위산을 포함한 위 내용물이 식도로 역류하여 괴로울 수도 있는데, 이러한 역류성 식도염은 위장과 식도 사이를 조이는 근육이나 장이 이완된 상태에서 커진 자궁으로 인해 압력이 높아지면서 나타난다.

속쓰림이 나타날 때는 한꺼번에 음식을 많이 먹지 말고 조금씩 나누어 먹고 꽉 끼는 옷은 피한다. 누울 때 베개를 몇 개 겹쳐 머리를 높게 올려놓는 자는 것도 도움이 된다.

열이 나고 한기가 느껴진다

임신 6주 경이 되면 자궁의 크기가 임신 전에 비해 2배로 커진다. 이때 예민한 임신부는 온몸이 나른해지고 미열에 한기까지 느끼게 된다. 감기로 오인해 약을 복용하는 일이 없도록 주의한다.

몸이 이유 없이 피곤하다

시도 때도 없이 피로감이 밀려오고 잠이 쏟아진다. 임신을 하면 왕성한 호르몬 분비로 인해 온몸이 나른하고 무거워지는데, 이럴 때는 다리를 쿠션이나 의자에 올려놓고 휴식을 취한다.

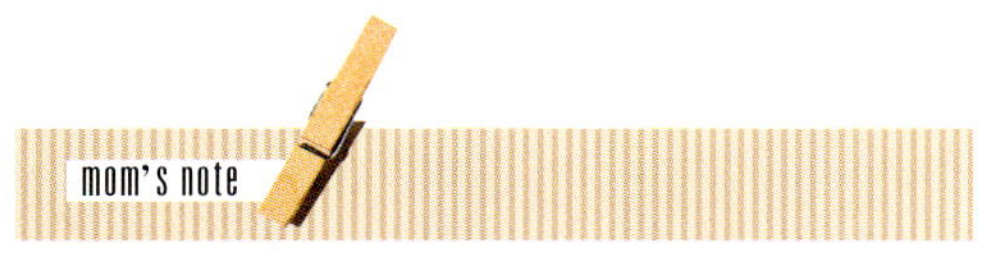

약물이나 X선 촬영은 NO!

마지막 월경이 시작된 날로부터 2주일 이후에 수정이 되므로 임신 가능성이 있을 때는 평소 복용하는 약이나 X선 촬영을 금한다.

임신 초기는 태아의 신체 기관이 생성되는 중요한 시기로 자칫 임신 사실을 모르고 먹었다가 태아에게 치명적인 이상이 생길 수 있다. 단, 약물이나 X선을 촬영했더라도 혼자 성급하게 판단하지 말고 반드시 전문의와 상의한다.

뱃속 아기는 얼마나 컸을까?

임신 1~6주까지는 사람의 모습보다는 올챙이의 모습에 가깝지만, 탯줄을 통해 영양분을 공급받으며 조금씩 자란다.

임신 1주

마지막 월경이 시작하는 시기로 아직은 수정이 안 된 상태다. 임신이 되지 않으면 월경이 시작된다.

임신 2주

임신 1주 말 자궁내막이 떨어져 나와 월경이 시작되면 호르몬이 난자를 배출할 준비를 한다. 이번 주는 자궁내막이 두터워지면서 배란을 준비하게 되는데, 이 시기에 통증이 느껴지기도 한다. 이것이 배란통이다.

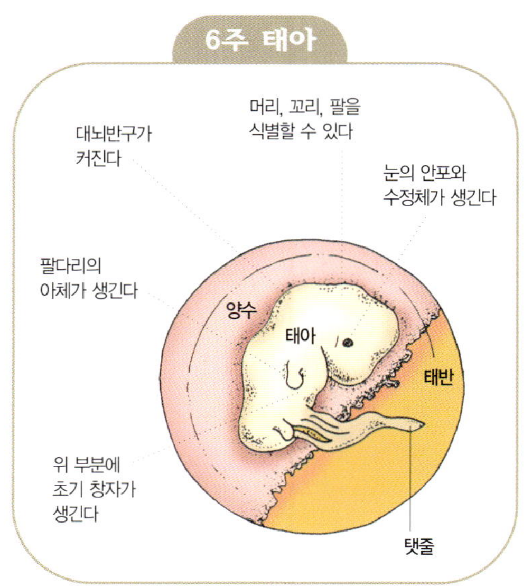

6 week 태아의 모습

태아의 키 _ 0.5cm 체중 _ 2g

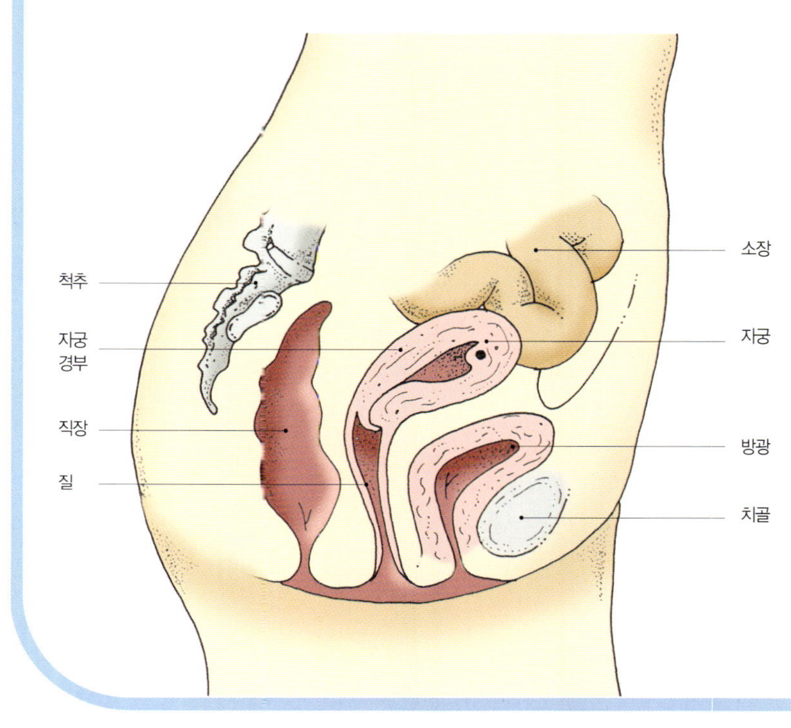

임신 3주

임신이 실제 이루어지는 시기로, 나팔관으로 배출된 난자가 정자를 만나 수정이 이루어진다. 수정이란 정자가 난자를 뚫고 들어가 만나는 것을 말하며 수정된 난자를 수정란이라고 한다. 수정란은 나팔관을 거쳐 자궁으로 들어가며 세포분열을 시작한다.

임신 4주

이제 수정란이 자궁에 자리 잡게 되는데 이것을 포배낭이라 한다. 자궁에 도착한 수정란은 둘로 나뉘는데, 하나는 태아가 되고 하나는 태반이 된다.

태반은 자궁벽에 붙어 태아에게 영양을 공급하고 노폐물을 배출하는 역할을 한다.

이 시기, 월경이 사라지면서 신체 변화를 감지하게 된다. 사람에 따라서는 수정란이 착상할 때 약간의 출혈을 보이기도 한다.

임신 5주

임신 진단 키트로 임신 여부를 확인할 수 있다. 태아의 크기는 사과씨 정도이며 초음파 검사를 해보면 심박동 소리를 들을 수 있다.

태아는 이제 머리와 꼬리가 분명해지고 초기 뇌포가 생기며 신경계가 발달하기 시작한다. 태아는 태반과 탯줄을 통해 영양을 공급받는다.

🌸 주별 태아의 실제 크기

● 임신 3주 … 사과씨 크기
● 임신 4주 … 포도알 크기
● 임신 5주 … 딸기 1개 크기
● 임신 6주 … 자두 1개 크기

임신 6주

태아의 몸이 믿기 어려울 정도로 빠르게 성장한다. 머리, 꼬리, 팔이 식별할 수 있을 정도로 자라고 눈꺼풀과 눈의 수정체가 생기며 팔다리의 초기 형태가 생긴다.

간, 신장, 폐, 췌장, 심장 등 중요기관의 초기 형태가 나타나고 혈액순환이 시작된다. 대뇌반구가 커지면서 뇌신경세포도 생긴다.

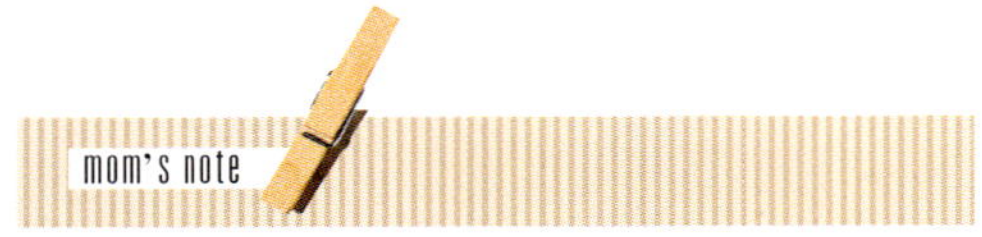

태아의 성별

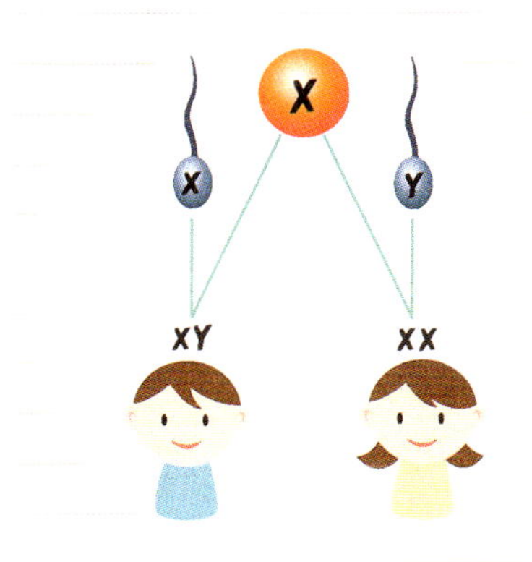

인간의 유전자를 가진 46개의 염색체는 23쌍으로 짝을 이룬다. 각 쌍의 염색체는 부모 중 한 사람으로부터 유전된 것으로, 23쌍의 염색체 중 두 개의 염색체가 인간의 성별을 결정한다.

여성의 성염색체는 XX, 남성의 성염색체는 XY로 표기되는데, 여성인 난자에는 X 염색체만 들어 있지만 남성인 정자에는 X 염색체가 들어 있는 것도 있고, Y 염색체가 들어 있는 것도 있다. 따라서 난자가 X 염색체를 가진 정자와 수정되면 딸(XX)이 태어나는 것이고, Y 염색체를 가진 정자와 수정되면 아들(XY)이 태어나는 것이다.

이 시기에 어떤 검진을 받을까?

임신 징후가 나타나면 첫 검진을 받는다. 산부인과마다 조금씩 차이가 있지만 일단 처음 병원을 방문하면 진료카드를 작성하고 소변 검사, 체중 검사, 혈압 검사, 내진을 받아 임신 여부를 확인하게 된다.

진료카드를 작성한다

첫 검진을 위해 산부인과를 방문하면 진료카드를 작성해야 한다.

진료카드 양식은 병원마다 조금씩 다르지만 대개 다음과 같은 항목을 기록하게 되어 있다. 임신부의 신상 정보, 즉 이름, 나이, 주소, 보험 가입 여부는 물론 개인이 가지고 있는 병력, 가족력, 생활습관 등도 상세하게 기록한다. 현재 복용하고 있는 약이나 수술 경험 등도 솔직하게 기록한다.

진료카드는 앞으로 정기검진을 받을 때 참고가 되므로 꼼꼼하게 기록한다.

소변·체중·혈압 검사를 받는다

진료카드 작성이 끝나면 작은 컵에 소변 샘플을 받아오라는 지시를 받는다. 소변 검사는 임신부의 질병 감염 여부와 단백질 정도 등을 알아보는 데 필요하다.

체중이나 혈압도 재는데, 혈압을 잴 때 간호사가 기분이나 컨디션 등을 물을 수도 있다. 혈압을 잰다는 생각만으로 혈압이 올라갈 수 있기 때문이다. 가능하면 마음을 차분히 가라앉힌 다음 혈압을 잰다.

내진을 받는다

몇 가지 간단한 검사가 끝나면 의사가 들어와 기본적인 신체 상태 등을 체크하고 진찰을 시작한다. 이때 궁금한 것이 있으면 물어봐도 좋다.

보통 심장과 폐, 유방을 검사하고 질 내부를 살피는데, 임신부가 진찰대에 누워 양쪽 받침대에 발을 올려놓으면 의사가 질 속에 검경이라는 금속 장치를 넣어 자궁경부를 열고 생식기의 내부를 관찰한다.

일반적으로 첫 검진을 받을 때 내진을 받게 된다. 의사는 1회용 장갑을 낀 다음 손가락 두 개를 조심스럽게 질 속에 넣어 자궁구와 자궁경관을 만지고, 다른 한 손으로는 복부를 눌러 자궁의 위치, 크기, 단단한 정도를 검사한다. 이때 힘을 주지 말라는 지시를 받을 수 있다.

평소 자궁은 달걀 정도 크기지만, 임신이 진행되면 차차 커지고 부드러워지며 둥글게 변해간다. 내진은 아프지는 않지만 다소 불쾌한 기분을 느낄 수 있다. 내진을 통해 알 수 있는 것은 임신 여부, 질이나 자궁의 상태, 자궁 외 임신 등 이상 임신이다.

다음 정기검진을 예약한다

임신부 수첩에 예약 날짜를 기록한다. 순조로운 임신과 안전한 출산을 위해서 정기검진은 빠짐없이 받도록 한다.

정기검진 필수 상식

임신 사실이 확인되면 보통 4주에 한 번씩 정기검진을 받는다. 이는 임신 중 신체 변화나 태아의 상태를 알아보기 위한 것이기도 하고 이상 증세가 생겼을 때 즉각적으로 조치를 취하기 위해서이기도 하다.

평소 이상 증세나 걱정되는 증세가 있다면 메모해 두었다가 정기검진 시 의사와 상담한다.

정기적으로 받는 기본 검사

● **소변 검사** 소변 검사는 고혈압이나 당뇨병 여부, 비뇨기 감염 여부를 알 수 있는 검사로 정기검진 때 자주 실시하는 항목이다.

● **체중 검사** 정기적으로 체중이 얼마나 증가하는지 체크한다. 이때, 늘어난 총 체중은 초진 때 체중을 기준으로 측정된다. 체중 변화로 임신중독증이나 쌍태아 등을 가려낼 수 있다.

● **혈압 검사** 혈압 검사는 임신 기간 내내 검진 때마다 받는다. 임신 여부를 확인하기 위해 첫 검진을 받을 때도 혈압 검사를 받는데, 이는 임신부의 건강 상태를 체크하는 기본 검사다.

임신 후기 갑자기 혈압이 상승하는 것은 임신 중 고혈압, 즉 자간 같은 증세를 예측하는 데 중요한 정보가 된다.

● **혈액 검사** 대개 첫 정기검진 때 혈액 검사를 하는데, 혈액 검사로 알아낼 수 있는 것은 혈액형, Rh 인자, 풍진 면역성 여부, B형 간염이나 성병 감염 여부다.

이 외에도 손가락 끝에서 피를 뽑아 헤모글로빈의 농도를 측정하는 검사는 임신 기간 동안 정기적으로 받게 된다. 보통 혈액 100㎖당 12~14의 헤모글로빈이 들어 있으면 정상이다. 혈액 내 헤모글로빈 수치가 낮으면 빈혈이 생기는데 현기증과 피로감이 느껴지며 가벼운 움직임에도 쉽게 지친다.

임신 16주에 태아 기형 여부를 확인하기 위해 하는 알파태아단백질 검사는 팔꿈치 안쪽에서 혈액을 뽑아 분석한다.

▶ 첫 검진 때 내진을 하게 되는데 의사가 장갑을 끼고 손가락 두 개를 질 속에 넣고 다른 한 손으로는 복부를 눌러 임신 여부를 알아 낸다.

이 시기에 무엇을 알아 둘까?

임신 첫달에는 선택한 병원이 과연 자신에게 맞는 병원인지, 분만 예정일이 언제인지 궁금하다. 첫달 임신부가 해야 할 일과 꼭 알아 두어야 할 정보들을 체크한다.

병원을 정한다

종합 병원이든 개인 병원이든 한 번 병원을 정하면 출산 때까지 다니는 것이 보통이다. 따라서 병원을 고르고 의사를 선택하는 것은 매우 중요하다.

하지만 자신이 직접 검진을 받아 보지 않고는 판단하기가 어렵다. 첫 검진을 받은 다음 괜찮았다면 결정을 하고 그렇지 않으면 늦기 전에 병원을 옮긴다.

● 진료를 받기 위해 얼마나 오래 기다렸는지 체크한다.
● 간호사나 의사가 친절했는지 체크한다.
● 의사와 상담 시간이 편했는지 체크한다.
● 의사가 상세하게 설명을 해 주었는지 체크한다.
● 진료비는 얼마나 되고 내역은 상세한지 체크한다.

위 항목을 점검해 비교적 좋았다면 병원 선택을 잘한 셈이다. 하지만 의사나 간호사가 불친절하거나 무성의한 것 같은 느낌이 들면 병원 선택을 다시 하는 것이 좋다. 병원이 너무 복잡하거나 너무 멀어도 좋지 않다. 의사 혹은 병원이 마음에 들지 않을 때는 처음부터 바꿔야 한다. 중간에 담당 의사를 바꾸려면 여러 가지로 번거롭기도 하거니와 지속적이고 편안한 산전 관리를 위해서는 처음부터 신뢰가 가는 의사를 선택하는 것이 좋다.

분만 예정일을 계산한다

분만 예정일은 어디까지나 예정일이지 반드시 그날 출산한다는 것을 의미하는 것은 아니다. 착상이 언제 이루어졌는지 정확히 알 수 없을 뿐 아니라 태아나 임신부의 건강 상태 등에 따라 출산이 조금 앞당겨지거나 늦어질 수 있기 때문이다. 따라서 분만 예정일은 언제쯤 아기가 세상에 태어날지 짐작하게 해 주는 지표 정도로만 보면 된다.

의사는 마지막 월경을 근거로 임신력이란 간단한 달력을 사용해 예정일을 계산한다. 직접 예정일을 계산해 보고 싶으면 다음 두 가지 공식을 사용한다.

① 마지막 월경이 시작한 날+7일+9개월＝분만 예정일
② 마지막 월경이 시작한 날+40주＝분만 예정일

월경 주기가 28일인 여성은 위 공식을 이용해 분만 예정일을 계산하면 비교적 정확하다. 그러나 주기가 28일보다 길거나 짧다면 분만 예정일도 좀 더 빠르거나 늦어질 수 있다.

병원에서 태아가 12주가 되었다는 것은 실제 임신은 10주가 되었다는 뜻이다. 마지막 월경일을 기억하지 못하거나 마지막 월경 주기가 불규칙한 임신부는 5개월 이전에 초음파 검사를 받으면 분만 예정일을 정확하게 알 수 있다.

임신 기간은 사람마다 조금씩 다를 수 있으므로 분만 예정일은 출산일을 가늠하는 정도로만 생각한다. 실제 출산일은 대개 분만 예정일 2주 전후라고 보면 된다.

병원에서 사용하는 임신력
마지막 월경이 시작한 날에 눈금을 맞추면 현재 임신 주수와 분만 예정일을 알 수 있다.

분만 예정일 환산표

	월	1	2	3	4	5	6	7	8	9	10	11	12	13	14	15	16	17	18	19	20	21	22	23	24	25	26	27	28	29	30	31	월
마지막 월경일	1월	1	2	3	4	5	6	7	8	9	10	11	12	13	14	15	16	17	18	19	20	21	22	23	24	25	26	27	28	29	30	31	1월
출산 예정일	10월	8	9	10	11	12	13	14	15	16	17	18	19	20	21	22	23	24	25	26	27	28	29	30	31	1	2	3	4	5	6	7	11월
마지막 월경일	2월	1	2	3	4	5	6	7	8	9	10	11	12	13	14	15	16	17	18	19	20	21	22	23	24	25	26	27	28	-	-	-	2월
출산 예정일	11월	8	9	10	11	12	13	14	15	16	17	18	19	20	21	22	23	24	25	26	27	28	29	30	1	2	3	4	5	-	-	-	12월
마지막 월경일	3월	1	2	3	4	5	6	7	8	9	10	11	12	13	14	15	16	17	18	19	20	21	22	23	24	25	26	27	28	29	30	31	3월
출산 예정일	12월	6	7	8	9	10	11	12	13	14	15	16	17	18	19	20	21	22	23	24	25	26	27	28	29	30	31	1	2	3	4	5	1월
마지막 월경일	4월	1	2	3	4	5	6	7	8	9	10	11	12	13	14	15	16	17	18	19	20	21	22	23	24	25	26	27	28	29	30	-	4월
출산 예정일	1월	6	7	8	9	10	11	12	13	14	15	16	17	18	19	20	21	22	23	24	25	26	27	28	29	30	31	1	2	3	4	-	2월
마지막 월경일	5월	1	2	3	4	5	6	7	8	9	10	11	12	13	14	15	16	17	18	19	20	21	22	23	24	25	26	27	28	29	30	31	5월
출산 예정일	2월	5	6	7	8	9	10	11	12	13	14	15	16	17	18	19	20	21	22	23	24	25	26	27	28	1	2	3	4	5	6	7	3월
마지막 월경일	6월	1	2	3	4	5	6	7	8	9	10	11	12	13	14	15	16	17	18	19	20	21	22	23	24	25	26	27	28	29	30	-	6월
출산 예정일	3월	8	9	10	11	12	13	14	15	16	17	18	19	20	21	22	23	24	25	26	27	28	29	30	31	1	2	3	4	5	6	-	4월
마지막 월경일	7월	1	2	3	4	5	6	7	8	9	10	11	12	13	14	15	16	17	18	19	20	21	22	23	24	25	26	27	28	29	30	31	7월
출산 예정일	4월	7	8	9	10	11	12	13	14	15	16	17	18	19	20	21	22	23	24	25	26	27	28	29	30	1	2	3	4	5	6	7	5월
마지막 월경일	8월	1	2	3	4	5	6	7	8	9	10	11	12	13	14	15	16	17	18	19	20	21	22	23	24	25	26	27	28	29	30	31	8월
출산 예정일	5월	8	9	10	11	12	13	14	15	16	17	18	19	20	21	22	23	24	25	26	27	28	29	30	31	1	2	3	4	5	6	7	6월
마지막 월경일	9월	1	2	3	4	5	6	7	8	9	10	11	12	13	14	15	16	17	18	19	20	21	22	23	24	25	26	27	28	29	30	-	9월
출산 예정일	6월	8	9	10	11	12	13	14	15	16	17	18	19	20	21	22	23	24	25	26	27	28	29	30	1	2	3	4	5	6	7	-	7월
마지막 월경일	10월	1	2	3	4	5	6	7	8	9	10	11	12	13	14	15	16	17	18	19	20	21	22	23	24	25	26	27	28	29	30	31	10월
출산 예정일	7월	8	9	10	11	12	13	14	15	16	17	18	19	20	21	22	23	24	25	26	27	28	29	30	31	1	2	3	4	5	6	7	8월
마지막 월경일	11월	1	2	3	4	5	6	7	8	9	10	11	12	13	14	15	16	17	18	19	20	21	22	23	24	25	26	27	28	29	30	-	11월
출산 예정일	8월	8	9	10	11	12	13	14	15	16	17	18	19	20	21	22	23	24	25	26	27	28	29	30	31	1	2	3	4	5	6	-	9월
마지막 월경일	12월	1	2	3	4	5	6	7	8	9	10	11	12	13	14	15	16	17	18	19	20	21	22	23	24	25	26	27	28	29	30	31	12월
출산 예정일	9월	7	8	9	10	11	12	13	14	15	16	17	18	19	20	21	22	23	24	25	26	27	28	29	30	1	2	3	4	5	6	7	10월

임신 1~6주 Best 궁금증

Q 임신 여부를 알아보기 위해 임신 진단 시약을 샀어요. 언제 테스트하는 것이 좋을까요?

A 자가 진단 시약으로 임신 여부를 확인하고자 할 때는 아침 공복 상태에서 첫 소변을 받아 테스트하는 것이 정확하다. 아침 첫 소변에는 수정란이 착상한 뒤 생성되는 호르몬의 농도가 더 짙기 때문이다. 먼저, 임신 진단 시약 설명서를 충분히 읽어 본 다음 테스트기가 깨끗한지 살펴보고 이상이 없으면 소변을 채취해 임신 여부를 확인한다.

Q 일반적으로 임신 기간이 아홉 달이라고 하는데, 왜 40주로 계산하나요?

A 분만 예정일을 산출할 때는 임신 기간을 280일로 보는데, 한 달을 28일로 계산해서 열 달이므로 40주로 계산한다. 이 방법은 1800년대 네겔레라는 독일의 산부인과 의사에 의해 시작된 것으로 실제 임신이 된 날짜를 명확히 알기는 어렵기 때문에 정확히 알 수 있는 마지막 월경을 시작한 날부터 임신 주기를 계산한다. 이 방식에 따르면 생리 주기 중에 임신이 시작되는 셈이어서 반박의 여지가 많았지만, 오늘날에도 가장 일반적으로 사용되고 있다. 즉, 임신 기간과 태아의 나이를 마지막 생리 주기가 시작한 날부터 계산한다.

Q 유산 방지 주사가 정확히 무엇이며 정말 효과가 있나요?

A 유산 방지 주사라고 부르는 것은 프로게스테론 성분으로, 태반의 착상을 돕기 위해 보조적으로 사용하는 것을 말한다. 자궁 내 구조를 안정화하고 임신을 유지하기 위해 맞는데, 대개 배란이 된 다음 맞아야 효과가 있다. 하지만 아직까지 유산 방지 주사의 효과에 대해서는 명확하게 밝혀지지 않았으며 유산 등 부작용은 없는 것으로 알려졌다. 임신 사실을 확인하기 전에 맞는 것으로, 정상적인 임신을 한 경우라면 일부러 맞을 필요는 없다.

Q 풍진 주사를 맞은 지 4개월 정도 되었는데 덜컥 임신이 되었어요. 아기가 안전할까요?

A 풍진이나 홍역, 결핵 등의 예방접종에는 독성을 약화시킨 살아 있는 병원체를 사용하므로 임신 중에 접종하면 진짜 병에 가까운 증세를 일으킬 수 있다. 실제로 임신 중 풍진 바이러스에 노출되면 태아 기형을 유발할 확률이 높다. 하지만 풍진 주사를 맞고 3개월 이후에 임신했다면 태아에게 영향을 미치지 않으므로 걱정하지 않아도 된다.

Q 생리가 불규칙해요. 생리가 없어도 임신할 수 있나요?

A 생리를 한다는 것은 배란이 정상적으로 이루어지고 있다는 것을 의미한다. 하지만 간혹 생리를 해도 배란이 없거나, 반대로 생리를 하지 않더라도 배란이 되는 경우가 있다. 출산 직후나 폐경기에 이러한 증상이 종종 나타나는데, 임신을 피하고 싶다면 반드시 피임을 해야 한다. 하지만 생리를 하지 않는 원인이 중추신경계 질환, 만성 신체 질환, 신진대사 이상, 영양 장애, 난소기능 장애, 생식기 이상, 신경정신과적 이상 등일 때는 해당 질환을 치료해야 임신을 할 수 있다.

Q 과거 자궁 외 임신으로 임신에 실패한 적이 있는데, 정상적인 임신이 가능한가요?

A 한 번 임신에 실패했다고 해서 계속 문제가 되는 것은 아니다. 자궁 외 임신이 조기 발견돼 나팔관 손상이 적다면 성공적인 임신을 할 확률도 높아진다. 나팔관이 손상되어 한쪽을 제거했더라도 다른 쪽 나팔관에 이상이 없으면 정상적인 임신이 가능하다. 단, 임신 기간 동안 몸가짐에 더욱 주의하고 태아의 상태를 잘 관리해야 한다.

Q 피임약을 먹던 중에 임신이 되었는데 아기에게 이상이 있지는 않을까요?

A 오랫동안 피임약을 먹었다면 문제가 될 수 있다. 하지만 피임약을 불규칙하게 복용하던 중에 임신이 되었다면 기형아가 될 확률은 극히 드물다. 지나치게 걱정하지 말고 일단 피임약을 중단한 다음 의사와 상의한다.

Q 임신 중 허브차를 마시면 위험하다는 이야기를 들었는데, 사실인가요?

A 담배나 알코올 등 일반적으로 널리 알려진 해로운 식품은 임신부 스스로 잘 자제하지만, 허브차를 마시는 것이 태아에게 위험을 가져올 수 있다는 것은 간과하기 쉽다. 허브차 중에는 임신부에게 해로운 차도 있으므로 임신 초기에는 더욱 주의해야 한다.

우리에게 친숙한 페퍼민트나 산딸기, 민들레, 오렌지 농축액 등이 든 허브차는 마셔도 되지만 개중에는 위험한 것도 있고, 또 지나치게 섭취하면 구토, 설사, 흥분 등을 유발할 수 있으므로 주의가 필요하다. 특히 임신 중 페니로열, 머그워트, 마황 등의 성분이 들어 있는 차를 마시면 임신부나 태아에게 위험을 초래할 수 있다.

Q 며칠 전 소화제를 먹었는데 임신 판정을 받았어요. 태아에게 해롭진 않을까요?

A 임신을 하면 위장 운동이 약해져 소화가 잘되지 않고 음식물을 소화하는 데도 시간이 오래 걸린다. 이때 소화제나 제산제 중 알루미늄이나 마그네슘이 포함된 약제를 장기간 복용하면 위, 장에서 철분을 제대로 흡수하지 못해 빈혈이 일어날 수 있다.

또한 제산제 중 소다를 먹으면 부종이 심해져 임신중독증이나 심장·간장 질환이 일어날 수 있다. 하지만 임신 초기 한두 번 먹은 소화제가 태아에게 심각한 해를 끼칠 확률은 낮다. 단, 어떤 약을 복용했는지 반드시 의사에게 알리고 상담을 받는다.

Q 평소와 몸이 다른 것 같아요. 간혹 상상임신일 수도 있다는데 어떻게 확인하나요?

Ⓐ 아기를 간절히 원하다 보면 임신이 아닌데도 생리가 없으며 입덧을 하는 등 임신 징후가 나타날 수 있는데 이를 상상임신이라고 한다. 하지만 가정용 임신 진단 시약을 이용하거나 병원에서 임신 여부를 확인하면 음성으로 나오는 것이 특징이다.

Q 임신하고도 임신 사실을 모르는 경우가 있다던데, 대개 어떤 경우인가요?

Ⓐ 출산 후 모유수유로 인해 월경이 없는 경우, 월경 불순인 경우, 월경 비슷한 출혈이 비쳐 생리로 착각하는 경우 임신 사실을 알아차리지 못할 수 있다. 만약 임신이 의심스러우면 소변 검사로 임신테스트를 해 보는 것이 가장 정확하다.

Q 임신이 된 줄 모르고 술을 조금 마셨어요. 게다가 식당에 담배 연기가 자욱했는데 괜찮을까요?

Ⓐ 담배 속에 들어 있는 니코틴은 혈관을 수축시키고 혈류를 일시적으로 감소시켜 혈액의 흐름을 방해한다. 이런 작용들은 모체의 자궁에도 영향을 줘 혈액 흐름이 감소하고, 결국 태아에게 산소 부족이나 영양소 부족 등 나쁜 영향을 주는데 이는 저체중아나 혹은 조산의 원인이 된다. 따라서 임신 중이라면 간접흡연도 피하는 것이 좋다.

술은 담배에 비하면 상대적으로 덜 위험하지만 임신부가 알코올을 자주 섭취하면 태아의 눈과 귀, 심장 등에 이상이 생길 수 있다. 하지만 이런 현상은 알코올 중독에 걸린 사람에 한해서이며, 임신 사실을 알기 전에 소량 먹었다고 해서 너무 심각하게 자책할 필요는 없다. 그렇다 하더라도 담배나 알코올은 임신 중 삼가는 것이 바람직하다.

Q 임신 전에는 군것질을 잘 하지 않았는데 임신 후에는 쉴 새 없이 먹고 싶어요.

Ⓐ 입덧으로 음식을 전혀 먹지 못하는 것보다는 낫지만 임신 초기 체중이 지나치게 늘면 이후 체중관리에 어려움을 겪을 수 있다. 1개월에 1kg 정도 증가하는 것을 목표로 한꺼번에 지나치게 체중이 늘지 않도록 관리해야 한다. 같은 식품을 섭취하더라도 칼로리가 적은 것을 선택하고 튀김보다는 찜이나 구이 등 칼로리를 줄이는 방법을 고안해 조리하고 사탕이나 크래커, 케이크 등 칼로리가 높은 음식은 자제하는 것이 좋다. 또 평소 가볍게 몸을 움직이는 습관을 들인다.

Q 온종일 자도 졸음이 쏟아지고 몸이 피곤한데 혹시 병이 아닐까요?

A 모체의 몸은 태아 성장을 위해 스스로 필요한 에너지를 축적하고 소비하느라 분주하다. 따라서 사지에 추가 달린 것처럼 온몸이 무겁고, 걷잡을 수 없는 피로감이 수시로 찾아온다. 때로는 12시간을 자도 또 잠이 오는 기현상을 겪는데 이는 임신 중 호르몬 변화 때문에 생기는 자연스런 현상이다.

임신 초기에는 입덧, 구토, 위통 등이 함께 찾아오는 경우가 많으므로 피로가 쌓이고 졸음이 올 때는 가능하면 편하게 누워 휴식을 취한다.

Q 임신한 뒤로 몸이 으슬으슬 춥고 미열이 계속 있네요. 혹시 병에 걸린 건 아닐까요?

A 임신이 성립되면 황체 호르몬 분비가 증가하면서 체온이 상승하는 것이 일반적이다. 37℃ 정도의 미열 혹은 한기가 약 12주 동안 지속될 수 있는데 크게 걱정할 필요는 없다. 단, 38℃ 이상 고열이 지속되면 감기나 기타 바이러스 감염에 의한 병일 수 있으므로 의사의 진찰을 받는 것이 좋다.

Q 채식을 즐기면 딸, 육식을 즐기면 아들을 낳는다는데 과학적인 근거가 있는 말인가요?

A 인간은 2개의 성 염색체를 가지고 있는데, 여성에게는 2개의 X, 남성에게는 모양이 다른 X와 Y염색체가 있다. 따라서 남자에 X염색체를 가진 정자가 수정되면 여아가 되고 Y염색체를 가진 정자가 수정되면 남아가 된다. 즉, 성별은 수정될 때 이미 확정되는 것으로, 한번 정해진 성별은 임신 중 식생활을 인위적으로 바꾼다고 해서 아들, 딸을 구별하여 낳을 수 있다는 말은 근거가 희박하다.

Q 손톱 관리 받는 것을 즐기는데 임신 중 매니큐어를 바르면 문제가 되나요?

A 임신 중 매니큐어 사용이 태아에게 어떠한 영향을 미치는지 과학적으로 밝혀진 바는 없다. 하지만 가급적 임신 초기에는 피하는 것이 좋다. 매니큐어에는 휘발성 유기화합물이 들어 있는데, 이러한 유기 용매에 장기간 노출되면 피부를 통해 흡수될 수 있기 때문이다. 매니큐어의 유해성은 확실히 밝혀진 바가 없지만 화학물질에 취약한 임신 초기에는 자제하는 것이 바람직하다.

Q 임신하면 엽산을 많이 섭취해야 한다는데 왜 그런가요?

A 엽산은 신경세포 생성, 혈액 생성, 세포의 성장 발달에 없어서는 안 될 중요한 비타민으로, 특히 세포분열이 왕성하게 이루어지는 임신 초기에 엽산이 부족하면 태아 기형을 초래할 수 있다. 한 연구 자료에 따르면 임신 초기 엽산제 복용만으로도 신경관 결손을 상당히 예방할 수 있다고 한다.

실제로 미국에서는 모든 가임 여성에게 엽산제 복용을 권유하는데, 우리나라에서는 임신부 중 약 10%만이 엽산을 복용하고 있다고 알려져 있다. 임신을 계획하는 여성이라면 임신 3개월 전부터 엽산을 복용하는 것이 이상적이며 임신부라면 평소 엽산이 풍부한 식품을 챙겨 먹는다.

Q 첫 검진을 받으러 가서 자궁후굴인 사실을 알았는데 정말 유산이나 조산이 되기 쉬운가요?

A 과거에는 자궁후굴이 불임의 원인이 되고 임신을 해도 유산이나 조산이 되기 쉽다고 했으나 실제로 자궁후굴과 유산, 조산과는 무관하다고 밝혀졌다. 다만, 자궁후굴인 여성은 자궁 주변에 난관염이나 난소염, 골반 복막염 등 염증이 생기거나 자궁내막증 같은 유착을 일으키기 쉽다. 첫 검진에서 크게 이상이 없고 현재 임신에 성공했다면 자궁후굴이라 하더라도 크게 문제가 되지 않는다.

Q 고혈압인데 다른 산모들처럼 순조롭게 임신과 출산에 성공할 수 있을까요?

A 평소 고혈압이 있다고 해서 임신이 불가능하진 않지만 고혈압인 사람은 임신중독증이 되기 쉽고 이로 인해 다시 혈압이 올라가 중증이 될 수 있다. 따라서 고혈압이 있다면 임신 초기부터 영양을 고르게 섭취하고 충분한 휴식과 규칙적인 운동으로 좋은 컨디션을 유지하는 것이 좋다.

식사를 할 때도 짜지 않은 고단백 저칼로리 식품을 섭취하고 과로나 정신적 스트레스도 피하는 것이 좋다. 임신중독증으로 발전하거나 혈압이 비정상적으로 높아지는 일이 생기면 분만 전이라 하더라도 입원 치료를 받는 것이 안전하다. 다른 임신부보다 더욱 신경을 써서 관리를 해야 하지만 노력하면 건강한 아기를 만날 수 있으므로 지나치게 걱정할 필요는 없다.

Q 임신이 된 사실을 모르고 감기약을 복용했어요. 괜찮을까요?

A 임신을 의식하기 시작하는 것은 보통 생리가 중단되고 적어도 2~3주 이상 지난 시점이므로 가임기 여성이라면 세심한 주의가 필요하다. 자칫하면 알코올이나 담배 X-선 등 위험요인에 노출될 수 있기 때문이다. 하지만 이미 약물을 복용한 경우라면 너무 자책할 필요는 없다. 태아가 외부 인자에 노출되어 해를 입으면 대부분 임신 사실을 깨닫기도 전에 유산되는 것이 보통이다. 특별한 경우를 제외하고는 대부분 건강하게 자라므로 미리 겁을 내고 잘못된 선택을 하지 않도록 주의한다.

Q 임신부용 종합 비타민제를 복용하면 태아에게 필요한 모든 영양소를 섭취할 수 있나요?

A 영양분은 음식을 통해 섭취하는 것이 가장 이상적이지만 임신부에게 필요한 모든 영양소를 음식만으로 섭취하기는 매우 어렵다. 실제로 대부분의 여성이 임신부용 종합 비타민제를 복용하고 있으며 이는 임신부의 건강뿐 아니라 태아 건강을 위해 꼭 필요한 일이다.

하지만 임신부용 비타민 섭취만으로 부족한 영양소가 있다. 칼슘은 쿠피가 큰 미네랄로, 임신부용 비타민제에 소량만 포함되어 있으며 심지어 비타민제 중에는 칼슘 성분을 포함하지 않는 것도 있다.

임신 중에는 태아에게 필요한 칼슘 부족량을 엄마의 뼈에서 흡수해 가므로, 임신 중 칼슘이 부족하면 나중에 골다공증으로 이어질 수 있다. 따라서 임신한 여성이라면 칼슘이 들어 있는 식품을 충분히 섭취하거나 칼슘 영양제를 복용해야 한다.

2. 임신 2개월

7~10주

임신부의 몸에 어떤 변화가 나타날까?

아직은 눈에 띄는 신체적인 변화가 없다. 하지만 입덧이 생기거나 가슴이 딴딴하게 커지면서 통증이 느껴지기도 하고 질 분비물이 증가하는 등 임신의 징후는 확실히 느낄 수 있다.

입덧이 나타난다

임신을 알리는 첫 신호가 바로 입덧이다. 입덧은 대개 임신 7~10주 사이에 나타나는데, 속이 울렁거리고 구토가 날 듯 메슥거리는 증세를 보인다. 아직 입덧의 원인은 정확히 밝혀지지 않았지만, 임신으로 인해 호르몬 분비가 늘어났기 때문일 수도 있으며, 스트레스나 해로운 식품에 대한 모체의 보호 본능 등이 원인으로 추정되고 있다.

식성이 달라진다

입덧과 함께 전에는 먹지 않던 음식이 갑자기 먹고 싶다거나 잘 먹던 음식이 냄새도 맡기 싫어지는 등 식욕이 변덕스러워진다. 드물게는 먹을 수 없는 물건에 대해 식욕을 느끼는 경우도 있다.

입 안에 침이 고인다

임신 초기에는 입 안에 침이 자주 고이는 것을 느낄 수 있다. 이런 증세가 몸에 해롭지는 않지만 번거롭고 거북할 수 있다. 대개 아침에 입덧을 하는 임신부에게서 많이 나타나는데, 침이 고일 때 구강 청정제로 입 안을 헹구면 증세가 완화된다.

질 분비물이 늘어난다

임신 초기에는 골반과 자궁, 질의 혈액 순환이 활발해지고 신진대사도 왕성해지므로 표피 세포의 분비가 늘어나 질 분비물이 많아진다. 이러한 분비물은 약간 냄새가 나는 흰색이나 담황색 물질로, 임신 기간 내내 지속될 수 있지만 별 문제가 없다면 염려하지 않아도 된다.

질 분비물은 세균 감염에 대한 몸 자체의 방어 수단이기 때문이다. 단, 질 분비물에 피가 섞여 있거나 탁하고, 너무 묽으면 이상 신호일 수 있으므로 전문의의 진찰을 받는다.

허리선이 없어진다

아직 배가 불러올 때는 아니지만 허리선이 굵어진 듯한 느낌이 들기도 하고 실제로 바지 허리 부분이 꽉 죄는 느낌이 들 수도 있다. 자궁이 확대되면서 허리가 굵어졌다고 느끼는 것이다. 특히 마른 임신부의 경우 허리선이 더 빨리 없어지는데, 이는 자궁이 확대될 공간이 거의 없기 때문이다.

현기증이 나타난다

오래 서 있거나 앉아 있을 때, 갑자기 몸을 일으킬 때, 덥거나 복잡한 곳에 오래 있으면 현기증이 생기기 쉽다. 몸을 가볍게 자주 움직이고 사람이 많은 곳은 피한다.

10 week 임신부의 몸

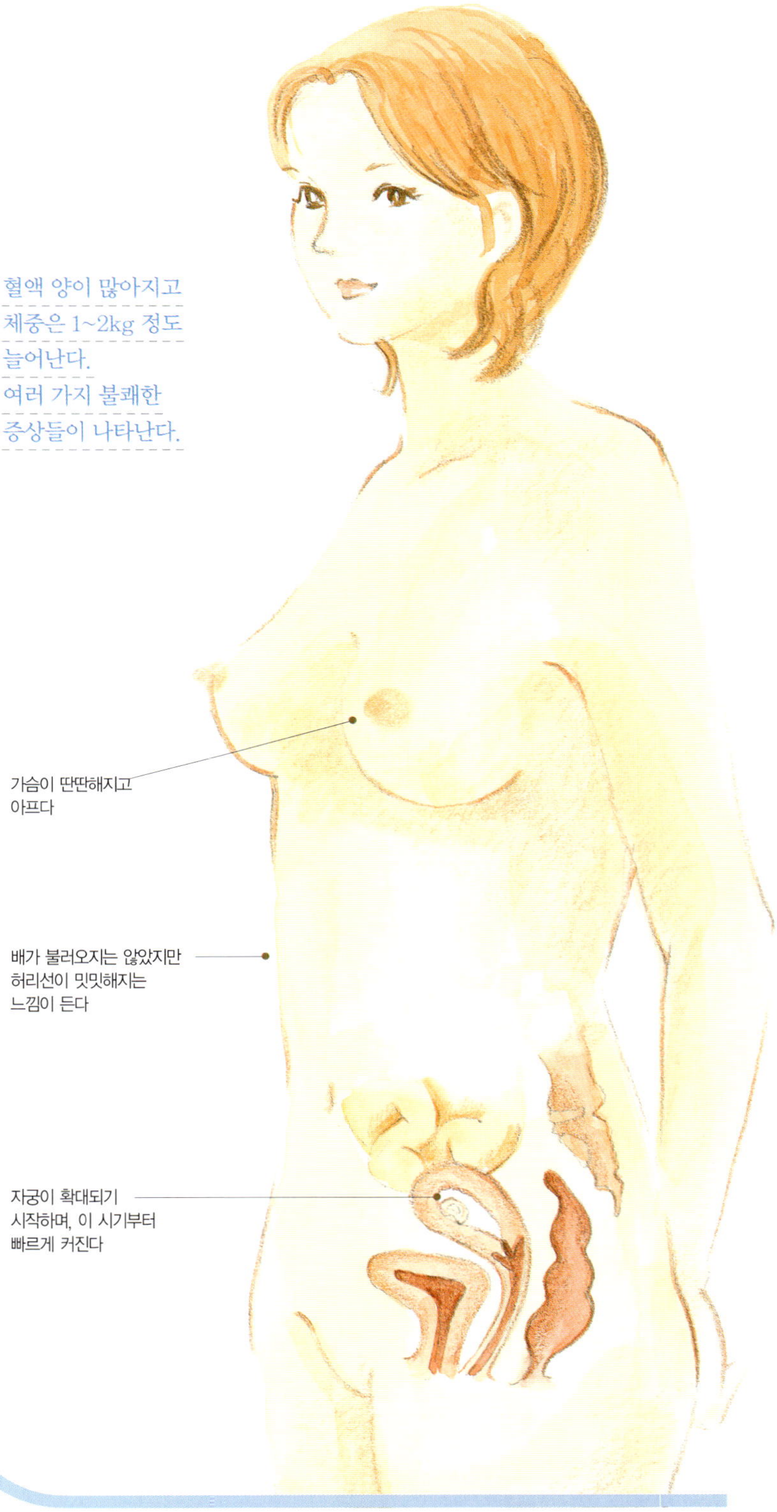

뱃속 아기는 얼마나 컸을까?

태아는 빠르게 성장하고 있다. 얼굴 모습이 자리를 잡고 손가락과 발가락이 나타나며 심장, 간, 비장, 맹장, 내장도 발달한다.

임신 7주

태아의 형상이 인간에 가까워지기 시작한다. 심장이 완전히 형성되고 팔다리의 아체, 콧구멍, 눈꺼풀, 흑색 점 형태의 눈이 생긴다. 혀도 보이기 시작하며 머리가 커지고 몸통이 길게 늘어난다. 신장과 맹장, 췌장, 비장, 위장, 식도 등 신체 주요 장기가 생기고 내장이 길게 늘어나며 대뇌 피질도 보인다.

임신 8주

신장, 간, 비장, 내장이 계속 발달하고 순환 기관이 자리를 잡으며 이목구비는 계속 발달한다. 다리의 아체가 허벅지, 다리, 발로 나뉘고 팔의 아체가 손, 팔, 어깨로 나뉘며 사지가 점차 길어진다. 발 모양과 손 모양이 형성되고 눈꺼풀도 이제 거의 눈을 덮는다. 생식선이 생기고 남아는 고환이, 여아는 난소가 생긴다. 목도 길어져 머리를 가슴 쪽으로 숙일 수 있으며 후각 기능이 시작된다. 뇌간을 구분할 수도 있다. 태아가 급격하게 성장하는 시기로 투명한 피부 밑으로 혈관을 볼 수 있다.

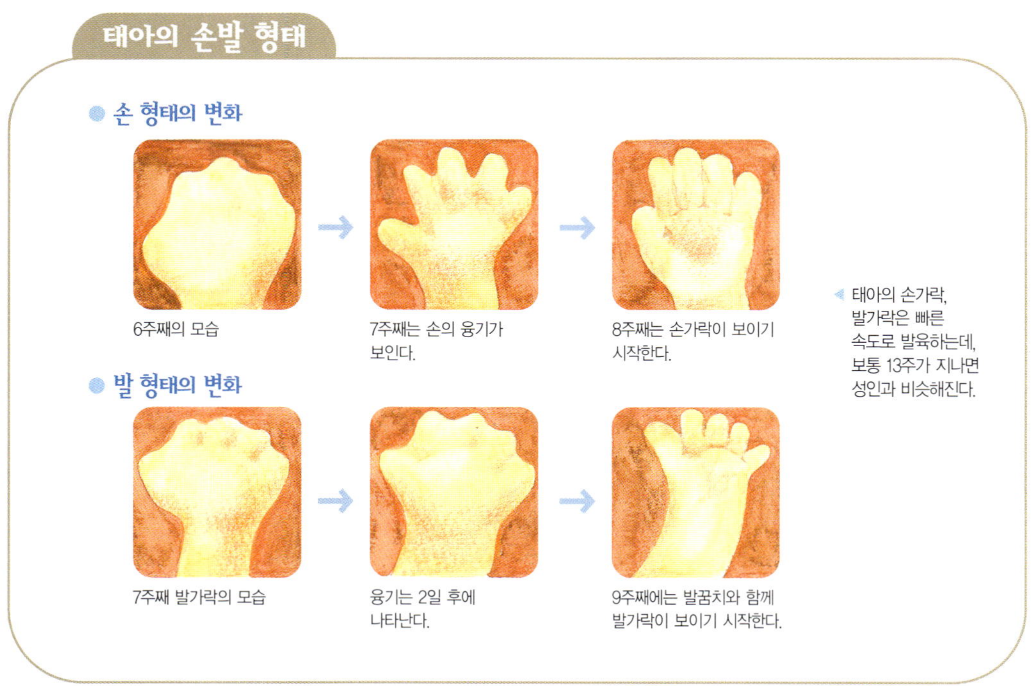

임신 9주

망막의 신경세포가 생기고 귀속에 반구형 도관이 형성된다. 망막에서 뇌까지 신경이 연결되어 있으며 안면근육과 윗입술이 발달한다. 복강과 흉강이 분리되고 콧구멍이 밖으로 나온다. 머리와 몸통을 잇는 목이 뚜렷해지고 손가락과 발가락이 생긴다. 요도와 직장도 완전히 분리되고 초음파를 통해 태동을 감지할 수 있다.

임신 10주

장기와 신체 발달이 활발하게 이루어지는 시기다. 위장이 제자리를 잡고 미각을 느끼는 미뢰가 생기기 시작한다. 눈이 중앙으로 이동하고 눈과 코가 뚜렷해지며 목근육이 생긴다. 뼈가 연골 조직을 대신하기 시작하며 입천장이 생긴다. 횡격막이 심장과 폐를 위장과 분리시킨다. 여아의 경우는 클리토리스가 보이고 난소가 나타나기 시작한다.

이 시기는 태아의 주요 내장 기관과 감각 기관이 모두 형성되면서 급속도로 성장하는 중요한 시기다.

임신부는 생명을 잉태했다는 기쁨과 희망에 가슴이 벅차오르기도 하지만, 불쾌한 증세들이 나타나 괴로울 수도 있다. 하지만 임신 중 몸 관리에 주의한다면 출산 후 곧 원래대로 회복될 것이다.

10 week 태아의 모습

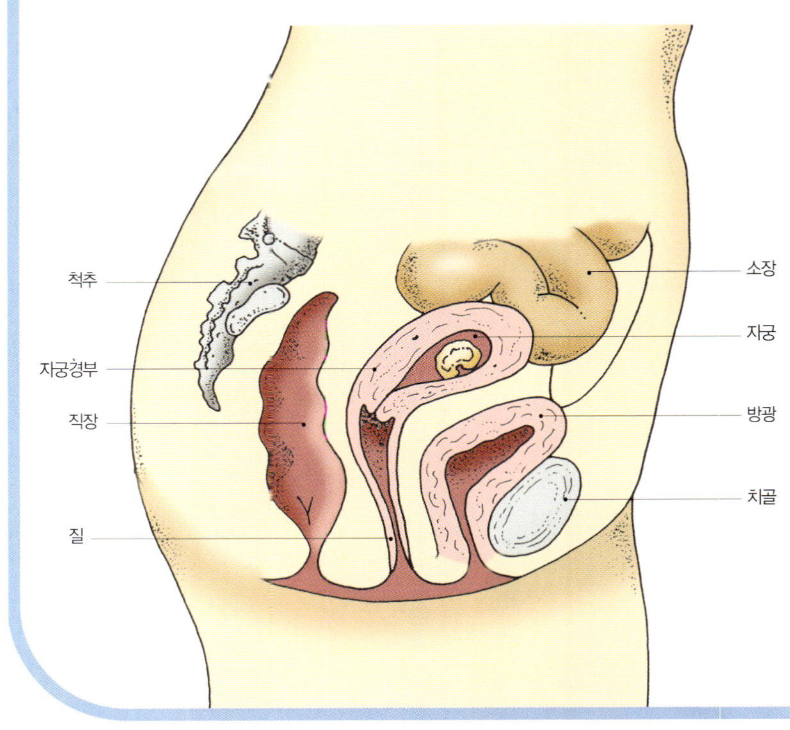

태아의 형태

이 시기에 어떤 검진을 받을까?

매번 검진을 받을 때마다 체중, 혈압 등을 측정하고 포도당과 단백질 함유량을 알아보기 위해 소변 검사를 하는데, 이는 육안으로 관찰할 수 없는 임신부의 몸 상태를 살피기 위해서이다.

임신 초기에는 한 달에 한 번씩 정기검진을 받는다. 평소 이상 증세가 느껴지거나 염려스러운 증세가 있으면 메모해 두었다가 검진할 때 의사에게 물어보는 것이 좋다.

기본 검사 혹은 다른 검사를 받고서 몸에 이상이 있으면 조치를 취하고 당부사항이나 중요한 검사 결과는 따로 정리해 둔다.

● **체중 검사** 아직 눈에 띌 정도로 체중이 증가하지는 않지만 한 달 전에 비해 유방 조직이 늘어나고 혈액 공급량이 증가해 체중이 약간 느는 것이 보통이다. 몸무게가 필요 이상으로 늘었다면 체중조절을 해야 한다. 지나친 체중 증가는 임신 후기 임신중독증이나 고혈압을 유발할 수 있기 때문이다.

임신 초기부터 체중 관리가 필요하다. 한 달에 1.5kg 이상 늘어나는 것은 위험 신호이므로 평소 칼로리가 높은 음식을 자제하고 균형 잡힌 식사를 한다.

● **혈압 검사** 병원에 가면 받는 기본적인 검사로 갑작스러운 혈압의 변화는 신체 이상 징조일 수 있다. 혈압을 잴 때는 긴장을 풀고 안정을 취한 다음 잰다. 그렇지 않으면 혈압이 올라갈 수 있다.

● **소변 검사** 세균 감염 여부와 단백질 정도, 당분 정도를 알아보기 위해 매달 실시한다.

● **초음파 검사** 임신 위치를 확인하고 정확한 분만 예정일을 알아내며 태아의 상태와 아기 수 등을 확인하기 위해 임신 12주 전에 초음파 검사를 실시한다. 태아의 기형 여부를 정확하게 확인하기 위한 정밀 초음파는 임신 16~20주에 실시하지만 어떤 문제는 임신 11~12주면 알 수 있다.

외진

복부의 크기로 태아의 발육상태를 체크한다. 태아의 발육이 정상인지를 알아보고, 태아의 성장률을 산출하며, 골반과 자궁 기저부 사이의 거리를 측정한다.

유방 검사

함몰 유두일 경우 모유수유가 불가능하므로 유두 상태를 체크해 교정을 시작한다.

이 시기에 무엇을 알아 둘까?

임신 초기 몇 주 동안은 유산의 위험이 높으므로 일상생활에서 각별한 주의가 필요하다. 이 시기 임신부가 주의해야 할 증세나 태아에게 해로운 의약품, 독소 등에 대해서도 알아보자.

유산에 대해 알아 둔다

유산은 보통 임신 초기에 발생하기 쉬운데 갑자기 하복부에 경련이 일어나거나 골반 부위에 묵직한 느낌이 들며 피가 나오기도 한다. 태아가 제대로 발육하기 전에 모체의 자궁 밖으로 빠져나오는 것으로, 자연유산이라고도 한다.

유산은 대개 임신 초기인 임신 10주 내에 일어나는데 임신의 1/2에서 1/3 정도는 유산으로 끝난다. 하지만 이런 통계에 너무 민감하게 반응할 필요는 없다. 이러한 유산은 대개 자신이 임신했다는 사실을 알기도 전에 일어나기 때문이다. 만약 유산이 걱정되면 임신 초기 정기검진을 받을 때 의사에게 상담하는 것이 좋다.

자연유산의 유형

- **완전유산** 임신의 모든 부산물, 즉 배아, 혹은 태아는 물론, 태반이 완전히 떨어져 나온 경우
- **절박유산** 임신 초기에 출혈과 통증이 나타나는 증상으로 약 절반 정도가 유산으로 진행된다.
- **불가피유산** 양막 파열, 자궁경부 확장, 응혈이 쏟아져 유산이 불가피한 경우
- **불완전유산** 유산 후 태아, 탯줄 등 임신의 부산물이 자궁 안에 남아 있는 경우
- **계류유산** 배아, 혹은 사망한 태아가 자궁 안에 남아 있는 경우

유산의 징후

유산의 대표적인 징후는 하복부 통증과 질 출혈이다. 물론 출혈이 있고 통증이 없

● 유산될 위험성이 있을 때
혈액 일부가 질에서 배출되지만, 태아가 자궁에 살아 있고 자궁경부는 여전히 닫혀 있다. 유산의 위험이 있는 여성 가운데 약 50%는 정상적으로 분만할 수 있다.

● 유산이 임박했을 때
태아가 사망하고, 자궁경부가 넓어진다. 완전유산일 때는 태아와 태반이 모두 자궁에서 탈락한다. 반면 불완전유산은 태아 또는 태반 조직 가운데 하나만이 탈락한다. 이때 자궁에 남아 있는 조직이 출혈을 일으키므로 반드시 제거해야 한다.

는 경우도 있고 심한 통증이 느껴지나 출혈이 없는 경우도 있다. 출혈의 양이나 통증은 개인마다 다르지만 출혈량이 많고 선홍색에 가까울수록 위험하다.

● **질 출혈과 복통** 임신 초기에 질 출혈을 보이는 임신부가 의외로 많다. 따라서 질 출혈이 있다고 해서 반드시 유산이라고 단정 지어서는 안 된다.

유산기가 있을 때는 자궁이 수축하기 때문에 하복부가 팽팽해지고 아프며 예리한 통증이 온다. 유산이 되면 태반이 떨어져 나와 출혈도 따르는데, 이때 혈

액 덩어리와 분비물이 함께 나오면 서둘러 병원으로 가서 처치를 받아야 한다.

또한 가벼운 출혈이라도 하루 이상 계속되면 전문의를 찾는다.

음주·흡연·약물 복용을 금한다

임신 7~10주에는 태아의 신체 주요 부분이 형성되는 시기이므로 유해 물질에 노출되지 않도록 각별히 주의한다.

술은 반드시 끊는다. 알코올은 임신 2개월 무렵 아기의 얼굴이 형성될 때 치명적인 영향을 줄 수 있다. 태아알코올증후군에 걸린 아기는 성장 지체, 정신 지체, 발육 지연, 행동 이상, 안면 기형 같은 이상을 보인다. 안면 기형의 특징은 머리가 기준치보다 훨씬 작고 귀가 아래쪽에 달려 있으며 턱뼈와 콧날이 발달되지 않아 비정상적인 모습으로 보인다.

임신 중 흡연은 임신부의 건강을 해칠 뿐 아니라 태아 사망이나 태아 손상의 원인이 된다. 또, 흡연 여성의 경우 저체중아를 출산할 확률이 높다. 임신 중 흡연한 여성에게서 태어난 아기는 지능지수가 낮고 독서장애를 겪는 사례가 많고 과잉행동증의 사례도 더 많은 것으로 나타났다.

임신 중에는 의약품 복용도 주의해야 한다. 의사의 지시 없이 어떤 약도 함부로 먹지 않는다. 특히 임신 초기에는 태아 성장에 치명적인 문제를 일으킬 수 있으므로 조심한다.

태아에게 해로운 약물

★ 사용해서는 안 될 약물

약물	용도	태아에게 미치는 영향
클로로콰인	말라리아	안구 이상
헤로인	약물남용	생후 호흡 저하 및 금단 증상
백신(홍역, 풍진 등)	면역	바이러스 감염으로 인한 기형아 초래 가능
흡연(니코틴)		태아 발육 저해, 지능에 영향
알코올(술)		태아기형, 저능아, 발육부진
트리메사디온	간질	태아기형, 저능아, 발육장애
항암제태아기형		
발포로인산		신경계 이상(척추이분증)

★ 피해야 할 약물

약물	용도	태아에게 미치는 영향
스트렙토마이신	세균감염	난청
설파제	세균감염	빈혈, 고빌리루빈혈증
테트라사이클린	세균감염	황치(黃齒), 뼈에 이상
쿠마딘 항응고제		태아기형
B형 간염 예방주사	면역	태아가 만성보균자가 될 수 있음

임신 7~10주 Best 궁금증

Q 임신 중 향수를 뿌리면 좋지 않다는데, 태아에게 어떤 영향을 주나요?

A 임신 중 향수를 장기간 사용하면 태어날 남아의 수태 능력에 좋지 않은 영향을 준다고 한다. 최근 에든버러대학 연구팀이 밝힌 한 연구 자료에 따르면 임신 8~12주는 태아의 수태 능력에 결정적인 영향을 주는 시기로, 이 시기에 화장품 속 화학 물질에 노출되면 향후 아이의 정자 생산에 장애가 일어난다고 한다. 따라서 가임 여성이나 임신부는 향수뿐 아니라 화학 물질이 든 화장품 사용을 자제하는 것이 바람직하다.

Q 임신부용 비타민제가 너무 커서 삼키기 어려워요. 이럴 때는 어떻게 해야 하나요?

A 임신부용 비타민제가 너무 커서 먹기가 괴롭다는 임신부가 의외로 많다. 특히 입덧이 심할 때는 비타민제를 삼키기가 더욱 곤욕스러운데 이럴 때는 주저하지 말고 의사에게 이야기하는 것이 좋다. 그러면 의사는 사이즈가 작거나 비교적 삼키기 쉬운 알약을 처방해 줄 것이다. 비타민제 중에는 씹어 먹을 수 있는 것도 있다.

Q 이상하게 자꾸 입에 침이 고여요. 몸에 이상이 생긴 걸까요?

A 임신부마다 정도의 차이는 있지만 임신 중에는 호르몬 증가로 침 분비가 많아진다. 이러한 침은 대부분 맑고 냄새가 없으며 끈기가 없는 것이 특징이다. 이런 증상은 시간이 지남에 따라 저절로 사라지는 것이 보통이나 일상생활에 불편을 느낄 정도라면 의사와 상의해 보는 것이 좋다.

Q 가스가 자주 차서 괴로워요. 속이 더부룩한데 태아가 불편해하진 않을까요?

A 태아는 엄마의 자궁 안에서 보호받고 있으므로 전혀 문제가 되지 않는다. 또한 이미 오래 전부터 태아는 엄마의 위와 장에서 나는 소리에 익숙해져 있다. 가스가 자주 찬다고 해서 먹는 걸 줄이거나 굶으면 오히려 태아 성장에 좋지 않다.

위가 더부룩하게 차는 현상은 임신 중 겪는 흔한 현상으로, 식습관을 조절하면 도움이 된다. 한꺼번에 많이 먹는 습관은 버리고 조금씩 자주 먹는다. 이때 급하게 먹으면 위 속으로 공기가 많이 들어가 가스가 차기 쉬우므로 천천히 식사하는 것이 좋다.

Q 임신 사실을 알고 난 뒤부터 자꾸 악몽에 시달려요. 이유가 뭘까요?

A 임신을 하면 꿈이 전보다 훨씬 생생하게 기억나는데 이 때문에 더 무섭게 느껴질 수 있다. 특히 예민한 여성은 임신과 출산에 대한 두려움과 불안으로 인해 악몽을 꾸게 되는 경우가 많은데, 이는 잠재의식의 표현일 뿐 불길한 꿈이라고 보기에는 어렵다.

높은 곳에서 떨어지거나 도망치는 꿈, 아기를 잃어버리는 꿈을 꾸기도 하는데 이는 엄마가 된다는 것에 대한 염려와 걱정 때문으로, 자주 심각한 악몽에 시달려 밤잠을 설칠 정도라면 정신과 의사와 상담을 하는 것이 좋다.

Q 다른 임신부에 비해 배가 지나치게 많이 나왔어요. 혹시 쌍둥이를 임신한 건 아닐까요?

A 특별히 음식을 과하게 섭취한 것도 아닌데 체중이 급격히 늘거나 심장박동이 두 곳 이상에서 느껴진다면 쌍둥이 임신일 수 있다. 하지만 분만 예정일을 잘못 계산한 것일 수도 있으므로 초음파 검사를 해서 쌍둥이 여부를 확인하는 것이 좋다.

Q 귀에서 소리가 들리고 멍멍해요. 가끔은 현기증이나 두통도 생기는데 왜 그런가요?

A 임신을 하면 체내 수분이 증가하는데, 그 영향으로 귓속에 부종이나 이명 현상이 나타나고 현기증도 일어난다. 현기증은 빈번한 구토에 의해서도 일어날 수 있는데 입덧이 가라앉으면 이러한 증상들도 완화된다. 만약 일상생활에 지장을 받을 정도라면 의사와 상담하여 적절한 치료를 받는 것이 좋다. 또한 임신 중에는 호르몬의 영향으로 자율신경의 균형이 깨져 두통이 생기기 쉽다. 몸에 이상이 있다고 해서 함부로 약을 복용하지 말고 의사의 처방을 받는다.

Q 임신 중 꿀을 먹으면 해롭다는 이야기를 들었는데, 사실인가요?

A 꿀을 한 번에 많이 먹는 경우는 거의 없으므로 몇 번 먹는다고 해서 태아에게 해를 주는 것은 아니다. 꿀을 장기간 오랫동안 섭취하는 것이 아니라면 크게 문제가 될 것은 없지만 임신성 당뇨를 앓고 있다면 삼가는 것이 좋다. 꿀은 당 함량이 높은 식품으로, 임신성 당뇨를 앓고 있다면 인슐린 분비와 혈당 조절에 장애를 가져온다.

Q 임신이 된 줄 모르고 매일 커피를 마셨는데 태아에게 해롭지 않을까요?

A 카페인 성분이 함유된 커피는 성인 남녀가 즐겨 찾는 기호 식품으로, 임신부의 약 60% 정도가 가끔 커피를 마신다고 한다. 아직 기형 유발과 직접적인 관련은 없다고 보고되고 있으나 임신 중 하루 300mg이상의 카페인을 복용하는 경우에는 수면 장애나 영양 결핍 등 임신 결과에 부정적인 영향을 미칠 수 있으므로 가능하면 임신 중에는 커피를 자제하는 것이 좋다.

Q 날생선이나 육회를 좋아하는데 임신 중에 먹어도 되나요?

A 회나 육회뿐 아니라 생달걀, 굴, 덜 익힌 고기 등도 임신 중에는 먹지 않는 것이 좋다. 조리하지 않은 생선이나 살균 처리하지 않은 우유, 생고기에는 박테리아가 서식할 위험이 있기 때문이다.

신선한 회라면 문제가 되지 않겠지만 조리하지 않은 생선이나 해산물에는 촌충 같은 기생충이, 생달걀에는 살모넬라균이, 살균 처리되지 않은 우유에는 리스테리아균이, 생고기에는 톡소플라즈마균이 들어 있을 수 있으므로 각별한 주의를 기울인다.

Q 입덧이 너무 심해 음식을 먹기 어려운데, 그래도 꼭 챙겨 먹어야 할 것이 있나요?

A 입덧이 심해 음식을 먹기 어렵더라도 수분은 충분히 공급해 주어야 한다. 체내에 수분이 부족하면 탈수 현상이 일어나기 쉽기 때문이다. 특히 임신 초기 혈액을 생성하고 신체 내 신진대사를 원활하게 하려면 반드시 충분한 수분이 필요하다. 물도 마시기 어려울 정도로 입덧이 심할 때는 반드시 주치의와 상의하여 적절한 조치를 취한다.

Q 찜질방에 가는 것을 좋아하는데, 임신 중에는 찜질방이나 사우나에 가면 안 되나요?

A 태아는 적절한 체온을 유지하기 위해 모체에 의존하는데, 모체의 체온이 오른 상태가 지속되면 태아에게로 가는 혈액의 양과 산소의 양이 감소한다.

특히 태아의 발달 과정상 중요한 임신 초기에는 더욱 나쁜 영향을 줄 수 있다. 대중목욕탕이나 찜질방은 가능하면 피하는 것이 좋고 임신 중 열탕 목욕은 삼가는 것이 좋다. 임신 중에는 태아 건강을 위해서 가볍게 샤워하는 정도가 무난하다.

Q 어릴 때부터 줄곧 채식만 했어요. 혹시 태아 발육에 지장을 초래하는 건 아닐까요?

A 채식만 하다 보면 칼슘이나 단백질, 동물성 식품에서만 얻을 수 있는 엽산, 철분이 부족하기 쉽다. 이는 자칫 영양실조를 일으키거나 태아 성장에 문제를 일으킬 수 있다.

채식만 하는 임신부라면 콩류 등 식물성 단백질과 치즈, 요구르트 등 유제품을 충분히 섭취하고 칼슘이나 비타민, 엽산 등이 든 영양 보조제를 반드시 섭취해야 한다.

Q 피로회복제라 불리는 드링크제를 마셨는데 괜찮을까요?

A 드링크제에는 카페인과 페나세틴, 기타 약제가 들어 있으므로 오랫동안 사용하면 태아 빈혈, 태아의 발육 지연, 저체중아 출산, 임신 기간 지연 등을 초래할 수 있다. 또한 임신 후기 복용은 태아의 발육 장애, 기능 장애를 초래할 수 있다. 하지만 일시적으로 몇 번 먹은 것은 크게 영향을 주지 않으므로 너무 걱정할 필요는 없다.

Q 임신 2개월째인데 하복통도 없이 갑자기 하혈이 일어나면 유산의 징조인가요?

A 임신 초기 하복부 통증도 없이 적은 양의 출혈이 보이면 충분한 휴식과 안정을 취하고, 출혈이 멎을 때까지 2주 이상 부부관계를 금해야 한다. 만약 출혈량이 많거나 하복부 통증을 동반하는 출혈이 보이면 인공유산을 해야 할 경우도 있으므로 즉시 병원으로 향한다.

Q 임신 2개월에 신경안정제를 먹었는데 태아에게 나쁜 영향을 주지는 않을까요?

A 신경안정제로 사용하는 약물 중에 태아에게 언청이를 유발하는 약물이 있다. 특히, 신경안정제 복용은 대부분 습관성이라 기형아 출산 확률을 높인다. 임신이 확인되면 일단 의사와 상의하고 나서 생활환경을 바꾼다. 뱃속 아기를 위해서라도 약물에 의존하지 말고 산책을 한다든지, 취미활동을 찾아 기분을 바꿔 본다.

Q 임신이 되고 나니 왠지 모르게 눈물이 나고 슬퍼져요. 왜 그럴까요?

A 임신을 하면 호르몬 변화에 의해 자신도 모르는 사이에 감정적인 변화를 겪게 된다. 어떤 순간에는 임신했다는 사실에 뛸 듯이 기쁘다가도 이유 없이 슬퍼지고 미래에 대한 막연한 두려움과 불안감이 몰려와 한없이 우울해질 수 있다. 이러한 감정적인 변화에 자신도 무척 당혹스럽겠지만 이는 임신부에게 흔한 자연스러운 증상이다.

우울하고 기분이 저조할 때는 가벼운 운동을 하거나 취미생활을 즐겨 본다. 임신을 계기로 평소 하고 싶었던 일들을 하다 보면 마음도 편안해지고 잡념도 사라진다. 임신부 자신이 스스로 즐기려는 자세가 무엇보다 중요하다.

Q 임신부 나이가 많으면 다운증후군 등 기형아 출산의 위험이 높다는데 사실인가요?

A 임신부의 나이가 많을수록 다운증후군, 에드워드증후군, 파타우증후군 등 염색체 이상이 있는 아기를 출산할 위험이 높다고 알려져 있다. 또한 고령임신부는 임신성 고혈압, 임신 중독증, 임신성 당뇨병, 태반 조기 박리, 전치태반 등 위험 요인에 걸릴 위험도 비교적 높다. 하지만 출산에 성공한 고령 임신부 전체에 비하면 소수에 불과하므로 미리 걱정할 필요는 없다. 편안한 마음으로 적절한 산전 관리를 하면 건강한 아기를 출산할 수 있다.

Q 임신부는 요로 감염에 잘 걸린다는데 예방할 방법은 없나요?

A 여성은 요도가 항문 근처에 있고 길이가 짧으며 요도의 입구가 음순 바로 아래에 있는 신체적 특징 때문에 2~3명 가운데 한 사람이 걸릴 만큼 요로 감염이 흔하다. 특히 임신 중에는 잔뇨량의 증가 등으로 인해 요로 감염에 걸리기가 더욱 쉽다.

요로 감염은 그냥 내버려두면 방광염이나 신우신염으로 진행되어 항생제 치료를 해야 하는데 이러한 약물을 투약할 경우 태아에게 좋지 않은 영향을 미칠 수 있다. 요로 감염으로 인해 약을 사용해야 할 정도라면 먼저 담당의와 상의한 후 치료를 받는 것이 안전하다. 요로 감염을 막으려면 평소 회음부를 청결하게 유지하고 소변을 무리하게 참지 않는다. 또한 배변 후 휴지로 닦을 때는 반드시 앞쪽에서 항문 쪽으로 닦고, 속옷은 가능하면 흡수가 잘되는 면 소재를 이용한다.

Q 과거 임신 12주에 임신 중절 수술을 받은 적이 있는데, 혹시 유산할 위험이 높은가요?

A 임신 중절 수술을 받은 적이 있다고 해서 유산 확률이 높아진다고는 할 수 없다. 다만, 임신 중절 수술 시 자궁 경관 등에 상처가 남아 있으면 더러 그것으로 인해 유산이 될 수 있다. 하지만 과거 임신 중절 수술을 여러 번 받았거나 수술 시 문제가 생긴 것이 아니라면 크게 문제가 되지 않는다. 단, 담당의에게 중절 사실을 알리고 중절 후 이상 여부를 알려 문제를 사전에 예방하는 것이 필요하다.

Q 임신 중 속옷을 잘 입어야 출산 후에도 임신 전처럼 예쁜 가슴으로 돌아갈 수 있다는데 어떤 브래지어를 고르는 것이 좋을까요?

A 임신을 하면 유선이 발달하면서 유방 팽창이나 유방 압통 등으로 인해 가슴이 변한다. 특히, 임신 초기인 3개월 무렵에는 유방이 눈에 띄게 커지므로 유방 변화에 따라 임신부용 브래지어를 착용하는 것이 좋다. 임신부용 브래지어는 유방이 처지는 것을 막아줄 뿐 아니라 모유분비를 돕는다.

임신부용 브래지어를 구입할 때는 컵이 유두를 압박하지 않는 신축성 소재로 된 것을 고르되, 일반 브래지어보다 밑 부분이 5cm 정도 긴 것을 골라야 무거워진 가슴을 받치는 데 효과적이다.

Q 질 분비물이 늘었는데 질 세정제를 사용해도 되나요?

A 임신을 하면 질 분비물이 늘어나 찝찝한 기분이 들 수 있다. 이때는 깨끗한 물로 가볍게 닦아주되, 질 세정제는 사용하지 않는다. 알칼리성 성분이 들어 있는 세정제는 질 내부에 존재하는 유익한 미생물까지 씻어내기 때문이다. 임신 기간에는 질 점막이 얇고 부드러운데다 예민해져 있어 상처를 입기 쉽고 세균에 감염될 우려도 높으므로 주의를 기울여야 한다.

Q 친정엄마가 입덧이 심했다는데, 혹시 입덧도 유전이 되나요?

A 입덧이 유전된다는 근거는 없다. 간혹 친정엄마가 입덧이 심했다는데 자신도 입덧이 심하다는 임신부가 있는데, 이는 심리적 요인 때문이다.

심한 입덧은 임신부와 태아가 서로 유전자적으로 다른 체질일 때 나타나기 쉽다. 입덧이 심하다면 엄마보다는 아빠를 닮은 아기를 출산할 확률이 높다.

임신 3개월

11~14주

임신부의 몸에 어떤 변화가 나타날까?

임신으로 인한 신체적 변화를 실감하는 시기로, 심하게 눈에 띄는 정도는 아니지만, 유방과 엉덩이가 커지고 허리선이 사라지는 등 신체 변화가 겉으로 드러난다. 두통이나 현기증, 변비 증상이 나타나기도 한다.

유방과 유륜에 변화가 생긴다

유방이 팽팽하게 부풀어 오르면서 통증이 느껴진다. 젖꼭지 주변이 암갈색으로 변하고 푸르스름한 유륜선이 돌출하는데 이는 임신으로 인해 신체 혈액 공급량이 늘면서 유방 근처에도 혈액공급량이 늘었기 때문이다. 이러한 유방 변화는 엄마 뱃속에 새로운 생명이 자라고 있다는 증거다.

유방 통증을 줄이기 위해서는 임신부용 브래지어를 입는다. 임신부용 브래지어는 끈이 넓고 뒷부분이 넓게 재단되어 있어 유방 조직을 압박하지 않고 근육 긴장을 풀어주므로 효과적이다.

허리둘레와 엉덩이가 커진다

허리둘레는 눈에 띄게 늘어나기 시작한다. 납작하던 하복부 또한 불룩해지는데 이러한 몸매 변화는 임신부마다 조금씩 다를 수 있다. 대개 신체 구조나 자궁의 크기, 출산 유무 등에 따라 달라진다.

이제부터는 딱 붙는 옷이 답답하게 느껴지고 외관상 티가 나므로 넉넉한 옷을 입어 나온 배를 가리거나 고무줄로 된 바지나 치마를 입고 헐렁한 재킷을 걸친다.

현기증이 자주 생긴다

임신 중에는 혈압 변동이 심해져 앉았다가 갑자기 일어날 때 현기증을 느낄 수 있다. 이러한 현기증은 임신 초기 흔히 나타나는 증상으로 걱정하지 않아도 된다.

임신 초기에 나타나는 현기증은 순환하는 혈액의 양이 변화를 일으켜 나타난다. 대개 누웠다가 앉는다든지 일어서면 뇌로 가는 혈액공급이 일시적으로 감소해 어지러운 현상이 나타난다. 갑자기 자세를 바꾸지 않았는데도 어지럽다면 언제 식사를 했는지 체크해 보고 한참 지났다면 음식을 조금 섭취해 혈당을 올려 준다.

평소 수분을 충분히 섭취하고 자세를 바꿀 때는 천천히 바꾼다.

잇몸 염증이 나타난다

임신 호르몬의 영향으로 잇몸이 민감해져 잇몸이 붓고 피가 나는 증상이 쉽게 나타난다. 이를 '임신성 치은염'이라고 하는데 출산 후에는 사라진다.

입덧이 서서히 사라진다

임신 13주가 지나면 입덧이 사라지면서 식욕도 정상으로 돌아온다. 임신 기간 내내 입덧을 하는 임신부도 있지만 대개 이때쯤 되면 입덧이 없어진다.

ZOOM IN

14 week 임신부의 몸

임신 3개월 말쯤 되면 1.8~2.2kg 정도 늘어나는 것이 정상이다. 하지만 임신 초기에 체중 관리에 소홀하면 4.5~5kg까지 늘어날 수 있다.

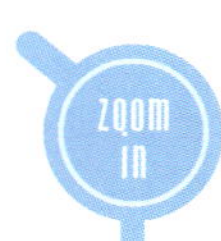

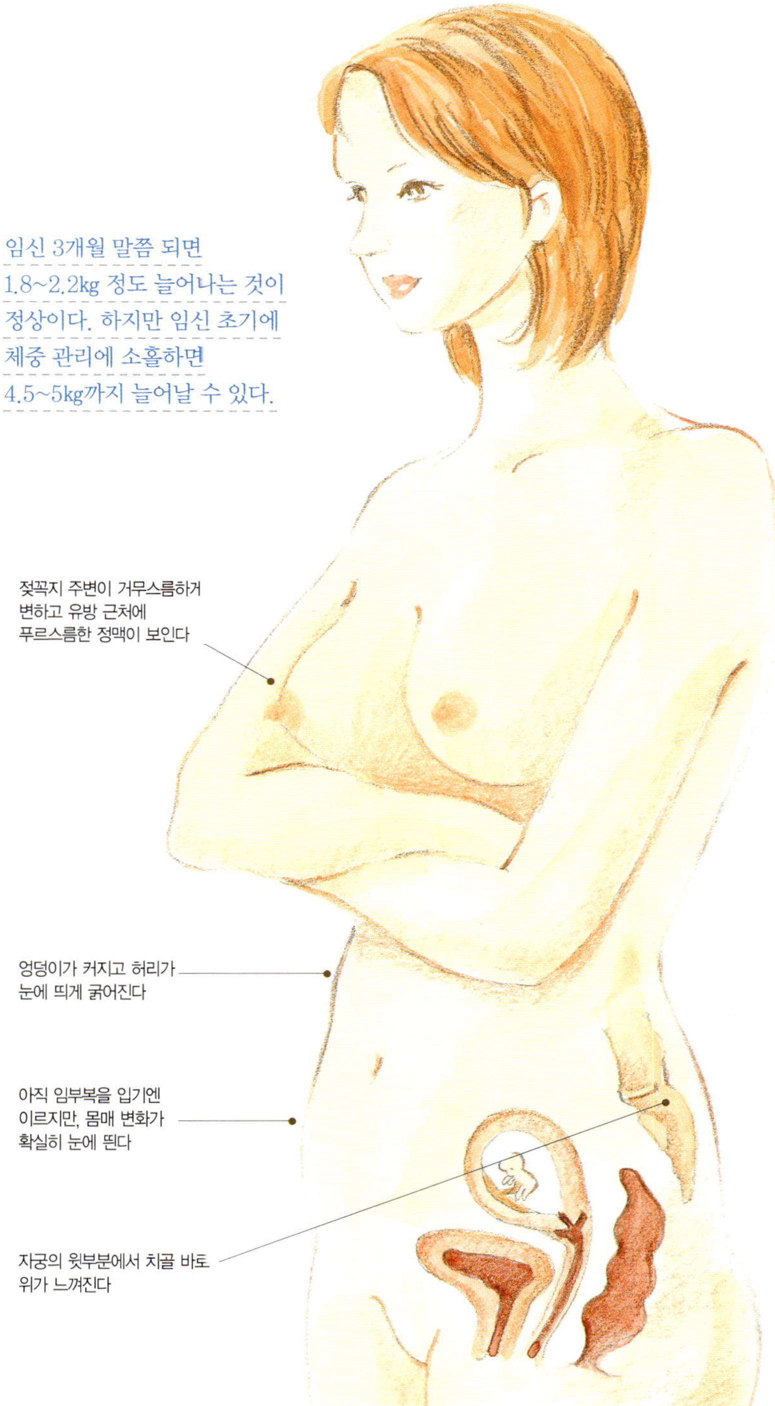

뱃속 아기는 얼마나 컸을까?

3개월 된 아기는 이제 사람의 형태를 갖춘다. 초음파 사진을 보면 아기의 몸 전체와 움직임, 심장이 뛰는 것을 볼 수 있다.

임신 11주

11주 무렵이면 머리가 신체의 거의 절반을 차지하고 간, 신장, 뇌, 폐 등 신체의 주요 장기가 거의 형성되어 기능을 발휘하기 시작한다. 치아와 피부의 모낭이 생기고 귀는 낮게 달려 있어 완전히 발달하려면 시간이 걸린다. 외부 생식기관도 생긴다.

임신 12주

머리가 신체 비율에 비해 크기는 하지만 머리부터 발끝까지 인체의 형태를 갖추고 있다. 허파가 완전히 형성되고 갑상선과 췌장이 생기며 쓸개즙이 분비된다. 뇌하수체에서 호르몬이 생성되며 태아에게 자극을 주면 고개를 돌릴 정도로 반응한다.

임신 13주

신체의 다른 부분에 비해 머리 성장 속도가 둔화된다. 성대와 젖니의 뿌리가 생기고 내장기관인 위, 허파, 간, 췌장이 기능을 발휘할 수 있는 형태로 성장한다. 손톱이 생기고 지문도 나타난다.

임신 14주

내장기관이 성숙함에 따라 성장이 더욱 빨라진다. 귀가 정상적인 위치에 자리를 잡고 남녀 생식기의 구분이 뚜렷해지며 침샘이 생긴다. 성대와 소화샘이 완성되고 미각기관인 미뢰가 늘어난다.

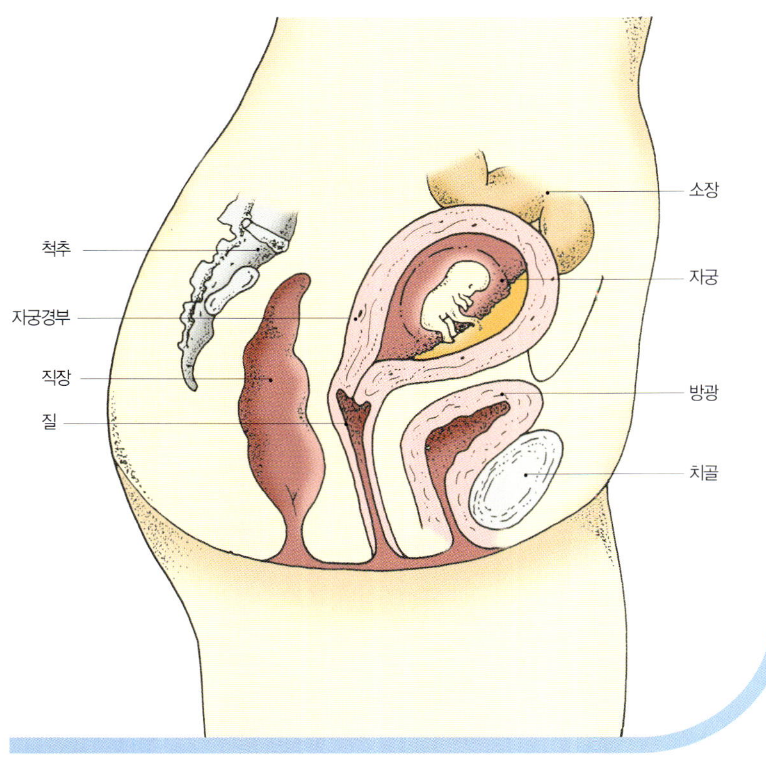

14 week 태아의 모습 태아의 키 _ 12~14cm 체중 _ 45g

이 시기에 어떤 검진을 받을까?

모체와 뱃속 아기에게 이상이 있는지 꾸준히 정기검진을 받는다. 체중·혈압·소변 등 기본 검사 외에도 자궁의 크기를 재거나 몸에 이상이 있는지 체크한다.

정기검진은 가능하면 빠짐없이 받는다. 만약 사정이 생겨 예약 날짜에 검진을 받을 수 없다면 예약을 연기해서라도 반드시 검진을 받는 것이 바람직하다.

● **소변 검사** 세균 감염 여부, 고혈압이나 당뇨병 같은 질병 여부를 알아보기 위해 실시한다.

● **체중 검사** 임신 초기 입덧으로 인해 체중이 감소하는 사람도 있지만 대개 이 시기쯤 되면 입덧이 사라지면서 자연스럽게 체중이 늘어난다. 이때 한꺼번에 체중이 늘지 않도록 주의한다.

일반적으로 이 시기쯤 되면 체중이 1.8~2.2kg 정도 증가하는 것이 적당한데, 만약 지나치게 체중이 늘었다면 식생활 패턴을 개선하고 적당한 운동을 해서 과체중이 되지 않도록 한다.

체중이 지나치게 늘면 심장이나 신장에 무리를 주고 혈관에도 장애를 일으켜 순산에 어려움을 줄 수 있다.

● **혈압 검사** 심장에서 혈액이 분출될 때 압력을 측정하는 검사로, 정상 혈압은 120/80mmHg, 즉 심장이 수축할 때 최고혈압은 120mmHg이고 심장이 이완할 때 최저혈압은 80mmHg이다. 갑자기 혈압 변화가 생기는 것은 신체에 이상이 생겼다는 신호일 수 있다.

● **자궁 크기 검사** 자궁 크기 검사로 태아의 발육 상태를 확인할 수 있다. 이 시기가 되면 의사는 임신부의 복부를 눌러 자궁 상부를 만져봄으로써 태아의 크기와 출산 예정일을 측정한다.

● **도플러 검사** 태아의 심박동을 검사하는 것으로 심박동의 강도와 횟수, 위치를 확인할 수 있으며 태아의 건강 상태에 대해 많은 것을 알려 준다.

도플러는 초음파 진동을 통해 태아의 심박동 소리를 듣는 기구로, 임신부의 복부에 갖다 대고 듣는다. 임신 3개월 무렵부터는 검진을 받을 때마다 태아의 심박동 소리를 확인한다.

자궁저의 높이 검사

정기검진을 받게 되면 대개 자궁 상단에서 치골까지의 거리, 즉 자궁저의 높이를 측정한다. 태아의 크기에 비례해 늘어나는 이 높이는 임신 기간에 따른 태아의 성장 속도를 가늠하는 중요한 지표다. 만약 자궁저의 길이에 이상이 있으면 초음파 검사를 받게 된다.

이 시기에 무엇을 알아 둘까?

임신 초기 3개월은 태아의 성장과 발달에 매우 중요한 시기다. 유산이나 기형 등 태아의 발달에 이상이 생기지 않도록 일상생활에 각별한 주의를 기울이고 필요할 경우 기형아 검사를 실시하며 즐거운 마음으로 생활한다.

자신에게 맞는 스트레스 해소법을 찾고 분만교실에 참여하는 것드 좋은 방법이다.

기형아 검사에 대해 알아 둔다

임신 초기 태아에게 해로운 환경에 노출된 적이 있거나 가족력, 건강상에 이상이 있는 임신부는 기형아를 낳지 않을까 걱정하게 된다. 따라서 고령 임신이거나 유전적인 결함이 있거나 선천성 기형아를 임신한 경험이 있으면 태아의 선천성 기형 여부를 알아보는 것이 좋다. 기형아가 의심될 때는 임신 9주에서 12주 사이에 융모막 융모 검사를 한다.

융모막 융모 검사(CVS)

융모막 융모 검사는 다운증후군 같은 유전적 결함이나 선천성 기형을 관찰하는 데 유용한 검사로, 양수 검사 이전에 실시할 수 있다는 장점이 있다.

하지만 자궁경부나 복부에 검사 기구를 넣어 태반에서 태아 조직을 떼야 하므로 유산 위험이 따를 수 있다. 유산 확률은 1~2%로 희박하긴 하지만 경험이 많은 전문의로부터 검사를 받는 것이 안전하다. 검사는 빠를수록 좋다.

스트레스 해소법을 찾는다

스트레스를 받지 않고 살 수는 없지만 지나치면 건강에 해롭다. 스트레스는 식욕을 떨어뜨리고, 수면을 방해하며 면역체계를 약화해 질병에 쉽게 걸리게 한다. 이 외에도 두통이나 근육통, 복통 등 각종 통증을 일으키기도 한다.

특히 임신부가 심한 스트레스를 받을 경우 태아에게도 해로울 수 있다. 결혼생활의 부적응, 남편의 실직 등 예기치 못한 상황

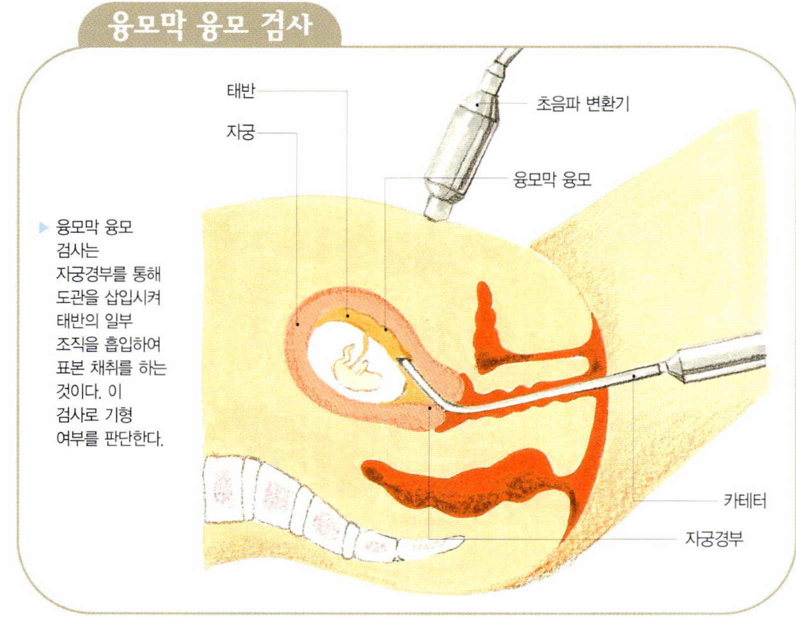

으로 극심한 스트레스를 받았거나 임신으로 인한 신체 변화, 과중한 업무나 집안일, 인간관계 등으로 스트레스가 누적된다면 태아의 건강도 위험하다. 이를 막기 위해서는 그때그때 스트레스를 풀어 주는 것이 필요하다. 가벼운 운동이나 음악감상, 영화관람 등 자신에게 맞는 스트레스 해소법을 찾는다.

일상적인 위험 요소를 피한다

🌸 화학물질

세제나 방향제, 살충제 등 일상적으로 사용하는 것들 가운데는 태아의 발달에 심각한 해를 끼쳐 기형을 초래할 수 있는 것들이 있다. 사용 전 성분표시를 잘 읽어보고 가능하면 태아에게 해롭지 않은 친환경 제품을 사용한다.

🌸 사우나

임신 초기 체온이 높은 상태가 오래 유지되면 유산이나 신경관 결손 등 기형을 초래할 수 있다. 찜질이나 고온욕은 피하고 간단한 샤워 정도만 하는 것이 적당하다.

분만교실에 대해 알아본다

분만교실은 분만에 대한 정보를 가르쳐 주기도 하지만 출산에 대한 두려움을 덜어 주고 다른 예비 부모들과 만날 기회를 제공하므로 여건이 된다면 참여하는 것이 좋다.

분만교실에 실제 참가하는 것은 임신 7~8개월부터가 적당하지만 분만교실을 생각하고 있다면 강사의 자격, 분만교실의 환경, 그룹 규모, 비용 등을 미리 알아보도록 한다. 출산 예정인 병원에 분만교실이 있다면 그곳을 선택하는 것도 좋은 방법이다.

🌸 분만교실 선택 요령

YMCA나 건강센터 같은 여러 기관 및 지역 단체뿐 아니라 병원과 개인 강사가 운영하는 곳 등 분만교실도 다양하다. 인터넷이나 선배의 조언, 광고 등을 꼼꼼히 검토하여 자신에게 맞은 교실을 찾는 것이 좋다. 담당의사의 추천을 받거나 등록하기 전에 먼저 수업을 참관해 본 후 결정하는 것도 좋은 방법이다.

🌸 분만교실 프로그램 내용

임신 단계, 진통과 분만의 고통, 스트레스 이완 방법, 운동, 약물과 마취 등 기본적인 정보 및 기타 여러 가지 병원 절차와 방침 등 임신부가 알아 둬야 할 정보들을 배울 수 있다. 이때 병원 견학을 수업 일부에 포함하기도 한다.

출산 후의 과정을 다루는 경우도 있는데, 이 경우 신생아와 모유수유, 산후 회복, 산후 몸매관리, 운동 등이 포함된다.

분만교실은 초보엄마와 아빠뿐만 아니라 출산 경험이 있는 부부가 다시 참가해도 큰 도움이 된다. 배우자가 함께 참여하

지 못하면 가까운 친구나 친척이 참가해도
무방하다.

감염성 질환을 조심한다

임신 중 일부 감염성 질환에 걸리면 태
아의 성장에 악영향을 미칠 수 있다. 수두,
풍진 등은 대표적인 경우로 임신 전 예방
접종을 하거나 면역 여부를 확인해두는 것
이 최선이다. 하지만 미처 그러지 못했을
경우, 면역을 가지고 있지 않다면 감염되
지 않도록 주의를 기울여야 한다.

💗 수두

수두는 일생에 단 한 번 걸리는 병으로,
간지러운 딱지가 온몸을 뒤덮는 병이다.
주로 어린이에게 생기는데 어린 시절 수두
를 앓지 않았다면 임신 중 수두에 걸릴 수
있으므로 주의한다. 임신 2~4개월에 수두
에 걸리면 태아 기형을 초래할 수 있다.

수두를 앓은 경험이 없는 임신부라면 적
어도 임신 4개월까지는 수두를 앓지 않은
아이들은 가까이 하지 않는 것이 좋다. 수
두는 바이러스성 질병으로 발진이 생기기
하루 전에 감염되기 때문이다.

조심을 했는데도 수두에 걸렸다면 96시
간 내에 면역 글로불린 주사를 맞아야 한
다. 그러면 합병증 위험은 줄일 수 있다.

💗 풍진

임신 중 풍진에 걸리면 유산이나 태아

기형을 불러올 수 있다. 임신 직전이나 임
신 중에 예방접종을 하면 오히려 위험하므
로 피해야 한다. 임신 전 예방접종을 하지
않았고 면역도 없는 상태라면 평소 각별히
주의해야 한다.

과체중이 되지 않게 주의한다

태아 성장에 가속이 붙는 시기로, 입덧
이 사라지면서 식욕이 당기기 시작한다.
한꺼번에 체중이 지나치게 늘지 않도록 주
의하고 지방, 당분, 칼로리가 높은 음식은
제한한다. 가능하면 태아의 성장과 발달에
도움이 되는 음식물을 섭취하는 것이 좋
다. 적당한 운동을 하고 영양학적으로 균
형 잡힌 식생활을 하면 적절한 체중을 유
지할 수 있다. 단, 체중을 줄인다고 다이어
트를 하는 것은 절대로 금해야 한다.

임신 11~14주 Best 궁금증

Q 첫 임신 때 유산으로 마음고생이 심했는데, 이번에도 유산이 되지는 않을까요?

A 첫 임신이 유산으로 끝났다면 평균치보다 유산 위험이 더 높은 것이 사실이다. 그러나 첫 임신에서 유산의 원인이 무엇이었느냐에 따라 그 결과가 다를 수 있다.

호르몬 불균형이나 다른 문제로 유산을 하게 된 여성은 연속해서 유산할 수 있지만, 유산 경험이 있는 여성도 그 다음 임신에서 건강한 아기를 출산하는 경우가 대부분이다. 임신 초기에 일어나는 유산 대부분은 무작위로 발생하는 염색체 이상에 의한 것이기 때문이다. 이것은 달리 말하면 염색체 이상에 의한 유산은 모든 임신부에게 일어날 수 있으며, 염색체 이상으로 유산을 경험한 여성이 똑같은 문제를 다시 겪을 확률은 그렇지 않은 여성과 차이가 없다는 뜻이다.

Q 갑자기 입덧이나 유방 압통 등 임신 증세가 사라졌는데, 혹시 유산이 된 것은 아닐까요?

A 입덧이나 피로감, 유방 압통 등 임신 증세가 갑자기 사라졌다면 기뻐해야 할지, 걱정해야 할지 고민이 된다. 이러한 현상은 계류유산, 즉 태아가 사망했지만 모체의 뱃속에서 즉시 배출되지 않은 것일 수도 있지만, 대부분은 임신 중기로 접어들면서 나타나는 자연스런 현상이다. 하지만 걱정된다면 병원에 가서 도플러 검사나 초음파 검사로 태아의 이상 유무를 확인한다.

Q 입덧이 심해 오히려 몸무게가 임신 전보다 줄어들었어요. 괜찮을까요?

A 임신 초기에는 많은 임신부가 입덧으로 인해 살이 빠진다. 이는 체내에 축적된 지방이 연소하여 일어나는 현상으로 2~3kg 정도 감량은 극히 정상이라고 볼 수 있다.

아직은 임신부 체내에 저장된 영양소만으로도 뱃속 태아가 성장하는 데 큰 영향을 받지 않는다. 대신 엽산이나 요오드 등 미량 영양소는 챙겨 먹는 것이 좋다. 몸이 임신에 적응하는 임신 4개월 말부터는 살이 찌기 시작한다.

Q 입덧이 너무 심해 아무것도 먹을 수가 없는데 어떻게 하면 좋을까요?

A 입덧은 아기보다 임신부에게 더 많은 영향을 준다. 모체가 2주 동안 크래커 외에 아무것도 못 먹는다고 해도 아기는 입덧하기 전 모체에 비축해 둔 영양분으로 충분히 영양을 섭취할 수 있다.

입덧이 지나쳐 아무것도 먹지도 못하고 마시지도 못하는 임신 오조는 임신부 100명 가운데 한 명꼴로 나타나는데, 심한 구토, 배뇨 빈도 감소, 탈수 현상, 입이나 피부·안구 건조증, 극도의 피로감, 무기력증, 현기증 등을 동반하는 것이 보통이다. 이런 임신 오조 증세가 나타나면 문제가 발생하기 전에 병원에 방문해 조치를 취하는 것이 좋다.

Q 임신이 된 줄 모르고 차멀미 약을 먹었어요. 괜찮을까요?

A 차멀미 약에는 대개 항히스타민제와 카페인 또는 대뇌 중추 자극제가 들어 있다. 아직 항히스타민제가 태아에게 미치는 영향에 대해서는 과학적으로 밝혀진 바가 없지만 임신 중에는 피하는 것이 바람직하다. 차멀미 약을 먹었다고 태아에게 나쁜 영향을 미친다고 단정 짓기는 어렵지만 마음을 놓을 수 없다면 전문의와 상담하고 매달 태아의 상태를 체크한다.

Q 임신한 뒤로 양치질할 때 피가 나요. 치아에 이상이 생긴 건 아닐까요?

A 임신 초기에는 잇몸에서 피가 종종 나는데, 이런 증상이 나타나면 치아에 문제가 있다고 생각하기 쉽다. 이는 임신으로 인한 잇몸 변화 때문으로, 일시적이므로 너무 심각하게 생각할 필요는 없다. 올바른 칫솔질과 치실 사용법을 익혀 치아 관리에 힘쓰면 증상이 완화된다.

Q 질 분비물이 심각할 정도로 늘어난 것 같아 불안해요. 따로 검사를 받아야 할까요?

A 임신 중에는 호르몬의 영향으로 냉이 많아지는데, 이는 임신 중 흔한 증상이므로 냄새가 없고 가려움증이 없다면 크게 걱정할 필요가 없다. 하지만 냉이 황색의 고름 모양이거나 죽 모양일 때, 외음부에 가려움증이 있을 때는 진단을 받아야 한다. 이런 경우는 주로 성생활에서 감염되는 트리코모나스 질염이나 칸디다 질염일 가능성이 크므로 반드시 임신 중 치료를 받아야 한다. 이러한 질병은 출산 시 아기에게 감염될 수 있기 때문이다.

Q 임신 중 예방주사를 맞으면 태아에게 나쁜 영향을 주지는 않을까요?

A 임신 중 모든 예방접종을 맞지 말아야 하는 것은 아니다. 유행성 이하선염(볼거리)이나 풍진 등 생균을 사용하는 예방접종은 절대로 금해야 하지만 장티푸스·콜레라·간염 예방접종은 환자와 접촉한 후라면 의사와 상의한 다음 맞는 것이 오히려 낫다. 임신 중이라고 해서 모든 예방주사를 맞지 말아야 하는 것은 아니므로 경우에 따라 예방접종 여부를 결정한다. 단, 임신 초기는 피하는 것이 좋다.

Q 욕실에서 미끄러지면서 하복부를 강하게 부딪혔어요. 유산이 되는 건 아닐까요?

A 임신이 정상적으로 순조롭게 진행되고 있다면 하복부를 부딪혔다고 해서 쉽게 유산이 되지는 않는다. 그러나 너무 방심하는 것도 좋지 않다. 특히 큰 출혈이 없다고 안심해서는 안 된다. 갑자기

Q 큰아이에게 모유를 먹이고 있는데, 연년생으로 임신을 했어요. 젖을 떼야 하나요?

A 임신 중 모유를 먹이면 유두가 자극되어 자궁 수축이 일어난다 이것이 유산의 원인이 될 수 있으므로 임신 중이라면 모유수유를 중단하는 것이 좋다. 특히, 큰아이가 돌이 될 무렵이라면 수유를 중단해도 영양상으로 문제가 되지 않는다.

Q 얼마 전 가까운 친척이 사망했다는 이야기를 듣고 혼절했어요. 혹시 유산이 되진 않을까요?

A 정신적인 충격으로 자연 유산이 되는 경우는 매우 드물다. 자연 유산이 되는 경우는 임신의 10% 정도 되는데, 그 원인은 염색체 이상, 호르몬 이상, 산모의 질병, 자궁 기형, 수술 경험 등이다. 그러나 유산이 의심되거나 불안하면 의사의 진단을 받는 것이 좋다. 유산이 아니더라도 의사와 대화를 나누다 보면 불안감이 사라지고 마음이 훨씬 가벼워진다.

Q 초음파 검사에 일반 초음파, 정밀 초음파, 입체 초음파가 있다는데 어떤 차이가 있나요?

A 태아의 위치, 크기, 심장 박동 여부 등은 일반 초음파 검사로 확인할 수 있다. 임신 후기에 받는 정밀 초음파 검사는 태아의 외형적 기형을 좀 더 자세히 관찰할 수 있는 검사로 일반 초음파보다는 검사 비용이 비싸지만 태아의 각종 장기와 위치, 이상 여부, 기형 여부까지 확인할 수 있다. 마지막으로 입체 초음파는 의학적 진단 목적보다는 아기의 생김새를 실제 모습과 가깝게 입체적으로 볼 수 있다는 특징이 있다.

Q 소변을 보지 않고 초음파 검사를 받으면 사진이 선명하게 나온다는데 사실인가요?

A 질에 기구를 삽입하여 검사하는 경질 프르브는 소변이 방광에 적게 차 있을수록 사진이 잘 나온다. 그러나 복부 초음파는 방광에 소변이 차 있으면 자궁 위치가 위쪽으로 밀려 올라가게 되므로 사진을 찍었을 때 오히려 더 잘 보이게 된다. 단, 임신 12주 이후에는 자궁 크기가 커지므로 이런 것에 신경을 쓰지 않아도 잘 보인다.

Q 태아에게 선천적으로 유전되는 기형에는 어떤 것이 있나요?

A 전체 임신부 중 약 3~7% 정도가 기형아를 출산한다. 심장 이상, 고관절 탈구, 다운증후군, 뇌수종, 눈의 이상, 요로 이상, 다지증, 언청이 등이 선천성 기형으로 나타나지만 그 원인은 아직 분명하게 밝혀지지 않고 있다.

기형아가 발생하는 원인으로는 염색체성 유전에 의한 경우가 20%, 약물 및 환경적인 요인이 5%, 임신부 감염에 의한 경우가 3%, 임신부의 신진대사 이상이 2%에 달하는 것으로 집계된 바 있다. 만약 나이가 많거나 가족 중 염색체 이상 환자가 있거나 초음파 검사 결과 태아 기형이 의심되거나 기형아 출산 경험이 있다면 양수 검사를 받아 보는 것이 좋다.

Q 가족같이 키우던 애완견이 있는데 임신 중에 계속 길러도 되나요?

A 애완동물을 키우는 것 자체가 임신 생활에 무조건 나쁘다는 것은 아니다. 오히려 심리적인 부분에 있어서는 임신부에게 위안이 될 수도 있다. 하지만 강아지나 고양이의 대변으로 배출되는 톡소플라즈마 원충이 임신부에게 전염되면 태반을 뚫고 태아에게 감염을 일으켜 태아 사망이나 선천성 신경학적 결손 등을 일으킬 수 있다. 단, 오랫동안 개나 고양이를 길러온 경우라면 대부분 이미 면역이 생긴 상태이므로 문제가 되지 않는다.

실제로 면역이 없는 임신부라도 입으로 음식을 옮겨 주거나 혀로 핥지 못하게 하는 등 애완동물을 다룰 때 주의하면 그다지 걱정하지 않아도 된다. 애완동물을 꼭 키우려면 임신 전 애완동물이 톡소플라즈마에 감염되었는지 확인하고 기생충에 감염되지 않도록 주의를 기울인다.

Q 온종일 컴퓨터 앞에서 일해요. 그러다 보니 쉽게 피로감을 느끼는데 어떻게 해야 하나요?

A 임신 중 직장생활을 할 때는 몸이 지치지 않을 정도로 융통성을 발휘해 생활하는 요령이 필요하다. 앉아서 작업하는 시간이 많을 때는 앉아 있는 자세와 시간에 신경을 써야 한다. 우선 등과 다리를 잘 받쳐 주는 의자를 사용하고 의자에 앉을 때는 바른 자세로 앉되, 다리를 꼬지 않는다. 다리를 꼬게 되면 혈액순환에 방해가 되기 때문이다.

평소 혈액순환을 위해 적어도 15분에 한 번씩은 일어나 잠시라도 걸어 주고 사무실 내에서는 가벼운 스트레칭을 해 주는 것이 좋다. 또한 부종이 생기지 않도록 가끔 다리를 의자 위에 올려놓고 마사지하는 것도 좋은 방법이다.

Q 남편이 성관계를 원하는데, 성욕이 느껴지질 않아 자꾸 피하게 돼요. 정상인가요?

A 신체 변화뿐 아니라 아기를 가졌다는 생각 자체가 성욕을 떨어뜨릴 수 있다. 간혹 임신 후 성욕이 더 강해지는 여성도 있는데 이는 개인에 따라 다르다. 하지만 대부분 임신 중기에 들어서면 다시 성욕이 느껴지다 출산 시기가 가까워지는 임신 후기에 성욕이 줄어드는 것이 보통이다. 이는 심리적인 요인에 영향을 많이 받는데, 성생활로 인해 마찰이 생기면 남편과 솔직하게 대화를 하거나 가벼운 스킨십 등으로 지혜롭게 해결해 나가는 것이 좋다.

Q 임신 중에도 유방암에 걸릴 수 있다는데, 유방암에 걸리면 어떻게 하야 하나요?

A 임신을 하면 가슴이 커지기 때문에 종양이 생겨도 통증이 나타날 때까지는 모르고 넘어가기 쉽다. 유방암 여부는 초음파 검사로 간단히 확인할 수 있으므로 조금이라도 이상하거나 유방에 덩어리가 만져지면 즉시 의사와 상담하는 것이 좋다.

일단 유방암으로 판명되면, 임신 중에라도 치료를 받아야 한다. 물론 항암제, 방사선, 마취제, 진통제 같은 약품이 태아에게 좋지 않은 영향을 미칠 수 있다. 따라서 임신을 지속할 수 있는지, 방사선이나 항암 치료를 받을지, 의사와 상의해야 한다.

Q 쌍둥이 임신은 유산 확률이 높다고 들었어요. 유산 확률이 얼마나 높은가요?

A 쌍둥이 임신이 정상 임신보다 유산 확률이 높은 것은 사실이다. 대개 임신 20주 이후에 태아 한 명을 잃거나 출산 후 한 달 이내에 아기를 잃을 확률이 높은데, 아기 한 명을 잃더라도 남은 한 명의 아기는 살아남는 것이 보통이다. 흔치는 않지만 사라지는 쌍둥이 증후군이라는 것도 있다. 간혹 임신 초기 초음파 검사를 통해 쌍둥이 임신임을 확인했는데 그 이후 검진에서 한 명만이 생존하고 있다는 것을 듣게 되는 경우를 사라지는 쌍둥이 증후군이라고 한다.

Q 임신 중 닭고기를 즐겨 먹으면 닭살처럼 피부가 울퉁불퉁한 아기를 낳는다고 하는데 사실인가요?

A 오리고기를 좋아하면 손가락이 붙은 아기를 낳게 된다거나 닭고기를 좋아하면 피부가 오톨도톨한 아기를 낳게 된다는 등 예로부터 전해 내려오는 속설들이 의외로 많다. 이는 과학적으로 근거가 없는 말로, 말 그대로 속설로 이해하는 것이 좋다.

오히려 임신 중에는 닭고기를 많이 먹는 것이 좋다. 닭고기는 지방이 적고 단백질이 풍부한 식품으로, 소화흡수가 빨라 임신부와 태아의 영양 공급원으로 더할 나위 없이 좋다. 또한 몸을 보하고 젖을 잘 나오게 해 산후 회복 및 모유수유 시에도 좋은 식품이다. 게다가 닭 날개에 들어 있는 콜라겐 성분은 피부를 윤기 있고 촉촉하게 해 준다.

Q 세 번이나 자연유산을 했는데, 유산을 방지할 수 있는 대책은 없나요?

A 세 차례 임신에 실패했다고 해서 다음에도 유산이 되거나 정상 임신 가능성이 사라지는 것은 아니다. 유산 경험이 없는 사람들과 비교해 유산 확률이 높은 것은 사실이지만 딱히 규정된 바는 없다. 보통 임신 20주 이전에 3회 이상 유산을 하면 습관성 유산이라 하는데, 적절한 시기에 원인별로 치료하면 임신을 지속할 수 있다. 습관성 유산 가능성을 지닌 임신부는 종합 검사와 치료를 성실히 받고 담당의사의 지시에 따른다.

임신 4개월

15~18주

임신부의 몸에 어떤 변화가 나타날까?

임신 중기에 접어들면 인대, 유방, 머리카락, 피부 등에 커다란 변화가 생긴다. 입던 옷의 허리 부분이 작아지고 머리카락이 풍성해지며 유즙이 나오기도 한다.

유즙이 나올 수 있다

유두 주변(유륜)이 커지고 색깔은 더 거무스름해진다. 유두를 누르면 누르스름하거나 희끄무레한 유즙이 나올 수 있는데, 이는 유선이 출산 후 분비되는 초유 생성을 준비한다는 신호라 볼 수 있다. 성관계 시 더 많이 분비되기도 하는데 정상적이므로 걱정할 필요는 없다.

유즙은 출산 후에 나오는 모유보다 단백질이 많고 지방과 유당이 적으며, 아기를

질병으로부터 보호해 주는 항체도 가지고 있다.

등과 허리가 아플 수 있다

체형의 변화가 두드러지는 임신 중기에 들어서면 많은 임신부들이 등과 허리 통증을 호소한다. 임신을 하면 호르몬의 영향으로 관절이 느슨해진데다 자궁이 커지고 체중이 증가해 몸의 중심을 잡기가 쉽지 않아 자세가 흐트러지게 되는데 이것이 등과 허리 통증을 불러온다.

통증이 있을 때는 옆으로 누워서 쉬거나 찜질을 해 주는 것도 도움이 된다. 통증이 극심하고 지속적일 때는 다른 원인일 수 있으므로 의사와 상담한다

하복부 통증이 나타날 수 있다

몸을 갑자기 움직이거나 잠을 자다가 하복부나 사타구니가 참기 힘들 정도로 아파 깜짝 놀랄 때가 있다.

복부 통증은 임신부의 자궁이 커지면서 자궁을 받치는 인대가 늘어나 생기는 일시적인 증상으로 태아에게는 아무런 영향을 주지 않는다. 인대는 자궁 상부에서 사타구니 아래쪽에 붙어 있는 것으로 자극을 받으면 통증이 생길 수 있다. 임신 중 생기는 복부 통증을 막으려면 평소 배를 따뜻하게 하고 몸을 움직일 때는 천천히 여유를 가지고 움직이는 것이 좋다.

태동을 경험할 수 있다

빠르면 이 시기에 가벼운 태동을 느끼는 임신부도 있다. 태동을 느끼는 시기는 사람마다 다르므로 아직 느끼지 못했다고 해서 걱정할 필요는 없다. 또, 같은 사람이라도 임신할 때마다 조금 빠르거나 늦어질 수 있다. 활발히 움직이는 태아가 있는가 하면 얌전한 태아도 있기 때문이다.

코피가 쉽게 난다

임신 중기에 들어서면 콧구멍이 부어오르거나 코피가 날 수 있다. 임신을 하면 에스트로겐과 프로게스테론 수치가 높아져 혈액 흐름을 촉진하므로 코 점막도 팽창되

18 week 임신부의 몸

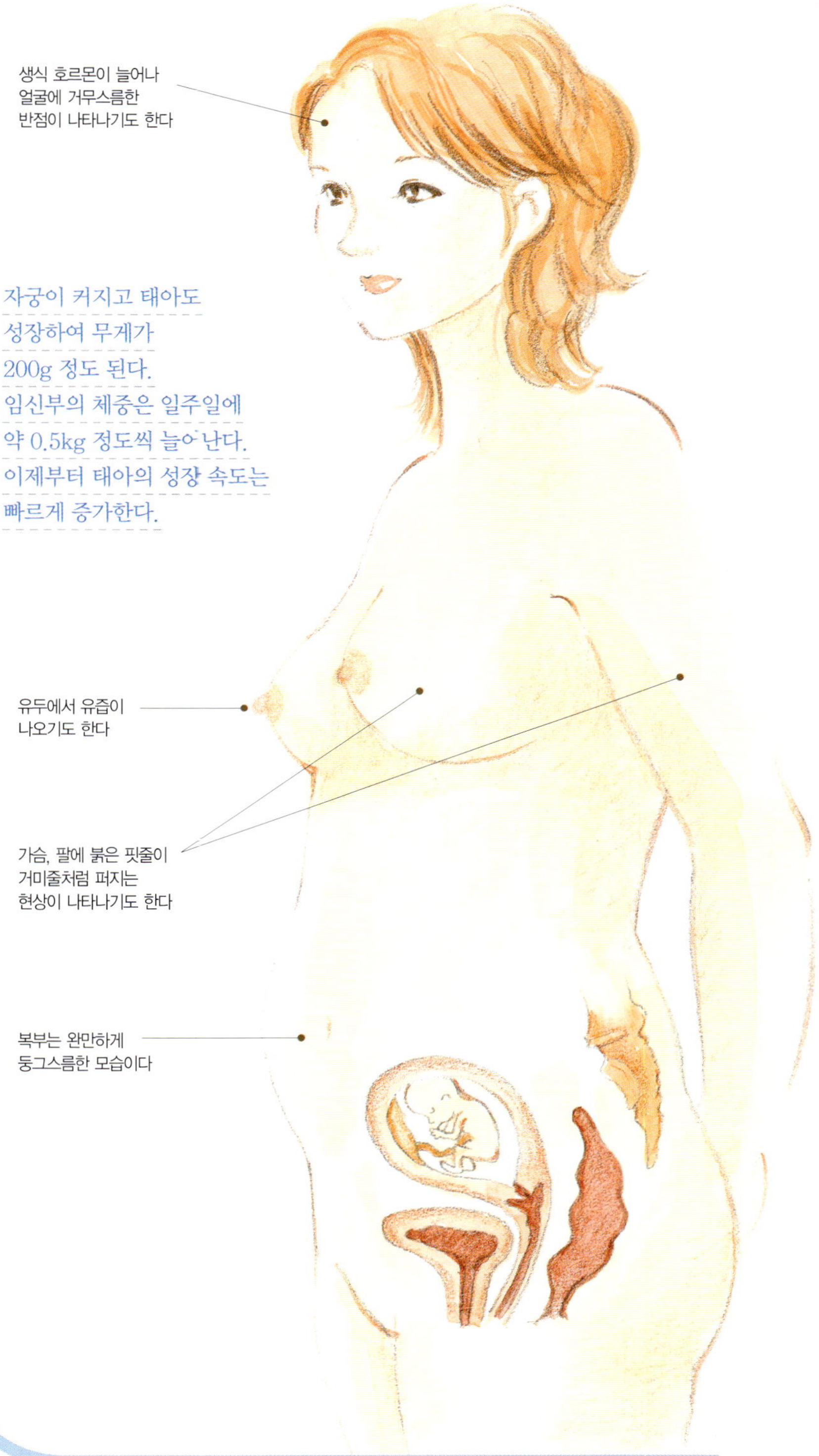

">

어 조금만 자극을 받아도 코피가 나게 된다. 이런 현상은 특히 실내 공기가 건조해코 점막이 잘 마르는 겨울철에 자주 일어나는데 일시적인 것이므로 그다지 걱정하지 않아도 된다.

평소 코피가 나는 것을 예방하려면 비타민 C가 풍부한 과일을 많이 먹는 것이 좋다. 전문의와 상의해 비타민 C 250mg을 추가로 복용하는 것도 방법이다. 비타민 C는 모세혈관을 강화해 주기 때문이다.

실내에 가습기를 틀어 두거나 매일 콧속에 식염수를 몇 방울 떨어뜨리는 것도 좋은 습관이다.

피부에 변화가 생긴다

임신부의 약 90%가 임신 중 피부색이 짙어진다. 피부의 색소침착은 전신에 걸쳐 일어나지만, 특히 젖꼭지와 그 주변, 외음부, 항문 주변, 배꼽, 겨드랑이 등에 두드러지게 나타난다.

생식 호르몬이 늘어나 얼굴에 잡티나 거무스름한 반점도 생길 수 있는데 점이나 기미 등도 진해진다. 임신을 하면 체내에 에스트로겐 호르몬과 프로게스테론 호르몬이 멜라닌 색소의 생성을 촉진하기 때문이다. 이런 현상은 임신 후 나타나는 자연스런 현상으로 출산 후 자연스럽게 사라진다.

피부 때문에 고민인 임신부라면 모반을 가리는 화장용 크림을 사용한다. 피부 트러블이 심해지지 않도록 하려면 햇빛을 멀리하고 자외선 차단 크림을 사용하는 것도 도움이 된다.

머리카락과 손발톱이 빨리 자란다

임신 중에는 머리카락이나 손톱, 발톱이 평소보다 빨리 자란다. 이는 임신 호르몬이 신진대사와 혈액순환을 촉진하기 때문이다. 사람에 따라서는 머리카락 색이 진해지기도 하고, 곱슬머리가 직모가 되고 직모가 곱슬머리가 되는 일도 있는데 이런 변화 역시 임신 중 일어나는 일시적인 현상이다.

이 외에 팔, 다리, 등, 배에 난 털은 물론 음모도 평소보다 많아진다. 임신 중 비정상적으로 자란 털은 출산하고 6개월이 지나면 대개 정상으로 돌아가므로 염려하지 않아도 된다.

피하지방이 늘어난다

엉덩이, 허벅지, 팔뚝 등 임신부의 몸 전체에 피하지방이 붙기 시작해 체중이 현저하게 증가한다. 식욕 또한 왕성해져 자칫 조절하지 않으면 몸무게가 급격히 늘 수 있으므로 주의한다.

뱃속 아기는 얼마나 컸을까?

태아는 급속도로 성장해 얼굴이 사람의 형체에 가까워진다. 머리 양 측면에 나 있던 눈이 얼굴 중심선을 향해 가까이 모이고 온몸에 솜털이 생기며 팔다리도 자유롭게 움직인다.

임신 15주

양수 속을 헤엄쳐 다니는 태아의 움직임이 훨씬 부드러워진다. 팔다리는 길어지고 투명한 피부를 통해 망막, 갈비뼈 혈관 등도 볼 수 있다.

임신 16주

초음파 검사를 하면 입을 벌리고 엄지손가락을 빨고 있는 태아의 모습을 볼 수 있다. 머리에 잔털이 나고 손톱이 형성되며 관절이 기능을 발휘하기 시작한다. 위장이 소화액을 만들어 내고 신장이 소변을 만들어 낸다.

임신 17주

성장 속도가 전보다 약간 둔화하지만 체온 조절과 신진대사를 위한 갈색 피하지방과 흰색 지방질이 생기기 시작하여 척추의 신경섬유를 둘러싼다. 이때쯤이면 청각 기

18 week 태아의 모습

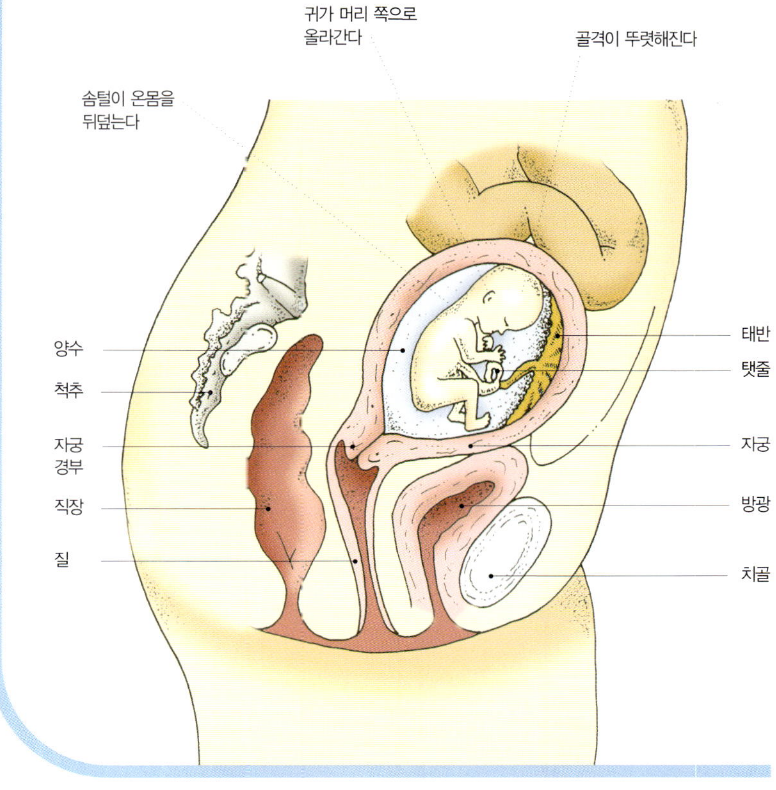

관이 발달하여 엄마의 내장 기관에서 나는 소리를 들을 수 있고 외부에서 강한 소리가 나면 찡그리거나 깜짝 놀라기도 한다.

임신 18주

귀가 점점 위로 이동하고 골격이 뚜렷해지며 태아의 체온 조절을 돕는 솜털이 온몸을 뒤덮는다.

이 시기에 어떤 검진을 받을까?

임신 4개월에는 기본적인 검사 외에 선천성 기형 여부를 확인하는 검사를 받을 수 있다. 이러한 검사는 태아나 임신부의 건강 상태에 따라 결정된다.

● **체중 검사** 이 시기쯤 되면 임신부의 체중은 약 4kg 가량 늘어나는데 이 가운데 아기의 체중은 200g 정도밖에 되지 않는다. 늘어난 체중 대부분은 임신부의 체중이라는 것을 알고 비만이 되지 않도록 주의한다. 영양이 풍부한 식품들을 꾸준히 섭취하되, 가능하면 당분이 많이 든 가공식품은 멀리한다.

● **혈압 검사** 정기검사를 받을 때마다 혈압 검사를 받게 된다. 첫 검진 때 측정한 수치를 기준으로 혈압의 변화를 체크한다.

● **소변 검사** 소변에 포함된 단백질 정도로 고혈압 여부를 판단할 수 있고, 당분의 정도로 당뇨병 여부를 판단할 수 있다. 또한 세균 감염 여부도 알 수 있다.

● **자궁 크기 검사** 자궁 크기 검사로 아기의 크기가 분만 예정일과 일치하는지 알 수 있다. 의사가 한 손은 임신부의 배 위에 놓고 다른 손은 질 속에 집어넣어 검사하는 것으로, 자궁 상부 가장자리를 만져 봄으로써 자궁의 크기를 측정한다.

자궁의 크기를 측정해 분만 예정일과 일치하지 않을 때 초음파 검사를 하면 정확한 임신 개월 수를 알아낼 수 있다.

● **도플러 검사** 이번 달에는 태아의 심박동 소리를 크고 또렷하게 들을 수 있다. 태아의 심박동 소리를 들으면 뱃속에 새로운 생명이 들어 있다는 것을 새삼 실감하게 되며 적지 않은 감동을 느끼게 된다. 정기검진을 받으러 갈 때 남편도 함께 가서 태아의 심박동 소리를 듣는 것도 의미가 있다.

태아 기형 여부 확인하는 검사

산전에 하는 기형아 검사는 크게 두 가지 종류로 나뉜다. 초음파나 모체의 혈액을 통해 기형 가능성을 가려내는 선별 검사와 99% 이상 정확하게 확인할 수 있는 진단 검사가 그것이다.

● **알파태아단백질 검사** 태아는 뱃속에서 알파태아단백질(AFP)이라는 물질을 생산하는데, 이 수치를 측정해 태아의 선천성 기형 가능성이 얼마나 높은지 확인

할 수 있다.

알파태아단백질 검사는 16~18주 사이에 이루어지는데, 검사 결과 수치가 높으면 이분척추(척추기형)나 무뇌증 같은 신경관 기형을, AFP 수치가 지나치게 낮으면 다운증후군이라는 선천성 기형을 의심해볼 수 있다.

● **트리플 검사** 트리플 검사를 받으면 알파태아단백질 수치와 더불어 HCG 호르몬과 태반에서 나오는 일종의 에스트로겐인 에스트리올 호르몬(uE3)의 수치를 알아낼 수 있다.

혈액 속에 들어 있는 이 세 가지 화학 물질의 수치는 다운증후군 여부를 알려주므로, 검사 결과 이상이 발견되면 초음파 검사나 양수 검사를 받아 보는 것이 좋다.

HCG 호르몬과 에스트리올 호르몬의 수치는 정상인데 알파태아단백질의 수치가 높다는 것은 아기가 이분척추 같은 신경관 결손 가능성이 있다는 것을 의미한다. 이것은 어디까지나 스크리닝 검사로 문제의 가능성을 알아내기 위한 것이다.

● **정밀 초음파 검사** 태아의 특정 부위의 이상을 알아내기 위해 고해상도의 초음파 기기로 숙련된 전문가가 실시한다. 초음파 검사를 통해 이분척추, 수막탈출증, 무뇌증 같은 이상을 찾아낼 수 있으며 심장, 소화계, 팔다리, 얼굴 등의 이상도 알 수 있다.

● **양수 검사** 선천성 기형 여부를 정확하게

확인할 수 있는 대표적인 진단 검사로, 모체의 자궁에서 소량의 양수를 채취해 분석한다.

먼저 자궁 위 복부를 소독하고 피부를 마취시킨 다음 복벽을 통해 천자(바늘)를 자궁에 삽입해서 양수를 뽑아낸다. 이러한 양수 검사를 통해 다운증후군 같은 염색체 이상을 비롯해 수백 가지 기형을 찾아낼 수 있으므로 기형아 출산 위험이 있는 임신부는 양수 검사를 받는다.

보통 35세 이상의 고령 임신부, AFP 검사에서 양성 반응이 나온 임신부, 본인이나 남편의 가족력에 선천성 기형이 있는 임신부가 기형아 출산 위험이 있다.

양수 검사는 보통 임신 15~18주에 이루어지며 검사 결과는 2주 뒤에 확인할 수 있다.

태아의 성별을 알 수 있는 양수 검사

양수 검사는 선천성 기형을 조기에 발견해 불행과 위험을 예방하기 위한 검사인데, 양수로 세포배양 검사를 하면 태아의 성별도 알 수가 있다.

양수를 분석하면 태아의 성별을 95% 이상 정확하게 진단할 수 있어 많이 사용된다. 하지만 태아나 태반에 직접 손상을 주거나 감염, 유산, 조산, 자궁 내 염증 및 출혈 위험성이 있으므로 단지 태아의 성별 확인을 위해서는 실시하지 않는다.

양수 검사를 받아야 할지, 말아야 할지는 신중하게 결정해야 한다. 검사 도중 태반이나 양수막이 파열되거나 세균에 감염되면 유산 등 태아에게 치명적인 문제를 일으킬 수 있기 때문이다.

특히 임신 초기에는 유산의 위험이 더 크므로 의사와 상의한 다음 신중하게 결정한다.

부부 중 한 사람이 유전질환을 앓고 있거나 가족 중 유전질환이 있는 경우, 또는 유전질환이 있는 아기를 출산한 경험이 있는 경우 의사와 상의하여 아기를 가질 것인지 포기할 것인지 결정한다.

유전질환은 결함이 있는 유전자가 태아에게 전해지는 것이다. 결함이 있는 부모의 아기가 그 질환에 걸릴 확률은 50% 정도지만 몇 가지 유전질환은 검사를 통해 발견함으로써 조치를 취할 수 있다.

★ 열성 유전

열성 유전질환은 부모에게서 각각 1개씩 2개의 결함이 있는 유전인자를 물려받을 때만 나타난다. 엄마, 아빠는 결함이 있는 유전자를 보유한 케이스로, 네 명의 자녀가 있을 때 한 아이만 유전질환이 나타나고 한 아이는 유전질환이 나타나지 않으며 두 아이는 유전질환은 없으나 결함이 있는 유전자를 보유하고 있다.

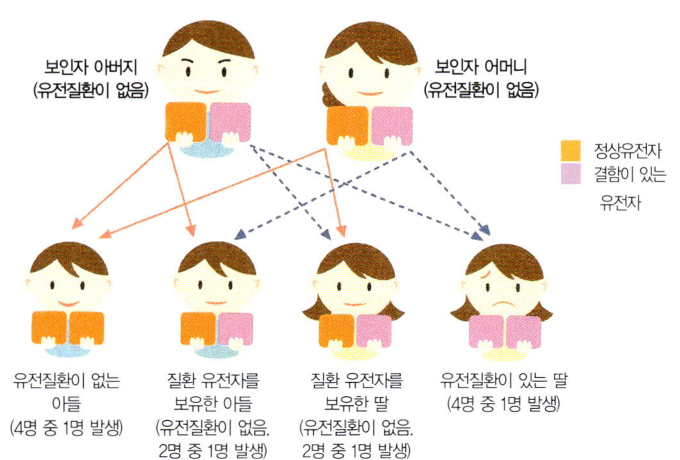

★ X염색체 유전

부모 중에서 엄마만 X염색체 결함이 있는 경우, 다른 정상 X염색체에 의해 유전질환이 나타나지 않지만 결함이 있는 X염색체를 물려받은 아들에게만 질환이 나타난다. 만일 엄마 쪽이 결함이 있는 유전자를 보유하고 있으면 아들은 1/2이 질환이 있으며 딸은 1/2이 유전질환을 보유하게 된다.

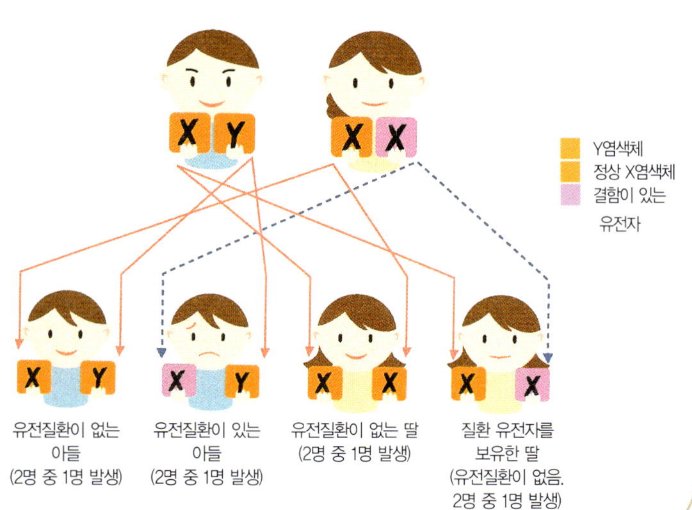

이 시기에 무엇을 알아 둘까?

배가 눈에 띄게 불러오므로 주변에서도 임신 사실을 자연스럽게 알게 된다. 배가 너무 부르면 쌍둥이가 아닐까 궁금해지기도 한다. 면역력이 떨어져 감기에 걸리기 쉽고, 쉽게 피로해지며, 질 감염이 되기도 쉽다. 적당한 운동을 찾아 꾸준히 하는 것이 필요하다.

휴식을 충분히 취한다

임신을 하면 면역력이 떨어져 감기, 몸살 등에 쉽게 걸린다. 평소보다 몸도 자주 아프고 피로한데, 이는 임신 중 나타나는 자연스런 현상이다. 몸이 아프고 피로할 때는 충분한 휴식과 잠이 필요하다. 잠을 충분히 자야 새로운 일을 할 수 있는 에너지가 생긴다. 평소 수분을 자주 섭취하고 균형 잡힌 식사를 한다.

규칙적으로 운동한다

임신 중 운동은 임신부의 몸과 마음을 건강하게 만들어 주며 분만에도 도움을 줄 뿐 아니라 산후 회복도 돕는다. 그러나 임신 중 운동에는 위험이 따를 수 있으므로 반드시 의사와 상의한 후 적합한 운동을 찾아 무리하지 않게 하는 것이 중요하다.

수영이나 수중운동 등 물속에서 하는 운동은 부력이 몸을 편안하게 해 줘 임신부에게 적합하다.

산책은 임신 중 언제라도 할 수 있는 운동이다. 남편이나 친구와 함께 할 수 있으면 더 좋으며 하루 3km 정도를 무리하지 않는 속도로 걷는 정도면 적당하다. 조깅을 임신 전부터 해왔다면 계속해도 좋다. 하지만 속도나 거리는 조정해야 한다.

자전거 타기, 수상스키 등은 임신 중 피해야 하며 에어로빅처럼 관절에 무리가 올 수 있는 운동도 임신 중에는 피한다.

질 감염이 되지 않도록 주의한다

질 분비물이 늘어나고 면역력이 약해진 때이므로 질 감염이 되기 쉽다. 질 감염이

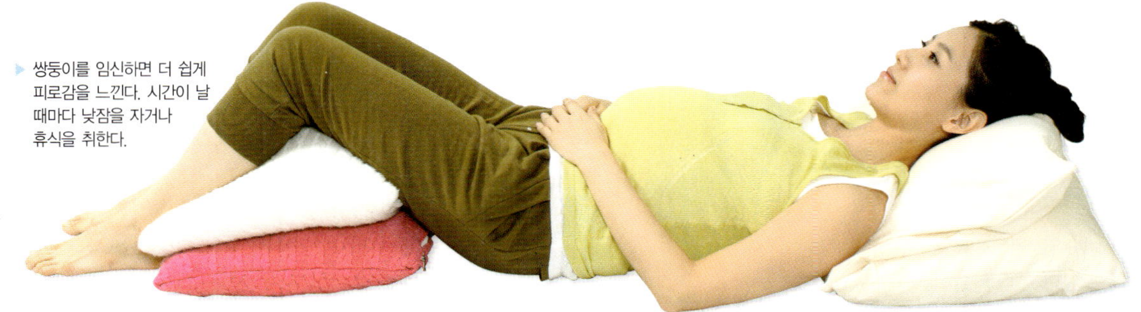

▶ 쌍둥이를 임신하면 더 쉽게 피로감을 느낀다. 시간이 날 때마다 낮잠을 자거나 휴식을 취한다.

되면 누렇거나 푸르스름한 분비물이 나오고 질 주변이나 안쪽이 가렵다. 임의로 항생제나 크림 등을 사용해서는 안되며 반드시 의사와 상의해 치료해야 한다. 질 세척은 하지 않는 것이 좋다.

쌍둥이 임신인지 알아본다

유난히 배가 부른 것처럼 느껴지거나 갑자기 체중이 늘어나 뱃속에 쌍둥이가 들어 있지 않을까 걱정된다면 초음파 검사를 통해 진단을 받는다.

모계 쪽에 이란성 쌍둥이가 있거나, 고령 임신이거나 임신이 잘되는 약을 복용했거나 시험관 수정으로 임신한 경우 쌍둥이를 가질 확률이 높다.

쌍둥이 임신은 한 명만 임신했을 때에 비해 임신 중 영양 섭취나 휴식, 관리 면에서도 두 배의 노력이 필요하다.

쌍둥이 임신부는 태아가 둘인 만큼 보통 임신부보다 더 많은 칼로리와 비타민, 무기질 등이 필요하다. 양질의 식품을 자주 섭취하고, 피로감도 더 심하므로 시간이 날 때마다 휴식을 취한다. 잠이 쏟아질 때는 낮잠을 자고 밤에는 가능하면 일찍 잠자리에 든다.

쌍둥이를 임신한 여성은 뱃속 아기와 태반의 무게로 조산하는 경우가 많다. 또 고혈압, 빈혈, 부종 등 임신 합병증에 걸릴 위험도 훨씬 높다.

평소 의사의 지시에 잘 따르고 정기검진은 빠뜨리지 않는다.

직장에 임신 사실을 알린다

직장에서 임신 사실을 숨길 수 없을 만큼 신체 변화가 뚜렷해진다. 단순히 체중이 늘어났다고 보기에는 배가 너무 부르기 때문이다.

만약 직장에 임신 사실을 알리지 않았다면 직장에 알리고, 자신이 처한 상황이나 여건에 따라 직장을 계속 다닐 것인지 혹은 그만둘 것인지 고려한다. 직장 환경이 태아 성장에 해롭지 않다면 출산 전까지 일을 계속해도 좋다. 사회인으로 지켜야 할 책임과 엄마가 될 준비를 동시해 수행하기 위해 노력한다.

쌍둥이 분만

자궁이 매우 일찍 만삭의 크기에 도달한다. 쌍둥이의 평균 임신 기간은 37주로 조산(37주 미만) 역시 흔하다. 쌍둥이 임신의 경우 임신 기간에도 어려움이 많지만 분만 과정에서도 여러 가지 문제에 부딪친다. 자궁이 정상보다 더욱 늘어나며 수축력이 감소하여 아기를 하나만 임신했을 때보다 진통 시간이 더 오래간다. 쌍둥이는 80명 출산 중 한 명꼴, 세쌍둥이는 5천~1만 명 출산 중 한 명꼴이다. 쌍둥이 임신에서 가장 흔한 위치는 둘 다 모두 머리를 아래로 하는 것인데, 합병증만 발생하지 않으면 정상 분만이 가능하다.

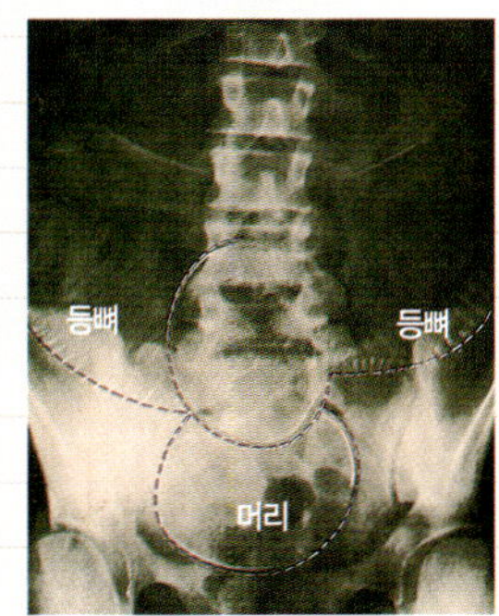

▶ 쌍둥이의 X선 사진
두 태아 모두 정상위 (두위)다. 이 경우의 분만은 대체로 순조롭지만, 쌍둥이가 둔위로 있거나 둘째 태아가 첫째 태아보다 크면 정상 분만이 어렵다.

임신 15~18주 Best 궁금증

Q 콜라 같은 탄산음료를 좋아하는데, 임신 중에는 절대 먹으면 안 되나요?

A 가끔 먹는 정도라면 문제가 되지 않는다. 하지만 콜라 같은 탄산음료에는 칼슘 흡수를 방해해 뼈를 약하게 만드는 성분뿐 아니라 색소, 당 등 몸에 좋지 않은 성분이 들어 있으므로 가급적이면 임신 중에는 탄산음료 섭취를 자제하는 것이 좋다.

Q 임신을 하면 반드시 철분제를 복용해야 하나요?

A 태아는 자기에게 필요한 철분을 엄마의 혈액 부족과 관계없이 우선하여 공급받으므로 빈혈 상태에 빠지는 일은 거의 없다. 하지만 임신부가 철분이 부족하면 빈혈에 시달릴 뿐만 아니라 분만 시 혈액 부족 탓에 난산이 될 수 있다. 임신 기간에는 약 1,000mg의 철분이 추가로 보충되어야 하는데, 음식물만으로는 부족하다. 철 결핍성 빈혈 예방을 위해 의사의 처방이 내려졌다면 임신 4개월부터는 철분제를 복용한다. 임신부의 철분 소비량은 임신 초기보다는 중기에, 중기보다는 후기에 증가한다. 대부분의 종합 비타민제에 들어 있는 철분의 용량은 매우 적은 양이므로 병원에서 권해 주는 철분제를 따로 복용해야 한다.

Q 철분제는 제대로 먹어야 효과가 있다는데 어떻게 먹어야 하나요?

A 철분제 복용 시 체내에 흡수되는 철분의 양이 적을수록 소화가 잘되지 않고 위가 더부룩하다. 또한, 변비가 생기기 쉬운데, 임신 중 검은 변을 보는 것은 체내에 흡수되고 남은 철분이 체외로 배출되는 것으로, 이는 철분이 공기 중의 산소와 만나 검게 보이는 것이다. 철분제는 원래 공복에 먹는 것이 원칙이지만, 비타민이 풍부한 과일이나 채소, 주스 등과 함께 복용하면 철분 흡수가 잘된다. 카페인이 들어 있는 차나 우유는 철분 흡수를 방해하므로 절대 함께 먹지 않는다.

Q 위장병이 있는데 철분제를 먹으면 메스껍고 속이 쓰려요. 그래도 복용해야 하나요?

A 위장 장애가 있는 임신부는 철분제 복용에 주의하는 것이 좋다. 구토나 속쓰림 등 위장 장애가 있는 임신부는 아침저녁으로 두 번에 나눠 먹거나 하루 세 번으로 나눠 한 번에 복용하는 양을 줄인다. 가능하면 식사 후나 자기 전에 먹는 것이 좋고, 약간 부작용이 있더라도 꾸준히 복용하는 것이 좋다. 단, 구토나 속쓰림이 심할 때는 하루 정도 건너뛰어 복용한다.

초보 맘을 위한 생생한 맞춤 정보

Q 납에 노출되면 태아의 지능 발달에 좋지 않은 영향을 미친다는데, 사실인가요?

A 납은 태아의 지능 발달에 유해한 중금속으로, 주변 환경이나 일상적인 작업 가운데 비교적 노출되기 쉽다. 만약 페인트 작업을 자주 하는 사람이나 각종 유기용제를 다루는 공예가, 인쇄소 직원, 각종 산업 폐기물을 다루는 직업이라면 일을 즉시 그만두는 것이 좋다.

Q 임신 기간에는 물을 충분히 섭취해야 한다는데 얼마나 먹는 것이 좋을까요?

A 임신부라면 적어도 하루에 6~8컵 정도의 물을 마시는 것이 좋다. 운동을 하거나 활동량이 많은 임신부라면 이보다 더 많은 양의 수분이 필요하다.

임신 중 물을 충분히 마시면 조산의 원인이 될 수 있는 탈수 현상을 막고 혈액순환이 원활해져 태아에게 영양분을 효과적으로 공급할 수 있다. 또한 임신 중 흔한 변비나 치질 예방에도 도움이 된다. 간혹 임신부 중에 수분을 섭취한다고 칼로리가 높은 주스나 음료를 달고 사는 임신부가 있는데 이는 과체중을 불러올 수 있다는 것을 기억해야 한다.

Q 쌍둥이 임신은 유전에 의해 결정된다는데 그 말이 사실인가요?

A 유전적인 요인에 영향을 많이 받는다는 것이지 반드시 유전에 의해 결정된다는 말은 아니다. 고령 임신의 경우나 분만 경험이 많을수록 쌍둥이 임신 확률이 높아진다.

유전적으로 보면 남자 쪽보다는 여자 쪽 가족력에 영향을 많이 받으며, 인종적으로 보면 백인보다 흑인이 쌍둥이를 임신할 확률이 높고, 외부적인 요인으로는 배란촉진제를 장기적으로 투여한 경우 쌍둥이 임신 확률이 높아진다.

Q 엎드려 자는 습관이 있는데 계속 이렇게 자도 괜찮을까요?

A 배가 부르기 전인 임신 초기에는 별로 문제가 되지 않지만 임신이 진행될수록 위험하다. 엎드려 자면 자궁에 압박을 줄 수 있기 때문이다. 그렇다고 등을 바닥에 대고 똑바로 자면 커진 자궁이 복부 뒤쪽을 지나는 대동맥 및 혈관을 눌러 임신부와 태아에게 혈액 공급이 원활하게 이루어지지 않는다. 임신 사실을 확인했다면 이제라도 수면 습관을 고치려고 노력한다.

임신 중에는 옆으로 누워 자는 것이 좋다. 다리 사이에 베개를 끼워 한쪽 다리를 베개에 올리고 옆으로 누우면 편안하게 느껴진다.

Q 몸이 허약해 임신 중 한약을 먹을까 하는데 괜찮을까요?

A 임신 중에는 약물 섭취를 주의해야 하는데, 한약도 예외가 될 수 없다. 하지만 임신부의 몸에 이상이 있어 약물 치료를 해야 할 경우 양약보다 한약을 선호하는 경향이 있고 임신 중기에 접어들면

실제로 보신을 위해 한약을 찾는 경우가 많은 것이 사실이다.

보약이라고 해서 반드시 안전한 것만은 아니다. 양약과 마찬가지로 한약도 임신 중 먹어도 좋은 한약이 있고, 피해야 할 한약이 있다. 인삼, 녹용 등 한 가지 한약을 장기간 복용하는 것은 피한다. 이 외에도 임신 중에는 우황, 망초, 부자 등은 피한다.

주로 땀이나 설사, 잦은 소변을 유발하는 한약재와 구토 증세를 부르는 독성이 있는 한약재는 피해야 한다. 임신 중 먹어도 좋은 한약이라도 반드시 의사의 처방에 따라 복용한다.

Q 임신 후부터 변비가 너무 심해져 배변이 어려워요. 변비약을 복용하면 안 되나요?

A 배변에 이상이 없던 사람도 임신하면 변비가 생기기 쉽다. 하지간 그렇다고 해서 변비약을 함부로 먹는 것은 바람직하지 않다.

변비가 심할 때는 담당의사의 처방을 따르고 섬유질이 풍부한 식품을 많이 섭취하여 자연스럽게 변비를 다스리는 것이 좋다. 이미 약을 복용하고 있는 경우에는 중단하고 의사와 상의한다.

Q 지방으로 이사를 하게 돼 다니던 병원을 옮겨야 하는데 챙겨야 할 사항은 없나요?

A 처음 선택한 병원에서 분만까지 마칠 수 있으면 좋겠지만 개인 사정으로 인해 병원을 옮겨야 할 때는 먼저, 담당의사에게 그 사실을 알리고 임신 경과를 기록한 진료카드를 반드시 받아 둔다. 그래야 병원을 옮긴 다음 불필요한 재검진을 받지 않는다.

Q 아토피 증세가 있는데 혹시 아기에게 유전되는 것은 아닌가요?

A 요즘은 공해나 각종 오염물질 등 환경요인으로 인해 아토피에 시달리는 아기들이 늘고 있다. 물론 유전적인 요인을 완전히 배제할 수는 없다. 하지만 임신 중 먹는 것에 주의하면 아기의 아토피 증세를 가볍게 할 수 있다는 주장이 나왔다. 뱃속 아기에게 알레르기 항원이 생기는 임신 6개월 이후, 알레르기 유발 인자가 든 음식을 먹이지 않으면, 알레르기 체질은 유전하지만 알레르기가 생기는 것은 막을 수 있다고 한다.

Q 남들은 임신하고서 머리카락이 풍성해졌다는데 전 머리카락이 많이 빠져 고민이에요.

A 임신 중에는 호르몬 변화로 인해 머리카락이 빠지기도 하고 풍성해지기도 하며 빨리 자라기도 하는 등 머리카락에도 변화가 생긴다.

간혹 자고 일어나거나 빗질을 하면 한 움큼씩 머리카락이 빠진다고 고민하는 임신부를 볼 수 있는데 이는 임신 중 나타나는 자연스러운 변화로, 출산 후면 다시 정상적으로 자란다. 단, 임신 중 영양 상태가 나쁘면 더 많이 빠질 수 있으므로 질 좋은 음식을 섭취한다.

Q 질 주변에 작은 두드러기 같은 것이 났는데 혹시 병인가요?

A 분비물이나 가려움증으로 인해 외상을 입거나 외음부 모근의 염증으로 인해 외음부에 두드러기 같은 것이 날 수 있다. 대부분은 저절로 사라지는 것이 보통이나 성병에 걸렸을 수도 있으므로 병원에 가서 정확하게 진단을 받는 것이 좋다.

Q 배가 조금씩 불러오면서 안전벨트 매는 게 신경이 쓰여요. 안전하게 매는 방법이 있나요?

A 자동차를 타게 되면 안전벨트를 매야 하는데, 태아에게 해를 주지 않으려면 올바르게 착용해야 한다. 차가 갑자기 서거나 충돌 시 태반이 자궁에서 분리될 수 있기 때문이다.

안전벨트를 맬 때는 허리를 두르는 벨트 부분을 복부 밑으로 고정해 배를 압박하지 않도록 하고 어깨 벨트는 가슴 사이에 고정되도록 맨다.

Q 임신한 뒤로 물건을 눈앞에 두고도 찾거나 약속을 깜빡깜빡 잊어버리는 일이 다반사예요. 무슨 문제가 생긴 걸까요?

A 건망증은 임신부에게 흔한 증상으로, 평소 차분하던 여성도 물건을 잃어버리거나 해야 할 일을 잊어버리는 일이 잦아진다. 이는 임신 중 호르몬 영향으로 일시적인 현상이다.

건망증이 생겼다고 짜증 내지 말고 그냥 웃어넘기는 자세가 필요하다. 평소 메모하는 습관을 들이면 난감한 상황을 줄일 수 있다.

Q 임신부에게 수영이 좋다고 해서 배우고 있는데, 질 감염에 걸리진 않을까 걱정이 돼요. 감염 위험은 없나요?

A 임신 기간에는 면역체계가 약해지기 때문에 질 감염에 걸리기 쉽다. 수영 자체는 좋은 운동이지만 수영장 물 자체가 세균에 노출되어 있을 수 있으므로 늘 감염에 주의해야 한다. 물 밖에서 축축한 수영복을 오래 입고 있으면 감염 위험이 높아지므로 수영 후에는 물기에 젖은 수영복을 바로 벗고 깨끗이 씻는 것이 좋다. 또한 수영복을 항상 깨끗이 관리하고 평소에는 완전히 말려서 보관한다.

Q 임신 중 적당한 운동은 도움이 된다는데, 웨이트 트레이닝은 어떤가요?

A 과하지 않게 운동한다면 웨이트 트레이닝도 좋다. 하지만 운동을 시작하기 전에는 담당의사와 상의해서 안전 여부를 확인하는 것이 좋다.

운동을 할 때는 넘어지지 않도록 주의하고 덤벨이나 기구가 복부 위로 떨어지지 않게 조심한다. 또한 자궁으로 흐르는 혈액량이 줄 수 있으므로 똑바로 눕는 자세에서 하는 웨이트 트레이닝이나 윗몸 일으키기는 삼가는 것이 좋다.

Q 유두에서 옅은 유즙이 나와요. 몸에 이상이 있는 건 아닐까요?

A 임신 13~16주 정도에 이런 현상이 나타날 수 있는데 이는 유선이 초유 생성을 준비한다는 신호로 보면 된다. 그렇다고 모든 임신부의 가슴에서 이렇게 희끄무레한 액체가 나오는 것은 아니지만, 이는 지극히 정상적인 현상이다.

간혹 유즙을 짜내거나 유두에 생긴 딱지를 억지로 떼어내려는 임신부가 있는데 그런 행동은 바람직하지 않다. 유두에 딱지가 앉았다면 미지근한 물로 가볍게 씻어 주고 유즙이 흘러나오면 미지근한 물을 적신 면수건으로 살짝 닦아 준다.

Q 초콜릿에 카페인이 들어 있다는데, 임신 중 초콜릿을 많이 먹으면 태아에게 해로운가요?

A 초콜릿이 당긴다면 먹어도 좋다. 초콜릿에 카페인이 함유되어 있긴 하지만 소량이므로 임신부나 태아에게 크게 해가 되지는 않는다. 지나치게 많이 먹지만 않는다면 오히려 초콜릿에 든 신경전달물질로 인해 기분이 좋아져 태아에게 좋은 영향을 미친다.

Q 교통사고 시 에어백이 터지면 태아에게 위험한가요?

A 안전벨트를 제대로 맨 경우라면 차가 충돌했을 때 몸체를 어느 정도 고정해 주므로 에어백이 터지더라도 충격이 덜하다. 에어백은 엄청난 힘에 의해 부풀어 오르기 대문에 충돌 시 임신부나 태아에게 위험이 있다고는 하나 에어백이 없는 것보다는 훨씬 안전하다. 따라서 에어백 작동을 일부러 해제할 필요는 없다.

Q 남편 집안 쪽에 대머리가 많은데, 혹시 대머리도 유전되나요?

A 대머리는 유전이다. 나이가 들어가면서 머리카락 숱이 어느 정드 줄어드는 것은 당연한 이치지만 젊은 나이임에도 머리가 벗겨졌다면 대머리일 확률이 높다. 실제르 대머리인 사람의 부모를 보면 대머리일 확률이 매우 높다.

Q 전기담요나 전자레인지에서 나오는 전자파가 태아에게 해롭다는 게 사실인가요?

A 임신 중 전기담요나 전자레인지 사용이 안전한지에 대해 합의돈 의견은 없다. 하지만 모체보다 태아가 전자파에 더 예민하게 반응하는 것은 사실이다.

지금까지 연구결과를 보면 태아 조직을 비롯해 우리 몸속에서 생성듸는 조직은 특히 전자파에 민감하다고 한다. 가능하면 임신 중에는 전기담요나 전자레인지 사용을 자제하고, 전자레인지를 사용하더라도 바로 옆이나 앞에 서 있지 않도록 신경 쓴다.

5. 임신 5개월

19~22주

임신부의 몸에 어떤 변화가 나타날까?

태아가 자라면서 아랫배가 불룩하게 튀어나와 평소 입던 옷을 더 이상 입기 어려울 정도다. 엉덩이와 옆구리에 피하지방이 늘어나고 복근이 늘어나고 배꼽 모양에도 변화가 생긴다.

여드름이 생길 수 있다

임신을 하면 호르몬에 변화가 생겨 피지 분비가 증가하는데 이 때문에 여드름이나 뽀루지가 생기기 쉽다. 특히, 월경 전 여드름이 나던 사람은 임신 중 여드름이 날 확률이 높다. 이런 사람은 평소 기름기가 많은 식품은 제한하고 하루 세 번 깨끗이 세안하며, 물을 자주 마시면 임신 중 여드름을 어느 정도 예방할 수 있다.

배꼽이 튀어나온다

이 시기쯤 되면 배가 불러오면서 배꼽도 튀어나온다. 이런 현상은 임신 중 나타나는 자연스런 현상으로 걱정하지 않아도 된다. 개인에 따라 배꼽이 튀어나오는 시기는 조금씩 다르지만 출산 후에는 배꼽이 자연스럽게 안으로 들어간다.

옷 입을 때마다 튀어나온 배꼽이 신경 쓰인다면 그 위에 일회용 반창고를 붙이는 것도 방법이다.

다리에 혈전증이 생길 수 있다

커진 자궁과 늘어난 체중이 다리에 무리를 가해 혈액순환이 잘 되지 않아 일어나는 증상이다. 다리가 붓고 당기며 핏발이 서는 것이 주요 증상이다. 심해지면 정맥혈전증으로 발전, 다리와 허벅지가 심하게 붓고 극심한 통증이 생긴다.

다리 혈전증을 예방하려면 다리를 수시로 베개나 의자 위에 올려 혈액순환을 돕고, 고탄력 스타킹을 착용하거나 열 찜질을 해 주면 증세가 호전된다. 상태가 쉽게 나아지지 않으면 의사의 진단과 처방에 따라 치료를 해야 한다.

피부가 가렵다

이 무렵이면 피부가 건조해지면서 가려움증이 나타날 수 있다. 이런 증세는 특히 피부가 많이 늘어나는 복부에 두드러지게 나타나는데 가렵다고 해서 자꾸 긁으면 상처가 날 수 있다.

피부 가려움증이 심한 사람은 가습기를 틀어 실내가 건조해지지 않게 하고 비누 대신 클렌저를 사용한다. 비누는 피부에서 유분을 빼앗아가 오히려 더 가렵게 만들 수 있기 때문이다.

목욕이나 샤워를 할 때는 뜨거운 물 대신 미지근한 물을 사용하고, 목욕이나 샤워를 마친 뒤에는 보습 로션을 바른다. 단, 피부에 물기가 있을 때 바르는 것이 효과적이다.

ZOOM IN

22 week 임신부의 몸

자궁이 커지고 태아도 성장하여 무게가 460g 정도 된다. 따라서 임신부의 체중도 일주일에 약 0.5kg 정도씩 늘어난다. 태아의 성장 속도가 가장 빠른 시기로, 임신부의 체중도 4kg 정도 느는 때이다.

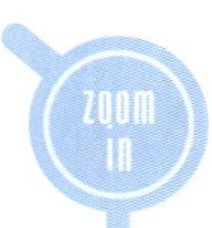

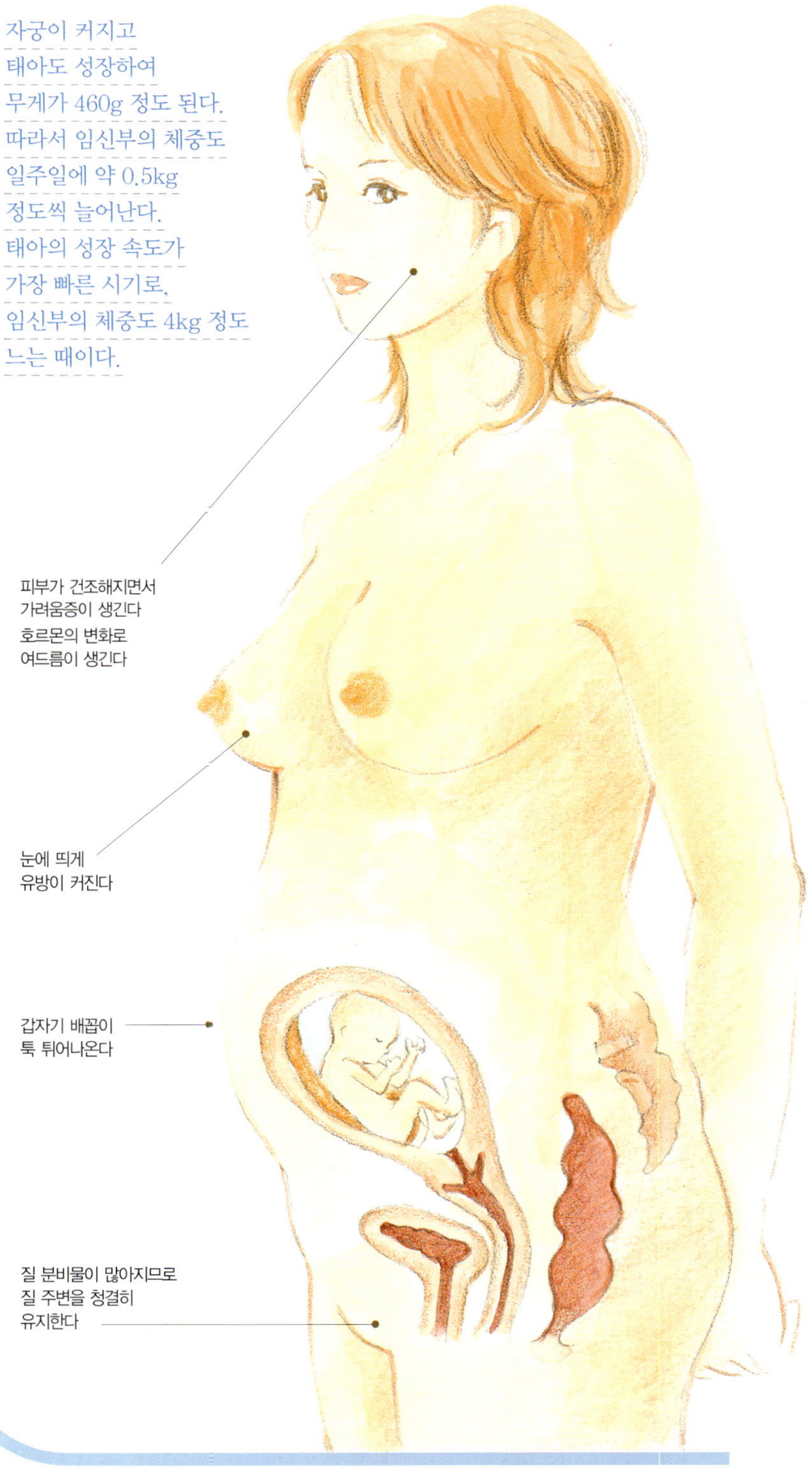

뱃속 아기는 얼마나 컸을까?

태아는 아직 작지만 빠르게 성장하고 있다. 골격은 대부분 질긴 연골로 이루어져 있으며 엄마 뱃속에서 사지를 움직이고 엄지손가락을 빨기도 한다. 피부를 보호해 줄 지방층이 두터워지고 신체 각 조직과 기관이 발달한다.

임신 19주

이제 제법 자라나 발길질을 하고 팔을 움직이고 손가락과 발가락을 움직이는데 이러한 움직임이 엄마에게 전해진다. 다리가 신체의 다른 부위에 비례해서 자란다.

임신 20주

양수로부터 피부를 보호하기 위해 태지가 생기고 가늘게 눈썹이 생기며 각 감각기관이 빠르게 발달한다. 신경계와 근육계도 발달해 태아는 팔다리를 쭉 뻗을 수 있다. 여아의 경우 벌써 난소에 난자가 200만 개 정도 들어 있다. 태어날 때쯤이면 100만 개로 줄어든다.

임신 21주

초음파 스캐닝을 하면 태아가 엄지손가락을 빨거나 얼굴을 만지는 것을 볼 수 있다. 신체의 각 부위와 조직, 기관이 성장을 계속하고 감각도 나날이 발달한다. 특히 소화기가 발달해 양수를 삼킬 수 있게 된다.

임신 22주

피부가 한층 두꺼워지면서 눈꺼풀이 발달하고 손톱이 완전히 형성되어 계속 자란다. 남아의 경우 고환이 골반에서 음낭으로 내려오기 시작한다.

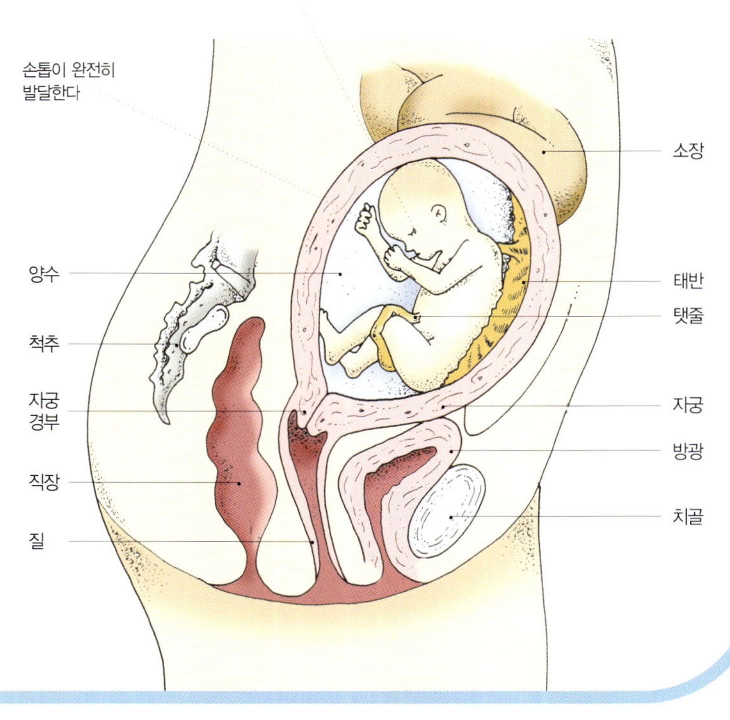

이 시기에 어떤 검진을 받을까?

산부인과를 여러 번 방문하면서 기본 검사도 어느 정도 익숙해졌을 것이다. 이제 초음파 검사로 확실하게 상태를 확인할 수 있을 만큼 태아도 제법 성장했다.

● **체중 검사** 정기검진을 받을 때마다 체중이 얼마나 변했는지 체크한다. 이 시기쯤이면 체중이 4~4.5kg 늘어나는 것이 정상이다. 체중이 지나치게 늘지 않도록 영양 섭취에 각별히 신경을 쓴다.

● **혈압 검사** 혈압이 갑자기 크게 바뀌면 몸에 이상이 생겼다는 신호일 수 있다.

● **소변 검사** 소변에 세균이나 단백질, 당분, 혈액이 섞여 있는지 검사한다.

● **자궁 크기 검사** 이 시기쯤 되면 자궁이 배꼽까지 올라온다. 의사는 복부를 눌러서 자궁 크기를 확인하고 태아가 얼마나 컸는지 설명해 줄 것이다.

● **도플러 검사** 태아의 심박동 소리가 전보다 훨씬 뚜렷해진다. 도플러라는 특수 기구를 사용하면 태아의 심박동 소리가 확대되어 들리므로 태아의 존재감이 훨씬 크게 다가온다.

빈혈 확인을 위한 혈액 검사

임신을 하면 혈액 계통에도 많은 변화가 생긴다. 혈액도 임신 전보다 약 50% 이상 증가하는데 혈액의 증가 속도는 개인에 따라 조금씩 다르지만 임신 증기에 가장 많이 늘어난다. 이 시기에는 첫 검진 시 빈혈이 없던 사람도 빈혈이 생길 수 있다.

임신성 빈혈이란 태아에게 공급해야 할 혈액량이 늘면서 혈액 자체가 묽어지는 일종의 희석 효과 때문인데, 적혈구 속의 헤모글로빈 수치가 줄어들면서 생기는 현상이다.

따라서 피로감이 심하고 가슴이 뛰고 숨이 가쁘며 몸이 무겁고 혈색이 창백하며 어지러워서 넘어질 정도라면 혈액 검사로 빈혈 여부를 알아 본다.

🌸 빈혈에 걸리기 쉬운 임신부

● 입덧이 심한 여성
● 쌍둥이를 임신한 여성
● 연년생으로 아기를 임신한 여성
● 영양실조에 걸린 여성

🌸 빈혈 예방 및 치료하는 방법

임신 중 빈혈을 일으키는 가장 주된 원인은 철분 결핍으로, 빈혈 증세가 있다면 전문의와 상의하여 임신부용 비타민을 복용하고 철분이 많이 들어있는 간이나 시금치, 콩 등을 자주 섭취한다.

철분은 소화기를 통해 잘 흡수되지 않으므로 매일 규칙적으로 섭취해야 한다.

이 시기에 무엇을 알아 둘까?

태동이 느껴지면서 임신을 실감하게 되지만 혹시 유산이 되지 않을까, 출산은 제대로 이루어질까? 이것저것 걱정이 앞선다. 태동, 유산, 임신중독증 등 이 시기 임신부가 궁금해하는 각종 정보를 알아보자.

태동 여부를 확인한다

예민한 임신부는 좀 더 빠르게 태동을 느낄 수 있지만, 임신 5개월 무렵이면 대부분의 임신부가 태아의 발길질이나 움직임을 느낀다. 실제로 태아는 자궁 안에서 임신 초기부터 움직이지만, 임신부가 태동을 느끼기에는 무리다.

첫 태동은 임신부에게 잊을 수 없는 감동을 준다. 처음에는 태동이 매우 희미하게 느껴져 가벼운 경련쯤으로 착각하기도 하는데, 점점 시간이 지나고 태아의 움직임이 활발해지면서 쉽게 태동임을 알아차리게 된다. 만약 5개월이 지나도 태동이 없으면 의사와 상의해 보는 것이 좋다.

시기별로 달라지는 태동

- **16~22주** 아랫배에서 희미한 움직임이 느껴진다. 임신부에 따라 시기나 강도는 다를 수 있다.
- **23~26주** 태아는 양수 속을 떠 다니면서 목을 구부리거나 손을 오므렸다 폈다 하며 엄마의 말소리나 음악소리에 반응을 보인다.
- **27~30주** 머리를 아래로 내려 자리를 잡는다. 태동은 움직임보다는 차는 듯한 동작으로 바뀐다.
- **31~34주** 손발의 움직임이 더 강해진다. 손과 발을 뻗으면 배가 불룩 튀어나와 보이기도 한다.
- **35~40주** 태아의 움직임이 잠잠해진다. 출산이 가까워지면서 태아가 골반 쪽으로 내려갔기 때문이다.

휴식 중 더 잘 느껴지는 태동

태동이 느껴지면서 예비엄마는 태아가 깨어나고 잠드는 시간을 알 수 있다. 엄마가 쉬려고 누우면 태아가 깨어나 움직이는 경우도 잦다. 이렇게 휴식을 취하거나 가만히 누워 잠을 청할 때 태동이 더 많이 느껴지는 이유는 다른 일을 할 때보다 무의식적으로 태아의 움직임에 더 관심을 기울이기 때문이다. 사실 태아는 엄마가 가만히 있는 것보다 움직이는 것을 좋아한다. 엄마가 움직일 때 오히려 잠이 잘 오기 때문이다.

만약 임신 5개월 말이 되어도 태동이 느껴지지 않는다면 의사와 상담해 보는 것이 좋다. 하지만 지나치게 걱정할 필요는 없다. 활발하게 움직이는 태아가 있는가 하면 그렇지 않은 태아도 있기 때문이다. 심박동 소리가 잘 들리고 특별히 이상 징조가 나타나지 않는다면 괜찮다.

무거운 물건을 들지 않는다

무거운 물건을 들어 올리는 행위 자체가 태아에게 해로운 것은 아니다. 태반은 자궁벽에서 쉽게 떨어지지 않기 때문이다. 그렇지만 무거운 물건을 자주 들어 올리다 보면 허리에 무리를 줄 수 있으므로 삼가는 것이 좋다.

임신을 하면 평소 안정되어 있던 골반이 출산 준비를 위해 느슨해지는데 이 때문에 몸의 균형을 잡기 어려워 허리 근육에 부담을 주게 된다. 그런데 무거운 물건까지 들게 되면 허리 근육에 더 큰 부담을 준다.

무거운 짐은 다른 사람에게 부탁하고 장을 볼 때는 작은 봉투 여러 개에 물건을 나눠 담는다. 임신 후기가 되면 허리에 부담이 더 커지므로 가능하면 이 시기부터 허리에 부담을 줄이는 것이 좋다.

임신중독증을 주의한다

보통때보다 더 쉽게 피로해지고 몸이 무겁고 두통이 오며 눈이 침침해지고 부종이 쉬 가라앉지 않으면 임신중독증을 의심해 볼 수 있다.

대개 임신 20주 이후에 고혈압, 단백뇨, 부종이 나타나는 경우를 임신중독증이라 한다. 사망률 뿐 아니라 합병증의 위험도 높으며 임신부 20명 중 1~2명이 걸릴 만큼 발병률도 높다. 임신중독증이 생기는 기본 원인은 혈관의 수축이다. 이로 인해 혈압이

올라 혈액공급이 원활하게 이루어지지 못해 주요 장기들이 손상을 입게 되고 태아의 발육에도 지장을 초래하게 된다.

늦은 유산을 주의한다

만약 몇 주 동안 소량의 갈색 분비물이 나오거나 분홍색 질 분비물이 며칠 동안 지속되면 유산 위험이 있으므로 즉시 병원을 찾는다.

늦은 유산은 주로 임신부의 건강이나 태반에 이상이 있을 때 일어난다. 즉 태반조기박리 현상이 일어났다거나 자궁근종이 임신 수기까지 계속 자랄 경우 유산으로 이어질 수 있다. 또 호르몬의 불균형으로 유산이 되기도 하고 부부의 혈액이 서로 조화를 이루지 못할 때도 유산이 된다. 임신부가 박테리아나 바이러스에 감염되었을 때나 자궁경관 무력증도 유산의 원인이 된다.

일반적으로 복통이 격렬하고 출혈이 심하면 유산을 막기가 어렵다. 하지만 고위험군에 속하는 임신부가 아니라면 임신 12주 뒤에 유산하는 경우는 거의 없으므로 너무 걱정할 필요는 없다.

임신 19~22주 Best 궁금증

Q 직장 여성인데 임신 후 분비물이 많아져 고민이에요. 팬티라이너를 사용해도 되나요?

A 임신을 하면 질 분비물이 늘어나 냄새가 나기 쉽고 불쾌한 느낌이 들 수 있다. 하지만 그렇다고 해서 임신 기간 내내 팬티라이너를 사용하는 것은 그다지 바람직하지 않다. 팬티라이너를 착용하게 되면 공기가 잘 통하지 않기 때문이다. 조금 귀찮더라도 속옷을 여유 있게 챙겨 자주 갈아입거나 면으로 된 패드를 만들어 갈아 주는 것이 좋다.

Q 파마약이나 염색약이 태아에게 해가 될까요?

A 파마나 염색약이 두피를 통해 체내에 흡수되는 양은 매우 적을 것으로 추정하고 있어 태아 기형 유발과는 직접적인 관련이 없는 것으로 알려져 있다. 하지만 파마약이나 염색약에는 여러 가지 화학 성분이 포함되어 있어 헤어드레서같이 장시간 파마나 염색약에 노출될 경우에는 자연 유산, 기형아, 저체중아 출산으로 이어질 수 있다. 가능하면 임신 중에는 화학 성분에 노출되지 않도록 장갑을 끼거나 주의를 기울이는 것이 좋다.

Q 아랫배가 찬데, 혹시 태아에게 영향을 주는 것은 아닐까요?

A 임신이 진행될수록 배가 점점 커지면서 외부에 노출되는 면적이 넓어지고 혈액순환이 원활하게 이루어지지 않는다. 따라서 임신 전보다 배가 더 차갑게 느껴지는데 이를 지나치게 예민하게 받아들일 필요는 없다. 자궁 안의 온도는 늘 일정하게 유지되고 있으므로 태아에게 아무런 영향을 미치지 않는다. 외부에 노출되지 않을 정도로 배를 감싸는 것만으로도 충분하다.

Q 사랑니가 나서 통증이 너무 심한데 치료 시 마취 주사를 맞으면 안 되나요?

A 임신 전 충치 치료를 받는 것이 가장 좋지만 부득이한 경우에는 마취제 주입을 하지 않고 치료를 받는 것이 좋다. 국부마취제 자체보다 그 안에 함유된 아드레날린 성분이 문제가 되기 때문이다. 스트레스 호르몬인 아드레날린은 혈관을 좁혀 치료 시 과다 출혈을 막는데, 임신 중에는 혈관을 통해 태반에 전달되어 태아의 영양 공급에 나쁜 영향을 줄 수 있다.

특히, 태반의 혈관이 미세하고 연약한 임신 초기에는 마취제 주입은 삼가야 한다. 다소 고통스럽더라도 태아 건강을 위해 마취 주사는 맞지 않는다.

Q 임신한 뒤부터 매사에 걱정이 너무 많아졌어요. 병은 아닐까요?

A 임신을 하면 자신뿐 아니라 태아 건강, 남편과의 관계 등 걱정이 많아지는데, 그렇다고 해서 이상이 생긴 것은 아니다. 이는 아기의 엄마이자 아내로, 한 가족의 구성원으로 겪게 되는 정상적인 변화다. 만약 걱정으로 인해 밤잠을 설칠 정도라면 남편이나 다른 가족, 믿을 만한 친구에게 자신의 심정을 솔직히 털어놓는 것이 좋다. 때로는 마음속의 불안이나 걱정들을 말로 표현하는 단순한 행위만으로도 마음의 위안을 얻을 수 있다.

Q 자다가 돌아누우면 종종 칼에 찔린 듯 예리한 통증이 느껴져요. 문제가 있는 것은 아닐까요?

A 임신을 하면 수면 중 자세를 바꿀 때 갑자기 심한 통증이 느껴지곤 하는데 이런 통증은 임신부에게 흔한 증세다. 이는 자궁을 골반과 연결하는 두 개의 커다란 인대인 원인대가 갑자기 늘어나면서 느껴지는 통증으로 임신 14~20주에 더 심해지는 경향이 있다.

Q 몸이 약해 감기에 자주 걸리는데 임신 중 감기 예방법과 치료법이 궁금해요.

A 임신 중 감기를 예방하려면 평소 충분한 수면과 고른 영양 섭취로 피로가 쌓이지 않게 하는 것이 좋다. 또한 신선한 공기는 점막을 튼튼하게 해 주므로 자주 창문을 열어 환기를 하고 겨울에는 가습기나 물기 있는 빨래를 이용해 실내 습도를 적절하게 맞춰 주는 것이 좋다. 만약 감기에 걸렸다면 생강이나 무를 달여 마시면 증상이 어느 정도 완화된다.

Q 머리 좋은 아기를 낳으려면 오메가-3 지방산을 많이 먹으라던데 정말 효과가 있나요?

A 식품 영양 전문가는 임신부들에게 오메가-3 지방산을 일주일에 300~400mg 섭취할 것을 권장하고 있다. 오메가-3 지방산은 바다 생물인 플랑크톤에 함유된 고도 불포화지방산으로, 플랑크톤을 먹고 사는 청어, 고등어, 참치, 야생연어 등 지방이 많은 등 푸른 생선에 많이 들어 있다. 이러한 오메가-3 지방산이 풍부한 식품을 임신부가 적당량 섭취하면 태아의 신경 세포와 뇌 세포, 시력이 최적으로 발달한다. 따라서 임신부나 수유하는 엄마들은 일주일에 1~2회 정도는 등 푸른 생선을 먹거나 약국에서 파는 어유 캡슐을 복용하는 것이 좋다.

Q 임신 중 생선을 먹지 말라는 이야기도 있던데, 왜 그런가요?

A 생선에는 질 좋은 단백질과 비타민 D, 오메가-3 지방산이 풍부하지만, 지나치게 많이 섭취하면 생선과 조개류에 포함된 메틸수은으로 인해 태아의 신경계 발달을 저해할 수 있다. 대기 중에 있는 수은은 물의 표면에 떨어져 강물과 바다에 축적되고, 이 수은은 박테리아에 의해 메틸수은으로 변형되는데, 이를 물고기가 흡수한다.

메틸수은은 조리해도 분리되지 않는 것이 특징으로, 상어, 황새치, 옥돔, 고등어, 삼치 등 먹이사슬의 제일 꼭대기에 있는 생선들에 더 많이 들어 있다. 연어와 고등어통조림, 송어는 수은 함유량이 적고 건강에 좋은 지방을 많이 함유하고 있으므로 안전한 편이다.

미국 식품의약품안전청(FDA)에 의하면 그런 생선을 일주일에 1~2회 먹는 정도로는 안전하며 한 주에 많은 양의 생선을 먹었더라도 다음 1~2주 동안 먹지 않는다면 문제가 되지 않는다고 밝히고 있다. 몸에 좋은 생선은 챙겨 먹되, 적당히 먹는 것이 중요하다.

Q 임신 중 식중독에 걸렸는데 태아에게 영향을 미치는 건 아닐까요?

A 식중독 균에 감염된 음식을 먹으면 1~6시간 후에 심한 구토나 메스꺼운 증세가 나타나고 복통, 설사, 경련 등이 일어난다. 이때 적절한 치료를 받았다면 태아에게 영향을 미치지 않는다.

Q 여름이면 늘 에어컨을 끼고 사는데, 에어컨 바람이 태아에게 영향을 주진 않을까요?

A 평소 더위를 많이 타는 사람은 임신하면 더 더위를 탄다. 하지만 덥더라도 에어컨은 가급적 실내 온도를 내리는 데에만 사용하고 바람을 직접 쐬지 않는다. 책상이나 사무실 앞에 에어컨이 있다면 자리를 옮기는 것이 좋고, 에어컨을 커더라도 자주 환기를 해 준다.

Q 여행 중에 신체에 무리가 가지 않게 피로를 덜어 주는 방법이 있을까요?

A 임신 중 장시간 차 안이나 기내에 앉아 있으면 혈액순환이 저하되어 발과 발목이 부어오르기 쉽고 심한 경우에는 하지정맥류도 발생할 수 있다. 여행 시에는 편한 신발과 여유 있는 옷차림으로 불편함이 없도록 하는 것이 바람직하다. 장거리 여행을 할 때는 자동차보다는 비행기나 기차를 이용하는 것이 피로를 덜 수 있는 방법이다.

자동차로 여행할 때에는 2시간마다 10~15분 정도 휴게소에 들러 팔다리를 뻗거나 걸어 다니고 비행기로 여행할 때는 통로 쪽 좌석을 택해 한 시간에 한 번씩 걸어 다니거나 스트레칭을 해 준다. 만약 기내 옆자리가 비었다면 다리를 올려놓는 것도 좋다.

Q 기관지천식 탓에 가끔 발작이 일어나요. 천식 발작으로 인해 유산이 되지는 않나요?

A 천식 발작으로 인해 유산이 되는 일은 거의 없다. 그렇지만 천식을 악화시키거나 발작의 원인이 되는 일은 적극적으로 피하는 것이 현명하다.

임신 전부터 천식 치료를 받았다면 계속 치료를 받는 것이 좋다. 발작 방지를 위해 투여되는 부신피질호르몬은 태아에게 큰 영향을 미치지 않으므로 심각하게 고민할 필요는 없다. 담당의가 임신부의 상태에 적합한 처방을 해 줄 것이다.

임신이 기관지천식에 미치는 영향은 일정하지 않다. 임신 중 천식 발작이 빈번해지는 사람이 있는가 하면 오히려 증세가 가벼워지는 사람도 있다.

Q 태아의 성장 정도를 임신부의 배 크기로 가늠할 수 있나요?

A 임신부의 배 크기가 작으면 아기도 작을 확률이 높지만 이는 통상적인 자료일 뿐 모든 임신부에게 해당하지는 않는다. 체질적으로 마른 사람의 배가 더 커 보이고 뚱뚱한 사람의 배가 더 작게 보이는 경향이 있는데 임신부의 배 크기는 체내 지방과도 관계가 있으므로 단순히 임신부의 배 크기로 아기의 성장 정도를 예측할 수는 없다.

Q 임신 중 골반을 흔드는 밸리댄스는 위험한 운동이 아닌가요?

A 임신 전부터 지속적으로 해 왔던 운동이고, 자신의 상태에 맞게 운동 수위를 조절한다면 밸리댄스를 하더라도 크게 문제가 되지 않는다. 오히려 지속적이고 규칙적인 신체 활동은 순산에 도움이 된다. 단, 일반인들이 참여하는 밸리 프로그램은 신체에 무리를 줄 수 있으므로 임신부를 위한 밸리 프로그램을 선택하는 것이 좋다.

밸리댄스를 처음 시작하는 사람이라면 유산 위험이 적은 임신 중기부터 시작하는 것이 좋고, 자신의 신체 변화에 맞춰 운동 강도를 조절하는 것이 좋다.

Q 남편이 폐결핵을 앓고 있는데 임신 중 주의해야 할 점은 무엇인가요?

A 폐결핵은 장기간 치료를 요하며 공기로 전염이 되므로 임신부의 감염을 막는 것이 급선무. 대개 약을 복용한 지 2주일이 지나면 감염성이 없어지므로 빠른 진단과 철저한 치료가 필요하다. 임신부 역시 임신 4개월 정도가 지난 이후에는 결핵 감염 여부를 확인하여 양성으로 나타나면 즉시 치료를 받아야 한다. 다행히 몇몇 효과적인 약물들은 태아에게 해가 되지 않는다.

Q 임신 20주가 됐는데도 체중에 크게 변화가 없어요. 아기가 제대로 성장하고 있는 걸까요?

A 태아는 우리가 생각하는 것보다 훨씬 건강하다. 엄마가 영양을 충분히 공급할 수 없다고 하더라도 태아는 자기에게 필요한 영양소를 모체로부터 섭취한다.

정기검진 시 태아가 건강하게 잘 자라고 있다는 진단을 받았다면 체중이 늘어나지 않는다고 걱정할 필요는 없다. 만약 임신부가 충분한 양의 철분을 섭취하지 못해서 심한 빈혈이 생겼다 하더라도 태아는 빈혈에 걸리지 않는다. 태아는 이미 모체로부터 필요한 영양소를 공급받고 있기 때문이다.

태아와 임신부 모두 충분한 영양 섭취를 하면 좋겠지만 그렇게 하지 못한다고 해서 예민하게 반응할 필요는 없다. 다만 음식 섭취에 더 신경을 쓴다.

Q 가슴, 배, 다리에 피부병처럼 발진이 생겼어요. 피부 트러블을 예방하는 방법은 없나요?

A 임신 초기와는 다르게 임신 중기부터 후기까지 가슴이나 배, 다리 등에 발진이 생기는 경우가 흔히 있다. 이는 임신 중 호르몬 변화에 따라 체질에도 변화가 생겨 나타나는 증상으로 출산 후면 사라진다. 평소 청결을 유지하고 세안과 샤워를 자주 하며 수면 부족이나 과로를 피하고 균형 잡힌 식사를 하면 어느 정도 예방이 가능하다.

변비도 피부 트러블을 유발하는 요인이므로 섬유질이 많은 음식을 섭취해 변비를 예방해야 한다. 또 비누나 화장품, 세제는 자극이 없는 제품을 사용하는 것이 좋다.

임신 중에는 사마귀나 점도 더 커지고 피부 트러블도 심해지는 경향이 있는데, 이런 피부 변화는 출산과 함께 완화되므로 너무 신경 쓸 필요가 없다. 하지만 발진 증세가 심하면 피부병일 가능성도 있으므로 전문의의 진단을 받아 보는 것이 좋다.

Q 심장 질환이 있어 일하다가 쉬어야 할 정도로 힘이 들어요. 순산할 수 있을까요?

A 심장 질환이 있다고 해서 자연 분만을 할 수 없는 것은 아니다. 하지만 육체적 활동의 제한을 받아 가벼운 운동을 해도 피로하고 맥박이 빨라지는 경우에는 임신 기간은 물론이고 분만 후까지 절대안정을 취하거나 의사의 관찰이 필요하다.

Q 피부가 제법 깨끗한 편이었는데 임신 후부터 주근깨, 기미, 여드름이 생겨요. 출산을 하고 나면 피부잡티가 모두 사라질까요?

A 임신하면 황체 호르몬 분비가 왕성해져 색소침착이 심해지고 기미, 주근깨도 생기기 쉽다. 사람에 따라서는 한 번도 난 적이 없는 여드름이 생기기도 하고 피부 타입이 변하기도 한다.

기미나 주근깨 정도가 심하지 않고 임신 중 관리를 잘한다면 어느 정도 완화되지만, 자칫 그냥 두면 출산 뒤에도 그대로 남아 있기 쉽다. 외출할 때는 자외선 차단제를 바르고 챙 달린 모자나 양산을 쓰는 것이 좋다. 또한 평소 피부 관리를 게을리하지 않는다.

Q 피부 각질이 벗겨지고 쉽게 건조해져 얼굴이 당겨요. 이럴 때는 어떻게 하죠?

A 지성 피부였던 사람도 임신 중에는 건성 피부로 변할 수 있다. 이것은 피부에 수분이 부족해 생기는 현상으로 눈가나 입가 주변이 더 심하다. 이럴 때는 피부가 건조해지지 않도록 물을 충분히 마시고 수분과 유분의 균형을 유지해 주는 팩을 하면 도움이 된다.

Q 임신 중 발레를 하면 신체에 무리가 되지 않을까요?

A 발레리나처럼 토슈즈를 신고 무리하게 운동하지 않는다면 발레를 해도 상관이 없다. 단, 임신

부를 대상으로 하는 발레 프로그램을 수강하는 것이 좋다. 임신을 하면 인대와 신체 조직이 느슨해지는데, 이때 일반인이 하는 발레를 따라 하다가 자칫 부상을 입을 수 있다.

발레를 배우더라도 임신부의 체형을 바로잡는 정도로 가볍게 움직이고 스플릿이나 높이 뛰는 동작은 피하는 것이 좋다. 발레를 배우기 전에는 담당의사와 먼저 상의한다.

Q 쌍둥이를 임신하면 트러블이 더 심하다던데 사실인가요?

A 반드시 그런 것은 아니지만 쌍둥이 임신이 더 힘든 것은 사실이다. 특히, 입덧이 심한데, 때로는 감당할 수 없는 피로감과 불쾌감, 메스꺼움 등으로 고통을 겪을 수 있다. 하지만 이겨낼 수 있다는 자신감을 가지고 마음을 다스리다 보면 조금이나마 불쾌감을 덜 수 있다.

Q 먼저 임신한 친구가 베이비샤워 파티를 한다고 초대했는데, 베이비샤워 파티가 뭐예요? 또 무슨 선물을 준비해야 하나요?

A 임신 7~8개월 무렵 임신부와 태어날 아기를 축복해 주는 파티로, 초대받은 사람은 아기 용품을 준비해 가는 것이 일반적이다. 요즘 신세대 엄마들 사이에서 유행하는 파티로, 친구들끼리 미리 아기 용품 목록을 정해 선물을 겹치지 않게 준비해 가는 것이 요령이다. 초대한 친구에게 필요한 물품이 없는지 미리 물어보는 것도 좋은 방법이다.

Q 손가락 무좀이 심해서 치료를 받고 싶은데 혹시 치료약이 태아에게 해가 되진 않나요?

A 손톱, 발톱을 침범하는 조갑백선을 제외한 다른 부위의 무좀은 항진균제의 부분 치료로 치유할 수 있다. 하지만 조갑백선은 여러 달 동안 항진균제를 꾸준히 복용해야 하므로 치료를 출산 뒤로 미루는 것이 좋다.

임신 중이라도 국소적인 약물 요법으로 치료할 수 있는 족부백선, 수부백선, 두부백선 등은 치료를 받아도 태아에게 해가 되지 않는다. 단, 먹는 무좀약은 임신 기간 내내 반드시 피해야 한다.

Q 자궁경관무력증으로 유산한 적이 있어요. 이번에도 같은 문제로 태아를 잃는 건 아닐까요?

A 임신 5개월 전후 통증을 동반하지 않고 자궁경관이 저절로 열려 태아 사망을 유발하는 자궁경관무력증은 습관성이 될 우려가 있으므로 평소 자신의 몸 상태를 주의 깊게 살펴야 한다.

자궁경관무력증에 걸릴 확률이 높은 임신부는 질 초음파로 자궁경부의 두께를 측정해 보는 것도 좋은 방법이다. 만약 갑자기 냉이 많아지고 출혈이 보이면서 복부 아래쪽에 뻐근한 느낌이 들면 즉시 병원으로 향하고, 평소에도 절대 안정을 취하는 것이 좋다.

6. 임신 6개월

23~26주

임신부의 몸에 어떤 변화가 나타날까?

임신 중기가 끝날 날도 얼마 남지 않았다. 이제는 누가 봐도 임신 사실을 알아차릴 수 있을 만큼 배가 커진다. 체온이 상승해 쉽게 더위를 타고 가끔 심한 현기증이 나타나기도 한다.

체온이 올라가고 땀이 많아진다

임신부의 몸은 임신 상태를 유지하기 위해 황체 호르몬 분비량을 급격히 늘린다. 따라서 임신 전보다 적어도 체온이 1℃ 정도 올라가게 되는데 이 때문에 평소 지내던 실내 온도에도 쉽게 더위를 타고 땀도 많이 난다. 이러한 체온 변화는 임신 기간 동안 지속되므로 임신복을 고를 때는 목이나 팔 주위가 꽉 끼지 않는 옷, 벗기 쉽게 겹쳐 입을 수 있는 옷을 고르는 것이 좋다. 소재는 면과 같이 땀을 잘 흡수할 수 있는 소재로 고른다.

임신 중 땀이 많이 나거나 더위를 탈 때는 가능하면 편안하게 누워 쉬는 것이 좋고 몸에서 빠져나간 수분을 충분히 보충한다.

건망증이 심해진다

임신을 하면 침착하던 사람도 건망증이 생겨 깜빡깜빡하는 일이 생긴다. 이는 임신 중 생기는 일시적인 증상으로 심각하게 받아들일 필요는 없다. 임신 중 사고력이 떨어지고 건망증이 생기는 것은 임신부의 몸이 온통 아기 만들기에만 집중해 있기 때문이다.

만약 생활에 지장을 줄 정도라면 매일 해야 할 일을 기록하는 습관을 들인다. 남편이나 친구에게 중요한 약속이나 일을 상기시켜 달라고 부탁하고 평소 충분한 휴식을 취한다. 가능하면 일을 한꺼번에 처리하지 말고 일 부담을 조금씩 줄여가며 조절하는 습관을 들인다.

복근이 늘어난다

복근이란 늑골 아래에서 골반까지 수직으로 연결된 근육으로 자궁이 커지면서 이 근육도 늘어난다. 이때 복직근이 분리될 수 있는데 복직근이 분리된다고 해서 아프거나 모체에 해를 주는 것은 아니다.

갑자기 현기증이 난다

임신을 하면 혈압 변동이 심해져 현기증이 수시로 나타날 수 있다. 주로 임신 초기나 중기에는 갑자기 증가한 혈류로 인해 나타나고 임신 후기에는 커진 자궁으로 인해 혈관이 눌리면서 생긴다.

현기증이 일어날 것 같으면 재빨리 앉거나 머리를 숙이고 몸을 구부리거나 눕는다. 이때 다리가 머리보다 높은 자세가 좋다. 그런 다음 깊은숨을 쉬고 안정을 취하면 현기증이 사라진다.

평소 혈당이 떨어지지 않도록 조금씩 자주 식사를 하고 건포도나 과일 등을 자주 먹는다.

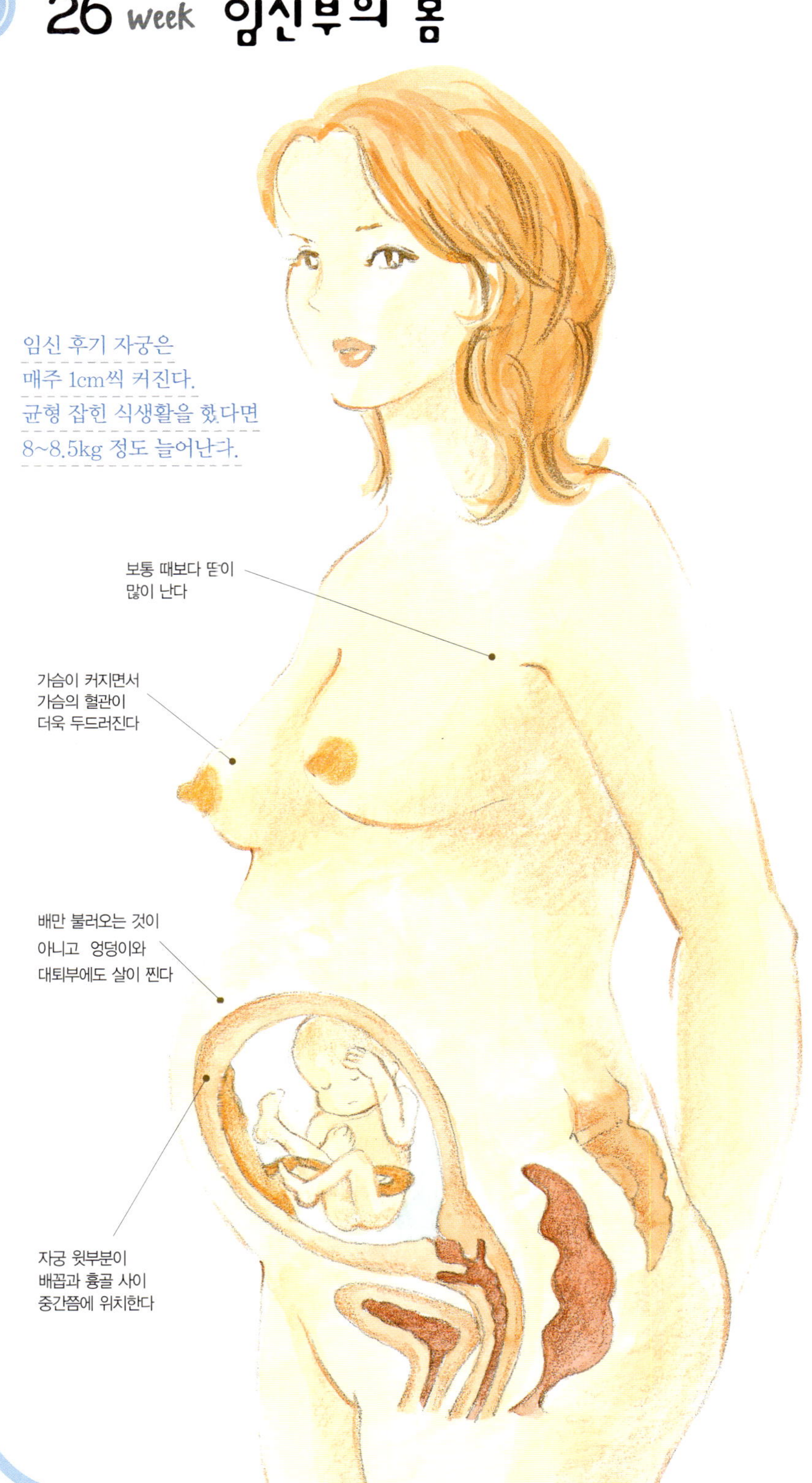

뱃속 아기는 얼마나 컸을까?

태아의 모습이 만삭의 아기와 더욱 비슷해지고 뇌가 급속도로 성장한다. 귓속 내이의 뼈가 단단해져 주위에서 나는 소리를 더 정확하게 들을 수 있으며 소리의 고저와 억양을 구분하게 돼 엄마 음성을 확실하게 구별할 수 있다.

이 시기에 조산한다고 해도 생존 가능성이 있다.

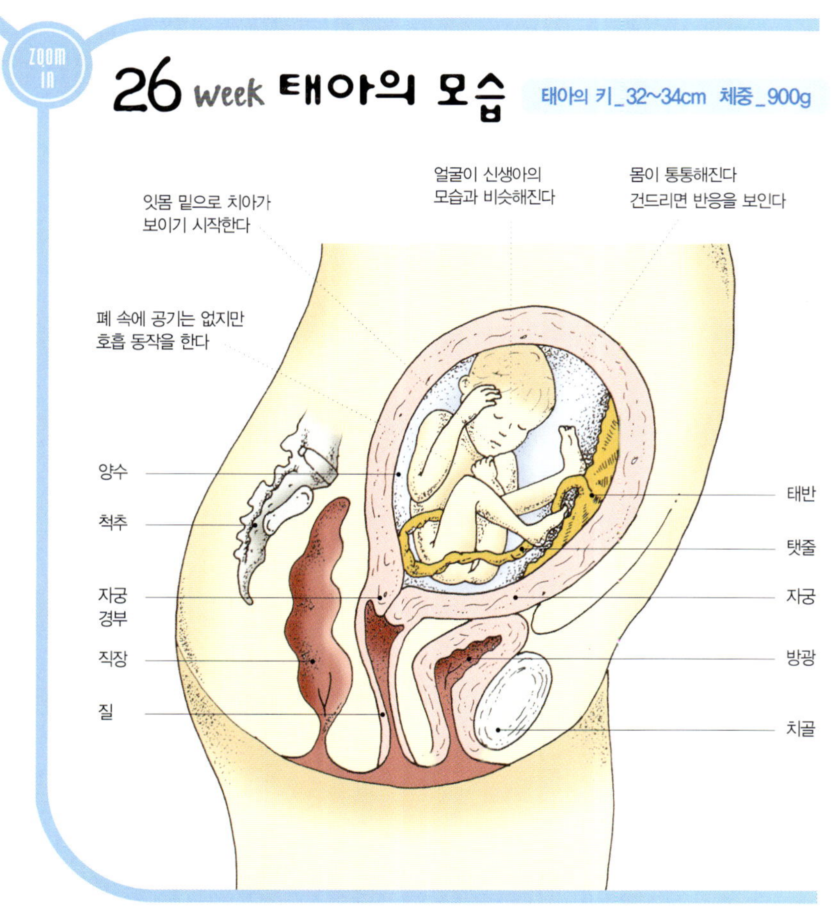

임신 23주

하루가 다르게 몸에 균형이 잡혀간다. 눈썹과 속눈썹이 분명해지고 입술이 모양을 갖춰 신생아의 모습과 비슷해진다. 이제 투명한 잇몸 밑으로 치아가 드러나고 눈꺼풀도 발달한다.

임신 24주

여전히 폐로 양수를 들이마시며 호흡 연습을 한다. 폐 혈관과 허파꽈리가 발달해 이것으로 산소를 교환해 온몸에 순환시킨다. 아직은 몸 전체 크기보다 머리가 크다.

임신 25주

몸이 커지고 통통해지며 피부가 쭈글쭈글해진다. 입과 입술 주변 신경이 예민해지고 미뢰가 생긴다. 폐는 임신 후기까지 계속 발달하므로 여전히 호흡 연습을 한다.

임신 26주

아직 폐 속에 공기는 없지만 숨을 들이마시고 내쉴 수 있다. 복부에 손을 대고 있으면 태아가 발길질이나 주먹질을 하며 자신의 존재를 알린다.

이 시기에 어떤 검진을 받을까?

이 시기쯤 되면 기본적인 검사 외에 임신성 당뇨 여부를 확인하기 위한 혈당 스크리닝 검사를 받게 된다.

- **체중 검사** 임신이 순조롭게 진행된다면 체중이 8~8.5kg 늘었을 것이다. 임신 전보다 허벅지, 엉덩이 등에 피하지방이 눈에 띄게 늘어나는데, 늘어난 체중 가운데 아기 체중은 900g 정도다. 이 시기쯤 되면 입덧이 사라지면서 식욕이 눈에 띄게 증가할 수 있으므로 무분별하게 먹다 보면 과체중이 될 수 있다. 가능하면 단 음식은 멀리하는 것이 좋다.
- **혈압 검사** 혈압의 변화는 이상이 생겼다는 신호일 수 있으므로 매달 체크한다.
- **소변 검사** 소변에서 바이러스, 단백뇨, 당분이 나오지 않는지 확인한다.
- **자궁 크기 검사** 자궁이 제법 커져 배꼽에서 손마디 2개 정도 위로 올라온다.
- **도플러 검사** 태아의 심박동 수나 소리가 정상적인지 확인한다.

혈당 스크리닝 검사

임신 중에는 당대사에 문제가 생길 수 있으므로 임신 24주에서 28주 사이에 혈당 스크리닝 검사를 받는다.

임신 중 당뇨를 앓으면 거대아나 장애아를 낳을 수 있고 자연 유산, 저혈당, 산후 합병증이 일어날 확률이 높아지므로 예방과 조기 발견을 위해서라도 받는 것이 좋다. 혈당 스크리닝 검사는 누구나 다 받는 것이 아니고 임신성 당뇨병에 걸릴 확률이 높은 사람만 받게 된다.

혈당 스크리닝 검사를 받아야 하는 임신부

과거에 거대아를 출산한 경험이 있는 임신부, 고령 임신부, 고혈압 임신부, 과체중인 임신부, 과거 임신성 당뇨병을 앓았던 임신부, 당뇨병 가족력이 있는 임신부, 사산이나 기형아 분만 경험이 있는 임신부는 혈당 검사를 받아야 한다.

임신성 당뇨병이 있는지 없는지를 체크하려면 혈당 스크리닝 검사와 혈당 내성 검사를 받는다. 혈당 스크리닝 검사는 설탕 용액을 마시고 1시간 후에 혈액을 채취해 당뇨병 유무를 가려내는 검사다. 이 검사에서 정상이라면 임신은 별 문제없이 지속해도 괜찮다.

하지만 수치가 비정상일 때는 설탕 용액을 다시 마시고 3시간 후에 혈당 내성 검사를 받는다. 두 번에 걸쳐 임신성 당뇨병 유무를 검사한 후 양성반응을 보였다면 의사의 지시를 받아 관리해야 한다.

이 시기에 무엇을 알아 둘까?

임신 중기 끝 무렵이 되면 태아의 존재가 명확하게 각인되면서 작은 변화에도 태아가 안전한지, 과연 임신 기간을 탈 없이 잘 보내 순산을 할 수 있을지 염려가 된다. 조산 위험은 없는지, 성생활은 어떻게 해야 할지, 이 시기부터 준비해야 할 것은 무엇인지 알아보자.

유방 마사지를 꾸준히 한다

임신으로 인해 유방은 큰 변화를 겪는다. 유방을 건강하게 관리하고 모유 수유에 대비하기 위해서는 하루 한 번 정도 따뜻한 물로 씻어 청결을 유지하고, 꽉 끼는 브래지어는 혈액순환을 방해하므로 피한다. 임신 중기부터는 하루에 2회 유방 마사지를 해 주어야 한다. 샤워 후 잠들기 전 몸과 마음이 편안한 상태에서 하는 것이 좋다.

조산기가 있는지 체크한다

조산은 임신 37주 이전에 아기가 태어나는 것으로, 임신 중기 이후부터 후기에 가장 신경 쓰이는 것 중 하나다.

과거에는 임신 6개월에 아기를 낳으면 유산으로 보았는데, 요즘은 의학 기술의 발달로 임신 26주 전에 태어난 미숙아라 해도 생존율이 절반에 가깝다. 그렇다 하더라도 임신 6개월 이전의 조산은 위험하므로 조산 징후가 있는지 늘 주의해서 살펴본다.

특히, 조산 경험이 있는 임신부나 쌍둥이 임신부, 혹은 고혈압성 질환이나 만성 신장염, 당뇨병, 급성 전염병, 빈혈, 풍진 등의 질환을 앓은 적이 있는 고위험 임신부는 조산 징조가 나타나지 않는지 주의해서 살펴본다. 만약 조산 기미가 보일 때는 바로 병원으로 향한다.

🌸 조산의 징조

- 허리가 끊어질 듯 아프다.
- 설사와 함께 복통이 있다.
- 생리통과 비슷한 통증이 계속되거나 간헐적으로 나타난다.

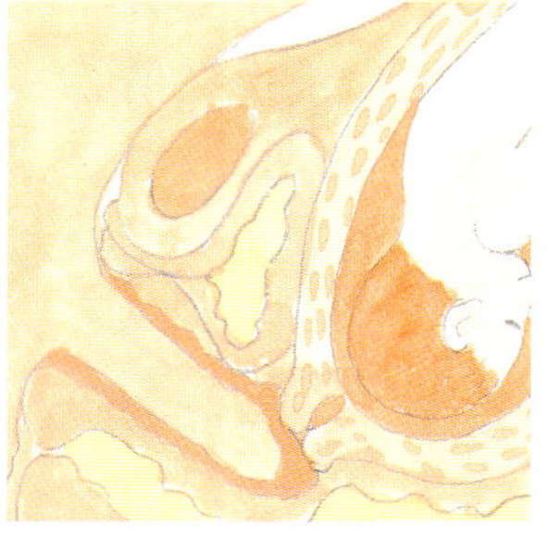

임신 중 성생활을 무조건 피하는 것은 바람직하지 않다. 임신 중인 여성은 성적인 욕구보다 모성애가 더 강하기 때문에 피할 뿐이다. 그러나 남편은 그렇지 않을 수 있다.

서로 이해할 수 있도록 솔직하게 대화하고 배를 압박하지 않는 체위를 연구하여 부부생활에 불만이 없게 한다. 단, 자궁 후굴인 임신부는 정상위로 했을 때 자궁에 직접 강한 자극을 받게 되므로 주의한다.

대부분은 그림에서처럼 성행위를 한다 해도 태아는 자궁 속에서 안전하게 보호받고 있다. 임신 중기가 되면 배가 눈에 띄게 불러오므로 새로운 체위를 시도해 보는 것이 좋다.

- 자궁 수축이 일어난다.
- 질 분비물이 진해지거나 묽어지고 피가 섞여 나온다.
- 직장에 묵직한 압박감이 든다.
- 밑이 빠질 듯한 통증이 느껴진다.

성생활에 주의한다

이 시기쯤 되면 태아의 존재를 확실히 실감할 수 있으므로 성행위가 약간 거북하게 느껴질 수 있다. 하지만 성행위를 한다고 해서 태아에게 해를 주는 것은 아니므로 걱정할 필요가 없다.

아기는 부드럽고 따뜻한 자궁 속에서 안전하게 보호받고 있으므로 성행위 중 가벼운 자극에는 전혀 지장을 받지 않는다.

임신 중기는 비교적 안전한 시기이므로 새로운 체위를 시도해볼 만하다. 가능하면 결합이 얕고 배에 부담이 되지 않는 체위를 택하되, 지나치게 격렬한 행위는 피하는 것이 좋다. 임신중에는 질벽이 충혈되어 있어 상처를 입을 수 있기 때문이다. 부부가 함께 조금만 신경을 쓰면 무리없이 성생활을 즐길 수 있다.

임신 중기 적합한 체위 vs 피해야 할 체위

★ 적합한 체위

후측위 뒤로 누워서 하는 후측위는 태아에게 부담이 가지 않고 남성이 원하는 대로 심도나 반응을 가감할 수 있으므로 중기에 적당하다.

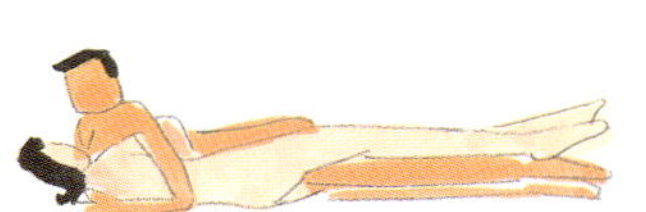

전측위 아내와 남편이 옆으로 누워 결합하는 전측위는 배를 압박하지 않고 결합도 깊지 않아 괜찮다.

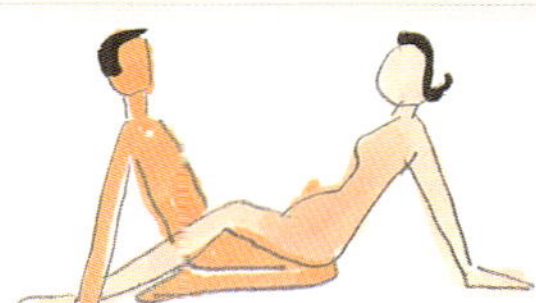

전좌위 아내와 남편이 앉아서 하는 체위로 배에 무리가 가지 않고 결합의 깊이를 조절할 수 있는 체위로 안전하다.

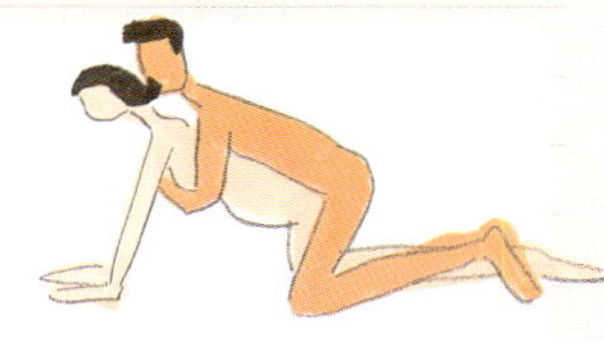

후배위 남편이 뒤에서 아내의 상체를 지탱하는 후배위는 남편의 체중이 실리지 않게 하면서 결합의 깊이를 조절할 수 있다.

★ 삼가야 할 체위

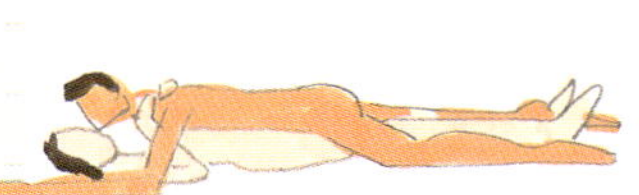

신장위 남녀 모두 몸을 길게 펴서 결합하는 신장위는 체중이 여자에게 많이 실리기 때문에 중기 때부터는 피한다.

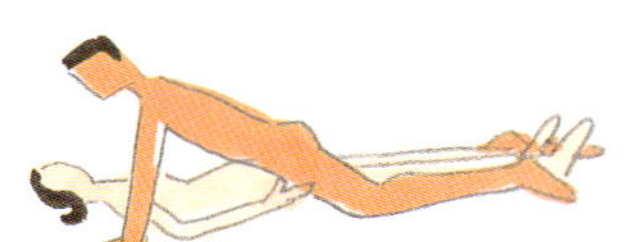

정상위 임신 초기까지는 정상위를 해도 좋다. 복부에 압박감이 없고 삽입도 깊지 않다. 하지만 중기 이후에는 피한다.

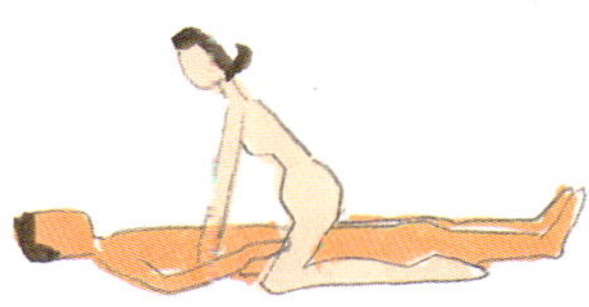

승마위 아내가 남편의 위에 걸터앉는 승마위는 질이 짧은 여성이나 임신 중에는 너무 충격이 강한 체위. 자궁을 깊이 자극하기 때문에 피하는 것이 좋다.

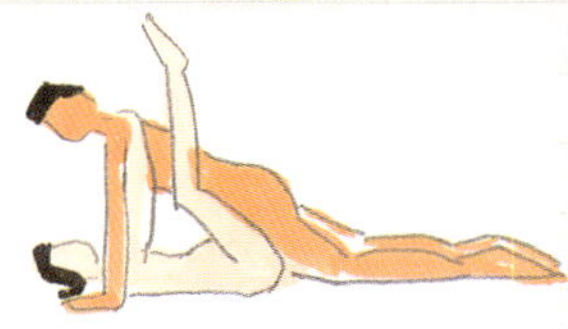

굴곡위 정상위의 변형 체위인 굴곡위는 피하는 것이 좋다. 아내가 허벅지 관절과 무릎을 강하게 들어 올리는 이 체위는 깊은 결합이 되어 자궁에 영향을 미칠 수 있다.

임신 23~26주 Best 궁금증

Q 임신부의 배 모양을 보면 아들인지, 딸인지 알 수 있다고 하던데 사실인가요?

A 속설은 그저 속설로 받아들이는 것이 좋다. 임신부의 배 모양으로 태아의 성별을 점칠 수 있다는 말은 과학적으로는 근거가 없는 말이다. 배 모양은 오히려 유전에 의한 것으로, 체질이나 양수의 양 등에 따라 달라질 수 있다. 터어날 아기를 상상하며 맞춰 보는 놀이 정도로 생각하는 것이 좋다.

Q 해외로 여행을 가려는데 공항에서 검색대를 통과해도 안전한가요?

A 태아에게 해로울 것 같아 공항에서 안전 점검을 위해 실시하는 검색대를 통과하기 겁이 난다는 사람들이 있다. 소지한 가방 검사를 위해 X-선 기계를 사용하기는 하지만 사람이 통과하는 금속 탐지기는 문제가 되지 않을 만큼 적은 양의 전자파를 방출하므로 걱정할 필요가 없다.

Q 더위를 타는 편이 아닌데 열이 날 정도로 덥고 땀이 많이 나요. 몸에 이상이 있는 걸까요?

A 임신 중기가 되면 더위로 많이 타고 땀도 많이 난다. 이는 임신 중 생식 호르몬의 증가로 나타나는 자연스런 생리 현상이므로 걱정할 필요가 없다. 임신 중에는 기초 대사량이 20% 정도 증가하는데 이것 또한 임신 중 더위를 느끼게 하는 원인이다. 단, 땀이 너무 많이 나거나 몸이 지나치게 피로하면 기운이 회복될 때까지 쉬는 것이 좋다.

Q 최근 설사가 자주 일어나는데, 혹시 태아에게 해가 되지는 않을까요?

A 설사가 일어날 때는 대부분 세균 감염에 의한 것이 많은데 잦은 설사는 조산이나 유산을 일으킬 수 있으므로 특히 주의하는 것이 좋다. 소화 기관에 무리가 일어나도 설사가 일어날 수 있으므로 생과일, 생야채, 단단한 음식물은 하루 정도 피하고 충분한 수분을 섭취하여 탈수를 방지한다.

또한 안정을 취하고 배를 따뜻하게 하는 것이 좋다. 단, 장티푸스나 콜레라에 의해 설사를 할 수도 있으므로 전문의와 상의하는 것이 바람직하다.

Q 화를 낼 일도 아닌데 자꾸 짜증이 나고 스트레스가 쌓여요. 이대로 괜찮을까요?

A 임신 초기 입덧, 졸음, 피로 등으로 인해 생긴 스트레스는 태동이 시작되면서 거의 사라진다. 하지만 임신 중기에 나타난 임신우울증이나 스트레스는 출산 후에도 지속되는 경향이 있다.

임신부가 과도한 스트레스를 받으면 부신에서 스트레스 호르몬이 분비되고 이렇게 분비된 스트레스 호르몬은 태반을 통하여 태아에게도 전달된다. 또한 스트레스는 과다한 식욕을 불러와 지나친 체중 증가를 유발하고 임신부의 정신 건강뿐 아니라 태교나 앞으로의 육아에도 영향을 미친다. 따라서 임신 중에는 스트레스에서 벗어나기 위해 의식적으로 노력하는 자세가 필요하다.

스트레스에서 벗어나려면 가까운 친구나 남편에게 자신의 심정과 고통을 이야기해 위로 받고 가벼운 체조나 수영 등 즐거운 취미활동으로 스트레스를 푼다. 때로는 맑은 공기를 쐬면서 공원이나 숲길을 걷거나 안락의자에 편안하게 앉아 마음을 평온하게 해 주는 클래식 음악을 듣는 것도 스트레스 해소에 좋은 방법이다.

Q 임신 23주째인데, 아직도 태동이 느껴지질 않아요. 태아에게 무슨 이상이 있는 걸까요?

A 첫 태동은 임신 사실을 실감하게 해 주는 중요한 사건이다. 첫 태동이 주는 감동은 임신 사실을 확인했을 때나 초음파 검사로 태아의 모습을 확인했을 때보다 더 클 수 있다.

대부분의 임신부는 임신 16~24주 사이 첫 태동을 느끼는데, 사람에 따라서 좀 더 빠르거나 늦을 수 있다. 일반적으로 출산 경험이 있는 여성이 더 빨리 느낀다. 이들은 태동이 어떤 느낌인지 이미 알고 있을뿐더러 자궁 근육이 뻣뻣하거나 단단하지 않기 때문이다.

또, 마른 임신부가 뚱뚱한 임신부보다 태동을 빨리 느낀다. 간혹 분만 예정일을 잘못 계산해 태동이 늦어진다고 생각하는 임신부도 더러 있다. 태동은 못 느꼈지만 초음파 화면을 통해 건강하게 뛰는 태아의 심장이 보인다면 걱정할 필요가 없다.

Q 치아 충전제로 쓰이는 아말감에 수은이 포함되어 있다는데, 아말감을 제거해야 하나요?

A 치아용 아말감에 수은이 포함되어 있긴 하지만 체내로 흡수되는 수은의 양은 매우 낮다. 실제로 임신부의 치아 아말감에 노출된 수은으로 기형아가 발생한 예는 아직 보고된 바 없다.

하지만 2차 충치가 생기거나 찝찝하면 임신 전에 제거하는 것이 좋다. 단, 임신 중이나 수유 중에는 아말감 치료뿐 아니라 제거 역시 피한다. 이는 아말감에 포함된 수은이 제거 또는 치료 과정에서 높은 열을 받아 새어 나올 수 있기 때문이다.

Q 두 번째 임신인데, 첫 임신 때보다 배가 너무 많이 나왔어요. 괜찮을까요?

A 배가 불러온 정도를 육안으로 판단하는 것은 의미가 없다. 두 번째 임신에 배가 더 크게 느껴지는 이유는 이미 출산을 한 번 경험하면서 배 근육이 쉽게 늘어났기 때문이다. 또한 한 살이라도 젊을수록 배 근육의 탄력이 좋아 적게 나와 보이기도 한다. 대개는 아무런 문제가 없지만 지나치게 배가 나와 걱정된다면 병원에 가서 진단을 받아 보는 것이 좋다.

태동이 배 한쪽에서만 느껴지는데 잘못된 건 아닐까요?

임신 중기쯤 되면 뱃속 태아의 자리가 어느 정도 정해지므로 태동도 한쪽에서만 느껴질 수 있다. 한쪽에서만 태동이 느껴진다고 해서 태아에게 문제가 생긴 건 아니므로 걱정할 필요가 없다.

자가운전으로 직장에 출퇴근하는데 태아에게 해롭지는 않은가요?

요즘에는 자가운전을 하는 여성이 많지만 운전을 하다 보면 정신적으로 긴장하게 되므로 임신 중에는 가능하면 하지 않는 것이 좋다. 특히 임신 7개월 이후에는 자궁이 배꼽보다 높이 올라오고 배가 커져 앞으로 쏠리므로 장시간 운전은 신중을 기해야 한다.

자꾸 배가 처지는 느낌이 들어 신경이 쓰여요. 이럴 때 도움이 될 만한 방법은 없나요?

아랫배가 처지기 시작하는 임신 5개월 무렵부터 복대를 이용하면 심리적으로 안정이 된다. 임신부용 복대는 태아의 위치를 바로잡아 줄 뿐 아니라 요통에도 도움이 된다. 단, 분만 예정일이 다가오면 착용하지 않는다.

피부트러블이 심해 피부 관리를 받고 싶은데 괜찮을까요?

가벼운 마사지나 팩을 받는 정도는 괜찮지만 필링, 레이저 시술 등 초음파나 고주파 마사지는 태아에게 해로울 수 있다. 임신 중 피부 관리를 받을 때는 먼저 임신 사실을 밝히고 전문의나 관리사의 의견에 따르는 것이 좋다.

임신 중 링거액을 맞아도 태아에게 해가 되지 않나요?

링거액은 깨진 체액의 균형을 바로 잡고 빼앗긴 수분과 영양을 보충해 주는 역할을 하며, 태아에게는 아무런 영향을 미치지 않는다. 체내에 영양분이 부족하면 체내에 축적된 지방을 간에서 분해하여 에너지로 전환하는데, 이때 케톤이라는 물질이 발생한다. 소변 검사 결과 케톤체가 발견되면 영양 부족으로 간주하고 임신부의 상태를 살펴 포도당이나 전해질, 단백질, 미네랄 성분 등이 함유된 링거액을 투여한다. 일반적으로 체력이 급격히 떨어지거나 수분 손실로 탈수가 일어났을 때, 입덧이 심해 음식을 먹을 수 없을 때 링거액을 맞게 된다.

임신 중 아스피린을 복용하면 태아에게 좋지 않은 영향을 미치나요?

임신 중 아스피린을 복용하면 피의 응고 시간이 지연된다. 특히 임신 후기로 갈수록 더 위험한데 출산 일주일 전에 아스피린을 복용하면 태아에게 뇌출혈을 일으킬 뿐 아니라 저체중아를 낳게 될 위험이 높다.

Q 과거에 유산한 적이 있는데, 부부관계 시 주의해야 할 점이 있나요?

A 조산이나 유산 등 임신 실패를 경험한 여성은 부부관계 시 주의가 필요하다. 정액 내에는 프로스타글란딘이라는 자궁 수축 물질이 들어 있기 때문이다. 부부관계를 할 경우에는 반드시 콘돔을 착용하고 임신 초기나 임신 후기에는 부부관계를 자제하는 것이 바람직하다.

Q 뇌염모기에 물리면 임신부의 건강뿐 아니라 뱃속 아기에게 영구적인 손상을 미칠 수 있다는데 사실인가요?

A 사실이다. 임신 중 뇌염모기에 물리면 태아에게 영구적인 신경 손상을 초래할 수 있다. 가능하면 임신 중에는 모기에 물리지 않게 주의하고 여름철 야외 활동이나 밤늦게 외출하는 것은 삼가는 것이 좋다.

Q 임신 중에는 화장품을 가려 써야 한다는데 피해야 할 화장품은 어떤 건가요?

A 기미나 주근깨, 잔주름을 막기 위해 바르는 레티놀 화장품은 안전하다고 알려져 있으나 레티놀 성분은 기형아를 유발할 수 있으므로 주의하는 것이 좋다. 화이트닝 제품, 여드름 전용 크림이나 슬리밍 제품도 사용하지 않는 것이 좋다.

Q 임신 중 체중이 너무 늘어서 걱정인데 다이어트를 해도 되나요?

A 임신 중 무리한 다이어트는 태아의 성장 발육을 막아 영양 결핍이나 저체중아 출산 등 문제를 초래할 수 있다. 비만을 방지하려면 산책이나 수영 등 적당한 운동으로 몸을 움직이고 식단 조절에 힘쓰는 것이 바람직하다.

Q 다리가 자주 당기고 아파요. 이럴 때 증상을 완화하는 방법은 없을까요?

A 임신을 하면 체중이 늘면서 익숙하지 않은 자세로 걷기 때문에 하체에 무리한 힘이 가해져 다리 근육에 심한 피로감이 느껴진다. 이럴 때는 다리를 쿠션이나 소파 위에 올려놓고 휴식을 취하면 조금 지나면 저절로 좋아진다. 또한 손바닥과 손가락을 이용해 골고루 마사지하거나 비타민 B를 섭취해도 증상 완화에 도움이 된다.

Q 갑상선 항진증이 있는데 태아에게 어떠한 영향을 미치는지 알고 싶어요.

A 임신부가 갑상선 항진증이 있는 경우 태아의 저체중, 성장 부진, 조기 진통, 유산, 사산 가능성이 있다. 또한 임신 중 관리를 소홀히 하면 기형아 발생 확률도 높아진다. 임신 중 정기검진을 빠짐없이 받고 의사의 지시에 따르며 모든 면에서 주의를 기울여야 한다.

Q 임신부는 목욕할 때도 주의해야 할 사항이 있다던데, 무엇인가요?

A 따뜻한 물에 몸을 담그는 행위는 긴장과 통증을 완화하는 좋은 방법으로, 임신 중에 목욕을 피해야 할 이유는 없다. 다만, 목욕물 온도가 38.8℃를 넘으면 모체의 심박수가 증가하고 자궁으로 흘러들어가는 혈류량이 줄어들어 태아 성장에 방해가 된다. 입욕을 할 때는 반드시 목욕물 온도를 맞추는 것이 중요하다. 또한, 욕조 안에 미끄럼 방지 매트를 깔아 넘어지지 않게 하고 목욕 시간은 10~15분 이내로 제한하는 것이 좋다.

Q 임신복을 실속 있게 선택하는 방법과 맵시 나게 코디하는 방법이 궁금해요.

A 보통 임신 5개월 전후어는 임신복을 입기 시작하는데, 최근에는 임신부 전용 브랜드 뿐 아니라 일반 브랜드 중에서 여유 있는 옷을 선택해 출산 후에도 꾸준히 입는 임신부가 많다.

일상복 브랜드에서 옷을 고를 때는 배 부분을 압박하지 않는 여유 있는 옷을 고르되, 다른 옷과 매치할 수 있는 실용적인 아이템을 선택하는 것이 좋다. 무조건 여유 있는 옷보다는 신축성이 좋은 소재를 선택하되, 베스트나 짧은 재킷, 원피스 등을 겹쳐 입거나 색색의 레깅스를 착용해 컬러감을 주는 것도 좋은 방법이다. 단, 임신부용 레깅스를 입는다.

참고로, 초산부는 임신복을 구입할 때 만삭까지 입을 수 있는지 치수부터 살펴보는 경우가 많은데 임신 초·중·후기는 계절적으로 다를 뿐 아니라 임신 5개월부터 만삭에 어울리는 펑퍼짐한 옷을 착용하는 것은 그리 현명한 선택이 못 된다. 지나치게 풍성한 옷은 오히려 뚱뚱해 보이고 맵시를 떨어뜨린다.

Q 임신부는 자극적인 음식을 피해야 한다는데 자꾸 매운 음식이 먹고 싶어요. 먹어도 되나요?

A 매운 음식 자체가 태아에게 해로운 영향을 미치는 것은 아니지만 임신 중에는 임신 호르몬에 의해 평소보다 더 속이 쓰릴 수 있다. 참을 수 없을 정도로 먹고 싶다면 조금씩 먹는 것도 나쁘지 않지만 임신 후기에는 커진 자궁으로 인해 위가 인후 부근까지 올라와 속쓰림이 더 심해질 수 있으므로 주의하는 것이 좋다. 만약 매운 음식을 먹고 속이 거북하면 먹지 않는 것이 현명하다.

Q 쌍둥이 임신부는 다른 임신부보다 지켜야 할 것이 많다는데, 특별히 주의해야 할 점이 있나요?

A 정기검진을 빠짐없이 받고 의사의 지시에 따라 생활하는 것이 기본이다. 또한, 체중이 한꺼번에 지나치게 많이 늘거나 적게 늘지 않도록 체중 관리를 하는 것이 좋다. 단백질이 풍부한 식품도 충분히 섭취하고 임신부 영양제도 복용한다.

평소 충분한 휴식을 취하고 기회가 있을 때마다 다리를 위로 올려 놓고 낮잠을 자는 것도 좋다. 운동을 하고자 할 때는 먼저 의사와 상의한 후 시작하는 것이 바람직하다.

Q 몸이 허약한 편인데, 조산 위험이 있진 않나요?

A 우리나라의 조산율은 점차 느는 추세로 임신 후기에 들어서면 각별한 주의가 필요하다. 출산 예정일과 관계없이 아랫배가 단단해졌다가 부드러워지기를 반복하면 조산 가능성이 있으므로 의사의 지시에 따라 안정을 취한다. 또한 아주 적은 양의 출혈이라도 출산의 신호일 수 있으므로 발견 즉시 병원에 가야 한다. 질 분비물이 증가하거나 골반, 하복부에 압박감 같은 것이 느껴지며 요통이 반복될 때도 조산을 의심해 볼 수 있다. 조산을 하면 심한 경우 태아가 사망하거나 미숙아를 출산할 수 있으므로 정기검진을 통해 조산 가능성을 미리 진단하는 것이 좋다.

조산 예방을 위해서는 비타민이나 칼슘, 철분 등 적절한 영양 관리와 안정이 필요하다. 또한 원인에 따라 자궁경관 봉합술 등 예방 조치를 취하는 것도 좋다.

Q 이벤트에 응모했다가 당첨되어 라식수술을 무료로 받게 되었어요. 임신 중 라식수술을 받아도 되나요?

A 라식수술이 태아에게 미치는 영향에 대해서는 아직 정확히 보고된 바 없지만 임신 중 라식수술에 대한 의사들의 견해는 부정적이다.

임신을 하게 되면 시력에도 변화가 생겨 근시나 난시로 변할 수 있기 때문에 임신 상태에서 수술하는 것은 그리 바람직하지 못하다. 또한 수술 시 눈동자를 팽창시키는 안약의 안전성 여부가 확실히 규명되지 않았다. 부작용이 생길 위험이 없지 않으므로 임신 중 라식 수술은 피하는 것이 좋으며, 분만 후에도 3개월 정도 지나 몸이 어느 정도 회복된 후에 받는 것이 좋다

Q 임신 중 우유나 달걀을 많이 먹으면 아기가 아토피 체질로 태어난다는데 사실인가요?

A 임신 중 우유나 달걀을 먹으면 아기가 아토피성 체질로 태어난다는 이야기는 근거가 없는 말이다. 한 연구 결과에 따르면 임신 중 달걀이나 우유를 섭취하지 않았는데도 아토피성 체질을 가진 아기의 출생률은 줄어들지 않았다고 한다.

임신 중 먹는 음식뿐 아니라 유전적인 요인, 출생 후 아기의 생활 환경 등이 아토피를 일으키는 원인이라고 추측하고 있으며 아토피성 체질이 유전된 아기라도 어떻게 키우느냐에 따라 증상이 나타나지 않을 수 있다.

Q 손바닥이 달아오른 듯 붉은데 혹시 몸에 이상이 생긴 건 아닐까요?

A 임신을 하면 호르몬 작용에 의해 말초혈관이 확장되고 피부조직의 혈류량이 증가하여 손바닥이나 발바닥이 붉게 보일 수 있다. 대개는 임신 중 나타나는 정상적인 변화로 다른 특별한 이상 증세가 없으면 안심해도 된다.

초보맘을 위한 생생한 맞춤 정보

7. 임신 7개월

27~30주

임신부의 몸에 어떤 변화가 나타날까?

이 시기에는 피로, 소화불량, 속쓰림, 부종 등 불쾌한 증세들이 다시 나타난다. 배 중앙에 흑선과 임신선이 생기고 태아가 커지면서 갈비뼈 부위에 통증이 느껴진다. 자궁 수축 현상이 자주 일어나는데, 경산부의 경우에는 더욱 강하게 느껴진다.

발의 부기 빼는 발목 운동

① 반듯하게 누워 무릎을 세운 후 두 무릎을 모은 채 좌우로 천천히 움직인다. 이 운동을 아침저녁으로 5~10회 정도 반복한다.
② 발을 직각으로 세운 채 좌우로 벌린다.
③ 발목을 원을 그리듯이 돌린다. 이 운동을 1회 3분 정도, 하루에 몇 차례 한다.

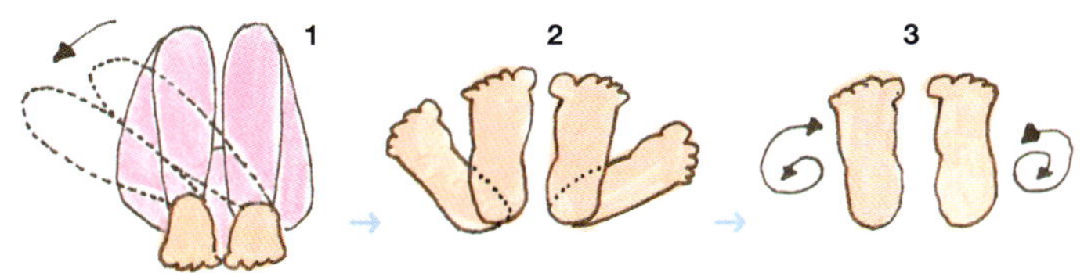

흑선이 생긴다

배꼽 부위에서 음모가 나 있는 치골 부위에 이르는 정중선에 거무스름한 선이 생긴다. 이는 흑선이라고도 불리며 검은 머리카락을 가진 사람에게 특히 더 두드러진다. 출산 후 자연스럽게 사라지므로 염려하지 않아도 된다.

임신선이 나타난다

임신선은 임신과 함께 불러오는 배를 수용하기 위해 피부의 탄력층이 이완되면서 불그스름한 줄무늬가 생기는 현상으로, 튼살이라고도 한다. 임신 중 늘어나는 피부를 피하조직이 따라가지 못해 생기는

것으로, 임신부 중 절반은 이러한 임신선
이 나타난다.

임신선은 피부가 급속히 늘어나는 복부,
허벅지, 가슴, 엉덩이 부위에 두드러지게
나타나며 처음에는 핑크색을 띠다가 점차
흰색으로 변하는데 출산 후에도 흉터로 남
을 수 있다. 피부가 흰 사람은 대부분 출산
뒤 원래의 색으로 돌아오지만 피부가 검은
사람은 출산 후에도 임신선이 남을 가능성
이 높고 회복 기간도 길다.

부종이 심해진다

임신 후기에 접어들면서 얼굴, 팔, 다리,
손, 발목 등이 자주 부어오른다. 이런 현상
은 체중이 갑자기 늘거나 저녁 무렵 더 심
해지는데, 수분이 원활하게 배출되지 못하
고 정체돼 나타난다.

부종을 완화하려면 평소 물을 충분히
마시는 것이 좋다. 물을 충분히 마시면 몸
속에 정체된 수분이 체외로 빠져나가 부
기가 완화된다. 간혹 몸이 붓는다고 물을
많이 마시지 않는 임신부가 있는데, 몸이
붓는 것은 신체 기능에 변화가 생겼기 때
문이다.

신체 기능이 정상이라면 섭취한 물의 양
이 많고 적음에 관계없이 자체적으로 배출
되는 수분의 양을 증감시켜 균형을 맞춘
다. 오히려 몸에서 요구하는 수분을 억지
로 줄이면 혈액의 수분 함량이 줄어들고
소변 배출량이 감소해 혈액순환이나 콩팥

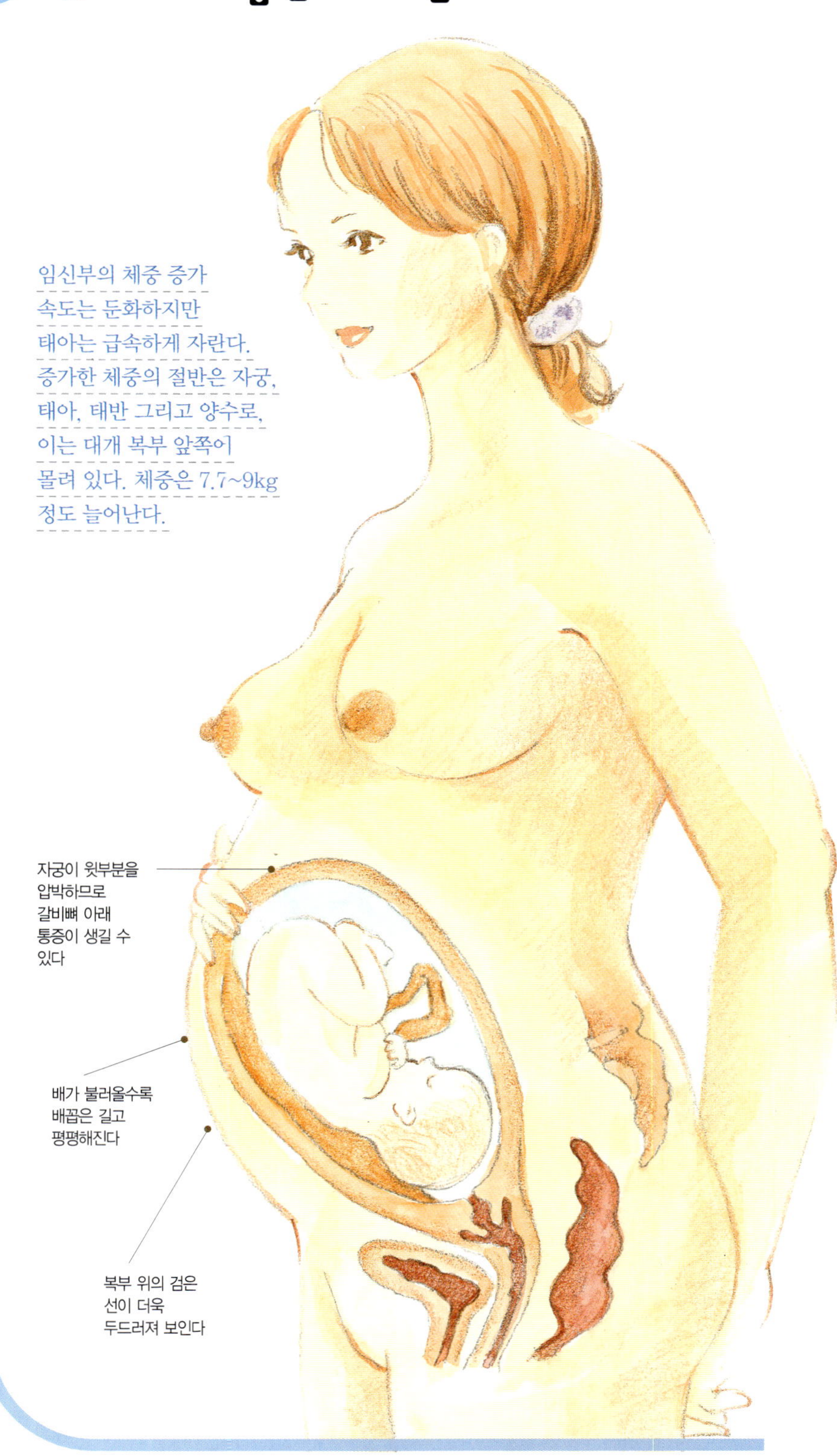

▲ 부종을 완화하려면 평소 물을
충분히 섭취하는 것이 좋다.

등에 장애를 줄 수 있다. 단, 부기가 심할 때는 병원을 찾는다.

소화가 잘 되지 않는다

임신 후기 소화불량이나 속쓰림을 일으키지 않으려면 음식물 섭취에 주의한다.

속쓰림이 나타날 때는 한꺼번에 음식을 많이 먹지 말고 조금씩 자주 먹는다. 자극적인 식품은 멀리하고 꽉 끼는 옷은 입지 않는다. 위산이 식도로 올라가지 않도록 몸을 구부리는 행위는 자제하고 음식을 먹은 다음에는 똑바로 눕지 않는다. 속쓰림은 자기 전 가장 많이 발생하므로 잠들기 직전에는 음식을 섭취하지 않는다. 잘 때 베개를 몇 개 겹친 다음 머리를 올려놓고 자는 것도 도움이 된다.

갈비뼈 부위에 통증이 온다

이 시기쯤 되면 태동이 강해져 간혹 갈비뼈에 찌릿찌릿한 통증이 오는데 이는 태아가 정상에 위치했다는 좋은 징조다. 태아가 머리를 아래로 두고 발을 위로 두었을 때 생기는 현상으로 가슴 바로 밑 흉곽에서 경련이 자주 일어난다.

자궁 수축을 경험한다

출산 시 수축과 이완을 되풀이하면서 아기를 산도로 밀어내는 역할을 하는 자궁 근육은 분만 예정일이 가까워지면 자궁수축 운동을 통해 분만 연습을 한다. 이를 브랙스턴 힉스 수축이라 하는데, 가벼운 자궁 수축이 20~30초 동안 불규칙적으로 계속되다가 1~2시간 후에 멈추는 것을 말한다.

브랙스턴 힉스 수축 현상이 일어나면 갑자기 자궁이 긴장했다가 서서히 이완되는 느낌을 받게 된다. 이러한 자궁 수축 운동은 불규칙적으로 일어나며, 아프지는 않지만 약간 불편한 느낌을 준다. 경산부는 초산부보다 브랙스턴 힉스 수축을 좀 더 빨리 경험하는 것이 일반적이다.

손가락이 무뎌지거나 아린다

새끼손가락을 제외한 모든 손가락에 핀이나 바늘로 찌르는 듯한 통증이 느껴진다. 이는 임신으로 인해 손과 손가락이 부으면 손목 안쪽에서 손목 뼈와 인대를 감싸고 있는 수근관도 부어 신경을 압박하기 때문이다. 대체로 출산 후에는 사라진다.

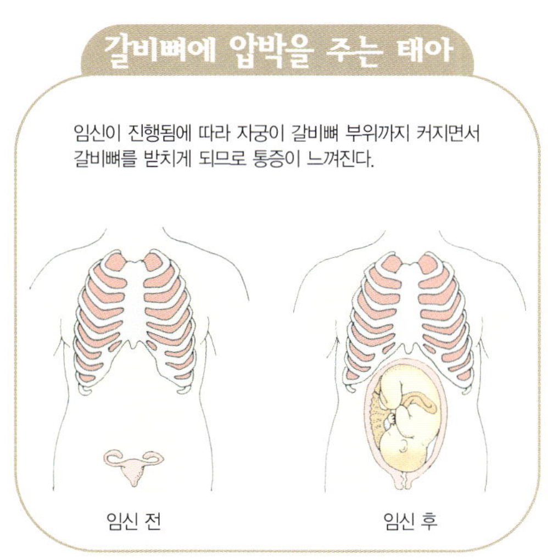

뱃속 아기는 얼마나 컸을까?

이 시기쯤 되면 태아의 신체 거의 모든 부분이 형성된다. 엄마 뱃속에서 꿈도 꾸고 딸꾹질과 하품도 하며 태어날 날을 기다린다. 조산하더라도 생명을 유지할 수 있다.

임신 27주

피하지방이 늘어나면서 점점 토실토실해진다. 눈꺼풀이 벌어지고 망막이 형성되기 시작하며 귀로 가는 신경 연결망이 완성된다. 여전히 양수를 들이마시며 폐 기능을 발달시킨다. 출생 후 안구를 보호하게 될 속눈썹도 완성된다.

임신 28주

뇌 표면에 홈과 톱니 모양이 형성된다. 폐가 완전히 발달한 건 아니지만 공기를 들이마실 정도로 자라 조산하더라도 생명을 유지할 수 있다. 꿈도 꾸기 시작하고 규칙적으로 자다 깨기를 반복하며 외부 자극에 얼굴을 찡그리기도 한다.

임신 29주

계속해서 피하지방이 생겨 토실토실하게 살이 오르고 손톱이 생기기 시작한다. 빛을 비추면 빛을 따라 고개를 돌리고 자

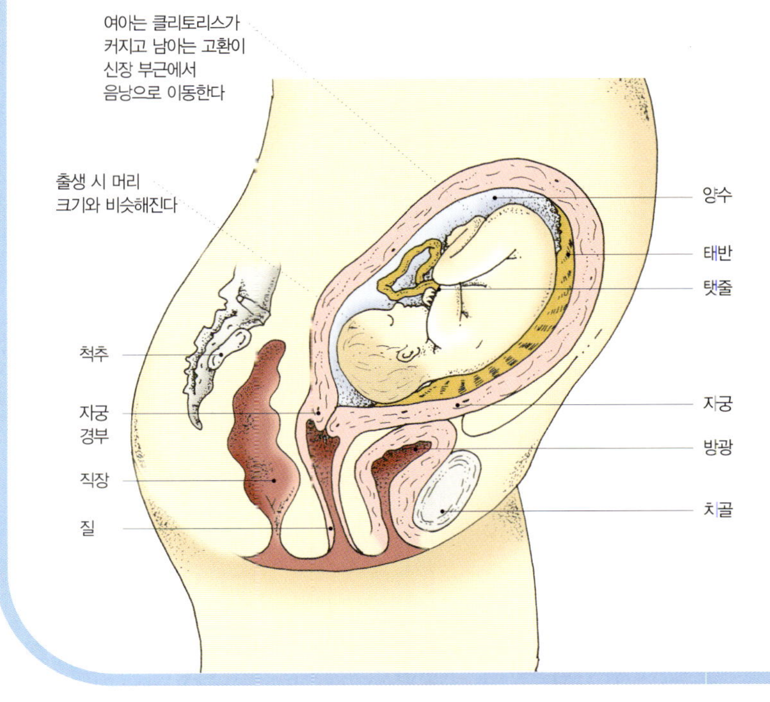

연광과 인공조명을 구분할 수 있게 된다. 소리, 맛, 냄새에 더욱 민감하게 반응한다.

임신 30주

태아의 몸을 덮고 있던 솜털이 거의 사라지고 남아와 여아의 생식기 구분이 더욱 뚜렷해진다.

더불어 태아의 근육이 한층 발달하면서 태동도 매우 활발해진다. 이제 태아는 머리를 아래쪽으로 두고 자리를 잡기 시작한다.

이 시기에 어떤 검진을 받을까?

이제부터는 2주일에 한 번씩 병원에 가야 한다. 병원에 갈 때마다 늘 받는 기본 검사지만 검사 결과가 좋다면 안심이 될 것이다. 이상 증상이나 궁금한 것이 있다면 빼놓지 말고 물어본다. 조금이라도 이상이 있으면 즉시 필요한 조치를 취해야 한다.

● **체중 검사** 이 시기쯤 되면 보통 체중이 7.7~9kg 정도 늘어난다. 늘어난 체중 가운데 태아의 체중은 1.4kg 정도로, 나머지는 태반, 양수, 자궁 근육, 늘어난 혈액, 유방, 지방질 무게다.

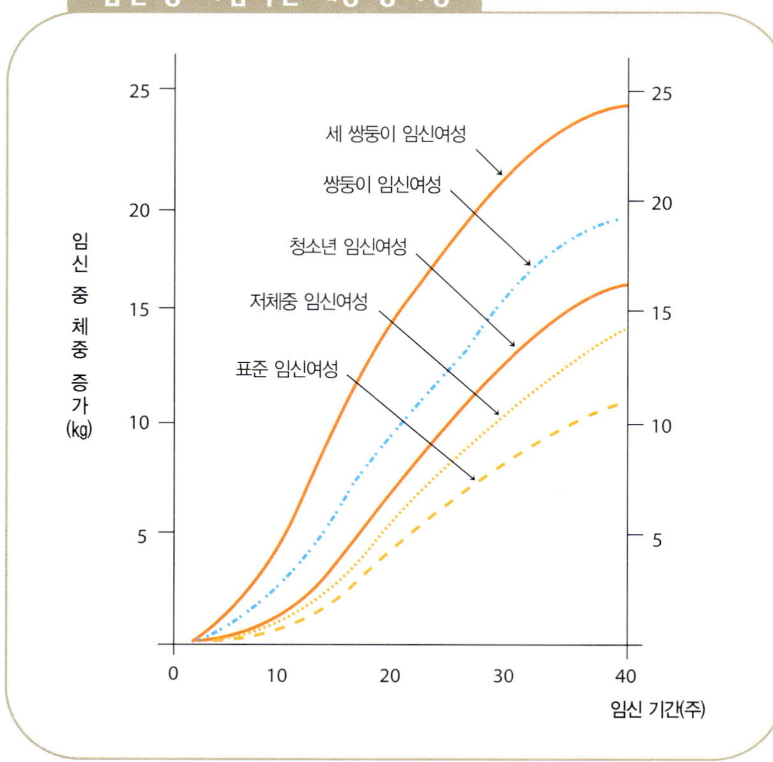

간혹 체중이 지나치게 증가하는 임신부도 있는데 과체중인 여성은 요통, 고혈압, 자간전증을 유발하거나 출산 시 난산이 될 우려가 있으므로 체중 변화를 살펴보고 원인을 파악하는 것이 중요하다. 체중이 급격히 증가하는 것은 군것질이 늘었기 때문일 수도 있고 수분 섭취량이 늘었기 때문일 수도 있고 기타 다른 원인 때문일 수도 있으므로 자신의 식습관을 돌아보는 것이 좋다.

● **혈압 검사** 정상 혈압은 120/80mm Hg로, 140/90mm Hg까지는 정상으로 본다. 혈압을 측정해 문제가 있으면 즉시 조치를 취한다.

● **소변 검사** 소변검사를 통해 임신성 당뇨병, 고혈압, 임신중독증, 비뇨기의 감염 여부를 알아본다.

● **자궁 크기 검사** 임신부의 복부를 눌러 자궁 크기를 측정해 태아의 발육 상태를 체크한다. 이 시기쯤이면 커진 자궁이 흉곽까지 도달한다.

● **도플러 검사** 특수 기구를 이용해 아기의 심박동 소리를 듣는다. 심박동의 강도와 횟수, 위치는 아기의 건강 상태를 가늠하는 데 중요한 단서가 된다.

이제 청진기로도 태아의 심박동 소리를 확실하게 들을 수 있다.

Rh 인자 검사

임신 28주에는 Rh 항체 검사를 받는다. 임신부의 혈액형이 Rh-이고 남편의 혈액형이 Rh+면 자기 면역성 문제를 일으킬 수 있기 때문이다.

만약 검사를 받고 나서 항체가 없다고 판명되면 Rh 면역 글로불린 주사를 맞고 분만 후 다시 백신을 맞는다. 과거에는 부부간 Rh 불일치로 태아 손상이나 사망을 유발하는 경우가 많았으나 요즘에는 백신 개발로 이러한 문제는 거의 사라졌다.

🍓 Rh+ 남성과 Rh-여성의 임신

대부분의 사람은 적혈구 내에 Rh+ 인자를 가져 임신을 해도 문제가 없다. 하지만 Rh+인 남성과 Rh-인 여성 사이에 임신이 성립될 때는 문제가 발생한다. 이럴 때 태아가 Rh+가 될 확률은 85%에 달한다.

임신 중은 물론이고 분만 중 태아의 Rh+혈액이 Rh-형인 모체로 흘러들어 가면 모체는 이종단백물질을 함유하는 태아의 혈액에 대해 항체를 만들기 시작하고 적혈구를 파괴한다.

임신 후기 체중 관리 비결

★ 균형 잡힌 식단을 짠다

칼로리가 많거나 짠 음식, 너무 단 음식은 피하고 기름이나 조미료를 많이 첨가하지 않으면서 영양을 고루 섭취할 수 있는 식단을 짠다.

★ 간식은 자연식이 좋다

시판되는 스낵 종류는 영양가보다 칼로리가 많으므로 피한다. 대신 밤이나 고구마, 귤, 콩 등 자연식으로 된 간식을 먹는다.

★ 가벼운 운동을 한다

임신 중 조심한다고 너무 움직이지 않으면 살이 찐다. 운동량보다 먹는 양이 늘지 않게 하고 먹은 것만큼 가볍게라도 움직여 비만이 되지 않게 한다.

★ 잠들기 전에 먹지 않는다

잠들기 전에 간식하거나 식사를 하면 여분의 영양이 지방으로 축적된다. 최소한 잠들기 한 시간 전에는 음식을 먹지 않는 습관을 들인다.

★ 식욕을 잘 조절한다

출산일이 다가오면 식욕이 왕성해지기 쉽다. 이때 주의하지 않으면 체중이 지나치게 늘기 쉬우므로 주의한다.

이 시기에 무엇을 알아 둘까?

태아의 건강이나 분만에 대한 막연한 두려움 등으로 걱정이 많아질 때다. 태동을 체크해보고 분만교실에 참여, 출산 과정에 대해 알아 두고 준비를 해 나간다.

분만교실에 참여한다

분만교실에 참여하면 분만 과정에서 자신과 남편의 역할, 출산 방법, 산후 조리, 신생아 돌보기에 대한 기초지식을 배울 수 있을 뿐 아니라 정신적인 위안과 자신감을 얻을 수 있다.

분만 교육을 시행하는 강좌나 프로그램은 다양하지만 안전하고 순조로운 출산을 돕고자 하는 기본적인 목표는 같다.

분만교실의 기본 교육 내용

- 임신이 심신에 어떤 변화를 가져오는지 배운다.
- 진통과 분만에 대한 걱정과 고통을 줄이고 긴장을 풀어 주는 방법을 배운다.
- 진통이란 무엇이며, 진통 신호를 어떻게 알아보며, 진통에 어떻게 대처하는지 배운다.
- 분만 시 남편의 역할에 대해 배운다.
- 입원 절차, 질식 분만, 제왕절개 분만 등에 대한 정보를 얻을 수 있다.
- 출산 중에 어떤 일이 일어나는지 배운다.
- 모유수유, 산후 관리와 신생아 돌보는 방법에 대해 배운다.

태아 건강을 확인한다

태아가 오래도록 움직임이 없으면 걱정이 될 수 있다. 이럴 때는 말린 과일이나 가벼운 스낵을 먹고 2시간 동안 태동 수를 세어 본다. 2시간 동안 태동이 10회 이상 느껴지면 태아가 건강하다는 신호다. 하지만 태동이 10회 미만으로 느껴지면 담당의에게 진찰을 받는 것이 좋다.

만약 태아 건강에 이상이 있으면 의사는 태아건강상태 검사(NST)를 실시할 것이다. 이것은 임신 후기 태아의 심박수를 측정하기 위한 검사로 태동이 있을 때 심박수가 늘어나면 정상이다. 만약 심박수의 변화가 없다면 자연분만을 견뎌낼 힘이 부족한 것으로 판단한다.

복부에 심한 자극을 피한다

이 시기에는 더욱 특별한 주의가 필요하다. 신체의 무게중심이 앞으로 이동하고 관절이 느슨해지며 자기 발을 스스로 볼 수 없을 정도로 배가 커졌기 때문이다. 물론 태아는 막과 양수로 보호받고 있으므로 큰 충격이나 심각한 사고가 아니면 문제없이 잘 자란다.

하지만 심각한 교통사고를 당하거나 복부에 큰 충격을 주면 태반이 자궁벽에서 떨어져 나올 수 있으므로 일상생활에 항상 주의를 기울인다.

외상을 입었을 때는 당장 이상이 없더라도 상태를 계속 관찰한다. 만약 아랫배에 충격이 가해진 다음 질 출혈, 격렬한 통증, 자궁 수축이 일어나면 즉시 구급차를 부른다. 위험 요인들을 사전에 제거하고 평소 몸가짐에 주의하는 습관을 들인다.

태아 안전을 위한 생활 수칙
- 평소 충분한 휴식과 숙면을 취한다. 임신 후기에는 평소보다 더 피로하고 몸이 무거워 사고를 당할 위험이 높다.
- 목욕이나 샤워를 하다가 미끄러지지 않도록 목욕탕 바닥과 욕조에 미끄럼 방지 매트를 깐다.
- 미끄러지기 쉬운 슬리퍼 대신 낮고 편안한 신발을 신는다.
- 눈길이나 빗길은 주의한다.
- 높은 선반에 있는 물건을 내릴 때는 다른 사람에게 부탁하고 위험한 곳에 올라가지 않는다.

조산을 주의한다

여러 가지 합병증에 노출될 위험이 있기는 하지만 이 시기에 태어나더라도 생존 가능성은 꽤 높은 편이다.

미숙아들은 아직 신체 기관의 발달이 미숙한 상태인데, 살이 오르는 임신 후기를 거치지 않았기 때문이다. 뼈가 앙상하거나 눈꺼풀 안으로 안구가 튀어나올 수 있다.

조산기가 있으면 전문의와 상의하여 조치를 취하되, 평소 과로를 피하고 충분한 휴식을 취한다. 조산 경험이 있거나 쌍둥이 임신 등 고위험 임신부는 더욱 각별한 주의가 필요하다.

임신 후기 사고를 예방하는 생활 습관

▲ 욕탕 바닥에 매트를 깔아 미끄러지지 않게 한다.

▲ 바닥이 우둘투둘한 굽 낮은 신발을 신는다.

▲ 높은 곳에 올라가지 않는다.

▲ 눈이나 비가 오는 날은 외출하지 않는다.

▲ 높은 곳의 물건을 내릴 때는 남편의 도움을 받는다.

임신 27~30주 Best 궁금증

Q 임신부가 공포 영화를 보면 해롭다는데, 과연 사실일까요?

A 뱃속 아기는 엄마의 감정 변화와 외부 자극 등에 영향을 받으며 성장한다. 아직 성장이 완료되지 않은 태아라도 엄마의 감정이나 기분, 생각을 간접적으로 느낀다. 따라서 극도의 긴장 상태로 몰아가 공포심을 유발하는 공포 영화를 보는 것은 그리 추천할 만한 것이 못 된다. 공포 영화뿐 아니라 폭력 영화도 마찬가지다.

실제로 임신 중 흥분이나 긴장 상태가 자주 반복되면 태아의 성격 형성은 물론, 신체 발달에 악영향을 준다. 임신 중에는 가능하면 즐겁고 좋은 것만 보고 들으려는 마음가짐이 중요하다.

Q 임신한 뒤로 시력이 나빠진 것 같아요. 평소 사용하던 콘택트렌즈도 잘 맞지 않는데 시력에 문제가 생긴건 아닐까요?

A 임신과 관계된 호르몬이 시력에 지장을 주기 때문에 나타나는 현상이다. 임신을 하면 시력이 나빠질 뿐 아니라 평소 끼던 콘택트렌즈도 불편하게 느껴질 수 있다. 이것은 눈에서 충분한 누액이 생산되지 않기 때문에 생기는 현상이다. 하지만 출산을 하고 나면 대부분 정상으로 되돌아오므로 콘택트렌즈를 새로 사거나 지나치게 걱정할 필요는 없다. 가능하면 출산 때까지는 안경을 끼는 것이 좋다.

Q 녹용을 선물로 받았는데 임신 중 녹용을 먹어도 되나요?

A 녹용은 혈기를 돕고 양기를 북돋아 주는 대표적인 보약으로, 기운이 생기게 하고 임신 후기 태아를 보호하고 난산을 방지한다고 알려져 있다.

하지만 일반적으로 녹용을 단독으로만 사용하지 않는 것이 보통이다. 따라서 녹용과 함께 처방한 약재 중에 임신부가 먹어서는 안 되는 약재가 들어 있지 않은지 체크하는 것이 중요하다. 한의사의 처방에 따라 복용하되, 열이 많은 임신부는 장기간 복용하지 않는다.

Q 종아리 근육이 뭉치거나 실룩거리는 현상이 자주 나타나요. 이럴 때는 어떻게 대처해야 하나요?

A 칼슘이나 마그네슘이 부족하면 이런 증상이 나타날 수 있으므로 식품이나 영양제를 섭취해 영양이 부족하지 않게 해 준다. 근육 경련이 일어날 때는 우선 발끝이 얼굴을 향하도록 발목을 위로 젖힌 다음 부드럽게 근육을 마사지하는 것이 좋다.

평소 종아리 실룩거림이나 경련이 자주 생기는 사람은 다리를 자주 위로 올려놓고 임신부용 고탄력 스타킹을 신어 혈액순환을 돕고 발목과 발을 돌려 종아리 근육 운동을 하는 것이 좋다.

Q 자꾸만 눈물이 나고 우울한 기분이 들어요. 혹시 태아의 정서에 영향을 미치는 건 아닐까요?

A 임신을 하면 호르몬 변화로 인해 감정 기복이 심해지고 우울해지기 쉽다. 하지만 지나친 스트레스와 우울증은 임신부뿐만 아니라 태아에게도 좋지 않은 영향을 미친다.

엄마의 혈액 내에 증가한 스트레스 호르몬은 태반을 통해 태아에게 전해지는데, 이는 태아를 긴장하게 할 뿐 아니라 자궁 수축을 유발해 혈류량을 떨어뜨린다. 아이의 정서 안정과 성장 발달을 위해서라도 임신부는 늘 밝고 즐거운 마음으로 생활하려는 자세가 필요하다.

Q 임신 중 하이힐을 신으면 안 되나요?

A 임신이 진행될수록 자궁이 커지고 체중도 증가하므로 허리와 다리에 가해지는 부담이 커진다. 따라서 걸음걸이도 둔해지는데 여기에 하이힐까지 신으면 허리와 다리에 부담이 증가하면서 넘어지기 쉽고 근육을 긴장시켜 요통을 유발하기 십상이다.

임신 중에는 가능하면 바닥이 미끄럽지 않고 굽이 낮은 편안한 신발을 신는다. 특히 증가한 체중을 잘 지지할 수 있고 충격을 흡수할 수 있는 신발을 고르는 것이 좋다.

Q 빈혈 때문에 자주 어지러운데, 혹시 출산 시 수혈을 받아야 하는 건 아닐까요?

A 임신 후기에는 뇌로 보내지는 혈액량이 일시적으로 감소해 빈혈이 자주 생긴다. 이는 일시적인 현상으로, 태아나 모체에 해를 주지는 않는다. 실제 분만 중 빈혈로 인해 수혈을 받아야 하는 임신부는 드물다.

Q 임신 후기에 오르가슴을 느끼면 태아에게 해를 주지 않을까요?

A 임신 중에는 임신 전보다 오르가슴에 의한 자궁 수축 빈도와 강도가 커진다. 하지만 이때 생기는 자궁 수축은 일시적인 것으로, 대개는 관계 후 10~20분 내로 사라지며 태아에게 별다른 해를 주지 않는다. 태아는 양수에 떠 있으며 보호를 받고 있으므로, 잦은 오르가슴과 과도한 성관계가 아니라면 문제가 되지 않는다. 다만, 임신 후기에는 남성의 체중이 여성에게 실리는 체위는 피하는 것이 좋다.

Q 자고 일어나면 손발이 몹시 저려요. 때로는 정도가 심해 통증까지 느껴지는데 괜찮을까요?

A 팔이 아프거나 저린 증세는 대부분의 임신부가 겪는 증세 중 하나다. 아직 원인은 정확하게 밝혀지지 않았으나 임신이 진행됨에 따라 큰 배를 유지하기 위해 척추가 변화를 일으킨 것이 가장 큰 요

인이라 할 수 있다.

임신 후기가 되면 척추가 앞으로 굽어지는 현상이 더욱 심해져 자고 일어나면 손발이 저리거나 팔이 아프고 대퇴부 경련을 일으키거나 저린 증세가 나타난다. 이런 증상은 다른 임신부 역시 겪는 흔한 증상이므로 지나치게 걱정할 필요는 없다.

Q 임신 후기가 되면 임신중독증에 걸릴 수 있다는데 어떻게 진단하나요?

A 임신 후기인 7~8개월에 많이 나타나는 임신중독증은 한 번 발병하면 태아는 물론 임신부의 건강을 위협하므로 예방과 조기 발견이 중요하다. 임신중독증의 대표적인 증상으로는 고혈압이나 단백뇨, 부종 등을 들 수 있는데, 증상이 가벼운 초기에는 염분 섭취를 줄이고 충분한 휴식을 취하며 심리적인 안정을 취하면 어느 정도 증상이 완화된다. 이때 몸을 자주 움직여 혈액순환을 원활하게 하고 가볍게 산책을 하거나 스트레칭을 해 주는 것도 좋다.

하지만 전날 부었던 발과 다리가 다음 날 저녁까지도 계속 부어 있을 때, 손발뿐 아니라 배나 얼굴, 손가락까지 부을 때, 1주일에 몸무게가 1kg 이상 늘었을 때, 소변을 자주 보거나 단백뇨가 나올 때, 두통과 현기증이 심할 때는 반드시 전문의의 진단을 받고 조치를 취해야 한다.

Q 임신 중 새집으로 이사를 했어요. 태아가 새집증후군에 노출되면 어떻게 되나요?

A 새로 지은 건물에서 생활하다 보면 건강상 문제를 일으키거나 불쾌감을 느낄 수 있다. 새집의 가구나 벽지, 마감재, 페인트 등에서는 휘발성 유기화합물인 벤젠, 포름알데히드 등 각종 유해 성분이 뿜어져 나오기 때문이다. 이런 화학 성분은 피부나 호흡기 점막을 자극해 염증을 일으키는데, 이는 태아에게 좋지 않은 영향을 미친다.

하지만 태아에게 어느 정도 영향을 미치는지는 아직 과학적으로 밝혀지지 않았으며 유기용제의 냄새만 맡는 정도로는 치명적인 해를 끼친다고 볼 수 없다. 새집으로 이사를 했다면 자주 환기를 해 주고 친환경 소재를 이용하여 집 내부를 꾸미는 것이 좋다.

Q 아랫배가 자주 당기고 뭉치는데, 혹시 몸에 이상이 생긴 건 아닌가요?

A 임신 후기에 접어들면 때때로 아랫배가 뭉치고 당기는 느낌을 받을 수 있다. 이는 자궁과 골반 주변의 혈액순환이 활발해지고 자궁이 수축과 이완을 반복하면서 생기는 현상으로, 몸에 이상이 생겼다고는 볼 수 없다. 간혹 부부관계 전후 배가 당기는 현상이 나타날 수 있는데 이런 경우는 잠자리를 자제하는 것이 좋다.

배가 당기거나 뭉칠 때는 일단 왼쪽으로 누워 자궁에 가해지는 압박을 줄여 주는 것이 좋다. 이렇게 하면 혈액량이 증가하면서 배가 뭉치는 현상이 줄어든다. 하지만 임신 후기에 나타나는 배 당김은 간혹 조산을 알리는 신호일 수 있으므로 통증 부위와 통증 정도를 확인하고 증세가 나아지지 않으면 병원에 연락을 취하는 것이 좋다.

Q 아토피가 있는 것도 아닌데 자꾸 몸이 근질거려요. 피부에 이상이 생긴 걸까요?

A 임신을 하면 피하지방이 늘어나면서 가슴이나 복부, 다리 등에 심한 가려움증이 생긴다. 이는 임신 중 일어나는 흔한 증세로, 몸을 청결히 하고 휴식을 취하면 조금 나아진다. 화장품이나 자극적인 세제는 사용하지 않는 것이 좋고, 속옷은 흡수가 잘되는 면 소재로 입는다.

Q 허리가 빠질 듯이 아파서 움직이는 것조차 괴로워요. 혹시 디스크가 아닐까요?

A 임신 후기가 되면 자궁이 커지면서 무게중심이 앞으로 쏠리는데, 이 때문에 허리가 뒤로 젖혀진다. 따라서 대부분의 임신부가 요통을 호소하는데 이럴 때는 복대를 착용하거나 편한 자세로 휴식을 자주 취하는 것이 좋다.

간혹, 허리 통증이 참을 수 없을 정도로 심할 때는 골반 관절이나 인대가 늘어나거나 척추 디스크일 수도 있으므로 전문의와 상의하여 조기 치료를 받는 것이 좋다. 허리가 아플 때는 너무 푹신한 요나 침대는 피하고 온돌이나 딱딱한 매트리스를 이용하는 것이 좋다.

Q 복부 주변이나 다리에 튼살이 생겼는데 출산 후에는 없어지나요?

A 배가 커지면서 복부나 다리, 엉덩이 등에 튼살이 생기는데, 한 번 생긴 튼살은 출산을 하더라도 쉽게 사라지지 않는다. 하지만 임신 중 관리를 잘하면 어느 정도 예방은 가능하다. 평소 혈액순환이 원활하게 이루어지도록 자주 마사지하고 기능성 속옷을 갖춰 입는다.

Q 혹시 조산이 되지 않을까 걱정이 되는데, 조산이 되더라도 아기에게 이상이 없을까요?

A 가능하면 엄마의 뱃속에서 성장을 마치고 태어나는 것이 좋지만 조산을 하더라도 적절한 처치를 받고 보살핌을 받으면 건강한 아기로 자랄 수 있다. 하지만 22주 이전에 조산하면 태어나더라도 생명을 유지하기 어렵다.

일반적으로 23~26주에 태어난 신생아의 생존 확률은 25%, 27~29주 사이에 태어난 신생아의 생존 확률은 90% 정도다. 32~34주에 태어나면 조산을 하더라도 임신 기간을 모두 채우고 태어난 아기와 크게 차이가 없다. 특히 아기 체중이 1.9kg 이상이라면 정상적으로 성장할 수 있다.

Q 아기가 어떤 날은 움직임이 심하고 어떤 날은 아무런 반응이 없어요. 이상이 있는 걸까요?

A 태동이 느껴진다면 아기의 움직임 하나하나에 예민하게 반응할 필요는 없다. 태아도 감정이

있고 자신만의 행동양식이 있기 때문이다. 어떤 때는 기분이 좋아서 팔다리를 휘저어 가며 엄마 배를 치기도 하고 몸을 앞뒤로 흔들기도 한다. 신기한 것은 태아의 움직임이 엄마의 움직임에 좌우된다는 것이다.

엄마가 만약 온종일 분주하게 돌아다니면 뱃속 태아도 엄마의 움직임을 만끽한다. 엄마가 저녁 무렵 휴식을 취하려고 하면 태아는 발버둥치기 시작하고 음식을 섭취한 뒤에는 움직임이 더 강해진다.

Q 제대혈로 만약의 사태에 대비할 수 있다는데, 제대혈이란 무엇이고 언제 신청하는 건가요?

A 제대혈은 신생아 분만 시 나오는 탯줄 및 태반에 존재하는 혈액으로, 적혈구·백혈구·혈소판 등 혈액 세포를 생성하는 조혈모 세포가 다량 함유되어 있어 암이나 백혈병 등 불치병의 치료제로 이용된다.

제대혈은 아기는 물론 직계가족(부모, 형제자매) 모두에게 유효하다. 아기가 태어난 직후 탯줄을 끊은 다음 신속히 집게로 막아 여기서 혈액을 50~150㎖ 정도 채취해 제대혈 은행에 전달, 보관하는 것으로, 보통 분만 예정일 1개월 전에 신청하는 것이 좋다.

Q 왼손잡이나 오른손잡이는 뱃속에서 결정된다는 말이 있던데, 사실인가요?

A 왼손잡이나 오른손잡이는 이미 뱃속에서 유전적 원인으로 결정되는 경우가 많다. 하지만 이는 출생 후 환경적인 요인에 의해서도 충분히 바뀔 수 있다.

오른손잡이가 평균적으로 많은 것에 대해 뇌의 신경이 왼쪽보다는 오른쪽으로 흘러 그러하다는 설도 있고 부모로부터 영향을 받는다는 설도 있다. 엄마가 신생아를 다룰 때 왼쪽 팔로 안고 흔들어 아기는 무의식적으로 몸을 오른쪽으로 비틀며 엄마 몸 방향으로 돌리게 되는데 이것이 영향을 미친다는 설도 있다. 즉, 왼손잡이나 오른손잡이는 유전학적 성질에 의해 영향을 받지만 환경에 의해서도 얼마든지 개선된다고 볼 수 있다.

Q 임신중독증에 걸렸는데 혹시 다음 임신에도 임신중독증에 걸릴 확률이 높은가요?

A 모든 임신부가 그런 것은 아니지만 비교적 다음 임신에도 임신중독증에 걸릴 확률이 높으므로 주의하는 것이 좋다. 임신중독증을 앓고 있다면 다음번 임신 때는 더욱 특별한 주의와 안정이 필요하다. 임신 초기부터 건강한 식생활을 하고 스트레스는 피한다. 가능하면 무리한 일을 삼가고 건강관리에 힘쓰면 충분히 건강한 임신 생활을 누릴 수 있다.

Q 얼마 전부터 수면 중 심하게 코를 곤대요. 왜 그럴까요?

A 임신 후기로 갈수록 코골이가 생기기 쉽다. 임신이 진행될수록 체중이 늘고 복부 팽만 등으로

기도가 좁아지기 때문이다.

코골이가 심하면 수면 중 무호흡증이 발생하는데 이는 임신부에게 고혈압이나 임신중독증 등 임신 트러블 발생 가능성을 높이고 태아에게는 성장 지연 등 나쁜 영향을 미칠 수 있다. 따라서 평소 적절한 식이요법이나 운동요법으로 예방하는 것이 중요하다. 침실 안에 산소공급이 원활하도록 공기청정기를 설치하거나 옆으로 누워 자는 것도 코골이에 도움이 된다. 참고로, 임신 중 생긴 코골이는 대부분 출산 후 임신 전 수준으로 돌아가는 것이 보통이다.

Q 임신 후에 걸음걸이가 이상해진 것 같은데, 임신부 특유의 걸음걸이는 왜 생기는 걸까요?

A 임신이 진행되고 배가 점점 커지면서 임신부의 걸음걸이에는 변화가 생긴다. 배를 내밀고 펭귄처럼 좌우로 뒤뚱뒤뚱 걷는 것인데, 이는 황체 호르몬에 의한 관절 변화와 신체 무게중심의 변화 때문이다.

임신을 하면 호르몬 변화 탓에 인대와 관절이 느슨해지고 유동적으로 변하는데 특히 척추와 골반 관절이 크게 변화한다. 게다가, 배가 불러오면서 커진 배를 감당하기 의해 균형을 잡으려다 보니 어깨와 등을 뒤로 젖히게 되는데, 이 때문에 임신부 특유의 걸음걸이가 생겨나는 것이다.

하지만 올바른 자세로 걷기 위해 스스로 노력하면 좋아진다. 평소 바른 자세로 걸으면 자궁 입구가 자극을 받아 조금씩 열리는데 이때 태아의 얼굴이 골반 쪽으로 내려와 순산에 도움이 된다. 또한 임신 중 요통이나 어깨 결림 등도 막아 준다.

Q 임신 후기가 되면 태아가 자라면서 골반 쪽으로 머리가 내려온다는데, 혹시 부부관계 중 남편의 성기와 닿진 않을까요?

A 절대 그런 일은 일어나지 않는다. 임신이 정상적으로 진행되고 있다면 아기는 양수에 둘러싸여 보호받고 있으며 자궁문은 굳게 닫혀 있어 아무리 산달이 가까워진다고 해도 성기와 만날 가능성은 없다. 하지만 임신 후기 격렬한 행위나 무리한 체위는 위험을 불러올 수 있으므로 주의해야 한다.

Q 임신 후기가 돼서도 배만 조금 나왔을 뿐 살이 안 쪄요. 임신부가 마르면 여러 가지로 좋지 않다는데 이유가 뭐죠?

A 엄마의 영양 상태가 좋지 못하거나 지나치게 마르면 태어난 아기도 충분한 영양을 공급받을 수 없어 작게 태어날 수밖에 없다. 또한 출산 시 진통을 이겨낼 만한 체력이 되지 않아 진통 시간이 길고 분만 자체가 힘이 들 수밖에 없다.

피하지방은 비상 시 필요한 에너지를 저장하는 탱크와 같다. 비만을 걱정한 나머지 저칼로리 음식만 섭취하거나 편식하고 있다면 조금씩 자주 충분한 영양 공급을 해서 체력을 유지하는 것이 좋다.

8. 임신 8개월

31~34주

임신부의 몸에 어떤 변화가 나타날까?

이 시기에는 자궁이 커지면서 정맥류가 두드러지고 소화불량, 두통, 현기증 등 불편한 증상도 더 빈번해진다. 특히, 허리 통증과 숨가쁨이 심해지는데 이는 출산 후 자연스럽게 좋아진다.

허리 통증이 심해진다

임신 후기에 접어들면 찾아오는 흔한 증상으로 임신 중 허리 통증에 시달리지 않는 임신부는 없다고 해도 과언이 아니다.

허리 통증은 배가 불러오고 몸의 무게중심이 앞으로 기울면서 신체 균형을 유지하려고 허리를 뒤로 젖히면서 나타나는 증상이다. 등뼈 중에서도 허리의 중심을 잡는 요추가 뒤로 젖혀지면서 허리에 과도한 힘을 받기 때문에 생긴다. 이러한 통증은 분만이 가까워질수록 더욱 심해진다.

허리 통증을 완화하는 생활 수칙

허리를 장시간 굽히고 있거나 굽힌 상태로 무거운 것을 들어 올리는 행위는 통증을 더하거나 디스크의 원인이 되므로 반드시 피한다. 또 하이힐은 피하고 2~5cm의 편한 신발을 신는다.

또, 몸무게가 갑자기 불어나면 허리 통증이 심해질 수 있으므로 몸무게가 지나치게 늘지 않도록 주의한다. 이때 허리 근육을 강화하고 부자연스러운 자세를 교정하는 체조를 하는 것도 도움이 된다.

너무 푹신한 침대나 요도 허리 통증의 원인이 될 수 있으므로 주의하고 수면을 취할 때는 허리에 부담을 주지 않는다. 앉을 때는 허리를 똑바로 펴고 앉고 틈날 때마다 따뜻한 찜질을 한다.

허리가 아프다고 약을 바르거나 붙이면 피부를 통해 약이 흡수될 수 있으므로 피한다. 단, 지나치게 요통이 심할 때는 인대가 늘어났거나 골반 골절, 디스크일 가능성도 있으므로 병원을 방문해 진찰을 받아 보는 것이 좋다.

숨이 가쁘다

임신 8개월이 지나면서 지나치게 커진 자궁이 횡격막을 눌러 숨을 쉴 때 공기를 충분히 흡입하지 못하는 듯한 불쾌감을 준다. 하지만, 실제로 산소량이 부족하거나 태아에게 문제를 일으키는 것은 아니므로 크게 당황할 필요는 없다. 단, 호흡곤란 증세가 심해서 입술과 손끝이 새파랗게 변하거나 가슴에 통증이 심한 경우는 검사를 받는 것이 좋다.

💗 숨가쁨을 완화하는 생활 수칙

앉거나 설 때 가능하면 자세를 똑바로 해 횡격막에 압박을 가하지 않도록 한다. 자려고 누웠을 때 숨이 가쁘면 어깨와 머리를 베개로 받쳐 주면 훨씬 숨쉬기가 수월하다.

분만 2~3주일 전에 갑자기 짓눌리던 상복부와 가슴이 편안해짐을 느낄 수 있는데 이는 태아가 세상에 나가려고 골반 아래로 내려가기 때문이다.

34 week 임신부의 몸

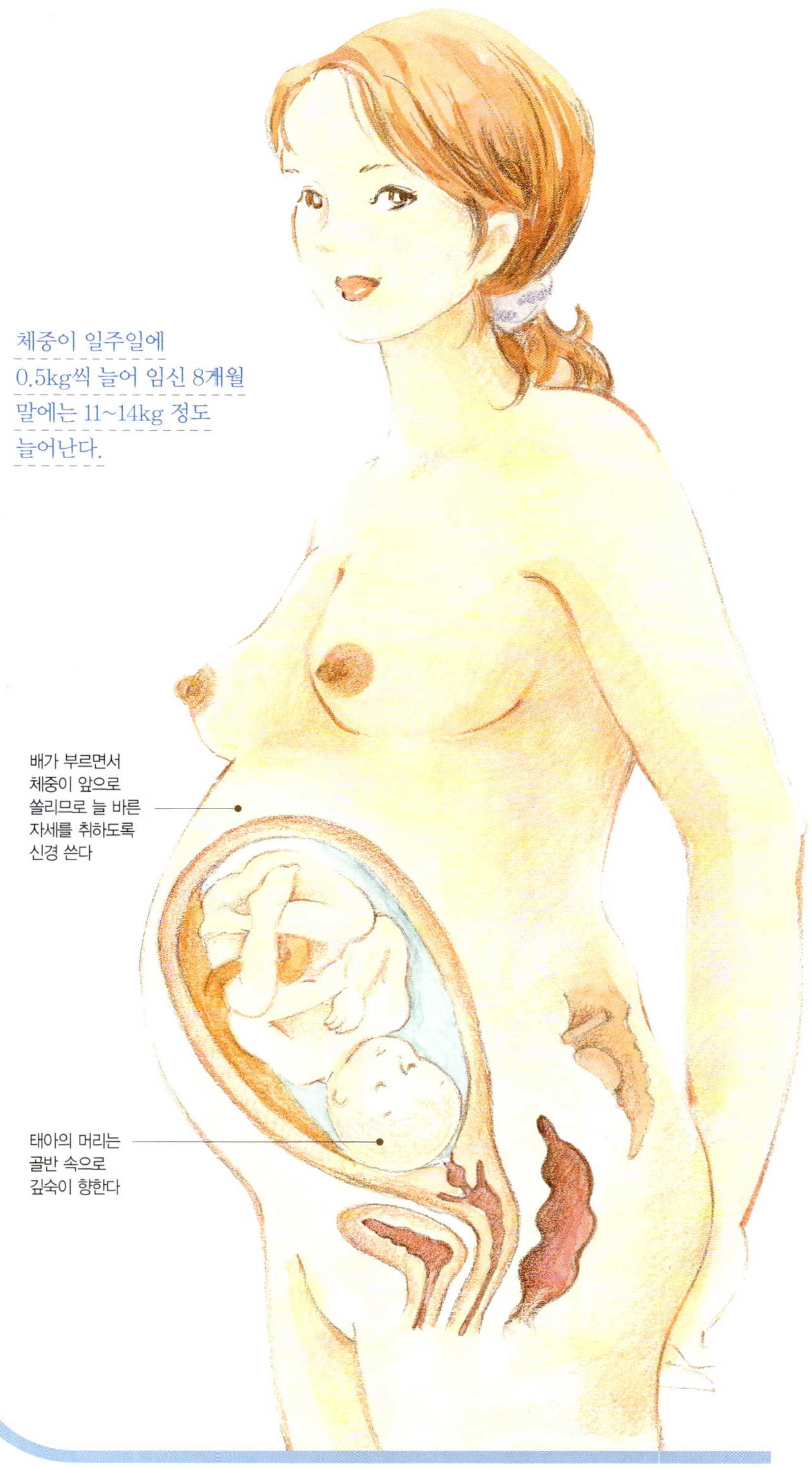

체중이 일주일에 0.5kg씩 늘어 임신 8개월 말에는 11~14kg 정도 늘어난다.

배가 부르면서 체중이 앞으로 쏠리므로 늘 바른 자세를 취하도록 신경 쓴다

태아의 머리는 골반 속으로 깊숙이 향한다

뱃속 아기는 얼마나 컸을까?

임신 후기가 되면서 태아는 계속 성장하여 체중은 1주일에 500g씩 늘어나고 태아의 모습은 신생아의 형태를 갖춘다. 이미 태아는 출산할 때의 자세를 취하려고 한다.

임신 31주

태아의 전체적인 성장은 둔화하지만 체중은 계속해서 늘어난다. 폐와 소화기관이 거의 완성되고 눈썹과 속눈썹이 완성된다.

이 시기, 눈동자의 색깔이 나타나기 시작하고 빛에 반응을 보여 엄마 배 위에 빛을 비추면 태아의 머리가 불빛을 따라 움직인다.

임신 32주

계속해서 피하지방이 생기고 팔다리가 알맞은 비율로 자란다. 장기는 계속 성장해가고 방광에서 소변을 내보낸다. 이 시기가 되면 태동이 줄어드는데 이는 자궁이 커지면서 태아가 움직일 공간이 없기 때문이다.

임신 33주

폐를 제외한 신체의 거의 모든 기관이 완전히 성숙하여 태어나더라도 생존할 수 있다. 이 시기에는 양수를 들이마시며 호흡 연습을 하면서 시간을 보낸다.

임신 34주

태아가 양수에 떠 있을 수 없을 정도로 커지고 골격은 단단해진다. 단, 머리는 분만 시 산도를 지날 수 있도록 물렁물렁한 상태로 남아 있다. 피하지방이 생기면서 피부의 주름이 줄어들고 피부색의 붉은기가 약해진다. 발톱이 생기고 손가락 끝에 작지만 손톱이 날카롭게 자라 있다.

이 시기에 어떤 검진을 받을까?

8개월 말이 되면 자궁의 갈비뼈가 만나는 지점에서 손가락 5마디쯤 아래 태아가 있다. 2주일에 한 번씩 정기적으로 검사를 받겠지만, 이상 증세가 나타나면 즉시 병원으로 향한다. 분만 시기가 다가오므로 의사의 판단에 따라 태아의 상태와 자연분만이 가능한지를 알아보는 검사를 실시할 수도 있다.

● **체중 검사** 임신 8개월 말이 되면 체중은 11~14kg 정도 늘어난다. 체중 증가가 태아 성장과 관련이 있긴 하지만 체중이 지나치게 늘어나면 움직임도 버겁고 허리 통증이나 종아리 경련, 요실금, 숨가쁨 등 불편한 증세도 심해질 수 있으므로 체중증가를 조심한다. 그런가 하면 체중이 지나치게 늘지 않아도 태아에게 영향을 미치므로 주의한다.

● **혈압 검사** 지금까지 정상이던 혈압에 변동이 생기지 않았는지 체크한다.

● **소변 검사** 정기검진을 받을 때마다 소변을 통해 세균 감염 여부, 단백질 정도, 당분 정도를 알아본다.

● **도플러 검사** 도플러를 이용해 아기의 심박동 소리를 확인한다.

● **자궁 크기 검사** 이 시기쯤이면 자궁이 매우 커져 갈비뼈 근처까지 올라온다. 자궁 크기 검사를 통해 의사는 태아의 머리가 정상적인 위치에 있는지, 태아의 성장은 순조롭게 이루어지고 있는지 확인할 수 있다.

● **내진과 골반 크기 검사**· 임신 말기가 되면 필요에 따라 내진을 하기도 한다. 또, 골반 크기도 다시 검사한다. 이를 통해 임신부의 골반이 태아의 머리를 통과시킬 수 있을지 파악한다.

● **초음파 검사** 초음파 검사를 통해 태아의 발육 상태와 태반의 위치, 양수의 양 등을 자세히 알 수 있다.

● **태동 검사(비수축 검사)** 태아의 건강 상태를 알아보는 검사로 보통 32주 이후에 시행한다. 임신부의 배에 도플러 초음파를 부착해 태아의 태동과 심박동수의 관계를 체크한다.

조산이 우려되는 경우

임신 38주 이전에 조기 분만하는 것을 조산이라 하는데, 조산이 우려되는 경우, 사전에 적절한 조치를 취하면 약 50% 정도 예방할 수 있다.

조산의 원인을 살펴보면 태아 쪽 이상으로는 다태 임신이나 선천성 이상 등을 들 수 있으며 모체 이상으로는 조기 파수, 자궁경관무력증, 임신중독증, 전치태반, 태반조기박리, 양수과다증 등을 들 수 있다. 그 밖에 조산의 원인으로는 당뇨병, 고혈압, 심장병 그리고 자궁근종 등의 이상을 들 수 있으며, 고령 임신의 경우에도 조산이 일어날 확률이 높다.

엄마가 되기 위해 인내심이 많이 필요한 시기다. 생각하고 준비할 것도 많고 출산 전 알아 둬야 할 것도 많다. 임신 후기 편안한 수면 자세나 성생활에 대해 알아보고 출산 계획서를 써 본다.

신생아 용품을 구입한다

임신 8개월에 들어서면 조산 가능성을 염두에 두고 출산 준비를 시작하는 것이 좋다. 출산 준비물을 살 때는 처음부터 모든 걸 구입하려 하지 말고 필요한 물건과 그렇지 않은 물건을 구분해 현명하게 구입한다. 신생아는 놀랄 만큼 빠르게 성장하는데다 이것저것 준비하다 보면 비용도 만만찮기 때문이다.

직장 여성은 휴직 시기를 정한다

임신이 순조롭게 진행된다면 출산 직전까지 직장생활을 해도 크게 무리가 없지만, 몸이 허약하거나 과로에 시달린다면 이 시기쯤 되면 직장을 계속 다닐지, 혹은 그만둘 것인지 고려해 볼 필요가 있다.

몸이 지치기 시작하는 시기는 개인마다 다르지만 이 시기쯤 되면 몸에 무리가 올 수 있으므로 예정보다 일찍 휴직해야 하는 임신부가 생긴다.

부부생활에 주의한다

임신 후기에는 임신부의 배가 매우 부르고 자궁 입구나 질이 부드러워진다.

출산을 위해 자궁경관부의 분비물도 늘어나는데 이 무렵에는 조금만 자극을 가해도 질에 상처가 나기 쉬우므로 주의가 필요하다. 과거에 조산 경험이 있거나 질 출혈이 있는 임신부는 부부 관계를 금한다. 부드러운 스킨십은 자주 하되, 가능하면 분만 1개월 전부터는 부부생활을 피하는 것이 좋다.

출산계획서를 작성한다

진통과 분만을 대비해 계획을 세우고 필요한 항목들을 꼼꼼히 기록하면 출산 시 실질적인 도움을 받을 수 있다.

출산계획서는 진통과 분만 과정에서 자신의 원하는 것을 알리기 위해 작성하는 서류로, 분만 방식, 진통제 사용 여부, 남편의 참여, 산후 조치 등에 관한 요구 사항 등을 정리한다.

일단 출산계획서를 작성하면 의사에게 검토를 부탁하고 가능한 것과 가능하지 않은 것을 확인한다. 진통과 분만에 관한 문제는 진통이 시작되기 전에 미리 의사와 의논하는 것이 안전하다.

임신 31~34주 Best 궁금증

Q 뱃속 태아가 낮보다 밤에 많이 움직이는데 출생 후 밤낮이 바뀌는 건 아닐까요?

A 일반적으로 밤이 되면 주변이 조용하고 임신부가 안정되어 태아의 움직임이 더 민감하게 느껴지므로 더 많이 움직이는 것처럼 느껴지는 것이다.

Q 밤에 잠이 안 와 고민이에요. 혹시 태아의 생체리듬에 영향을 주는 건 아닐까요?

A 임신 초기나 후기에는 불면증으로 고생하는 임신부가 많은데, 엄마가 불면증에 걸렸다고 해서 태아도 불면증에 걸리는 것은 아니며, 태아의 성장과 발달에는 지장을 주지 않는다.

일반적으로 태아는 엄마 뱃속에서 20~40분 간격으로 자다 깨기를 반복하며, 엄마와는 별도로 자신만의 주기가 있으므로 걱정할 필요는 없다. 출산을 앞두고 긴장되고 불안해 잠이 잘 오지 않을 테지만 가능하면 마음을 편안하게 갖고 생활하면 불면증도 나아진다. 자기 전에 따뜻한 물로 샤워하거나 낮에 가벼운 운동을 하면 밤에 숙면을 취하는 데 도움이 된다.

Q 임신 중 유두를 자극하면 조산 위험이 있다는데 사실인가요?

A 사실이다. 임신 중 유두를 지나치게 자극하면 자궁이 수축하여 유산이나 조산을 일으킬 수 있다. 부부관계를 할 때도 유두를 너무 자극하지 않도록 주의하고 가슴을 자극했을 때 아랫배에 긴장감이 느껴지면 즉시 자극을 중단한다. 특히, 유산 경험이 있는 임신부는 더욱 조심해야 한다.

Q 배가 눈에 띄게 불러오면서 허리가 많이 아파요. 파스를 붙여도 될까요?

A 임신 후기가 되면 자궁이 커지면서 허리 통증이 심해지는데, 그렇다고 해서 무심코 파스를 붙이는 습관은 태아에게 좋지 않다. 파스에 들어 있는 인도메타신이라는 성분이 태아 성장에 악영향을 줄 수 있기 때문이다. 허리 통증이 심할 때는 파스보다는 뜨거운 팩이나 찜질로 통증을 완화하는 것이 바람직하다. 취침 전 미지근한 물로 샤워하는 것도 통증 해소에 어느 정도 도움이 된다.

Q 조금만 움직여도 숨이 차고 호흡이 가빠져요. 그냥 넘겨도 되는 증상인가요?

A 임신 8개월 무렵이면 자궁이 커져서 횡격막을 누르게 되는데, 이 때문에 숨이 가쁜 증세가 나타난다. 이런 증세를 완화하려면 횡격막에 압박을 가하지 않도록 자세를 바르게 하고, 자려고 누웠을

초보 맘을 위한 생생한 맞춤 정보

때 숨이 가쁘면 어깨와 머리를 베개로 받쳐 주면 증상이 완화된다.

일반적으로 분만 2~3주일 전, 아기가 분만 준비를 위해 골반으로 내려가면 숨가쁨 증세가 저절로 사라진다. 하지만 증세가 심각해 호흡이 가빠지거나 입술과 손끝이 새파랗게 변하고 가슴에 통증이 느껴지면 위험 신호일 수 있으므로 전문의의 진단을 받는다.

Q 배가 점점 커지면서 균형 잡기가 어려워요. 서 있는 것도 불편한데 방법이 없을까요?

A 임신 후기에는 커진 배 때문에 발끝도 보이지 않고 움직임도 둔해진다. 설 때는 두 발을 약간 벌린 다음 한쪽 다리를 약간 앞으로 내밀면 균형 잡기가 훨씬 수월하다. 이 시기에는 몸의 무게 중심이 앞으로 쏠려 쉽게 피로해지므로 수시로 휴식을 취한다.

Q 낮과 밤이 불규칙한 올빼미형 생활 습관을 가졌는데 혹시 태어날 아기의 생활 습관에도 영향을 주는 건 아닐까요?

A 과학적으로 밝혀진 바는 없지만 엄마의 생활 습관이 안정적이고 규칙적일수록 태아의 정서도 안정된다. 가능하면 태아에게 좋은 태내 환경이 될 수 있도록 여건을 만들어 주는 것이 좋다.

Q 소화가 안 되고 속이 쓰리며 가슴이 답답해요. 간혹 가슴도 두근거리는데 괜찮은가요?

A 임신 후기에는 소화도 잘되지 않고 위가 쓰린 증상이 나타난다. 이럴 때는 한 번에 음식을 많이 먹지 말고 횟수를 늘려서 조금씩 나누어 먹고 기름기가 적은 식품을 섭취한다.

가슴이 두근거리거나 숨이 차는 증세는 커진 배가 심장과 폐를 압박하기 때문이다. 무리한 일로 가슴이 뛰거나 숨이 차면 하던 일을 즉시 멈추고 휴식을 취한다. 속쓰림이나 소화불량, 두근거리는 증상은 출산이 가까워지면서 나타나는 흔한 현상으로, 체력 소모를 피하고 피로를 풀어 주는 것이 좋다.

Q 밤에 자다가 배가 자주 뭉치는데, 이상이 없는 건가요?

A 임신 후기에 접어들면 배가 뭉치고 딱딱해지는 증상이 불규칙적으로 나타날 수 있다. 이는 자궁이 진통을 위해 준비하는 것으로, 왼쪽으로 누워 복식 호흡을 하면서 안정을 취하면 곧 좋아진다. 하지만 규칙적으로 배가 뭉치거나 그 빈도가 점점 잦아지면 조산 우려가 있으므로 주의한다.

Q 산후조리원을 선택할 때 따져 봐야 할 것에 어떤 것이 있나요?

A 요즘에는 출산 후 불편한 몸을 추스르고 엄마와 아기 모두 최상의 컨디션 유지를 위해 산후조리원을 이용하는 엄마들이 많다. 산후조리원에서는 산모의 건강 관리뿐 아니라 신생아 돌보기, 모유 수유 등 엄마가 되는 데 필요한 교육도 받을 수 있어 첫 출산한 엄마들에게 인기다.

산후조리원을 고를 때는 힘들더라도 발품을 팔아 꼼꼼히 비교해 보고 고르는 것이 좋다. 집이나 남편 직장과의 거리, 프로그램, 주변 환경이나 이용 시설, 위생 관리 등을 철저히 따져 보고 자신에게 맞는 산후조리원을 택하는 것이 좋다.

Q 아기를 낳고 난 뒤 산후조리를 친정에서 하려는데, 주의해야 할 점이 있나요?

A 친정에서 산후조리를 할 수 있다면 정서적으로 안정되고 편안하므로 그 이상 좋을 수 없다. 하지만 친정에서 산후조리를 하게 되면 너무 마음을 놓는 바람에 게을러지기 쉽고 맛있는 음식만 챙겨 먹게 되어 살이 찌기 쉽다. 오히려 적당한 긴장감이 있어야 빨리 임신 전 상태로 돌아간다.

Q 37세 여성인데 임신성 당뇨병에 걸렸어요. 남은 기간 주의해야 할 사항이 있나요?

A 고령 임신이라 불리는 35세가 지나면 신체의 신진대사가 저하되면서 20대 초·중반에 비해 쉽게 살이 찌고 붓게 된다. 이는 오장육부, 특히 생식 기능을 떨어뜨리는 주요 원인으로 임신이 쉽게 이루어지지 않거나 임신이 되더라도 임신중독증, 임신성 당뇨 등 각종 임신 합병증을 유발하기 쉽다.

임신부가 임신성 당뇨병에 걸리면 태반을 통해 태아에게 직접적인 영향을 끼친다. 태아의 당 대사 이상을 초래하는 것은 물론 적혈구 과다증, 저혈당증 등 선천성 기형은 물론 양수 과다, 임신중독증, 유산, 조산 등 각종 합병증을 유발할 가능성이 있으므로 각별한 관리가 필요하다.

임신성 당뇨병이 확인되면 정기적으로 혈당 검사를 받고 평소 규칙적이고 가벼운 신체 자극과 균형 잡힌 식습관으로 혈당 문제를 개선해 나가는 것이 중요하다.

음식을 섭취할 때는 의사의 지시에 따라 하루 2,000~2,500kcal를 5~6회로 나누어 먹되 수분을 충분히 섭취하는 것이 좋다. 또한 과도한 체중 증가는 각종 합병증을 유발할 수 있으므로 주의한다.

Q 누워 있거나 걸을 때 사타구니가 당기고 치골이 아파요. 괜찮을까요?

A 임신 후기가 되면 태아가 하강하면서 분만 준비를 하게 되는데, 이 때문에 치골이나 사타구니가 뻐근하고 쑤신다. 경우에 따라서는 골반뼈가 늘어나 통증이 생기기도 하는데 이는 임신 후기 나타나는 일반적인 증상으로 출산 후면 저절로 사라진다.

Q 아기가 거꾸로 자세를 취하고 있다는데 순조롭게 분만할 수 있을까요?

A 임신 후기가 되면 대부분의 태아는 머리를 밑으로 두고 발을 위로 한 자세를 취하게 된다. 물론 처음부터 이런 자세를 취하는 것은 아니다. 임신 초기에는 양수 속에서 자유롭게 돌아다니다 분만 예정일이 가까워지면서 자리를 잡는 것이다.

아기가 거꾸로 자세를 취하는 이른바, 역아는 분만 전 제자리를 찾기도 하므로 너무 심각하게 고민할 필요는 없다. 실제로 약 3~4%만이 역아로 태어나며, 역아라 하더라도 제왕절개 수술을 하면 안전하게 출산할 수 있다.

Q 엉덩이가 작으면 난산한다는 말이 있던데 사실인가요?

A 골반이 크면 순산한다는 말은 근거가 있는 말이다. 골반이 작으면 아무래도 태아가 나오기 어렵기 때문이다. 여성의 골반은 남성보다 폭이 넓고 큰 것이 보통이다. 따라서 산도가 되는 골반의 내강도 넓고 원형에 가까워 출산 시 유리하다. 하지만 겉으로 보기에는 엉덩이가 펑퍼짐해 골반도 클 거라고 생각되는 사람이 의외로 작을 수도 있으므로 엉덩이 크기에 대해 지나치게 연연할 필요는 없다. 자신감을 가지고 출산일을 기다리는 것이 바람직하다.

Q 수중 분만을 할 예정이에요. 분만 시 남편과 함께 욕조에 들어가도 되나요?

A 임신부가 원하면 가능하다. 남편이 분만 시 곁에 있으면 고통을 함께한다는 생각에 큰 위로가 된다. 단, 분만할 병원에 미리 문의하는 것이 좋다.

Q 임신 후기에 접어들면서 손과 발, 얼굴이 붓고 저려요. 임신중독증에 걸리면 부종이 생긴다고 하는데 검진을 받아야 하나요?

A 임신 후기에는 손과 발, 얼굴이 붓는 증상이 흔히 나타나는데 조금 쉬거나 충분한 수면을 취하면 다음 날 아침에는 거의 회복이 된다. 하지만 다음 날까지 부기가 남아 있거나 손발뿐 아니라 배, 얼굴까지 부종이 일어난다면 임신중독증에 의한 것일 수 있으므로 전문의의 진단을 받아 보는 것이 좋다. 대개 정강이를 눌러 보았을 때 누른 자리가 오래도록 제 자리로 돌아오지 않는다면 임신중독증을 의심해 본다.

부기가 임신중독증에 의한 것이라면 즉시 전문의와 상담해 식생활뿐 아니라 일상생활 전반에 대한 지도를 받고 그에 따라 생활을 해야 한다.

Q 얼마 전부터 젖이 나오는데, 피가 약간 섞여 나와요. 몸에 이상이 생긴 건 아닐까요?

A 임신 후기나 출산 직후 얼마 동안 피가 비치는 것은 특별한 일이 아니다. 초산부에게는 흔한 증상으로 대개는 통증이 없어 잘 모르고 지나가는데, 산전에 유방이나 유두 마사지를 한 임신부에게 종종 나타난다. 하지만 피가 지속적으로 나오면 진찰을 받는 것이 좋다.

Q 임신 32주째인데 해외로 여행을 가려고 해요. 임신 후기에 비행기를 타도 되나요?

A 임신 과정이 순조롭게 진행되고 의사의 허락이 있으면 36주까지는 비행기를 타도 비교적 안

전하다. 하지만 고위험 임신이 아니더라도 언제든지 조산이나 진통 신호가 나타날 수 있으므로 막달에는 비행기를 타지 않는 것이 좋다. 또한 대부분의 항공사는 임신 36주가 넘은 여성에게는 비행기 탑승을 허용하지 않는다. 따라서 여행 일정을 잡기 전에 여행에서 돌아올 날짜를 고려하고 각 항공사의 규정을 확인해 보는 것이 좋다.

Q 겨드랑이 부분이 민망할 정도로 시꺼멓게 변했어요. 정상인가요?

A 임신 호르몬 때문에 색소침착이 일어난 것으로 부끄럽게 생각할 필요는 없다. 많은 임신부가 겪는 흔한 증상으로, 색소침착은 전신에 걸쳐 일어나지만 특히 유두와 그 주변, 외음부, 항문 주변, 겨드랑이 등에 심하게 나타난다. 대부분 출산 후 몇 개월 안에 자연스럽게 임신 전 수준으로 돌아가므로 걱정하지 않아도 된다.

Q 태아의 허파는 언제쯤이면 모체 밖에서도 스스로 활동할 정도로 성숙하나요?

A 대개 임신 35주째면 태아의 폐가 완전히 성숙한다. 조기진통을 경험한 임신부라면 태아의 폐가 더 일찍 성숙한다.

진통은 태아에게 스트레스를 주는데, 스트레스를 받으면 태아는 코르티손 호르몬을 분비한다. 코르티손 호르몬은 태아의 폐 발달을 촉진한다. 따라서 임신 34주 이전에 조산기가 느껴지면 의사는 예방 차원에서 임신부에게 코르티손을 주입하여 태아의 생존율을 높인다.

Q 분만 예정일보다 빨리 양수가 터지면 어떻게 대처해야 하나요?

A 규칙적인 진통이나 이슬 없이 곧장 양수가 터지는 것을 조기 파수라 하는데 이럴 때는 세균이 감염될 우려가 있으므로 즉시 병원으로 가야 한다. 특히 질을 통해 세균이 자궁 안에 침입할 위험이 있으므로 휴지로 닦거나 물로 씻으면 안 된다.

간혹 양수가 조금씩 새는 경우 요실금으로 착각할 수 있는데, 소변과 달리 따뜻한 액체가 다리를 타고 흐르는 느낌이 들므로 주의를 기울인다.

Q 전치태반이라는 진단 결과를 받았는데 순산할 수 있을까요?

A 분만을 하려면 자궁경관이 10cm까지 열려야 하는데 전치태반이면 자궁경관이 열릴 때 태반 혈관이 파열되어 출혈을 일으키며, 이로 인해 태아가 사망할 수 있다.

일반적으로 전치태반의 분만 방법은 수술 분만을 하는 것이 원칙이다. 다만, 경산 또는 출혈이 적고 전치태반의 정도가 심하지 않으며 4cm 이상 자궁경관이 열렸을 때는 파수를 시켜 질식 분만을 시도할 수 있다.

초보 맘을 위한 생생한 맞춤 정보

9. 임신 9개월

35~40주

임신부의 몸에 어떤 변화가 나타날까?

분만이 가까워질수록 태아의 하강이 느껴지면서 숨쉬기가 다소 편안해지는 반면 태아가 골반으로 내려가 압박감을 줄 수 있다. 평소보다 자주 화장실에 가고 싶어지는데, 치질 증세도 나타난다.

하강감이 느껴진다

진통이 시작되기 몇 주 전 혹은 진통이 시작될 때 복부에 변화를 느끼게 된다.

분만 예정일이 다가오면 태아의 머리가 모체의 골반으로 내려가면서 하강감이 느껴진다. 이때 숨쉬기는 좀 편해지는데, 이는 태아가 이동해 상복부에 공간이 생기면서 횡격막과 폐에 가해지던 압박감이 줄어들기 때문이다.

대신 태아의 머리가 모체의 양다리 사이에 위치하게 되어 방광, 직장, 골반에 압박감이 가해지고 걷기가 불편해진다. 출산 때까지 이런 느낌이 계속될 수 있다.

압박감이 증가한다

태아가 '떨어질 것 같은' 혹은 '바늘로 콕콕 찌르는 듯한' 불편함을 느끼는 임신부들이 있다. 이런 느낌은 태아가 산도로 내려와서 압박을 가하기 때문인데 걱정될 정도라면 골반 검사를 받는다. 하지만, 대부분 태아가 전보다 좀 더 골반으로 내려왔기 때문에 생기는 현상이므로 걱정할 일은 아니다. 압박감이 심할 때는 옆으로 누우면 골반 통증을 줄일 수 있다.

빈뇨 증세가 심해진다

임신 후기가 되면 임신 초기와 마찬가지로 자꾸 소변이 보고 싶어 화장실에 가는 횟수가 많아진다. 아기가 골반으로 내려가 방광을 누르기 때문이다.

치질이 생길 수 있다

치질은 임신 중이나 출산 뒤에 흔히 발생하는 문제로, 커진 자궁 무게 탓에 자궁과 골반 주변으로 혈액이 모여 순환 장애가 생겨 발생한다.

아기가 골반으로 내려가는 임신 후기가 되면 더욱 생기기 쉬운데, 치질이 생기면 무척 괴롭다. 임신 마지막 달에는 많은 임신부가 치질로 고생하므로 자신만 그렇지 않을까 하고 혼자 고민하지 않는다.

치질 증세가 심할 때는 치질 크림이나 연고를 바르되, 먼저 의사와 상의한 다음 바르도록 한다.

질 분비물이 늘어난다

출산 예정일이 다가오면 질에서 점액이 많이 분비된다. 이는 모체의 몸이 출산을 준비하고 있기 때문이다. 이 시기에는 질 분비물이 늘어나 자궁 출구를 축축하고 유연하게 만든다.

40 week 임신부의 몸

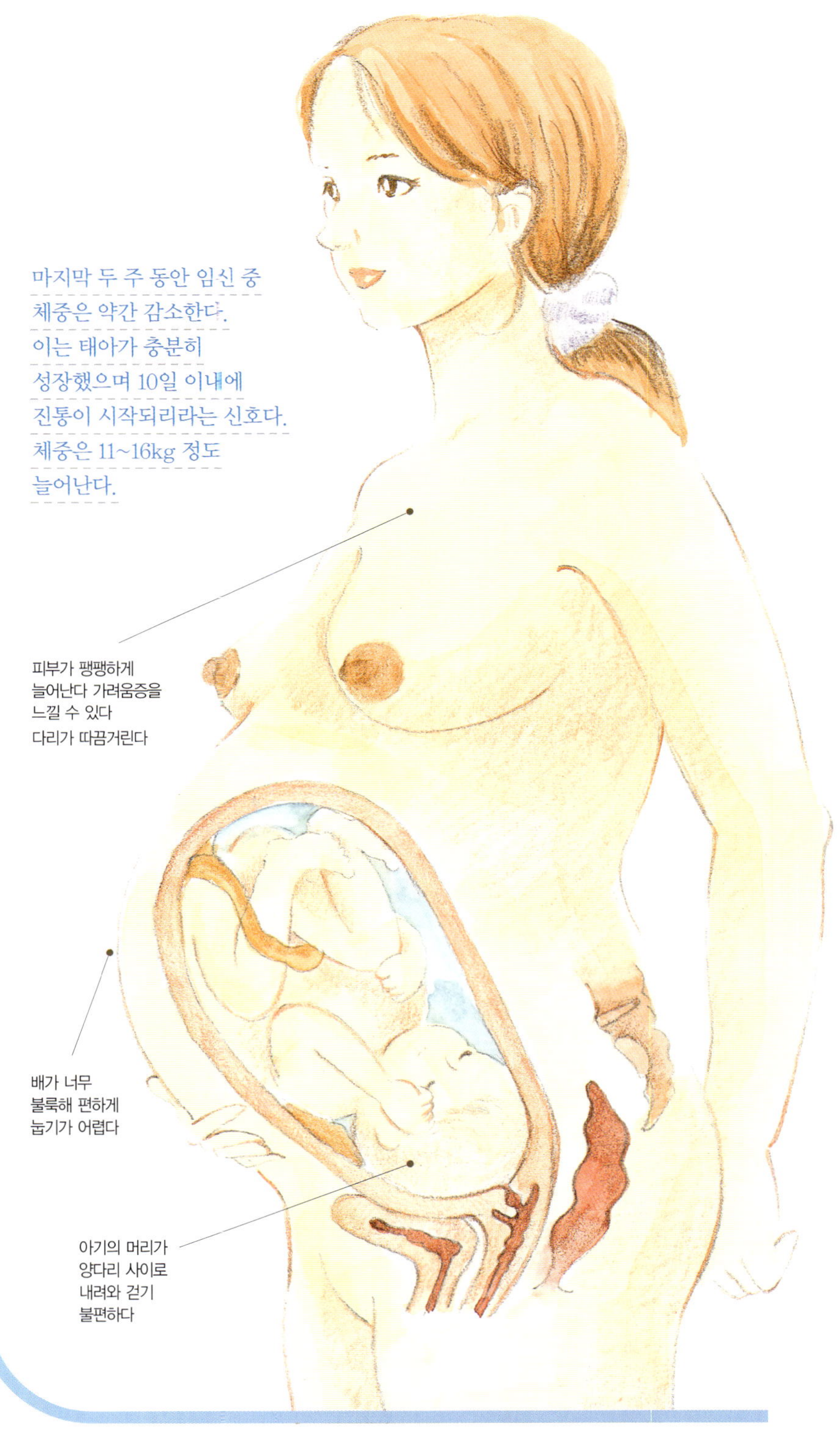

뱃속 아기는 얼마나 컸을까?

이제 태아는 성숙해져 세상 밖으로 나갈 준비를 한다. 출생 뒤 체온 조절을 위한 피하지방이 늘어나고 그동안 태아의 몸을 덮고 있던 솜털도 빠진다.

임신 35~37주

이 시기에 태어나더라도 건강하게 자랄 수 있다. 이때쯤이면 대개 폐도 완전히 성숙해 조산이 되더라도 호흡 장애를 일으킬 염려가 없다. 피하지방은 출산 후를 대비해 계속해서 늘어나 포동포동해진다.

임신 38주

이제 뱃속 아기는 완전히 성숙해서 곧 출산하더라도 문제가 될 게 없다. 그만큼 성숙했다는 뜻이다.

임신 39주

자궁 밖에서 생활할 수 있게 신체의 모든 기관이 준비된다. 태아의 신체 기관 중 가장 나중에 성숙하는 기관은 폐로, 이때쯤이면 폐도 이미 발달을 마쳤다. 태아의 피부를 덮고 있던 솜털은 거의 사라지고 피하지방은 계속해서 늘어난다. 모체가 생산하는 임신 호르몬으로 인해 태아의 유방이 돌출되어 있다.

임신 40주

이제 아기는 자궁 밖으로 나올 모든 준비를 마쳤다. 임신부는 아기가 태어날 날만을 손꼽아 기다리고 있을 것이다. 하지만 모든 여성들이 분만 예정일에 출산을 하는 것은 아니다. 실제로 전체 아기 중 5%만이 분만 예정일에 태어나며, 예정일로부터 2주일 안에 태어나면 정상으로 본다. 대개 초산부가 경산부보다 늦게 진통이 시작된다.

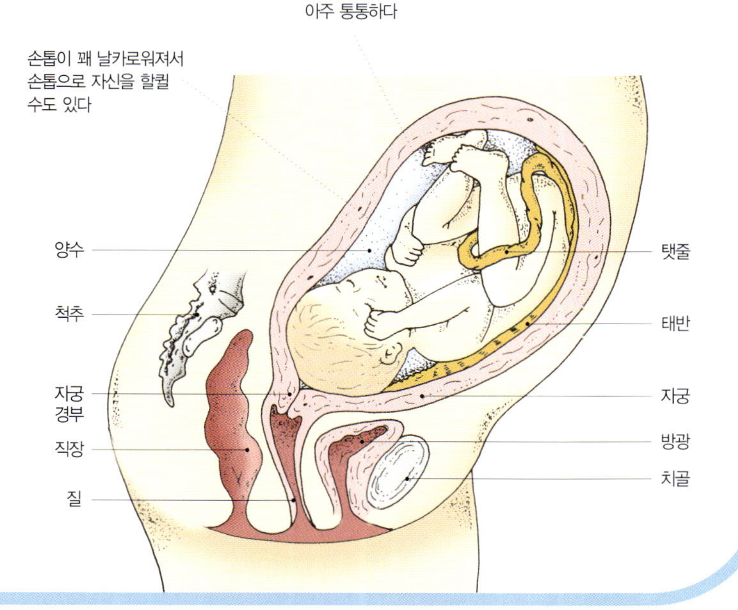

이 시기에 어떤 검진을 받을까?

임신 후기 말에는 일주일에 한 번꼴로 병원을 방문하게 된다. 의사는 내진으로 자궁 경부가 얼마나 열렸는지 체크하며 출산 시기를 짐작할 것이다. 마지막 달에는 B군 연쇄상구균 검사를 받는 것이 좋다.

● **체중 검사** 보통 11~16kg 정도 늘어나는 것이 정상인데 막달에는 임신부의 체중 변화가 거의 없다. 만약 체중이 지나치게 늘었다면 음식 섭취를 주의를 기울여야 한다. 과일과 야채는 충분히 섭취하되, 당분이나 가공식품은 제한한다.

● **혈압 검사** 검진 때마다 혈압 검사를 받지만, 이 시기에는 특히 혈압 변화를 세심하게 체크해야 한다.

● **소변 검사** 세균 감염 여부와 단백질 정도, 당분 정도를 알아본다.

● **도플러 검사** 검진을 받으러 갈 때마다 태아의 심박동 검사를 받게 되는데, 이것이 도플러 검사다. 도플러 검사로 심박동의 강도와 횟수, 태아의 위치를 알 수 있다.

● **자궁 크기 검사** 검사를 해 보면 자궁이 원래 크기보다 천 배로 늘어나 갈비뼈 바로 아래까지 올라간다.

이제 의사와도 많이 친해져 궁금한 점이나 걱정거리를 마음 편하게 이야기할 수 있을 것이다. 진통이나 분만에 관해 궁금한 것이 있다면 주저하지 말고 물어본다.

이 시기에는 기억력이 떨어져 집에 돌아온 순간 의사의 이야기가 전혀 생각나지 않을 수 있으므로 의사의 설명이나 지시를 적어 두면 좋다.

B군 연쇄상구균 검사

이 시기쯤이면 B군 연쇄상구균(GBS) 검사를 받는 것이 좋다.

B군 연쇄상구균(GBS)은 질이나 직장 주변에 생기는 균으로 도든 성인의 10~35%가 가지고 있다. 이것은 모체에는 별 문제가 되지 않지만 아기가 산도로 내려올 때 B군 연쇄상구균에 감염되면 유아 폐렴, 폐혈증이나 수막염 등 치명적인 문제를 일으킬 수 있다. 따라서 아무 증세가 없더라도 GBS균에 감염될 위험이 있는 임신부는 신생아 감염을 막기 위해 검사를 받는 것이 좋다. 특히 과거에 GBS에 감염된 아기를 출산한 적이 있는 임신부라면 더욱 주의가 필요하다.

B군 연쇄상구균 검사는 대개 임신 후기에 받는데, 직장이나 질의 분비물을 채취해서 검사한다. GBS 검사 결과 양성 반응이 나와도 진통이 시작되었을 때나 분만 전에 항생제를 맞으면 염려하지 않아도 된다.

이 시기에 무엇을 알아 둘까?

언제 병원에 가야 할지 궁금하고 걱정거리도 많아지는 시기다. 진통이 무엇보다 두렵고, 과연 얼마나 아파야 아기가 세상에 나올지 걱정이 앞선다.

분만을 앞두고 임신부에게 어떤 변화가 일어나는지, 분만의 징후는 어떤 것이고 진통은 어떻게 나타나는지 알아보자.

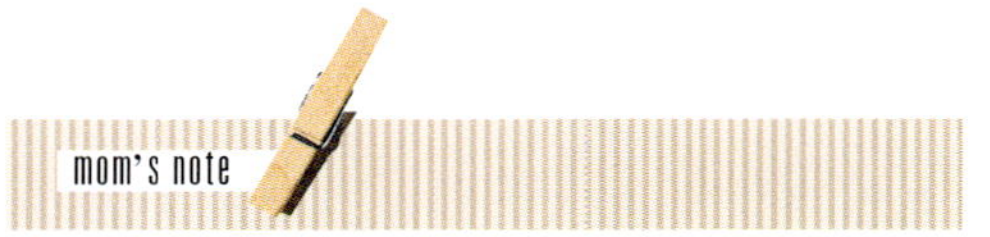

분만 징후

둥지 본능을 알아 둔다

출산을 앞두고 갑자기 집안 이곳저곳을 치우거나 아기방을 꾸미고 싶은 충동이 들 수 있다. 이는 둥지 본능 때문인데, 원인은 아직 확실하게 밝혀진 바 없지만 대부분의 여성들이 둥지 본능을 경험한다.

진통 신호를 알아 둔다

실제 분만일은 분만 예정일을 전후해 7~10일 정도 빨라지거나 늦어질 수 있는데 출산이 임박하면 임신부의 몸은 여러 가지 신호를 보낸다. 다음과 같은 증세가 나타나면 곧 진통 단계에 들어갈 준비가 되었다고 본다.

- 아기의 머리가 골반으로 내려가면서 하강감이 느껴진다.
- 갈색이나 피가 섞인 질 분비물이 나온다.
- 자궁 수축 횟수와 강도가 늘어나면서 자궁 근육이 단단해진다. 자궁 근육이 단단해지는 것은 복부 전체를 만져 보면 느낄 수 있다. 이때 하복부나 서혜부에 불쾌감과 통증이 불규칙적으로 나타날 수 있는데 이러한 통증과 불쾌감이 불규칙적이지만 반복되면 진통이 곧 시작된다는 것을 의미한다.

가진통과 진짜 진통을 구분한다

가진통은 흔히 진짜 진통이 시작되기 전에 일어나는 것으로, 불규칙적이고 짧게 45초 미만으로 진통이 지속되는 것을 말한다.

가진통은 대개 임신 후기에 나타나며 진짜 진통과 느낌이 비슷하다. 이 때문에 임신부가 진짜 진통으로 착각하고 급히 병원으로 갔다가 다시 되돌아오는 일이 생긴다.

🌸 가진통임을 알리는 신호

자궁 수축이 시작되더라도 다음 질문에 '예' 라는 대답이 나오면 이는 가진통이다.

- 진통이 시작되기 전부터 허리가 계속해서 아픈가?
- 진통인지 아닌지 구분하기 어려울 정도로 배가 아프다가 곧 아무렇지도 않은 듯 불규칙적으로 통증이 나타나는가?
- 시간이 지나도 자궁 수축의 강도가 일정한가?

진짜 진통을 알아 둔다

진짜 진통이 시작되면 걸을 수도 말을 하기도 어렵다. 자궁은 규칙적으로 수축하며, 시간이 지날수록 진통 시간이 길어지고 강도가 증가한다. 진짜 진통은 사람에 따라 조금씩 다르게 나타나지만 대개 자궁 상부에서 통증이 시작하여 자궁 전체로 퍼져 나가며, 허리 아래를 지나 골반 전체로 통증이 느껴진다.

🌸 진짜 진통임을 알리는 진짜 신호

다음과 같은 증세가 나타나면 진통이 시작되었다고 볼 수 있다. 이대 자궁 수축의 빈도와 지속 시간을 재 두었다가 이를 근거로 병원에 가야 할 시간을 정한다.

- 매우 격렬한 통증이 규칙적으로 일어나는가?
- 자궁 수축이 점점 강해지고 오랫동안 자궁 수축이 일어나는가?
- 진통 전에 양막이 파열되어 양수가 흘러 나왔는가?

만약 양수가 터졌다면 즉시 병원으로 가야 한다. 양수가 터지는 것을 막기 위해 질 속에 이물질을 넣는다거나 하면 세균에 감염될 염려가 있으므로 절대로 금한다. 양수가 터진 다음에는 세균 감염이 이루어지지 않도록 출산을 서둘러야 한다.

▲ 분만 제 1기 때 진통이 느껴지는 신체 부위

▲ 분만 제 1·2기 사이 변화기 때 진통이 느껴지는 부분

▲ 제 2기 말과 출산 때 진통이 느껴지는 부분

입원 준비

출산일이 다가오면 임신부는 몸과 마음이 분주해진다. 이제 곧 태어날 아기를 위해 준비할 것도 많고 병원에 있는 동안 필요한 물품도 챙겨 두어야 한다. 이 모든 준비는 진통이 시작되기 전에 마친다.

🌸 입원 시 필요한 물품 챙기기

출산을 위해 입원하는 동안 필요한 물건들을 챙기되, 분만 후에도 배가 불러 있는 상태이므로 임부용 팬티, 수유용 브래지어, 신생아복도 챙기는 것이 좋다.

- **건강보험증, 산모수첩** 임신 후기에는 언제 진통이 시작될지 모르므로 건강보험증과 산모수첩은 반드시 챙긴다.
- **수유부용 브래지어, 모유 패드** 수유부용 브래지어는 브래지어를 다 벗을 필요 없이 앞에 단추만 열면 쉽게 젖을 먹일 수 있게 되어 있다. 출산 후에는 젖이 돌기 시작해 흘러내리기 쉬우므로 모유 패드를 준비한다.
- **슬리퍼** 병원 복도를 걸어 다니거나 화장실에 갈 때 필요하므로 편안한 것으로 준비한다.
- **세면용품, 화장품** 칫솔, 치약, 샴푸, 스킨, 로션, 비누, 빗 등을 준비한다.
- **신생아용품** 퇴원 시 아기가 입을 배냇저고리, 속싸개, 기저귀 등은 병원에서 선물로 주는 경우도 있으므로 미리 확인하고 준비한다.
- **목이 긴 양말** 출산 후에는 몸을 따뜻하게 해 주는 것이 중요하므로 병실 안에서도 양말을 꼭 챙겨 신는다.
- **카디건** 출산 후에는 한기를 느끼기 쉬우므로 입고 벗기 편한 카디건을 준비한다.
- **퇴원복** 몸이 원래 상태로 돌아가려면 꽤 오랜 시간이 걸리므로 퇴원할 때는 임신복이나 허리선이 들어가지 않은 원피스, 여유 있는 바지나 스커트가 좋다.
- **타월** 타월은 입원 시 매우 요긴하게 쓰이므로 여러 장 준비한다. 세면용으로 이용될 뿐 아니라 머리를 감거나 베개에 덧대는 등 다용도로 쓰인다.
- **팬티, 산모용 패드** 분만 후에는 질 분비물이 증가하므로 속옷과 패드를 자주 갈아 주는 것이 좋다. 이때 속옷과 패드는 여유 있게 준비한다.
- **현금과 신용카드** 병원에서 쓸 입원비를 준비하되 모두 현금으로 소지할 필요는 없다. 비상시를 대비해 신용카드 한 장 정도는 챙긴다. 실제로, 최근에는 신용카드로 입원비를 계산하는 경우가 늘고 있다.
- **휴대전화, 카메라** 남편이나 친지, 가까운 사람에게 연락할 수 있도록 휴대전화를 챙긴다. 아기의 모습을 남길 수 있도록 카메라도 준비하는 것이 좋다.

임신 35~40주 Best 궁금증

Q 임신 중 몸무게가 20kg 이상 늘었는데, 출산 시 문제가 되지는 않을까요?

A 임신 중 체중이 지나치게 불었다고 해서 모두 난산을 하는 것은 아니지만 이제부터는 체중 관리에 신경을 쓰는 것이 좋다. 자연 분만에 성공할 수도 있지만 산도에 지방이 많아지면 출산 시 어려움을 겪을 수 있기 때문이다. 본격적인 진통이 시작되기 전까지는 난산 여부를 예측하기 어렵지만 평소 순산을 돕는 운동을 꾸준히 하면 자연 분만에 성공할 수 있다.

Q 출산 예정일이 1주일 정도 남았는데 배변 시 힘을 주다가 아기가 나오지 않을까 걱정돼요.

A 분만이 진행되어 자궁구가 어느 정도 열리기 전까진 배변 시 힘을 준다고 아기가 나오는 것은 아니다. 진통이 시작되지 않았으면 더욱 이런 일이 일어나지 않는다. 으히려 이런 걱정 때문에 배변 시 힘을 적게 주는 일이 반복적으로 일어나면 변비가 되기 쉽다.

Q 입원 준비를 하려고 해요. 어떤 것을 챙기고, 어떤 준비를 해야 하나요?

A 입원 준비를 할 때는 건강보험증, 산모수첩, 진찰권, 도장, 필기도구, 세면도구, 수저, 속옷, 산모용 패드, 퇴원 시 아기에게 입힐 옷 등을 하나하나 체크해서 꼼꼼히 챙긴다.

자연 분만을 생각하고 있었다 하더라도 출산 중 위급 상황이 발생해 제왕절개 수술을 해야 하는 경우가 생길 수 있으므로 입원비는 여유 있게 준비해 두는 것이 좋다.

또한 출산 후 산후조리를 어디서 할 것인지, 초산이 아니라면 큰아이를 어떻게 돌볼 것인지 미리 정해야 한다. 임신 후기에는 혼자 멀리 나들이하는 것을 피하고 외출할 때는 비상연락망과 그동안의 검진 기록이 담긴 산모 수첩을 가지고 다녀야 한다.

Q 진통이 너무 길어지면 배가 고프고 지칠 것 같은데, 그럴 때 무언가 먹어도 되나요?

A 분만 직전이나 분만 중에는 금식해야 한다. 특히, 분만 과정에서 음식을 먹으면 구토를 일으켜 위 속에 있는 내용물이 기도로 넘어갈 수 있다. 토사물이 기도로 들어가면 흡인성 폐렴이 발생해 산모를 위험한 상태로 몰아갈 수 있으므로 아무것도 먹어서는 안 된다.

만약 집에서 진통이 오는 것 같으면 음식물 섭취를 금하고 병원으로 향한다. 배가 고파 탈진할 정도라면 병원에서 링거액을 충분히 투여할 것이다.

Q 출산 시 음모를 제거한다는데, 꼭 제거해야 하나요?

A 출산 시 음모를 면도하는 것은 혹시 있을지 모르는 세균 감염을 막기 위해서다. 그렇다고 음모를 완전히 제거할 필요는 없다. 자연 분만을 할 경우는 회음절개를 하는 부위만 제거하고 제왕절개 수술을 할 경우에는 하복부의 약간만 면도하면 된다.

Q 출산을 앞두고 있는데, 회음절개가 두려워요. 꼭 회음절개를 해야 하나요?

A 우리나라에서는 회음절개가 일반적이지만 유럽에서는 회음절개보다는 회음열상이 치유가 빠르고 문제도 적다고 보고 절개 없이 분만을 한다. 단, 아기의 머리가 아주 크거나 조산일 경우에는 아기의 머리에 가해지는 압박을 줄이기 위해 반드시 회음절개를 해야만 한다. 또한 태아의 심음이 가빠져서 서둘러 분만을 진행해야 하는 경우, 겸자 분만이나 흡입 분만 등 기구를 이용하여 분만하는 경우, 엄마가 충분히 힘을 주지 못해 아기가 산도에서 빠져나오지 못할 경우에도 회음절개가 필요하다.

Q 출산 시 아기의 얼굴을 보고 싶은데, 렌즈를 끼고 분만해도 괜찮은가요?

A 분만 중 렌즈를 껴도 상관없지만 렌즈를 빼고 분만을 하더라도 간호사의 도움을 받으면 아기의 얼굴을 볼 수 있다. 분만 직후 간호사에게 안경을 끼워 달라고 요청하면 친절하게 도와줄 것이다.

Q 제왕절개 수술로 첫 아이를 낳았는데, 둘째는 자연 분만할 수 없을까요?

A 임신부의 상태에 따라 다르다. 과거에는 제왕절개 수술을 한 여성은 다음 번 임신에서도 제왕절개 수술을 하는 것을 원칙으로 여겼다. 하지만 요즘에는 제왕절개 수술을 받은 임신부의 상태가 건강하고 이상이 없으면 자연 분만을 할 수도 있다. 단, 골반이 작거나 태아 감염이 의심될 때, 임신부가 당뇨병이나 고혈압 등으로 자연 분만이 어려울 때는 제왕절개 수술을 해야 한다.

제왕절개 수술을 받은 산도가 다음 번 출산 시 자연 분만을 하는 경우를 브이백(VBAC)이라 하는데, 이때는 산모와 태아의 상태뿐 아니라 비상시에 적절한 조치를 취할 수 있는 제반 환경이 마련되어 있어야 한다. 만약 제왕절개 수술 이후 자궁에 상처가 생겨 자궁 파열로 이어지면 임신부나 태아 모두 위험해질 수 있기 때문이다.

브이백(VBAC)은 담당의사와의 상담을 통해 결정하되, 응급 상황 시 적어도 15~30분 내에 응급 제왕절개 수술을 할 수 있는 여건이 마련되어 있는지 확인해 봐야 한다.

Q 친정엄마가 출산 시 고생이 심했다는데 혹시 엄마의 출산 스타일을 닮는 건 아닐까요?

A 친정엄마의 출산 스타일을 닮지는 않을까 걱정하는 임신부가 의외로 많다. 엄마와 딸은 체질이나 골격 등이 비슷한 경우가 많으므로 난산을 하지 않는다고 장담할 수는 없다.

하지만 출산 시 임신부와 아기의 상태, 자궁 수축 정도가 양호하면 친정엄마는 난산했더라도 순산하는 경우도 많다. 따라서 일어나지도 않은 일을 미리 걱정할 필요는 없다. 순산을 하는 데 가장 중요한 것은 바로 임신부의 마음가짐과 자세다.

Q 아기가 탯줄을 목에 감고 있다는데 자연 분만이 가능할까요?

A 자연 분만을 할 수는 있지만 출산 시 탯줄로 인해 저산소 상태가 되면 태아가 고통을 받거나 사망할 수도 있으므로 주의해야 한다.

탯줄이 감기는 원인은 태아가 양수 속에서 몸을 지나치게 많이 움직였거나 탯줄이 지나치게 짧거나 혹은 길어서 일어나는데, 이 경우 제왕절개 수술을 하는 것이 안전하다.

자연 분만 시에는 분만이 신속하게 이루어져야 하며 상태가 위급한 경우에는 자연 분만 중이라도 제왕절개 수술을 해야 한다.

Q 분만 예정일이 거의 다가왔는데 약간의 출혈이 보여요. 바로 병원에 가야 하나요?

A 태아를 밀어내는 힘이 작용하면 자궁경관이 서서히 열리면서 약간의 출혈이 생길 수 있다. 이것을 이슬이라고 하는데 자궁경관에서 분비되는 점액과 혼합되어 다갈색 혹은 붉은 젤리 같은 출혈이 비친다. 이 피가 섞인 분비물이 있은 후 곧 진통이 오는 일도 있지만 2~3일이 지나서 진통이 시작될 수도 있다. 일단 이슬이 보이면 이제 분만이 시작된다는 신호이므로 마음의 준비를 하고 진통 간격이 어떻게 오는지 관찰한다.

Q 진통 중에 자제력을 잃고 싶지 않은데, 신음하거나 고함을 지르면 어떻게 하죠?

A 진통과 분만 중에 일어나는 일을 수치스럽게 받아들일 필요는 없다. 진통과 분만은 자기 몸을 완전히 통제할 수 없는 드문 경우로, 신음하고 진땀을 흘리고 고함을 지른다고 해서 분만실 의료진이 이상하게 생각하지는 않는다.

산부인과 의사는 이런 일을 여러 번 경험한 사람들로, 임신부의 고통을 누구보다도 잘 이해한다. 만약 의료진이 3.5kg 정도 되는 아기가 산도를 밀고 나올 때 일어나는 일을 이해하지 못한다면 그들은 직업을 잘못 선택한 것이다.

Q TV를 보면 아기를 낳다가 죽는 경우가 있던데, 분만 중 죽는 일도 있나요?

A 의학이 별로 발달하지 않았던 과거에는 분만 중 사망하는 산모가 더러 있었다. 하지만 요즘에는 의학이 발달해 분만 시 임신부가 사망하는 경우는 극히 드물다.

모든 산모가 쉽게 아기를 출산하는 것은 아니지만 우리나라가 OECD에 가입할 때 보고한 지표로는 분만 시 사망률은 10만명 당 20명이라고 하니 이는 꽤 낮은 수치라고 볼 수 있다. 분만 시 산모가 사망하는 경우는 평소 심각한 지병을 앓고 있었거나 분만 시 과도한 출혈, 부적절한 처치 등이 원인으로, 평소 산전 관리를 잘하고 믿을 만한 병원을 선택했다면 이러한 일은 거의 일어나지 않으므로 안심해도 좋다. 실제로 대부분의 임신부가 별 탈 없이 임신과 출산 과정을 마친다.

참고로, 자연 분만보다는 제왕절개 수술로 분만한 경우 사망률이 더 높다. 제왕절개 수술을 받으면 마취 후유증이나 출혈, 세균 감염 등 합병증이 생길 위험이 더 높기 때문이다.

제왕절개 수술로 아기를 낳으면 자연 분만보다 통증이 심하다던데, 사실인가요?

제왕절개 수술 후의 통증은 자연 분만 시 통증보다 훨씬 심하다. 마취가 어느 정도 깬 수술 당일 꿰맨 부위 통증이 가장 심하다. 하지만 1~2일 후면 차츰 나아진다. 제왕절개 수술의 경우 회복 시간 또한 자연 분만 시보다 길다.

분만 예정일이 지났는데 출산 징후가 전혀 없어요. 언제 병원에 가야 하나요?

임신 42주가 지났어도 출산 기미가 없으면 병원을 찾아 진단을 받는 것이 좋다. 분만 예정일은 임신 40주로, 태반은 예정일을 넘기면 점차 노화하기 시작하여 42주를 기점으로 그 기능이 급격히 떨어지는 것이 보통이다.

흔히 초산부가 경산부보다 늦어지는 일이 있는데 태반이 노화되면 태아에게 충분한 산소와 영양을 공급하지 못하므로 사산을 초래할 수 있다. 이럴 때는 인공적인 방법으로 진통을 일으켜 출산을 유도하는 방법이 있다.

임신한 뒤로 부부관계도 줄고 남편과 대화도 줄었어요. 아기가 태어나면 남편과의 관계가 더 소원해지지 않을까요?

현재 남편과의 사이에 문제가 있다면 아기로 인해 둘 사이가 더 멀어지지 않을까 걱정이 될 수 있다. 이럴 때 가장 좋은 방법은 남편에게 자신의 감정을 솔직히 이야기하는 것이다. 어쩌면 남편도 똑같은 걱정을 하고 있을지 모른다. 출산 후 더 돈독한 관계를 유지할 수 있도록 함께 고민을 이야기하고 풀어나가는 과정이 필요하다.

분만 시 고통을 참을 수 없을 것 같아 경막 외 마취를 하려는데 비용은 얼마나 드나요?

경막 외 마취는 보험 적용을 받을 수 없다. 병원마다 조금씩 차이가 있지만 대체로 10만원 안팎이다. 모든 산부인과에서 경막 외 마취 분만을 할 수 있는 것은 아니므로 경막 외 마취를 하기 전에는 전문 마취과 의사가 있는지 확인하는 것이 필요하다.

Q 분만 시 경막 외 마취를 하면 태아에게 해롭지 않나요?

A 경막 외 마취를 하면 혈압이 떨어질 수 있지만 태아에게 해롭지는 않다. 참기 어려운 진통과 경련이 가라앉고 긴장이 풀려 오히려 태아에게 긍정적인 영향을 줄 수 있다.

하지만 경막 외 마취를 모든 임신부가 받을 수 있는 것은 아니다. 저혈압 환자나 혈액 감염, 기존 국소 마취제에 알레르기 반응을 보였던 임신부는 받을 수 없다.

Q 탯줄을 자를 때 아기가 통증을 느끼는 것은 아닐까요?

A 아기가 태어나면 입에서 이물질을 제거한 다음 숨을 제대로 쉬는지 확인하고 탯줄을 자르는데, 탯줄에는 통증을 느끼는 신경계가 없으므로 임신부나 아기 모두 아픔을 느끼지 못한다.

Q 출산 후 태반은 어떻게 처리되는지 궁금해요. 혹시 태반을 가져갈 수 있나요?

A 태반이 나오면 의사는 자궁 안에 잔여물이 남지 않았는지 관찰한 다음 폐기 처리한다. 인체에서 나온 적출물은 법적으로 연구용으로 쓰이지 않는 한 정식 허가받은 적출물 전문 업체에 넘겨야 한다. 따라서 산모가 요청해도 주지 않는다.

Q 경산부는 초산부보다 진통 시간이 짧다고 들었어요. 진통이 시작되면 언제 병원에 가야 할까요?

A 경산부는 언제 아기가 나올지 예측하기 어려운데다 초산부보다 훨씬 빨리 나오는 경향이 있다. 따라서 병원도 좀 더 빨리 가야 한다.

초산부는 진통이 7~10분 간격으로 오고 30~60초 정도 진통이 지속되면 곧바로 병원에 가야 하고 경산부는 진통이 10~15분 간격으로 오고 30~60초 동안 지속되면 병원으로 가야 한다.

초산이 오래 걸렸다면 경산이 빨라진다고 해도 비교적 진통이 천천히 진행된다. 물론 분만 장소까지의 거리, 자궁구의 상태와 일반적인 상태에 따라 좌우되므로 의사에게 물어보는 것이 좋다.

Q 제왕절개 수술은 3회 이상 할 수 없다고 하던데 사실인가요?

A 반드시 그렇지는 않다. 제왕절개 수술은 자궁의 절개를 어떻게 했느냐에 따라 위험도가 달라지며 드물지만 3회 이상 받는 임신부도 있다. 다만 수술 횟수가 늘어나면 늘어날수록 자궁 주위의 기관과 부속기관 사이의 유착이 심해져 수술 시간과 마취 시간이 길어지고 출혈량도 많아져 태아에게 좋지 않다. 또한 산후 회복 기관이 길고 세균에 감염될 위험이 높아지므로 3회 이상 반복해서 제왕절개 수술을 받는 것은 바람직하지 않다.

bonus page

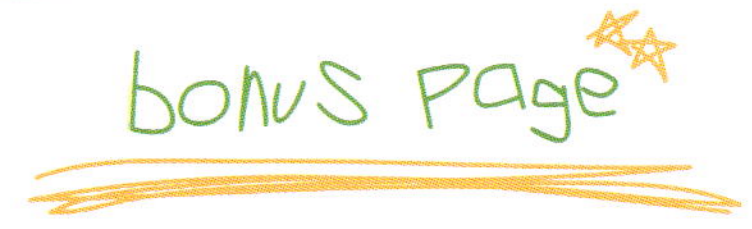

아기 용품 준비하기

아기 용품을 준비할 때는 무엇을 살지 미리 계획을 세우는 것이 좋다. 예쁘다고 해서 이것저것 사다 보면 써보지도 못하고 버리는 경우가 생긴다. 아기 용품은 출산 1~2개월 전부터 구입하되, 꼭 필요한 물품만 산다.

신생아 의류

1
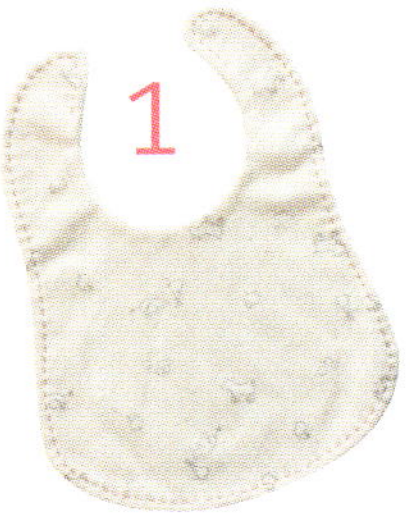

2
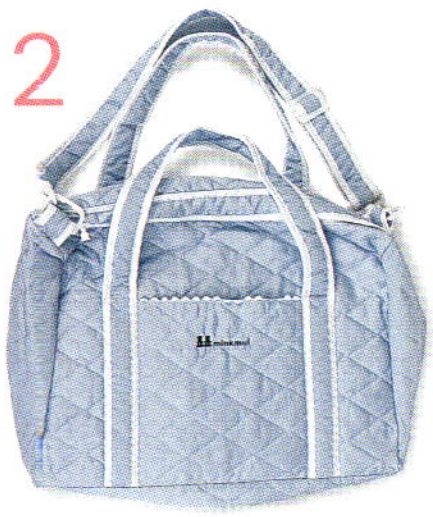

3
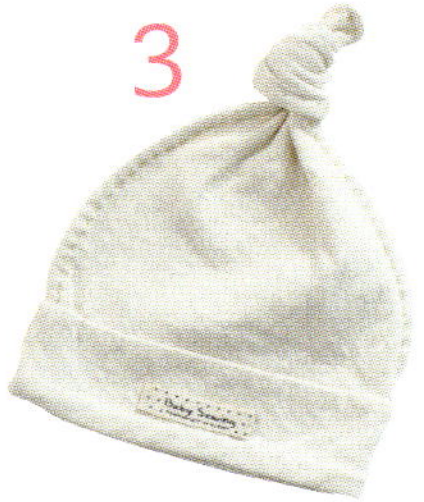

4
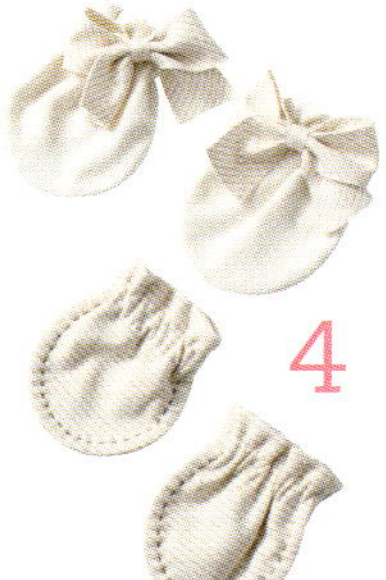

5
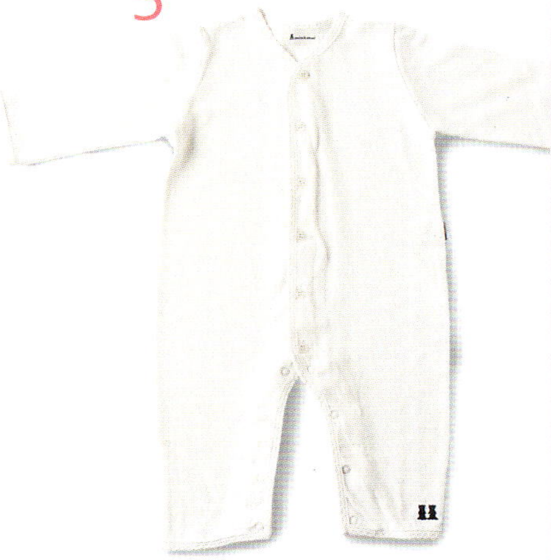

1 **턱받이** 신생아는 자주 토한다. 생후 3개월부터는 침도 많이 흘리므로 반드시 구비하는 것이 좋다.
2 **기저귀 가방** 병원에 가거나 아기와 외출할 때 꼭 필요하다. 주머니도 많고 가벼워 부담 없이 들 수 있다.
3 **모자** 머리숱이 적고 머리 정수리에 천문이 열려 있으므로 외출할 때 씌우는 것이 좋다.
4 **손싸개** 보온 효과도 있지만 손놀림을 하다가 얼굴에 상처를 내거나 태열이 있을 때 긁어서 상처가 커질 수 있으므로 손싸개를 꼭 해 준다. 땀 흡수가 잘되는 면 소재로 선택한다.
5 **우주복** 아기 외출복으로, 위아래가 붙어 있어 활동성과 보온성이 뛰어나다. 첫나들이나 병원에 예방접종하러 갈 때 입히면 편리하다.
6 **배냇가운** 배냇저고리 위에 입히는 겉옷으로 겨울에 특히 필요하다. 배냇저고리보다 길고 기저귀를 갈 때 편리하도록 앞트임으로 되어 있다.
7 **내의** 출생 후 1개월 이후부터는 내의를 입힌다. 아기는 하루하루 몰라보게 자라기 때문에 조금 넉넉한 사이즈로 준비한다.
8 **배냇저고리** 갓난아기의 기본 속옷. 시접이 없고 단추가 달리지 않은 순면 100% 소재를 고른다. 신생아는 조심스럽게 다루어야 하므로 입히기 편하고 아기에게 부담을 주지 않는 것으로 골라야 한다.
9 **유모차** 아기와 외출할 때의 필요한 아이템으로, 침대형과 휴대형 2가지가 있는데 아기가 태어난 뒤 구입하는 것이 좋다.

6
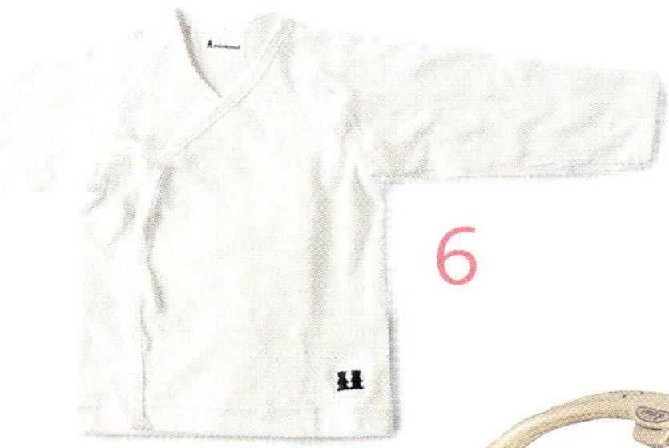

7
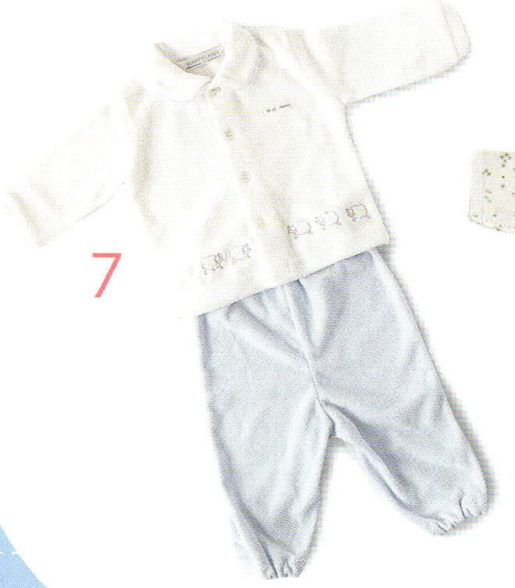

8
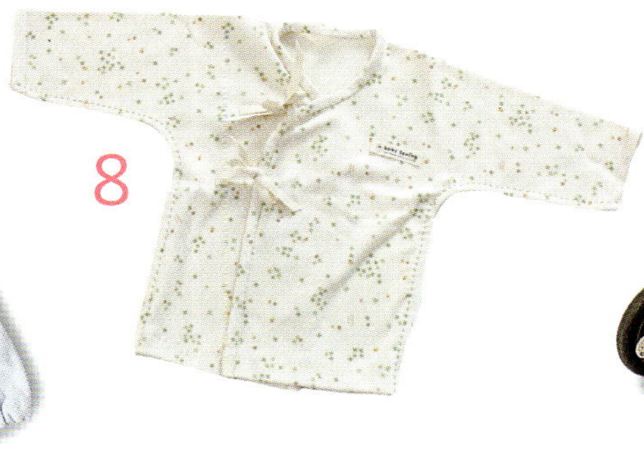

9
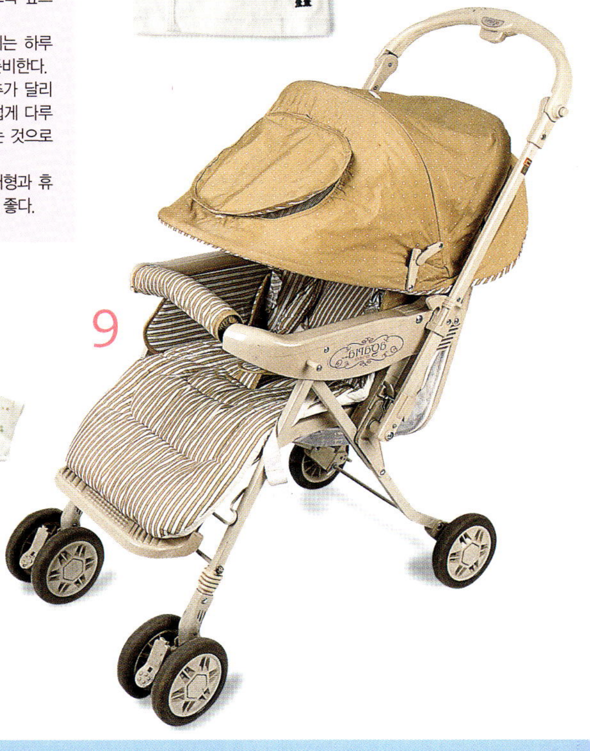

침구류

1 이불 세트 신생아는 땀을 많이 흘리므로 흡수성이 좋은 면 소재의 이불을 구입한다. 목화솜이 들어 있는 것이 가볍고 따뜻하다. 너무 두껍거나 푹신하면 신생아의 얼굴을 덮어 질식 우려가 있으므로 이불 커버가 누빔 처리된 것이 좋다. **2 겉싸개·속싸개** 바람을 막아 주고 눈부심을 가려주는 겉싸개는 요로, 아기를 부드럽게 감싸는 속싸개는 목욕타월로도 사용할 수 있다. **3 아기 베개** 차가운 성질이 있는 좁쌀 베개는 머리의 열을 식혀 열이 많은 신생아에게 꼭 필요한 용품이다. 가운데가 오목하게 들어간 짱구 베개는 머리가 납작해지는 것을 막아 준다.

수유 용품

1 젖꼭지 젖꼭지는 신생아용, 우유용, 이유용 등 3가지로 구분되는데 구멍 크기가 맞지 않으면 신생아가 먹기 불편하다. 반드시 신생아용을 확인한 뒤 구입하고 젖꼭지만 따로 2～3개 준비해 놓는다. **2 젖병** 소독하면서 편안하게 먹일 수 있도록 7개 이상 준비한다. 끓는 물 소독이 가능하고 씻기 쉽도록 겉면이 매끈한 소재로 고른다. **3 분유 케이스** 외출할 때 편리한 아이템으로, 케이스 1개당 1회분씩 담아 보관하므로 분유 탈 때 편리하다.

목욕 용품

1 아기 목욕 타월 한쪽 귀퉁이가 고깔 모양으로 만들어진 아기 전용 목욕타월은 아기의 몸과 젖은 머리까지 모두 감싸줄 수 있어 실용적이다. 큰 타월이 있으면 대신 사용해도 괜찮다.
2 아기 샴푸와 비누 순하고 향이 자극적이지 않는 아기 전용 샴푸와 비누를 구입한다.
3 베이비파우더와 오일 살이 접히거나 땀띠가 난 곳에 꼼꼼하게 발라 주면 짓무름을 방지할 수 있다. 베이비오일은 피부가 건조해지는 것을 막아 주고 피부를 보송보송하게 만든다.
4 물티슈 신생아는 자주 변을 보므로 물로 밑을 씻어 줘야 하는데, 이때 물티슈를 사용하면 편리하다. 물티슈는 위생적이어서 아기의 코나 침을 닦을 때도 유용하다.
5 아기 욕조 미끄럼 방지 깔판이 있는 플라스틱 아기 욕조가 좋다. 아기를 목욕시킬 때 편안하고 안전하게 사용할 수 있다.

3

임신 10개월 맞춤태교

태아는 탯줄에 의지해 열 달 동안 엄마 뱃속에서 자라게 된다.
태아에게 임신 기간은 앞으로 세상을 살아나가게 될
토대가 되며, 이 시기 태아가 경험하는 모든 것은
태아의 잠재의식 속에 자리 잡는다. 임신에 성공한 이상,
이제부터 혼자만의 몸이 아니고 뱃속아기와 함께 한다는 의식을
가지고 생활해 나가는 것이 바람직하다. 소중한 아기가 건강하고
똑똑하게 자랄 수 있도록 음악도 듣고 이야기도 나누고 좋은 책을
읽으며 임신 기간을 보내려는 자세가 필요하다. 사랑과 배려가
듬뿍 담긴 태교를 할수록 태아의 성장과 발달도 빨라진다는
사실을 염두에 두고 앞으로 어떻게 좋은 태내 환경을 마련해 줄
것인지 꼼꼼히 계획을 세우고 실행해 나가는 것이 좋다.

1. 태교의 기본

태교를 시작하기 전에 무엇을 알아 둘까?

동서고금을 막론하고 뱃속에 아기를 잉태한 임신부들은 임신 기간 내내 언행과 몸가짐을 바르게 하는 것을 당연하게 여겨 왔다. 이는 태내교육, 즉 '태교'라는 이름으로 불리기 이전부터 계속되어 온 것으로, 오늘날에 이르러서는 태교의 과학적인 효과가 조금씩 입증되면서 태교에 대한 관심이 더욱 높아진 것이 사실이다.

우리 조상들은 예로부터 태교를 중시해 왔는데, 조선시대 태교 입문서, 〈태교신기〉를 보면 '태어나 10년 교육보다 태내 10개월 교육이 중요하다.'는 구절이 있다. 이는 정자와 난자가 만나 수정이 되고 한 생명으로 세상에 태어나기까지 뱃속 10개월이 얼마나 중요한지를 알려 주는 문구로, 엄마 뱃속에서 어떻게 지냈느냐에 따라 아이의

소양이나 능력이 달라진다는 것을 의미한다. 하지만 그렇다고 해서 무엇이든 좋다는 것을 가르치는 것이 태교는 아니다. 아기가 지닌 무한한 가능성을 열어 주고 올바른 인격체로 성장해 나가도록 발판을 만들어 주는 것이 태교의 진정한 의미다.

올바른 태교는 태아를 사랑하는 마음에서 비롯된다. 태아의 성장에 맞추어 엄마

뿐 아니라 아빠, 가족 모두가 시기적절한 자극을 주고 사랑이 듬뿍 담긴 교류를 통해 태아 발달을 돕는 것이다.

바람직한 태교

태교는 10개월 동안 태아가 건강하고 튼튼하게 자랄 수 있도록 편안하고 안락한 환경을 만들어 주는 데 목적이 있다.

간혹 미신으로 여겨지는 방법까지 남들이 좋다고 해서 무조건 따라 하는 임신부가 있는데 이는 바람직하지 않다. 임신부 자신이 편안하고 즐거울 때 비로소 태아도 기쁘고 행복하다는 사실을 잊지 말아야 한다.

♥ 효과적인 태교 방법

태아에게는 다양한 경험이 중요하지, 어떤 태교가 더 좋고 어떤 태교가 더 나쁘다고 말할 수 없다. 한 가지 태교 방법만 고집하기 보다는 태아가 많은 것을 보고, 듣고, 느낄 수 있도록 다양한 자극을 주는 것이 좋다. 다양한 경험을 할수록 적응력도 뛰어나고 건강한 아기를 낳을 수 있기 때문이다.

임신부가 편안한 마음으로 즐길 수 있는 태교를 하되, 가능하면 두 가지 이상을 선택해 각각의 미흡한 점을 보완하고 충족시킬 수 있게 한다. 단, 시끄러운 음악을 즐겨 듣거나 폭력적인 영화를 보는 등 태아에게 좋지 않은 것은 피하는 것이 좋다.

평소 잔잔하고 부드러운 태교음악이나 그림 등을 감상하면서 아이에게 풍부한 감성을 길러 주고 신문이나 책을 읽고 영어나 수학 등을 공부하면서 지적인 정보를 제공해 준다. 다양한 경험을 할 수 있는 환경을 조성해 주되, 어느 방면에 특히 두각을 보였으면 좋겠다는 바람이 있으면 좀 더 그쪽으로 비중을 둔다.

태교강좌 무료 체험할 수 있는 곳

태담태교, 음악태교, 국악태교, 운동태교, 학습태교 등 다채로운 태교 강좌를 무료로 진행하는 곳이 많다. 임신부는 누구나 무료로 참여할 수 있으니 체크해 두자.

♥ 태교교실 무료 사이트

● 남양아이 참여교실

www.namyangi.com 02) 734-1305

● 후디스맘 아카데미

www.ildongmom.com 02) 2049-2114

cafe.naver.com/foodismcmacademy

● 파스퇴르 아이 예비엄마교실

www.pasteuri.com 1577-6330

● 보령메디앙스 아이맘교실

www.i-mom.co.kr 080-079-0202

● 맘스클럽 예비엄마교실

www.moms-club.co.kr 02) 2268-0133

● 베페 맘스쿨

www.befe.co.kr 02) 556-2236

태교는 왜 필요할까?

머리 좋은 아기를 만든다

불과 얼마 전만 해도 대다수 사람은 아이의 지능지수는 선천적으로 타고난다고 믿었다. 하지만 최근 여러 연구 결과에 따르면 인간의 지능지수는 태내 환경, 즉 후천적인 요인에 의해 달라질 수 있다는 것을 보여 준다. 미국 피츠버그 대학팀은 사람의 I.Q를 결정짓는 데 유전자가 차지하는 비율은 48%밖에 되지 않는다고 발표했다. 이들이 내린 결론은 인간의 지능지수 형성에는 자궁 내 환경, 즉 태내 환경이 결정적이라는 것이다. 이는 천재가 아닌 보통 엄마도 태교를 통해 얼마든지 똑똑한 아이를 낳을 수 있다는 것을 말해 준다.

물론 태교가 지능 형성에 도움이 된다는 것이지 전부라는 것은 아니다. 태내뿐 아니라 태어난 후의 교육과 육아도 중요하다.

🌸 지능 형성에 결정적인 태교

인간의 뇌 세포는 약 140억 개에 이르는데, 놀랍게도 그 가운데 70% 이상이 태아 때 만들어진다고 한다. 그리고 오랫동안 기억해야 하는 정보는 뇌 부위 중에서도 해마를 자극하는 훈련을 하면 기억력이 향상된다고 알려져 있다. 따라서 임신부가 평소 해마를 자극하는 훈련을 하면 간접적으로 태아의 기억력에도 좋은 영향을 미친다.

올바른 성격을 형성한다

심리학자 하크로는 "아기의 성격은 임신 중인 어머니의 심리적인 상태와 환경에 가장 큰 영향을 받는다."고 말했다. 이는 임신 중 엄마의 기분이나 감정, 생활 태도가 태아의 성격 형성에 영향을 준다는 것으로, 실제로 임신 중 극심한 스트레스를 겪은 엄마에게서 태어난 아이에게 정신 질환 등 문제가 많다는 것이 입증되고 있다.

뱃속의 아기는 엄마의 행동이나 감정 변화를 함께 느낀다. 엄마가 먹는 음식물뿐만 아니라 호르몬과 체액을 통해 임신부의 정서도 그대로 태아에게 전달되기 때문이다. 갓 태어난 아기가 엄마 뱃속에서 들던 음악이 흘러나오면 미소를 짓거나 기분 좋은 몸짓을 하는 것은 바로 이 때문이다.

그렇다면, 태교의 기본은 무엇일까? 독일의 류케슈 박사가 2천 명의 임신부를 대상으로 한 연구 결과를 보면 태아에 대한 엄마의 태도가 태아에게 가장 큰 영향을 주었다고 한다. 임신부의 정서적인 안정과 아기를 사랑하는 마음은 고스란히 태아에게 전달되기 때문이다. 따라서 아기의 올바른 성격 형성과 정서적 안정을 위해서라도 임신부는 즐거운 생활 태도를 갖기 위해 노력한다.

아이의 평생 건강을 좌우한다

엄마 뱃속에 있는 열 달 동안 태아는 엄마의 전폭적인 지지가 필요하다. 미국 코넬대의 피터너대니얼스 교수는 사람의 평생 건강을 좌우하는 중요한 요소는 태내 환경이라고 발표했다. 이는 엄마와 태아 사이에서 이루어지는 신체적, 호르몬적, 감성적인 상호 작용이 아이가 살아갈 평생 건강에 큰 영향을 미친다는 것이다.

피터너대니얼스 교수가 연구한 한 가정의 사례만 보더라도, 한집에서 태어난 아이들일지라도 태내 환경에 따라 얼마나 극명한 차이를 보이는지 알 수 있다.

미국의 평범한 중산층 가정에서 태어난 두 아들 제임스와 윌리엄이 그 예다. 첫아들인 제임스가 태어날 때까지 그 가정에는 아무런 문제가 없었다. 그러다 제임스가 한 살이 되던 해부터 가세가 가파르게 기울어 생활이 궁핍해졌고, 그런 와중에 둘째 아들 윌리엄이 태어났다. 엄마가 편안한 상태일 때 임신해 출산한 제임스는 건강한 반면, 경제적인 어려움에 시달렸던 시기에 엄마의 뱃속에서 자란 윌리엄은 성인이 돼도 고

혈압과 당뇨에 시달리다 결국 60대 초반 심장마비로 사망하였다. 유전자가 비슷하고, 성장 배경이 같았던 형제의 건강 상태가 이렇게 다르다는 것은 태내 환경이 건강에 얼마나 큰 영향을 미치는지 보여 준다.

태아가 정상적으로 자라려면 엄마의 몸이 건강해야 한다. 진정으로 완벽한 임신 프로그램을 원한다면 임신 전부터 자궁뿐 아니라 여성의 몸 전체를 생명을 잉태할 수 있는 최상의 상태로 만들어 놓아야 한다. 단, 여기서 주목해야 할 것은 태교 시기는 놓치면 다시 되돌릴 수 없다는 사실이다.

가능하면 임신 전부터 계획을 세우고 준비하는 것이 좋고, 적어도 임신 사실을 확인한 다음에는 태교에 각별히 신경을 쓴다.

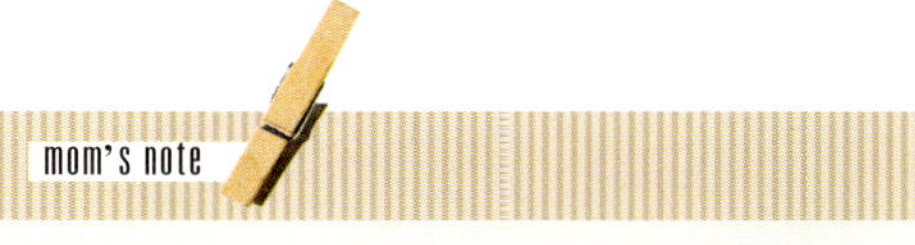

태아의 잠재능력

태아는 우리가 생각하는 것보다 직관력이 뛰어나고 감각 능력이 우수하며 감수성 또한 풍부하다. 엄마의 감정이나 행동에도 놀랄 만큼 예민하게 반응하는데, 호주의 한 연구팀은 임신부가 무덤덤한 영화를 볼 때보다 격한 영화를 볼 때 태아가 더 많이 움직인다는 사실을 알아냈다. 이는 임신부의 감정적인 반응이 클수록 태아의 반응도 커진다는 사실을 보여 준다.

태아는 자궁 내에서의 성장과정과 출생 때의 기억을 출생 후에도 잠재의식 속에 간직한다. 이러한 태내 경험들은 출생 후에도 영향을 미치는데 임신 기간에 얼마나 평온한 상태에서 아기와 교류를 했느냐에 따라 아기의 육체적, 정신적 기반이 결정됨을 알 수 있다. 아기의 무한한 잠재능력을 최대한 끌어내기 위해서라도 태교에 신경을 쓴다.

2. 소문난 태교 Best 8

일하는 엄마태교는 어떻게 할까?

직장에서의 태교

🎵 음악태교

혼잡한 출근시간을 피해 출근 시간을 30분~1시간 정도 앞당기는 것이 좋다. 차안에서 혼잡하면 배에 압박이 가해질 수 있고 스트레스를 받을 수도 있기 때문이다.

조금 일찍 일어나 사람들이 붐비지 않는 시간대에 출근하면서, 출근시간을 이용해 음악태교를 하도록 한다. 아침 기분이 하루를 좌우하므로 밝은 멜로디를 선택해 듣는 것이 좋다.

또한 일하는 엄마가 꼭 기억해야 할 것은 여러 가지 태교를 모두 하겠다고 욕심을 내서는 안 된다는 것이다. 실천하기 쉬운 태교법을 한두 가지만 골라서 집중적으로 하는 것이 효과적이다. 다른 임신부들은 태아에게만 온갖 정성을 쏟는데 난 그러지 못해 아기에게 너무 미안하다는 생각은 전혀 가질 필요가 없다. 열심히 일하는 엄마는 이미 그 자체로 태아에게 훌륭한 태교를 하고 있기 때문이다.

🌸 산책태교

식사 후 잠깐 근처 공원이나 회사 주변 한적한 것을 천천히 걸으며 일광욕을 통해 태아에게 비타민 D를 공급해주는 것도 좋다. 종일 실내에 있기보다는 한 번씩이라도 맑은 공기를 쐬며 기분전환도 하고 가벼운 스트레칭이나 체조를 하는 것도 필요하기 때문이다.

육체 노동량이 많거나 경직된 자세로 근

무하는 임신부의 경우 점심시간 동안 최대한 편안한 자세로 음악을 듣거나 머리를 식히며 잠을 청한다든지 태아와 태담을 나누며 휴식을 취하는 것도 좋다. 단, 임신초기와 후기에는 임신부의 건강상태에 따라 산책도 무리가 될 수 있으므로 전문의와 상담이 필요하다.

🌸 태담태교

일하는 도중에도 '엄마는 지금 이러이러한 일을 하고 있단다' 하고 설명을 해준다든지 일을 하거나 일상생활 속에서 일어나는 엄마의 감정변화, 속상한 이야기, 기분 좋은 이야기 등을 대화하듯 태아에게 들려준다.

태아와의 이러한 교감을 통해 엄마만이 느낄 수 있는 행복감을 맛볼 수 있을 것이다. 특히 누구한테도 말할 수 없는 속상한 일이 있을 때는 태아와의 대화를 통해 자연스럽게 마음이 정리되고 좀 더 객관적인 태도로 문제를 생각할 수 있게 되어 엄마의 정신건강에 도움이 된다.

🌸 건강태교

항상 바른 자세를 유지하도록 신경을 쓴다, 오랫동안 같은 자세로 일하는 경우 허리에 부담을 주어 요통이 생기거나 등이 아플 수 있으므로 일하는 중간중간 스트레칭으로 몸을 풀어주도록 한다. 또한 한 곳에 장시간 앉아있는 경우 다리에 부종이 생길 수도 있다.

1시간 정도 일한 뒤에는 10분 정도씩 휴식을 취하는 것이 적당한데 가벼운 체조가 부기를 예방한다.

또한 임신 중에는 화장실에 자주 가게 되는데 그것이 귀찮아 참는 경우가 있다. 하지만 소변을 계속 참으면 방광염을 초래할 수 있으므로 주의해야 한다.

가정에서의 태교

🌸 남편과 가사분담

임신 중에 회사일과 집안일을 모두 혼자서 한다는 것은 불가능하다. 남편의 전폭적인 지지가 필요한 시기. 요일별로 가사를 분담하거나 힘든 일 등은 남편의 몫으로 돌리는 것이 현명하다.

🌸 균형 잡힌 식사

직장생활을 하다보면 고른 영양섭취를 하기가 쉽지 않다. 특히 많은 직장인들이 아침 식사를 거르는 경우가 많은데 임신 중에는 반드시 아침식사를 하고 출근하는 습관을 들이도록 한다.

시간이 없어서 혹은 아침을 먹는 게 습관이 되지 않아서 거북하다면 가볍게 먹을 수 있는 간편한 대용식을 찾아보고 그것마저 부담스럽다면 우유 한 잔이라도 꼭 마신다.

외식을 할 경우 불참하기보다는 동료들의 이해를 구하고 함께 어울리는 것이 좋다. 하지만 흡연장소나 공기가 잘 안 통하는 곳은 피하도록 한다.

내 몸에 꼭 맞는 임부복

직장인을 위한 임부복

회사에 다니는 경우 아무래도 옷차림에 신경이 많이 쓰이게 된다. 그렇다고 아무 옷이나 입거나 옷을 자꾸 살 수도 없으므로 기본적인 스타일 몇 벌을 구입한 뒤 상의와 하의를 교체해 입는 아이디어를 발휘해 보자.

Simple

← 허리 부분에 주름이 들어가 배의 모양을 자연스럽게 잡아주는 블라우스와 어떤 상의와도 잘 어울리는 기본 화이트 스커트. 에프이스토리

1 어떤 컬러와도 잘 어울리는 화이트 칠부 팬츠. 허리 조절이 가능하다. 에프이스토리
2 다양한 상의와 매치가 가능한 기본 블랙 스커트. 허리 조절이 가능하다. 에프이스토리
3 재킷 없이 입어도 깔끔한 부드러운 실크 소재의 블라우스. 에프이스토리
4 여러 가지 컬러와 디자인을 다 소화할 수 있는 기본 일자 블랙 팬츠. 에프이스토리
5 가운데 부분에 길게 스티치가 들어가 몸이 날씬해 보이는 블라우스. 에프이스토리

제품 | 에프이스토리 (02-518-2030)
　　　 프레몽 (02-784-2030)

6 슬리브리스와 카디건 한 벌로 된 트윈 니트. 시원한 소재라 여름에 땀이 나도 몸에 붙지 않는다. 에프이스토리
7 심플한 디자인의 슬리브리스 원피스와 다른 옷과도 코디가 가능한 망사 카디건. 프레몽
8 스커트나 청바지 등 정장과 캐주얼에 다 어울리는 스트라이프 재킷. 에프이스토리
9 가슴에 주머니가 달려 있는 깜찍한 기본 스타일의 원피스. 에프이스토리
10 부른 배를 감춰주면서 날씬해 보이는 블랙 반코트. 에프이스토리
11 양쪽에 주머니가 달려 있어 배가 두드러져 보이지 않게 해주는 원피스. 에프이스토리

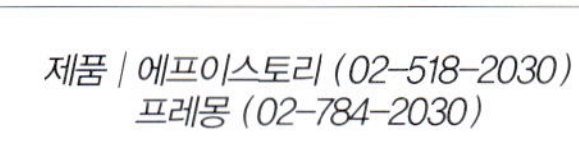

3
4
5
6
7
8
9
10
11
201

전업주부를 위한 임부복

태교를 위해서는 집에 있더라도 예쁘게 입고 있는 것이 좋다. 단, 임부복을 고를 때는 디자인과 소재가 모두 몸에 편안한 것으로 고르도록 한다. 특히 청바지나 면 소재 임부복은 활동성이 뛰어난 아이템.

↑ 면 소재로 된 트레이닝 원피스. 일반 트레이닝 원피스와 달리 A라인으로 돼 있어 활동하기 편하다. 에프이스토리

1 가슴 윗부분에 달린 프릴이 시선을 끌어 부른 배를 감춰주고 신축성 있는 소재로 되어 있어 더욱 편안한 슬리브리스 셔츠. 프레몽
2 허리가 고무줄로 되어 있으며 옆 부분에 라인이 들어가 다리가 길어 보이는 진 팬츠. 에프이스토리
3 칠부로 되어 있어 산뜻해 보인다. 아랫단에 가로로 들어간 무늬가 포인트. 프레몽

4

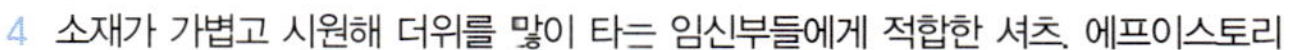

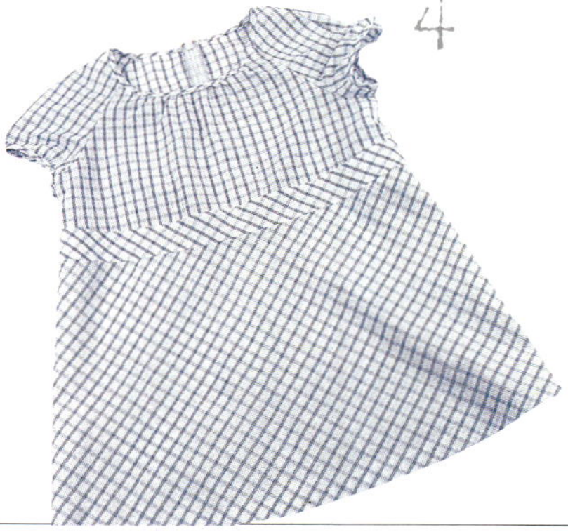

5

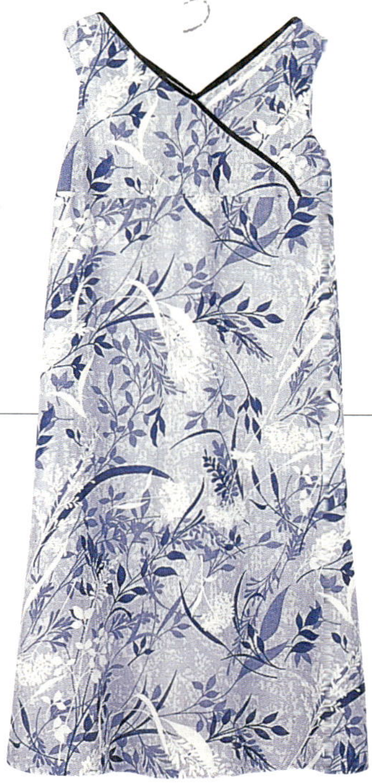

6

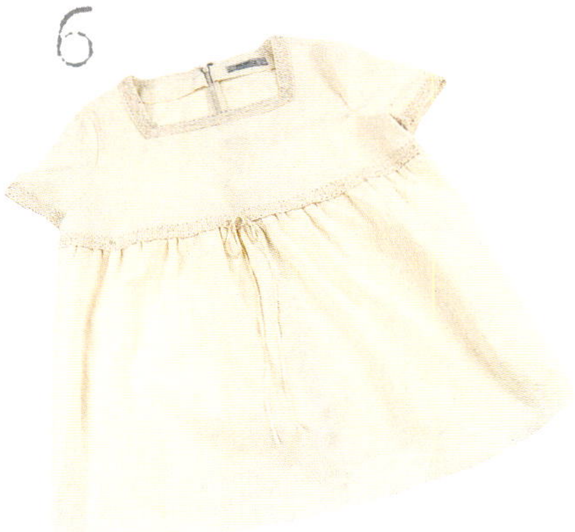

7

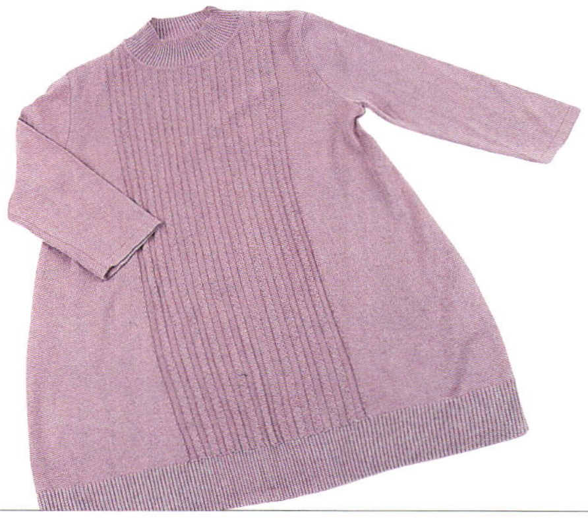

8

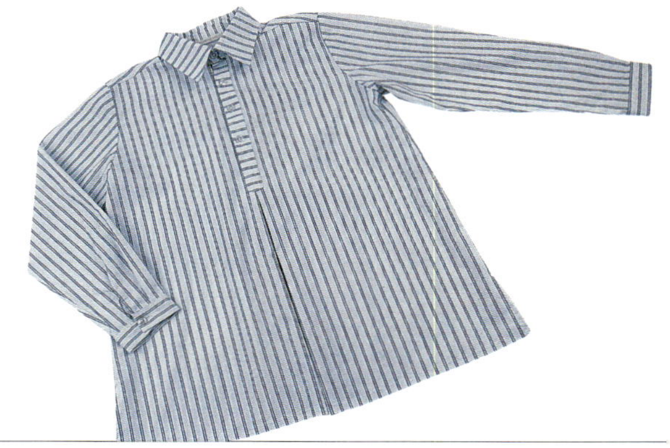

9

4 소재가 가볍고 시원해 더위를 많이 타는 임신부들에게 적합한 셔츠. 에프이스토리
5 나뭇잎 프린트가 시원한 리넨 소재 원피스. 화이트 카디건과 매치하면 좋다. 프레몽
6 앞가슴에 리본이 달려 깔끔한 블라우스. 에프이스토리
7 몸의 자연스러운 곡선을 살리도록 디자인되어 있는 화사한 컬러의 니트. 에프이스토리
8 앞트임이 있어 배를 편안하게 해주는 경쾌한 스트라이프 셔츠. 프레몽
9 어깨와 팔이 넉넉해 어떤 임신부에게도 잘 어울리는 디자인의 원피스. 프레몽
10 하나쯤 있으면 임신기간 내내 다양하게 코디해서 입기 좋은 칠부 팬츠. 프레몽
11 허리 조절이 가능하고 허벅지가 날씬해 보이는 A라인의 진 스커트. 에프이스토리

10

11

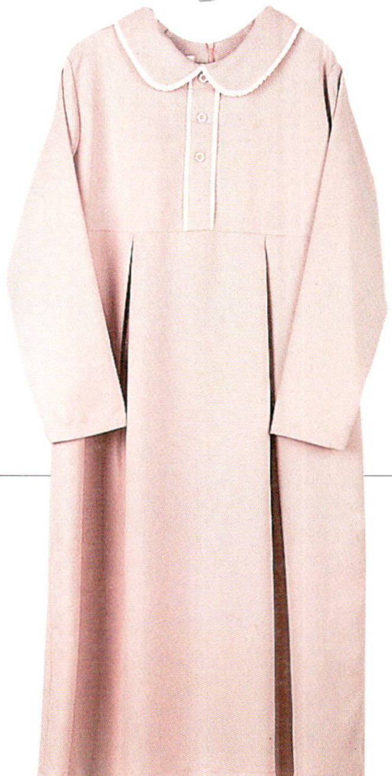

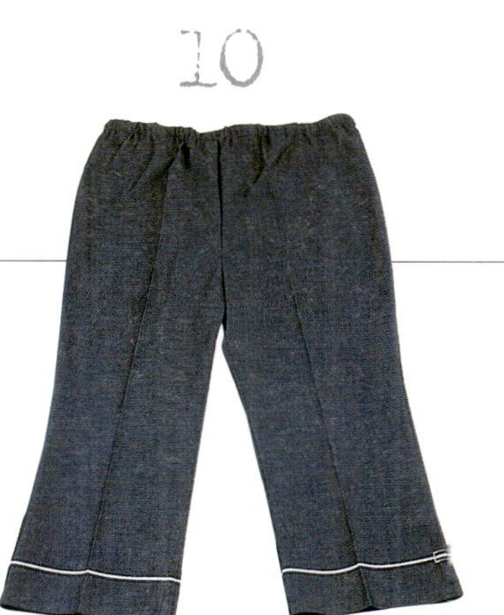

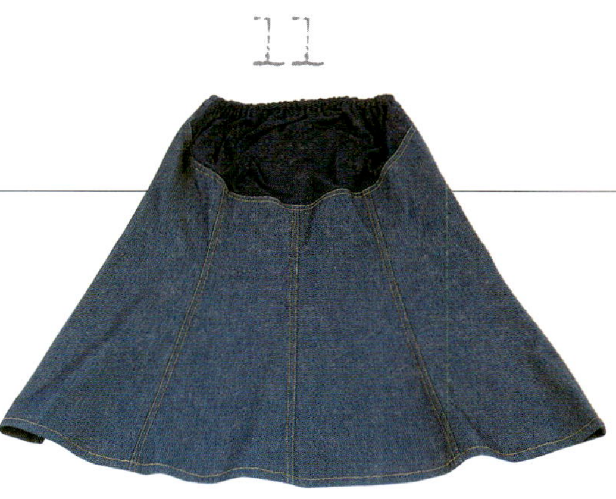

음악태교는 어떻게 할까?

음악은 기분을 좋게 하고 마음을 편안하게 한다. 이는 임신부나 태아에게도 마찬가지다.

태아는 6~12주가 되면 엄마의 몸을 통해서 전달되는 소리 진동을 느끼며 20주가 지나면 어른과 비슷한 청각기능을 갖는다. 20~24주가 지나면 청각기능이 완전히 발달해 외부 소리 자극에 심장박동이 빨라지기도 하고 느려지기도 한다. 태교에서 음악 효과를 빼놓을 수 없는 것도 이 때문이다.

임신 초기에는 엄마의 소화기관, 순환계의 흐름에서 오는 소리를 느끼지만, 중기부터는 엄마의 목소리나 바깥 소리에도 귀를 기울인다.

음악태교의 효과

우뇌 발달을 돕는다

태아의 두뇌 발달을 돕는 데 청각이 차지하는 부분은 무려 90%나 된다. 음악은 감각 영역을 담당하는 우뇌를 자극하므로 음악을 꾸준히 들으면 상상력과 창의력은 물론 집중력도 기를 수 있다. 실제로 뱃속

mom's note

상황별로 골라 듣는 태교 음악

★ **아침에 일어나서**
- 차이코프스키의 '잠자는 숲속의 미녀' 중 '폴라카', '안단테 칸타빌레', '행진곡'
- 모짜르트의 성악곡 '봄의 서곡' / 슈베르트의 '악흥의 순간' 중 3번
- 베토벤의 교향곡 6번 '전원' / 요한스트라우스 2세의 '아름답고 푸른 도나우'
- 그리그의 '페르귄트' 중 아침, '솔베이지의 노래', '아라비아의 춤', '아니트라의 춤'

★ **잠잘 때**
- 슈베르트의 '자장가', '아베마리아', '들장미' / 모짜르트의 '자장가'
- 브람스의 '자장가' / 베토벤의 '엘리제를 위하여', '월광소나타'
- 고다르의 '조슬랭의 자장가' / 크라이슬러의 '자장가' / 드뷔시의 '월광'
- 샤논의 '아일랜드 자장가' / 거신의 '섬머타임'

에서 음악을 자주 들은 아이는 출생 후 말을 빨리 배우고 집중력도 높다고 한다.

🌸 청각기능 발달을 돕는다

태아에게 특정한 소리를 반복해 들려주면 소리에 대한 감수성이 발달하면서 태어난 뒤에도 그 소리를 기억하고 좋아하게 된다. 특히, 소리 중에서도 엄마의 목소리를 가장 좋아하는데 엄마의 목소리는 공기 진동뿐만 아니라 임신부의 골격과 신체조직의 진동을 통해 태아에게 빠르게 전달되기 때문이다.

🌸 정서가 안정되고 감성이 풍부해진다

음악은 사람의 감정, 호르몬, 혈압 등에 영향을 준다. 음악을 들으면 감각이 적당히 자극되고, 근육은 부드럽게 이완되며 뇌 기능을 활성화하는 호르몬의 분비를 촉진한다.

특히 태아의 뇌파는 부드러운 선율과 리듬을 가진 음악을 들을 때 안정적인 상태의 알파파로 변하는데 이러한 알파파는 행복감을 주는 엔도르핀 분비를 촉진한다.

음악태교 실전 포인트

🌸 임신 기간 내내 꾸준히 듣는다

태아는 10주를 전후해 소리와 진동을 의식하고 12주면 바깥의 소리를 들을 수 있다고 한다. 특히 28주에 접어들면 음악에 따라 심장박동이 빨라지는 등 반응을 보인

다. 따라서 어느 한 시기에만 집중적으로 음악태교를 하기보다는 초기부터 꾸준히 음악태교를 실시하는 것이 좋다.

🌸 자연의 소리를 들려준다

자연의 소리를 대신할 수 있는 음악은 없다. 자연의 소리는 아무리 들어도 지루하지 않고 마음을 평온하게 한다. 이것은 자연 속에 '생명의 리듬'이라는 'F분의 1' 리듬이 있기 때문이다. 이 리듬은 불안한 마음을 가라앉혀 주는 효과가 있다.

밖으로 나가 바람을 쐬며 직접 자연의 소리를 듣는 것도 좋지만 상황이 여의치 않다면 새 소리나 풀벌레 소리, 파도 소리 등을 녹음해서 듣는 것도 태아에게 좋은 자극이 된다.

🌸 국악이나 클래식을 듣는다

팝, 가요, 국악, 클래식, 재즈 등 음악의 장르는 무수히 많지만. 태교에 효과적인 음악은 자연의 소리에 가까운 클래식과 국악이다. 이러한 음악은 뇌의 활성화는 물

론, 정서 안정에도 도움을 준다. 하지만, 이때 엄마의 취향이 가장 중요하다. 좋아하지 않는 음악을 억지로 듣는 것은 스트레스를 불러오므로 아니 듣느니만 못하다.

💜 엄마가 좋아하는 음악을 고른다

아무리 좋은 태교음악이라도 임신부 취향에 맞지 않으면 소용이 없다. 팝이나 가요라도 임신부가 듣고 기분이 좋아지고 마음이 편안해진다면 태아에게 클래식 이상

음악태교 효과를 높여 주는 추천 도서

★ 클래식 태교음악
최영옥 지음

태교 상식, 시기별·주제별 태교에 좋은 클래식 음악 리스트, 태교 명시가 들어 있는 클래식 교양서로, 클래식 태교음악 CD가 함께 들어 있다. 곡의 해설과 탄생 배경도 설명되어 있어 흥미롭다.

★ 모차르트 이펙트 태교동화
박현주 지음

동화태교와 음악태교의 장점을 살려 만든 태교동화책으로, 태아의 두뇌 발달에 좋다는 모차르트 음악을 동화와 함께 접할 수 있다. 음악과 동화가 하나의 주제로 어우러져 태아의 오감 발달에 도움이 된다.

★ 뱃속 아기와 나누고 싶은 음악태담
백창우 지음

정겨운 노랫말과 태담이 수록된 태교음악서로, 함께 구성된 CD에는 뱃속 태아에게 좋은 자연의 소리가 담겨 있다. 우리말과 가락, 자연의 소리가 귀에 친숙한 악기와 잘 어우러져 있는 것이 특징이다.

의 긍정적인 효과가 있다. 태교음악은 자신의 취향이나 정서에 맞고 들어서 편안해지는 음악을 고른다.

💜 출산 후에도 음악을 들려 준다

아기가 태어난 후에도 뱃속에 있을 때 들려준 음악을 꾸준히 들려주거나 임신부의 심장박동수와 같은 1분에 60, 70박자의 음악을 들려주면 아기가 쉽게 안정이 된다. 울다가 울음을 그치기도 한다.

임신 개월 수에 따른 음악태교

부드럽고 잔잔한 음악은 임신부의 심박동수와 호흡, 혈류 등을 안정시켜 태아에게 편안한 태내 환경을 만들어 준다. 따라서 규칙적인 리듬, 안정된 멜로디 등 포근하고 감미로운 음악이 좋다.

임신 초기에는 어머니의 행복한 기분과 정서를 전할 수 있는 밝고 차분한 음악이 좋고 중기에는 태아의 움직임을 활발하게 유도할 수 있는 서정적이면서도 리듬감 있는 음악, 임신 후기에는 아기의 건강한 탄생을 준비하는 밝은 음악들이 좋다.

- **임신 3~12주** 임신 3주가 지나면 중추 신경과 심장이 형성되기 시작하고, 임신 8주가 지나면 심장이 뛰고 눈과 귀의 성장이 빨라지므로 음악태교를 시작하는 것이 좋다. 아직 소리를 들을 수 있는 것은 아니지만, 진동을 느끼는 시기이므로 엄마의 기분에 따라 변하는 심장박동에 영향을 받는다. 따라서 무엇보다 휴식과 안정을 가져다 주는 음악을 듣는 것이 좋다.

- **임신 13~20주** 임신 12주가 지나면 소리를 전하는 내이가 완성된다. 따라서 본격적인 음악태교를 실시하는데 이때 엄마의 기분이나 상황에 맞는 아름다운 음악을 들려주면 도움이 된다.

- **임신 21~28주** 임신 20주가 지나면 청각 기관이 발달하여 엄마의 목소리나 주변 소리에 반응하기 시작한다. 이때 부드러운 음악을 들려즈거나 엄마가 직접 노래를 불러 주면 태아 발달에 도움이 된다. 단, 소리보다는 리듬을 이해하는 단계이므로 태아의 상태를 고려해 음악을 선곡하면 태교에 도움이 된다.

- **임신 29~40주** 임신 후기에는 태아의 청각 기능이 거의 성인과 비슷하게 발달한다. 따라서 음악 감상 외에도 새 소리, 물 소리 등 다양한 소리를 들려주는 것이 좋다. 특히 32주가 지나면 소리의 강

시기별 효과적인 태교 음악

임신 3~12주	
모차르트	〈피아노 소나타 14번〉
헨델	〈하프 협주곡 제1악장 안단테 알레그로〉
슈만	'어린이의 정경' 중 작품 15 제1곡 〈미지의 나라〉
포레	〈꿈꾼 뒤에 작품7 제1번〉
바흐	〈G 선상의 아리아(관현악 모음곡 제3번 D장조 BWV 1068 제2곡〉
마스카니	〈카발레리아 루스티카나 간주곡〉
마이어즈	〈카바티나〉 등.

임신 13~20주	
아일렌베르크	〈숲속의 물레방아〉
드뷔시	교향시 '바다' 제2곡 〈파도의 유희〉
헨델	'수상 음악' 중 〈알라 혼파이프〉
브람스	〈비의 노래(바이올린 소나타 제1번 G 장조)〉 등.
바흐	〈브란덴부르크 협주곡〉

임신 21~28주	
생상스	'동물의 사육제' 중 제7곡 〈수족관〉
레스피기	교향시 '로마의 분수' 중 제4곡 〈황혼의 빌라메디치 분수〉
요한 요제프 슈트라우스	〈피치카토 폴카〉
드뷔시	소 모음곡 제1곡 〈조각배에서〉·〈월광〉
라벨	'거울' 중 제3곡 〈바다 위의 조각배〉 등.

임신 29~40주	
차이코프스키	발레 음악 '호두까기인형' 중 〈꽃의 왈츠〉
드보르자크	〈유모레스크〉
모차르트	'아이네클라이네 나흐트무지크' 제2악장 〈로망스〉
비발디	〈조화의 영감〉
요한 슈트라우스 2세	왈츠 〈아름답고 푸른 도나우〉
크라이슬러	〈사랑의 기쁨〉
생상스	'동물의 사육제' 중 제13번 〈백조〉 등.

약이나 차이를 구별할 수 있으므로 클래식 중에서도 다양한 악기로 연주한 곡을 들려준다. 진동의 폭이 넓은 현악기 연주곡이 좋으며, 국악도 좋다.

음악을 들을 때는 조용한 분위기에서 가능한 편안한 자세로 듣는다. 온몸에 긴장을 풀고 눈을 감은 다음 천천히 복식호흡을 하며 듣는 것이 좋다. 음악을 듣기 전이나 듣고 난 후에는 아기에게 음악가나 곡 이름, 만들어진 배경 등을 설명해도 좋다.

음악을 듣다 박자에 맞추어 살짝 몸을 흔들면 스트레스도 풀리고 기분도 한결 좋아진다. 단, 갑자기 소리를 높이거나 하면 태아의 호흡이 불규칙해지거나 놀랄 수 있으므로 주의한다.

엄마표 음악태교 효과 높이는 법

엄마의 노랫소리는 최고의 태교음악이다. 배를 가볍게 두드려 주며 자장가나 동요 등을 불러 주면 태아가 리듬감을 익히는 데 도움이 될 뿐 아니라 태아 마음을 편안하게 해 준다.

"임신 기간 내내 즐거운 마음으로 음악을 듣고, 노래를 불렀어요."

국악과 양악 두 방면에 모두 두각을 보이는 여진이는 꼬마음악가라는 닉네임을 가지고 있어요. 3년 전 예술의 전당 영재아카데미 작곡과에 최연소 합격, 해금을 배운 지 8개월 만에 한국예술종합학교 예비학교 해금과에 최연소 합격, 문화관광부에서 지원하는 한국예술영재교육원 전통예술분야에 최연소로 합격한 이력 때문에 붙여진 별명이죠.

여진이가 음악적 재능이 있다는 사실을 알게 된 건 만 3세 무렵이었어요. 대학 부설 유아음악 프로그램에 보낸 지 얼마 지나지 않아 동생의 울음소리를 듣고는 "엄마, 완재가 도~레~도~레 하고 울어." 하는 것이었어요. 그때는 그저 여진이가 음악에 관심이 많다고 생각했지 영재성이 있다는 생각은 못했어요. 그러던 어느 날 담당 선생님께서 저를 불러 여진이가 피아노의 음계뿐만 아니라 온갖 사물의 소리를 음으로 들을 수 있다고 하더군요. 그러더니 피아노를 배운 뒤로는 만 5세 무렵부터 멜로디에 어울리는 화성을 찾고 6세부터 새로운 멜로디를 흥얼거리며 혼자 작곡을 하기 시작했어요.

여진이의 이러한 음악적 감각은 뱃속에서부터 형성된 것이 아닐까 생각해요. 제가 워낙 음악을 좋아하는데다 학창시절 합창부나 성가대를 할 만큼 노래 부르기를 좋아해 여진이를 임신해서도 남들보다 자주 노래를 불렀거든요.

임신 40주 내내 눈 뜰 때부터 자기 전까지 항상 즐거운 마음으로 음악을 듣고 노래를 불렀어요. 음악은 주로 클래식 음악을 듣고 가끔 영화 음악도 들었어요. 그때를 회상해보니 여진이가 태어날 무렵에는 온종일 동요를 부른 것 같네요. 좀 특이한 것이 있다면 여진이를 위한 노래를 제가 직접 지어 흥얼거리곤 했는데 지금 생각해 보니 그런 것들이 여진이의 음악성에 도움이 된 것 같아요.

전 여진이가 지금처럼 음악을 즐기고 사랑할 줄 아는, 더불어 음악을 통해 다른 이들에게 기쁨을 줄 수 있는 행복한 음악가로 성장하길 바랍니다.

음식태교는 어떻게 할까?

임신 중 엄마가 먹는 음식은 아기의 지능은 물론 신체 발달, 성격에도 영향을 미친다.

엄마 뱃속에서 있는 280일 동안 태아는 눈부실 정도로 빠르게 성장하는데 인간의 일생을 통틀어 이때만큼 급격히 자라는 시기도 없다. 수정란에서 시작된 한 개의 세포가 세포분열을 거듭하며 골격과 신체의 각 기관을 형성하고 피부와 근육 등을 만들어 하나의 생명체로 성장해 가는 것이다.

따라서 이 시기에 영양이 풍부한 음식을 골고루 섭취하는 것이야말로 태아의 성장을 최대한 돕는 중요한 태교다.

양이 결핍돼 세포에 손상이 생기게 되면 나중에 아무리 좋은 영양을 공급해도 회복되기는 어렵다. 반대로 이 시기에 영양을 충분히 섭취하면 뇌 세포의 발달이 활발해지고 지능이 발달한다.

음식태교의 효과

🌸 태아의 지능 발달을 돕는다

사람의 뇌 세포는 일반적으로 160억 개가량 되는데, 그중에서도 뇌 세포의 140억 개가 엄마의 뱃속에서 만들어진다. 한 개의 세포가 140억 개로 분열되려면 그만큼 많은 영양소가 필요한데, 만약 영양소를 충분히 공급하지 않으면 뇌는 제대로 발달할 수가 없다.

뇌 세포는 엄마 뱃속에서부터 활발히 증식하기 시작해 출생 후 6개월까지 계속된다. 이 시기에 한번 증식한 세포들은 더 이상 분열을 반복하지 않으므로 임신 중 영

🌸 태아의 성격 형성에 영향을 준다

우리가 먹는 음식물은 생명을 유지하는 데 없어서는 안 될 중요한 기능을 하며 성격 형성에도 많은 영향을 준다.

실제로 인스턴트식품을 주로 먹고 자란 아이들이 난폭하고 성장 또한 늦다는 연구 결과가 발표된 바 있다. 음식이 성격 형성에 미치는 영향은 태아도 마찬가지다.

우리 몸은 알칼리성과 산성이 균형을 이뤄야 건강하고 성격 또한 원만해진다. 평소 설탕, 육류, 밀가루, 흰쌀 등 산성 식품을 많이 섭취하면 몸이 산성화되어 정서가 불안하고, 예민한 성격을 갖게 된다. 임신 중 산성 식품을 섭취하면 태아에게도 나쁜 영

향을 준다. 임신부가 산성 식품을 과잉 섭취하면 태아의 체질이 산성화되어 면역력이 떨어지고 성격적 결함을 지닌 아이를 낳기 쉽다. 유난히 정서가 불안하고 주의가 산만한 아이, 지능이 떨어지고 생각하는 능력이 떨어지는 아이들은 임신 중 엄마의 잘못된 식생활이 원인인 경우가 많다.

정서적으로 건강하고 성품이 고운 아이를 낳으려면 임신 중 올바른 식생활을 유지해야 한다.

🌸 기형아나 허약아 출산을 예방한다

음식물 중에는 우리에게 유익한 것만 있는 것이 아니다. 농약으로 재배된 농산물, 인공사료를 먹여 키운 육류, 산화방지제와 각종 화학 식품첨가물이 가미된 인스턴트 식품 등 우리 몸에 좋지 않은 성분이 들어 있는 음식도 많다.

이러한 음식들을 임신부가 가려 먹지 않으면 태아에게 그대로 전달되어 허약아,

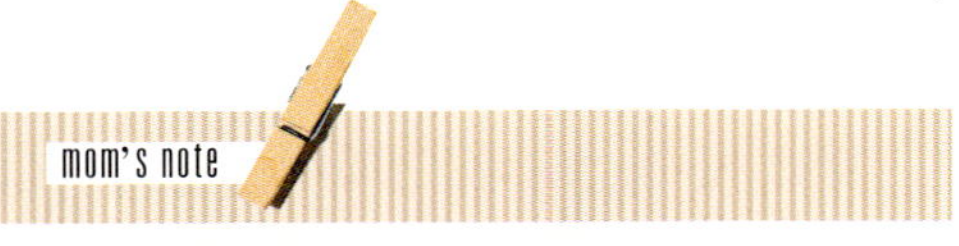

임신 중 설탕 섭취

임신 기간 동안 건강한 몸을 유지하고 태아에게 최적의 영양소를 공급하려면 설탕 섭취를 줄이는 것이 좋다.

설탕을 많이 섭취하면 당의 에너지 대사에 필요한 양질의 비타민과 미네랄이 체내에서 빠져나갈 뿐 아니라 태아의 간 기능도 떨어진다. 임신 중 단 음식을 자주 섭취한 임신부의 아기는 미각도 현저히 떨어진다는 연구결과가 있다.

저체중아, 기형아를 낳을 확률이 높아진다. 그렇다고 모든 것을 직접 길러 재배해 먹을 수는 없지만 조금만 신경을 쓰면 태아에게 해로운 식품 섭취를 줄일 수 있다.

아이가 건강하게 자랄 수 있는 최적의 조건을 만들려면 먼저 산성 식품의 섭취를 줄여야 한다. 육류, 달걀, 설탕, 밀가루 등 산성 식품을 많이 섭취하면 체내에 칼슘이 부족해져 질병에 대한 면역력이 떨어진다. 태아를 위해서라도 육류보다는 채식을, 흰쌀밥보다는 현미를 먹는 것이 좋고 가능하면 자연 상태에 가까운 식품을 먹는다.

태아에게 꼭 필요한 영양소

🌸 단백질

단백질은 태아의 두뇌를 만드는 데 필수적인 영양소로, 똑똑한 아기를 낳으려면 양질의 단백질을 충분히 섭취하는 것이 좋다. 단백질은 뇌뿐 아니라 혈액과 골격, 치아를 만드는 데도 꼭 필요한 영양소이므로 다양한 식품을 통해 단백질을 섭취한다.

🌸 철분

철분은 혈액을 구성하는 데 꼭 필요한 영양소로, 임신을 하면 아기는 자신의 몸에 필요한 혈액을 만들기 위해 엄마의 혈액 속에 있는 철분을 빨아들이므로 빈혈에 걸리기 쉽다. 빈혈을 예방하려면 평소 철분이 풍부한 등푸른 생선이나 콩류 등을 자주 섭취해 철분이 부족하지 않게 한다.

🐥 칼슘

칼슘은 뼈와 치아, 골격 등을 구성하는 데 꼭 필요한 영양소로, 임신 중 충분히 공급하지 않으면 엄마의 몸에 저장된 칼슘을 빼앗아 간다. 임신을 한 뒤 갑작스럽게 충치가 생겼다는 임신부들이 있는데, 이는 칼슘 부족으로 인해 생긴 현상이다.

임신 중에는 하루 400cc 이상 유제품을 섭취하고 뼈째 먹는 생선도 자주 챙겨 먹는 것이 좋다. 칼슘이 풍부한 녹황색 채소를 먹는 것도 칼슘 섭취에 도움이 된다.

발달 과정에 맞춘 태교밥상

임신부가 먹는 음식은 탯줄을 통해 태아에게 전달되므로 영양이 풍부하고 균형 잡힌 음식을 섭취해야 한다. 이때 시기별로 임신부나 태아에게 맞는 최적의 영양소를 공급하면 임신부의 건강뿐 아니라 태아의 성장 발달을 도울 수 있다.

🐥 임신 1개월

추천 비타민, 단백질, 칼슘이 풍부한 식품

비타민 A·B·C·E를 비롯해 단백질과 칼슘을 충분히 섭취해 착상을 돕는다. 현미·곡물 배아·통밀·콩나물·우유·달걀노른자·멸치·뼈째 먹는 생선·두부·완두콩·검은콩 등과 신선한 채소, 과일을 꾸준히 섭취한다. 특히 시금치·쑥갓·당근·토마토 등 색이 짙은 컬러 푸드를 챙겨 먹도록 한다.

임신 초기에는 이유 없이 마음이 불안해지고 초조해질 수 있는데, 콜린과 엽산이 풍부한 달걀을 하루 1개 정도 꾸준히 섭취하면 도움이 된다.

🐥 임신 2개월

추천 비타민 B6, 비타민 B2가 풍부한 식품

임신 2개월에 들어서면 입덧과 함께 구토, 피로 등의 증상이 나타나므로 녹황색 채소·현미·메밀·달걀·대두·우유·어패류·쇠고기 등을 많이 섭취한다. 입덧이 심한 경우는 수분이 부족해지기 쉬우므로 우유나 주스 같은 음료를 자주 마신다.

유산의 기미가 보이면 비타민 E가 풍부한 현미와 견과류·콩 식물성 기름 등을 챙겨 먹는다.

🐥 임신 3개월

추천 철분, 엽산, 아연이 풍부한 식품

태아가 엄마의 뱃속에서 신진대사 작용을 시작하며 급격히 성장하는 시기이므로 태아에게 영양분과 산소를 실어 나르는 철분을 충분히 섭취한다. 철분은 돼지고기, 간 등 동물성 식품과 해조류, 두부 등 식물성 식품 등에 풍부하다.

엽산은 임신부의 빈혈 예방, 식욕 증진, 진통 작용 등에 좋은 성분으로 녹색 채소·당근·달걀노른자·콩·멜론 등에 많이 들어 있다.

근육을 유연하게 만들고 혈당치를 안정시키는 아연은 임신부의 컨디션을 좋게 하는데, 현미·달걀·어패류에 많이 함유되어 있다.

🌸 임신 4개월

추천 비타민 B, 칼슘, 마그네슘이 풍부한 식품

비타민 B는 태아의 중추 신경 발달에 꼭 필요한 영양소로, 비타민 B_1과 B_2가 부족하면 발육 부진이 나타날 수 있다. 비타민 B_1·B_2가 풍부한 식품은 현미로, 현미밥이나 현미빵 등 현미 식품을 꾸준히 섭취한다.

칼슘과 마그네슘이 풍부한 음식을 섭취

한다. 칼슘은 유제품이나 뼈째 먹는 생선에 많이 들어 있고, 마그네슘은 두부·해조류·바나나 등에 많다.

🌸 임신 5개월

추천 칼슘, 단백질, 섬유질이 풍부한 식품

칼슘과 단백질을 섭취한다. 뼈를 튼튼하게 해 주는 칼슘은 우유나 뼈째 먹는 생선에 많고, 뼈와 뼈를 잇는 관절의 구성물질인 콜라겐을 만드는 단백질은 육류나 생선에 많이 들어 있다. 특히 태아는 성인보다 단백질이 3배 이상 필요하므로 단백질 식품을 충분히 섭취한다.

위장 기능이 약해지므로 변비에 걸리기 쉽다. 변비 예방을 위해서는 섬유질이 많은 채소류를 자주 먹는데 우엉·연근·셀러리·양상추·고구마·과일 등에 많이 들어 있다.

🌸 임신 6개월

추천 콜린, 타우린, 글리코겐이 풍부한 식품, 저염분 식품

신장, 간장을 튼튼하게 해 주는 콜린, 타우린, 글리코겐을 충분히 섭취한다. 콜린은 대두에, 타우린은 문어·오징어·새우 등에 풍부하게 들어 있다. 글리코겐은 굴, 모시조개 등에 다량 함유되어 있다.

임신중독증을 예방하려면 염분 섭취를 줄이는 것이 좋다. 소금을 지나치게 섭취하면 고혈압 등 심장에 부담을 주게 되고 갈증을 느껴 물을 많이 먹게 되므로 부기

가 생기기 쉬워 비만의 원인이 된다.

🌸 임신 7개월

추천 <u>요오드, 셀레늄, 비타민 B군, 비타민 E, 칼슘, 칼륨이 풍부한 식품</u>

태아의 두뇌 발달을 돕는 요오드, 셀레늄, 비타민 B군과 E, 칼륨, 칼슘 등을 섭취한다. 요오드는 해조류와 어패류에, 셀레늄은 버터·마늘·동물의 간·현미에 많이 포함되어 있다.

비타민 B군은 단백질을 합성, 분해하여 뇌의 성장·발육을 돕는다. 비타민 B_1은 현미·콩 등 곡류와 호두·땅콩 등 견과류에 많고, 비타민 B_2는 우유·달걀·어류에 풍부하게 들어 있다.

비타민 E는 뇌에서 산소가 지방산과 결합하여 노폐물을 만드는 일을 막고, 칼륨은 뇌에 산소를 공급해 준다. 비타민 E는 현미나 밀 등에, 칼륨은 감자·토마토·감귤 등에 많다.

🌸 임신 8개월

추천 <u>단백질, 칼슘, 망간, 크롬이 풍부한 식품</u>

생선이나 대두 같은 양질의 단백질 섭취가 중요하다. 단, 단백질을 지나치게 섭취하면 오히려 신장에 부담을 줄 뿐 아니라 칼슘 섭취를 방해하므로 적당량 섭취한다.

칼슘과 함께 망간, 크롬도 태아의 골격을 튼튼하게 하는 데 꼭 필요한 영양소로, 망간은 녹색 채소와 호밀에 많고, 크롬은 닭고기·모시조개·대합·현미에 많다. 특히 망간은 소화흡수를 원활하게 하며 중추신경의 정상적인 기능을 돕는다.

🌸 임신 9개월

추천 <u>해조류, 녹황색 채소</u>

해조류는 칼로리가 낮으면서도 태아의 성장을 촉진하는 데 필요한 무기질과 미량 원소가 풍부하다. 또한, 철분·구리·마그네슘이 풍부하게 함유되어 있어 혈중 콜레스테롤 수치를 낮추고 면역기능을 강화한다.

녹황색 채소에 든 비타민 B군은 통증을 완화하는 작용을 하므로 출산을 앞둔 임신부에게는 꼭 필요한 영양소다. 출산이 가까워져 오면 기대감과 함께 불안, 초조함이 느껴지는데 이럴 때 대추를 먹으면 신경이 안정된다.

🌸 임신 10개월

추천 <u>엽산, 비타민 C, 비타민 B_{12}가 풍부한 식품</u>

비타민을 충분히 섭취하면 건강한 아기를 출산할 수 있을 뿐 아니라 분만 후 몸이 빨리 회복된다. 비타민 C는 채소와 과일, 그중에서도 파슬리·양배추·피망·시금치·귤 등에 많다.

출산 후 모유를 먹이려면 엽산과 비타민 B_{12}가 풍부한 식품을 먹는다. 엽산은 녹황색 채소와 팥·콩에 많이 들어 있고, 비타민 B_{12}는 달걀·육류에 많이 들어 있다.

운동태교는 어떻게 할까?

태아의 건강과 두뇌 발달을 돕고 순조로운 출산을 하려면 평소 틈틈이 운동을 하는 것이 좋다. 자신에게 맞는 운동을 찾아 적절히 운동을 해 주면 체력을 기르는 데 도움이 될 뿐 아니라 임신 기간을 좀 더 활기차게 보낼 수 있다.

간혹 임신부 중에는 태아에게 무리가 갈까 봐 운동을 하지 않는 사람이 있는데, 적절한 운동은 도움이 된다. 임신했다고 해서 가만히 있다 보면 살이 찔 뿐 아니라 임신중독증, 부종 등이 생기기 쉽다.

운동은 엄마가 기분 좋을 정도로 하되 숨이 차지 않도록 가볍게 하는 것이 좋다. 자신의 몸 상태를 살펴 가며 운동하되 운동 중이라도 피로감이 느껴질 때는 바로 휴식을 취한다.

특히 질 출혈이 있거나 질 분비물이 있을 때, 손이나 얼굴이 갑자기 부을 때, 혈압이 상승할 때, 지속적인 수축이나 복통이 있을 때는 즉시 운동을 중단한다.

임신중독증, 고혈압, 쌍태임신, 심장 질환, 전치태반인 경우에도 운동을 삼가는 것이 좋다.

운동태교의 효과

태아 발달을 돕는다

운동을 하면 엄마의 몸을 통해 들어온 산소가 태아에게 공급된다. 산소는 뇌를 활성화하고 신체 각 기능이 원활하게 움직이도록 돕는다.

체중 관리에 도움이 된다

임신을 했다고 해서 마음 놓고 먹다가는 비만이 되거나 임신중독증에 걸릴 수 있다. 또한 거대아를 출산할 가능성도 커지고 출산 시에도 어려움이 있다.

몸이 무겁다고 먹기만 하고 가만히 누워 있는 것은 좋지 않다. 적당한 운동을 하면 비만을 예방할 수 있고 출산 후에도 빠르게 몸매를 회복할 수 있다.

활력이 생기고 기분이 좋아진다

적당한 운동은 체형 변화나 임신에 대한 불안 등으로 스트레스를 받는 임신부뿐만 아니라 태아에게도 좋은 영향을 준다.

운동을 하면 엄마 몸에서 엔도르핀 호르몬이 분비되는데, 이 때문에 기분이 좋아지고 정서가 안정된다. 또한 엄마의 배와 근육이 자연스럽게 움직이면서 태아를 자극하므로 태아도 안락함을 느낀다.

🌸 스트레스를 풀어 준다

적당한 운동은 스트레스 해소에도 도움이 되며 불안한 마음을 진정시키는 데 효과가 있다. 무엇보다 태아에게 산소가 원활하게 공급되므로 태아의 두뇌 발달을 돕는다. 다만, 운동을 시작하기 전에는 반드시 주치의와 상의한다.

조산기가 있거나 선천성 당뇨 등에 걸린 사람은 운동이 오히려 독이 될 수 있다.

의학이 발달하지 못했을 때는 물이 만병 통치약으로 여겨졌을 정도로 질병이나 장애를 치료하는 데 널리 쓰였다. 수영은 이러한 물의 의학적 효과를 잘 살린 운동으로 무리한 운동을 하기 어려운 임신부에게는 더할 나위 없이 좋은 운동이다.

수영은 태아에게 산소를 원활하게 공급해 주므로 두뇌 발달을 도울 뿐 아니라 수중에서 부력을 이용하는 운동이므로 체중 증가에도 근육이나 관절에 무리를 주지 않는다. 이 밖에도 자궁을 이완하고 심폐 기능을 강화하여 순산하는 데 도움을 준다.

태아도 자궁 안에서 마치 수영을 하는 듯한 상태로 떠 있으므로 편안한 자세가 된다. 단, 뱃속의 아기가 안정기에 접어든 임신 3개월 이후에 시작하는 것이 좋다.

🌸 다리 부기와 허리 통증을 완화한다

임신을 하면 체중이 10kg에서 많게는 20kg 이상 늘기도 한다. 이렇게 체중이 늘면 근육이나 관절에 무리가 가해지기 마련인데, 이때 수영은 어떤 운동보다 효과적이다. 물의 부력을 이용하므로 발목이나 무릎 등 근육과 관절에 무리를 주지 않으며 다리가 붓고 허리 통증이 있을 때도 이를 완화해 준다.

🌸 순산을 돕는다

수영은 자궁을 이완하고 근력을 키워 주며 심폐기능을 강하게 하여 출산할 때 순산을 돕는다. 임신부들이 순산을 위해 라마즈 호흡법을 배우는데, 수영을 하면 자연스럽게 호흡법도 익히게 된다.

🌸 태아의 두뇌 발달을 돕는다

임신부가 적당한 운동을 하면 똑똑하고 건강한 아기를 낳을 수 있다. 수영도 마찬가지다. 운동하는 동안 산소를 듬뿍 마시게 되므로 태아의 뇌를 활성화한다. 그러나 배가 팽팽하게 긴장해 있거나 출혈이 있을 때, 열이 나거나 피로할 때는 삼간다. 물론 어떤 경우라도 무리하게, 장시간 수영을 하는 것은 좋지 않다.

요가태교

5,000~6,000년 전 고대 인도에서 시작된 요가는 산스크리트어로 '나를 완성하는 길'이라는 의미를 담고 있다. 심신의 '결합, 조화, 균형, 통일'을 중요시하며 명상과 호흡, 수행 동작으로 구성되어 있는 것이 특징이다. 특히 임신부 요가는 임신부의 신체적 특성과 정서적 안정을 고려하여 태아에게 느린 동작과 명상, 호흡을 통해 산소를 공급함으로써 감성 태교에 도움을 준다. 또한 임신 트러블을 예방하고 자연 분만 가능성을 높여 주며 마음에 평화를 가져다 줘 정서적으로 안정감을 갖게 된다.

운동법·호흡법·명상을 통해 심신을 안정시킨다

요가는 신체를 단련하는 운동법, 생명력을 강화하는 호흡법, 마음을 닦아 내적인 평화와 깨달음에 이르게 하는 명상 등 크게 세 가지로 나뉜다.

운동법은 요가체조를 통해 뼈와 근육, 몸의 각 부분을 골고루 풀어 주어 신체를 단련하는 것을 말하며, 호흡법은 공기를 마시고 내쉬는 과정을 통해 기를 불어넣어 몸에 활력을 주고 마음이 평화를 찾는 것, 명상은 진정한 마음의 주인이 되어 자유로운 삶을 살게 하는 것이다.

이 세 가지 수련을 통해 임신부의 몸과 마음을 바로잡고 심신의 균형을 회복해 주는 것이 요가태교의 특징이다.

긴장된 몸을 유연하게 풀어 준다

요가는 심신의 안정과 휴식을 도모하고 긴장된 몸을 유연하게 풀어 주는 운동으로, 심신의 안정과 신체 단련에 좋아 임신부에게 도움이 된다. 실제로 고대부터 순산을 돕기 위해 임신부 요가가 행해졌다.

요가는 여성 특히 임신한 여성에게 이상적인 운동으로 건강을 유지하고 근육을 이완하며 마음을 편안하게 해 줘 모체와 자궁 내 환경을 개선해준다.

임신 기간을 건강하게 보낼 수 있다

임신을 하면 신체적, 정신적으로 변화를 겪는다. 혈액량이 증가하면서 심장에 부담을 줄 뿐 아니라 뼈와 다른 근육의 무게도 증가하여 관절에 무리를 준다. 신경과 감각도 예민해져 평소보다 쉽게 감정이 동요되며 스트레스도 늘어난다. 이때 요가태교를 하면 긍정적인 효과를 경험할 수 있다.

운동, 호흡, 명상을 하면서 심신이 회복되고 컨디션이 좋아져 몸과 마음이 가벼워지므로 임신 기간을 건강하게 보낼 수 있다.

🌸 자연 분만 가능성을 높여 준다

자연 분만은 여성의 평생 건강에 영향을 주므로 의학적 필요가 있을 경우를 제외하고는 가급적 제왕절개를 피하는 것이 좋다.

요가의 장점은 바로 자연 분만을 유도하고 출산 시 고통을 줄여 준다는 점이다. 임신부들 가운데 요가 수련을 한 후 무통 분만을 한 경우가 많다.

🌸 뱃속 아기의 성장 발달을 촉진한다

임신부의 건강은 태아의 건강과 직결된다. 임신 중 요가를 하면 태아가 움직일 수 있는 공간을 확보해 주는데, 그것이 곧 태아의 성장, 두뇌 발달에 직접적인 영향을 준다. 또한, 임신 중 명상과 호흡으로 심신

이 단련돼 몸의 기운이 잘 흐르는데, 이 기운이 태아의 두뇌 발달에도 도움을 준다.

심신이 건강해야 태아도 정서적으로 안정되고 밝게 자라난다.

🌸 산후 신체 회복을 돕는다

임신을 하면 대다수가 요통이나 부종을 호소하는데, 요가를 하면 요통이나 부종을 예방하고 산후 회복을 도와 건강한 삶을 살기 위한 기본 바탕을 마련해 준다.

산모는 출산 과정으로 인해 신체적으로 지친데다 일종의 흥분과 책임감으로 인해 정신적으로 부담을 느끼기도 하는데 요가를 하면 심신이 빨리 안정된다.

스트레칭 태교

임신 중 스트레칭은 임신기의 신체 변화에 적응할 수 있는 체력을 길러 주고 적절한 체중을 유지하는 데 도움을 준다. 또한 근육이나 관절, 인대 부위에 가해지는 긴장을 견딜 수 있는 힘을 길러 주고 골반이나 복부 근육을 강화해 출산 시 통증을 줄이고 순산을 돕는다.

평소 무리하지 않을 정도로 가볍게 스트레칭을 해 주면 신체 각 부위가 튼튼해지고 혈액순환도 원활해진다. 이 밖에도 요통을 완화하는 것은 물론 엔도르핀 형성을 촉진해 기분 전환에도 도움을 준다.

순산을 위한 간단 요가

임신 중 요가를 꾸준히 하면 자연분만을 하는 데 도움이 된다. 여유가 된다면 가까운 요가센터에 나가 요가를 배우는 것이 좋지만, 여건에 맞지 않는다면 마음을 편안하게 가라앉히고 등을 반듯하게 세운 다음 바르게 앉아 명상을 한다.

바른 자세는 모든 요가 동작의 기본으로, 평소 수시로 자세를 교정해 주면 효과를 볼 수 있다. 명상할 때는 고르고 깊은숨을 쉬되, 천천히 숨을 마시고 내쉬는 연습을 하면 진통을 줄이는 데 도움이 된다.

필라테스는 특정 근육을 움직이거나 발달시키는 것이 아니라 온몸을 스트레칭하여 움직이는 운동이다.

필라테스가 에어로빅이나 기타 체력 단련과 다른 점은 각 동작을 할 때 발의 위치나 어깨 움직임까지도 정확하게 해야 하므로 집중력과 주의력이 필요하다는 점, 그리고 횡격막을 규칙적으로 움직이며 숨을 길게 통제하면서 호흡을 올바르게 해야 한다는 점이다.

💗 심신이 건강하고 편안해진다

임신을 하면 호르몬 변화로 인해 신체적, 정신적으로 많은 변화가 생긴다. 유방이 커지고 입덧이 생기며 심리적으로 불안해지는 등 여러 증세가 나타난다.

신체 내부의 이런 호르몬 변화는 임신과 출산을 위한 준비이므로 태어날 아기를 생각해 기분 좋게 받아들여야 한다.

필라테스는 스트레칭과 휴식, 조화 등을 강조하므로 그 어떤 운동보다 몸과 마음을 편안하게 한다.

💗 근육이 풀어지고 골격근이 단련된다

임신 중 필라테스를 즐기면 모든 골격근이 탄탄해지고 긴장된 근육이 풀리면서 전체적으로 신체가 건강해진다. 잘못된 자세를 바로잡고 신체 균형을 잡아 주며 마음의 평안도 얻을 수 있으므로 임신부에게는 좋은 운동이다.

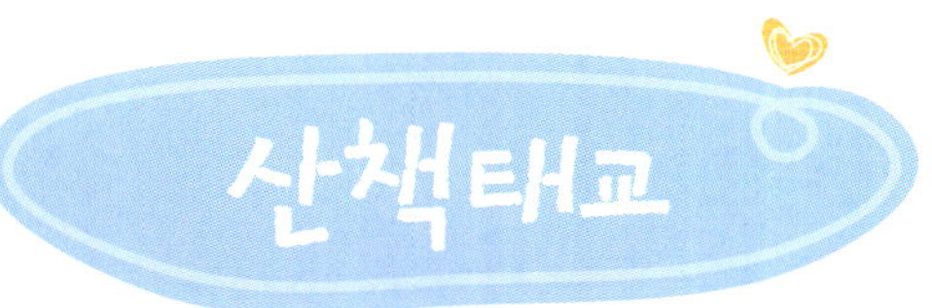

임신 중 가볍게 산책을 하면 혈액 속의 산소의 양을 늘려 주므로 혈액 순환에 도움이 된다. 따라서 혈압 조절도 되고 심폐 기능도 좋아지며 태아의 두뇌 발달에도 도움이 된다. 평소 산책을 자주 하면 요통이나 다리의 부종도 완화되며 기분 전환에도 효과적이다.

산책을 할 때는 반드시 편한 신발을 신되 임신 16주가 지난 뒤부터 시작하는 것이 좋다. 처음부터 너무 빠른 속도로 걸으면 쉽게 피로해지므로 산책로를 정한 뒤 남편과 손을 잡고 느긋하게 천천히 걷는다.

스세딕태교는 어떻게 할까?

스세딕태교는 IQ 160이 넘는 천재아를 잇달아 낳은 부부의 태교 방법을 체계화해 만들었다. 스세딕 부부가 실천한 태내교육은 자궁 대화법과 카드 학습법으로, '태아는 천재'라는 믿음 아래 임신 때부터 태아에게 꾸준히 말을 걸고 카드로 글자와 숫자를 가르쳤다.

스세딕태교의 기본은 아기에게 부모의 깊은 사랑을 전하는 것이다. 아기가 부모의 애정과 노력을 자연스럽게 느낄 수 있도록 표현하는 것이 중요하다.

스세딕 부부의 자녀 이야기

고등학교를 졸업하고 기계공으로 일했던 미국인 아버지와 평범한 어머니 사이에서 첫째 딸 스잔이 태어났다.

스잔은 태어난 지 2주일 만에 '엄마' 같은 간단한 단어를 발음하더니 3개월째 되면서 '엄마, 안아줘.' 같은 간단한 문장을 이야기하기 시작했다. 그러더니 다섯 살이 되던 해 고등학교에 들어가고, 열 살이 되던 해 의과대학에 들어갈 정도로 놀라운 능력을 보여 주었다.

첫째 딸 스잔을 포함해 네 딸 모두 미국에서 상위 5%에 해당하는 지능을 가지고 태어나 세상을 깜짝 놀라게 했는데 이는 태교의 효과를 입증해 주는 하나의 예였다.

스세딕 부인의 태교 비법

뱃속 아기와 적극적으로 대화를 나누었다

스세딕 부인은 뱃속 아기와 끊임없이 대화를 나누었다. 이는 동서고금을 막론하고 어머니들이 해오던 일반적인 태교 방법으로, 다른 것이 있다면 스세딕 부인은 아침에 일어나는 순간부터 잠들 때까지 일상의 모든 일을 뱃속 아기와 함께 나누었다.

대화는 엄마가 오감을 통해 느끼는 것을 아기에게 전해 주는 좋은 방법이다. 단, 대화를 할 때는 학습에 초점을 두는 것이 아니라 아기에 대한 애정을 바탕으로 이야기를 나누듯 자연스럽게 대화하는 것이 좋다. 이렇게 엄마가 들려주는 이야기는 아기의 뇌 세포를 자극하고, 이것은 곧 뇌 세포의 증가를 돕는다.

시간이 날 때마다 그림책을 읽어 주었다

스세딕 부인은 임신 중 태아에게 소박하면서도 아름다운 그림책을 많이 읽어 주었다. 그림이 선명하고 아름다운 내용을 담은 책을 읽어 주며 꿈과 희망, 우정 등을 알게 하였다.

🌸 카드 활용으로 두뇌 발달을 도왔다

스세딕 부인은 카드학습법을 활용하였다. 카드학습법이란 숫자, 글자, 도형 등을 카드에 써서 뱃속 아기에게 인지시키는 방법이다. 흰 도화지에 선명한 색으로 글자나 숫자 등을 쓴 다음 태아에게 생긴 모양을 설명해 주고 연상되는 이미지를 이야기해 주었다.

🌸 뱃속 아기에게 사랑을 충분히 표현했다

스세딕 부인은 네 자매를 모두 똑똑하고 감성이 풍부한 아이들르 키워냈다. 이런 결과는 태교도 태교지만 사랑이 뒷받침되지 않았다면 불가능했을 것이다. 스세딕태교의 내용 가운데 특별한 것이 없는 것만 봐도 알 수 있다. 다만, 이들 부부처럼 신념을 갖고 꾸준히 실천하는 것이 어려울 뿐이다.

내 아이가 특별해야 한다는 강박관념을 가지고 태교를 하기보다는 넘치는 애정을 바탕으로 자연스럽게 태교를 할 때 좋은 결실을 볼 수 있다.

스세딕태교 플랜

🌸 마음의 준비를 한다

스세딕 부인은 임신 전부터 엄마 아빠가 육체적, 정신적으로 준비를 갖추는 것이 중요하다고 강조한다. 부모가 불안정한 상태에서 임신하면 혈액이나 체액이 산성화되어 태아에게 좋지 않은 영향을 미칠 수 있기 때문이다.

건강한 정자와 난자가 만나야 건강한 아

이가 태어나는 것은 당연한 이치다. 실제로 계획임신을 할 경우 기형아 출산율이 낮다는 보고가 있다.

임신을 미리 계획하면 엄마, 아빠는 아기를 맞을 마음의 준비를 할 수 있으며 뱃속 아기에게는 좀 더 편안하고 안정된 환경을 만들어 줄 수 있다.

🐤 태교에 쓸 카드를 만든다

임신 계획이 구체적으로 세워지면 임신 기간에 쓸 태교 준비물도 미리 마련한다. 색채가 풍부하고 희망적인 내용의 그림책, 글자카드와 숫자카드 등을 준비한다. 주로 임신 후기에 사용하지만, 임신 전 여유가 있을 때 미리 만들어 두는 것이 좋다.

1부터 10까지 적힌 숫자카드 두 벌과 '+, −, =' 등 수식을 쓴 카드를 만든다. 카드는 흰색 바탕에 여러 가지 색을 잘 조화시켜 한눈에 들어올 수 있게 만들어야 효과적이다.

글자카드도 준비하는데 모음과 자음을 따로 준비하고 그것이 합쳐진 문자카드도 준비한다. 이때 각각의 낱말이 적힌 단어카드도 함께 만드는 것이 좋다.

🐤 스세딕태교 실전 포인트

임신 초기의 태아는 귀 모양을 완벽하게 갖추진 않았지만, 사람이 이야기하는 것을 충분히 알아들을 수 있는 능력이 있다. 이 점에 유의하여 임신

수태~
임신 16주

기간 내내 태아에게 애정이 담긴 목소리로 자주 이야기를 들려준다.

● 수다쟁이 엄마가 된다

아침에 잠에서 깰 때부터 잠들 때까지 일상의 모든 일과 감정들을 태아에게 들려준다. "기분 좋은 아침이네. 잘 잤니?" 하고 아침인사를 건네고 옷을 입을 때도 "오늘은 어떤 옷을 입을까?" 하며 일상에서 일어나는 일들을 소재로 자연스럽게 말을 건넨다. 이렇게 평소 태담을 하면 아기에 대한 사랑과 존재감이 커지고 태아에게 부모의 사랑을 전할 수 있다.

임신한 순간부터 태아를 실제 아기로 인식해야 태아와 진정한 대화가 이루어진다.

● 아빠 목소리를 자주 들려준다

일반적으로 태아는 엄마 목소리보다 저음인 아빠 목소리를 더 잘 듣는다고 한다. 하지만 엄마 뱃속에서 지내다 보니 아빠의 목소리에 익숙지 않을 수 있다.

가능하면 태아가 아빠의 목소리에 익숙해질 수 있도록 시간을 정해 놓고 이야기를 들려주는 것이 좋다. 태아와 이야기하는 데 특별한 준비가 필요한 것은 아니다. 상냥한 목소리로 그날 있었던 일을 이야기하는 것만으로도 충분하다. 이때 아빠는 엄마의 배에서 50cm 정도 떨어진 곳에서 이야기하는 것이 좋다.

● 일상생활에서 보고 들은 것을 말해 준다

태아에게 말을 할 때 특별한 주제가 필요한 것은 아니다. 주변에서 보고 들은 것

에 대해 편안하게 이야기해 주면 된다.

창가의 꽃, 하늘의 구름, 먹음직스러워 보이는 음식, 지나가는 자동차 등 눈에 보이는 사물들에 대해 이야기한다.

● 노래를 부르거나 음악을 듣는다

부드럽고 밝은 노래를 부르거나 평소 좋아하는 다양한 장르의 음악을 듣는다. 태아에게 조용하고 아름다운 선율이 담긴 음악을 자주 들려주면 감수성이 풍부해지고 정서가 안정된다.

태아의 애칭을 넣어 직접 작사·작곡한 노래를 부르는 것도 좋은 방법이다.

● 그림책을 많이 읽는다

그림책이나 동화책을 읽어 주면 태아의 상상력과 독창성을 길러 주는 데 도움이 된다. 태아가 그림책을 이해하는지, 엄마의 목소리에 귀를 기울이는지에 대해서는 연연하지 말고 자주 그림책을 읽어 준다.

그림책을 읽을 때는 상냥한 목소리로 즐기면서 읽어 주는 것이 중요하다. 이야기의 전개에 따라 희로애락의 감정을 담아 목소리의 높낮이를 바꿔 가며 읽는다. 이때 싫증이 나거나 읽기 싫은데 의무감으로 읽는 것은 도움이 되지 않는다.

스세딕 부인은 아기가 좋아하는 그림책이 따로 있다고 한다. 빨강, 파랑, 초록 등 원색적이고 뚜렷한 선이나 분명한 색, 그림이 담긴 단순한 책을 좋아한다고 한다. 지나치게 글이 많은 것은 피하는 것이 좋은데, 가능하면 글이 페이지의 반을 넘지 않는 것을 고른다.

임신 5개월쯤 되면 청각이 발달하여 바깥의 소리를 더 잘 듣고 외부의 소리에 민감하게 반응한다. 임신 후반기 스세딕태교법의 특징은 태아의 기억력을 인정하고 글자와 숫자를 꾸준히 학습시키는 것이다.

● 글자카드를 이용해 말과 글을 가르친다

태아의 기억력은 임신 6개월에 시작되어 임신 8개월이면 완성된다. 따라서 이 무렵이면 글자를 가르치는 것이 가능하다. 흰 종이에 다채로운 색깔로 글자를 쓴 다음 '가'부터 '하'까지 받침이 없는 글자를 하루에 다섯 자씩 가르친다.

그리고 그 글자로 시작되는 몇 개의 단어를 가르치는데, 글자를 가르칠 때는 여러 번 정확하게 발음하면서 글자 모양을 손가락으로 덧그린다. 이때 '가'의 모양이나 빛깔, 이미지를 자세하게 설명한다.

● 숫자카드를 이용해 수를 가르친다

이 시기 태아는 이미 배울 준비가 되어

있으므로 글자나 숫자 등을 본격적으로 가르칠 수 있다. 숫자카드를 준비해 머릿속에 그 숫자의 이미지를 선명하게 새기고 태아에게 그 숫자가 생긴 모양이나 뜻하는 것을 말해 준다.

예를 들어 '1'이라는 숫자를 볼 때 '연필을 세워 놓은 모양', '오이를 닮았다.'는 식으로 연상되는 것을 들어 설명해 주는 것이다. 또 가까이 보이는 물건을 가리키며 '한 권의 책' 등으로 표현한다. 물건을 직접 보여 주며 '하나', '일' 하고 또렷한 목소리로 되풀이해 소리 내어 말하는 것이 중요하다. 단, 숫자카드를 이용할 때는 놀이라고 생각하고 즐기며 가르치는 것이 중요하다.

엄마가 즐겁지 않으면 그 감정이 태아에게 전달되어 성과를 거두기 어렵다.

● 그림책을 통해 추상적 개념을 알려 준다

임신 후기에 접어들면 태아가 받아들일 수 있는 이야기 범위도 넓어지므로 동화나 그림책을 읽어 주면서 용기, 희망, 꿈 등 추상적인 개념에 대해 설명해 준다. 또한 그림이나 사진 등에 나오는 동물이나 식물, 자동차, 풍경 등도 함께 설명해 준다.

● 산책하면서 바깥 세상에 대해 말해 준다

산책은 머리를 맑게 해 주고 운동도 되며 태아에게 다양한 경험을 갖게 해 주므로 효과적이다.

산책을 하는 동안 엄마 눈에 비치는 풍경, 이른바 자연과 사람의 모습, 계절의 변화, 날씨 등 사소한 이야기도 태아에게는 좋은 자극이 될 수 있다.

산책을 할 때는 처음부터 빠른 속도로 걸으면 피로해지기 쉬우므로 천천히 느긋하게 걷는 것이 좋다.

● 일상생활에서 접하는 오감의 느낌을 전한다

태아는 엄마를 통해 경험할 수밖에 없다. 따라서 임신 중 생활하면서 접하는 모든 느낌과 감정을 태아에게 이야기해 주면 태아의 지능을 높일 수 있다. '달콤하다', '부드럽다', '뜨겁다' 등 음식을 먹을 때의 느낌, 직접 피부에 닿을 때의 느낌 등을 수시로 표현한다. 그렇게 하면 태아의 인식 능력이나 감각이 빠르게 발달한다.

● 아빠의 목소리를 자주 들려준다

임신 후기에는 태아의 청각이 성인과 비슷한 수준으로 발달하므로 외부의 모든 소리에 민감하게 반응한다. 따라서 태아가 아빠의 목소리에 친근함을 느끼고 신뢰감을 느낄 수 있도록 상냥한 목소리로 말한다. 이때 아빠의 일이나 취미, 장래의 설계 등 다양한 주제에 대해 이야기한다. 이렇게 하면 태아의 탐구욕과 지적 호기심이 왕성해져 머리 좋은 아이로 자라게 된다.

영어태교는 어떻게 할까?

세계 각국의 교류가 활발해지면서 영어 교육에 대한 관심이 높다. 영어태교는 아기와 태담을 나누되, 영어라는 테마를 가지고 하는 것이 특징이다. 영어태교의 목적은 태아에게 영어에 익숙한 환경을 만들어 주는 것이므로 임신 기간 꾸준히 실천하면 이후 영어 교육에 도움이 된다. 또한 지능계발 효과도 기대할 수 있다.

영어태교의 효과

🌸 태아의 두뇌 발달을 촉진한다

태아의 감각기관 중 가장 먼저 발달하는 것은 청각이며 엄마의 목소리는 태아의 뇌 발달에 절대적인 영향을 끼친다.

태아에게 말을 거는 것은 태아의 뇌 세포를 자극하는 효과적인 방법으로 영어로 태아에게 이야기를 들려주거나 테이프를 들려주면 두뇌 발달이 촉진된다.

🌸 영어와 친근한 환경을 조성한다

태아는 외부의 소리에 민감하게 반응하고, 소리에 대한 정보를 뇌에 저장한다. 뱃속에서부터 영어를 자연스럽게 접한 아기는 태어난 뒤에도 영어에 친근함을 느낀다.

엄마의 사랑이 담긴 목소리로 영어책을 읽어 주면 엄마와 태아 사이의 유대감이 돈독해지고 정서가 안정되므로 태아가 기분 좋고 편안하게 쉴 수 있다.

🌸 엄마의 자기계발에 도움이 된다

평소 영어 공부를 해야겠다는 생각을 하면서도 실천을 하지 못했던 엄마라면 태교를 계기로 영어공부를 시작한다.

영어태교는 태아에게는 영어에 친숙한 환경을 만들어 주고 엄마에게는 영어 실력을 쌓는 계기를 마련해 준다.

영어태교에 효과적인 시기

🌸 임신 6개월부터 시작한다

태아가 외부의 소리를 듣기 시작하는 임신 6개월 무렵부터 하는 것이 가장 효과적이다. 이때부터 엄마의 심장 소리, 외부에서 들리는 소리, 아빠의 목소리 등 크고 작은 소리에 민감하게 반응하며 소리에 대한 정보들을 뇌에 저장하기 때문이다.

이 시기 본격적으로 영어태교를 하면 아

이가 거부감 없이 영어를 받아들이게 된다. 그러나 반드시 시기에 구애받을 필요는 없다.

영어태교 성공 포인트

💗 발음에 대해 걱정하지 않아도 된다

영어태교라고 해서 발음이나 악센트 등에 대해 지나치게 걱정할 필요는 없다. 영어태교는 태아가 영어에 익숙해질 수 있도록 하는 데 의미가 있는 것이지 제대로 된 학습을 시키는 것이 아니기 때문이다. 전문가들에 의하면 반나절, 또는 온종일 태아와 영어 공부를 하지 않는 이상 태아가 엄마의 발음을 닮는 일은 없다고 한다.

영어태교에 있어 무엇보다 중요한 것은 영어에 대한 거부감 없이 즐겁게 하려는 마음가짐이다. 뱃속 아기가 자연스럽게 영어를 경험할 수 있도록 돕는다. 단, 억지로 가르치려 하지 말고 영어를 자연스럽게 접하게 해 준다.

엄마가 직접 영어로 말하기 어렵다면 영어 노래나 이야기가 담긴 테이프나 비디오를 봐도 좋다. 단, 중요한 것은 매일 지속적으로 하는 것이 중요하다. 태아에게 영어를 반복적으로 들려줘야 효과를 볼 수 있다.

"태내 영어환경을 마련하기 위해 vocabulary 22000을 외우고 영어태담을 했어요."

혜진이가 영어에 남다른 소질이 있다는 것을 알게 된 건 만 5세 때였어요. 제법 긴 영어 동화책이었는데 몇 번 반복해서 읽어 줬더니 어느 날부터 그대로 흉내 내며 따라 하더군요. 태아기 시절부터 영어태교를 한 덕분인지 혜진이는 영어를 접하는 것 자체를 무척이나 즐거워했고 놀랄 만큼 빠르게 영어를 습득했어요. 초등학교 2학년 때는 pelt 실용 4급에 최연소로 합격했고, 초등학교 4학년 때는 YBM앵커콘테스트에서 대상을 받을 만큼 영어에 두각을 보였어요. 초등학교 5학년 때는 뉴토익시험에서 최연소로 듣기영역 만점을 받아 주위 사람들을 놀라게 했지요.

간혹 이런 혜진이의 영어 실력을 보고 조기유학이나 어학연수를 다녀온 게 아니냐고 묻는 분들도 있는데, 사실 이렇다 할 영어교육을 시킨 적은 없어요. 혜진이가 세계를 무대로 자신의 꿈을 펼치길 기원하며 혜진이를 임신했을 때부터 영어를 접할 수 있는 환경을 만들어 준 것이 가장 큰 도움이 된 것 같아요.

전 혜진이를 임신하자마자 영어 공부를 시작했어요. 어려서부터 외국어만큼은 원어민처럼 완벽하게 구사하고 싶었는데 그 꿈을 이루지 못한 게 늘 안타까워 임신 후 영어태교를 시작했지요. 태교음악보다는 영어단어장을 손에 들고 아기의 청각이 발달할 6개월 무렵부터는 본격적으로 뱃속 아기에게 영어로 말을 걸었어요. 평소 좋아하는 영어책을 골라 제가 먼저 숙지한 후 소리 내어 읽고 쓰고, 영어동시나 팝송 등을 즐겨 들었어요. 늘 태아와 영어로 교감을 나눈다는 생각으로, 즐겁게 했어요.

뱃속에서부터 영어에 친숙한 환경을 만들어 주려고 하루도 빠짐없이 조금이라도 꾸준히 영어태교를 했어요. 지금 혜진이의 영어능력은 뱃속에 있을 때 습관이 바탕이 되지 않았나 싶어요.

🌸 영어로 태담을 나눈다

"Good morning, baby." 하고 아침인사부터 가볍게 시작해 "I love you, baby." 등 간단하고 쉬운 문장부터 차근차근 영어로 들려준다. 배를 부드럽게 쓰다듬으며 뱃속 아기에게 영어로 한두 마디씩 건네다 보면 영어로 말하는 것이 곧 익숙해진다. 이때 애칭을 만들어 부르면 말 걸기가 좀 더 쉽다.

🌸 구연동화를 하듯 읽는다

영어책을 읽을 때는 바를 천천히 쓰다듬으며 대화하듯이 읽는다. 단조로운 목소리로 읽는 것보다 구연동화를 하는 것처럼 재미있게 들려주는 것이 태아의 두뇌 발달에 효과적이다. 영어태교를 할 때 남편이 적극적으로 참여하는 것도 좋은 방법이다. 아빠의 나직한 목소리가 태아에게 쉽게 전달되기 때문이다.

🌸 오디오나 비디오를 활용한다

엄마가 상냥한 목소리로 전달하는 것이 가장 좋지만 쉬고 싶거나 목이 잠겼을 때, 피곤할 때는 오디오나 티디오테이프의 도움을 받는 것도 괜찮다. 오히려 다양한 매체를 이용해 소리를 들려주면 더욱 효과적이다. 엄마가 반복해서 읽어 준 내용을 오디오테이프로 다시 들려주는 것도 좋다.

예전에 감명 깊게 본 외국 영화가 있다면 다시 한 번 시청하거나 밝은 내용의 영어 방송이나 유아용 영어 비디오를 보는 것도 좋은 방법이다.

🌸 영어 단어 카드를 활용한다

영어태교를 할 때 엄마가 직접 카드를 만들어 활용하면 효과가 더 커진다. 두툼한 종이에 동물이나 사물의 이름, 특징 등을 영어로 적어 알록달록한 카드를 만든다. 동물 그림을 소재로 이야기를 만들어 보는 것도 좋다. 이때 재미있는 목소리와 제스처로 동물 흉내를 내면 뱃속 아기도 좋아한다.

단어 카드는 컬러풀한 것이 좋다.

🌸 영어로 노래를 불러 준다

자장가는 최고의 태교음악으로, 영어로 자장가를 불러 주면 태아도 편안해지고 기분이 좋아진다. 영어 동요도 효과적이다. 멜로디가 흥겹고 밝은 내용의 곡을 택해 자주 듣다 보면 엄마나 태아의 정서가 안정된다. 처음에는 테이프나 비디오를 이용하더라도 나중에는 직접 불러 준다.

🌸 교재는 쉽고 재미있는 것을 고른다

영어 교재는 읽기에 부담 없는 수준으로 흥미가 느껴지는 것을 선택한다.

태교를 할 때는 쉽고 재미있는 영어 동화책이 적당하다. 동화책을 고를 때는 그림이 아름답고 꿈과 희망 등 긍정적인 메시지를 담고 있는 것이 좋다. 이때 의성어나 의태어, 리듬감이 느껴지는 책을 고르면 읽고 듣는 재미를 더할 수 있다.

뱃속의 아기는 이미지와 관련 있는 우뇌로 엄마와 감정을 교류하는데, 엄마가 아름답다고 느끼는 그림을 보면서 책을 읽어 주면 아기에게 더 많은 자극을 줄 수 있다.

영어이름이나 애칭 짓는 법

요즘에는 태교를 할 때 영어 이름이나 애칭을 불러 주는 부모가 많다. 이름이나 애칭을 지을 때는 한국 이름과 유사하거나 발음하기 좋은 친근한 이름을 짓되, 성별에 맞고 좋은 의미를 담은 단어를 선택한다.

💗 인기 있는 영어이름과 그 의미

Alice – 앨리스 – 존귀하다

Amy – 에이미 – 가장 사랑하는 사람

Andrew – 앤드류 – 용감한

Anthony – 안토니 – 칭찬할 만한 가치

Clara – 클라라 – 깨끗한

Christopher – 크리스토퍼 – 예수를 따르는 자

Dorothy – 도로시 – 신의 선물

Elizabeth – 엘리자베스 – 신에게 봉헌하다

Emily – 에밀리 – 여성스럽다

Flora – 플로라 – 꽃

Jacob – 제이콥 – 과묵하고 신앙심이 깊은 남성

Olivia – 올리비아 – 평화를 사랑하는 자

Sophia – 소피아 – 지혜

오감 발달 영어태교책

★ **자연이 들려주는 Sing, Sing 영어태교 Around the Ocean and Snow**
Michelle Park 지음
바다 속 풍경과 극지방의 생물들을 주제로 한 영어태교책. 영어태담을 위한 노래와 상상력을 자극하는 예쁜 그림이 곳곳에 담겨 있다.

★ **자연이 들려주는 Sing, Sing 영어태교 Types of Fruits**
Michelle Park 지음
세계 여러 나라에서 즐겨 먹는 과일을 소재로 한 영어태교책. 자연이 들려주는 sing, sing 영어 태교 시리즈로, 화사한 색감의 컬러 화보가 노래, 그림과 함께 실려 있다.

★ **장병혜 박사의 영어태교동화**
장병혜 지음
임신부가 매주 참고할 수 있는 간단한 임신 정보와 영어동화, 동시, 총작 동화가 들어 있다. 책과 함께 제공되는 CD에는 한글 버전과 영어 버전의 동요가 수록되어 있다.

★ **영어로 들려주는 태교동화**
김양현 지음
일상적인 영어 표현들을 담은 영어태교동화. 의성어와 의태어가 자주 등장하여 읽기에도 재미있고 교육 효과도 높인다.

★ **우리 아기에게 들려주는 영어태교동화**
열린기획 지음
16편의 영어 동화와 귀에 친숙한 영어 동요, 뱃속 아기에게 들려주는 영어태담이 들어 있어 태아의 영어 감각과 감성을 키워 준다.

태담태교는 어떻게 할까?

모든 태교의 기본으로 태교 방법 중 가장 널리 알려져 있다. 엄마아빠가 태아에게 자주 말을 걸면 지능과 운동 신경이 발달하고 사회성이나 정서 발달에도 도움이 된다. 태담이란 말 그대로 뱃속 아기와 이야기를 나누고, 대화를 통해 사랑을 전하는 것이다. 엄마아빠가 일상에서 겪은 일이나 느낌을 태아와 함께 나누면 된다. 이때 태아가 있는 배에 손을 얹고 부드럽게 쓰다듬으며 다정한 목소리로 이야기하면 태아의 정서 안정에 도움이 될 뿐 아니라 부모와 태아 사이에 유대감도 커진다. 또한 부부간의 애정도 돈독해진다.

태담태교의 시기

태담은 임신 사실을 알게 된 순간부터 시작하는 것이 좋다. 비록 태아의 청각 기능이 완벽하지 못하더라도 이미 감정을 갖고 소리 진동을 피부로 느껴 반응하기 때문이다. 갓 태어난 아기가 아직 눈을 채 뜨지 못한 상태에서도 엄마의 목소리에는 신기하게 반응을 보이는 것을 목격한 적이 있을 것이다. 아기는 뱃속에서 들었던 엄마의 목소리를 기억하고 반응하는 것이다.

태아에게 소리는 하나의 자극이다. 적절한 자극을 주면 두뇌를 발달시킬 수 있는 산소와 포도당 비율도 증가한다. 따라서 임신부라면 자신의 언행이나 마음가짐을 바르게 하고 적극적으로 태담을 하는 자세가 필요하다.

태담태교의 효과

🌸 두뇌 발달을 돕는다

태아의 뇌 세포는 엄마 뱃속에 있을 때 가장 많이 발달한다. 보통 2개월이면 두뇌 형태가 형성되기 시작하고, 5개월 무렵이면 80% 정도 완성되어 어른과 다름없는 뇌 기능을 갖는다. 인간의 뇌 세포는 약 140억 개인데, 그 중 100억 개 정도가 태아기 때 만들어진다. 이렇듯 뇌 세포의 대부분이 엄마의 뱃속에서 형성되므로 태내에서의 발육이 강조되는 것이다.

태아의 뇌 세포를 자극하는 가장 효과적인 방법이 태담이다. 태아의 뇌를 자극하고 뇌 세포를 연결하는 회로를 증가시켜

주기 때문이다. 엄마와 따뜻하고 정겨운 대화를 나눔으로써 태아의 뇌는 자극을 받고 빠르게 성장한다.

💗 정서 안정, 사회성 발달을 돕는다

부모와 충분히 교감을 나누고 태어난 아기는 그렇지 못한 아기보다 출산 후 발육이나 행동에서 우수성을 보인다.

예를 들어 태담을 충분히 나누고 자란 아이는 자신의 의사를 울음으로 확실하게 표현하거나 원인 없이 울거나 떼쓰는 일이 적어 아기 키우기가 훨씬 수월하다. 또한 커서도 정서가 안정되고 바른 성품을 가진 아이로 자라난다.

특히 다른 아이들에 비해 사회성 발달이 두드러지는데 이는 엄마가 뱃속에서 들려 준 이야기를 통해 세상의 많은 일을 간접적으로 경험했기 때문이다. 이러한 간접 경험을 통해 다른 사람에 대한 배려나 이해심도 커지고 사회에 쉽게 적응할 수 있게 된다.

💗 태아와 부모의 유대감이 커진다

태아는 외부에서 들려오는 자극에 신체적, 정신적으로 영향을 받게 된다. 따라서 평소 엄마와 아빠가 태아에게 꾸준히 말을 걸어 주면 부드러운 목소리를 기억하고 그 목소리에 반응을 보이는 것이다. 이런 과정을 반복하면서 태아와 부모 사이에 유대감이 형성된다. 이러한 유대감은 아기가 태어난 후에도 정서에 많은 영향을 미친

다. 아이와의 관계를 더욱 돈독히 하고 친밀감을 유지하려면 태내에 있을 때부터 태담을 이용해 친밀감을 쌓는 것이 좋다.

💗 임신 스트레스를 줄여 준다

많은 여성들이 임신 기간 동안 심한 스트레스를 받는데, 이러한 스트레스는 태아에게 그대로 전달된다.

한 연구조사에 따르면 전쟁 중 태어난 아이 중에 저체중아가 많고 예민하고 신경질적인 아이가 많은 것으로 나타났다.

임신 기간 스트레스를 푸는 데 태담은 효과적이다. 태아에게 이야기하면서 엄마의 마음도 안정되고 편안해지기 때문이다. 사랑이 담긴 태담을 하다 보면 엄마 스스로 밝은 마음을 가지려 노력하게 되고 이러한 노력을 통해 모성애와 자긍심도 길러 준다.

태담태교의 기본 요령

💗 태명을 만들어 부른다

아직 얼굴도 본 적 없는 태아에게 말을 건다는 것이 어색하고 막막하게 느껴질 수 있다. 이럴 때 애칭을 만들어 부르면 어색함도 덜하고 훨씬 대화하기 수월하다.

그냥 막연하게 '아가야' 하고 부르기보다는 태아에게 말을 거는 행위 자체가 자연스러워지도록 튼튼이, 총명이, 별이, 사랑이 등 정겹고 사랑스러운 태명을 정해 부르는 것이 훨씬 좋다. 단, 태아의 성별을 구별하는 이름은 피한다.

🕊 천천히 또박또박 말한다

태아에게 말을 걸어도 대꾸가 없으므로 혼자서 떠드는 것 같아 속으로만 중얼거린다는 사람이 있다. 하지만 태아가 바로 옆에서 듣고 있는 것처럼 천천히 또박또박 알아듣기 쉽도록 이야기하는 것이 좋다.

또, 부드러운 목소리로 억양의 높낮이를 살려 분명하게 발음하는 것이 좋다. 배를 사랑스럽게 어루만지면서 상냥하게 이야기하면 엄마의 정서가 태아에게 전달된다.

🕊 긍정적인 이야기를 한다

태아에게 말을 할 때는 긍정적이고 희망이 담긴 이야기가 좋다. 다정다감한 말투를 쓰되 부정적인 말보다는 긍정적인 표현을 사용한다.

예를 들면 "사랑이는 참 좋겠구나, 할 수 있지?" 혹은 "엄마는 똘똘이가 있어 너무 행복해." 같은 말을 한다. 긍정적인 표현이 아기를 긍정적이고 적극적이며 낙천적인 아이로 만든다.

🕊 사랑의 메시지를 보낸다

태담을 할 때 잊지 말아야 할 것은 바로 사랑의 메시지다. 태아로 하여금 자신이 얼마나 사랑받고 있는지 알게 하는 것이 중요하다. "사랑해.", "환영해." 같은 긍정적인 말을 자주 들려주어 자신이 사랑받고 있다는 확신을 심어 준다.

반면 부정적인 말이나 언행은 삼간다. 태아는 엄마의 정서적 변화를 누구보다 빨리 감지할 수 있기 때문이다. 병원에 갔다 온 날이나 태동이 많은 날, 엄마 컨디션이 좋은 날 등은 특히 뱃속 아기에게 칭찬을 아끼지 않는다. 긍정적인 말을 자주 하고 밝은 생각을 해야 태어나는 아기도 밝고 긍정적인 성격이 된다.

🕊 아빠의 목소리를 자주 들려준다

낮은 톤의 아빠 목소리는 엄마의 고음보다 태아에게 안정감을 주므로 틈나는 대로 태아에게 아빠의 목소리를 들려주는 것이 좋다. 태아는 엄마의 목소리는 항상 접하기 때문에 잘 기억하고 있지만 아빠의 목소리는 그렇지 못하다.

태아와 한몸으로 연결된 엄마와는 자연스럽게 유대감이 형성되지만, 임신과 출산에서 보조적인 역할을 하는 아빠에게는 유대감을 덜 느낄 수밖에 없다.

출근할 때나 퇴근 후에 수시로 "잘 잤니?", "우리 콩이, 오늘은 뭘 하며 놀았을까?", "아빠 회사 다녀왔단다." 하고 말을 건네며 태아와 대화하는 시간을 자주 갖는다.

💗 태담을 시작한다는 신호를 만든다

뱃속 아기가 대화를 받아들일 준비가 되지 않았는데, 갑자기 말을 걸면 아기는 어리둥절할 수 있다. 태아에게 태담을 할 때는 먼저 신호를 주는 것이 좋다.

배를 쓰다듬으면서 태담을 나눌 시간임을 알려 준다.

💗 다양한 이야기를 들려준다

일상생활을 하면서 일어나는 여러 가지 이야기를 자주 들려주면 태아에게 좋은 자극이 된다. 태아는 뱃속에 있을 때부터 말을 배우기 시작하는데 여러 가지 활동을 하면서 말을 걸고 애정을 표현하면 정서 발달이나 두뇌 계발에 도움이 된다.

산책을 하거나 전시회를 둘러보거나 가까운 곳으로 여행을 갔다 온 뒤 느낌이나 감상을 태아에게 들려주는 것도 좋은 방법이다. TV나 책에서 본 아름다운 이야기, 맛있는 음식 이야기 등 이야기 주제는 다양할수록 좋다.

임신 시기별 태담태교 방법

태담은 가능하면 빨리 시작하는 것이 좋다. 임신 사실을 안 순간부터 시작하여 초기에는 임신 사실을 알았을 때의 설렘과 기쁨, 엄마아빠의 출산 이후 계획을 이야기하고 임신 중기에는 건강하게 자라 주길 바라는 마음을 전한다. 후기에는 자연 분만으로 아기를 낳고 싶은 엄마의 소망을 전하고 칭찬을 자주 한다.

💗 임신 초기

임신 후 설렘과 기쁨을 담아 태담태교를 시작한다. 온 가족이 임신한 것을 얼마나 기쁘게 받아들이고 있으며, 뱃속의 아기가 태어나기를 얼마나 기다리는지 말해 준다. 사랑스러운 애칭도 지어 준다. 엄마의 그때그때 기분을 말해 주는 것도 좋다. 음악을 들려주며 이야기하면 엄마의 마음도 안정되므로 더욱 효과적이다.

💗 임신 중기

임신 중기는 태아의 태동이 활달해지는 시기이므로 실질적인 대화로 자극을 준다.

자연현상이나 감정, 사물의 모양이나 색깔 등 눈에 보이는 것을 자세히 이야기해 준다. 만약 태아의 태동이 느껴지면 "엄마가 톡톡 두드려 줄 테니까 그쪽을 차 봐." 하고 게임을 하듯 태동을 유도한다.

💗 임신 후기

임신 후기에는 태아의 반응이 점점 확실하게 나타난다. 이 시기에는 칭찬을 많이 해 주고 동물이나 꽃 등 사물의 이름을 가르쳐 주면서 신선한 감동을 전한다.

초기나 중기의 태담을 점진적으로 발전시켜 좀 더 깊이 있는 내용을 이야기하는 것이 좋다. 출산이 가까워 오는 시기이므로 자연 분만의 소망을 담아 수시로 배를 쓰다듬으며 격려해 주는 것이 좋다.

동화태교는 어떻게 할까?

태아는 엄마나 아빠가 들려 주는 이야기를 통해 총제적인 이미지를 받아들이고 정보화한다. 이미지란 그림, 사고, 경험, 지식, 습관 등이 바탕이 되어 머릿속에 만들어진 영상으로, 뇌가 외부의 정보들을 받아들이고 이해·저장하면서 만들어진다. 이러한 이미지 형성은 뇌 세포와 뇌 세포의 연결망, 시냅스를 통해 이루어진다. 따라서 시냅스를 형성하고 뇌 세포를 활성화하려면 적절한 자극이 필요하다.

엄마나 아빠가 들려주는 이야기는 뇌를 자극해 뇌 기능 발달을 도와 주고 태아의 청각과 잠재력·창의성·사회성 발달을 돕는다.

동화태교의 방법

감성이 풍부하고 지혜로운 아이로 성장하기 바란다면 태아가 앞에 있다고 생각하고 구연동화를 하듯 감정을 풍부하게 담아 동화태교를 시작한다. 매일 일정한 시간에 꾸준히 동화책을 읽어 주면 태아와 부모의 유대감이 깊어질 뿐 아니라 잠재력도 길러지며, 상상력과 창의력이 자란다.

실제로 본 적도 없는 아기와 이야기를 나눈다는 것이 어색할 수 있다. 이럴 때 동화책을 읽으면 자연스럽게 대화를 이끌어 낼 수 있다. 특히 엄마보다 아빠가 태아와 이

야기하는 것을 쑥스러워하는데, 동화책을 읽다 보면 자연스럽게 태담을 할 수 있다.

대화체로 재미있게 읽는다

동화책 주인공 이름을 뱃속 아기의 애칭으로 바꾸어 읽어 준다. 그렇게 책을 읽어 주다 보면 동화책 주인공이 동일 인물처럼 느껴져 태아에게 더 친숙한 느낌을 줄 수 있다. 태아도 엄마가 재미있게 읽어 주어야 이야기에 잘 집중하는 법이다. 엄마 혼자 읽듯이 딱딱하고 재미없게 읽으면 태아도 흥미를 느끼지 못해 아무런 도움이 되지 않는다. 태담을 할 때처럼 대화하듯이 재미있게 읽어 준다.

태아는 리듬감 있는 소리를 좋아한다. 동화책을 읽을 때도 재미있게, 내용 속 대화들도 직접 대화하듯이 읽어 준다. '개굴개굴', '졸졸졸' 등 다양한 의성어와 의태어를 섞어 주면 더욱 효과적이다.

정확한 발음, 다정한 목소리로 읽는다

태아는 책을 문자로 이해하는 것이 아니라 엄마의 목소리를 통해 이해한다. 따라서 태아에게 책을 읽어 줄 때는 정확한 발음, 편안하고 따뜻한 목소리로 읽어 주는 것이 중요하다. 발음이 정확해야 의미전달 효과가 높고 밝고 부드러운 톤이어야 태아도 편안하게 듣는다.

먼저 혀와 입술, 입 모양 등을 부드럽게 움직여 준 다음, 직접 동화를 지은 듯 감정을 실어 밝고 신나는 어조로 읽는다.

편안한 자세로 읽는다

책을 읽을 때 자세가 불편하면 뱃속 아기도 불편할 수밖에 없다. 왼쪽을 보고 옆으로 누워서 책을 읽거나 쿠션 등으로 허리를 받친 다음 바른 자세로 읽는 것이 좋다. 가능하면 임신부가 가장 편안한 자세를 취할 수 있도록 하되 몸이 무겁다고 누워서 책을 읽으면 태아가 힘들어진다.

매일 꾸준히 읽어 준다

모든 태교와 마찬가지로 동화태교 역시 꾸준히 해야 효과가 있다. 짧은 시간이라도 매일 가장 편안한 시간을 정해 같은 장소에서 동화책을 읽는다. 만약 아빠와 함께하고자 한다면 퇴근 후 8시 무렵이 적당하다.

태아는 하루 대부분을 잠으로 소비하는데, 청각 신경이 예민한 8시경에 책을 읽어 주면 더욱 효과적이다.

태담을 할 때와 마찬가지로 동화책을 읽을 때도 배를 쓰다듬듯 만지며 읽는다. 그러면 엄마 손의 온기가 태아에게 전달되어 만족감과 안정감을 준다.

그림을 보며 이야기를 꾸민다

동화책의 그림들을 코면서 이야기를 직접 꾸며 들려주는 것도 좋다. 새로운 이야기를 상상하는 동안 엄마의 집중력과 상상력이 커지는데, 이때 태아의 상상력도 함께 자란다.

읽고 난 뒤 느낌을 이야기해 준다

단지 동화책 읽는 것에서 그치지 말고 동화책을 읽은 다음 느껴지는 감정이나 생각 등을 이야기한다.

책을 읽고 난 후 어떤 교훈을 얻을 수 있었고, 어떤 느낌을 받았는지 뱃속 아기에게 이야기해 준다.

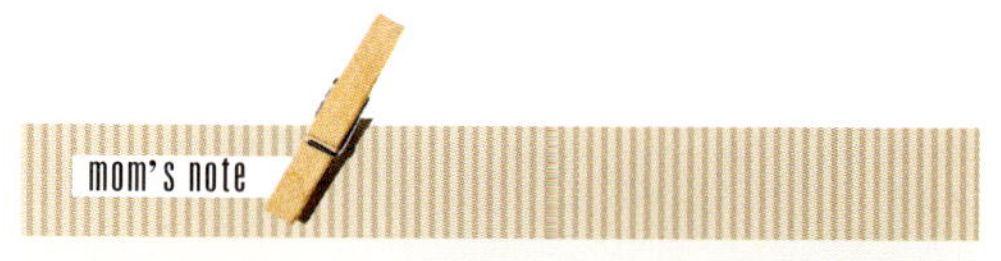

뇌 세포를 자극하는 동시태교

쉽고 짧은데다 리듬까지 들어 있는 동시태교로 뇌를 자극해 보자. 동시를 고를 때는 예쁜 의성어나 의태어가 반복된 시를 고른다. 동시를 읽어 주면 아기의 청각과 시각뿐만 아니라 오감을 고루 자극할 수 있다.

동화태교의 효과

🌸 태아와 유대감이 깊어진다

뱃속 아기에게 동화책을 자주 읽어 주면 태아와 부모 사이 유대 관계가 끈끈해진다. 어휘나 상상력, 표현력이 발달하는 효과는 부수적인 것에 불과하다.

동화태교를 하는 가장 큰 이유는 태아와 엄마 사이의 애착 형성이라고 해도 과언이 아니다. 태내에서 쌓은 엄마와의 돈독한 유대감은 출생 후 아이의 성품이나 성격 형성에도 큰 영향을 미친다.

🌸 상상력과 호기심을 길러 준다

태아가 뱃속에 있을 때부터 부모가 따뜻한 목소리로 동화책을 읽어 주면 뇌가 자극되므로 상상력이나 호기심을 키우고 잠재력을 이끌어 내는 효과가 있다.

모험과 용기, 우정 등 좋은 내용의 동화책을 골라 잠들기 전 하루 10~20분 만이라도 시간을 내어 읽어 준다. 동화책 속에 담긴 꿈의 세계에 엄마의 풍부한 상상력을 실어 전달해 주면 정서가 안정되고 상상력과 호기심이 풍부한 아이로 자라나게 된다.

🌸 태아의 감수성을 높인다

태아는 엄마의 목소리를 귀로만 듣는 것이 아니라 온몸으로 받아들인다. 엄마가 스토리 전개에 따라 기쁨, 슬픔, 즐거움 등 감정을 실어 동화를 재미있게 읽어 주면 뱃속 아기의 감수성을 높이는 데 도움이 된다.

임신 시기별 동화책 고르기

동화태교를 할 때는 그림과 이야기가 아름다운 동화책을 고른다. 색감이 따뜻하고 풍부한 그림책이 좋고, 글과 그림이 적절히 어우러져 있으며 엄마 자신도 흥미를 느낄 수 있는 책을 고른다.

🌸 임신 초기(1~13주)

임신을 하면 새로운 경험과 변화로 인해 막연한 두려움과 불안감이 생길 수 있으므로, 밝고 아름다운 내용의 동화를 읽는 것이 좋다. 새로운 세상에 대한 기쁨과 행복을 주제로 하는 동화를 고르되, 동화를 들려주는 시간은 3분 정도가 적당하다.

🌸 임신 중기(13~28주)

오감이 발달하는 시기이므로 호기심과 지적 자극을 줄 수 있는 동화책을 읽어 주는 것이 좋다. 자유로운 사고를 유발할 수 있는 동화책을 고르되, 동화를 읽어 주는 시간은 5분 정도가 적당하다.

💜 임신 후기(28~40주)

출산을 앞두고 태교를 마무리하는 시점인 만큼 더욱 신경을 쓴다. 동화를 들려주기 전후에는 태담을 나누며 아기의 상태를 확인한다. 이 시기에는 출산에 대한 두려움을 없애고 마음을 가라앉히는 동화가 좋다.

동화 직접 써 보기

동화를 읽어 주는 것이 태교에 좋다는 것은 다시 말할 필요도 없지만 동화를 직접 써보는 것도 훌륭한 태교가 된다.

엄마가 글을 쓰면서 생각하고 느끼는 것이 태아에게 고스란히 전달되는데, 이때 태아의 두뇌가 발달하고 언어에 대한 잠재 능력이 향상된다. 세상에 태어날 아기를 위해 동화작가가 되었다고 생각하고 조금씩 써내려가다 보면 아기에게 선물할 수 있는 동화책 한 권이 완성될 것이다.

너무 잘 써야겠다는 부담을 버리고 편안한 마음으로 쓰면 자신도 모르는 사이에 태아의 지성과 감성이 쑥쑥 자라날 것이다.

동화태교 효과를 높여 주는 추천 도서

★ 오감 태교동화
임현진 지음
시각 · 청각 · 미각 · 후각 · 촉각을 주제로 한 25편의 태교동화가 예쁜 삽화와 함께 수록되어 있다. 동화구연가인 저자가 직접 들려주는 동화 CD가 듣는 재미를 더한다.

★ 엄마가 들려주는 태교동화
김양현 지음
엄마의 목소리로 들려주는 주제별 태교동화. 지혜 · 사랑 · 겸손 · 절제에 관한 20편의 태교동화가 그림과 함께 수록되어 있다.

★ 아빠가 들려주는 태교동화
김양현 지음
아빠의 목소리로 들려주는 주제별 태교동화. 성실 · 용기 · 협동 · 재미에 관한 20편의 태교동화가 그림과 함께 수록되어 있다.

★ 지혜로운 엄마가 읽어 주는 탈무드 태교동화
김경아 지음
유태인의 자녀교육에 빠뜨릴 수 없는 탈무드를 뱃속 아기에게 들려주기 쉽게 꾸민 태교동화. 의성어와 의태어, 대화 등을 최대한 살려 아기자기하게 구성한 것이 특징이다.

★ 아기의 감성을 쑥쑥 키워 주는 명작 태교동화
김선희 지음
태아와 임신부의 감성을 자극하는 12편의 친숙한 이야기가 따스한 색감의 삽화와 함께 수록되어 있어 태아에게 꿈과 희망, 상상력을 불어넣어 준다.

★ 소문난 태교동화 위인편
고선미 지음
위인들의 에피소드를 실은 동화태교. 과학 · 문학 · 예술 · 철학 등 각 분야 위인들의 성공과 실패, 극복 사례가 소개되어 있어 뱃속 아기의 희망찬 미래를 설계하는 데 밑거름이 된다.

★ 업그레이드 뇌 태교동화
김성수 지음
산부인과 의사이자 뇌 태교 전문가가 쓴 태교동화. 태아의 성장 단계에 맞춰 구성된 이야기가 환상적이고 아름다운 색감의 일러스트와 함께 펼쳐진다.

아빠태교는 어떻게 할까?

임신 10개월 내내 아기와 한몸으로 연결되어 자연스럽게 교감을 나누는 엄마와 달리, 임신 출산에서 보조적인 역할을 담당하는 아빠는 엄마보다 유대감을 덜 느낄 수밖에 없다. 따라서 태아와 좋은 관계를 형성하기 위해서 아빠도 노력해야 한다.

태교는 엄마만 하는 것으로 생각하는데 남편의 역할도 중요하다. 남편이 태교에 적극적으로 참여할수록 건강하고 정서적으로 안정되며 똑똑한 아기를 낳을 수 있다.

태아가 소리에 반응한다는 사실에 주목하여 시간 나는 대로 아빠가 배를 쓰다듬어 주거나 뱃속 아기에게 말을 걸어 준다면 태아도 아빠의 사랑을 느끼고 반응할 것이다.

아빠태교의 시작

태아의 건강과 아내의 순조로운 출산을 위해 부부가 함께 완성해 나가는 과정임을

인식하고 남편도 적극적으로 태교에 임한다. 아빠가 가장 먼저 해야 할 태교는 바로 건강한 정자를 준비하는 것. 정자가 건강해야 건강한 아이를 낳을 수 있다. 그러므로 임신 전부터 몸에 해로운 것을 멀리하고, 적당한 운동과 스트레스 해소로 최상의 컨디션을 유지하는 것이 필요하다.

아빠태교의 효과

태아와 유대감이 쌓인다

아빠가 태교에 적극적으로 임하면 아기와 친밀감을 높일 수 있고, 아기에 대한 애정이 싹튼다. 뱃속에서 쌓은 유대감은 출생 후에도 계속 유지되어 아기의 정서 발달에 긍정적인 영향을 미친다.

부부간의 신뢰와 사랑이 돈독해진다

임신 기간 동안 부부는 태아로 인해 강한 공감대를 형성하고 서로에 대한 이해와 사랑을 확인하는 시간을 갖게 된다. 만약 이 시기 남편이 뱃속 아기에게 무관심하고, 태교도 아내에게만 미룬다면 부부간의 신뢰나 애정에 금이 갈 수도 있다.

태아의 정서 발달을 돕는다

태내에서부터 부모의 사랑을 듬뿍 받고 자란 아이는 태어난 후에도 정서적으로 안

정되고 사회성도 발달한다. 특히 아빠태교
는 임신부의 마음을 편안하게 해 주는데,
이는 그대로 태아에게 전해진다. 아빠가
태아에게 자주 말을 걸어 주고 동화책을
읽어 주는 등 태교에 적극적일수록 태아의
정서도 안정되고 풍부해진다.

예비아빠의 태교 매뉴얼

임신한 아내의 기분을 헤아린다

임신을 하면 육체적으로나 심리적으로
수많은 변화를 겪게 된다. 특히 호르몬 변
화로 인해 아무것도 아닌 일에 화가 나기
도 하고 짜증이 나거나 눈물이 나기도 한
다. 남편은 이렇게 여러 가지 변화로 혼란
스러워하는 아내를 배려하고 포근히 감싸
주어야 한다. 임신 중 아내가 생각하고 느
끼는 것들이 그대로 태아에게 전달된다는
사실을 기억한다.

태교 정보를 모은다

무엇이든 아는 만큼 보이고 느끼는 만큼
실천하는 법이다. 태교를 하겠다고 마음먹
었다면 틈틈이 임신과 출산에 관한 책이나
인터넷 정보를 통해 아내의 신체 변화와
태아의 변화, 감정 상태를 체크하고 어떤
태교법이 좋은지 꼼꼼하게 따져 실생활에
응용한다. 매일 동화책을 읽거나 태교 일
기를 쓰는 것도 좋은 방법이다. 무엇이든
꾸준히 실천할 수 있는 태교법을 선택하는
것이 중요하다.

집안일을 돕는다

육체적, 정신적으로 지친 아내를 위해
절대적인 지원을 아끼지 않는다. 평소 집
안일을 분담하고 화장실 청소나 이부자리
를 개는 일처럼 무거운 것을 들거나 몸을
오래 구부리고 해야 하는 일은 남편이 맡
아서 하는 것이 좋다.

임신 중 사이가 나쁜 부부 사이에서 태
어나는 아기는 사이가 좋은 부부 사이에서
태어나는 아기에 비해 정신적, 육체적 장
애가 2.5배나 높다는 통계가 있다.

다소 힘이 들더라도 사랑하는 아내가 믿
고 의지할 수 있도록 버팀목이 되어 준다.

뱃속 아기에게 말을 건다

시간이 날 때마다 태아와 이야기하는 시
간을 갖는다. 아침에 일어나면 "아기야, 잘
잤니?", 출근할 때는 "아빠, 회사 갔다 올
게, 오늘도 엄마와 함께 즐거운 시간 보내
렴." 하는 식으로 말을 자주 걸어 준다. 아
빠가 태아에게 부드러운 목소리로 태담을
반복하면 태아의 뇌는 꾸준히 자극을 받아

뇌 세포 발육이 촉진되고 뇌신경 조직인 회로가 증가해 두뇌 발달에 도움이 된다.

🌸 태아에게 동화책을 읽어 준다

그림책, 동화책은 상상력과 창의력을 자극하여 태아의 감수성을 풍부하게 하는 좋은 도구다. 애정이 담긴 부드러운 목소리로 자주 동화책을 읽어 준다.

🌸 매일 밤 아내에게 마사지해 준다

부부간의 애정을 확인하고 신체적, 정신적 만족감을 주는 방법으로 마사지만큼 좋은 것이 없다.

아내는 임신이 진행될수록 등, 발, 다리, 신체 곳곳에 불편함을 느끼게 되는데 이때 남편이 규칙적으로 부드럽게 마사지해 주면 통증이나 트러블이 완화된다. 마사지는 아내의 마음을 차분하게 진정시키는 데도 효과가 있다.

🌸 적당한 부부생활은 태교에 도움된다

예비아빠 중에는 임신 중 성행위가 아내와 태아에게 해로울 것으로 생각하고 피하는 사람이 있다. 하지만 자궁 속에서 적절한 피부자극을 받으면 태아의 뇌 성장을 촉진할 수 있다. 적당한 부부관계는 자궁을 수축시키는 역할을 하므로 태아의 지능 계발에 긍정적인 효과를 준다.

평상시 키스나 포옹으로 아내에게 애정을 표현하는 것도 좋은 방법이다. 함께 목욕을 하거나 애정 어린 말로 칭찬을 해 주면 사랑이 돈독해진다.

백점만점 아빠태교

● 애정표현을 많이 한다.
● 깜짝 파티를 열거나 선물을 준비한다.
● 입덧하는 아내를 위해 직접 요리한다.
● 추억에 남을 만한 여행 계획을 짠다.
● 아내와 함께 아기 용품을 준비한다.
● 아내의 건강을 꼼꼼히 챙긴다.
● 언제라도 아내에게 달려갈 준비를 한다.
● 출산을 앞둔 아내에게 용기를 준다.

아빠의 스킨십

임신한 아내를 위한 남편의 부드러운 스킨십은 부부간의 애정과 정서적인 유대감을 형성하는 데 도움을 준다. 남편의 애정 어린 스킨십은 스트레스가 쌓이기 쉬운 임신부에게 심리적인 안정감을 가져다줄 뿐 아니라 태아의 두뇌 발달에도 효과적이다. 실제로 오감 중에서도 피부 감각은 태아의 뇌 발달에 중요한 영향을 미친다. 피부는 뇌와 같은 외배엽으로부터 발달한 조직으로, 신경회로로 연결되어 있어 태아의 두뇌 발달에 직접적인 영향을 미친다.

태교 *Best* 궁금증

Q 태아가 뱃속에서 경험하는 것이 출생 후에도 영향을 미치나요?

A 심리학자 안소니 데커스퍼에 따르면 임신 4개월이면 태아에게 기억할 수 있는 능력이 생기고 임신 7개월 이후에는 기억 속에 저장할 능력이 생긴다고 한다. 출생 직후 아기가 엄마의 목소리를 향해 고개를 돌리거나 임신 중에 불러 주었던 자장가에 반응하는 것은 이를 뒷받침하는 사례로, 아기는 뱃속에서의 기억을 간직하고 있다는 것이다.

신생아 양수 실험 결과도 이를 뒷받침하고 있다. 분만 시 임신부의 자궁에서 채취한 양수를 어머니의 한쪽 젖꼭지에 묻히고 신생아가 어느 젖꼭지를 선택하는지 관찰한 결과, 출생 직후 몸을 씻겨 준 신생아는 30명 중의 23명이, 몸을 씻기지 않는 신생아는 30명 중의 27명이 양수를 묻힌 젖꼭지를 선택했다는 것이다. 이는 신생아의 몸을 씻긴 것과는 관계 없이 적어도 2/3 이상의 신생아가 엄마의 양수 냄새를 기억한다는 것을 의미한다.

Q 태아의 청각이 발달하기 전에 태담을 해도 효과가 있나요?

A 태아의 청각 기관은 임신 3개월에 만들어지기 시작하고, 외부의 소리를 들을 수 있는 것은 임신 5~6개월경이다. 하지만 청각이 발달하기 전인 임신 초기라도 효과가 있다. 비록 듣지는 못하더라도 탯줄을 통해 전해지는 엄마의 기대감, 설렘, 행복감 등이 태아의 정서 안정에 도움이 된다.

Q 음악태교를 위해 사람이 많은 음악회나 뮤지컬 공연장에 가고 싶은데 괜찮을까요?

A 집에서 음악을 듣는 것도 좋지만 때로는 음악회나 뮤지컬 공연장에 가서 새로운 기분과 감동을 느끼는 것도 좋다. 스피커 옆자리에 앉거나 지나치게 시끄러운 음악을 듣는 것이 아니라면 오히려 태아에게 여러 가지 자극을 줄 수 있어 효과적이다. 공연장 좌석은 가능하면 무대에서 조금 떨어진 곳이 좋다. 좌석을 받을 때 미리 직원에게 임신 사실을 알려 배려를 받는 것이 좋다.

Q 좋아하진 않지만 태교를 위해 온종일 클래식을 들어요. 하루에 몇 시간 정도 들려주면 좋을까요?

A 음악태교를 한다고 무조건 음악을 틀어 놓고 생활해야 하는 것은 아니다. 평소 좋아하는 음악을 골라 편안하게 듣되, 규칙적으로 반복해서 듣는 것이 좋다. 이때 태아의 신경세포가 생성되어 두뇌발달을 돕는다.

좋아하지도 않는 음악을 온종일 듣는 것보다는 매일 30분이라도 일정한 시간에 규칙적으로 들려주는 것이 훨씬 효과적이다.

Q 직장에 다니다 보니 태교에 신경을 쓸 시간이 별로 없어요. 어떻게 해야 할까요?

A 최근 여성의 사회 진출이 늘면서 임신 중 직장생활에 대해 고충을 털어놓는 임신부가 많다. 만약 직장생활에 시달려 태교가 제대로 이루어지지 않아 고민이라면 임신 사실을 직장에 알리고 주변의 배려를 받는 것이 좋다. 점심시간이나 쉬는 시간을 이용해 태교를 할 수 있도록 동료에게 협조를 구하고 무리한 업무는 피할 수 있도록 양해를 구한다. 가능하면 야근은 피하는 것이 좋다.

Q 음악태교나 영어태교 등 목적 태교는 과연 효과가 있나요?

A 목적 태교의 효과에 대해 아직 과학적으로 정확하게 밝혀진 바 없지만, 어느 정도 논리적인 근거는 있다. 북아일랜드 퀸스 대학의 햅퍼 교수는 1994년 태아의 청력 발달 조사에서 태아의 청력이 임신 개월 수에 따라 성숙한다는 것을 밝혀냈다.

또 프랑스의 리레 대학의 꿰루 교수는 1994년 연구 결과에서 자궁 속 태아가 외부에서 일어나는 대화 내용을 감지한다는 사실을 발표했다. 이 연구에 따르면 태아는 음악이나 외국어의 억양 등을 구별할 수 있는 것으로 확인됐는데, 이는 태아에게도 섬세한 청각 기능이 있다는 것을 말해 준다. 이러한 결과들은 태아가 임신 중 엄마나 아빠의 이야기에 영향을 받으며, 적절한 환경이 마련되면 어학이나 음악 등 목적 태교가 긍정적인 효과를 미칠 수 있다는 것이다.

Q 음식태교를 한다고 식단을 짜서 음식을 먹다 보니 너무 살이 쪘어요. 얼마나 먹는 것이 좋을까요?

A 태아에게 좋은 음식을 골라 먹는다고 이것저것 먹다 보면 오히려 비만이 되기 쉽다. 임신 중 비만은 임신부 건강에도 좋지 않지만 스트레스로 인해 정신 건강에도 좋지 않다. 음식태교를 한다고 해서 굳이 많이 먹을 필요는 없다. 임신 중 필요한 에너지는 약 2,150kcal로 태아를 가졌다고 해서 두 배로 먹을 필요는 없다. 임신 전보다 빵 한 조각, 우유 한 잔 더 먹는 정도면 된다.

Q 태아의 뇌 발달을 위해 특히 섭취해야 할 것이 있나요?

A 아기의 두뇌 발달을 도우려면 단백질을 충분히 섭취해야 한다. 뇌를 구성하는 성분은 단백질로, 뇌 세포가 활발하게 움직이려면 단백질이 절대적으로 필요하다. 이 외에도 포도당이나 지방, 호르몬, 비타민, 칼슘 등이 뇌에 영양을 공급한다.

태아의 뇌에 충분한 영양을 공급하려면 엄마의 음식 습관이 중요하다는 것을 인식하고 콩이나 두부, 견과류, 해산물 등을 자주 챙겨 먹는 것이 좋다.

Q 아기의 입맛은 엄마의 입맛을 따라간다는데, 뱃속 태아도 맛을 구별할 수 있나요?

A 미각 기관이 완전히 성숙한 것은 아니지만 태아도 맛을 느낀다 한 실험에 따르면 양수 속에 단맛이 나는 액체와 쓴맛이 나는 액체를 주입해 넣었더니 태아는 단맛이 나는 액체를 넣었을 때는 입맛을 다시며 양수를 삼켰고, 쓴맛이 나는 액체를 넣었을 때는 얼굴을 찡그리며 양수를 뱉어냈다고 한다. 이는 뱃속 태아도 맛을 느끼며 엄마가 섭취하는 음식에 따라 입맛이 형성된다는 것을 의미한다.

Q 태내에서부터 영재 교육을 할 수 있다던데, 사실인가요?

A 엄마 뱃속에서부터 영재 교육이 가능하다는 사실이 발표된 바 있지만 실제로 증명되진 않았다. 하지만 뱃속 아기는 임신 22주에는 15분 정도 기억할 수 있는 능력이 생기고, 임신 30주부터는 그 이상을 기억할 수 있다고 한다. 갓 태어난 아기가 익숙한 음악 소리에 반응을 보이는 것도 태내에서 생긴 기억 능력 때문이다.

자궁 내 영재 교육은 태아의 이런 능력을 염두에 두고 하는 것으로, 엄마가 태아에게 많은 경험을 할 수 있도록 자극을 주는 것이 곧 기억할 수 있는 정보를 제공하는 것과 같다.

Q 태아가 좋아하는 자극과 싫어하는 자극이 따로 있다는게 사실인가요?

A 태아는 일정한 자궁 수축 리듬을 좋아한다. 보통 1분에 1회 정도가 가장 적당한데 수축 정도가 이보다 더 심하거나 약해도 좋지 않다.

아침저녁 집 주위나 공원을 걷는 것도 태아의 감각을 부드럽게 자극한다. 반면, 무거운 것을 들거나 덜컹거리는 차에 타고 있거나 시끄러운 곳에서의 자극은 태아에게 좋지 않다. 가능하면 뱃속 태아와 함께한다는 것을 기억하고 부드러운 자극과 다양한 경험을 하게 해 준다.

Q 태아 발달 과정에 맞춰 좀 더 효과적으로 태교 계획을 짜고 싶은데, 태아의 감각 기관은 어떤 순서로 발달하나요?

A 임신 13주 이후에는 모든 감각 기관이 서서히 발달한다. 감각 기관마다 발달 정도의 차이는 있지만 손가락을 빠는 행위, 즉 촉각을 시초로 청각, 후각, 미각이 발달한다. 시각은 청각과 발달 과정을 같이 하지만 가장 늦게 완성되는 기관이다.

Q 임신 중 남편과 자주 다투었어요. 혹시 아기의 성격 형성에 나쁜 영향을 미치는 것은 아닐까요?

A 태아는 엄마 뱃속에서 보고 느낀다는 말이 있다. 이는 태내에서 경험한 것들이 출생 후에도 영향을 줄 수 있다는 것을 의미한다. 실제로 임신 7개월 이후, 기억을 관리하는 중추가 자리를 잡게 되면 잠재의식 속에 남아 태아에게 영향을 줄 수 있다.

임신부가 짜증을 내거나 화난 목소리로 크게 소리를 지르면 간뇌의 자율신경중추가 자극되어 혈액 흐름에 직접 영향을 주므로 태아가 불안감을 느낀다. 이런 감정은 아기의 성격 형성에 영향을 미치며, 엄마가 정신적으로 동요해 심장박동 수가 급격히 증가하면 태아의 심장박동 수도 증가한다고 한다. 지금이라도 남편과 관계를 개선하기 위해 노력하고 올바른 언어 습관을 기르는 것이 좋다.

Q 태아는 어떤 소리를 좋아하나요?

A 태아는 사랑이 담긴 부드러운 엄마의 음성이나 낮고 다정한 아빠의 음성을 좋아한다. 또한, 평소 흥분이 되거나 불안할 때 부드러운 음악을 들으면 기분이 나아지는 것처럼 태아도 부드럽고 편안한 음악을 좋아한다. 졸졸졸 시냇물이 흐르는 소리나 새의 지저귀는 소리 등 자연 음악이나 규칙적인 엄마의 심장 소리도 태아의 마음을 편안하게 한다.

Q 예쁜 아기 사진을 벽에 붙여 놓고 매일 쳐다보면 예쁜 아기를 낳을 수 있다고 하던데, 과학적인 근거가 있는 말인가요?

A 마음가짐과 언행을 중요시하는 전통태교에서는 임신 중에는 예쁜 것만 보고 좋은 말만 하라고 강조하고 있다. 물론 아기의 생김새는 부모의 유전자에 의해 결정되지만 예쁘고 좋은 것을 보면서 기대감과 행복감을 느끼다 보면 엄마의 좋은 감정이 태아에게 그대로 전달되어 긍정적인 영향을 미친다는 것이다. 실제로, 이때 성장에 도움이 되는 호르몬이 활발하게 분비된다고 한다.

Q 영어태교로 영어 조기 교육을 하려는데 효과가 있을까요?

A 태아는 자궁 외부에서 들려주는 대화 내용의 억양을 구별해내는 능력이 있다고 밝혀졌는데, 영어를 공부하는 데는 억양 또한 중요한 요소이므로, 태중 영어 교육 가능성을 입증하는 것이라 할 수 있다. 영어태교의 목적은 아기에게 영어에 익숙한 환경을 만들어 주는 것이다.

영어태교의 효과에 대해서는 의견이 분분하지만 그것에 연연하기보다는 스트레스 받지 않고 즐긴다는 마음으로 영어를 접하는 것이 좋다. 즐거운 마음으로 임신 중 영어 공부를 하다 보면 태아도 영어를 편안하게 받아들일 수 있을 것이다.

Q 좋은 향기를 맡으면 태아에게도 좋다는데 어떤 향이 좋을까요?

A 코끝에서 전해져 오는 향을 엄마의 느낌으로 이야기해 주는 것이 바로 향기태교다. 좋은 향기는 임신부의 몸과 마음을 편안하게 해 주며 태아의 후각을 촉진한다.

임신 4~5개월이면 태아는 이미 냄새를 맡을 수 있는데, 이 시기 공원을 산책하면서 자연에서 나는 향기를 맡거나 평소 좋아하는 에센스오일을 골라 향을 맡는 것도 좋은 방법이다. 단, 재스민, 바질, 시나몬, 아니스 등은 임신부에게 좋지 않으므로 반드시 피한다. 임신부에게는 마음을 차분하게 해 주고 스트레스나 긴장을 풀어 주는 라벤더, 카모마일 등이 좋다.

Q 남편의 부드러운 스킨십이 태교에 도움이 되나요?

A 남편이 아침저녁 부드러운 목소리로 말을 걸며 임신부의 배를 마사지하면 그 감촉이 태아에게 전달되어 태아의 두뇌 발달을 돕는다고 한다. 이는 임신부의 정서 안정에도 효과적이며 이때 임신부가 느끼는 행복한 감정이 태아에게 그대로 전달된다.

Q 두뇌 계발에 한자태교가 좋다는데, 한자태교에 좋은 교재를 추천해 주세요.

A 임신부가 흥미를 느낄 수 있는 교재를 선택하는 것이 중요하다. 만약 임신부가 부담을 느끼게 되면 오히려 태아에게도 스트레스가 될 수 있기 때문이다.

좋은 한자 교재로는 초등학생용 한문책이 좋다. 내용도 쉽고 만화나 그림이 함께 들어 있어 부담 없이 읽기 편하다. 글자가 너무 작거나 너무 두꺼운 책은 피하는 것이 좋다.

Q 직장에 다니다 보니 먹는 것에 신경을 잘 못 써요. 좋은 방법 없을까요?

A 직장생활을 하다 보면 아침은 거르기 쉽고 점심은 외식하게 되는데, 이러다 보면 태아에게 좋은 음식을 챙겨 먹기 어렵다. 조금 힘들더라도 아침 일찍 일어나 아침식사를 챙겨 먹고 도시락을 싼다. 몸에 좋은 견과류나 말린 과일 등을 책상에 넣어 두고 틈틈이 챙겨 먹는 것도 좋은 방법이다.

Q 남편도 태교를 해야 하나요?

A 엄마 뱃속에서 부모의 사랑과 관심을 받으며 자란 아기는 그렇지 않은 아기에 비해 훨씬 똑똑하고 건강하다. 실제로 임신 기간 내내 엄마뿐 아니라 아빠와 교감을 나눈 아기는 태어난 뒤에도 아빠의 목소리에 더 쉽게 반응하고 유대감도 깊어진다.

Q 태교일기를 쓰는 것이 태아에게 도움이 될까요?

A 태교일기를 쓰다 보면 임신부의 마음이 안정됨은 물론 태아와 대화할 수 있는 계기가 마련된다. 우선 일기를 쓰기 전에 그날 있었던 일이나 느낌, 상황 등에 대해 태아에게 자연스럽게 이야기한 후 그림도 그려 가며 태아에게 설명하듯이 써내려간다.

태아는 임신 4개월이면 어른처럼 풍부한 감수성은 없지만 쾌감과 둘쾌감, 불안감 등 소박한 감정을 느낀다고 한다. 태교일기를 꾸준히 쓰는 습관을 들이면 태아의 두뇌 발달 및 인격 형성에 기대 이상의 효과를 얻을 수 있다.

4

건강한 식생활

임신 중 먹는 음식은 태아 건강과 직결되므로 평소 자신의 식습관을 꼼꼼히 체크하는 것이 중요하다. 자신이 좋아하는 식품은 무엇인지, 자주 섭취하는 식품은 무엇인지 점검해 보고, 아기의 성장과 발달을 돕는 식품에는 무엇이 있는지 알아본다. 이 책에 나오는 식품 피라미드를 토대로 균형 잡힌 식단을 짜되, 태아에게 해가 될 만한 환경은 피하고 해로운 식품 섭취나 무분별한 의약품 복용은 삼간다. 임신 중에는 평소보다 면역 체계가 약해져 가벼운 질병에도 쉽게 노출될 수 있는데, 아프다고 의사의 처방 없이 감기약이나 수면제를 먹으면 뱃속아기에게 그대로 전달돼 자칫 태아 건강을 위협할 수 있으므로 주의한다.

1. 균형 잡힌 식생활

임신 중 무엇을 어떻게 섭취할까?

임신 중 균형 잡힌 영양소를 섭취하려면 식품 피라미드를 참고로 식단을 짜는 것이 좋다. 식품 피라미드는 임신부에게 좋은 식품과 나쁜 식품을 구분하기 위해 만들어 놓은 것으로, 영양학적으로 좋은 식품일수록 아래에 위치한다.

물도 건강한 식생활에 꼭 필요한 요소다. 식품 피라미드에는 빠져 있지만 생명을 유지하는 데 없어서는 안 되는 물은 몸의 구성 요소 중 가장 많은 부분을 차지한다.

건강한 식생활을 위한 식품

영양 전문가들은 건강한 식생활을 위해 식품 피라미드를 제시한다. 식품 피라미드는 영양학적으로 태아에게 좋은 식품군부터 별 도움이 되지 않는 식품까지 단계별로 구성해 임신부가 몸에 좋은 식품과 나쁜 식품을 한 눈에 쉽게 알아보고 먹을 수 있도록 만들어 놓은 것이다. 이 도표는 영양학적으로 태아에게 좋은 식품을 맨 아래에 배치하고 있고, 적게 섭취해도 되는 식품일수록 위에 배치해 놓은 것이 특징이다.

곡류

식품 피라미드에서 가장 하단에 위치하고 있는 것은 곡류다. 밥, 빵, 시리얼, 파스타, 국수 같은 곡류에는 임신부에게 꼭 필요한 섬유소, 비타민, 미네랄이 풍부하게 들어 있어 임신 중 영양의 기초가 된다.

식품 피라미드에서 권장하는 하루 곡류 섭취량은 통밀빵 6~11조각, 시리얼 3~5

컵, 또는 국수 3~8 그릇 분량이다. 이 분량을 하루 6~11회 나누어 섭취하면 된다. 임신 중에는 곡류를 섭취하더라도 가능하면 단백질과 섬유소가 풍부하고 지방이 적게 들은 현미나 통밀을 챙겨 먹는 것이 좋다.

🌸 채소류

섬유소, 비타민, 미네랄, 복합 탄수화물, 효소, 항산화제 등 영양이 풍부한 채소는 임신 중에 꼭 필요한 식품이다. 평소 신선한 채소를 자주 섭취하면 건강한 아기를 낳을 수 있다.

식품 피라미드는 하루 3~5회 채소류를 나누어 섭취할 것을 권장한다. 채소류의 일일 적정 섭취량은 조리한 채소 2~3컵 또는 채소주스 2~4컵 분량이다.

채소는 열을 가하면 비타민과 미네랄이 일부 파괴되므로 될 수 있으면 생식으로 먹는 것이 효과적이다.

🌸 과일류

섬유소, 비타민 A, 비타민 C, 탄수화물이 풍부한 과일은 태아 성장에 꼭 필요한 식품군이다. 식품 피라미드에서는 하루에 2~4회 과일을 섭취하라고 제안한다. 일일 총 섭취량은 과일주스 2~3컵 또는 바나나 2~4개 분량이면 적당하다.

🌸 유제품류

태아의 뼈, 치아, 근육, 신경 발달에 없어서는 안 될 주요 식품군인 유제품에는 칼슘, 비타민 D, 인 같은 중요한 영양분이 풍부하다. 특히 임신 중에는 칼슘이 많이 필요한데, 보통 1시간에 13mg의 칼슘이 태반을 통해 태아에게 전달된다.

만약 임신부가 식품이나 영양제를 통해 칼슘을 충분히 섭취하지 못하면 태아는 엄마 몸에 저장되어 있는 칼슘을 빼앗아간다. 칼슘 부족 현상이 지속되면 모체의 건강에 나쁜 영향을 미치므로 의도적으로라도 임신 중에는 하루에 1,000mg의 칼슘을 섭취한다.

하루에 탈지우유 1컵과 칼슘 강화 오렌지 주스 1컵, 요구르트 1컵 정도면 1,000mg의 칼슘은 쉽게 섭취할 수 있다.

식품 피라미드를 보면 하루에 유제품을

2~3회 먹으라고 권장하고 있는데, 여기서 1회 분은 슬라이스 치즈 1장, 아이스크림 1/2컵, 우유 1컵 분량이다.

🌸 단백질류

콩류, 육류, 생선류, 달걀 등에 많이 들어 있는 단백질에는 태아의 세포와 몸을 만드는 데 필요한 아미노산이 풍부하다. 실제로 임신 중 모체가 단백질을 충분히 섭취하지 못하면 저체중아를 낳기 쉽다는 연구결과도 있다.

가능하면 식품 피라미드를 참고로 단백질을 섭취하도록 한다. 단, 임신 중 단백질을 지나치게 섭취하면 칼슘 섭취를 방해할 수 있으므로 주의한다.

특히 임신 중기 이후에 단백질을 많이 섭취하는 것이 좋다. 식품 피라미드가 제시하는 단백질 일일 섭취량은 지방이 없는 육류나 생선 120~270g, 달걀 큰 것 2~3개 또는 콩 1~2컵 분량이다.

🌸 유지류와 당류

지방과 당류는 식품 피라미드의 맨 위를 구성하고 있다. 이것은 가능한 적게 먹는 것이 좋다는 뜻이다.

간혹 지방과 기름은 건강에 좋지 않다고 여겨 무조건 먹지 않으려는 임신부가 있는데, 이는 바람직하지 않다. 지방류는 지나치게 많이 먹었을 때 해로울 뿐, 오히려 소량의 지방 섭취는 태아의 피부 건강과 시각 발달을 돕는다. 단, 하루 섭취량이 버터 4작은술, 땅콩버터 8작은술(1/5컵), 또는 마요네즈 4작은술을 넘지 말아야 한다.

임신 중 필요한 당류는 가능하면 과일이나 복합 탄수화물로 섭취하되, 스낵이나 음료수 등 가공식품에 들어 있는 당분은 피하는 것이 좋다.

인체에 꼭 필요한 물

물은 위액 분비를 촉진해 위 조직의 대사와 영양분을 좋게 하고 장내 세균성 발효 과정을 억제하며 간에서 포도당이나 과당 등을 글리코겐으로 합성하여 혈당량을 조절해 준다. 그밖에 몸속의 독소를 배출하는 작용도 한다.

부기를 가라앉히는 데도 효과를 발휘하므로 임신 중에는 하루에 8컵 이상 물을 마시는 것이 좋다.

태아에게 어떤 영양소가 필요할까?

엄마가 먹는 음식은 태아의 밥과 반찬이 되기도 한다. 따라서 임신 중에는 균형 잡힌 식품 섭취를 위해 노력하고 평소 자주 먹는 식품을 체크해 볼 필요가 있다.

식습관이 태아에 미치는 영향

일부 전문가들은 임신 중 식습관이 아기의 건강에 영향을 줄 뿐 아니라 성인이 된 다음에도 영향을 미친다고 주장한다.

한 연구 조사에 따르면 출생 시 체중이 2.5kg 미만이었던 여성은 성인이 되었을 때 심장병에 걸릴 가능성이 23% 더 높았다는 조사 결과가 있다. 임신 초기에 영양 공급을 제대로 받지 못한 아기는 성인이 되어 비만이 될 위험이 있다고 지적하는 전문가도 있다.

물론 태아 때 영양 상태가 성인이 되었을 때 건강 문제를 일으키는 유일한 요인은 아니다. 하지만 영양에 관한 기본적인 지식을 가지고 태아에게 좋은 영양을 공급하기 위해 노력하는 것이 현명하다.

태아에게 꼭 필요한 영양소

임신을 했거나 혹은 임신을 원한다면 평소 먹는 음식들에 대해 생각해 볼 필요가 있다. 혹시 태아에게 해로운 음식을 먹거나 마시지는 않는지, 신선한 채소와 과일은 충분히 섭취하는지, 설탕이나 소금이 많이 들어간 자극적인 음식을 즐기지는 않는지 체크해 본다. 만약 자신의 식습관에 문제가 있다는 생각이 들면 앞으로는 가능한 한 영양이 풍부한 식품을 골라 먹도록 한다.

다음 페이지에 소개하는 식품을 참고해 식단을 짜면 태아에게 좋은 영양소를 골고루 공급할 수 있다.

임신 중 엽산 섭취

임신부가 엽산을 많이 섭취하면 이분척추증 같은 태아의 심한 신경관 결함의 발병률을 2/3 이상 낮출 수 있다고 한다. 아기의 척추와 뇌는 임신 4주가 되면 이미 완전히 형성되므로, 사실상 엽산 섭취는 임신 초기가 가장 중요하다고 볼 수 있다.

일반적으로 여성이 임신을 의식하기 시작하는 것은 생리가 중단된 뒤부터 한두 달이 지난 시점으로, 계획임신을 하지 않고 아기를 갖게 되면 엽산이 체내에 부족하기 쉽다. 전문가들이 가임기 여성에게 엽산을 복용하라고 권장하는 것도 바로 이런 이유 때문이다.

엽산은 DNA 합성에 중요한 역할을 하며 비타민 B_{12}와 함께 적혈구 생성을 촉진하므로 임신 중이 아니더라도 우리 몸에 없어서는 안 될 영양소다. 임신부는 하루 최소한 600mcg를 섭취해야 한다.

🌸 비타민 C

신선한 과일과 채소에 풍부하게 들어 있는 비타민 C 는 태반을 튼튼하게 해 줘 저항력을 강화하고 철분 흡수를 돕는다. 비타민은 체내에 축적되지 않으므로 매일 챙겨 먹도록 한다.

비타민 C는 요리를 하거나 장기간 보관을 하게 되면 일부 영양소가 파괴되므로 가능하면 생으로 먹는 것이 좋다.

🌸 섬유소

임신 중에 변비에 걸리지 않으려면 섬유소가 풍부한 과일과 채소, 정제하지 않은 곡물을 매일 섭취한다. 단, 지나치게 많이 섭취하면 다른 영양소의 섭취에 방해가 될 수 있으므로 적당량을 섭취한다.

임신 중에는 위장 기능이 약해져서 변비에 걸리기 쉬운데, 임신부가 고통스러운 것은 물론 태아에게까지 불쾌감을 전달할 수 있으므로 주의한다.

🌸 엽산

엽산은 태아의 신경 계통이 형성되는 시기에 특히 중요한 영양소이다.

임신 중에는 평소보다 몇 배나 많은 양의 엽산이 필요한데다 엽산은 체내에 저장이 되지 않는 영양소이므로 반드시 매일 섭취해야 한다.

녹색 채소에는 엽산이 풍부하게 함유되어 있다.

철분

철분은 태아의 혈액을 생성하는 데 없어서는 안 될 중요한 영양소로, 특히 임신 중에 많은 양을 필요로 하며 출산 후에도 체내에 저장되어 있어야 한다.

철분은 육류를 통해 섭취하는 것이 좋다. 임신부가 육류를 먹지 않으면 시금치, 참치 등으로 대체해도 된다.

단백질

단백질은 임신 초기 급격히 성장하는 뇌 성장을 돕고 태아의 몸을 튼튼하게 만드는 역할을 하므로 임신 중에는 단백질이 풍부한 음식을 많이 섭취해야 한다.

단백질은 생선, 육류, 콩 및 유제품에 많이 들어 있다. 단, 육류를 먹을 때는 가능하면 살코기로 골라 먹는다.

칼슘

태아의 뼈와 이는 임신 8주경부터 형성되기 시작한다. 이때 태아의 건강한 뼈와 이 성장에 중요한 역할을 하는 것이 칼슘이다.

임신부는 임신 전보다 칼슘 섭취량을 두 배 정도 늘려야 하는데 치즈, 우유, 멸치, 잎이 많은 녹색 채소 등에 칼슘이 많이 들어 있다. 유제품은 저지방 제품을 선택한다.

임신부와 태아를 위한 건강 음식

임신 중 먹는 음식은 모체의 건강과 태아의 성장 발육에 직접적인 영향을 준다. 임신 10개월 동안
태아가 튼튼하고 건강하게 자랄 수 있도록 영양이 풍부한 음식을 먹는다.

**태아의 뼈대
형성을
돕는 음식**

추천

유제품
칼슘이
풍부한 재료

밤우유탕

▶ **재료** 밤 15알, 우유 2컵, 꿀 1큰술, 소금 조금

▶ **만들기**

1 밤은 무르도록 푹 삶아 속만 파서 냄비에 담는다.

2 삶은 밤에 우유 2컵을 부어 약한 불에서 끓이면서 숟가락으로
꾹꾹 눌러가며 으깬 후 체에 밭쳐 곱게 만든다.

3 꿀과 소금을 넣어 맛을 더한다.

4 뜨거울 때 먹어야 제 맛이 나므로 끓인 후 바로 먹는다.

멸치치즈주먹밥

▶ **재료** 밥 3공기, 잔멸치 1컵, 슬라이스 치즈 12장, 참기름 2작은술, 소금 조금
조림장 진간장 2큰술, 식용유 1큰술, 설탕·물엿 1작은술씩, 다진 마늘 1/2
작은술

▶ **만들기**

1 잔멸치를 체에 올려 재빨리 씻은 다음 물기를 뺀다.

2 달군 팬에 조림장 재료를 넣고 끓이다가 잔멸치를 넣고 저어 가며 볶는다.

3 고슬고슬하게 지은 밥에 멸치볶음과 참기름, 소금을 넣어 양념한다.

4 멸치볶음을 넣어 버무린 밥을 한입 크기로 뭉친 다음 치즈 위에 얹는다.

뱅어포구이

▶ **재료** 뱅어포 6장 **양념장** 고추장 2큰술, 청주·물엿 1큰술씩, 다진 파 2큰술, 다
진 마늘·설탕·참기름·통깨 1작은술씩, 생강·후추 조금씩

▶ **만들기**

1 뱅어포는 잡티를 제거한 후 한 장씩 떼어 준비한다.

2 분량의 재료를 섞어 양념장을 만든다.

3 도마에 뱅어포를 한 장씩 깔고 양념장을 붓으로 발라 간이 배게 한 다음 사방
4cm 크기로 자른다.

4 기름 두른 팬에 뱅어포를 지지듯이 구워 통깨를 뿌린다.

흰살생선크로켓

> ▶ **재료** 감자 1/2개, 흰살생선 1/4토막, 브로콜리 1송이, 당근 1/5개, 밀가루 · 달걀
> 물 1작은술씩, 소금 · 식용유 조금씩 **튀김옷** 밀가루 · 빵가루 1큰술씩, 달걀
> 물 1개 분량

> ▶ **만들기**

1 감자는 삶은 다음 뜨거울 때 으깨고 흰살생선은 끓는 물에 데친 다음 물기를
　빼고 잘게 다진다. 브로콜리와 당근도 데친 다음 잘게 다진다.
2 볼에 다진 흰살생선, 으깬 감자, 잘게 다진 채소를 한데 넣고 분량의 재료를 넣
　어 동글동글하게 생선볼을 만든다.
3 생선볼에 밀가루, 달걀물, 빵가루를 차례로 묻힌 다음 노릇하게 튀긴다.

쇠고기 · 배 샐러드

> ▶ **재료** 쇠고기 안심 300g, 배 1개, 밤 5개, 잣 2큰술, 설탕 · 식초 · 소금 조금씩,
> 식용유 1큰술 **쇠고기양념** 진간장 1큰술, 다진 마늘 1/2작은술, 참기름 2작
> 은술, 소금 · 후춧가루 조금씩

> ▶ **만들기**

1 쇠고기 안심을 두툼하게 썬 다음 쇠고기 양념에 재워 놓는다.
2 달군 팬에 식용유를 두르고 양념에 잰 쇠고기를 센 불에서 굽다가 불을 줄여
　속까지 충분히 익힌다.
3 배는 채 썰어 설탕, 식초, 소금을 넣은 물에 5분 정도 담그고, 밤은 채 썬다.
4 구운 쇠고기를 얄팍하게 썰어 접시에 담고 배와 밤, 잣을 곁들인다.

고등어자반구이

> ▶ **재료** 고등어자반 1마리, 밀가루 2큰술, 식용유 2큰술, 쌀뜨물 2컵
> ▶ **만들기**

1 고등어자반은 토막을 낸 다음 30분 정도 쌀뜨물에 담가 비린내와 짠맛을 제거
　한다.
2 고등어 앞뒤에 밀가루를 묻히고 여분의 밀가루는 탁탁 털어 준다.
3 팬에 기름을 두르고 고등어를 올려 앞뒤 돌려 가며 노릇하게 굽는다.

닭살잣즙냉채

> ▶ **재료** 닭가슴살 3쪽, 양파 1/4개, 양배추잎 4장, 붉은 양배추잎 3장 **잣소스** 잣
> 1/5컵, 생수 4큰술, 설탕 · 식초 2작은술씩, 소금 1/4작은술

> ▶ **만들기**

1 닭가슴살과 양파를 넣어 속까지 무르도록 삶아 한김 식힌 후 결대로 찢는다.
2 양배추잎은 굵은 심을 도려내고 곱게 채 썰어 물에 한 번 헹군다.
3 잣소스 재료를 모두 믹서에 넣어 곱게 간다.
4 양배추채를 접시에 담고 닭가슴살을 올린 후 잣소스를 끼얹는다.

연근조림

▶ **재료** 연근 200g, 마른 홍고추 1개, 생강 5g, 식초 조금 **양념
장** 맛술 1/2컵, 간장 3큰술, 물엿 4큰술, 물 1컵

▶ **만들기**

1 연근은 껍질을 벗기고 둥글게 썰어 30분간 연한 식촛물에 담
 갔다가 끓는 물에 식초를 넣어 살짝 데친다.
2 마른 홍고추는 반으로 갈라 씨를 털어낸 다음 썰고 생강은
 저민다.
3 냄비에 양념장 재료를 넣고 바글바글 끓이다가 연근, 마른 홍
 고추, 생강을 넣고 물기가 거의 없을 때까지 조린다.

브로콜리감자샐러드

▶ **재료** 브로콜리 300g, 양파 1/2개, 베이컨 4장, 감자 2개 **드레싱** 마요네즈 3큰
 술, 오이피클 1개, 멕시코 고추피클 3~4쪽, 피클물 4큰술, 소금·후춧가
 루 조금씩

▶ **만들기**

1 브로콜리는 한입 크기로 잘라 끓는 물에 데쳐 헹군다.
2 양파는 링 모양으로 썰어 찬물에 담갔다 건지고 감자는 3×4cm 크기로 썰어 삶
 아 낸다.
3 베이컨은 바삭하게 구워 기름을 빼고 1cm 길이로 썬다.
4 드레싱을 만든 후 브로콜리, 양파, 감자, 베이컨을 넣고 버무린다.

아스파라거스베이컨말이

▶ **재료** 아스파라거스 20개, 베이컨 20줄, 식용유·소금 조금씩, 산적꼬치 조금

▶ **만들기**

1 아스파라거스는 딱딱한 뿌리 부분을 조금 잘라낸 후 가시처럼 올라와 있는 돌
 기 부분에 칼을 넣어 껍질을 벗기고 적당한 크기로 자른다. 자른 아스파라거스
 를 소금물에 살짝 데친다.
2 베이컨을 길게 펴고 그 위에 아스파라거스를 올린 다음 돌돌 말아 산적꼬치로
 고정한다. 이때 산적꼬치는 길이를 맞춰 고정한다.
3 프라이팬에 식용유를 살짝 두르고 베이컨으로 말은 재료를 굴려가며 익힌다.

참나물무침

▶ **재료** 참나물 200g, **무침양념** 다진 마늘 1작은술, 다진 파 2작은술, 소금 1/2~1
 작은술, 설탕 1/2작은술, 깨소금·참기름 2작은술씩

▶ **만들기**

1 참나물은 연한 부분만 다듬어 깨끗이 씻은 다음 끓는 소금물에 데쳐 찬물에 헹
 군 후 물기를 꼭 짠다.
2 준비한 참나물에 분량의 재료로 만든 무침양념을 넣고 조물조물 버무린다.
3 삶아서 무치는 숙채는 무쳐 놓으면 간이 싱거워지므로 덕을 때 간을 다시 보아
 맞춘다.

파래마무침

▶ **재료** 파래 150g, 마 100g, 식초·통깨 조금씩 **무침양념** 소금 1작은술, 국간장 1작은술, 다진 마늘 1/2큰술, 설탕 1큰술, 식초 2큰술, 참기름 1작은술, 깨소금 1작은술

▶ **만들기**

1 파래는 소쿠리에 밭쳐 바락바락 씻은 후 물기를 짜고 마는 껍질을 벗기고 5cm 길이로 채 썬 다음 식촛물에 살짝 담근다.

2 분량의 무침양념 재료를 모두 섞고 파래를 넣어 조물조물 무친다.

3 식촛물에 담갔다 건진 마를 넣고 고루 섞고 마지막에 통깨를 솔솔 뿌린다.

우엉조림

▶ **재료** 우엉 25g, 식초 조금 **조림장** 간장 1/2큰술, 물엿·설탕 1/4작은술씩, 참기름·통깨 조금씩

▶ **만들기**

1 우엉은 필러로 껍질을 벗긴 후 4cm 길이로 썬 후 얇게 채 썬다.

2 끓는 물에 식초를 붓고 우엉을 살짝 데쳐 찬물에 헹군다. 이렇게 하면 우엉 특유의 떫은맛을 없앨 수 있다.

3 조림장 재료를 섞어 조림장을 만든다.

4 냄비에 데친 우엉을 넣고 조림장을 부어 약한 불에서 윤기 나게 조린 다음 통깨를 뿌린다.

사과요구르트샐러드

▶ **재료** 청사과 2개, 적무순 100g, 설탕시럽 적당량 **요구르트 드레싱** 플레인요구르트 4큰술, 라임즙 2큰술, 꿀 1큰술, 소금·후추 약간씩

▶ **만들기**

1 청사과는 껍질째 얇게 채 썬 후 설탕 시럽에 담가 둔다.

2 적무순은 깨끗이 씻어 손질한 후 물기를 제거한다.

3 분량의 요구르트 드레싱 재료를 섞는다.

4 청사과와 적무순을 잘 섞어 그릇에 담은 후 요구르트 드레싱을 곁들인다.

새송이버섯들깨볶음

▶ **재료** 표고버섯 3개, 새송이버섯 200g, 양파 1개, 들기름 1큰술, 들깨 1작은술, 소금 조금

▶ **만들기**

1 표고버섯은 버섯기둥을 분리해 저며 썰고 새송이버섯은 적당한 크기로 자른다. 양파는 채 썬다.

2 팬에 들기름을 두르고 채 썬 양파를 살짝 볶는다.

3 양파가 어느 정도 익으면 버섯을 넣고 버무리듯 볶은 뒤 소금으로 간을 맞춘다.

4 들깨를 솔솔 뿌려 완성한다.

2. 임신중 해로운 식품

피해야 할 식품에 어떤 것이 있을까?

우리가 무심코 먹는 음식 중에 태아에게 해를 주는 식품이 있다. 화학비료로 기른 채소, 농약이 묻어 있는 과일, 상한 생선, 다이어트 식품, 방부제가 들어 있는 인스턴트식품이나 MSG라는 식품 첨가물이 든 식품 등이 그것인데 이런 식품들은 가급적 멀리하도록 한다.

오염되거나 상한 생선을 피한다

각종 산업 폐수나 박테리아에 오염된 생선을 먹으면 임신부의 건강을 해치는 것은 물론 태아에게도 나쁜 영향을 미치게 된다. 실제로 오염된 생선을 먹은 모체에서 태어난 아기가 건강하게 태어난 아기보다 성장이 늦고 기억력과 집중력이 떨어지는 증세를 보인다는 보고서가 있다. 태어날 아기를 위해서라도 생선을 먹기 전에 상하지는 않았는지 혹시 이상은 없는지 체크하는 것이 바람직하다.

화학 비료에 노출된 과일과 채소에 주의한다

과일과 채소에는 태아 성장에 꼭 필요한 비타민과 미네랄이 풍부하게 들어 있다. 과일과 채소는 병에 대한 저항력을 길러주는 중요한 식품이다. 또한 과일과 채소는 비타민 C가 풍부한 식품이므로 태반을 튼튼하게 해줘 저항력을 강화하고 철분 흡수를 돕는다. 그러나 살충제 등 화학물질이 묻어 있기 쉬우므로 위생관리를 철저히 해야 한다. 과일은 껍질을 깎아서 먹는 것이 안전하다.

텃밭이 있다면 직접 길러 먹거나 유기농 식품을 먹는 것도 좋은 방법이다.

방부제가 든 식품을 조심한다

시중에서 쉽게 구할 수 있는 식품 가운데는 방부제가 들어 있는 가공 식품들이 많다. 햄, 소시지, 베이컨 등의 방부 식품에는 인체에 해로운 방부제가 들어있으므로 될 수 있는 대로 피하는 것이 좋다. 가공식품을 살 때는 유통기간을 꼼꼼하게 살펴보고 포장이 터지지 않았는지, 제조연월일은 언제인지, 기름에 튀긴 것이라면 산화되지 않았는지 등을 체크하고 구입한다.

방부 식품이 태아 성장에 해로운 영향을 주는지는 아직 정확히 밝혀지지 않았지만, 안전을 위해서는 피하는 것이 좋다.

감미료가 든 다이어트 식품을 멀리한다

다이어트 식품에는 뇌를 자극하는 물질로 알려진 아스파테임이라는 인공 감미료가 들어 있다. 아스파테임은 두통을 일으키고 불안감과 초조감을 불러오므로 임신 중에는 가능하면 피하는 것이 좋다.

아스파테임이 주는 해를 막으려면 평소

다이어트 콜라나 무설탕 가공식품 섭취를 줄여야 한다.

인공 감미료를 조금 먹는다고 해서 태아에게 심각한 해를 주는 것은 아니지만 모체나 태아 건강에 좋지 않으므로 멀리 한다.

단맛이 강한 사카린도 임신 중에는 먹지 않는 것이 좋다. 요즘에는 사카린을 거의 사용하지 않지만, 혹시 사카린이 들어 있지 않은지 식품 구입 시 성분 확인을 한 다음 제품을 구입하는 것이 안전하다.

화학조미료가 든 식품은 피한다

대표적인 화학조미료 성분인 MSG라는 식품 첨가물은 주로 샐러드드레싱, 양념류, 냉동식품, 라면이나 과자, 통조림 등의 가공식품에 많이 들어 있다. MSG를 과다 섭취하는 경우 신경계이상을 일으켜 가슴 압박, 현기증, 손발저림 등을 일으킬 수 있는데, 특히 임신 중에는 뇌신경에 해로운 영향을 줄 수 있으므로 피하는 것이 좋다.

외식할 때 주의할 일

● 영양의 균형이 잡힌 메뉴를 선택한다.
● 양식보다 한식, 튀김보다는 볶음을 선택한다.
● 패스트푸드는 될 수 있는 대로 먹지 않는다.
● 외식을 자주 하는 임신부는 부족하기 쉬운 채소를 많이 먹는다.
● 여럿이 먹는 불고기나 찌개, 전골은 개인 접시에 덜어 적당량만 먹는다.
● 식사에 곁들이는 음료는 주스나 탄산음료보다 보리차가 좋다.

어떤 식품이 태아에게 해로울까?

짜거나 칼로리가 높은 음식은 비만, 고혈압, 임신중독증 등을 불러올 수 있다. 임신 중 알코올 섭취는 알코올증후군으로 인한 저능아를 낳기 쉬우며 카페인은 신생아에게 일시적으로 부정맥, 숨가쁨, 경련 등을 유발할 수 있다.

나트륨 함량이 높은 식품

평소 짠 음식을 즐겨 먹으면 몸에 좋지 않다. 적당량의 염분은 우리 몸의 수분을 조절하고 임신 중 혈액량을 유지하는 데 꼭 필요하지만 지나치면 임신부는 물론 태아에게도 나쁜 영향을 줄 수 있다. 나트륨 함량이 높은 음식은 고혈압을 일으킬 수도 있다. 조리 시 자주 이용되는 케첩, 베이컨, 피클, 패스트푸드, 간장 등도 염분이 많이 들어 있는 식품이므로 구입 시 반드시 나트륨 함량을 확인하도록 한다.

지방 함량이 높은 식품

임신 중에는 칼로리가 높은 음식, 당도나 지방 함량이 높은 음식은 피한다. 이런 식품들은 체중을 과도하게 늘리고 혈관을 막으며 콜레스테롤 수치를 높이는 주범이다.

임신 중에는 가능하면 지방 섭취량을 줄이되, 저지방 또는 무지방 식품이라고 해서 마음 놓고 먹어서는 안 된다. 저지방 식품이라 해도 많이 섭취하면 체지방이 축적된다는 사실을 기억하고 칼로리는 낮고 영양이 풍부한 음식을 챙겨 먹는다.

알코올 함유 식품

태아의 성장에 알코올이 얼마나 해로운 영향을 주느냐는 아직까지도 논란이 되고 있다. 어떤 의사는 자궁 수축과 긴장 완화를 위해 약간의 알코올이 도움된다고 주장하는가 하면 어떤 의사는 소량이라도 알코올 섭취는 태아 건강에 나쁜 영향을 미친다고 주장하고 있다.

하지만 지나친 알코올 섭취가 임신부는 물론 태아에게 해롭다는 것은 분명하다. 그 점에 대해서는 의심할 여지가 없다. 그러나 문제는 알코올 섭취량의 기준이 없다는 사실. 임신 중 과음하는 경우는 없겠지만 태아 건강을 위해 알코올이 들어 있는 식품은 아예 피하는 것이 바람직하다.

임신 중 알코올 섭취로 인한 문제

태아 알코올증후군

임신 중 상습적인 음주는 태아 알코올증후군(FAS)이라는 문제를 일으킬 수 있다. 태아 알코올증후군은 태아에게 심각한 기형을 초래하는 것으로 입증되었다.

태아 알코올증후군이 있는 아기는 출산 전후에 성장이 결핍되고 얼굴에 기형이 일어나며 중앙신경계에 이상이 생겨 주요기관에 이상이 온다. 그래서 몸이 작고 심장이나 귀, 눈, 입에 이상이 생겨 두상이 작고 귀가 낮게 달렸으며 눈꺼풀이 내려앉아 있다. 또 두뇌발달에 장애를 가져와 평균 IQ는 65 정도로 평생 학습장애와 심리장애를 겪게 된다.

이밖에 언어장애, 운동 기능장애, 관절이상, 생식기이상, 심장이상, 신장이상 등 살아가기 힘들 정도의 이상을 보이기 때문에 치명적이라 할 수 있다. 또 이러한 영향 때문에 태어나기도 전에 이미 유산의 위험이 따른다. 임신 중 하루에 맥주 8잔, 위스키 500cc, 포도주 1병 가량의 술을 마신 임신부에게서 알코올 증후군에 걸린 아기가 태어날 확률이 40% 이상이라고 하니 아기를 낳을 계획이라면 상습적으로 술을 마신다든지 폭음을 하는 일이 없도록 한다.

● 백혈병

임신 중 엄마가 알코올을 마시면 알코올이 태아의 혈관을 따라 태아에게 흘러들어가게 되는데 태아에게는 아직 알코올 분해효소가 없어 실제로는 술을 마신 모체보다 태아가 더 많은 알코올을 흡수하게 된다. 특히 임신 중기나 임신 후기에 술을 마시면 아기가 백혈병에 걸릴 위험이 있다는 연구보고서가 있다.

● 태아 사망

1주일에 두 번, 한 번에 한 잔씩 술을 마신 임신부는 술을 전혀 입에 대지 않은 임신부보다 유산할 위험이 훨씬 높다는 연구 보고서가 있다. 실제로 임신 중 술을 마시면 유산이나 사산, 저체중아 출산 확률이 높다.

카페인 함유 식품

카페인은 중추신경을 자극해 정신적, 육체적 기능을 향상시키는 역할을 하지만 카페인은 중독성이 있으며 유산이나 유아돌연사 증후군과 관련이 있다는 연구보고서가 있다.

카페인은 우리가 알고 있는 것보다 더 많은 식품에 함유되어 있다. 커피는 물론 홍차, 콜라 등에도 카페인이 들어 있다. 때문에 이런 식품을 많이 섭취하게 되면 태아의 혈관으로 들어가 진한 농도로 태아의 혈관에 남아 태아가 카페인에 중독되게 된다.

🌸 임신 중 카페인 섭취로 인한 문제

● 철분 흡수를 방해한다.
● 심박동과 신진대사를 증가시켜 태아에게 스트레스를 준다.
● 불면증을 가져온다.
● 불안감과 초조감을 증가시킨다.
● 이뇨제 역할을 해서 수분과 칼슘을 몸 밖으로 배출한다.

3. 임신 중 약 복용

영양제는 언제, 어떻게 먹을까?

임신을 하면 비타민과 미네랄 섭취량을 늘려야 한다. 음식을 통해 필요량을 모두 섭취하면 좋겠지만, 입덧이나 편식 등으로 영양을 충분히 섭취하지 못할 때는 의사의 처방에 따라 임신부용 영양제를 복용해야 한다.

하지만 지나치게 많이 복용하면 부작용을 유발할 수 있으므로 주의한다.

영양 섭취가 부족할 때 먹는다

영양소를 섭취하는 가장 이상적인 방법은 자연식품을 먹는 것이다. 즉, 모든 영양은 식품으로 섭취하는 것이 기본이다. 그러나 식품을 통해 영양분을 골고루 섭취할 수 없을 때는 비타민이나 미네랄 영양제를 복용해 부족한 영양분을 보충한다.

예를 들어 입덧이 너무 심해 음식을 먹지 못하거나 칼로리만 높고 영양분이 떨어지는 인스턴트식품 등을 즐기는 경우 임신부

mom's note

비타민 A를 과잉 섭취하는 경우

영양제는 식품으로 영양분을 섭취할 수 없을 경우에 이용하는 것이 좋다. 특히, 임신 중 비타민 A 영양제를 복용할 때는 주의해야 한다.

하루에 비타민 A를 1만 I.U 이상 섭취하면 선천성 기형을 초래할 수 있다. 만약 비타민 영양제를 복용하고 있다면 혹시 자신이 복용하는 영양제에 비타민 A 함유량이 적정치를 초과하지는 않는지 확인한다. 단, 비타민 A는 식품을 통해 과잉 섭취되지 않는다.

용 영양제로 영양분을 보충해야 한다.

🕊 영양제 보충이 필요한 경우

- 10대 임신부
- 입덧이 심하거나 저체중인 임신부
- 임신 전 영양실조에 걸린 임신부
- 쌍둥이 출산 경험이 있는 임신부
- 만성 질환이 있는 임신부

지나친 영양제 복용은 해롭다

임신을 하면 비타민과 미네랄, 그 중에서도 특히 칼슘, 엽산, 철분을 더 많이 섭취해야 한다. 그러나 영양제를 복용할 때는 반드시 의사의 지시에 따르되, 의사의 허락이나 동의 없이 아무 영양제나 구입해 복용해서는 안 된다.

복용량도 의사의 처방에 따라야 한다. 무조건 많이 먹는다고 좋은 것이 아니다. 어떤 영양분은 지나치게 많이 먹으면 오히려 태아 성장에 해로울 수 있다.

예를 들어, 비타민 A를 알맞게 복용하면 시신경 발달에 도움이 되지만 과잉 복용하면 선천성 기형을 초래할 수 있다.

반드시 의사의 처방에 따른다

임신부용 영양제는 임신부에게 영양학적으로 꼭 필요한 영양분을 보충하도록 만들어진 것으로, 의사는 임신부의 상태에 맞게 특별히 조제된 영양제를 처방해 준

다. 가령 임신부가 식품을 통해 철분을 충분히 섭취하지 못한다고 생각하면 철분 영양제 복용을 권유할 것이다.

만약 입덧이 너무 심해 영양제도 먹기 어려울 때는 의사에게 알린다. 다른 영양제를 처방해 주거나 복용 시간을 바꾸라는 등 다른 지시를 할 것이다.

🕊 임신 중 흔히 복용하는 영양제

- 종합 비타민제
- 엽산 영양제
- 철분 영양제
- 칼슘 영양제
- 아연 영양제

약국 약, 처방 없이 구입해도 될까?

매약은 약국에서 일반 질병에 대하여 처방하고 조제하여 파는 약으로, 누구나 의사의 처방 없이 약국에서 쉽게 살 수 있는 약이다. 이러한 매약 중에는 태아에게 해로운 성분이 들어 있는 것도 많으므로 주의해야 한다.

태아 건강 위협하는 매약의 종류

약국에서 쉽게 살 수 있는 매약 중에는 태아에게 치명적인 영향을 미치는 약들이 많다. 이러한 약 중에는 주위에서 쉽게 접할 수 있는 감기약, 진통제, 소화제, 입덧 방지제, 수면제 등도 포함된다. 임신 중에는 어떤 약이라도 함부로 먹어서는 안 된다.

감기약

감기약은 태아의 내장 기관이 생겨나는 임신 초기에 해로운 경우가 많으므로 감기에 걸렸다고 해서 의사와 상의 없이 함부로 약을 복용해서는 안 된다. 임신 전 가정에서 예사롭게 복용하던 약도 태아에게는 치명적인 문제를 일으킬 수 있다.

감기약에는 대부분 알코올 성분이 들어 있어 태아 성장에 지장을 준다. 아스피린 성분도 태아의 지혈기능을 떨어뜨려 출혈을 일으킬 수 있다. 기침이나 콧물이 흘러 괴롭더라도 증세를 완화하는 마사지를 하거나 생강을 갈아서 뜨거운 물에 우려먹거나 감기가 자연스럽게 치유될 때까지 조금 참고 기다리는 것이 현명하다.

코막힘으로 숨쉬기가 어려울 때도 전문의의 지시 없이 함부로 코 스프레이를 사용하지 않는다. 코막힘을 뚫어주기 위한 옥시메타졸린이라는 성분이 태아에게 전달되어야 할 산소와 혈액량의 공급을 방해하기 때문이다. 아무튼 태아의 중요한 기관들이 형성되는 임신 초기에는 감기약 복용을 특별히 조심해야 한다. 감기가 심할 때는 반드시 산부인과 의사와 상의해 처방을 받도록 한다.

소화제

임신을 하면 신체 변화로 인해 소화불량이나 변비가 나타나기 쉬운데, 이때 의사의 처방 없이 약국에서 소화제나 변비약을 구입해 먹어서는 안 된다. 평소에는 문제가 되지 않았던 약이 임신 중에는 태아에게 치명적인 문제를 유발할 수 있기 때문이다.

약을 복용하기 전에는 반드시 전문의와 상담하고 처방받은 약만 복용하도록 한다.

● **제산제** 임신 중에는 소화불량이나 속쓰림으로 고생하는 임신부가 많다. 불쾌하더라도 참을 수 있다면 그냥 참는 것이 좋지

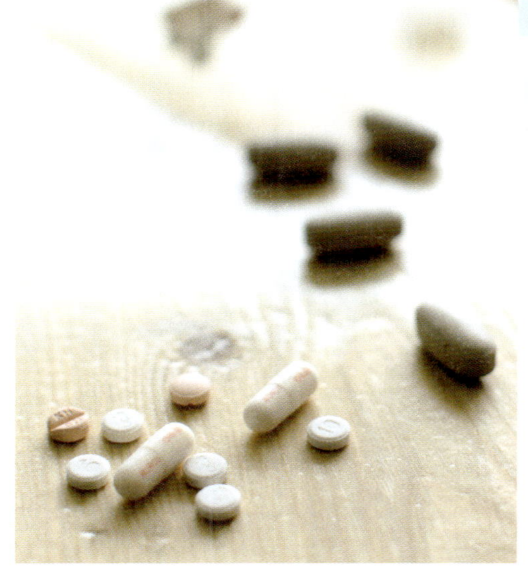

만 불쾌한 증세가 심할 경우에는 의사에게 이야기 해 처방받도록 한다.

● **변비약** 변이 정상적으로 나오지 않아 고통스러울 정도라면 의사와 상의하는 것이 좋다. 변비약은 변을 부드럽게 만들어 배변을 돕고 배에 압박감을 덜어줄 수 있다. 변비 증상이 나타나면 일단 물을 많이 마시고 과일이나 채소 같은 섬유질 식품을 섭취해 증상을 완화한다.

입덧 방지제

입덧 때문에 식사를 거의 하지 못할 정도라면 지나친 체중 감소, 미네랄 결핍, 탈수 등 합병증이 생길 수 있으므로 의사와 상의하는 것이 좋다. 잦은 구토로 인해 탈수현상이 심해지면 임신부는 물론 태아 건강에 좋지 않은 영향을 미치기 때문이다. 입덧이 심해 탈수현상이 나타날 정도라면 의사는 다음과 같은 약을 처방해 줄 것이다.

● **비타민 B₆** 입덧으로 인한 구역질을 가라앉히는 데 비타민 B₆가 매우 효과적이다.
● **항히스타민제** 항히스타민제는 입덧을 가라앉히는데 도움을 준다. 임신 중 복용해도 안전한 것으로 처방받는다.

수면제

임신을 하면 쉽게 피로해지고 잠이 쏟아지는데, 오히려 밤에는 잠이 오지 않는 기현상을 겪을 수 있다. 임신과 출산에 대한 걱정과 두려움, 허리 통증이나 태동 등이 나타날 때는 숙면을 취하기가 더욱 어렵다. 하지만 그렇다고 해서 의사와 상의 없이 함부로 수면제를 복용해서는 안 된다.

수면제에 들어있는 항히스타민제가 태아에게 해를 끼칠 수 있다. 항히스타민제는 중추신경의 작용을 억제하는 역할을 하는데 이 성분이 모체를 통해 태아에게 전달되면 태아의 성장이 지연돼 저체중아를 출산할 수 있고, 태아가 여러 가지 합병증을 갖고 태어날 수 있기 때문이다.

임신 중이든 아니든 가능하면 수면제는 복용하지 않도록 하고 복용하더라도 의사의 지시에 따라 신중하게 복용한다.

진통제

모든 진통제에는 아스피린 성분과 카페인 성분이 들어 있을 수 있으므로 피한다. 약물복용은 모체에는 도움이 될지 몰라도 태아에게는 해로운 경우가 많다. 약물이 태반을 통해 태아의 혈액으로 침투하기 때문이다. 특히 아스피린 성분이 들어 있는 진통제는 출혈을 유발할 수 있어 임신 후기에는 절대로 먹어서는 안 된다. 아스피린 성분은 자궁수축을 방해하고 진통시간을 지연시킬 수 있으며 분만 과정 중에 출혈이나 신생아 출혈을 일으킬 수 있다.

의사가 처방해 주는 약에 어떤 것이 있을까?

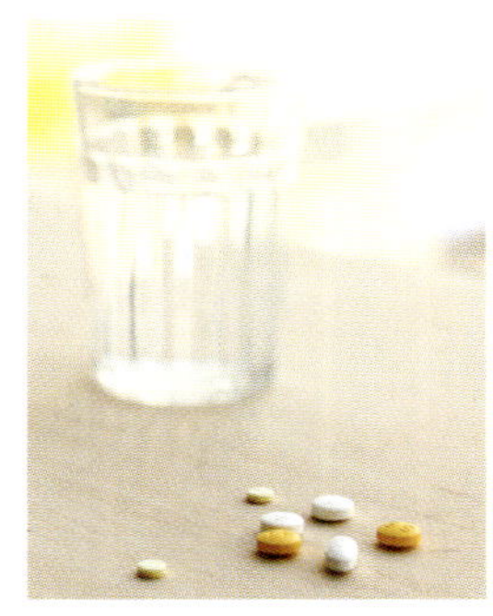

의사는 임신부와 태아 건강을 위해 필요한 경우에만 신중하게 약을 처방한다. 임신 중에는 아무리 흔한 약이라도 태아에게 해를 끼칠 수 있으므로 항상 약물 복용에 주의한다.

또한 임신 중에는 반드시 임신 사실을 아는 의사에게서 약을 처방받도록 하고 꼭 필요한 경우에만 복용하도록 한다.

입덧 치료제

입덧 증세가 너무 심한 경우라면 의사는 항히스타민제를 처방해 줄 것이다. 대개 입덧 치료제로 쓰이는 항히스타민제는 비교적 안전하다. 단, 의사의 처방 없이 복용해서는 안 된다.

신경 안정제

임신 전부터 신경 안정제를 복용해 왔다면, 의사에게 반드시 이 사실을 알려야 한다. 가능하면 정확히 어떤 문제로 어떤 약을 먹고 있는지 이야기한다. 임신부가 솔직하게 신경 안정제 복용 사실을 말해야 아기가 신경안정제에 노출되었을 때 어떤 일이 생기는지, 어떤 조치를 취해야 할지 알 수 있다.

신경 안정제는 소량이라도 태아에게 해로울 수 있다. 어떠한 약이든 의사의 지시에 따라 꼭 필요한 경우에만 복용하되, 가능하면 약을 복용하지 않고 스스로 이겨내려는 자세가 필요하다.

신경안정제를 부득이하게 사용해야 할 경우, 의사는 태아에게 안전한 약으로 처방해 줄 것이다.

항생제

항생제라고 해서 무조건 태아에게 해로운 것은 아니므로 증세가 심각하다면 의사와 상의하여 가장 안전한 약을 처방받는다.

항생제 중에서는 페니실린이 가장 안전한 편이다. 하지만 어떠한 약이라도 의사의 지시 없이 함부로 약을 복용해서는 안 된다. 특히, 임신 초기에는 의약품 복용을 삼간다. 페니실린도 의사의 처방을 받는다.

천식약

천식 발작이 일어나면 태아에게 공급되는 산소량이 일시적으로 감소할 수 있으므로 천식 환자는 더욱 특별한 주의와 보살핌이 필요하다.

천식이 심한 경우 제때 조치를 취하지 않으면 약물 복용으로 인한 위험보다 더 큰 위험을 불러올 수 있기 때문이다.

천식 환자라면 반드시 처음부터 의사에게 약을 먹고 있다는 사실을 알리고 천식 발작이 일어났을 때는 의사의 지시대로 신속하게 조치를 취한다.

일반적으로 천식약은 기관지 확장제나 진해거담제를 사용한다. 이러한 약은 근육 이완작용을 하여 자궁근육을 이완하기도 한다. 이러한 약을 먹게 되면 진통할 때 필요한 자궁수축이 어려워질 수 있다. 또한 천식약은 임신부의 혈당과 혈압을 높일 수도 있으므로 약 복용에 신중해야 한다. 임신 전부터 천식약을 먹고 있었다면 어떤 천식약을 복용하고 있는지 의사에게 반드시 알리고 그에 맞는 처방을 받도록 한다.

영양상담을 받아야 할 임신부

다음과 같은 상황에 놓인 임신부라면 음식물 섭취에 관한 상담을 받아야 한다. 임신부의 영양은 자신뿐만 아니라 태아에게 직접적인 영향을 미치므로 독특한 식습관이나 특별한 상황에 놓인 임신부라면 반드시 체크하자.

★ **쌍둥이 임신**
일반 임신부보다 더 많은 칼로리와 영양분을 섭취해야 한다.

★ **십대의 임신**
뱃속아기는 물론 임신부의 성장도 유지해야 하므로, 성인보다 훨씬 많은 양의 영양분과 칼로리를 섭취한다.

★ **유당 거부증**
우유를 소화시키지 못할 경우 치즈나 요구르트, 유산균 우유로 칼슘을 섭취한다. 단지 우유를 싫어하는 정도라면 분유로 요리를 하거나 크림 수프나 치즈를 먹는다. 유제품 대신 다른 음식이나 칼슘제로 보충해도 된다.

★ **잦은 임신**
임신은 칼슘과 철분과 같은 특정한 영양분을 필요로 한다. 다음 임신까지 이러한 영양분을 체내에 보유할 정도의 기간이 충분하다면 영양분이 결핍되지 않을 것이다. 그러나 출산 후 얼마 지나지 않아서 바로 임신을 하면 체내에 보유된 영양분이 바닥이 나므로 더 많은 칼로리와 영양분을 섭취해야 한다.

★ **채식주의자**
달걀과 우유를 섭취하여 필요한 영양분을 충분히 섭취한다. 임신부와 태아를 위해 충분한 칼로리를 섭취하고, 매일 필수 단백질이 포함된 음식들을 섭취하며, 동물성 단백질에 주로 함유된 비타민 B_{12}도 따로 복용한다.

★ **식욕부진과 이상식욕항진**
임신부와 뱃속아기를 위해 영양 및 심리 상담을 받아보는 것이 좋다.

★ **식품 알레르기**
간혹 알레르기를 일으키는 음식을 먹지 않아 영양분이 부족할 수도 있으므로, 영양사와 스단을 상의한다.

★ **건강상의 문제**
당뇨, 빈혈, 심장병, 폐질환과 같이 건강에 이상이 있다면, 특별히 음식물 섭취에 신경을 쓰고 뱃속아기를 잘 관찰하고 돌보아야 한다.

4. 해로운 환경 요인

태아 건강을 위협하는 것에 무엇이 있을까?

▲ 세제는 분무기보다 펌프식으로 된
스프레이를 사용하고 오븐 세제,
타일 세제 등은 사용하지 않는다.

예비엄마의 작은 관심이 공해 환경에서 태아를 보호한다. 평소 태아 건강을 위협하는 요인들은 무엇인지 체크하고 의식적으로 태아에게 좋은 환경을 마련하기 위해 노력한다.

가정용 세제

흔히 사용하는 가정용 세제는 태아에게 크게 해롭지 않지만 일부 세제에는 해로운 화학물질이 들어 있으므로 주의한다.

세제를 사용할 때는 세제가 피부로 스며들지 않도록 반드시 장갑을 끼고 사용하고, 청소하는 동안에는 창문을 열어 둔다. 또한 분무기보다는 펌프식으로 된 스프레이 세제를 사용하고, 암모니아가 들어 있는 제품과 염소가 들어 있는 제품을 함께 사용하지 않는다. 암모니아와 염소가 섞이면 독소를 만들어내기 때문이다. 세제 중에서도 강력한 세제 작용을 하는 타일을 닦는 세제라든지, 기름때를 말끔히 벗겨준다는 특수세제를 피하는 것이 좋다. 냄새가 너무 강한 세제도 사용하지 않는다.

오염된 공기

대도시에 사는 사람들은 자동차나 산업용 기계, 공장 굴뚝에서 뿜어져 나오는 매연에 항상 노출되어 있다. 이러한 오염된 공기는 인체에 해로운 일산화탄소를 포함하고 있는데, 일산화탄소는 임신부는 물론 태아의 건강을 위협한다.

일산화탄소는 태반을 통해 혈액 안의 산소를 빼앗아 가므로 태아의 성장에 나쁜 영향을 준다. 즉, 정상으로 태어난 아기보다 몸무게가 작고 출산 후에 사망할 확률도 훨씬 높다.

임신 중에는 일산화탄소에 노출되지 않도록 흡연은 물론 간접흡연도 피하고 교통이 혼잡한 곳에는 되도록 가지 않는다. 또 가스레인지나 가스 난방기 사용에도 각별한 주의를 기울인다.

살충제

농작물에 해가 되는 곤충이나 잡초 등을 제거하는 데 사용되는 화학물질인 살충제에 임신부가 오랫동안 노출되면 유산의 가능성이 높아지고 선천적 결손증과 사지 기형 등 뱃속아기에게 치명적인 영향을 준다. 그러므로 살충제를 만드는 곳에서 일하는 임신부나 농사일을 하는 임신부는 다른 사람에게 그 일을 맡기거나 출산휴가를 내야 한다.

만약 집 안에 꼭 살충제를 뿌려야 한다면 옷이나 그릇, 음식에 살충제가 묻지 않도록 하고, 살충제를 뿌린 다음에는 얼마 동안 바깥에 나가 있는다. 또 집 안에 들어가기 전에는 환기를 시키는 것이 좋다.

살충제를 뿌릴 때는 가능하면 일회용 장갑과 마스크를 착용하여 피부에 직접 닿지 않게 하는 것이 바람직하다. 과일이나 채소를 먹을 때는 식초물에 담가 세척한 다음 먹는 것이 좋다. 가능하면 살충제를 쓰지 않고 재배한 과일을 먹는다.

흡연

엄마가 담배를 피우면 혈액 산소량이 줄어들어 아기에게 공급되는 산소의 양도 줄어든다. 또한 모체에서 태아에게 공급되는 영양분도 줄어든다. 임신부가 임신 전에 담배를 피웠다면 임신 확인후 담배를 끊었다 하더라도 니코틴이 인체에 누적되어 태아에게 나쁜 영향을 미칠 수 있다. 따라서 임신을 원한다면 미리 담배를 끊고 계획을 세워 임신을 하는 것이 안전하다.

 담배가 태아에게 미치는 영향

- **태반 이상** 태반 조기박리와 태반 착상 이상의 위험이 있다.
- **태아 성장 지연** 임신 개월 수에 비해 태아가 지나치게 작을 수 있다.
- **저체중** 임신 중 담배를 피운 임신부가 낳은 저체중아는 담배를 피우지 않은 임신부가 낳은 정상아보다 호흡기 질환의 병에 걸릴 확률이 높다.
- **이상 출산** 임신 중 담배를 많이 피운 여성은 그렇지 않은 여성에 비해 유산, 조산, 사산할 확률이 25% 더 높다.
- **유아돌연사증후군** 담배를 피운 임신부에게서 태어난 아기는 유아돌연사증후군(SIDS)으로 사망할 확률이 2배나 더 높다.
- **성장 장애와 지능 장애** 임신 중 담배를 피우는 여성에게서 태어난 아기는 자라면서 또래 아이들보다 지능이 떨어지고 몸집이 작다.
- **행동 장애** 담배의 니코틴이 태아의 뇌에 작용하여 지능이 떨어지고 행동장애를 일으킬 수 있다.

위험 물질

마취제, 에틸렌 산화물, 납, 메틸수은, 유기용제, 폴리브로민화 비페닐, 폴리 염화 비페닐 등도 주의해야 할 대상이다.

특정한 화학 물질에 노출되기 쉬운 직업이나 취미 활동을 가지고 있다면 자연 유산, 선천성 기형, 조산 같은 심각한 문제를 일으킬 수 있으므로 출산 후로 일을 미루거나 그만두는 것이 좋다.

사우나

임신 중에는 사우나를 삼가는 것이 좋다. 사우나나 온천 같은 뜨거운 열기에 장시간 노출되면 임신부의 체온이 상승하여 뱃속 아기의 성장을 저해할 수 있다. 반복적으로 장시간 열기에 노출되면 태아 사망을 초래할 수도 있다.

염색과 파마

임신 중 동물 실험 결과를 보면 태아에게 영향을 주려면 염색이나 파마하는 데 들어가는 약보다 100배나 더 많은 양이 필요하다고 한다. 즉, 몇 번 머리를 염색하고 파마한다고 해서 당장 걱정할 일이 생기는 것은 아니지만 머리 염색약과 파마약에 암과 유전자 돌연변이를 일으킬 수 있는 화학물질이 들어 있다고 하니 염색약과 파마약의 안전성이 확실히 입증될 때까지는 주의하는 것이 안전하다.

특히 임신 초기 3개월 동안은 머리 염색과 파마를 하지 말고 참는다. 직접 머리 염색을 할 때는 반드시 장갑을 끼고 창문을 연 다음 하도록 한다. 화학물질은 두피를 통해 혈관에 스며들기 때문에 염색할 때 두피에 묻지 않게 조심해서 하도록 한다.

방사선

임신 중 주의해야 할 방사선에는 크게 두 종류가 있다. 전자레인지나 TV 같은 가전제품에서 나오는 이온화되지 않는 방사선, 즉 전자파와 X선 촬영을 할 때 나오는 이온화된 방사선이다.

💗 전자파

전자레인지·전기담요·비디오·전자오락기·라디오·텔레비전·고압 전선 등에서 전자파가 나온다.

강한 전자파는 태아에게 유전자 손상, 자연유산, 선천성 기형을 일으킬 가능성이 있다. 평소 가전제품에서 나오는 전자파는 크게 걱정할 정도는 아니지만 임신부는 가능하면 전자파를 멀리하는 것이 좋다.

평소 TV를 볼 때도 멀리 떨어져 앉고 전자레인지를 작동할 때도 바로 앞이나 옆에 서 있지 않는다. 또한 컴퓨터를 너무 장시간 사용하거나 컴퓨터 모니터에 너무 가까이 앉지 않아야 하고 복사기에서 나오는 전자파도 멀리 해야 한다.

💗 X선 촬영

임신 중에는 가능하면 X선 촬영을 하지 않는다. 특히 임신 초기의 복부 X선 촬영은 절대 금해야 한다. 임신 중에 방사선에 노출되면 염색체의 돌연변이와 기형아 출산의 원인이 되기 때문이다.

골반 촬영으로 방사선을 쬔 임신부에게서 태어난 아기는 그렇지 않은 아기에 비해 백혈병 발생률이 1.5배 정도 더 높았다는 보고가 있다. 오늘날에는 X선 촬영 대신 초음파 검사로 모든 검사를 하기 때문에 거의 이용되지 않는 검사이다.

X선 촬영을 꼭 해야 하는 경우에는 미리 방사선과 의사를 만나 임신 사실을 알리고 가능한 한 X선에 적게 노출되는 방법으로 촬영하도록 한다.

만약 임신부의 직업이 X선 촬영 기사이거나 방사선과 의사, 간호사인 경우에는 임신을 안 순간 출산 후가를 내는 것이 바람직하다.

5

임신 중 생활습관

임신 중 생활습관은 임신부는 물론 태아 건강에 큰 영향을 미친다.
특히 규칙적인 운동은 체중 관리에 도움이 될 뿐 아니라 순산을
돕고 태아의 성장과 발달을 돕는다.
평소 운동을 하지 않던 사람은 임신을 계기로
운동을 시작하는 것이 좋다. 걷기, 수영, 요가, 실내 자전거
타기, 스트레칭 등은 임신부에게 아주 유익한 운동이다. 무엇이든
즐겁게 할 수 있는 운동을 택해 꾸준히 움직이는 습관을 들인다.
직장생활이나 성생활, 여행 등 일상생활을 할 때는 자신과 뱃속
아기의 건강을 위해 매사에 주의를 기울이고 현명하게 처신한다.

1. 일상 생활

임신 중 부부관계는 어떻게 유지할까?

임신 후 나타나는 신체적, 감정적 변화들로 인해 성생활에도 커다란 변화가 생긴다. 뱃속에서 아기가 자라고 있다는 생각에 조심스러워지기도 하는데, 지나치게 성적 욕구를 자제할 필요는 없다. 부부가 서로 감정을 솔직하게 말하고 이해와 사랑으로 풀어나간다.

아내의 성적 욕구가 달라진다

임신 후 나타나는 신체적, 감정적 변화로 인해 성생활에도 커다란 변화가 생긴다.

어느날 갑자기 성적 욕구가 사라지기도 하는데, 임신 초기에는 피로감과 입덧이 원인인 경우가 많다. 임신이 진행되면서는 국소 압박이나 울혈, 거북함, 불편함 때문에 성적 욕구가 사라지기도 한다.

대개 성적 욕구 저하는 임신 후기로 갈수록 심해지는데, 과거 조산 경험이 있거나 성행위 시 복부 통증을 느끼는 임신부의 경우 특히 더 그러하다.

반대로, 성적 욕구가 강해지는 임신부도 있다. 임신이 되지 않을까 걱정할 필요도 없고 피임 도구 없이 자유롭게 성생활을 즐길 수 있기 때문이다.

또한 임신을 하면 골반 주변에 혈액이 증가해 감각이 예민해지는데 이 때문에 강한 오르가슴을 느끼는 경우도 있다.

이 시기 아내들은 신체적으로나 감정적으로 혼란스러운 시기이므로 그 어느 때보다 남편들의 협조와 배려가 필요하다.

남편의 성적 욕구도 달라진다

임신 중 태아에게 나쁜 영향을 미치지는 않을까 하는 두려움 때문에 아내와 부부관계를 두려워하는 남편이 있는가 하면, 아기를 가진 아내에 대한 사랑 때문에 오히려 성욕이 증가하는 남편이 있다. 남편 역시 임신 기간 동안 성적 욕구가 달라진다.

임신 후 부부간의 성생활에 많은 변화가 생겼다면 대화로 풀어나가려는 자세가 중요하다. 성적 욕구가 강해졌든 약해졌든 자신의 감정을 솔직하게 말하면 상대도 자신의 감정을 솔직하게 털어놓을 것이다. 부부가 서로 솔직하게 대화하다 보면 만족스러운 성생활을 위한 실마리를 찾게 될 것이다.

부부관계 중에도 태아는 안전하다

부부관계 중 아기가 혹시 다치지 않을까 걱정하는 사람들이 있는데, 이는 오해다. 성행위가 태아에게 해를 주는 것은 아니다. 양수로 가득 찬 태낭이 아기를 안전하게 보호하고 있기 때문이다. 또한 자궁으로 들어가는 입구는 점액질의 마개처럼 생긴 자궁경부가 차단하고 있다. 그러므로 자궁구가 굳게 닫혀만 있다면 외부의 가벼운 충격 정도는 문제없다. 오히려 임신 중 성생활이 태교나 태아 건강에 긍정적인 영향을 준다는 주장도 있다.

간혹 부부관계 뒤에 아기가 더 활발하게

움직이는 것을 느낄 수 있는데, 이것은 모체의 심박동이 빨라졌기 때문이다.

임신 중 성생활을 삼가야 하는 경우도 있다. 원인을 알 수 없는 질 출혈과 분비물, 태반이 자궁경부를 덮고 있는 전치태반, 복부 통증, 자궁경관무력증 등이 이에 해당한다. 이 경우 성생활을 삼가는 것이 바람직하다.

또한 양수가 터지거나 자궁경관이 열린 다음에는 반드시 성생활을 금지해야 한다. 자칫 아기가 세균에 감염될 수 있기 때문이다. 또한 성행위 중이나 뒤에 통증이나 분비물이 있으면 의사에게 알리는 것이 좋다.

🌸 시기별 성행위를 금해야 하는 경우
- **임신 초기** 유산 경험이 있는 임신부
- **임신 중기** 조산 경험이 있는 임신부
- **임신 후기** 쌍둥이를 가진 임신부

임신 개월별 부부생활 테크닉

🌸 임신 초기에서 3개월까지

11~12주까지는 입덧이 가장 심하고 자궁에 충격을 주면 유산의 위험도 따르는 시기다. 하지만 남편은 아내의 임신 사실이 겉으로 드러나지 않기 때문에 전과 같이 부부관계를 요구할 수 있다. 이럴 때는 대화로서 자신의 마음을 솔직하게 털어놓고 가벼운 터치나 애무를 즐기는 방법을 택한다. 관계를 하더라도 2~3주일에 1회 정도로 횟수를 줄이고 무리하지 않는다.

🌸 임신 5개월에서 8개월까지

5개월부터는 배가 불러오는 것을 눈으로 볼 수 있기 때문에 남편도 조심하는 마음이 생긴다. 어떤 체위가 안전한지 체크하면서 부부생활을 즐긴다. 아무리 안정기라 해도 임신부가 피로를 느낄 정도라면 곤란하다. 부부관계 중 태동이 심하면 태아가 반발하고 있다는 신호이므로 무리하지 않는다. 안전한 관계를 위해 콘돔을 사용하는 것도 좋다.

🌸 임신 8개월 이후

이 시기가 되면 배가 매우 부르고 자궁 입구나 질이 부드러워진다. 때때로 배가 당기고 자궁경관부의 분비물도 늘어난다.

이 무렵에는 조금만 자극을 가해도 질에 상처가 나기 쉽다. 또한 자궁 수축이 일어날 수도 있으므로 주의해야 한다. 이때는 삽입을 피하고 스킨십을 적극적으로 활용한다. 임신부의 배가 너무 불러 성욕을 느끼지 못할 수도 있다. 그럴 때는 태아에게 아빠의 마음을 전한다. 이러한 남편의 태도는 부부 사이를 더욱 긴밀하게 해 준다.

임신 중 안전한 체위

임신 초기에는 굳이 체위를 바꿀 필요가 없지만 배가 커지면 성행위가 불편하게 느껴질 수 있다. 그럴 때는 무리하지 않는 새로운 체위로 부부관계를 즐긴다.

● **후측위** 임신 중기에 적합한 체위로 아내가 옆으로 눕고 남편이 뒤에서 아내의 등에 가슴을 대고 눕는다. 배에 압박감을 주지 않고 얕은 삽입만 할 수 있다.

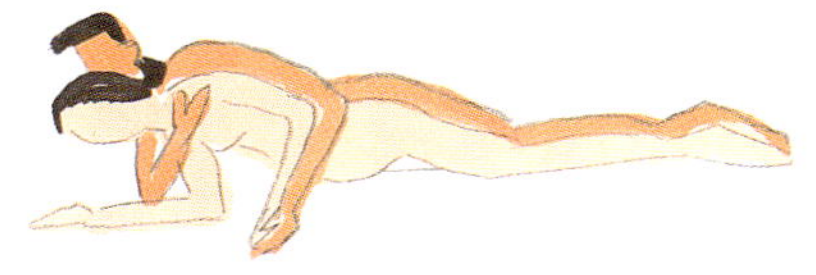

● **후배위** 남편이 무릎을 꿇고 뒤에서 아내의 상체를 받쳐주는 자세로, 남편의 체중이 실리지 않게 하면서 결합의 깊이도 조절할 수 있다.

● **좌위** 앉아 있는 남편 위에 아내가 마주보거나 등을 돌리고 앉는 체위로 배에 무리가 가지 않고 결합의 깊이를 조절할 수 있다.

임신 중 운동, 꼭 필요할까?

임신 중 규칙적으로 운동을 하면 혈액량과 신진대사량이 늘어나 건강한 태내 환경을 마련해 주는 것은 물론 뱃속 아기의 성장을 촉진한다. 또한 분만 과정에서 겪는 고통을 덜어 주고 순산을 돕는다.

가벼운 운동은 진통과 분만을 돕는다

임신을 하면 뼈, 근육, 관절, 기관 등 신체에 무리가 오기 쉽다. 이때 운동을 하면 근육의 힘이 좋아지고, 혈액순환이 원활해지며, 피로가 줄어든다.

또한 몸에 힘이 생기고 근육의 힘이 좋아져 늘어난 체중을 지탱하기 수월해진다. 몸에 부기도 덜 생기고 변비가 해소되며 다리나 등의 통증도 줄어든다. 진통과 분만 과정을 견디는 데 필요한 힘과 지구력도 기를 수 있다.

운동이 태아에게 좋은 이유
- 운동 중에 나오는 호르몬은 태반을 통해 뱃속 아기에게 전달된다.
- 태아는 임신부의 몸에서 나오는 엔도르핀의 영향을 받게 되는데, 엔도르핀은 인간의 체내에서 자연적으로 생성되는 물질로 기분을 좋게 만드는 효과가 있다.
- 운동을 하는 동안 양수가 규칙적으로 부

드럽게 흔들리는데 이때 태아는 편안함을 느낀다.
- 혈액순환이 왕성해져 산소 공급이 원활해지므로 태아의 성장 발달을 돕는다.
- 복부 근육이 자연스럽게 움직이면서 태아를 자극하므로 안락한 기분을 느끼게 해 준다.

격렬한 운동은 삼간다

평소 운동을 즐기던 사람도 임신 중 운동을 하면 몸의 반응이 달라지는 것을 느낄 수 있다. 임신을 하면 심장박동이 빨라지고 자궁이 커지면서 폐를 눌러 예전보다 숨이 가빠진다. 또한, 예전보다 쉽게 피로해지므로 격렬한 운동은 피하는 것이 좋다. 숨이 가쁠 정도로 심하게 운동하면 체온이 너무 올라가 태아에게 해롭다.

임신 20주가 지나면 배가 나오면서 몸의 무게중심이 앞으로 쏠려 균형을 잡기 어려우므로 조깅이나 테니스를 할 때는 넘어지지 않게 주의한다.

임신 후기에는 느슨해진 골반 관절로 인해 모든 인대와 관절이 느슨해지는데 이 때문에 삐거나 넘어지기 쉽다. 임신 초기나 후기에는 일상생활에 주의를 기울이고 지나친 운동은 삼간다.

임신부가 주의해야 할 운동

가능하면 복부에 충격을 줄 수 있는 운동은 피하고, 위험 신호가 나타나면 즉시 운동을 중단하고 의사에게 알린다. 임신 중에는 점프 동작, 흔드는 동작, 급격한 방향 전환 동작은 관절에 무리를 주거나 부상을 입힐 수 있으므로 피해야 한다.

운동 중에 질 출혈이나 현기증, 숨가쁨, 허리와 복부의 심한 통증. 자궁 수축, 두통 등이 나타나면 즉시 운동을 멈추고 휴식을 취하거나 병원으로 간다.

🌸 임신 중 위험한 운동

● **조깅** 열이 날 때까지 장시간 조깅을 하면 관절에 부상을 입을 위험이 있다. 단, 운동 경험이 많다면 임신 중기까지는 조깅을 해도 괜찮다.

● **스키** 점프나 충돌 등 위험 요소가 많다. 또한 고도가 지나치게 높은 곳에서는 태아에게 필요한 산소가 부족할 수 있으므로 위험하다.

● **스쿠버다이빙** 혈압이 갑자기 떨어질 수 있어 태아에게 해로울 수 있다.

● **서핑** 넘어지기 쉬워 위험한 운동이다.

● **승마** 말에서 떨어지면 위험하므로 임신 중에는 피하는 것이 좋다.

임신부에게 유익한 운동

평소 운동을 하지 않던 사람이라도 임신 후에는 태아 건강을 위해 운동을 시작해야 한다. 운동을 하지 않았던 임신부는 걷기만으로도 충분히 운동이 되므로 자신에게 맞는 운동을 찾아 가볍게 운동을 시작한다. 혼자서 하기 어려울 때는 남편이나 친구와 함께 한다.

운동을 하고자 할 때는 먼저 의사와 상의해 바로 운동을 시작해도 좋은지 알아보고, 가벼운 운동부터 시작해 차츰 강도를 높여간다.

🌸 자세 잡기

운동을 시작할 때는 먼저 자세부터 바로 잡아야 한다. 자세가 나쁘면 허리, 어깨, 다리 등 신체 곳곳이 아플 수 있다.

먼저, 양 발을 바닥에 붙이고 적당히 벌린 다음 몸 중심을 약간 앞으로 옮긴다. 이때 무릎은 편안하게 똑바로 펴고 아랫배를

당기며 양팔을 옆구리 쪽에 편안하게 내리고 고개는 똑바로 들어 앞을 쳐다본다.

🌸 걷기

걷기 운동은 별다른 준비 없이 쉽게 시작할 수 있다. 적당히 활기차게 걸으면서 숨을 깊이 들이마시고 긴장을 푼 다음 천천히 걷다가 속도가 편안해지면 서서히 속도를 높인다. 걷기는 신체에 무리를 주지 않는 가벼운 운동으로, 긴장을 완화해 주는 효과가 있으며 남편과 같이 하기에 좋다. 이야기를 하면서 걷다 보면 운동 효과를 볼 수 있을 뿐 아니라 부부 사이도 돈독해진다.

🌸 수영

수영은 근육과 관절의 부담을 최소화하고 요통이나 근육 통증을 완화하며 부기를 가라 앉혀 준다. 또한 심장 혈관에도 좋으며 복부에도 충격을 주지 않아 임신부에게 이상적인 운동이다.

또한 수영은 대표적인 유산소운동으로 산소를 듬뿍 섭취하게 하고 이 산소가 탯줄을 통해 태아에게 전달되어 태아의 뇌발달을 도우므로 훌륭한 태교가 될 수 있다.

🌸 실내 자전거 타기

실내 자전거는 힘과 지구력을 기를 수 있고 충돌 염려가 없는 안전한 운동이다. 도로에서 타는 자전거처럼 언덕을 올라가거나 일행과 보조를 맞춰 달릴 필요도 없고 방향을 바꿀 필요도 없는 편안한 운동이다.

임신부 운동 체크 포인트

임신 전부터 운동을 계속해 오던 임신부라면 평소 하던 대로 운동을 하되, 지나친 운동은 삼가는 것이 좋다. 다음 몇 가지 사항에 주의한다.

🌸 무리하지 않는다

지치기 전에 운동을 중단한다. 임신 전에는 한계 상황에 도달해서야 운동을 중단했겠지만 임신 중에는 지나치게 오래 운동을 하면 태아에게 해로울 수 있다.

💗 **최대 심박수의 60%를 넘지 않는다**

임신 중에는 유산소 운동에 필요한 산소를 충분히 공급받을 수 없다. 아기를 만드는 데 산소의 대부분이 사용되기 때문이다.

💗 **열이 나지 않을 만큼 운동한다**

임신 3개월까지는 지나치게 열이 나지 않게 주의한다. 임신 중 운동을 하면 혈액량과 신진대사량이 증가하여 더 빨리 더워지고 더 빨리 열이 난다. 이렇게 임신부의 몸에서 나는 열은 태반을 통해 태아에게 전달되는데 태아는 땀을 흘릴 수 없어 위험하다. 그러므로 태아의 주요 신체 기관이 형성되는 시기에는 임신부 몸에 지나치게 열이 발생하지 않도록 주의한다.

💗 **강도가 높을 때는 시간을 제한한다**

운동 경험이 많든 적든 격렬한 운동은 15~20분을 넘기지 않는다. 그래야 체온이 상승하거나 근육이 피로해지는 것을 막을 수 있다.

어떤 운동이든 자신의 몸 상태를 살펴 적당한 운동을 하는 것이 중요하다.

💗 **혈당이 떨어지지 않게 한다**

적당한 운동은 혈당에 아무런 영향을 주지 않는다. 그러나 운동을 지나치게 하면 에너지를 얻기 위해 혈당이 떨어지게 된다. 혈당이 떨어지면 태아에게 심각한 영향을 줄 수 있으므로 주의한다.

근육 강화 운동

긴장을 풀어 주고 근육을 단련하는 운동은 임신부에게 꼭 필요한 운동이다. 운동 경험이 많든 적든 질 근육 강화에도 도움이 되므로 순조로운 출산을 돕는다.

💗 **복부 운동**

복부 운동은 허벅지와 허리에 가해지는 압박감을 줄여 주고 배를 편안하게 해 주는 운동이다.

how to

① 다리를 쭉 뻗거나 무릎을 구부리고 누워서 머리를 들어 올려 턱이 가슴에 닿게 한다. 이 자세로 3초 동안 있다가 긴장을 푼다. 이런 동작을 하루에 2회, 한 번에 5회씩 반복한다. 자세가 바르면 머리를 들어 올릴 때 복부 근육이 긴장되는 것을 느낄 수 있다.

② 앉거나 서거나 누워 있을 때 배를 안으로 당기면 복부 근육을 긴장시킬 수 있다. 그 상태로 천천히 셋을 센 다음에 긴장을 푼다. 이 동작을 하루에 2회, 한 번에 5회씩 반복한다.

③ 바닥이나 벽에 허리를 바싹 붙인다. 배 근육이 당기는 듯한 느낌이 들면 그대로 셋까

지 센 다음 긴장을 푼다. 이 동작을 하루에 2회, 한 번에 5회씩 반복한다.

💗 다리 운동

혈액순환을 돕고 발목과 종아리의 부기를 풀어 주는 운동이다.

① 베개를 베고 옆으로 누운 다음 아래쪽 다리는 무릎을 굽히고 위쪽 다리는 똑바로 편다. 편 다리를 무리하지 않을 정도로 높이 들어 올렸다가 다시 내린다. 이 동작을 4회 반복한다. 반대쪽으로 돌아누워 반대쪽 다리도 같은 방법으로 운동한다.

② 양다리를 쭉 뻗고 앉은 다음 왼쪽 발목을 오른쪽 발목 위에 올려놓는다. 오른손으로 왼쪽 허벅지를 당기되, 당기는 느낌이 들면 그대로 1분 정도 있다가 반대쪽도 똑같이 반복한다. 불편할 정도로 심하게 허벅지가 당기지 않도록 주의한다. 이 운동은 하루에 1회만 한다.

💗 케겔 운동

케겔 운동은 임신부의 질 근육 강화에 효과적인 운동으로, 매우 쉽고 간단하다. 평소 케겔 운동을 자주 하면 항문과 질 근육은 물론 골반 근육이 강화되어 순조로운 출산을 하는 데 도움이 된다.

소변을 보다가 중단하거나, 소변이 마려운데 참는 것처럼 질 근육을 긴장시킨다. 그러면 골반저가 약간 올라가고 하복부가 당기는 느낌이 들 것이다. 그대로 10초간 유지하다가 근육을 푼다. 10초가 너무 길게 느껴지면 3초 정도 근육을 조이고 있다가, 5초로 늘리고, 익숙해지면 10초로 늘린다.

10초가 되기 전에 근육이 느슨해지는 것 같으면 근육을 다시 조인다. 처음부터 무리하지 말고 조금씩 운동량을 늘리되, 익숙해지면 하루에 25회 이상 반복한다. 이 운동을 하루에 25회 이상 반복하면 분만이 쉬워지고 분만 후에도 회복이 빠르다.

💗 스트레칭

임신 중에는 인대와 관절이 부드러워져 있어 가벼운 충격에도 다치기 쉽다. 그러므로 평소 가볍게 스트레칭을 하여 인대와 관절 주변의 근육을 강화시킨다.

① 팔을 펴서 머리 위로 올린 다음 허리를 굽히고 크게 원을 그리며 돌린다.

② 고개를 숙이고 크게 원을 그리며 돌린다.
③ 어깨를 위로, 뒤로, 아래로 크게 원을 그리며 돌린다.
④ 발끝을 똑바로 하고 발목 부분을 10회 돌린다. 발끝을 똑바로 하고 발목을 무릎 쪽으로 당기는 동작을 10회 반복한다. 근육에 경련이 일어나면 즉시 운동을 중단한다.
⑤ 등 뒤로 양손을 잡고 최대한 높이 팔을 올린다. 그대로 몇 초 동안 가만히 있다가 팔을 내린다.

긴장 완화 운동

긴장 완화 운동은 임신과 분만에서 오는 긴장과 감정적·정신적 스트레스를 풀어 주고 진통에 대한 두려움을 덜어 주는 데 좋은 운동이다. 또한 출산의 고통에 대처할 수 있게 해 준다. 매일 시간이 날 때마다 연습하면 몸과 마음이 편안해진다.

긴장 완화 운동을 할 때는 차분한 상태에서 하는 것이 좋다. 그래야 긴장했을 때나 진통이 왔을 때 효과적으로 대처할 수 있다.

평소 차분한 상태에서 연습을 많이 해 두면 분만 시 스트레스나 통증으로 정신이 산만할 때도 효과적으로 긴장을 완화할 수 있다.

심호흡

심호흡은 언제 어디서든 할 수 있는 긴장 완화 운동으로 심신의 휴식과 안정을 도모한다. 몸이 스트레스를 해소하려면 산소가 필요한데, 호흡을 조절함으로써 스트레스를 해소할 수 있다.

① 배꼽 부위에 한 손을 올려놓고 천천히 다섯을 세면서 횡격막 아래에서부터 깊게 숨을 들이마신다.

② 폐에 공기가 가득 찬 느낌이 들면 숨을 내뱉는데, 이때 한꺼번에 내뱉지 말고 속으로 다섯까지 세면서 천천히 내뱉는다.

③ 1~2분 후 다시 숨을 들이마시고 내쉬기를 2~3회 반복한다.

명상

임신을 하면 호르몬 변화로 인해 감정 변화 조절에 어려움을 겪는다. 이때 명상은 임신부의 마음을 다스리는 정신적·육체적 치유 과정으로, 마음을 편안하게 해 줌으로써 정신적인 건강을 가져다준다.

명상을 하려면 조용하고 편안한 분위기에서 근육을 이완하고, 호흡을 조절하고, 마음을 편안하게 한다. 그런 다음 마음속에 떠오르는 차분한 이미지나 차분한 호흡의 리듬을 기준으로 주의를 집중시킨다.

① 눈을 감고 편안한 자세로 앉아 몇 초 동안 숨을 쉬면서 긴장 완화에 정신을 집중한다.

② 숨을 들이마셨다가 깊은숨을 내쉬면서 정신을 모은다. 이때 정신집중의 기준이 되는 단어를 되뇌거나 이미지를 떠올린다.

③ 이 과정을 15~30회 정도 반복한다.

위와 같은 방법으로 심호흡과 명상을 반복하면 스트레스가 사라지고 몸에 활기와 평정이 찾아올 것이다.

근육 이완 운동

임신부가 스트레스를 받으면 근육이 긴장되기 쉬운데, 근육이 긴장되면 정신적 긴장을 풀기 어렵다.

① 편안하게 누워 오른손에 정신을 집중한다.

② 오른손을 주먹 쥐고 약 5초 동안 힘을 다해 근육을 긴장시킨 다음 주먹을 펴고 긴장을 푼다.

③ 왼손도 같은 방법으로 긴장을 시켰다 풀어 준다.

이어 팔, 목, 어깨, 복부, 엉덩이, 허벅지, 종아리, 발의 근육도 같은 방법으로 긴장시켰다가 천천히 긴장을 풀어 준다. 마지막으로 눈과 이마를 포함해 안면 근육도 바짝 긴장시켰다가 긴장을 풀어 준다.

임신 중 신체와 정신 건강을 유지하려면 평소 꾸준히 몸을 움직이고 긴장 완화 운동을 한다.

운동은 임신으로 인한 통증과 스트레스를 해소하고 몸과 마음을 편안하게 해 주며 순조로운 출산과 산후 몸매 회복에 도움이 된다.

순산을 위한 워밍업 스트레칭

운동을 시작하기 전, 스트레칭 동작으로 몸을 부드럽게 만들면 근육과 관절이 따뜻해지고 근육이 풀어져 다칠 위험이 없다.
스트레칭은 혈액순환을 원활하게 해 주고 임신부와 태아에게 충분한 산소를 공급해 준다. 각 동작을 5~10회 반복한다.

머리와 목 운동

머리를 한쪽 어깨로 천천히 기울인 다음 턱은 위로 들어 올리고 반대쪽 어깨를 향해 서서히 돌린다. 머리를 똑바로 세운 자세에서 천천히 오른쪽에서 뒤로 돌린 다음 정면을 바라보고, 다시 왼쪽에서 뒤로 돌린 다음 정면을 바라본다.

허리 운동

책상다리로 편안하게 앉아 허리를 똑바로 편 다음 목을 부드럽게 위로 당겨 숨을 내쉬고 오른손은 뒤에 대면서 상체를 오른쪽으로 돌린다. 왼손을 오른쪽 무릎 위에 올린 후 허리 근육을 최대한 부드럽게 당겨 준다. 반대 방향으로 같은 동작을 반복한다.

팔과 어깨 운동

무릎을 꿇고 앉아 오른팔을 위로 들어 올린 다음 팔꿈치에서 구부리고 손을 등 뒤로 내린다. 왼손을 오른쪽 팔꿈치 위에 올려 오른쪽 팔을 등 아래로 밀어 스트레칭한 다음 왼쪽 팔을 등 뒤로 돌려 양손을 맞잡아 20초간 스트레칭한다. 반대쪽도 같은 방법으로 스트레칭한다.

◀ 가능하면 두 손을 가볍게 잡는다. 두 손이 맞닿지 않아도 괜찮다.

다리와 발 운동

등을 곧게 세우고 앉아 다리를 앞으로 쭉 뻗는다. 두 손을 엉덩이 옆에 내려놓아 허리를 받쳐 준다. 한쪽 무릎을 천천히 구부린 다음 바르게 편다. 이 동작은 종아리와 대퇴부의 근육을 튼튼하게 하고 경련을 감소시켜 준다.

순산을 위한 골반 근육 운동

몸 전체를 이용해 운동하면 체중 증가로 인한 긴장이 이완되고 주요 근육도 튼튼해진다.
임신 기간 동안 골반을 편하게 움직이는 법을 배우면, 분만 시 가장 편안한 자세가 어떤 자세인지 쉽게 알 수 있다.

앞으로 구부리기

● **동작 1** 두 발이 평행을 유지하도록 30cm 정도 벌리고 나서 두 손을 등 뒤로 돌리고 깍지를 낀 다음 등을 곧게 펴고 엉덩이부터 서서히 앞으로 몸을 구부린다. 몇 번 심호흡을 한 다음 천천히 일어선다.

● **동작 2** 앞으로 몸을 구부린 다음 두 손이 머리 위로 최대한 높이 올라 갈 때까지 천천히 위로 올린다. 같은 동작을 반복한다.

골반 아래로 내리기

무릎을 30㎝ 정도 벌린 상태에서 두 무릎과 손을 땅에 댄 다. 엉덩이 근육에 힘을 주고 골반을 아래로 내려 등이 아 치 모양으로 구부러지도록 하고 아래위로 움직인다. 등이 아래로 내려가지 않도록 주의하면서 몇 초 동안 이 자세를 유지한 후 자세를 편하게 한다. 여러 번 반복한다.

▲ 골반을 위아래로 천천히 흔들면서 같은 동작을 반복한다.

등 아랫부분 긴장 풀기

● **동작 1** 두 팔을 양옆에 내려 놓고 손바닥을 바닥에 펴고 눕는다. 두 발로 바닥을 누른 후 척추가 목과 같은 높이가 되도록 골반을 들어 올린다. 한 번에 척추뼈 하나씩 내려오게 한다.

● **동작 2** 등을 바닥에 댄 상태에서 두 무릎을 천천히 껴안는다. 심호흡을 하면서 몇 분 동안 이 자세를 유지한다.

● **동작 3** 오른쪽 다리를 바닥에 쭉 뻗고 왼쪽 무릎을 살짝 껴안는다. 반대편 무릎도 같은 동작을 반복한다.

● **동작 4** 두 무릎을 구부리고 두 발을 발목에서 교차시킨 다음 엉덩이를 시계 방향으로 돌려 바닥 위에 닿은 허리 아랫부분으로 작은 원을 그린다. 반대 방향으로 같은 동작을 반복한다.

척추 비틀기

숨을 들이쉬면서 어깨와 팔을 바닥에 댄 다음, 두 무릎은 오른쪽으로 머리는 왼쪽으로 천천히 돌린다. 몇 초간 이 자세를 유지한 뒤 무릎을 구부린 채 몸을 똑바로 하고 긴장을 푼다. 반대 방향도 같은 동작을 반복한다.

순산을 위한 대퇴부 단련 운동

대퇴부 단련 운동은 근육을 튼튼하게 하고 골반까지 혈액순환을 증가시켜 관절을 더욱 유연하게 만들어 순산을 돕는다.

운동이 끝나면 20~30분 정도 긴장을 이완하며 휴식을 취한다.

눈을 감고 발을 앞으로 내민 자세로 5분~10분 정도 있으면 몸과 마음이 편안해진다.

편하게 앉기

바닥에 앉아 두 다리를 앞으로 쭉 뻗는다. 등은 반드시 곧게 세운다. 무릎을 구부리고 발바닥을 한데 모은 다음 몸과 최대한 가까이 무릎을 끌어당긴다. 대퇴부를 벌리고 두 무릎은 바닥을 향해 아래로 내린다. 심호흡을 하면서 어깨와 뒷목, 골반 아래까지 긴장을 푼다. 골반을 바닥에 댄 상태에서 숨을 들이쉬면서 척추를 위로 올려 길게 뻗는다.

● 두 발을 몸 가까이 끌어당기기 어렵다면 발을 몸에서 30㎝ 정도 떨어뜨린 상태에서 서서히 몸 가까이 끌어당긴다. 꾸준히 연습하면 근육이 풀어진다. 쿠션이나 담요를 이용해도 좋다.

안전하게 균형 잡기

● **동작 1** 의자 잡고 앉기

웅크리고 앉을 때 허리를 받치려면 의자나 낮은 책상, 혹은 창문틀같이 안심할 수 있는 물건을 잡는다. 벽에 기대도 좋다.

● **동작 2** 웅크려 앉기

등을 길게 쭉 편 자세에서 두 발을 45cm 벌리고 최대한 낮게 웅크리고 앉는다. 팔꿈치를 이용해 양 무릎을 떨어뜨리고 두 손을 맞잡는다. 발꿈치가 바닥에 닿도록 하고, 발꿈치와 발가락 사이에 체중을 고르게 분산한다. 웅크려 앉는 자세는 일상 생활에서, 특히 물건을 들 때 이용할 수 있다.

● **동작 3** 긴장 이완하기

배가 점점 불러오면 쿠션으로 머리를 받치고 바닥에 등을 대고 눕는 자세가 편하다. 의자나 침대 위에 다리를 올리고 두 발을 세운다.

● **동작 4** 편안하게 눕기

머리 아래에 베개를 대고 옆으로 눕는다. 팔의 윗부분은 구부리고 한쪽 다리는 위로 올린 뒤 다리 아래에 베개를 댄다. 아래로 내려진 다리는 쭉 뻗는다. 두 눈을 감고 호흡에 집중한다.

임신 중 여행할 때 무엇을 알아둘까?

▲ 여행은 떠나기 전 주의사항만 미리 체크하면 전 임신부나 태아 건강에 오히려 도움이 된다.

임신했다고 해서 실내에서만 있는 것보다는 탁 트인 야외에서 신선한 공기를 마시는 것이 기분 전환에 도움이 되고 태아의 두뇌 발달에도 좋다. 안전하고 편안한 여행을 택하되, 먼저 의사와 의논하는 것이 안전하다.

여행 전 체크 포인트

임신 중 여행이 태아에게 해롭지 않을까 혹시 걱정이 될 수 있다. 하지만 임신 합병증이 없고 고위험군에 속하는 임신부가 아니라면 여행을 해도 문제가 되지 않는다. 오히려 시기만 잘 택한다면 남편과 오붓한 시간을 보낼 수 있는 좋은 기회가 된다.

그러나 구체적인 계획을 세우기 전에 여행을 해도 괜찮은지 의사와 반드시 상의한다.

🌸 여행 시 주의할 점

● 여행 전 의사의 진찰을 받는다. 유산 징후나 다른 문제는 없는지 미리 알아본다.
● 여행지 병원이나 의사에 대해 알아두고, 산모수첩과 의료보험증은 꼭 가져 간다.
● 길거리에서 파는 찬 음식이나 얼음조각을 넣은 음료, 과자류 등은 먹지 않는다.
● 여행은 혼자 가지 않는다. 남편이나 임신부의 몸 상태를 잘 아는 사람과 반드시 동행한다.
● 관광 여행이나 단체 여행 등으로 사람이 붐비는 여행지는 가능하면 피한다.
● 도로 사정으로 몇 시간이고 차에 갇혀 있을 수도 있으므로 성수기를 피해 여행 계획을 세운다.
● 여행은 임신부의 기분 상태가 좋고 순환계가 안정적인 시기가 좋다.
● 교통편이 좋지 않거나 거리가 먼 여행지는 피한다.

여행에 적합한 시기

임신 중 여행을 계획할 때는 시기가 중요하다. 임신 중 여행하기 가장 좋은 시기는 임신 중기로 이 시기에는 불쾌한 증세에서 해방되어 가장 편안하고 유산과 조산의 위험도 가장 적다. 대개 임신 초기에는 유산의 위험과 함께 입덧과 피로감 때문에 힘들고 임신 후기에는 조산의 위험과 함께 요통, 치질, 소화불량으로 힘들기 때문이다.

임신 후기 장거리 여행은 가능하면 피하는 것이 바람직하다. 부득이하게 임신 후기 장기간 여행을 할 경우에는 의사에게 미리 조산 징후에 대한 설명을 듣고, 만약을 대비해 여행 목적지에 있는 산부인과 병원도 알아 둔다.

항공 여행할 때 주의할 일

임신이 순조롭게 진행된다면 항공 여행을 해도 문제가 되지 않는다. 하지만 장시간 비행을 해야 하거나 임신 후기에는 좀 더 주의가 필요하다.

실제로 일부 항공사에서는 임신 36주가 지난 임신부의 탑승을 제한하고 있다. 따라서 임신 후기에 항공 여행을 꼭 해야 하는 경우 미리 이용하려는 항공사의 규정을 알아보고 돌아올 때를 고려해야 한다.

임신 중 항공 여행을 계획하는 임신부 중 멀미를 하는 사람은 미리 조치를 취하고, 운항 중 다리를 뻗을 수 있고 화장실에 마음대로 드나들 수 있도록 탑승 전에 여행사나 항공사 직원에게 통로 쪽 좌석을 부탁한다.

또한 비행기 안은 공기가 매우 건조하므로 물을 넉넉히 준비해 수시로 마시도록 한다.

임신부에게 좋은 삼림욕

★ 신선한 공기를 마실 수 있는 곳을 택한다

나무가 많은 숲이나 휴양림 등에 가서 삼림욕을 즐기는 것은 신체를 건강하게 할 뿐 아니라 각종 질병 예방에도 효과가 있다. 즉 신체 생리 기능에 유익한 작용을 하는 음이온을 많이 마실 경우, 인체 내의 합성 및 신진대사 기능이 증강되어 유행성 감기라든지 천식, 편두통 등 임신기에 생기기 쉬운 각종 질병 예방에 효과가 있다는 연구 발표가 있다.

나무가 피톤치드를 많이 내뿜는 초여름에서 가을에 걸쳐 임신기를 맞는 임신부라면 가까운 휴양림으로 여행을 떠나보자.

★ 자신에게 맞는 여행지를 선택한다

여행은 임신부의 몸 상태에 따라 달라질 수 있으므로 자신에게 맞는 여행을 선택한다. 어떤 임신부는 간단한 여행으로도 파수나 조산, 유산이 되는 경우가 있고, 약간 무리한 듯한 여행도 잘 견디어 내는 임신부도 있다. 그러므로 임신부의 정신적, 육체적 상태나 피로 등을 잘 고려해야 한다. 그러려면 여행 전 의사와 상의하는 것이 필요하다

여행이라고 해서 크게 생각할 필요는 없다. 시골 부모님을 찾아뵙는다든지 가까운 공원을 찾아 산책하는 것도 여행의 일부다.

★ 떠나기 전에 현지사정을 체크한다

자연 휴양림을 이용하려면 우선 집에서 가장 가까운 곳을 선택하고 떠나기 전에 그곳 관리사무소에 전화를 걸어 시설이나 가격, 교통편, 병원 등에 대해 미리 알아본다.

보수공사를 하느라 숙박이 어려울 수도 있고 시설이 미비한 곳이 있을 수도 있다. 하지만 대부분 자연 휴양림 안에는 통나무집이 있고, 그곳에서 숙박할 수 있다. 통나무집을 이용할 때는 난방장치가 없으므로 쌀쌀한 날은 피한다. 여름이라 해도 산속 기온은 내려갈 수 있으므로 담요나 슬리핑백을 준비한다.

임신 중 실속 있게 옷 입는 방법은 없을까?

임신을 했다고 해서 임부복 구입에 큰돈을 들일 필요는 없다. 배가 나오기 전까지는 입던 옷을 고쳐 입고 배가 어느 정도 불러오면 그때 임신복을 구입한다.

임부복을 구입할 때는 출산 후 몸매가 임신 전으로 돌아갈 때까지 입을 수 있는 것을 고르는 것이 좋다.

임신 5개월까지 옷 입기

직장생활을 하는 임신부는 배가 불러오기 시작하면 바로 임신복 구입을 고려하게 된다. 하지만 가격도 만만치 않고 새로 임신복을 구입한다고 해도 넉 달 이상 입을 수 없으므로 임신 5개월까지는 입을 만한 옷이 없는지 찾아보거나 대안을 생각해 본다.

지퍼를 살짝 열고 멜빵으로 바지를 고정한 다음 헐렁한 셔츠로 가리고 다니거나 여유 있는 블라우스나 카디건 등 커진 배를 가릴 만한 헐렁한 옷을 찾아 입는다. 평소 입던 옷 중에 사이즈가 큰 옷을 찾아 입거나 벨트를 빼고 입는 것도 방법이다.

남편 옷을 이용하는 것도 좋은 방법이다. 옷장을 열어 보면 임신 4~5개월에 입을 만한 남편의 셔츠나, 스웨터, 반바지 등을 찾을 수 있을 것이다.

임신 5개월 이후 옷 입기

임신 5개월 이후가 되면 임신복을 구입해야 하는데, 실용성을 따져 신중하게 고른다.

임신복을 고를 때는 치맛단의 앞부분이 뒷부분보다 살짝 긴 것을 고른다. 배가 불러오면 치마 앞단이 올라가기 때문이다.

가능하면 품이 여유 있는 것을 고르되, 안감이 없는 옷이 좋다. 임신 중에는 체온이 올라가므로 안감이 들어 있으면 덥고 불편할 수 있다. 또 체온 변화에 따라 겹쳐 입을 수 있는 얇은 옷으로, 다른 옷과 매치할 수 있는 실용적인 디자인을 선택한다.

또한 소재가 질기고 자주 세탁할 수 있는 옷을 고른다.

기존 옷 변형시켜 입는 법

● 배가 많이 불러오는 임신 중기나 후기에는 어렵겠지만, 임신 4~5개월까지는 임신 전에 입던 스커트의 허리를 늘려 입어도 상관없다. 웃옷의 길이를 고려해 적당한 길이로 스커트를 절개해 다른 천으로 덧댄다.
● 멜빵을 이용하면 편리하다.
● 남편 셔츠나 망토 스타일의 옷을 임신복으로 이용한다.

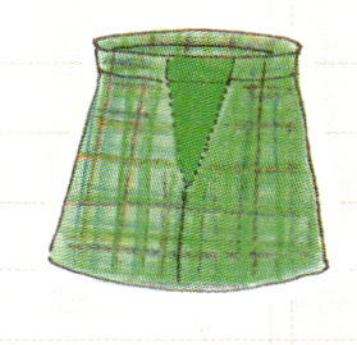

목욕이나 수면 시 무엇에 주의할까?

임신부는 항상 몸을 청결하게 유지하고 충분히 휴식을 취해야 한다. 수면을 취할 때는 가장 편안한 자세를 택해 불편함이 없도록 한다.

목욕

따뜻한 물에 몸을 담그고 있으면 긴장이 풀리고 통증이 완화된다. 하지만 임신 중에는 목욕을 할 때도 지켜야 할 것과 알아 두어야 할 것이 있다.

● 뜨거운 물에 입욕하지 않는다

입욕 시 물의 온도가 38.8℃를 넘지 않아야 한다. 태아는 적절한 체온을 유지하기 위해 모체에 의존하는데, 모체의 체온이 지나치게 오르면 태아의 신경계 발달을 저해할 수 있다. 참고로, 임신 중에는 사우나도 삼가는 것이 좋다.

● 욕조 바닥에 매트를 깐다

임신이 진행되면 배가 커지면서 몸의 중심을 잡기 어려워 넘어지기 쉬우므로 욕조 안에 매트를 깔아 미끄러짐

을 방지한다.

● 목욕은 10~15분 안에 끝낸다

지나치게 오래 목욕하면 탈수증이 일어날 수 있으므로 10~15분으로 제한한다.

수면

임신 초기에는 시도 때도 없이 잠이 쏟아져 불면증을 염려할 필요가 없지만 점점 배가 불러오면서 후기에 이르면 불면증으로 고생을 하게 된다. 불면증을 해소하려면 잠을 잘 때 큰 배를 지탱할 수 있도록 편안한 자세를 취하는 것이 중요하다.

우선 똑바로 누워 자면 커진 자궁이 복부 뒤쪽을 지나가는 다동맥과 중요한 혈관을 누르게 된다. 따라서 왼쪽으로 보고 옆으로 눕는다. 혹은 무릎 사이에 베개를 끼고 또 다른 베개를 등에 대고 옆으로 누워 잔다.

요통이 심할 때는 딱딱한 매트리스를 깔고 자거나 바닥에서 자도록 하고, 속쓰림이 심할 때는 베개로 상체를 받치고 자면 좋다.

임신 중 스킨케어, 어떻게 할까?

임신 중에는 에스트로겐, 프로게스테론 등 여성 호르몬이 증가하고 난소의 기능이 변화되면서 피부 트러블이 생기기 쉽다. 기미·여드름·주근깨 등 피부 트러블은 출산 후 자연스레 없어지지만, 임신 기간부터 미리 예방하고 관리하는 것이 좋다.

Daily 스킨케어

🌸 투명한 피부를 위한 스킨케어

1 깨끗하게 세안하기

천연 스크럽 성분의 클렌징 제품으로 부드럽게 거품을 내 얼굴에 문지른 후 미지근한 물로 헹구고 찬물로 여러 번 패팅한다.

2 기초 화장하기

화장수로 얼굴을 전체적으로 정리한 다음 로션, 에센스, 크림 등을 발라 피부의 수분 증발을 막고 피부에 보습을 준다.

3 영양 크림으로 마사지하기

매일 저녁 마지막에 바르는 영양 크림에 로션, 에센스를 잘 섞어 가볍게 15분 정도 마사지한다.

✳ 임신 중에는 피지 분비가 왕성해져 피부가 쉽게 번들거릴 수 있지만 피부결도 쉽게 거칠어지므로 수분 함유량이 높은 제품을 사용한다.

얼굴 부기 빼는 마사지

🌸 부분별 마사지

● **이마** 양쪽 손을 이용해 이마 중앙에서 관자놀이 방향으로 아래에서 위로 올리듯 둥글게 문지른다.

● **턱** 집게손가락으로 턱의 양끝을 누르고 위아래로 부드럽게 눌러 준다.

● **코** 콧대 중앙을 위아래로 문지른 다음 양손으로 콧방울의 가장자리를 위아래로 문지른다.

● **입** 아랫입술 중앙에서부터 입꼬리, 윗입술 중앙까지 입 주변 양쪽에 반원을 그리며 문질러 준다.

● **볼** 턱에서 관자놀이에 이르는 넓은 부분을 볼 중앙에서 바깥쪽을 향해 부드럽게 문지른다.

● **눈** 양손으로 눈머리 위에서 눈꼬리를 거쳐 다시 눈머리까지 원을 그리며 부드럽게 문지른다.

집에서 하는 기능성 영양팩

영양팩 준비

일반적인 마사지팩보다는 자연성분으로 직접 만든 미용팩이 훨씬 효과적이다. 마사지 재료는 주변에서 구하기 쉽고 피부에 전혀 자극이 없는 재료를 이용한다.

팩을 할 때는 깨끗이 세안하고 화장수로 피부를 정돈한 후 팩을 바르고 랩을 사용해 살짝 덮어 주면 효과가 좋다.

● **피부 탄력 + 영양 공급** → **바나나팩**

바나나 반 개를 골고루 으깬 후 영양크림 한 스푼과 잘 섞는다. 얼굴에 골고루 펴 바르고 랩을 씌워 밀착시킨다.

● **잔주름 예방 + 피부 보습** → **달걀팩**

달걀노른자, 꿀, 밀가루, 참기름을 섞어 얼굴에 골고루 펴 바른 뒤 적당히 건조되면 물에 적신 스펀지로 자극 없이 닦아낸다.

● **미백 작용 + 피부 탄력** → **오이팩**

오이를 강판에 갈아 식츠와 밀가루를 섞어 얼굴에 거즈를 덮고 팩을 바른 후 피부에 스며들 때까지 충분한 휴식을 취한다.

● **탄력 효과 + 피부 미백** → **키위팩**

키위를 강판에 갈아 해초가루와 물을 조금 넣고 팩을 만든다. 비타민 C가 풍부한 키위는 미백 효과가 뛰어나다.

피부트러블 예방하는 법

기미

임신을 하면 임신 호르몬이 멜라닌 분비를 촉진해 임신부의 80% 정도가 기미로 고생한다. 햇볕을 많이 쬘수록 기미가 심해지므로 계절에 상관없이 외출할 때는 모자를 쓰거나 자외선 차단제를 바른다.

여드름

임신 중에는 호르몬 변화와 스트레스, 맞지 않는 화장품으로 인해 피지 생성이 왕성해져 여드름이 생길 수 있다. 충분한 수면을 통해 피부 스트레스를 최소화하고 손으로 여드름을 직접 짜기보다 피부과에 가서 치료하는 것이 좋다.

튼살

갑작스럽게 체중이 늘면 엉덩이, 복부, 허벅지 등에 붉은 띠처럼 튼살이 생긴다. 붉은빛을 보이는 초기 단계에서는 튼살 치료가 비교적 쉽지만, 흰색이 된 후에는 쉽게 사라지지 않으므로 주의한다.

임신 중 메이크업, 어떻게 할까?

임신 중에는 잠이 쏟아지고 피곤해 화장을 생각할 겨를이 없다. 하지만 임신 중에도 자신을 아름답게 가꾸는 것이 중요하다. 임신 기간이 끝나기만 기다리지 말고 임신 전처럼 자신을 위해 더 많은 시간을 투자한다.

Daily 메이크업

🌸 밝은 컬러의 콤팩트로 매트하게 표현한다

밝은 화이트 파우더로 T존과 눈 밑에 하이라이트를 준다. 피부톤보다 한 단계 밝은 컬러의 트윈케이크를 사용해 매트하게 표현한다. 콤팩트로 피부를 밝게 연출하고 UV 이중 차단 필터 제품을 사용해 자외선으로부터 피부를 보호해 준다.

🌸 입술은 생기 넘치는 컬러로 표현한다

건조해지고 갈라지기 쉬운 입술에는 비타민 성분이 강화된 립밤이나 립스틱 제품을 바른다. 어두운 컬러보다는 핑크 컬러로 얼굴을 밝고 화사하게 만든다.

립스틱이 너무 진하면 오히려 얼굴이 커 보이므로 짙은 색은 피한다. 핑크나 부드러운 중간 컬러로 바르고 립글로스를 이용해 반짝이는 입술로 표현한다.

🌸 눈은 내추럴하게 표현한다

아이컬러는 핑크나 옅은 바이올렛 컬러로 두두리듯 발라 주고 펄 성분의 제품으로 포인트를 준다. 속눈썹에 마스카라를 빠짐없이 발라 눈매를 또렷하게 표현해 준다.

🌸 피부톤을 한 단계 밝게 표현한다

전체적으로 베이스를 깐 후 파운데이션을 발라 피부가 들뜨는 것을 막아 준다. 광대뼈와 얼굴 외곽 부위에 다크베이지 컬러로 새딩을 준다. 그렇게 하면 입체감이 생겨 밋밋해진 얼굴 윤곽이 또렷해진다.

임신 중 헤어케어, 어떻게 할까?

임신 중에는 모발에 지방질이 많아져 머리가 자주 가렵거나 쉽게 푸석푸석해지고 머리카락이 빠진다. 따라서 임신 전보다 머리를 자주 감고 빗질해 주는 것이 좋다.

Daily 헤어 케어

● 머리가 가려울 때

머리를 매일 감아도 가려움증이 심하다면 가볍게 두피 마사지를 한다. 손가락 끝이나 빗으로 부드럽게 지압하듯이 머리를 긁어 준다. 또 평소보다 자주 머리를 깨끗하게 헹궈 준다.

● 머리 감기 어려울 때

화장솜에 화장수를 적셔 두피 전체를 닦아낸다. 그런 다음 뜨거운 물을 수건에 담가 머리 전체를 스팀타월로 감싼다. 몇 번 되풀이한 다음 머리를 빗어 주면 머리가 상쾌해진다.

● 머릿결이 손상되었을 때

1주일에 2~3번, 그리고 2~3개월 동안 집중 트리트먼트를 해 준다. 모발 손상이 심할 때는 트리트먼트제를 바른 뒤 스팀타월을 쓰고 3~5분 정도 그대로 둔다.

● 머리를 손질하고 싶을 때

임신 중에는 간단하면서도 단정한 헤어 스타일을 유지하는 것이 좋다. 머리가 길면 꾸미거나 감당하기가 다소 힘들어지므로 관리하기 쉽게 정리한다.

건강한 머리카락을 위한 생활습관

● 자외선 차단제를 바른다

머릿결도 햇볕에 오랜 시간 노출되면 손상된다. 밖에 오래 나가 있을 때는 모자를 쓰거나 자외선 차단제를 바른다.

● 스트레스를 받지 않는다

스트레스를 받으면 그만큼 머릿결이 나빠진다. 머릿결이 더 푸석허지고 탈모 증세가 일어날 수도 있으므로 주의한다.

● 염색과 파마는 피한다

파마나 염색은 머릿결을 상하게 하는 최대의 적. 임신 중에는 되도록 파마나 염색을 피한다.

● 모발에 좋은 음식을 먹는다

모발을 건강하게 만들고 윤기를 주는 섬유질, 해조류, 칼슘, 콩, 검은깨, 찹쌀, 두부 등을 챙겨 먹는다. 모발을 건강하고 탄력 있게 만들어 준다.

2. 직장생활

직장에 임신 사실을 어떻게 알릴까?

임신 사실을 알리는 시기는 잘 결정해야 한다. 임신 사실을 너무 빨리 알리거나 너무 늦게 알리면 난감한 상황이 생기거나 불리한 일을 당할 수 있다.

● 직속 상관에게 먼저 알린다

임신 사실은 직장 상사에게 먼저 알리는 것이 순서다. 상사에게 알리기 전까지는 소문을 내지 말고, 적당한 기회를 만들어 임신 사실을 알리고 주변의 배려를 받는다.

중요한 회의를 앞두고 있거나 현재 진행되는 일이 있으면 그 일이 끝날 때까지 기다렸다가 알리는 것이 좋다. 직속상관이 스트레스를 많이 받았거나 업무에 차질이 생긴 날 임신 사실을 알리면 달가운 반응을 보이지 않을 수 있다.

● 임신 3개월 즈음에 알린다

입덧이 심해 일을 하기가 어려운 경우가 아니라면 유산 위험이 줄어들기 시작하는 임신 3개월이 지날 무렵 임신 사실을 알리는 것이 좋다. 너무 일찍 임신 사실을 알렸다가 자칫 입장이 곤란해질 수 있기 때문이다. 임신 초기 업무 내용을 바꿀 필요가 있다면 이 시기를 이용하는 것이 적절하다.

단, 근무 환경이 뱃속 아기에게 해로울 때는 즉시 임신 사실을 알려야 한다. 예를 들어, 유독물질을 취급한다거나 무거운 물건을 들어 올리는 등 무리한 일을 한다면 하루빨리 직장에 임신 사실을 알리는 것이 좋다.

임신 중 주의할 직업은 무엇일까?

직장 환경이 태아 건강을 위협할 수 있다. 장시간 서서 일하거나 화학물질을 다루는 등 위험 요소가 많은 직업에 종사하고 있을 때는 그에 맞는 조치가 필요하다.

장시간 서서 일하는 직업

일반적인 일을 하는 보통 여성들은 출산 때까지 직장생활을 해도 상관없다. 그러나 장시간 서서 일하는 여성은 근무 내용을 수정할 필요가 있다. 온종일 서서 일하는 것은 임신한 여성이 감당하기 무척 힘들 뿐 아니라 뱃속 아기에게 위험한 일이다. 한 연구 보고서를 보면 임신 중 장시간 서서 일하는 여성은 조산이나 저체중아를 출산할 확률이 높다고 한다.

solution 하루 4시간 이상 서서 일해야 하는 임신부는 업무 내용을 바꾸어야 한다. 그리고 임신 24주쯤에는 출산휴가에 들어가는 것이 안전하다. 한 시간에 30분 이상 서 있어야 하는 임신부 역시 업무 내용을 바꾸어야 하고 임신 32주쯤 출산휴가에 들어가는 것이 좋다. 단, 의학적으로 아무 문제가 없다면 일을 계속해도 된다.

컴퓨터 작업을 많이 하는 직업

임신 중 컴퓨터 앞에서 작업하는 것을 두려워하는 여성들이 많이 있다. 하지만 현재로서는 이것이 태아에게 직접적으로 문제를 일으킨다는 과학적인 증거는 없다. 사실 컴퓨터에서 나오는 방사선의 양은 햇빛에서 받는 방사선의 양보다 적으므로 컴퓨터

위험 요소가 있는 직업을 가진 임신부의 출산 계획표

▲ 25kg 이상 물건을 반복해서 들어 올리는 임신부는 임신 20주쯤 출산휴가를 낸다.

▲ 고위험군에 속한 임신부나 하루 4시간 이상 서서 일해야 할 경우 임신 24주쯤 출산휴가를 낸다.

▲ 12~25kg 정도의 물건을 반복해서 들어 올리는 임신부는 임신 34주쯤 출산휴가를 낸다.

▲ 25kg 이상의 물건을 가끔 들어 올리는 임신부는 임신 30주쯤에 출산휴가를 낸다.

앞에서 작업하는 것을 크게 걱정할 필요는 없지만 가능하면 작업시간을 줄이는 것이 좋다.

 스크린 위에 전자파 차단기를 설치하고 컴퓨터 작업을 하지 않을 때는 되도록 컴퓨터 앞에 앉지 않는다. 또한 온종일 컴퓨터에 앉아 일하면 근육이 긴장되어 목, 손목, 팔 등에 무리가 갈 수 있으므로 틈나는 대로 휴식을 취하고, 화장실에 다녀오거나 스트레칭을 한다.

긴장된 근육과 관절을 푸는 데 가벼운 스트레칭이 도움이 된다. 책상에 앉은 상태에서 손목이나 발목을 돌리고, 어깨를 위에서 뒤로, 다시 아래로 원을 그리며 돌리고 고개도 한 바퀴 돌린다. 허리를 앞으로 숙여 등 근육을 긴장시켰다가 이완하고 의자에 허리를 똑바로 세우고 앉아 어깨를 뒤로 젖힌다.

유독 화학물질을 다루는 직업

납, 카드뮴, 바륨 등 인체에 해가 되는 중금속이 포함되어 있는 각종 도료를 이용하는 직업, 페인트칠을 주 업무로 하는 직업, 해충 퇴치를 위해 살충제를 뿌려야 하는 직업 등 유독 화학물질을 다루는 임신부는 자신의 업무 환경을 점검해보고 태아에게 안전한 업무 환경이 될 수 있도록 조치를 취해야 한다. 그렇지 않으면 뱃속 태아에게 나쁜 영향을 미칠 수 있다.

 담당의사에게 자신의 업무 환경에 대해 말하고 지시에 따르는 것이 바람직하다. 그리고 가능하면 업무 내용을 바꾼다. 또한 통풍 장치를 개선하고 안면 마스크를 착용해 해로운 환경에 노출되지 않게 한다.

짐을 나르거나 힘을 쓰는 직업

온종일 힘을 써야 하거나 무거운 물건을 들어 올리는 직업은 문제가 된다. 일반적으로 12kg 이하의 물건은 들어도 별 탈이 없다. 25kg까지의 물건도 가끔 드는 것은 크게 문제가 되지 않는다.

그러나 온종일 12~25kg 물건이나 25kg 이상의 물건을 자주 반복해서 들어 올려야 한다면 조치를 취해야 한다.

 온종일 몸을 구부리고, 물건을 들어 올리거나 밀어내고, 짐을 싣는 일을 한다면 업무 내용을 바꿔 달라고 부탁하거나 출산휴가를 내는 것이 바람직하다.

25kg 이상인 물건을 반복해서 들어 올려야 하는 경우에는 임신 20주쯤에 출산휴가에 들어가도록 하고, 25kg 이상인 물건을 가끔 들어 올려야

하는 경우에는 임신 30주쯤에 출산휴가에 들어가는 것이 안전하다. 12~25kg 정도의 물건을 반복해서 들어 올려야 하는 경우에는 임신 34주쯤 출산휴가에 들어가는 것이 바람직하다.

의료기관에서 근무하는 직업

의료업에 종사하는 여성은 질병이나 세균과 접촉할 기회가 많으므로 특별한 주의가 필요하다. 방사선은 물론 의료기구 소독에 사용하는 화학물질, 전염병에 걸린 환자로부터의 감염은 태아에게 치명적인 문제를 일으킬 수 있다.

직업상 불가피한 일이지만 직장에 임신 사실을 알리고 보다 안전한 임신 기간을 보낼 수 있도록 배려를 받는 것이 좋다.

solution 의사, 간호사, 수의사 등의 의료업에 종사하는 임신부라면 안전한 일로 업무 내용을 바꿔 달라고 부탁하거나 출산휴가에 들어가는 것이 좋다. 자신이 매일 어떤 해로운 것에 노출되는지 자세히 점검해 보고 담당의사와 상의한다.

물건을 제조하는 직업

물건을 제조하는 업무를 맡고 있다면 알루미늄, 알킬레이트, 비소, 벤젠, 일산화탄소, 염화탄화수소, 디메틸 술폭시드, 에틸렌 산화물, 납, 라듐, 유기 수은 합성물, 폴리 염화 비페닐 등을 다루지는 않는지 살

펴봐야 한다. 이는 임신부의 건강은 물론 태아의 성장·발달에 치명적인 해를 주기 때문이다.

평소 자신이 어떤 화학물질에 노출되고 있는지 살핀 다음 의사에게 조언을 구한다.

solution 유독물질에 노출될 염려가 있거나 직장 환경이 태아 건강에 해롭다면 업무 내용을 바꿔 달라고 부탁하거나, 경제적으로 여건이 허락된다면 일찍 출산휴가에 들어가는 것이 바람직하다.

mom's note

임신 중 직장생활 수칙

★ **성실한 자세로 열심히 일한다**

근무 태도가 방만해도 딩신한 직원이기 때문에 관대하게 봐 줄 것이라 생각하면 오산이다. 임신을 핑계로 지각을 자주 한다든지 근무시간 중 잡담이나 개인적인 일을 본다든지 불성실한 근무 태도를 보여서는 안 된다.

★ **과로는 태아 성장에 지장을 준다**

과로하지 않으려면 일하는 틈틈이 휴식을 취하는 것이 필요하다. 빠른 시간 안에 일을 깔끔하게 처리하고, 남는 시간에 휴식을 갖는다. 짬짬이 등을 편다든지, 다리를 받침대 위에 올려 부기가 생기지 않도록 하고, 간식거리를 준비하여 영양의 밸런스가 깨지지 않게 신경을 쓴다.

★ **여름에는 에어컨 바람에 주의한다**

임신을 하면 임신 전보다 더위를 더 많이 타게 되는데, 그렇다고 에어컨 바람을 직접 쐬는 것은 좋지 않다. 만약 에어컨 바람이 직접 닿는 곳에 책상이 있다면 다른 곳으로 옮길 수 있도록 주위에 도움을 청한다. 또 사무실 내에서 담배 피우는 동료가 있을 때는 실례되지 않게 협조를 구한다. 산소 부족은 태아에게 매우 중요한 영향을 줄 뿐 아니라 담배 연기의 일산화탄소는 태아 발육에 좋지 않다.

★ **영양 균형에 힘쓴다**

임신 중기쯤 되면 태아와 모체에 더 많은 영양분이 필요해지기 때문에 짜임새 있는 영양 섭취에 신경을 쓴다. 비타민, 칼슘, 철분 등 임신부에게 꼭 필요한 영양분을 알아 두고 밸런스가 깨지지 않게 한다.

직장생활을 건강하게 하려면 어떻게 할까?

임신부가 온종일 직장에서 일을 하려면 많은 무리가 따른다. 하지만 원칙을 세우고 실천하면서 즐겁게 일하면 편안하게 직장생활을 할 수 있다.

현명하게 직장생활 하는 법

임신한 몸으로 직장생활을 하려면 임신 전보다 몇 배로 힘이 든다. 임신 중 건강하고 편안한 직장생활을 하려면 철저한 계획과 원칙이 필요하다. 다음을 참고로 자신에게 맞는 계획을 세운다.

가벼운 옷을 겹쳐 입는다

임신을 하면 체온 변화가 심해지므로 입고 벗기 쉬운 얇은 옷을 준비한다.

임신부용 팬티스타킹을 신는다

장시간 서 있어야 할 경우 다리에 무리가 가서 정맥류를 유발할 수 있다. 그러므로 정맥류를 예방하는 데 도움이 되는 임신부용 고탄력 팬티스타킹을 착용하도록 한다.

수시로 자세를 바꾼다

시간이 날 때마다 자주 자세를 바꿔 주면 혈액순환에 도움이 될 뿐 아니라 임신 중 흔히 나타나는 통증도 예방할 수 있다. 또한 책상 밑에 낮은 의자나 테이블을 갖다 놓고 일을 하면 발이 편안해 부종을 막을 수 있다.

낮고 편안한 구두를 신는다

발이 꽉 끼는 하이힐은 허리나 발에 무리를 주므로 피한다.

물을 많이 마신다

회사에 정수기가 설치되어 있다면 상관없지만 만약 없다면 큰 물병을 준비해 곁에 두고 수시로 수분을 섭취하도록 한다.

규칙적인 식사를 한다

밖에서 사먹는 음식이 걱정스럽다면 집에서 도시락을 싸온다. 식사는 가능한 제 시간에 한다.

충분한 휴식을 취한다

충분한 휴식은 태아 건강에도 좋고 일의 능률도 높여 준다. 임신 초기와 후기에는 피로해지기 쉬우므로 자주 휴식을 취한다. 또한 평소 긴장을 완화하는 습관을 길러 스트레스를 해소한다. 뱃속 아기에게 스트레스 호르몬은 해롭다.

출산휴가는 어떻게 정할까?

출산휴가는 업무 내용에 맞춰 미리 계획을 짠다. 출산휴가 시기는 언제로 잡을 것인지, 휴가 기간 업무 처리는 어떻게 할 것인지 등 구체적으로 계획을 세운다.

출산휴가 제도를 파악한다

출산휴가는 출산을 앞둔 여성근로자에게 출산 전후를 통틀어 90일간의 보호휴가를 주는 것으로, 임금상실 없이 휴식을 보장받도록 하는 제도다. 출산휴가 시기는 본인 의사에 따라 결정할 수 있지만 산후에 최소한 45일 이상은 쉴 수 있도록 규정돼 있다. 따라서 만약 출산이 예정보다 늦어져 산전휴가가 45일을 초과한 경우에도 산후 45일 이상 휴가 기간을 보장받을 수 있다.

출산휴가 시기를 정한다

출산휴가 시기는 개인마다 다를 수 있다. 무거운 물건을 나르거나 육체적으로 힘든 일을 하는 사람은 좀 더 빨리 출산휴가에 들어가는 것이 좋다. 하지만 비교적 스트레스를 덜 받는 가벼운 업무를 한다면 출산 예정일 직전까지 근무해도 좋다. 출산휴가 시기는 자신의 여건이나 처한 상황에 따라 결정하는 것이 좋다.

임신 과정이 순조롭고 몸에 이상이 없다면 예정일 일주일 전 후가에 들어가는 것도 좋은 방법이다. 출산 직전 휴가를 내면 출산 후 아이와 함께 보낼 수 있는 시간이 많아진다. 하지만 출산 준비가 미비하거나 조산, 신체에 무리가 갈 때는 예정일 한 달 전부터 휴가에 들어간다.

출산휴가 준비를 한다

출산휴가 일정은 사전에 공지해야 한다. 먼저, 직속상관에게 출산휴가 시기를 알리고, 출산 후 직장생활을 계속할지 여부 등에 대해 이야기한다. 그런 다음 동료들과 출산 스케줄을 참고하여 업무를 조정한다. 그리고 출산휴가 기간 자신이 하던 일을 맡아서 할 후임자가 정해지면 업무 사항을 넘겨 준다.

mom's note

출산휴가 중 급여

출산휴가 기간 중 최초 2개월분의 급여는 회사가, 나머지 1개월분의 급여는 고용보험에서 지급하는데, 우선 지원 대상 기업(고용보험법 시행령 제15조)의 근로자는 3개월간의 급여 전체를 고용보험에서 지급, 일하는 엄마들이 불이익을 받지 않도록 하고 있다. 출산휴가에 대한 더 많은 정보는 고용보험(www.ei.go.kr)이나 노동부 홈페이지 (www.molab.go.kr)에서 확인할 수 있다.

6

생명의 탄생, 출산

분만 예정일이 다가오면 기다리던 아기를 볼 수 있다는 기대감과
분만에 대한 막연한 불안과 두려움으로 임신부의 마음은
복잡해진다. 진통과 분만 과정은 어떤지, 분만 절차는
어떻게 이루어지는지, 분만 중 일어날 일들에
대해서도 알아 둔다.
입원 물품을 챙기고 출산계획서도 작성해 보며차근차근 분만
준비를 해 나간다. 진통은 어떻게 나타나며 분만은 어떤 절차와
과정을 통해 이루어지는지 알아 둔다. 이 외에 라마즈 분만,
르바이예 분만, 브래들리 분만 등 여러 가지 분만법에 대해서도
미리 체크해 두자.

1. 맞춤 분만

분만교실을 정하기 전에 무엇을 알아 둘까?

분만교실에 참여하면 분만 준비를 훨씬 수월하게 할 수 있다. 분관교실에 따라 교육하는 분만법이 다를 수 있으므로 먼저 분만법을 정한 다음 분만교실을 선택하는 것이 좋다.

분만교실 선택하기

아기는 모체의 준비 상황과 관계없이 산도를 따라 내려온다. 이때 모체가 분만 준비를 마치고 마음의 준비가 되어 있으면 분만이 훨씬 수월해진다.

병원이나 각종 기관에서 운영하는 분만교실을 이용하면 출산 준비에 도움을 받을 수 있다. 분만교실에 따라 출산을 대하는 시각이나 권하는 분만법이 다를 수 있으므로 상세히 알아보고 자신에게 맞는 교육기관을 선택한다. 이때 남편과 상의하여 결정하는 것이 좋다.

분만교실의 역할

분만교실은 임신부가 진통과 분만을 수월하게 준비할 수 있도록 돕는다.

분만교실에 참가하면 임신이 심신에 어떤 변화를 가져오는지, 여러 가지 신체 트러블에 어떻게 대처하는지, 진통이 올 때는 어떻게 조치를 취해야 하는지 등 임신과 출산에 대한 정보를 배울 수 있다.

또한 분만교실은 임신, 출산, 육아 등으로 이어지는 공통의 관심사를 가진 새로운 친구를 사귈 수 있는 사교의 장이기도 하다. 실제로 같은 분만교실에 참가했던 사람들끼리 초보부모 모임을 만들어 만남을 이어가는 경우도 많다.

그 외에도 모유 수유, 신생아 관리, 산후 생활 등 앞으로 다가올 문제에 대해 생각할 기회를 제공한다.

🌸 분만교실 참여 시기

개인의 여건이나 상황에 따라 참여 시기가 조금씩 다를 수 있지만 28~32주에 시작하는 것이 이상적이다.

너무 빨리 교육을 받으면 막상 진통과 출산을 할 때 긴장 이완법이나 호흡법 등이 생각나지 않을 수 있다. 반대로, 너무 늦게 교육을 받으면 교육 과정을 완전히 익히기도 전에 출산해야 하는 경우가 생긴다. 되도록 임신 37주경에 수강이 끝나도록 일정을 잡는 것이 바람직하다.

🌸 분만교실 고를 때 알아둘 점

분만교실을 고를 때는 먼저 강사의 자격을 살펴보는 것이 좋다. 강사는 임신과 출산에 필요한 훈련 경험이 풍부하고 출산 경험이 있어 임신부의 마음을 잘 헤아릴 수 있는 사람이 좋다. 또한 선호하는 분만 방법이나 절차에 대한 지식이 많고 진통 중에 필요한 조언을 해줄 수 있는 사람을 택한다.

분만교실 환경이나 그룹규모, 그룹구성원, 지역, 참가비용, 참가 시간 등도 꼼꼼히 따져보고 선택하는 것이 중요하다. 실내는 쾌적한지, 참가 인원은 5~10명 정도

로 적당한지, 초산부나 경산부 참가 비율은 어떠한지, 비용이 너무 비싸진 않은지, 집에서 거리는 어떠한지 등을 알아본 다음 여러 분만교실을 비교하여 자신에게 가장 적합한 곳을 택한다.

🌸 분만교실의 교육 내용

- 임신 후 신체 변화
- 태아 관리를 위한 기본 수칙
- 출산 장소에 따른 장점과 단점
- 출산을 앞둔 임신부의 심리적 변화
- 질식 분만과 제왕절개 분만의 특징
- 진통 중의 긴장 이완법과 호흡법
- 출산 후 산후조리
- 모유 수유 요령
- 신생아 돌보기 요령

🌸 대표적인 분만교실

분만교실은 자연 분만을 목적으로 운영되는 것이 특징으로, 편안하고 안전한 출산을 목적으로 한다. 대표적으로 라마즈 분만교실, 브래들리 분만교실, 르바이예 분만교실, 소프롤로지 분만교실 등이 있다.

출산 장소는 어디가 좋을까?

진통이 오면 당황하지 말고 자궁 수축 간격을 체크하면서 병원 갈 때를 기다린다.

분만이 가능한 장소는 크게 집과 병원, 조산원으로 나눈다. 집이든 병원이든 조산원이든 나름의 장점과 단점이 있다.

출산 장소를 택할 때는 남편과 의논하여 무엇보다 마음 편하게 출산할 수 있는 곳을 선택한다. 평소 염두에 둔 출산 장소가 있으면 미리 방문하여 어떤 식으로 분만이 이루어지는지 확인하는 것이 좋다.

가정 분만

임신부들 가운데는 집에서 분만하고 싶어 하는 경우도 있다. 집에서 분만할 경우 의학적 개입 없이 자신에게 익숙한 집에서 가족들의 응원을 받으며 자신의 의지대로 분만할 수 있어 더 편안할 수도 있다. 하지만 집에서 분만하려면 몇 가지 조건이 충족돼야 한다.

가정 분만은 분만 중 문제가 생길 가능성이 거의 없는 정상적인 임신부만 가능하다. 또한 가족 중에 면허를 가진 산부인과 의사가 있거나 경험 많은 조산사 등 분만을 도와줄 사람이 있어야 한다. 그렇지 않으면 분만 중 예기치 못한 위급 상황이 발생했을 때 위험하다.

집에서 꼭 분만을 원한다면 긴급 상황이 발생했을 때 적절한 조치를 취할 수 있도록 근처 병원과 관계가 있는, 면허를 가진 조산사의 도움을 받는 것이 좋다.

가정 분만 시 필요한 용품

집에서 분만할 예정이라면 분만 준비를 철저히 해야 한다. 출산 전후에 필요한 깨끗한 시트를 여러 장 준비하고 매트리스가 젖지 않도록 방수 패드나 방수 시트를 준비한다. 또한 깨끗한 수건과 소독 거즈, 일회용 장갑과 일회용 패드 등도 넉넉히 준비한다.

신생아 탯줄을 막기 위한 집게와 아기의 입과 코에서 점액을 흡입해 낼 주사기, 아기를 따뜻하게 감쌀 담요 등도 준비한다.

병원 분만

첫 아기를 임신한 여성 대부분은 친구나 선배가 추천한 유명 병원을 찾게 된다. 이렇게 많은 임신부가 병원 분만을 선택하는 이유는 임신 중 생길 수 있는 위험이나 출산 중 생길 수 있는 돌발 상황에 대처할 수 있기 때문이다.

병원에서 출산하면 긴급 제왕절개 수술을 받아야 하거나 응급 상황이 발생했을 때 재빠르게 조치를 취할 수 있다. 또한 국소 또는 전신 마취제를 사용할 수 있다. 하지만 절차가 까다롭고 분위기가 편치 않다. 게다가 비용도 많이 든다. 이는 첨단 기술이 요구되지 않는 자연 분만을 하더라도 첨단 기술 비용을 치러야 하기 때문이다.

🦋 병원 분만 과정

① 작은 방이나 칸막이가 쳐진 진통실에 들어간다. 좁은 공간에서 초기 진통 단계를 치르게 된다.

② 진통의 과정을 거쳐 자궁경부가 10cm 정도 열리고 질 입구에 아기의 머리가 보이면, 분만실로 이동한다. 여러 가지 수술 장비가 갖춰진 분만실에서 아기를 낳게 된다.

③ 분만 후에는 회복실로 옮겨지는데, 이곳에서 간호사가 한 시간 정도 돌본다. 이때 간호사는 응급처치를 요하는 증세가 나타나지 않는지 주의 깊게 살핀다.

④ 마지막으로 산후 조리실로 이동한다. 이 방은 다른 입원실처럼 침대가 있고 샤워기가 달린 작은 화장실이 딸려 있다.

조산원 분만

병원에서 분만하고 싶진 않지만 가정에서 분만하는 것도 마음이 놓이지 않을 때는 조산원을 이용하기도 한다. 하지만 조산원에서 분만하는 것 역시 별 문제가 없이 순조로운 임신 기간을 보낸 정상 임신부만 가능하다.

조산원은 산전 진찰, 자연 분만, 산후조리까지 관리해 주는 것이 특징으로, 병원보다 훨씬 가정적인 분위기에서 분만이 이루어진다. 또한 병원에 비해 비용도 덜 든다. 하지만 응급 상황 시 의료 시설이 구비되지 않아 고위험 임신부의 경우에는 적합하지 않다.

🦋 조산원 선택 시 알아둘 점

조산원에서 분만하기로 했다면 결정하기 전에 먼저 시설을 둘러보는 것이 좋다. 염두에 둔 조산원은 있는데 직접 방문할 시간이 없다면 조산원에 전화를 걸어 우편으로 정보를 보내 달라고 하는 것도 방법이다.

조산원을 선택할 때는 긴급 상황 시 가까운 병원으로 이동하는 데 시간이 얼마나 걸리는지, 분만을 실제 담당할 조산사는 경험이 많고 친절한지, 집에서 거리는 얼마나 되는지, 편의시설은 잘 되어 있는지, 가족들이 드나드는 데 불편함이 없는지 등을 따져 보고 결정한다.

출산 장소 변경하기

자신이 선택한 출산 장소가 마음에 들지 않거나 왠지 믿음이 가지 않으면 언제든지 변경할 수 있다. 디미 선택한 곳과 새로 선택하려는 곳을 잘 비교해본 다음 결정하도록 한다.

간혹 출산 장소에 대해 부정적인 말을 들었다고 해서 바로 출산 장소를 변경하려는 임신부가 있는데, 똑같은 시설과 서비스를 제공하더라도 임신부마다 평가가 다를 수 있다는 것을 염두에 둔다.

출산 장소를 변경할 대는 각종 시설을 두루 조사한 다음 꼼꼼하게 따져보고 결정한다. 무엇보다 자신이 원하는 분만법을 실시할 수 있는지, 환경은 괜찮은지 살핀 다음 가장 편안하게 출산할 수 있는 곳을 택한다.

여러 가지 자연 분만법에 어떤 것이 있을까?

분만 시 의학적 개입을 최소화하면서 임신부나 태아의 고통을 줄일 수 있는 특별한 자연 분만법이 있다. 자연 분만 방법에는 어떤 것이 있으며 나에게는 어떤 분만법이 적합한지 체크해 보자.

프랑스 의사인 라마즈(Lamaze)가 개발한 출산 방법으로, 남편을 분만 과정에 적극적으로 참여시킨다는 데 큰 의의가 있다. 연상법, 이완법, 호흡법으로 구성되어 있으며, 이 과정을 훈련하고 몸에 익히면 분만 시 두려움이나 고통을 줄일 수 있다.

라마즈 분만 체크 포인트

충분한 연습이 필요하다

라마즈 분만은 스트레스를 줄이는 연상법, 근육의 긴장을 풀어 주는 이완법, 분만 중의 진통을 줄여 주는 호흡법으로 구성된다. 진통이 시작되면 조건반사처럼 이 방법을 실행해야 효과를 볼 수 있으므로 철저하게 몸에 익히는 것이 중요하다. 매일 30분 정도씩 최소한 3개월 정도는 훈련을 해야 분만 시 잊어버리지 않고 실행할 수 있다.

남편이 적극적으로 참여해야 한다

라마즈 분만법의 가장 큰 특징은 출산의 전 과정을 부부가 함께한다는 점이다. 남편이 분만과정에 적극적으로 참여함으로써 아내는 심리적으로 훨씬 안정되고 편안해지며, 남편도 자녀를 맞이하는 설렘과 감동, 아버지로서의 책임감을 더 절실히 느끼게 된다. 라마즈 분만법을 실시하려면 남편도 함께 분만법을 배우고 익혀야 한다. 남편은 평소 익혔던 호흡법이나 근육법을 아내가 할 수 있도록 도와줌으로써 분만의 고통을 덜어 줄 수 있다. 우리나라에서도 현재 여러 병원에서 라마즈 분만을 시행하고 있다. 라마즈 분만법을 배울 수 있는 라마즈 분만교실은 병원 외에 여러 기관이나 단체, 업체, 보건소 등 다양한 곳에서 수시로 열리므로 참고하자.

라마즈 분만 과정

연상법

기분 좋은 상상으로 통증을 줄인다

연상 작용을 이용해 분만의 고통을 줄이는 일종의 정신요법이다.

진통이 올 때 고통을 고스란히 감수하며 힘들어하기보다는 좋았던 순간, 장면, 생각들을 떠올린다. 이렇게 하면 심리적으로 안정될 뿐 아니라 엔도르핀 분비도 늘어나 실제로 통증이 줄어드는 효과가 있다.

쿠션이나 소파를 이용해 가장 편안한 자세를 취한 후 충분한 시간을 가지고 온몸의 근육을 이완하고 머릿속으로 기분 좋은 상황을 그려 본다. 행복했던 순간, 임신한 사실을 확인한 순간의 기쁨, 곧 태어날 아기 용품을 준비하며 즐거워했던 순간 등 어떠한 것이라도 기분이 좋아지는 효과가 있으면 좋은 연상의 소재가 된다.

대다수 임신부들은 가장 효과적인 연상으로 한적한 바닷가에 앉아서 파도를 감상하는 평화로운 광경을 꼽았다. 이 외에 어떠한 상황을 연상해도 평화로운 마음과 즐거운 기분을 유도할 수 있으면 된다.

연상법은 연습이 충분히 되어 있지 않으면 막상 진통이 시작되면 연상이 쉽게 되지 않아 효과를 보지 못하게 된다. 평소에도 연상의 소재를 찾아 충분히 연습하는 것이 중요하다.

🦋 이완법

● 진통시간을 단축한다

자궁문이 열리고 진통이 시작되면 배만 아픈 것이 아니라 온몸의 근육이 긴장하고 경직된다. 이렇게 되면 임신부는 쉽게 지치게 돼 분만이 더욱 힘들어진다.

머리끝에서 발끝까지 온몸의 힘을 빼고 근육을 이완한다. 이완이 잘 되면 자궁문이 빨리 열려 진통 시간이 짧아진다.

▲ 손목 힘 빼기
왼손으로 임신부의 손목을 잡고 오른손으로는 손가락을 받친 다음 손목의 힘이 모두 빠져 있는지 확인한다.

▲ 팔꿈치 힘 빼기
왼손으로 임신부의 팔꿈치 밑을 잡고 오른손으로는 손목을 받치고 위와 아래로 약간 움직여 보면서 근육이 이완되어 있는지 확인한다.

▲ 어깨 힘 빼기
어깨를 관절 방향으로 돌려 보아 어깨에 힘이 들어 있지 않고 편안한 상태인지 확인한다.

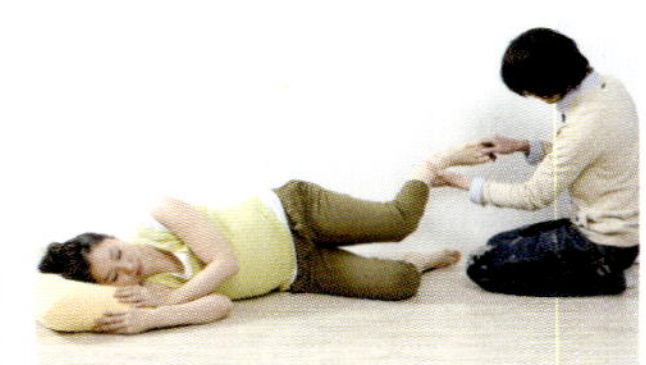

▲ 발목 힘 빼기
왼손으로는 임신부의 발목을 잡고 오른손으로는 발가락 끝을 잡아 발목을 이완한다.

▲ 무릎 힘 빼기
왼손으로 임신부의 허벅지 밑을 받쳐 잡고 오른손으로는 발목 윗부분을 잡아 폈다 구부렸다 하면서 긴장된 무릎을 편안하게 풀어 준다.

▲ 고관절 힘 빼기
임신부의 발을 손으로 받쳐 들고 마치 포물선을 그리듯이 서서히 다리를 움직여 힘이 빠져 있는지 확인한다.

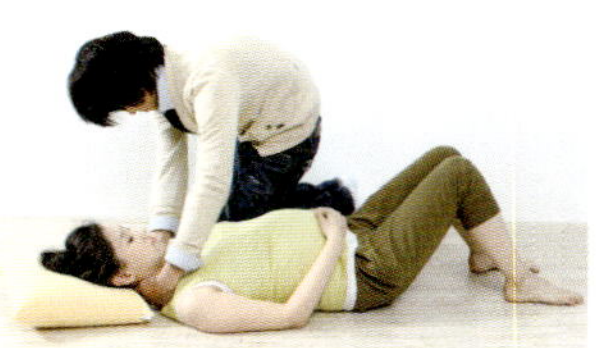

▲ 목 힘 빼기
임신부는 똑바로 누워 있고 남편은 두 손을 깍지 낀 상태로 임신부의 목을 받친 다음 들었다 놓았다 하면서 목의 힘을 뺀다.

라마즈 이완법은 분만 시 통증으로 인한 온몸의 긴장을 풀고 경직된 근육을 편안하게 이완해 진통을 덜어 준다. 전신을 이완하면 릴랙신이라는 일종의 호르몬이 분비되고 그로 인해 이완이 더 촉진된다.

이완이란 머리끝에서 발끝까지 온몸의 힘을 모두 빼서 근육을 이완하는 것이다. 직접 해보면 알 수 있지만 힘을 빼는 것은 힘을 주는 것보다 더 힘들다. 평소 생활을 할 때도 몸을 긴장한 채 지내는 경우가 많으므로 이완 상태는 그만큼 익숙지가 않다. 이완을 통해 통증 감소 효과를 보려면 연습을 반복해서 이완 상태를 몸에 익혀 두어야 한다. 특히 임신 32~34주부터는 꾸준히 연습해 몸을 쉽게 이완할 수 있게 돼야 실제 진통 시 응용할 수 있다.

근육이란 관절을 잇는 기관이므로 근육의 힘을 빼는 이완은 실제 관절의 힘을 뺌으로써 이루어진다. 손목, 발목, 팔꿈치, 어깨, 무릎, 목은 물론이고 특히 자궁과 가까워 특히 진통 시 힘이 가장 많이 들어가는 고관절의 이완

이 중요하다.

임신부 혼자서는 이완이 잘됐는지 알 수 없으므로 남편이 옆에서 체크해 주는 것이 좋다.

호흡법

임신부와 태아에게 산소를 공급한다

일명 '히-히-후' 호흡으로 불리는 이 호흡법은 라마즈 분만의 핵심이라 할 수 있다. 기본적으로 흉식호흡인데 이 호흡을 통해 산소를 충분히 공급하는 것이 목적이다. 산소공급이 충분하면 임신부의 근육 및 체내 조직의 이완을 도와 통증을 줄일 수 있다. 또, 진통에만 쏠려 있던 의식을 호흡에 집중함으로써 통증을 덜어 주는 효과도 있다.

호흡법에는 분만 제1기에 하는 호흡법 3가지와 태아가 만출되는 분만 제2기에 하는 힘주기 호흡법까지 모두 4가지가 있다.

임신부는 진통 중 자궁문이 열린 상태에 맞춰 분만 제1기의 3가지 호흡법을 각각 사용할 수 있다. 각자 편한 대로 한 가지 혹은 두 가지만을 사용해도 된다. 실제 진통을 겪을 때에야 맞는 호흡법이 무엇인지를 알 수 있기 때문에 기본적으로 3가지 모두 연습을 해 놓는 것이 좋다.

분만 제2기의 힘주기 호흡법은 제왕절개를 하지 않는 한 누구에게나 필요하다. 호흡법이라고 이름 붙이기에는 조금 애매한 면도 있으나 역시 호흡을 조절해야 하므로 호흡법으로 분류한다. 분만이

경과됨에 따라 호흡법이 다르므로 분만 과정에 대한 지식을 갖고 있어야 한다.

✸ 준비기 호흡

● 자궁구가 3cm까지 열렸을 때

진통이 시작되면 배를 쓰다듬으며 심호흡을 한 후 느린 흉식 호흡을 한다.

들이쉬고 내쉬는 숨의 길이를 같게 해서 1분에 12회 정도로 천천히 호흡한다. 숨은 코로 들이마시고 입으로 내쉬어야 하며 진통이 잠시 멈추었을 때는 심호흡으로 마무리한다.

✸ 개구기 호흡

● 자궁구가 7~8cm까지 열렸을 때

진통이 시작되면 우선 심호흡을 하고 숨을 들이쉬고 내쉬기를 같은 호흡량으로 하면서 정상 호흡수의 1.5~2배 정도로 빠르고 얕은 흉식 호흡을 한다. 코로 짧게 1초 들이쉬고 다시 입으로 짧게 1초 내쉬는 호흡

으로, 진통이 멈추면 짧게 심호흡을 한다.

✸ 이행기 호흡

● 자궁구가 7~8cm 이상 완전히 열릴 때

호흡의 속도는 개구기 호흡과 같지만 3회에 한 번씩 한숨 쉬는 듯한 호흡을 하면 된다. 일명 '히−히−후' 호흡으로, 소리는 내지 않고 입 모양만 히−히−후로 하면 되는데 이때 세 번째 '후'는 깊이 내쉰다.

✸ 만출기 호흡

● 자궁문이 열리고 아기가 태어나는 순간까지

진통이 시작되면 우선 심호흡을 하듯이 크게 숨을 들이마신 후 입을 다물고 아래로 대변을 보듯 힘을 주면서 그 숨을 못 참을 때까지 속으로 하나에서 열까지 세어 본다. 다시 크게 숨을 들이마신 후 15~20초 정도 숨을 내쉬며 힘주는 과정을 진통이 한 번 올 때마다 3~5회 반복한다.

---

mom's note

출산 통증 덜어주는 발 마사지

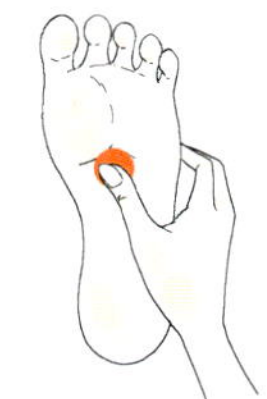 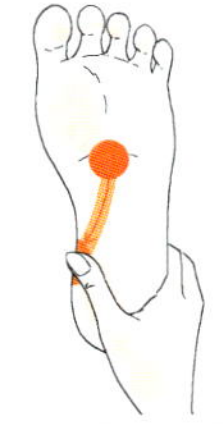 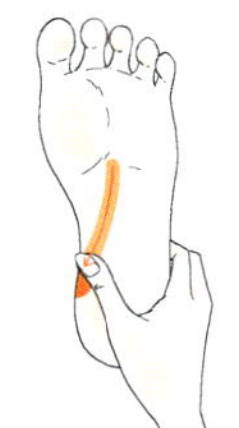 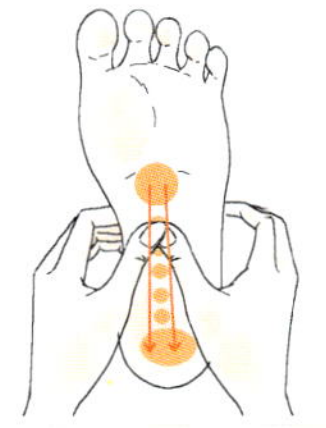 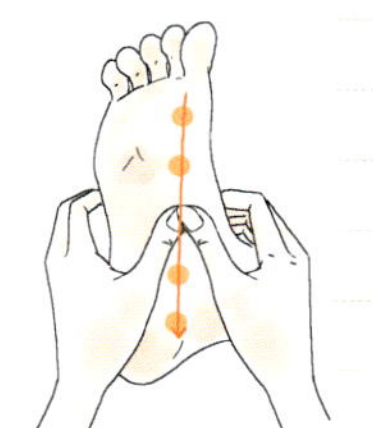 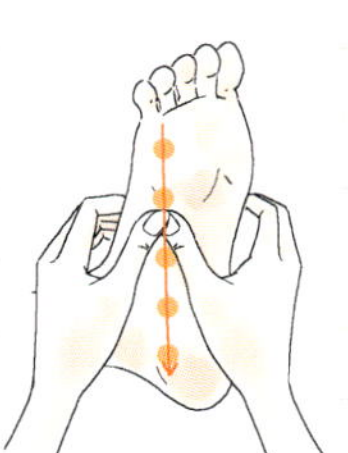

▲ 신장 반사구인 용천을 엄지손가락으로 지그시 10초씩 10회 누른다.

▲ 용천에서 방광 반사구 쪽으로 이어지는 수뇨관 반사구를 엄지손가락으로 미끄러지듯이 10회 문지른다.

▲ 수뇨관 반사구를 문지른 뒤 방광으로 내려와 엄지손가락으로 방광 반사구를 10초씩 10회 눌러 준다.

▲ 용천에서 생식선이 있는 곳까지 일직선으로 점을 찍으며 10초씩 10회 누르고, 양 엄지를 도개어 천천히 쓸어내린다.

▲ 발바닥 내측을 5등분하여 점을 찍으며 10초씩 10회 누른다. 그런 다음 양 엄지손가락을 포개어 점을 따라 천천히 쓸어내린다.

▲ 발바닥의 외측을 5등분하여 점을 찍으며 10초씩 10회 누른다. 그런 다음 양 엄지손가락을 포개어 점을 따라 천천히 쓸어내린다.

자궁문이 완전히 열렸다고 아기가 바로 태어나는 것은 아니다. 이렇게 힘주기를 잘 하여 아기를 밀어내야만 비로소 아기가 탄생할 수 있다. 진통이 있을 때만 효과적으로 아기가 내려올 수 있으므로 진통이 있을 때 힘을 계속 잘 주는 것이 무엇보다 중요하다.

임신 후기에는 앞에서 열거한 호흡법 중 힘주기 호흡법을 제외한 나머지 모든 호흡법을 하루에 20분 정도 매일 연습하는 것이 바람직하다.

라마즈 분만법의 과학적 근거가 조건반사에 있듯이 조건반사가 일어날 정도로 지속적으로 훈련한다. 연습이야말로 성공적으로 진통을 덜 수 있는 지름길이다.

● 분만 제 1기 준비기 호흡

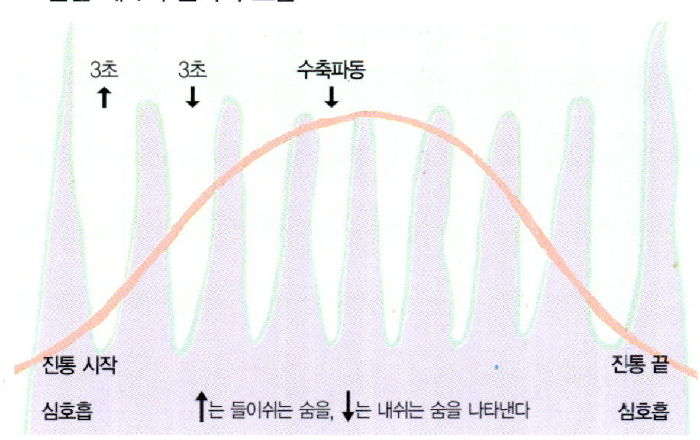

진통이 시작되면 배를 쓰다듬으며 심호흡을 하고 느린 흉식 호흡을 한다. 들이쉬고 내쉬는 숨의 길이를 같게 하면서 1분에 12회 정도 천천히 호흡한다. 숨은 코로 들이마시고 입으로 내쉬어야 하며 진통이 잠시 멈추었을 땐 심호흡으로 마무리한다.

● 분만 제 1기 개구기 호흡

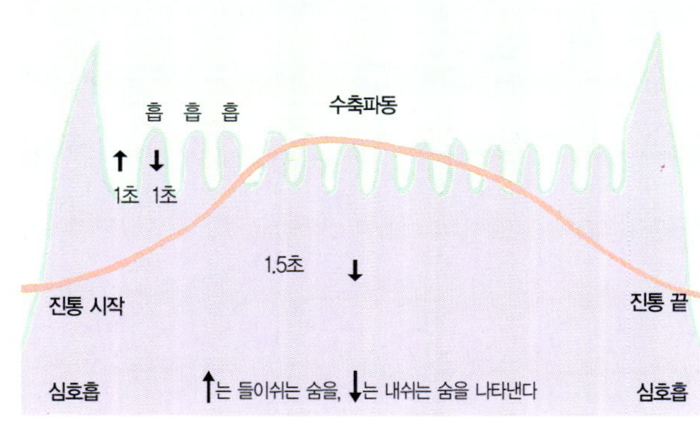

진통이 시작되면 우선 심호흡을 하고 숨을 들이쉬고 내쉬기를 같은 양으로 하면서 정상 호흡수의 1.5~2배 정도 빠르고 얕은 흉식 호흡을 한다. 코로 짧게 1초 들이쉬고 다시 입으로 짧게 1초 내쉬는 호흡이 된다. 진통이 멈추면 짧게 심호흡을 한다.

● 분만 제 1기 이행기 호흡

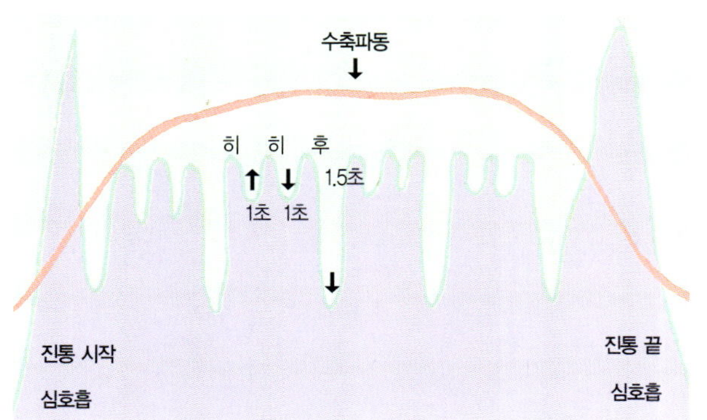

호흡의 속도는 개구기 호흡과 같지만 3회에 한 번씩 한숨 쉬는 듯한 호흡을 하면 된다. 일명 '하-하-후' 호흡, 소리는 내지 않고 입 모양만 하-하-후로 하면 되는데 이때 세 번째 '후'는 깊이 내쉰다.

● 분만 제 2기 만출기 호흡

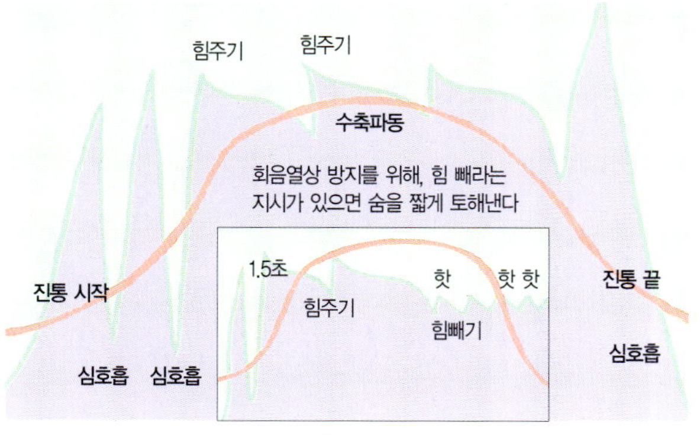

진통이 시작되면 우선 심호흡을 하듯이 크게 숨을 들이마신 후 입을 다물고 아래로 대변을 보듯 힘을 주면서 그 숨을 못 참을 때까지 속으로 하나에서 열까지 세어 본다. 다시 크게 숨을 들이마신 후 15~20초 정도 숨을 내쉬며 힘주는 과정을 한 진통에 3~5회 반복한다.

브래들리 분만법은 수술이나 진통제, 마취 등 인위적인 방법이 아니라 출산 당사자인 임신부와 남편이 임신 기간 동안 여러 가지 훈련과 준비를 통해 출산 시 통증을 스스로 조절할 수 있게 해 통증 없이 출산할 수 있게 해 준다.

출산 시 의학적 개입과 약물 사용을 최소화하는 것을 원칙으로 하는 브래들리 분만법은 임신부가 분만실 침대에 혼자 누워 의료진에게 몸을 내맡긴 채 고통을 감내해야 했던 종래의 분만 환경에 대한 문제의식에서 비롯됐다. 브래들리 분만법은 아기를 잉태한 엄마아빠가 분만의 주체가 되어 출산을 준비하고 즐겁게 출산에 임할 수 있다는 것이 특징이다.

약물사용을 억제하는 자연 분만법

브래들리 분만법은 부부의 자발적인 준비와 노력으로 아름다운 분만을 경험하게 하는 것이 핵심이다. 브래들리 분만법은 임신 기간 동안 좋은 식습관을 가지고 규칙적으로 운동하는 것을 강조한다. 또 분만 시 임신부 스스로 통증을 조절할 수 있는 방법을 훈련하며, 남편 역시 아내를 도울 수 있는 방법을 배우고 훈련해 몸에 익혀 두어야 한다.

이러한 준비와 훈련 덕분에 실제로 미국에서는 브래들리 분만법으로 아기를 낳은 여성의 약 85%가 약을 전혀 쓰지 않고 건강하게 출산을 했다고 한다. 이런 점에서 볼 때 브래들리 분만법은 부부가 주체가 되어 가장 자연스럽고 행복하며 편안한 분위기에서 출산을 경험할 수 있도록 하는 새로운 분만 철학이며 대안적 분만법의 기초라고 할 수 있다.

브래들리 분만 교육 내용

브래들리 분만법 교육기간은 대개 8주에서 12주 정도이다. 분만 시 몸과 마음을 이완하는 방법을 배우고 각 분만 단계별 임신부 몸에서는 어떤 변화가 일어나며 분만은 어떤 과정으로 진행되는지 상세하게 알려준다.

특히, 출산 시 사용되는 약의 종류는 어떤 것이며 불필요한 것은 어떤 것인지, 그리고 제왕절개 수술의 영향과 장단점, 수술을 피할 수 있는 방법과 대안 등 비교적 전문적인 의학 지식까지도 상세하게 알려 줘 출산을 앞둔 부부들이 분만 과정 중의 병원의 처치나 투여하는 약물 등을 스스로 알아서 선택하고 거부할 수 있도록 해 준다. 이 밖에도 모유수유를 강조하는데 특히 출산 후 초유를 반드시 먹일 것을 권하고 있다.

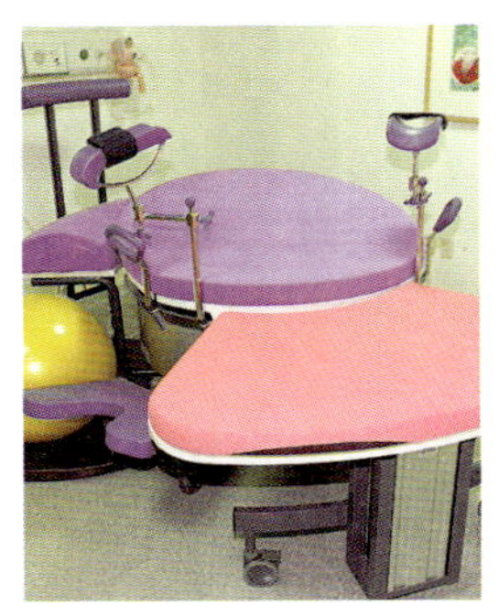
자유로운 분만 자세를 취할 수 있게 만들어진 자유 분만대.

르봐이예 분만법

르봐이예 분만법은 엄마의 자궁을 빠져나와 낯선 세상에 던져진 아기가 터뜨리는 울음소리는 기쁨의 울음소리가 아니라 공포와 스트레스에 의한 것이라는 견해를 바탕으로, 프레드릭 르봐이예 박사가 고안해 낸 것이다.

지금까지의 분만은 임신부의 고통에만 초점을 맞춰 왔을 뿐 태어나는 아기의 고통에 대해선 별다른 관심을 보이지 않은 것이 사실이다. 르봐이예 분만법은 출산 시 임신부의 고통에만 관심을 둘 것이 아니라, 태아를 위한 배려가 필요하다는 생각을 기본으로 만들어진 것이므로 임신부를 위한 분만법이라기보다는 아기를 위한 것이라 할 수 있다. 아기의 시각, 청각, 촉각, 감정은 모두 살아 있으므로 그것을 존중해 주어야 하며, 그러기 위해서는 분만 시 신생아에게 가해지는 자극을 줄여 스트레스를 최소화하자는 의도로 고안된 분만법이다.

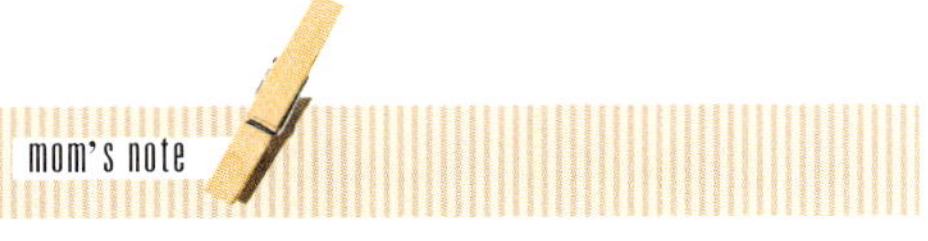

르봐이예 분만 시행 병원

▶ 병 원	▶ 전 화 번 호
동원 산부인과	031-921-1515
차병원	02-3468-3000
그레이스 산부인과	031-901-4000

르봐이예 분만 과정

❶ 조명을 어둡게 한다

임신부와 태아의 건강 상태가 아무 문제가 없다면 누구나 시도해 볼 수 있다. 우선 실내의 모든 불을 은은하게 밝혀서 분만 시 실내를 아늑하게 만든다. 자궁 속 환경과 최대한 비슷하게 만들어 주기 위해서다.

❷ 조용한 분위기를 조성한다

분만 시 참석하는 모든 의사와 간호사들은 소곤소곤 조용히 대화를 나눈다. 가능하면 자궁 속처럼 조용한 분위기를 만들어 준다. 태아의 감각 중 가장 발달한 감각은 청각으로, 자궁 안에서는 조용한 소리만 듣고 있다가 자궁 문을 나서는 순간 큰 소리가 들리면 아기는 스트레스를 받는다.

❸ 출산 직후 엄마 젖을 먹인다

출산 직후 탯줄을 끊기 전에 탯줄이 연결된 상태에서 아기를 엄마 배 위에 올려놓고 엄마 젖을 빨린다. 5분 정도 시간이 흐른 뒤 탯줄의 박동이 그치면 탯줄을 자른다. 이렇게 하면 태어난 아기가 울지도 않고 눈을 뜨고 주변을 살피며, 평온한 숨소리와 표정으로 잠든다.

❹ 아기를 욕조에서 놀게 한다

무중력 상태인 양수 속을 빠져나온 아기가 중력 상태를 견뎌내게 하기 위한 연습으로, 욕조에 물을 담아 아기를 그 속에 담근다. 목까지 잠기면 아기는 편안한 얼굴로 수영하듯 팔다리를 자유롭게 휘젓게 된다. 그럴 때 다시 아기를 밖으로 꺼내면 또다시 울음을 터뜨리는데 그런 다음 다시 아기를 물에 넣어 안정시킨다. 이 동작을 두세 번 반복하면 아기는 중력 상태와 무중력 상태의 차이를 어렴풋이나마 구별할 수 있게 된다.

수중 분만법은 말 그대로 물속에서 아기를 낳는 방법으로, 양수와 같은 밀도와 온도로 물을 맞춘 다음 물속에서 앉은 자세로 분만한다. 수중 분만을 하면 물 자체가 주는 진통 억제 효과로 통증을 덜 느낄 뿐 아니라 남편이 함께 참여하므로 정서 안정에도 효과적이다. 빛과 소리로 인한 자극이 일반 분만보다 적기 때문에 아기 역시 환경 변화에 따른 충격을 적게 받는다.

수중 분만 과정

① 대소변을 미리 보고 샤워한다

본격적인 진통이 시작되면 임신부는 간단한 옷차림을 하고 시스템이 완벽하게 갖추어진 수중 분만 욕조로 들어가 편안한 자세로 진통과 휴식을 번갈아 가며 한다. 욕조에 들어가기 전에 대변과 소변을 미리 본 후, 깨끗하게 샤워해야 한다.

② 욕조에 들어가 분만을 진행한다

소독된 따뜻한 물이 있는 욕조에 들어가, 분만을 진행한다. 분만 시 욕조 물의 온도는 35~37℃를 유지하고 탈수를 막기 위해 수시로 물을 마신다.

회음절개나 진통촉진제 등 약물 투여는 하지 않으며 남편이 계속 아내를 지켜보면서 힘주기를 돕는다.

③ 아기 입 안의 이물질을 제거한다

아기의 청각을 보호하기 위해 분만실 내에서는 모두 조용히 하고 아기의 머리가 나오기 시작하면 가급적 분만실의 조명을 줄여 아기의 시각을 보호한다. 자궁구가

수중 분만 가능 여부 알아보기

★ **수중 분만이 가능한 임신부**
- 임신부가 수중 분만을 하겠다는 의지가 확고한 경우
- 최근 질이나 요로, 피부 감염이 없었던 임신부
- 임신부와 태아의 상태가 최상인 경우
- 분만 담당의사와 충분한 합의가 있는 경우
- 임신부가 분만에 적극적으로 협조할 수 있는 경우

★ **수중 분만이 불가능한 임신부**
- 난산이 예상되는 경우
- 태아가 뱃속에서 태변을 보았을 경우
- 진통제 사용 후 2시간이 지나지 않은 경우
- 양막이 파수된 후 시간이 어느 정도 흘렀을 경우
- 골반에 비해 아기가 너무 클 경우
- 간염 보균자거나 임신중독증인 경우
- 자궁 수축 촉진제를 사용할 경우

열리고 아기가 나오면 의사는 아기 입에 들어 있는 이물질을 없애 준다.

❹ 탯줄은 아빠가 자른다

탯줄은 즉시 자르지 않고 탯줄의 혈행이 멈추기를 기다려, 5분 정도 지난 후에 자른다. 이는 아기가 탯줄에서 폐로 호흡하는 것을 돕는다.

탯줄은 아빠에게 자르게 하며, 태반 배출도 물속에서 이루어진다.

❺ 아기에게 엄마 젖을 먹인다

아기를 엄마의 가슴에 안겨 주어 엄마의 심장 소리를 들려주고 젖을 빨린다. 그리고 37℃의 따뜻한 물에 넣고 아기가 눈을 뜰 때까지 기다린다.

수중 분만의 장점

🌸 분만 자세를 취하기 쉽다

수중 분만은 물속에 잠기는 신체 부분의 부력에 의해, 체중에 의한 중력이 감소한

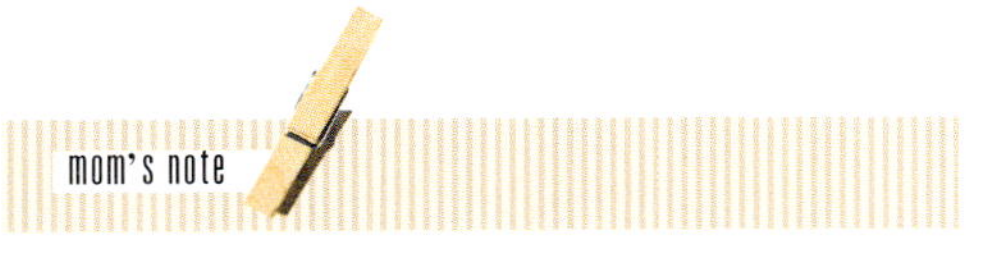

수중 분만 시행 병원

▶ 병 원	▶ 전 화 번 호
미즈 산부인과	053-255-1020
은혜 산부인과	02-353-4307
연세필 산부인과	031-708-0333

다. 따라서 가장 이상적인 분만 자세라 할 수 있는 쪼그린 자세를 취하기가 훨씬 수월하다.

🌸 진통 억제 효과가 있다

물 자체가 가지는 진통 억제 효과를 이용할 수 있어 진통 및 분만 시간을 단축할 수 있다. 또한, 물이 주는 아늑함으로 분만에 대한 두려움과 거부감이 줄어들어 신체가 이완될 뿐만 아니라 정신도 편안해진다.

🌸 자연 분만을 순조롭게 할 수 있다

물속에서는 자궁 입구가 두 배 정도 빨리 이완되며 탄성이 증가해 회음부를 절개하지 않고도 분만할 수 있다. 또한 분만 시 진통을 감소시키기 위한 약물을 투여하지 않아도 된다.

🌸 아기와 신체접촉이 바로 이루어진다

분만 시 엄마의 편안한 정서가 신생아에게 전달되므로 모체와 신생아의 유대감이 증가한다. 게다가 분만 후 엄마와 아기의 신체접촉이 바로 이루어지므로 바로 엄마 젖을 먹일 수 있다. 초유를 먹임으로써 아기의 건강은 물론, 엄마와 아기와의 친밀감을 형성할 수 있다.

🌸 태내 환경과 비슷한 환경을 조성한다

수중 분만으로 태어난 아기는 엄마의 양수에 싸여 있었을 때와 비슷한 환경이라 세상에 적응하기 쉽다.

따뜻한 물속에서 하는 분만은 신생아의 각 장기의 조직화를 촉진한다. 엄마와의 첫 피부접촉도 수분으로 인해 더욱 부드러워지고, 빛과 소리의 자극도 기존의 분만법보다 훨씬 적다.

수중 분만의 단점

❀ 세균 감염이 될 수 있다

수중 분만의 단점은 바로 감염이 올 수 있다는 것이다.

물의 상태가 청결하지 못하거나 엄마가 분만 시 배출하는 이물질들에 의해 태아가 병균에 감염될 위험이 있다. 따라서 양수가 터지거나 물이 오염되면 바로 깨끗한 물로 갈아 줘야 한다.

❀ 비용이 많이 든다

수중 분만용 욕조, 소독 장비, 무균 시스템, 수질 및 온도 관리 등으로 비용이 비싸다. 게다가 아직은 의료보험 등 제도적 뒷받침이 되어 있지 않다.

❀ 위험 발생 시 진단이 늦어질 수 있다

물속이라는 특수 환경 때문에 태아의 심장박동 및 임신부의 자궁 수축 정도를 측정할 수 있는 의료 기기들을 장치하기가 어렵다. 따라서 임신부나 태아의 상태를 지속적으로 체크하기가 어려우므로 위험이 발생했을 때 진단 및 대처가 늦어질 수 있다.

그네 분만법

그네 분만은 임신부가 원하는 자세, 즉 바로 선 자세나 앉은 자세, 쪼그리고 앉은 자세, 무릎을 꿇고 앉은 자세, 웅크리고 앉은 자세, 매달린 자세 등 다양한 자세를 취할 수 있도록 고안된 그네를 이용하여 분만하는 방법이다.

진통이 올 때 특별히 고안된 그네를 이용하여 몸을 자유롭게 움직이거나 흔들어 주면 분만 진행이 순조롭고 진통이 감소할 뿐 아니라 분만 시간도 단축하는 효과를 얻을 수 있다. 우리나라에서는 생소하지만 스위스를 중심으로 유럽 전역에서 수중 분만 방법과 더불어 널리 이용되는 가족 분만 방법의 하나다.

그네 분만대는 충격을 완화할 수 있는 굵은 고리 모양의 철봉어 그네처럼 매달려 있다. 몸의 자세에 따라 의자 모양의 받침대가 변형되는데, 허리가 닿는 부분에는 찜질기구가 있으며, 뒤로 눕거나 의자처럼 앉을 수 있다.

그네 분만 과정

임신부는 분만 대기실에 있다가 강한 진통이 규칙적으로 오면 그네 분만실로 자리를 옮긴다. 분만대에 앉아 있는 자세로 골반을 전후좌우로 흔들어 주면 고통이 분산

▲ 그네 분만대에서는 임신부가 원하는 자세로 진통을 할 수 있으므로 분만 시간과 진통을 줄일 수 있다.

되며, 분만대 조작을 통해 좌식 분만 자세를 취하면 더욱 순조롭기 분만할 수 있다. 의자에 앉아 두 발을 받침대에 디딘 채로 허공에 떠서 앞뒤로 50cm 정도 몸을 흔들다가 마지막에 발을 땅에 대고 쪼그려 앉은 자세에서 아기를 낳을 수 있다.

그네 분만의 장점과 단점

그네 분만대를 이용하면 임신부 스스로 원하는 대로 자세를 조정할 수 있으므로 심신의 안정을 취할 수 있다. 또한 진통 후 바로 분만할 수 있고 분만 시 고통도 줄여 주어 빠르고 쉽게 아기를 낳을 수 있다. 골반도 스스로 벌어지므로 회음부 절개를 줄일 수 있다. 그네 분만의 경우 제왕절개 비율도 떨어진다고 한다. 수중 분만과 마찬가지로 가족들이 분만 과정에 참여할 수 있고 집처럼 편안하고 아늑한 분위기에서 출산할 수 있다.

하지만 국내에서는 아직까지 시행하는 병원이 드물고 그네 분만의 효과에 대한 연구도 부족하며, 의료보험도 적용되지 않는다.

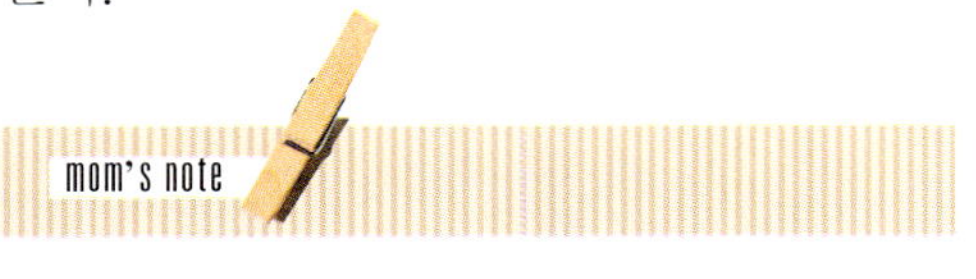

mom's note

그네 분만 시행 병원

▶ 병 원	▶ 전 화 번 호
산본제일병원	031-396-3301
연세필 산부인과	031-708-0333

소프롤로지 분만법은 연상 훈련과 산전 체조, 복식 호흡 등 정신과 육체 훈련을 통해 마음과 신체를 안정시켜 분만의 고통을 줄이는 분만법이다. 서양의 근육 이완법과 동양의 선·요가를 응용한 것으로, 지속적인 연상 과정과 산전 체조, 복식 호흡을 통해 임신부는 근육의 긴장과 이완을 마음대로 유도할 수 있다.

소프롤로지 분만 과정

연상 훈련, 호흡법, 소프롤로지 등 세 가지 훈련을 통해 이루어진다. 연상 훈련은 임신 14주부터 시작하고, 임신 7~8개월이 되면 이완 훈련과 호흡법으로 뒷받침한다.

연상법

잠들기 직전의 상태인 '소프로리미날' 상태로 의식을 이완한 후, 진통 및 분만을 연상하는 훈련을 반복한다. 이러한 훈련을 반복하면 출산의 두려움과 불안을 없애는 동시에 임신부의 자신감을 높여 출산 시 통증을 줄일 수 있다.

이완법

원하는 부위의 긴장과 이완의 감각을 익히는 것으로, 릴랙신과 엔도르핀의 분비가 촉진돼 통증이 가벼워지고 진통 시간이 짧아지는 효과가 있다.

● **책상다리 자세 운동** 대퇴부의 안쪽과 바깥쪽의 근육을 강화해 분만 시 진통 시간을 줄이는 기본자세다.

▶ 소프롤로지 분만의 기본 자세. 책상다리를 하는 것처럼 발바닥을 마주 대고 앉는다.

● **고양이 운동** 분만 만출기에 태아를 밀어내기 위한 연습을 하는 운동. 배에 힘을 줄 때 고개를 숙여 배꼽을 보면서, 등을 둥글게 한 자세로 숨을 내쉬면서 태아를 밀어낸다.

▶ 등을 둥글게 한 자세에서 배꼽을 보듯 고개를 숙여 배에 힘을 준 다음 숨을 내쉬면서 태아를 밀어내는 연습을 한다.

● **케겔 운동** 케겔 운동은 회음부 즉, 질과 항문 부근의 근육을 조였다 풀었다 하는 운동으로, 골반 근육의 수축 능력을 향상시킨다.

● **목과 목덜미 운동** 목과 목덜미의 긴장을 풀어 주고 호흡을 조절해 평온한 상태를 느끼게 한다.

● **이완 상태에서의 긴장 훈련** 진통의 수축기와 이완기의 관계를 이해하는 훈련으로, 분만 시 몸 전체는 이완하고 자궁과 복부 근육만 긴장하게 하는 연습을 한다.

❀ 호흡법

복식 호흡을 기본 호흡법으로 하며, 산소를 체내에 충분히 공급함으로써 근육을 자연스럽게 이완하고, 태아에게 필요한 산소를 원활하게 공급한다.

● **완전 호흡법** 진통 초기의 호흡법으로, 배를 부풀리면서 숨을 들이마신다. 흉부까지 숨이 꽉 들어차도록 부풀리면서 숨을 계속 들이마신 후, 돌 수 있는 한 천천히 숨을 내쉰다.

● **숨을 세차게 내뿜는 흐흡법** 진통 초기 호흡법으로, 촛불을 끌 때 숨을 내뿜는 것같이 길게 내뿜는다.

● **소프롤로지식 호흡법** 자궁문이 열릴 때의 호흡법. 배꼽을 누르듯이 천천히 깊게 숨을 내쉬며, 다시 들이마시고 내쉬기 전에, 잠시 숨을 멈추고 복부 근육을 압박한다. 다시 서서히 깊게 숨을 내쉰다.

● **만출 시의 호흡법** 무조건 힘을 주지 않고 조금씩 숨을 내쉬며, 태아가 밖으로 나오는 것을 돕는 기분으로 한다.

소프롤로지 분만의 장점과 단점

장점

① 기존의 분만 준비 교육에는 없던 연상 훈련이 도입되어 획기적인 근육 이완 효과를 볼 수 있다.

② 분만 전부터 분만 준비 교육을 받으며, 임신 기간 중 계획된 생활로 자율분만을 가능하게 하므로 특수한 장치나 약물 등을 사용할 필요가 없다.

③ 단순히 진통을 극복하기 위한 분만법이 아니라 임신, 출산, 모유수유, 육아로 이어지는 총체적 분만법이다.

④ 동양적인 훈련이 도입되어 있기 때문에 이해하기 쉽고 친숙하게 배울 수 있다.

⑤ 임신부의 모성애를 자극하여 아기에 대한 고마움과 출산에 대한 자신감을 갖게 해 준다.

⑥ 잠들기 직전의 의식 상태에서 자궁 수축과 수축 사이에 충분히 이완하기 때문에 분만 시간이 길어져도 피로감이 적다.

⑦ 요가에서 본뜬 복식 호흡이기 때문에 '가스' 교환율이 좋아져 소프롤로지 분만교육을 받지 않는 산모에 비해 pH가 높게 나타난다.

⑧ 산도가 충분히 이완되므로 태아의 머리가 서서히 산도를 통과할 수 있다.

회음부의 신축성도 좋아져 찢어지는 경우가 적다.

⑨ 통계에 의하면 소프롤로지 분만을 경험한 산모 대부분은 만족감을 느낀 것으로 나타났다. 제왕절개 수술을 한 경우에도 진통을 아기와 함께했다는 긍정적 사고를 하게 되므로 좌절감이 적다.

⑩ 분만 시 진통을 태아가 출생하기 위해 겪는 중요한 작업이라고 생각하고, 분만이란 산모와 태아가 처음으로 하는 공동 작업이라는 것을 깨닫게 해 준다.

단점

동양적 훈련(선, 요가)에 대한 이해가 필요하며, 분만에 참여하는 모든 사람이 소프롤로지의 내용을 충분히 이해하고 있어야 한다. 또한 라마즈 분만법과 마찬가지로 출산하기 몇 개월 전부터 훈련을 해야 하며 아무리 훈련을 잘 받았다 해도 분만 시 침착해야 실시할 수 있다.

우리나라에 소프롤로지 분만법이 도입된 것은 1997년으로 시행 기간이 짧은 편이다. 시행하는 병원이 늘어가는 추세지만 아직 보편화된 것은 아니다.

소프롤로지 분만 시행 병원

▶ 병 원	▶ 전 화 번 호
삼성제일병원	02-2000-7324
그레이스 산부인과	031-901-4000

공 분만은 부드럽고 탄력 있는 공을 이용해 임신부의 몸을 지속적으로 움직이도록 하여 진통을 경감시키고 순산을 유도하는 분만법이다.

일명 '분만 공' 이라고 불리는 공을 이용하여 임신부가 편한 자세 또는 태아가 골반 안에서 하강하고 회전하는 데 유리한 자세를 취하는 것이다. 통증이 감소하고 분만 과정이 수월하지만 아직은 시행하는 곳이 많지 않다는 것이 단점이다.

공 분만의 장점

💐 비교적 즐겁게 분만할 수 있다

공을 이용한 분만은 비용이 저렴하고, 재미있으며 안전하다. 공은 몸통과 회음부의 긴장을 이완하는 데 효과적이다. 공에 몸을 기대고 앞뒤로 또는 옆으로 몸을 흔들면 별로 힘도 들지 않고 몸이 편안해진다. 또한 임신부 몸에 맞게 이용할 수 있으므로 누구나 쉽게 배울 수 있다.

💐 산후 회복에 좋다

회음부에 압력을 주지 않고 출산할 수 있으므로 회복이 빠르다. 또한 엉덩이, 허벅지, 복부 근육의 탄력을 유지할 수 있으므로 분만 후 체형 관리에 유리하다.

💐 역아일 때 분만을 쉽게 해 준다

임신부의 골반 이완과 태아의 하강을 촉진하고, 태아가 거꾸로 돼 있는 경우 태아의 회전을 돕는다. 분만 2기 때 공을 이용해 쪼그리고 앉는 자세를 취하면 골반이 최대로 넓어져 출산할 때 진통이 덜하다.

분만 공을 이용한 운동 효과

💐 임신 초기

몸의 중심 변화를 향상시켜 좋은 자세를 만들고 허리 통증을 예방한다.

💐 임신 중기

복부 근육을 원활하게 사용할 수 있으며 골반의 움직임을 돕는다.

💐 임신 후기

다리와 횡격막 근육을 안정시키는 데 도움이 된다.

분만 공을 이용한 진통 자세

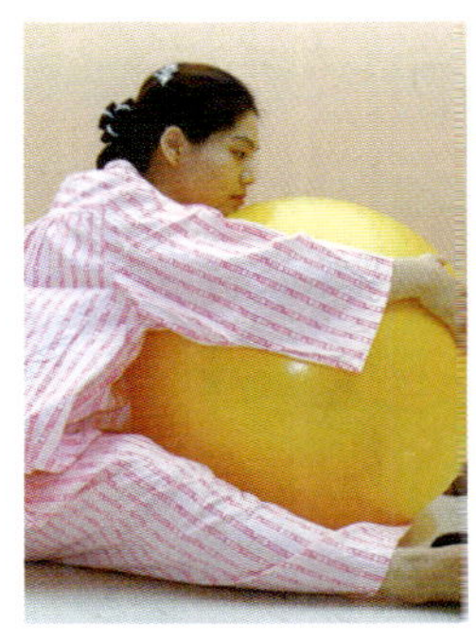 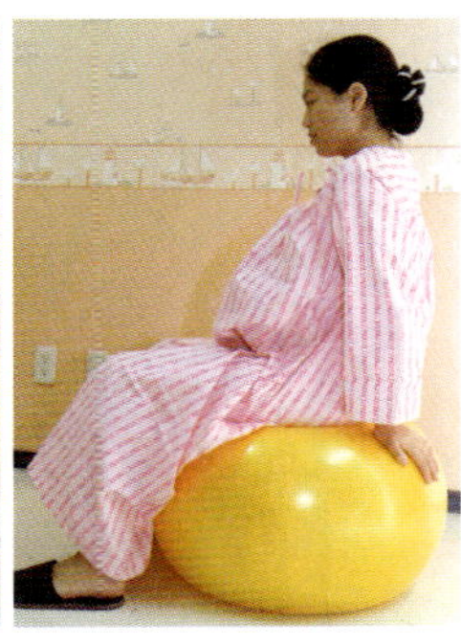 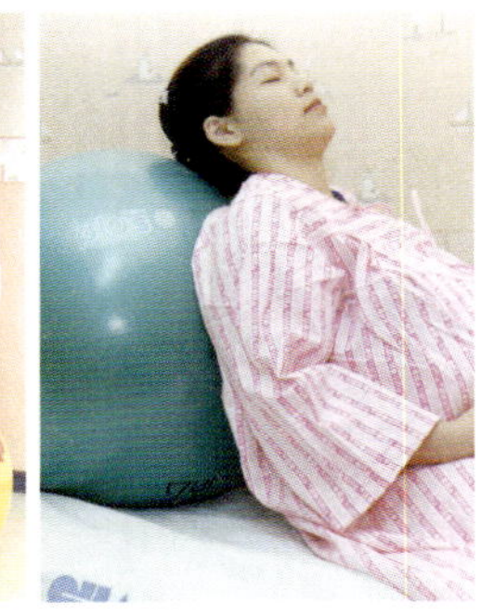

▲ 다리를 벌리고 앉은 자세에서 공을 끌어안는다. 얼굴은 공 위에 편안하게 걸친다.

▲ 공 위에 편안한 자세로 걸터앉는다. 진통이 심할 때 공에서 떨어지지 않게 주의한다.

▲ 공이 움직이지 않게 침대 머리나 벽에 붙인 후 등을 기대고 편안한 자세로 앉는다.

아로마 분만법

아로마 분만법은 두 가지 이상의 오일을 이용하여 마사지함으로써 분만에서 오는 스트레스를 해소하고, 육체적·정신적 안정을 취할 수 있게 해 주는 분만법이다.

지속적인 오일 마사지를 통해 자궁 근육의 긴장은 강화하고, 정서적 긴장은 이완해 출산의 고통을 줄일 뿐 아니라 분만 시간도 줄여 준다.

아로마 분만이 좋은 이유

남편이 마사지해 줌으로써 정신적 이완 효과를 높일 수 있다. 분만 전부터 남편과 함께 연습하다 보면 부부간의 애정도 더욱 돈독해진다. 합병증 없이, 원하는 시기에, 원하는 모든 임신부에게 보편적으로 시행할 수 있는 부작용 없는 자연 보완요법이라 할 수 있다.

분만을 돕는 아로마 오일

임신부의 자궁 수축을 돕는 로즈메리, 재스민, 라벤더, 클라리세이지 등 아로마 오일 2~3가지를 적당한 비율로 섞어 사용하면 하나를 사용하는 것보다 더 큰 효과를 기대할 수 있다. 오일을 선택할 때는 오일의 효과뿐 아니라 임신부가 좋아하는 향을 사용한다. 분만 후에는 몸속에 남아 있는 노폐물의 배출을 위해 미온수를 많이 마시고 충분한 휴식을 취한다.

🌸 아로마 테라피 사용 방법

● **발향 기기를 이용한다** 분무기를 이용해 아로마 오일과 물을 희석해 뿌리거나 아로마 발향 기기를 이용한다. 긴장 완화 효과는 물론, 분만실의 항균·살균 효과도 볼 수 있다.

● **마사지를 한다** 허리 아래쪽 엉덩이뼈 부분, 척추 부위, 복부, 종아리 쪽에서 복사뼈 안쪽 부위 등을 오일로 부드럽게 마사지한다. 아로마 오일을 손바닥에 덜어 피부에 마사지하는 방법으로 정신적·육체적 이완 효과를 높인다. 분만실에 들어간 순간부터 시행할 수 있다.

● **습포를 한다** 거즈나 헝겊에 적당량의 오일을 덜어 복부나 허리에 덮어 준다.

산후조리 효과를 높여 주는 아로마 마사지

분만 후 산후조리 시에도 아로마 오일을 이용해 마사지하면 큰 효과를 볼 수 있다. 아로마 오일로 복부를 마사지하면 자궁 수축을 도울 수 있고, 아로마 오일로 회음 절개 부위를 관리하면 상처를 더 빨리 아물게 해 준다.

유방 울혈을 관리할 때는 젖 분비를 촉진하거나 멎게 하는 오일, 혹은 유방에 탄력을 주는 오일을 이용한다. 산전과 산후 튼살 관리나 비만, 부종에도 아로마 오일을 이용하면 좋다.

무통 분만법

　무통 분만은 통증 없이 자연 분만을 하는 것으로, 요추 사이의 경막에 마취제를 투여하여 출산 시 오는 통증을 못 느끼게 한다.

　이때, 지각 신경만 마비될 뿐 다른 신경은 그대로 남아 있어 자연 분만이 가능하다. 경막 외 마취를 하면 통증 없이 자연 분만을 할 수 있을 뿐 아니라 마취를 통해 근육이 이완되고 자궁경관이 부드러워져 분만 시간이 절반으로 단축된다.

경락 분만법

　인체의 생명 에너지의 흐름을 '기'라고 하며 '기'가 흐르는 길을 '경락'이라 한다. 경락 분만은 기가 흐르는 길인 경락을 손가락으로 자극해, 기의 흐름을 원활하게 함으로써 통증을 줄이는 분만법이다.

　특히 임신 후기에 발목 근처 '삼음교'에 지압을 하거나 마사지하면 분만 과정이 빠르게 진행되고 진정과 진통 효과가 있는 것으로 알려져 있다.

　분만 중에 발생하는 통증을 해소하기 위해 연상법, 이완법, 호흡법을 병용하기도 한다. 단, 전문의의 지도가 필요하다.

가족 분만법

　임신부의 남편과 가족들이 분만 과정에 참여해 고통과 기쁨을 함께 나누는 분만법이다. 물론 진통은 임신부의 몫이지만 가족이 함께 임신부의 고통을 분담하려는 노력을 보임으로써 임신부가 위로를 받을 수 있다. 가족의 위로와 격려 속에서 분만을 하면 출산에 대한 두려움을 덜 수 있고 정서적으로도 안정된다. 또한 가족 구성원 간의 유대감도 커진다.

기태교 분만법

　적당한 심신훈련을 통해 임신부의 몸을 튼튼하게 하고, 정신력을 길러 출산의 고통을 견딜 수 있게 하는 방법이다.

　기태교 분만법은 효과적인 기체조와 명상 등으로 심신을 다스리는 훈련을 통해 순조로운 출산을 돕는 분만법으로 산후까지 지속할 수 있다. 임신부에게 흔한 요통이나 부종, 비만을 예방할 수 있을 뿐 아니라 신체적, 정신적 안정을 유지할 수 있어 아기의 정서 발달에도 도움이 된다.

분만 중에 어떤 일이 일어날까?

임신부와 태아의 상태에 따라 분만 중 다양한 상황이 전개될 수 있다. 자연 분만이 순조롭게 이루어질 수도 있고, 무통 분만 혹은 제왕절개가 필요할 수도 있다.

실제 분만 과정에서 발생할 수 있는 여러 가지 상황에 대해 알아 두면 선택이 필요한 순간에 지혜롭게 대처할 수 있다.

분만 중 일어날 수 있는 일

분만 방법은 임신부가 선택하는 것이 기본이지만 이상 증세로 비정상적인 진통을 할 경우에는 각종 기기를 이용하여 적절한 조치를 취해야 하므로 의사의 결정을 따라야 할 경우도 있다.

임신부가 꼭 자연 분만을 하겠다는 의지를 보이면 의료진도 그 뜻을 최대한 존중하고 반영한다. 하지만 임신부나 태아의

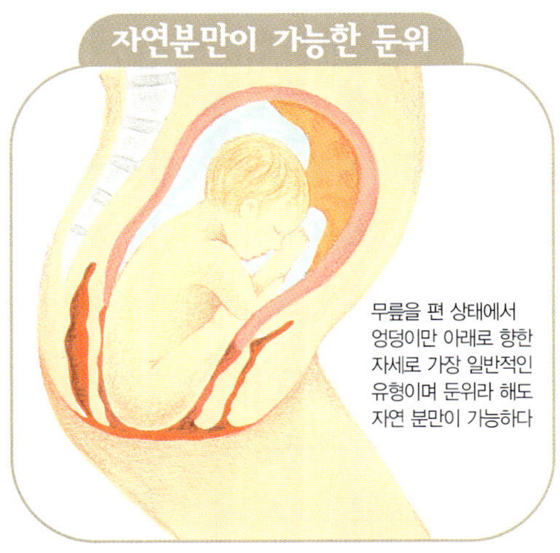

무릎을 편 상태에서 엉덩이만 아래로 향한 자세로 가장 일반적인 유형이며 둔위라 해도 자연 분만이 가능하다

안전을 고려해 무통 분만이나 제왕절개 수술이 불가피할 때도 있다. 어떤 방법이든 안전한 출산이 최우선 목표다.

자연 분만

자연 분만이란 될 수 있는 한 인위적인 절차를 거치지 않고 출산하는 것으로, 강력한 진통제나 정맥주사를 사용하지 않고 출산하는 것을 원칙으로 한다.

대개 분만에 대비해 사전 훈련을 받은 임신부가 자연 분만을 선택하며, 자연 분만을 원한다고 해서 누구나 할 수 있는 것은 아니다. 자궁 수축이 정상적으로 이루어지고 있으며 분만 경과가 원활하게 진행될 때, 태아의 심음이 정상일 때 가능하다.

진통이 시작되기도 전에 피가 섞인 끈적끈적한 점액이 나오거나 따뜻하면서도 물 같은 액체가 흘러나오면 자연 분만이 어려울 수 있다. 자칫 양막이 파열되었을 수도 있기 때문이다.

진통과 분만 중 일어나는 일을 미리 예측하기는 어렵다. 하지만 어떤 일이 일어나더라도 받아들일 수 있는 마음의 준비는 필요하다. 분만이 계획대로 되지 않더라도 실망하거나 자책할 필요는 없다. 다만, 자연 분만이 원활하게 진행될 수 있도록 분만 예정일 전부터 준비하는 것이 좋다.

무통 분만

무통 분만은 의식은 그대로 남긴 채 통증만 완화하거나 완전히 제거하여 자연 분만이 가능하도록 하는 것으로, 일반적으로 임신부의 요구에 따라 진행된다. 따라서 무통 분만을 원한다면 여러 가지 약물 요법에 대한 정보를 미리 알아 두는 것이 좋다.

무통 분만은 의사의 진료 경험과 전문 지식을 바탕으로 진통제, 진정제, 마취제 중에서 임신부의 상태에 가장 알맞은 것을 선택하여 진행되는데, 자궁 문이 어느 정도 벌어진 상태에서 마취하는 것이 보통이다. 따라서 마취 이전에는 다른 임신부와 마찬가지로 통증을 느낀다. 하지만 마취 이후에는 통증을 느낄 수 없다.

무통 분만은 출산 시 진통 시간을 단축하고 체력 소모가 적다는 장점이 있지만 아기에게는 추천할 방법이 못 되므로 신중히 생각하고 결정하는 것이 좋다.

🌸 무통 분만 시 사용하는 약물

● **진통제** 분만 중에 진통이 너무 심하면 진통 완화제를 주입한다. 정맥주사를 통해 주입하면 진통제가 천천히 몸속으로 들어가는데, 진통제가 태아에게 미치는 영향은 사용 시간과 사용량에 따라 다르다.

간혹 진통제로 인해 호흡 장애를 일으켜 산소호흡기가 필요한 아기도 있는데 이런 부작용은 시간이 지나면 곧 사라진다.

● **부분마취** 분만 중 고통을 다스리는 한 방법으로, 경막 외 마취가 있다. 경막 외 마취는 등 뒤에 척추, 즉 경막 외 공간에 마취제를 주입함으로써 진통 억제 효과를 볼 수 있다. 경막 외 마취는 진통을 줄인다는 점에서는 매우 효과적이지만 자궁 수축을 약화시켜 분만 2기를 상당히 지연시킬 수 있다.

이 밖에도 분만 조전 회음부를 절개할 때 부분마취제를 사용하기도 한다.

● **전신마취** 전신마취를 하면 진통과 분만 중 완전히 의식을 잃어 분만의 고통을 피할 수 있다. 하지만 요즘에는 꼭 필요한 경우를 제외하고는 의식을 완전히 마비시키는 전신마취는 잘 하지 않는다. 이는 마취제가 태반을 통해 아기의 순환계에 들어가 아기가 지친 상태에서 태어날 수 있기 때문이다. 또한 전신마취를 하면 질 분만 시 힘을 줄 수 없으므로 겸자 분만을 해야 한다. 게다가 출산 직후 아기를 볼 수 없다.

전신마취가 필요한 경우

● 과거에 허리 수술을 받은 적이 있거나 디스크에 걸린 경험이 있을 경우
● 임신부가 혈액 응고 장애가 있거나 혈소판 수가 적을 경우
● 모체의 뱃속에서 태아가 심하게 고통 받고 있어서 긴급히 분만해야 할 경우. 이런 경우 국소마취를 하면 시간이 오래 걸리므로 전신마취를 한다.
● 아기가 거꾸로 자세를 잡고 있을 경우
● 제왕절개 수술을 급히 해야 할 경우

제왕절개 수술

임신부의 복부와 자궁을 절개해 아기를 분만하는 방법으로, 질 분만을 할 수 없거나 질 분만이 모체나 아기의 안전을 위협할 때 제왕절개 수술을 한다.

실제로 제왕절개 수술로 태어난 아기들 가운데 상당수는 질식 분만을 했다면 생존하지 못했을 것이다.

제왕절개 수술이 장점만 있는 것은 아니다. 모체나 아기에게 합병증이 나타날 위험이 있고 수술 시 출혈이 많으며 마취의 위험도 크다. 또한 입원 기간이나 회복하는 데 걸리는 시간도 비교적 길며 병원비도 더 많이 든다. 간혹 진통에 대한 두려움 때문에 제왕절개 수술을 원하는 임신부가 있는데 이는 그다지 현명한 선택이 아니다. 의사의 판단에 따라 제왕절개 수술이 불가피한 경우에만 선택하는 것이 바람직하다.

제왕절개 수술이 필요한 경우

- **아기가 4.5kg이 넘은 경우** 아기의 몸무게가 4.5kg이 넘으면 분만 중 모체와 아기가 다치기 쉽다.

- **진통이 오는데도 아기가 내려오지 않는 경우** 진통이 와도 자궁경부가 더 이상 열리지 않고 아기가 산도로 내려오지 않으면 출산이 어렵다. 이럴 때 의사는 아기의 안전을 위해 제왕절개 수술을 결정할 수 있다.

- **조산의 경우** 임신 35주 이전에 출생하게 된 아기는 대개 위치를 정상적으로 잡지 못하고 거꾸로 있기 쉽다. 이럴 때는 의사가 아기와 모체의 안전을 위해 제왕절개 수술을 하게 된다.

- **아기의 위치가 잘못된 경우** 아기의 머리가 질을 향해 있지 않고 아기의 발이나 엉덩이가 밑으로 향해 있거나 잘못된 태형이나 태위일 때 난산이 될 우려가 있으므로 제왕절개 수술로 분만을 한다.

- **임신부가 병이 있는 경우** 임신 전부터 지병을 앓고 있는 경우, 임신 중독증 같은 임신 합병증, 자궁근종, 난소 종양 등이 있는 경우, 35세 이상의 고령 임신인 경우는 제왕절개 수술로 분만을 하는 것이 안전하다.

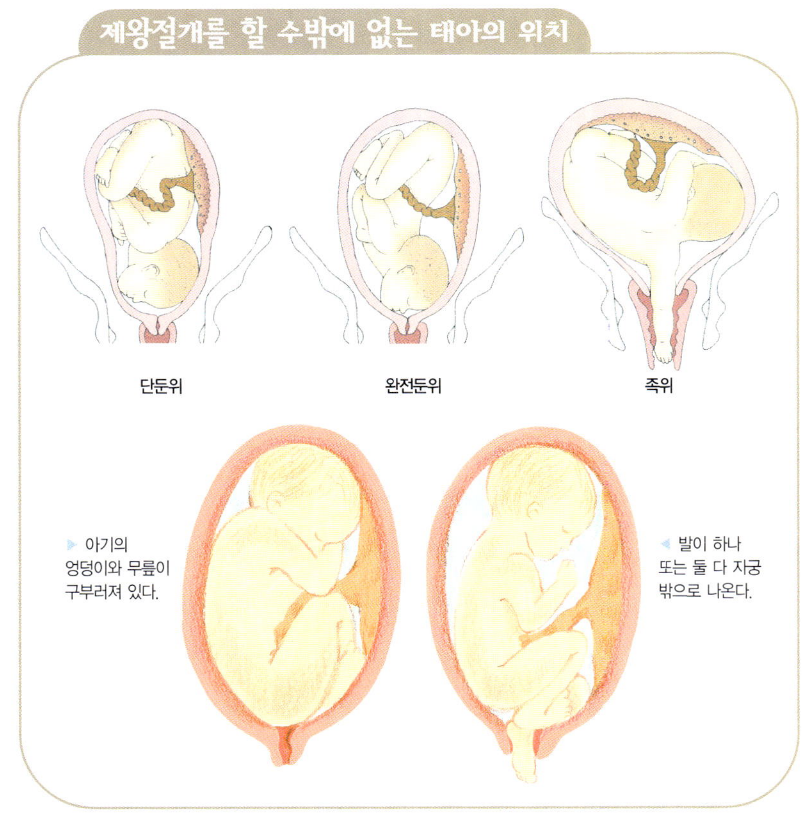

역아 분만

뱃속 아기의 머리가 모체의 질을 향해 있는 것이 아니라 거꾸로 아기의 엉덩이나 다리가 아래로 내려와 있는 것을 역아라 한다.
역아를 가진 임신부는 의사와 많은 대화를 나누고 분만 방법을 결정하되, 의사의 판단을 믿고 따른다.

★ 역아

태아의 머리가 모체의 질을 향해 있는 것이 아니라 태아의 엉덩이나 다리가 질을 향해 있는 것을 '역아'라고 한다.

임신 초기에는 자궁 내 여유 공간이 많아 거꾸로 있는 아기가 흔하지만 임신 32~36주가 되면 대부분 머리를 아래에 두고 자세를 유지한다.

일반적으로 전체 임신부 중 3~4%의 아기가 자세를 거꾸로 하고 세상에 나온다.

★ 역아 확인

분만일이 다가오면 태아가 엄마 뱃속에서 올바르게 자리를 잡았는지 확인한다. 역아는 분만 과정에서 문제를 일으킬 수 있기 때문이다.

보통 임신 9개월이면 태아의 위치를 알 수 있는데, 진료 경험이 풍부한 의사는 촉진으로 아기의 위치를 파악할 수 있다. 태동의 위치를 살펴봐도 역아를 진단할 수 있다. 역아일 경우 대개 치골 가까운 곳에서 통증이 느껴지기 때문이다. 초음파 검사를 하거나 심박동 소리를 들어보는 것도 역아를 진단하는 한 방법이다.

★ 역아일 경우 분만

태아의 위치는 임신 32~36주가 되면 대개 출산 때까지 유지할 자세를 잡지만, 역아라도 출산 직전 머리를 아래로 둔 정상 자세로 돌아갈 수 있다.

하지만 분만이 가까워질수록 위치를 바꿀 가능성은 희박하다. 만약 예정일이 되어도 아기가 제자리로 돌아오지 않으면, 의사는 자신의 경험과 신념에 따라 자연 분만을 할지 제왕절개 수술을 할지 결정할 것이다.

역아일 때 위치를 바로잡는 운동

● 흉슬위 자세

무릎을 어깨너비만큼 벌리고 엎드린 후 무릎이 직각이 되게 구부리면서 엉덩이를 들고 가슴을 바닥에 닿게 한다.

● 브리지 자세

베개나 방석을 쌓고 그 위에 허리를 댄 채 똑바로 눕고서 어깨와 발바닥은 바닥에 붙이고 무릎을 세운다. 이 자세를 매일 아침저녁으로 10분씩 하면 좋다. 그러나 너무 힘들거나 배가 당기면 잠시 중단한다.

분만 과정

진통은 어떤 것일까?

출산은 자궁경부가 10cm까지 열려야 가능하다. 이는 신비롭고 경이로운 과정으로, 진통과 함께 나타난다.

진통의 여러 가지 종류

진통은 예비진통, 가진통, 진짜진통으로 나뉘는데, 이 3단계의 진통 과정을 거치면서 자궁경부가 조금씩 확장된다.

예비진통

진통에 들어갈 준비가 되었다는 신호로, 태아의 머리가 골반으로 내려가면서 하강감이 느껴진다. 간혹 자궁 수축이 일어나고 질 분비물이 늘어나며 갈색이나 피가 섞인 점액질이 나올 수 있다.

가진통

가진통은 보통 진짜진통이 시작되기 전에 일어나는데 자궁 수축이 불규칙적인 간격으로 일어난다. 가진통은 아무리 오랜 시간 지속해도 자궁경부가 이완되지 않는다. 자세를 바꾸면 자궁 수축이 중단되기도 하고 허리가 아프다기보다는 배가 아프다.

진짜진통

월경통과 비슷한 느낌으로 시작되는데, 주로 등 아래쪽에서 시작해 하복부로 통증이 이동한다. 처음에는 30분 정도 간격을 두고 통증이 있다가 점점 간격이 짧아지고, 진통 시간은 더 길어지며, 통증은 더 심해진다. 허리가 아프고 골반 전체에 통증이 나타나며 양수가 먼저 터질 수 있다.

진통은 어떻게 진행될까?

출산 과정에서 나타나는 진통은 임신부에게 평생 잊을 수 없는 기억을 가져다준다. 언제 진통과 분만 과정을 겪게 될지 모르지만 진통과 분만의 단계는 거의 비슷하다. 진짜진통의 단계를 알면 분만하는 데 생기는 걱정과 두려움이 줄어든다.

1단계

진통 초기에는 변비에 걸린 듯한 느낌이 들기도 하고 생리통 비슷한 통증이 느껴지기도 한다. 이 때문에 자신이 진통하고 있다는 사실조차 느끼지 못할 수 있다. 이 시기 통증은 허리에서 시작해 서서히 배 쪽으로 이동하는 것이 특징으로, 이런 불쾌한 느낌은 예리한 통증으로 바뀌면서 점점 규칙적으로 강하게 나타난다.

대개 자궁 수축으로 인한 첫 통증에서 출산 준비를 위해 심한 통증이 느껴지기까지를 진통 1단계라고 하는데, 이 단계는 생각보다 오래 지속될 수 있으므로 상태를 잘 살펴 공연히 서둘러 병원에 갔다가 집으로 되돌아오는 일이 없도록 한다.

진통 1단계에서 나타나는 징후
- 자궁경부가 열리면서 피와 함께 점액질이 나온다.
- 양수가 누출된다. 양수가 터지면 질에서 양수가 계속 흘러내린다. 이렇게 되면 태아가 세균에 감염될 우려가 높으므로 질 주변을 깨끗이 유지해야 한다. 양수가 터지면 24~48시간 내에 분만을 해야 한다.

진통 1단계는 임신부에 따라 몇 시간 내에 끝날 수도 있고 며칠을 계속할 수도 있다. 그러므로 처음부터 힘을 빼지 않도록 한다. 자궁구가 완전히 열리려면 시간이 필요하므로 처음부터 호흡운동을 무리하게 시도할 필요는 없다. 그렇게 되면 정작 호흡 운동이 필요할 때 지치기 쉽다. 진통 단계에서는 마음을 가라앉히고 2단계에

자궁 수축 타이밍

한 시간 동안 자궁이 수축할 때마다 시작되는 시간과 끝나는 시간을 체크하면서 자궁이 수축하는 시간을 잰다. 자궁 수축은 점차 횟수가 잦고 강도가 세져야 하며 최소한 40초 동안 지속해야 한다. 다음 표는 분만 초기 자궁 수축 간격을 보여 준다.

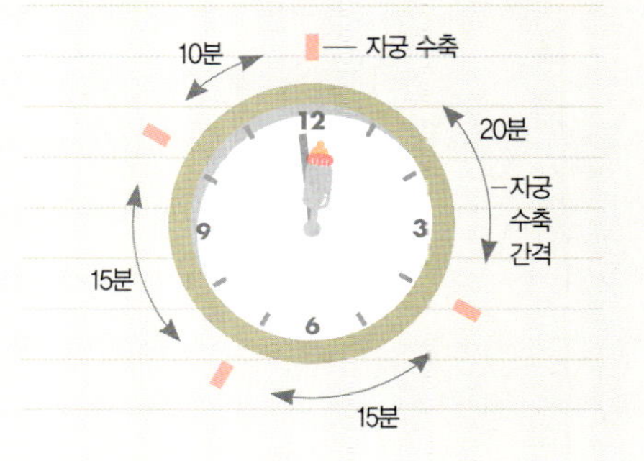

대비하는 것이 바람직하다.

진통 1단계가 하염없이 길어지면 배가 고픈 것이 문제다. 이때는 마음을 편히 갖고 소화기에 부담을 주지 않는 가벼운 식사를 하거나 탈수현상이 일어나지 않게 물과 주스를 충분히 마신다.

자궁이 1시간에 5분 간격으로 수축하면 진통 1단계가 끝나는 것이므로 의사에게 연락하고 병원에 갈 준비를 한다.

병원에 갈 때는 몸을 깨끗이 하고 화장을 하지 않는 것이 좋다. 지니고 있던 액세서리도 빼는 것이 좋다. 미리 준비해 두었던 가방도 잊지 않고 챙긴다.

2단계

진통 제2단계가 시작되면 분만을 위해 즉시 병원으로 향한다. 대개 경산부는 초산부보다 분만과정이 좀더 빨리 진행되므로 병원에도 더 빨리 가야할 갈 수 있다. 이 단계에서는 힘주기를 제때 해야 한다. 분만 2기의 진통은 1~2분 간격으로 60~

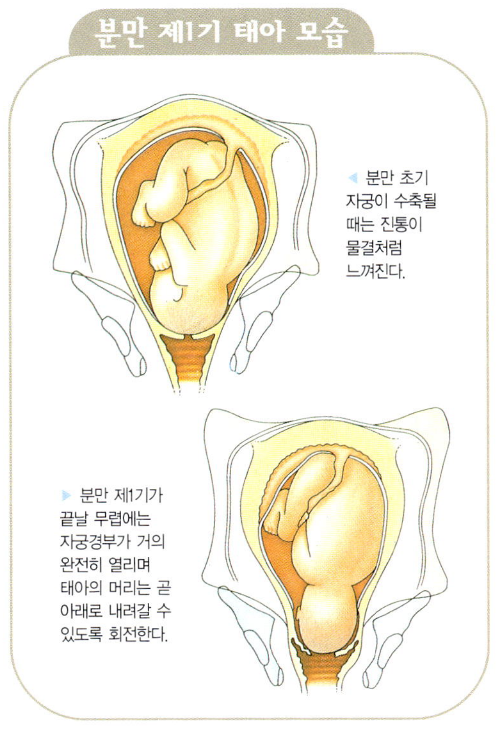

90초 동안 지속된다. 이때 통증은 말을 할 수도 없을 정도로 심하다.

진통 제2단계에서는 어떤 음식물도 먹어서는 안 된다. 위 속에 음식물이 있으면 마취를 하게 될 경우 구토가 일어나 분만을 어렵게 할 수 있다.

호흡도 불규칙하고 더 얕아지는데, 평소 분만 교육을 받은 사람은 호흡 운동과 이완 운동을 시작한다. 호흡 운동과 이완 운동은 고통을 완화하고 이기는 데 효과적이다. 하지만 호흡 운동을 한다고 해서 고통이 완전히 사라지는 것은 아니므로 너무 기대하지는 말자. 자궁경부가 10cm 정도 열리고 아기가 산도로 내려오려면 고통이 따르는 것은 당연하다.

🌸 진통 2단계 시 병원에서 하는 조치

● 진통이 진행되는 동안 정기적으로 체온, 혈압, 맥박을 측정한다.
● 진통이 얼마나 진행되었는지 자궁경부를 체크한다.
● 태아 심박동 모니터를 한다. 이것은 태아의 심박수와 모체의 자궁 수축 간격과 지속 시간을 알려 준다.

🌸 진통 중 의사에게 당부할 일

출산계획서에 적어 놓은 자신의 분만 계획을 의사에게 알린다. 하지만 출산 계획서에 너무 얽매일 필요는 없다. 진짜 진통이 시작되기 전까지는 분만 중 일어나는 일을 예측하기 어렵기 때문이다.

출산 계획서를 작성할 때는 자연 분만을 원했지만 예상치 못한 문제가 생겼을 경우 분만계획을 바꿀 수 있다.

병원에 도착하면 간호사가 임신부와 태아의 상태를 확인하고 분만할 때가 되었으면 임신부의 몸무게, 맥박수, 혈압, 뱃속 아기의 심박동수와 자세, 임신부의 자궁 수축, 자궁경부의 확장 정도를 점검하며 소변검사와 혈액 검사도 한다. 분만이 진전되면 임신부는 병실로 가서 가운으로 갈아입고 음모를 깎게 되는데 요즘에는 그 절차 없이 분만하는 병원이 많다.

음모 면도를 원치 않을 때는 출산계획서를 작성할 때 의사와 이 문제에 대해 미리 상의하는 것이 좋다. 그런 다음 진통실로 들어갈 때 의사와 상의한 내용을 간호사에게 이야기한다.

진통 제2단계는 진틍이 참을 수 없을 만큼 심하므로 무엇보다 가장 편안한 자세를 취하기 위해 노력해야 한다. 반드시 누워 있어야 할 필요는 없으며 분만을 도울 수 있도록 걷거나 순산을 위한 자세를 취하는 것이 좋다.

🌸 진통 시 고통을 덜어주는 자세

● 허리 통증이 심할 때는 무릎과 두 팔을 바닥에 대고 엎드린다.
● 일어서서 천천히 걸어 다니면 태아의 회전과 하강을 유도할 수 있다. 단, 피곤하지 않을 정도로 적당히 걷는다.
● 옆으로 누워 휴식을 취한다. 등의 통증을 줄일 수 있고 무게가 고르게 분산된다.
● 흔들의자에 기대어 앉으면 흔드는 동작으로 인해 분만이 촉진될 수 있다.
● 남편에게 기대어 서 있거나 침대에 무릎을 구부리고 앉아 남편에게 온몸을 기댄다. 요통은 완화하고 마사지하기에 좋은 자세다.

진통 2단계는 강렬해진 진통이 1~2분 간격으로 보통 4~6시간 지속되는데, 진통을 이겨내면서 몸을 충분히 이완해야 자궁경부가 잘 열린다. 자궁경부가 완전히 열리면 아기를 밀어내고 싶은 강한 충동을 받게 된다. 이때 처음부터 너무 무리하게 힘을 주지 않는다.

아기를 산도로 밀어내려고 처음부터 너무 무리하게 질 근육에 힘을 주면 임신부가 쉽게 피로해질 뿐 아니라 호흡이 중단되어 아기에게 산소를 충분히 공급하지 못할 수 있다. 이는 모체의 혈압에도 영향을 줄 수 있으므로 의사나 간호사의 지시에 따라 힘을 준다.

힘을 줄 때는 우선 숨을 충분히 들이마신 다음 숨을 거의 뱉어낸 상태에서 그대로 멈춘다. 이어서 숨을 멈춘 상태에서 그대로 힘을 준다. 힘들게 변을 본다고 생각하고 항문 쪽에 힘을 주어 아기를 밀어낸다.

분만실로 향하는 시점

본격적인 자궁 수축으로 자궁경부는 완전히 열린다. 그럼 밀어내고 싶은 충동이 생기는데, 이때가 되면 분만실로 이동하게 된다. 그럼 의사가 도착해 임신부의 상태를 점검하고 자궁 수축이 일어날 때 힘을 줄 것을 지시한다. 이렇게 힘을 주는 단계는 몇 분에서 몇 시간이 걸릴 수도 있다.

진통의 강도가 절정에 이르고 아기가 서서히 선회하면서 산도를 빠져나오기 시작하면 회음절개를 한다. 회음절개는 대개 질에서 직장 쪽으로 절개하는데, 모든 의사가 회음절개를 하는 것은 아니다. 회음절개는 항문과 질 사이의 회음부를 절개해 외과적으로 질을 확대하는 것으로, 흔히 난산을 해결하기 위해 시술한다. 회음부를 절개하지 않으면 그 부위가 불규칙하게 찢어져 골반 근육을 다치는 등 심한 상처를 입을 수 있기 때문이다. 이제 몇 번만 더 힘을 주면 아기가 태어난다.

아기가 빨리 산도로 내려오지 않는 경우

회음부 절개를 하고 힘을 줬는데도 출산이 순조롭게 진행되지 않으면 보조도구를 사용한다. 진통이 길어지면 자칫 아기의 생명이 위태로워질 수 있기 때문이다. 이때는 겸자나 진공 흡입기 같은 보조도구를 사용해서 아기를 출산시킨다.

겸자라는 기구는 금속으로 만들어져 있으며 가위 모양을 하고 있다. 이 겸자를 임신부의 질 속에 넣어 아기의 머리를 잡아 끌어내는 것이 겸자분만으로, 아기가 산도에 머무는 시간이 길어질 때 시행하게 된다. 진공 흡입기 분만은 컵 모양의 흡입기를 아기의 머리에 밀착시켜 아기를 잡아당기는 방법으로 겸자 분만에 비해 다소 시간은 걸리지만 비교적 안전하다. 전체 질 분만의 10%에서 이런 보조도구가 사용되고 있다.

겸자 분만이나 흡입 분만 모두 자궁구가 완전히 열리고 아기의 머리가 골반 아래에 있을 때 사용하며, 아기를 신속히 꺼내야 하는 상황에서 이루어진다.

🌼 유도 분만이 필요한 경우

적정한 시기에 진통이 와 분만이 순조롭게 이루어지면 좋겠지만 때로는 의도적으로 분만을 유도해야 할 때도 있다.

유도 분만은 보통 분만예정일에서 2주 이상 지나도 진통이 없을 때나 모체의 Rh 인자와 아기의 Rh 인자가 맞지 않을 때 필요하다.

또 태아의 위치가 거꾸로 된 둔위 임신일 때, 임신부가 고혈압·당뇨병·신장 질환이 있을 때 유도 분만을 실시한다.

유도 분만은 옥시토신이라는 의약품을 팔목이나 팔 중앙 안쪽의 정맥에 삽입하여 인위적으로 자궁 수축을 유도하는 것으로, 분만 과정을 촉진한다. 옥시토신은 임신 중 뇌하수체에서 자연적으로 생산되는 호르몬으로 분만이 순조롭게 이루어지지 않으면 인공적으로 합성한 호르몬을 투여한다. 옥시토신이 섞인 무균 용액을 주입하면 자궁경부가 얇아지면서 확장되기 시작하고 자궁이 수축해 진통 과정이 빨라진다.

🌸 진통 2단계 종료

진통 2단계가 끝날 구렵이면 아기는 선회하면서 산도를 빠져나와 질 입구를 밀고 세상에 태어난다. 엄마의 몸 밖으로 빠져나온 아기는 곧 울음을 터뜨린다.

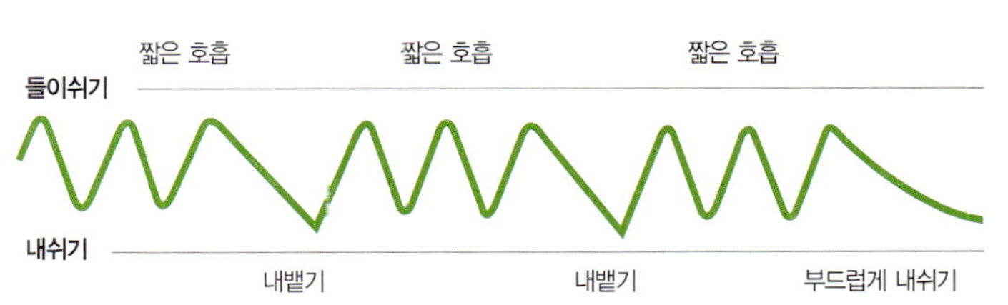

분만 욕구를 너무 일찍 느끼는 경우 가쁘게 숨을 들이쉬고 내뱉기를 두 번 한 다음 길게 숨을 내쉬면서 속으로 "들이쉬고, 들이쉬고, 내쉬고"라고 말한다. 분만 욕구가 약해지면 천천히 고르게 숨을 내쉰다.

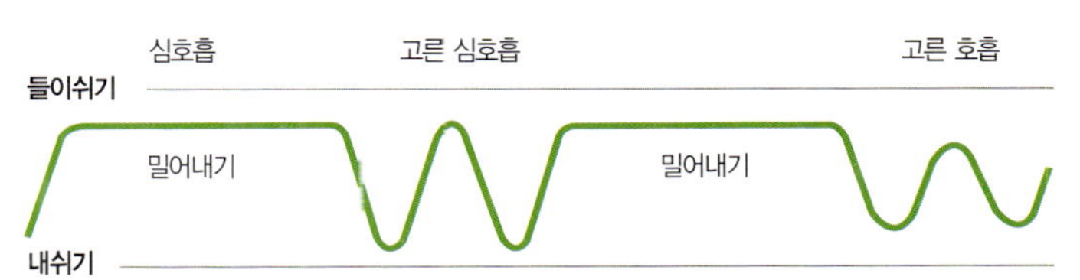

분만 욕구를 느낀다면(자궁이 수축하는 동안 분만 욕구를 느낄 수 있다), 심호흡을 하고 이 상태에서 잠깐 숨을 멈춘다. 이 호흡이 분만을 촉진하면 신체의 움직임에 따르는 것이 좋다. 태아를 밀어내는 중간 중간 차분하게 몇 번 심호흡한다. 자궁 수축이 약해지면 천천히 긴장을 푼다.

진통이 올 때 쉬는 자세

▲ 자궁이 수축하기 시작하면 하고 있던 일을 중단하고 쉰다. 두 다리를 벌리고 의자에 걸터앉아 팔 위에 머리를 얹고 편한 자세를 취하거나 선 자세에서 벽에 기대 쉬어도 좋다.

▶ 자궁이 처음 수축할 때 등 아래쪽을 눌러 주면 좋다. 천골 부위에 두 손을 포갠 후 벽에 기대어 선다.

▶ 진통이 오면 너무 당황하지 말고 엎드려 쉰다. 진통이 온다고 해서 곧바로 분만이 시작되는 것이 아니므로 잠시 어딘가에 엎드려 진통이 가라앉기를 기다린다.

분만을 돕는 마사지

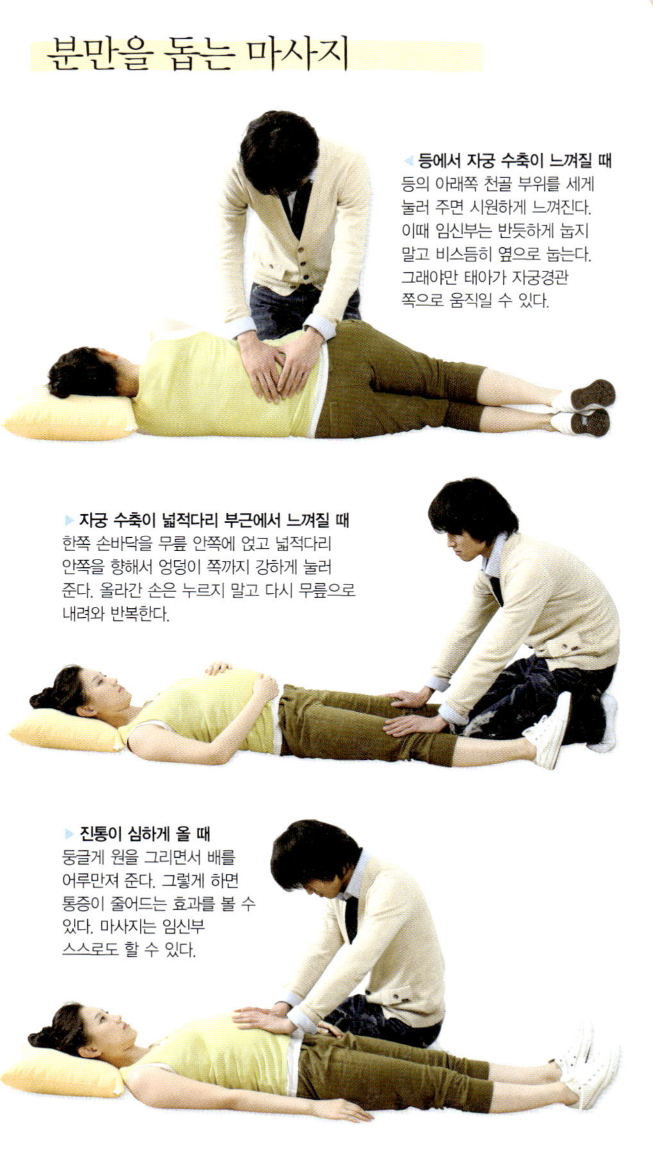

◀ 등에서 자궁 수축이 느껴질 때
등의 아래쪽 천골 부위를 세게 눌러 주면 시원하게 느껴진다. 이때 임신부는 반듯하게 눕지 말고 비스듬히 옆으로 눕는다. 그래야만 태아가 자궁경관 쪽으로 움직일 수 있다.

▶ 자궁 수축이 넓적다리 부근에서 느껴질 때
한쪽 손바닥을 무릎 안쪽에 얹고 넓적다리 안쪽을 향해서 엉덩이 쪽까지 강하게 눌러 준다. 올라간 손은 누르지 말고 다시 무릎으로 내려와 반복한다.

▶ 진통이 심하게 올 때
둥글게 원을 그리면서 배를 어루만져 준다. 그렇게 하면 통증이 줄어드는 효과를 볼 수 있다. 마사지는 임신부 스스로도 할 수 있다.

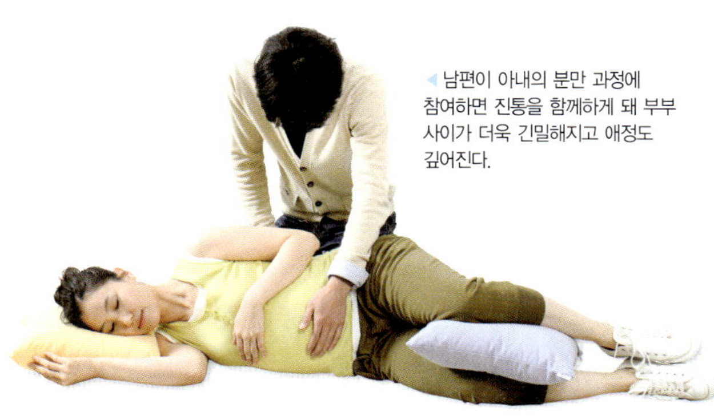

◀ 남편이 아내의 분만 과정에 참여하면 진통을 함께하게 돼 부부 사이가 더욱 긴밀해지고 애정도 깊어진다.

▲ 무릎과 두 팔로 몸을 지탱하고 엉금엉금 기는 자세를 취한다.

◀ 서 있는 자세는 태아가 산도로 내려오는 데 도움이 되는 자세이므로 방 안에서 서서히 걷는다.

▶ 남편에게 몸을 기대고 안정을 취한다.

▶ 흔들의자에 앉아 리듬감 있게 몸을 흔든다.

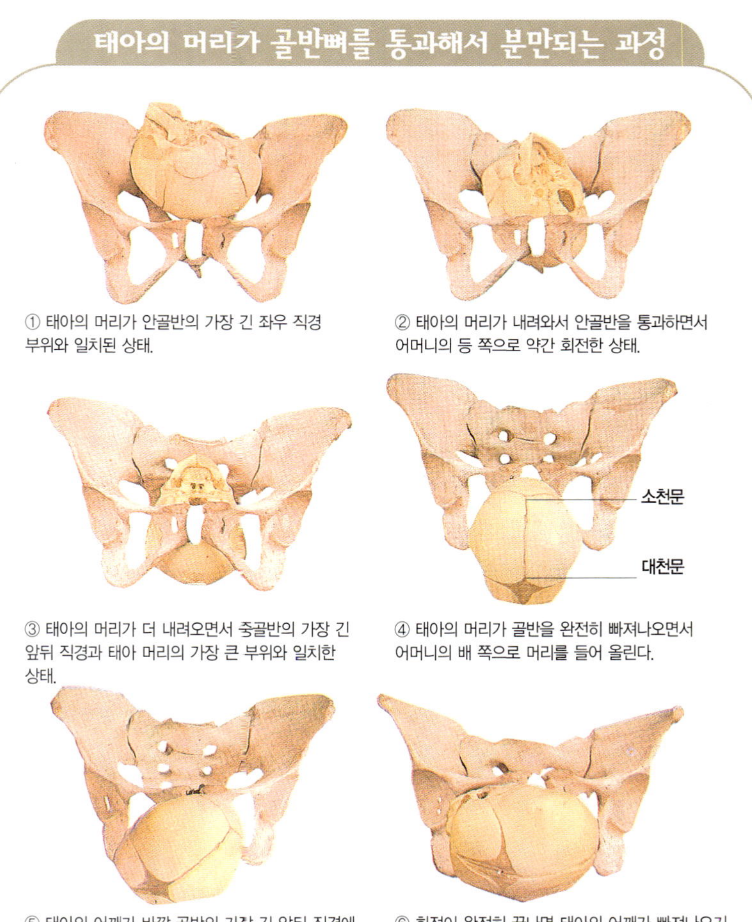

① 태아의 머리가 안골반의 가장 긴 좌우 직경 부위와 일치된 상태.

② 태아의 머리가 내려와서 안골반을 통과하면서 어머니의 등 쪽으로 약간 회전한 상태.

③ 태아의 머리가 더 내려오면서 중골반의 가장 긴 앞뒤 직경과 태아 머리의 가장 큰 부위와 일치한 상태.

④ 태아의 머리가 골반을 완전히 빠져나오면서 어머니의 배 쪽으로 머리를 들어 올린다.

소천문

대천문

⑤ 태아의 어깨가 바깥 골반의 가장 긴 앞뒤 직경에 일치하기 위해서 태아 스스로 회전한다.

⑥ 회전이 완전히 끝나면 태아의 어깨가 빠져나오기 시작한다.

태아 심음 모니터

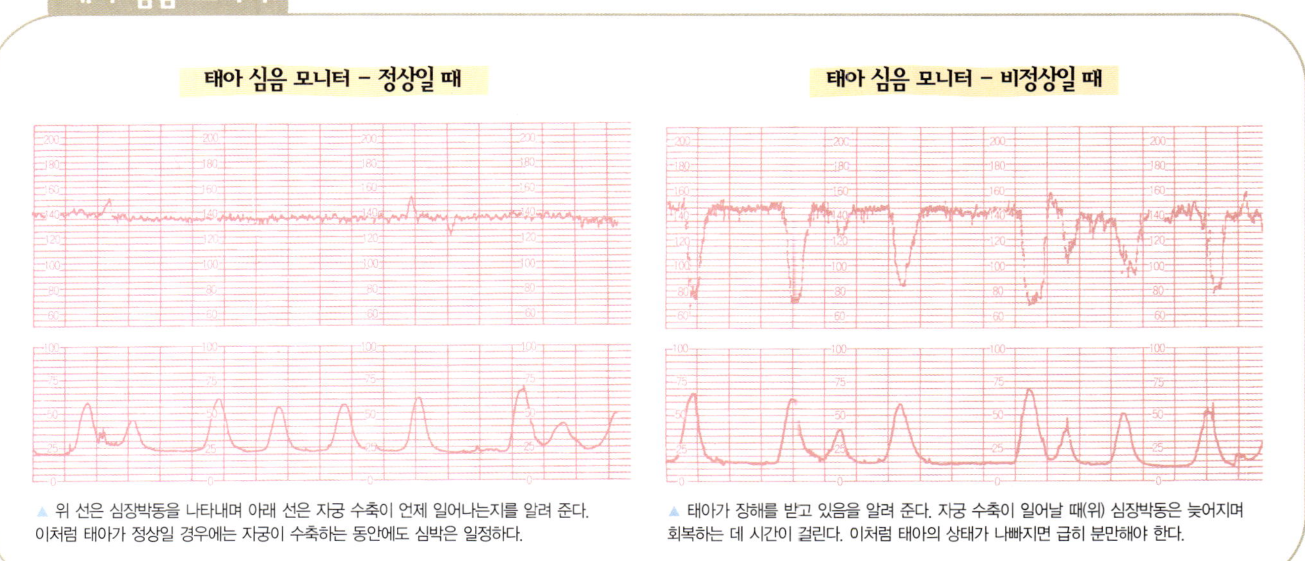

▲ 위 선은 심장박동을 나타내며 아래 선은 자궁 수축이 언제 일어나는지를 알려 준다. 이처럼 태아가 정상일 경우에는 자궁이 수축하는 동안에도 심박은 일정하다.

▲ 태아가 장해를 받고 있음을 알려 준다. 자궁 수축이 일어날 때(위) 심장박동은 늦어지며 회복하는 데 시간이 걸린다. 이처럼 태아의 상태가 나빠지면 급히 분만해야 한다.

3단계

아기가 나왔다고 해서 분만이 끝난 것은 아니다. 탯줄을 자르고 난 뒤 출산 부속물인 태반이 자궁에서 완전히 분리되어 나와야 분만이 완료된다.

아기를 낳고 난 다음에도 약 1분 간격으로 자궁 수축이 계속되는데, 이것은 자궁벽에서 태반을 분리시켜 임신부의 몸 밖으로 배출할 수 있게 해 준다. 의사는 한 손으로 자궁을 누르고 다른 손으로 탯줄을 부드럽게 잡아당겨 태반을 꺼낸다.

태반이 몸속에 남아 있거나 태반에서 완전히 떨어지지 않으면 출혈을 일으켜 산모가 위험해질 수 있으므로 반드시 확인한다. 또한 산도나 자궁이 손상을 입지 않았는지 살펴본 다음 회음절개 부위를 꿰맨다.

아기와 태반이 나오고 회음절개 부위도 꿰매면 분만도 끝이 난다. 임신부는 이제 오랜 진통과 분만 과정을 마치고 정식으로 엄마가 되었다.

출산 과정이 끝나는 진통 3단계에는 엄마가 아기를 안아보게 되고, 엄마, 아빠는 새로 태어난 소중한 아기를 만나 감격에 겨워 있을 것이다.

만약 엄마 배나 가슴에 올려놓은 아기가 입을 움직이거나 젖꼭지를 핥기 시작하면 의사나 간호사에게 부탁해 아기가 젖을 빨 수 있게 한다. 출생 직후 신생아는 각성 상태에 있으므로 이때를 이용해 모유 먹이기를 시도하면 좋다. 이때 나오는 모유는 단백질이 풍부하고 항체가 많아서 질병으로부터 아기를 지켜 준다.

눈을 맞춘 다음 부드러운 목소리로 아기에게 말을 거는 것도 좋은 방법이다. 아기는 뱃속에서 들었던 엄마의 목소리를 기억하고 있으므로 엄마의 목소리에 반응을 보이는지 모른다.

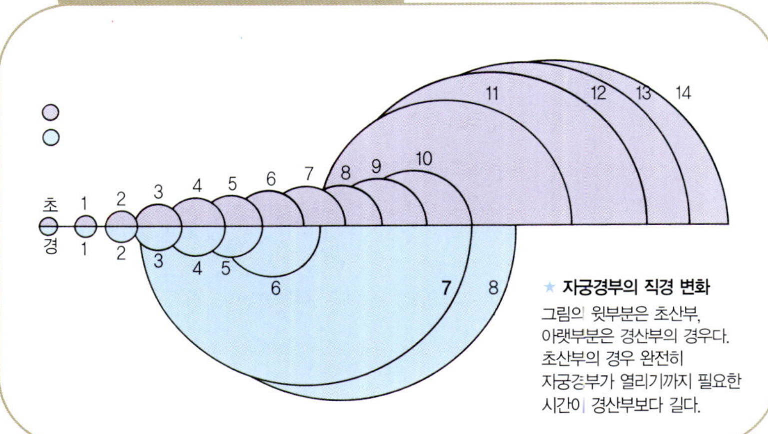

★ **자궁경부의 직경 변화**
그림의 윗부분은 초산부, 아랫부분은 경산부의 경우다. 초산부의 경우 완전히 자궁경부가 열리기까지 필요한 시간이 경산부보다 길다.

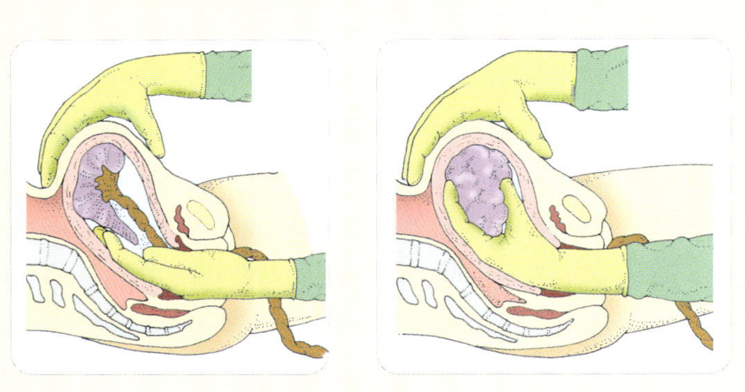

▲ 태반이 나와야 출산이 완료된다. 아기를 낳은 다음에도 1분 간격으로 자궁 수축이 오는데 이는 태반을 내놓기 위한 생리적인 움직임이다. 그동안 태아에게 영양을 공급해 주고 산소를 공급하여 태아를 보호했던 태반이 아기 출생과 함께 밖으로 나오는 것이다. 이런 과정을 진통 3기라 한다. 자궁으로부터 태반을 들어낼 때 태반이 탯줄과 연결되어 있기 때문에 탯줄을 당겨 태반 만출을 돕는다.

아기가 나오면 어떤 일이 벌어질까?

출산이라는 육체적으로 길고 힘든 과정을 견디면 엄마는 그토록 기다리던 아기를 만나게 된다. 아직 아기의 모습이 낯설고 생소하지만 오랜 기다림과 준비 끝에 만난 아기가 신비롭고 경이롭게 느껴질 것이다.

아기와의 첫 만남

출산 직후 아기의 모습은 생각했던 것만큼 예쁘지 않다. 태어나기 직전까지 양수에 있었기 때문에 피부는 쭈글쭈글하고 좁은 산도를 통과하느라 머리 모양은 일그러져 있다. 아직 양수로부터 아기를 보호하기 위한 막이 피부를 덮고 있고 솜털이 아기의 이마, 관자놀이, 어깨, 등을 덮고 있다. 감염을 막기 위해 생긴 눈곱으로 눈도 부어 있다. 또한 모체의 호르몬으로 인해 남아와 여아 모두 생식기가 부어 있고 유방이 튀어나와 있다. 이런 현상은 일시적인 것으로 1주일에서 열흘이면 사라진다.

아기의 첫 호흡

세상 밖으로 나온 아기가 처음 호흡을 하는 순간 아기의 몸에는 많은 변화가 일어난다. 아기의 폐에 공기가 주입되면, 폐의 작은 기낭이 팽창하기 시작한다. 산소는 폐의 혈관을 확장하고 이것은 혈액의 흐름을 증가시킨다. 지금까지 혈액의 흐름을 전환하던 심장의 틈은 이제 막힌다.

탯줄이 늘어나고, 이때 탯줄과 연결된 동맥이 막힌다. 그렇지 않으면 태반이 떨어질 때 아기가 출혈하게 될 것이다.

아기의 첫울음

모든 아기가 태어나자마자 우는 것은 아니지만 출생의 충격은 대개 울음이라는 반응을 유발한다. 출산 후 몇 분 동안 계속해서 우는 아기도 있고, 자지러질 듯 울다 이내 잠잠해지는 아기도 있다. 무통 분만을 한 경우에는 출산 후 어느 정도 시간이 지난 다음에 울 수도 있다

mom's note

신생아 아프가 검사

아기는 출생 후 1분과 5분 뒤에 각각 한 차례씩 아프가 검사를 받는다. 아프가 검사란, 출생 직후 신생아의 전체적인 건강을 검진해서 점수로 평가하는 방법으로 이 검사를 처음 실시한 버지니아 아드가 박사의 이름에서 따온 것이다.

일반적으로 아기의 피부색·심장 기능·반사 작용 기능·동작 기능·호흡 기능을 점검하는데, 총점은 10점으로 각 부문은 0, 1, 2점으로 평가된다. 아프가 검사 점수가 높을수록 아기가 건강하다는 뜻이다. 하지만 아프가 검사 점수가 낮다고 너무 걱정할 필요는 없다. 아기 대부분은 정상적이고 건강한 아기로 판명되며, 세심한 보살핌과 의학적인 치료를 받으면 건강하게 자란다.

실제로, 10점 만점을 받는 아기는 드물며 정상 분만의 경우 대부분 7~9점을 받는다. 1차 아프가 검사 점수가 낮은 아기는 인공호흡기를 부착해 분만 스트레스를 해소하고 호흡할 수 있도록 자극을 주면 분만 5분 뒤에는 더욱 활발해지고 자궁 밖 환경에 더 잘 적응해 점수가 높아진다.

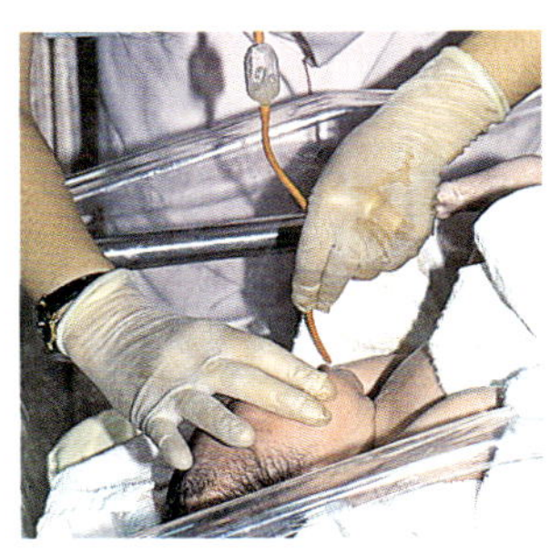

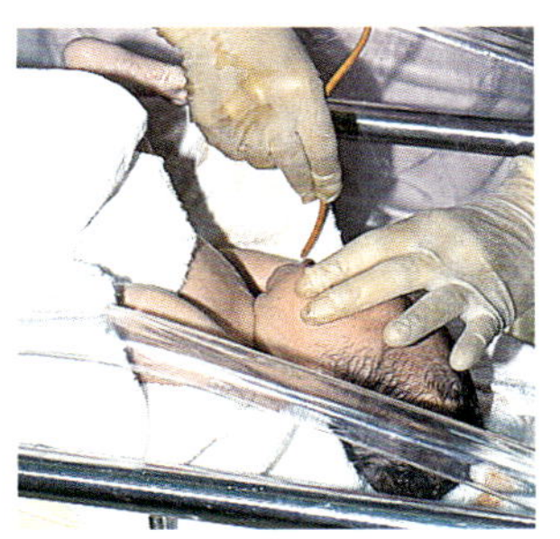

◀ 이물질을 빼내 숨을 쉬게 해 준다

아기가 태어나면 우선 입속의 양수나 이물질을 없애 숨을 쉬게 해 준다.
신생아실로 보낸 아기의 머리를 낮게 해서 몇 시간씩 놓아 두는 것도
이물질을 빼내기 위해서다. 후두와 기관지에 남아 있는 이물질도
깨끗하게 빼내 아기가 편하게 숨을 쉴 수 있게 해 준다.

▶ 폐의 이물질을 제거한다

아기는 엄마의 산도를 빠져나오면서 폐의 압박을 받아
이물질이 고이게 된다. 이 이물질은 아기가 태어난
이후에도 코와 입으로 계속 올라오게 되는데, 가느다란
관으로 작은 찌꺼기까지 깨끗하게 없앤다.

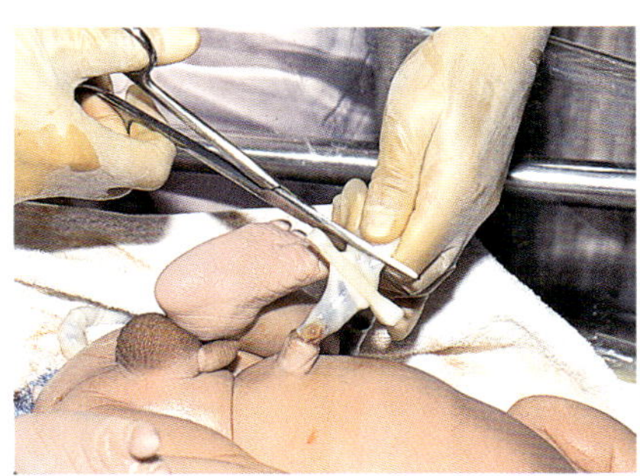

◀ 탯줄을 짧게 자른다

아기가 태어나면 탯줄을 조금 길게 자르는데, 이것을 3~4cm만 남기고
자른 후 끝을 플라스틱 집게로 집어 놓는다.

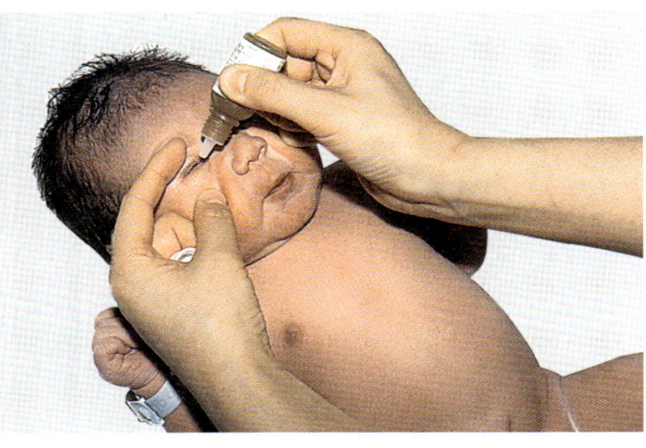

◀ 눈 속에서 양수를 빼내고 눈을 소독한다

막 태어난 아기 눈에는
엄마 뱃속에 있었던
양수가 들어 있어 제대로
눈을 뜨지 못한다.
소독수로 눈에 들어 있는
양수를 말끔히 빼고
소독해 준다.

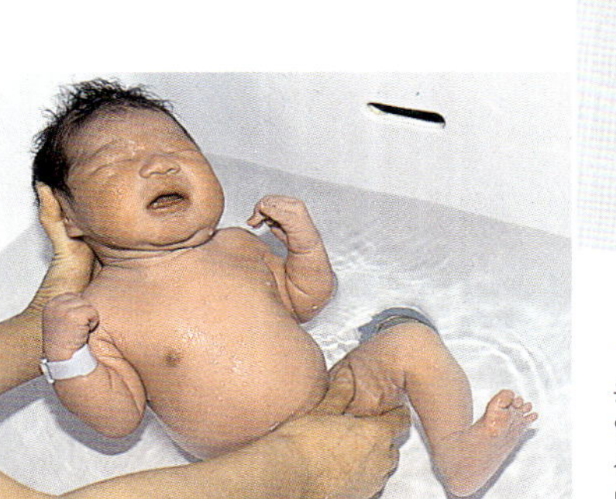
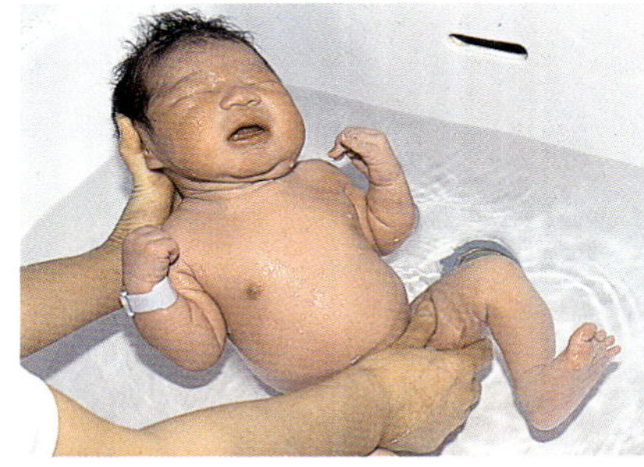

◀ 첫 목욕으로 태지와 피를 닦아낸다

응급처치가 끝난 후에야 아기는 제대로 숨을 쉴 수
있다. 이제 아기가 뱃속에 있을 때 묻었던 태지나
산도를 빠져나오면서 묻은 엄마의 피 등을 깨끗이
닦는다. 탯줄은 목욕 후에 다시 소독해 준다.

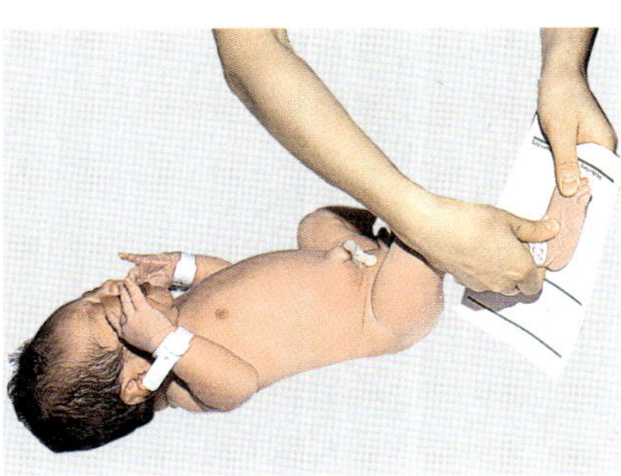

◀ 발도장을 찍는다

아기가 숨을 쉴 수 있도록 하는 기본 의료처치를 받고,
목욕까지 끝내면 몸무게, 머리둘레, 가슴둘레를 재고
발도장을 찍는다. 찍은 후에 다시 소독을 해 준다.

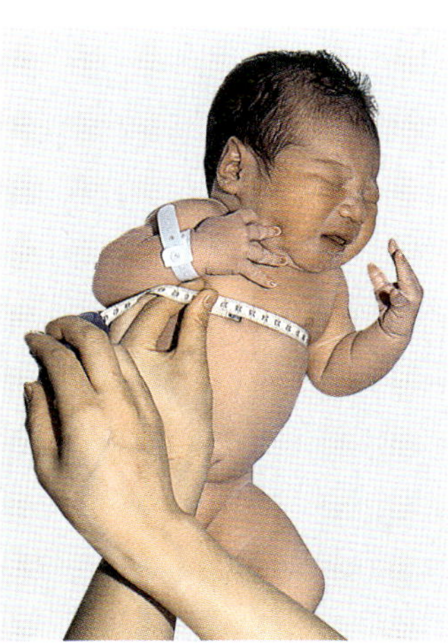

▶ 신생아실로 향한다

모든 검사가 끝나면 아기는 신생아실로
옮겨진다. 이때 신생아는 발찌와 팔찌를 차게
되는데 엄마의 이름, 아기의 성별, 태어난 시간,
몸무게 등이 기록된다. 발찌와 팔찌가 채워지면
아기가 바뀔 염려는 하지 않아도 된다.

분만 과정에서의 처치 방법

분만 과정	필요한 경우	결과

회음절개술

회음부를 약간만 절개함으로써 자궁 입구를 넓혀 자궁이 찢어지는 것을 방지한다. 병원에 따라 분만 과정에 회음절개술이 기본적으로 포함돼 있는 곳이 있으므로 미리 확인해 둔다. 회음절개술을 원치 않을 경우 의사에게 미리 이야기해 둔다.

- 아기가 거꾸로 있을 때, 조산일 때, 지칠 때, 아기의 머리가 클 때
- 밀어내기를 통제하기 힘들 때
- 자궁 입구가 충분히 벌어지지 않을 때

회음절개 후 보통 어느 정도 쓰라리고 불편하며, 감염이 될 경우 고통은 더욱 심해진다.

상처는 10일에서 14일이면 아무는데, 이 시기가 지나도 여전히 쓰라리면 의사의 진료를 받는다.

보조분만

때로는 겸자나 흡입법으로 아기를 분만해야 할 때가 있다. 겸자는 자궁이 완전히 팽창되고 아기의 머리가 반쯤 나온 경우에만 이용한다. 분만이 지연되면 자궁이 완전히 팽창되기 전에 흡입법을 이용할 수 있다.

- 아기의 머리가 커서 아기를 밀어 낼 수 없을 때
- 분만 중에 산모나 아기가 지친 기색을 보일 때
- 아기가 거꾸로 있거나 조산일 때 겸자는 아기의 머리가 산도에서 눌리지 않도록 보호해 준다.

- 아기의 머리에 겸자나 흡입기 자국이 남더라도 아무 해는 없으며 며칠 후 사라진다.
- 진공 컵으로 인해 아기의 머리가 약간 붓고 상처가 나지만 차츰 가라앉는다.

유도분만

분만을 유도함으로써 인위적으로 분만을 시작한다. 분만이 지연되면 여러 가지 방법을 이용하여 분만을 촉진한다.

유도 분만 방법은 병원마다 다양하므로 의사에게 어떤 방법을 사용할지 물어본다.

- 분만이 예정일보다 2주 이상 지연될 때, 아기가 지친 기색을 보이거나 태반이 끊어지기 시작할 때
- 임신부에게 고혈압이나 다른 질병이 있을 때, 아기나 임신부가 위험한 상태일 때

- 양수가 터질 때는 아무런 고통이 없으며 양막이 터진 후 바로 분만이 시작된다.
- 옥시토신이나 피토신 같은 호르몬이 주입되면 바로 분만이 시작되므로, 통증을 완화하는 약물이 더욱 필요하게 된다.

3. 이상임신

태아성장지연에 어떤 관리가 필요할까?

임신부의 체중이 늘지 않거나 배가 임신 주수에 비해 유난히 작을 경우 태아가 잘 성장하고 있는지 확인해보는 것이 좋다. 태아의 성장이 정상적으로 이루어지지 않을 경우 출산 시 여러 가지 합병증을 일으킬 수 있으므로 관리가 필요하다.

태아성장지연의 종류

태아의 성장이 지연되는 증상은 크게 두 가지 형태로 나타난다. 첫째는 태아의 체중과 키가 모두 작은 경우로 이는 유전적으로 작거나 염색체 이상에 의한 기형 선천적인 원인에 의해 나타나는 경우가 많다. 간혹 거대세포바이러스나 풍진 등 감염성 질환에 의해 태아가 손상을 입었을 때도 나타날 수 있다. 둘째는 머리 크기나 키는 정상인데 비해 몸무게가 현저하게 적은 형태로 더 흔하게 나타난다. 임신부가 고혈압 등 심혈관계 질환이 있거나 고령, 혹은 너무 어린 임신일 경우, 이 외에 자궁 내 환경에 해를 끼치는 흡연, 약물, 음주, 마약 등이 원인이 될 수 있다.

태아 상태를 더 면밀하게 살핀다

태아의 성장이 정상적으로 이루어지지 않는 것을 발견하면 1주일에 한 번 정도 초음파 검진을 받는 등 좀더 세심하고 면밀하게 태아 상태를 살핀다. 그리고 태아가 출생하기 전까지 자궁 내 환경을 태아가 성장하기에 가장 적합한 상태로 만들어 준다.

태반에 이상이 있으면 어떻게 할까?

뱃속 아기에게 영양분과 산소를 공급하는 태반에 문제가 생기면 아기가 제대로 자랄 수 없다.

가장 흔한 태반 이상

태반은 아기가 내놓는 노폐물을 배출하고 아기의 생명 유지에 필요한 산소와 영양분을 공급하는 중요한 역할을 한다.

만약 태반조기박리, 전치태반 등 태반에 이상이 생기면 문제가 된다. 태반에 이상이 생기는 것은 심각한 문제로, 서둘러 응급처치를 해야 한다.

태반조기박리

정상적으로 임신이 진행된다면 태아를 분만할 때까지 태반이 자궁벽에서 떨어지는 일은 일어나지 않는다. 하지만 모체에 외상이 가해지거나 위험 요인에 노출되는 등의 이유로 진통이 시작되기도 전에 태반이 자궁벽에서 분리되어 떨어지는 것을 태반조기박리라고 한다.

태반조기박리가 일어나면 출혈이 생기고 아기에게 산소를 공급하지 못하므로 재빨리 응급처치를 해야 한다.

태반조기박리가 일어나는 뚜렷한 원인은 아직 밝혀진 바 없지만 담배를 피우는 임신부, 이미 한두 명의 자녀를 출산한 경험이 있는 고령의 임신부, 고혈압이 있는 임신부, 과거 태반조기박리 경험이 있는 임신부에게서 흔히 나타난다. 그 외에 자궁에 심한 충격이 가해지거나 탯줄이 짧아 태반이 자궁에서 떨어지는 일도 있다. 질 출혈은 태반조기박리의 가장 확실한 징조다.

태반조기박리일 때 조치

태반조기박리일 때 대처 방법은 출혈 양과 분리된 정도에 따라 달라진다. 태반이 조금 떨어져 나오면 가벼운 복부 통증이 느껴지면서 월경 때와 비슷한 출혈이 비친다. 이 경우에는 며칠간 편안하게 누워 안정을 취하면 곧 정상적으로 활동할 수 있다. 그러나 다시 출혈이 생기지 않는지 반드시 살펴야 한다.

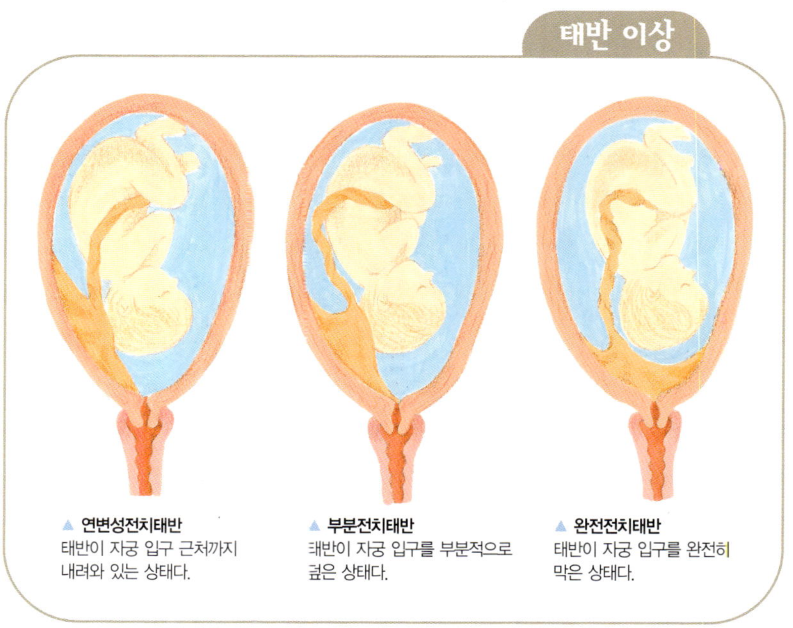

▲ **연변성전치태반**
태반이 자궁 입구 근처까지 내려와 있는 상태다.

▲ **부분전치태반**
태반이 자궁 입구를 부분적으로 덮은 상태다.

▲ **완전전치태반**
태반이 자궁 입구를 완전히 막은 상태다.

태반 박리 정도가 이보다 좀 더 심해지면 복부 통증과 함께 심한 출혈이 나타나고 자궁 수축이 일어난다. 이때 절대안정을 취하면 대부분 치료가 가능하다. 하지만 간혹 수혈이 필요한 경우도 있다. 모체나 아기에게 위험 신호가 나타나는 경우에는 즉시 제왕절개 수술을 받는다.

태반 박리 정도가 심해 태반이 절반 이상 떨어져 나오면 심한 출혈과 함께 격렬한 복부 통증이 나타나는데, 이때는 모체와 아기 모두 혈액이 손실될 수 있으므로 긴급 수혈과 제왕절개 수술을 받아야 한다. 태반이 떨어지면 심한 출혈과 함께 태아가 탯줄을 통해 혈액을 공급받을 수 없기 때문이다. 이는 태아는 물론 임신부에게도 심각한 문제를 일으킬 수 있으므로 주의해야 한다.

🌸 전치태반

전치태반은 자궁 입구에 자리잡고 있어야 할 태반이 자궁경부 근처에 자리를 잡거나 자궁경부를 덮는 경우를 말한다.

전치태반은 임신중절수술 등으로 자궁내막에 상처나 염증이 생겼거나 수정란의 착상이 정상적으로 이루어지지 않은 경우 흔히 생기는데, 원인이 불명한 경우도 많다.

임신후기에 아무런 통증 없이 선홍색의 질 출혈이 나타나면 전치태반을 의심할 수 있다. 출혈은 중단됐다가 배변이나 기침을 하면서 힘을 주면 다시 나타나기도 한다. 이때 출혈의 양은 자궁경부를 막고 있는 위치와 모양에 따라 달라지는데, 적은 양의 출혈이 비치더라도 곧장 병원으로 향한다. 하지만 아무런 증세가 없는 경우도 있으므로 전치태반이 의심스러우면 초음파 검사를 해 본다.

● 전치태반일 때 조치

임신 초기에는 임신이 진행되면서 태반이 저절로 위로 올라갈 수 있으므로 전치태반이 있다고 해도 특별히 치료하지 않아도 된다. 하지만 임신 20주 후에 전치태반이 나타나면 최대한 활동을 자제하고 병원에 입원해 안정을 취하고 분만 예정일까지 임신 상태를 유지하도록 조치를 취한다.

진통이 시작되어 분만이 가까웠는데도 태반이 자궁경부를 막고 있으면 출혈이 생겨 정상적인 질 분만이 불가능해지므로 즉시 제왕절개 수술을 받아야 한다.

태반의 변화 과정

태반은 태아의 성장과 발달, 생존에 중요한 역할을 한다. 영양 배엽에서 형성된 태반은 모체의 자궁벽에 붙어 성장하며 임신 주수가 흐르면서 급속도로 성장한다. 임신 10주에 무게가 20g이었던 태반은 임신 40주가 되면 650g이나 된다.

태반은 보통 임신 34주경이면 완전히 성숙하는데, 그로부터 2~3주 후부터는 서서히 기능이 떨어져 임신 40주를 넘어서면 퇴화하기 시작한다.

양수 이상일 때 어떻게 관리할까?

양수의 양이 너무 많거나 적어도 문제다. 양수의 양이 비정상일 때는 신속하게 조치를 취해야 한다.

양수과다증

임신 후기 정상적인 양수의 양은 800~1000cc 정도인데 이보다 훨씬 많은 2000cc 이상일 경우 양수과다증으로 본다. 양수가 지나치게 많으면 자궁이 정상 크기보다 유난히 크거나 태아의 심장박동 소리도 잘 들리지 않을 수 있다. 임신부는 지나치게 커진 자궁 때문에 숨쉬기가 곤란해지고 위가 눌려 소화도 잘 안 되고 변비가 나타나기도 한다. 양수과다증은 소변 검사와 혈액 검사, 초음파 검사로 발견할 수 있다. 양수가 많아 자궁에 통증이 느껴지고 호흡 곤란이 오면 병원 치료를 받아야 한다.

양수과다증은 태아나 모체에 문제가 생겼을 때 일어나는데, 태아 쪽의 원인으로는 태아가 기형일 때, 특히 뇌척수계에 이상이 있을 때 나타나며 그 외에 반태아, 무뇌증, 뇌수종, 척수이분증일 때 나타나기도 한다. 모체 쪽의 원인으로는 모체의 심장병이나 신장병, 매독, 당뇨병, Rh 면역 등이 원인이다.

양수과소증

양수가 정상보다 부족한 것을 말한다. 자궁이 생각했던 것보다 작고, 자궁벽 가까이에서 태아가 느껴지기도 하고, 배가 점점 작아지는 것처럼 느낄 수도 있다.

원인은 양막의 일부가 파열돼 양수가 새어나오기 때문일 수도 있고, 태아의 콩팥 기능에 이상이 있어 소변의 양을 정상적으로 만들어 내지 못하기 때문일 수도 있다. 양수과소증은 분만 2~3주 전 무렵에 흔히 나타나며 저체중이나 태반기능 부전증을 동반하기도 한다.

임신 초기 양수과소증에 걸리면 태아가 자유롭게 움직일 수 없으며 태아의 몸이 자궁벽에 닿아 발육 장애를 일으켜 근육과 뼈에 기형을 가져올 수 있다. 또한 유산을 일으키기도 한다. 양수과소증이라는 진단이 내려지고 임신 37주 이상인 경우에는 유도 분만을 하기도 한다.

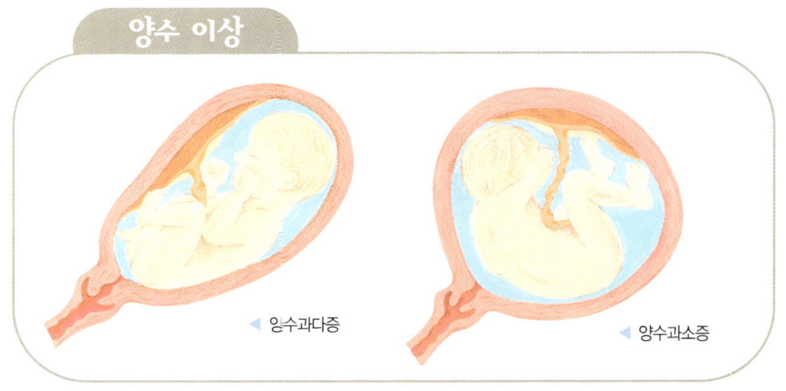

포상기태일 때 어떤 조치를 취할까?

수정란이 정상적으로 성장하지 못하고 조직이 기형적으로 자라는 것을 포상기태라 한다. 포상기태 사실이 확인되면 인공적으로 임신을 종료시켜 비정상적인 조직을 제거해야 한다.

포상기태

임신과 비슷한 증세를 보이는 포상기태는 자궁 내에 생긴 일종의 종양이다. 포상기태는 수정란에 염색체 이상이 생겨 태반이 제대로 발달하지 못해 나타나는 현상으로, 크고 작은 포도송이 같은 수포가 자궁 안을 가득 채운다.

포상기태는 주로 45세 이상 임신부에게 나타나며 임신 초기 질에서 갈색 분비물이 나오고 구역질이 나타나는 것이 특징이다. 포상기태가 되면 임신 개월 수와 비교해 자궁이 매우 빨리 커지고 태아의 심박동 소리가 들리지 않는다.

포상기태 진단은 초음파 검사로 할 수 있는데, 모니터를 확인하면 태반 덩어리만 보이고 태아 조직이 보이지 않는다. 이럴 때는 자궁 소파 수술로 비정상적인 태반을 제거한다.

포상기태는 처치 후 1년 동안 관리를 꾸준히 해줘야 한다. 포상기태는 재발 우려가 높기 때문이다.

포상기태의 종류

수정란 바깥쪽에 생기는 극히 미세한 융모가 이상을 일으켜 자궁 안에 포도송이 모양의 수포를 형성하는 포상기태는 완전 포상기태와 부분 포상기태로 나뉜다.

완전 포상기태는 태아가 아니라 유체로 가득한 수천 개의 낭포가 발달하는 것을 말하며, 부분 포상기태는 유체로 된 수천 개의 낭포와 비정상적인 태아가 같이 발달하는 것을 말한다.

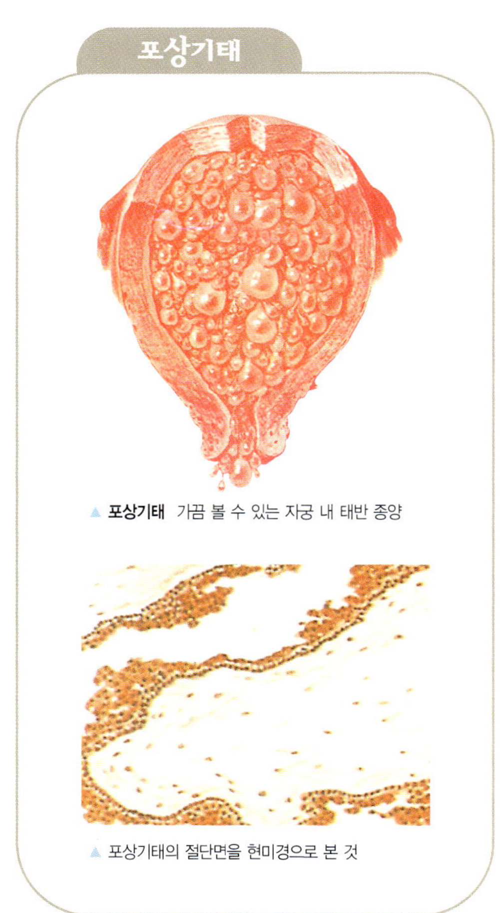

▲ **포상기태** 가끔 볼 수 있는 자궁 내 태반 종양

▲ 포상기태의 절단면을 현미경으로 본 것

제대탈일 때 어떤 조치를 취할까?

양수가 터져 태아보다 탯줄이 먼저 양수에 휩쓸려 빠져나와 질에 걸리는 것을 제대탈이라고 한다. 이때 아기가 자궁경부로 나오면서 탯줄을 압박하면 순환기능이 차단되어 자칫 아기가 생명을 잃을 수도 있다.

태아에게 매우 위험한 상황

탯줄의 길이는 보통 50cm 정도 되는데, 이보다 길거나 짧아도 문제가 된다. 탯줄 이상 증세로 나타나는 제대탈은 양수막이 터지면서 양수에 탯줄이 휩쓸려 탯줄이 자궁경부로 미끄러져 질에 걸리는 것으로, 이때 탯줄이 아래로 내려와 질 바깥으로 돌출되어 보이거나 질 안에 이물질이 끼어 있는 듯한 느낌이 들기도 한다.

제대탈은 태아에게 매우 위험한 상황을 만든다. 태아가 자궁경부를 압박할 때 탯줄을 눌러 탯줄이 조이면 산소나 혈액이 태아에게 전달이 되지 않아 태아가 사망할 수도 있다.

제대탈은 대개 역아나 조산아일 경우 흔히 일어나는데, 이는 탯줄이 자궁경부와 질로 미끄러져 내려갈 공간이 훨씬 더 많기 때문이다.

제대탈일 때는 먼저, 무릎과 두 팔로 몸을 지탱하고 엎드려 자궁경부를 압박하지 않게 한 다음 구급차를 부르거나 서둘러 가까운 병원으로 가서 긴급조치를 받아야 한다.

제대탈일 때 병원에서의 조치

임신부가 병원에 도착하면 의사는 먼저 아기가 고통받고 있지 않은지 즉시 검사를 한 다음 무엇보다 먼저 탯줄을 제자리에 밀어 넣는다. 만약 진통이 시작되지 않았으면 서둘러 제왕절개 수술로 분만을 한다.

제대탈일 때 응급자세

제대탈은 드물기는 ㅎ지만 매우 심각한 문제다. 탯줄이 자궁경부로 빠져나와 탈출되면 자궁 수축 시 탯줄이 조이면서 태아에게 공급되는 산소량이 급격히 줄어들어 태아 생명을 위협한다.

이러한 제대탈은 조산이나 역아일 경우 일어나기 쉬운데 이는 탯줄이 자궁경부와 질로 미끄러져 나갈 공간이 많기 때문이다. 질을 통해 탯줄이 보인다거나 질 안에 이물질이 끼어 있는 느낌이 들면 무릎과 두 팔로 몸을 지탱하고 자궁경부를 압박하지 않도록 한다. 그런 다음 빨리 병원에 가서 제왕절개 수술을 받는다.

조산이나 조기파수에 어떻게 대처할까?

▲ 분만 예정일보다 일찍 진통이 느껴지면 당황하지 말고 병원으로 가서 의학적인 처치를 받는다.

조산은 분만 예정일보다 일찍 아기가 세상에 나오는 것이고, 조기 파수는 태아를 둘러싸고 있는 양수막이 분만 전에 파열되는 것을 말한다. 언제 일어났는가에 따라 위험 정도는 다르지만 어떤 경우든 뱃속 아기를 위해 적절한 조치가 필요하므로 서둘러 병원으로 가야 한다.

조산

조산이란 임신 20~37주 사이에 아기를 출산하는 것으로, 태아가 분만 예정일까지 충분히 성숙하기 전에 세상 밖으로 나오는 것을 말한다. 과거에 유산 경험이 있다든지, 두 번 이상 낙태한 경험이 있을때, 또는 10대 임신이거나 고령 임신일 때, 그밖에 자궁 수술을 받은 임신부는 조산할 위험이 높다. 태반조기박리, 전치태반, 양수과다증, 자간전증, 조기파수 같은 이상이 생겼을 경우에도 조산 위험이 높다. 흡연도 조산을 일으키는 원인이다. 그러나 이렇다 할 원인도 없이 조산되는 경우도 있다.

조산 증세가 나타나면 즉시 의학적인 처치를 받는다. 자궁에 하루라도 더 있으면 아기의 생존율은 그만큼 더 높아진다.

조산의 증세
- 자궁 수축이 일어난다.
- 지속적으로 생리통과 비슷한 통증이 나타나거나 간헐적으로 통증이 온다.
- 묵직한 압박감이 직장 쪽에 느껴진다.
- 요통이 심하다.
- 질에서 따뜻한 양수가 흘러나온다.
- 설사와 함께 경련이 나타난다.
- 질 분비물이 많아지거나 묽어지고 피가 섞여 나온다.

조기파수(PROM)

분만이 시작되기 전에 양막이 터져 양수가 나오는 것을 조기파수라 한다. 정상적인 경우에는 만삭이 되어 진통이 시작될 때까지 양막이 터지지 않아야 한다. 확실한 원인은 알 수 없지만 자궁경관 무력증이나 자궁 내 압력이 높은 경우 많이 나타난다.

양수가 터지면 유산 또는 조산과 세균 감염을 걱정해야 한다. 세균에 감염될 위험이 높기 때문이다. 조산 징조가 나타나면 감염이 발견되지 않는 한 진통을 억제하는 치료를 하게 되고 양막 파열과 함께 조산이 될 경우에는 아기에게 호흡곤란이 생기지 않도록 조치를 한다.

양수가 터지고 태아 감염 징조가 보이면 의사는 서둘러 유도 분만을 시도한다. 조기파수인 임신부는 병원에 입원하여 전문 의료부터 조치를 받아야 한다.

부부의 Rh 인자가 다르면 위험할까?

남편이 Rh+인자를 가지고 있고, 아내가 Rh−인자를 가지고 있다면 태아는 Rh+형이 된다. 그렇게 되면 엄마의 Rh−인자와 태아의 Rh+인자가 맞지 않아 심각한 문제가 일어난다.

부부의 Rh 인자가 맞지 않으면 태아에게 위험하다

부부의 Rh 인자가 맞지 않으면 임신 시 태아에게 문제가 생길 수 있다. Rh 인자 불일치는 엄마의 혈액은 Rh−, 아빠의 혈액은 Rh+인 경우로, 아기가 아빠로부터 Rh+를 물려받았을 때 문제가 된다. 모체의 혈액 인자와 태아의 혈액 인자가 서로 달라 모체의 혈액이 태아의 혈액에 대해 항체를 만들어 내기 때문이다. 이 항체가 태아의 혈액에 들어가 태아의 적혈구를 파괴하면 적아구증이라는 심각한 질환을 일으킨다. 태아 적아구증은 태아나 신생아에게 심각한 병이나 죽음을 가져올 수 있다. 이 때문에 임신하고 병원에 첫 검진을 받으러 가면 혈액 검사를 통해 혈액형과 Rh 인자를 알아보는 검사를 받는다.

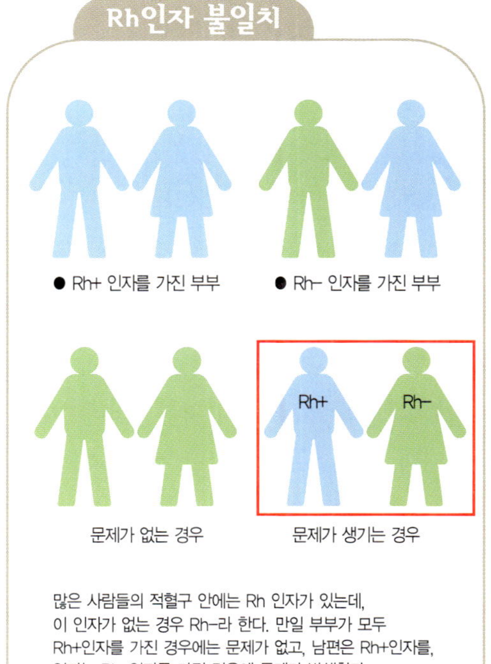

많은 사람들의 적혈구 안에는 Rh 인자가 있는데, 이 인자가 없는 경우 Rh−라 한다. 만일 부부가 모두 Rh+인자를 가진 경우에는 문제가 없고, 남편은 Rh+인자를, 엄마는 Rh−인자를 가진 경우에 문제가 발생한다.

Rh 면역 글로불린 주사로 문제를 예방한다

부부간의 Rh 인자가 맞지 않을 때는 임신 28주쯤 Rh 면역 글로불린을 주사한다. 이렇게 미리 조치하면 모체가 태아의 혈액에 대해 항체를 만들어내지 않기 때문에 위험을 면할 수 있다.

모체의 혈액이 Rh−, 아빠의 혈액이 Rh+일 경우, 태아의 혈액이 Rh+가 되는데 태아의 혈구가 모체의 혈류르 들어가면 모체의 혈액이 항체를 만들어 틴혈이나 태아 사망을 초래할 수 있다.

Rh 인자를 검사해서 일치하지 않을 때는 다음번 임신에도 반드시 면역 글로불린 주사를 맞아야 한다.

자간전증에는 어떤 의학적 개입이 필요할까?

임신 중 생긴 고혈압은 대부분 자간전증으로 발전하므로 흔히 임신성 고혈압과 자간전증을 같은 증세로 파악한다. 임신성 고혈압은 출산 후 사라지는 게 보통이지만 치료하지 않고 둘 경우 심각한 합병증을 일으킬 수 있으므로 의학적 조치가 필요하다.

태아 성장에 치명적인 자간전증

자간전증은 임신 중에만 나타나는 증세로, 고혈압과 단백뇨가 특징적인 증상이다. 고령 임신부나 10대 임신부에서 비교적 많이 나타나며 이 외에도 비만인 경우, 평소 당뇨병이나 고혈압을 앓고 있었던 경우 임신 후 자간전증을 일으킬 위험이 높다. 임신 후기 여성의 약 70%가 자간전증 증세를 보인다. 이 증세를 그냥 두면 태반으로 가는 혈액 공급량이 줄어들어 모체의 신경계통과 혈관이 손상되어 태아의 성장 속도가 지연된다.

심한 경우에는 자간전증이 자간으로 발전해 심각한 문제를 일으킨다.

자간전증 증세
● 손과 얼굴이 퉁퉁 붓는다.
● 한꺼번에 체중이 많이 늘어난다.
● 혈압이 높아진다.
● 단백뇨가 나온다.

임신 후기 자간전증 증세는 심한 두통이 지속적으로 나타나고 시야가 흐려지며 정서가 불안정한데 이것들은 대뇌의 부종이나 소동맥 경련으로 인해 대뇌에 부분적으로 빈혈 증세가 나타났기 때문이다. 이런 증세가 나타나면 혈소판 검사에서 비정상이라는 판정이 나올 수 있다.

자간전증 치료법

자간전증을 치료하는 목적은 자간을 피하기 위해서다. 자간은 임신부와 태아의 생명에 지장을 줄 수 있는 매우 위험한 증상으로, 갑자기 의식이 사라지고 사지에 경련이 생기며 심한 경우 사망에 이른다. 자간전증이 나타나는 정도와 임신 개월 수에 따라 치료법이 다르지만 증세가 가벼울 때는 무리한 일을 피하고 절대안정을 취하면 건강한 아기를 낳을 수 있다.

자간전증이 나타나면 주의 깊은 관찰과 보살핌이 필요하다. 정기검진 때마다 혈압과 체중을 체크하고 무리하지 않는다. 필요하면 태아건강상태 검사와 초음파 검사를 통해 정기적으로 태동을 검사한다.

갑작스런 혈압 상승이나 체중 증가는 위험 신호일 수 있다. 자간 시의 경련은 두개골 안의 출혈이나 울혈성 심부전증에 의한 것으로 모체에 굉장히 위험하다. 자간성 경련이 일어나면 서둘러 아기를 출산한다.

자궁 외 임신에 어떻게 대처할까?

수정란이 자궁 내부가 아닌 다른 곳에 착상해 임신이 진행되는 것을 자궁 외 임신이라 한다. 초기 반응은 정상임신과 큰 차이가 없지만 임신이 진행됨에 따라 팽창하지 못하는 기관은 파열을 일으키게 된다. 그 결과 심한 통증, 복강 내 출혈, 쇼크 등 위험이 뒤따를 수 있고 적절한 조치가 늦어지면 임신부의 생명을 위협할 수도 있다.

자궁 외 임신이 일어나는 원인

일반적으로 난자와 정자가 만나 수정이 이루어지면 1주일 정도 후 자궁내막에 착상하게 되는데, 수정란이 자궁 내부가 아닌 다른 곳에 착상하는 경우가 있다. 자궁 외 임신의 95%는 나팔관에서 이루어지고 이 외에 복강이나 난소, 자궁경부에 착상하는 경우도 있다.

어떤 경우에 자궁 외 임신이 일어나는지는 아직 100% 밝혀지지 않은 상태다. 다만 급성 골반염증이나 복부수술, 자궁내막증, 자궁외임신 경력, 상습적 인공유산, 자궁 내 장치(IUD)의 사용 등이 자궁 외 임신 가능성을 높이는 것으로 나타났다.

● 임신 상태를 지속할 수 없다

자궁 외 임신을 하면 임신 호르몬이 증가하고 임신 테스트에서도 양성 반응이 나타난다. 때문에 처음에는 정상 임신과 똑같은 반응이 나타난다. 그러나 자궁 밖에서는 수정란이 계속 자랄 수 없으므로 임신을 유지할 수 없다.

● 나팔관이 파열될 수 있다

자궁 외 임신은 무엇보다 조기 발견이 중요하다. 만약 수정란이 점점 성장해 너무 커지면 나팔관이 파열될 수 있기 때문이다. 나팔관이 파열되면 다시는 임신을 할 수 없고, 파열된 상태로 그대로 두면 임신부의 생명이 위험할 수도 있다.

● 출혈과 통증이 따른다

나팔관이 파열되면 지속적으로 복부에

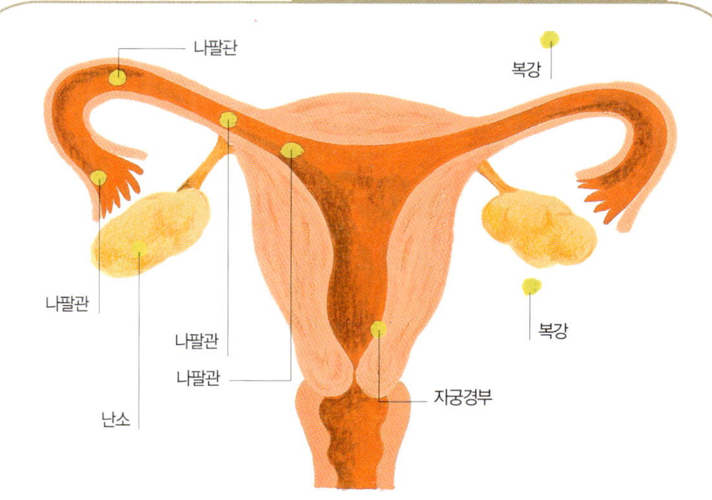

수정이 이루어진 난자는 수정 후 1주일 정도 지나면 자궁 내막에 착상한다. 그런데 도중에 수정란이 자궁 내막이 아닌 다른 곳에 착상하는 것이 자궁 외 임신이다. 대개는 나팔관에 착상한 경우가 많다. 수정란이 나팔관에 착상하면 태아가 성장함에 따라 나팔관이 팽창하게 되고, 나팔관의 내벽을 약화시켜 출혈을 일으키고 결국 압박을 이기지 못해 나팔관이 파열된다. 나팔관 파열은 임신 12주 내에 나타나는데 복부에 심한 통증이 느껴지며 안면이 창백해지고 혈압이 급격히 떨어진다. 따라서 쇼크에 빠지기 전에 빨리 조치해야 한다.

심한 통증이 나타나고 출혈을 하게 된다. 또한 안면이 창백해지면서 급격하게 혈압이 떨어져 쇼크 상태에 빠진다.

자궁 외 임신일 때는 태아를 없애고 여성의 생식력을 보존하되, 모체를 위험에 빠뜨려서는 안 된다.

요즘에는 첨단 의료 기술의 발달로 자궁 외 임신을 조기 발견하여 나팔관의 파열도 막고 모체를 위험에서 보호할 수도 있다.

🌸 자궁 외 임신의 증세

- 가벼운 출혈이나 갈색 혈흔이 나타난다.
- 하복부에 예리한 통증이 느껴진다.
- 기침을 하거나 배변을 볼 때 배에 힘을 주면 복부가 당기고 아프다.
- 속이 메스껍고 구토가 난다.
- 한쪽 어깨에 통증이 느껴진다.

자궁 외 임신 알아보는 법

임신부의 혈중 호르몬 수치를 검사해 보면 자궁 외 임신인지 아닌지를 알 수 있다. 자궁 외 임신을 하면 정상 임신처럼 혈중 호르몬 수치가 높지 않기 때문이다. 또한 자궁과 나팔관을 초음파로 검사하면 자궁 외 임신인지 아닌지를 알 수 있다.

자궁 외 임신 치료법

자궁 외 임신이 확인되면 위험한 사태가 벌어지기 전에 조치를 취해야 한다.

대개 복강경 수술을 하여 치료하지만 자연 유산이 되기도 한다. 복강경 수술은 외과적인 치료법으로 배꼽 부위를 작게 절개해 임신 조직과 손상된 난관 부위를 제거하는 수술이다. 비교적 안전한 수술로, 회복이 빨라 오랫동안 입원하지 않아도 된다. 그러나 수술을 받은 다음에는 반드시 혈중 호르몬 수치를 검사해 수정된 임신 조직과 손상된 난관 부위가 확실하게 제거되었는지 확인해야 한다. 호르몬 수치가 높다는 것은 태아 조직의 일부가 남아서 성장하고 있다는 증거일 수 있기 때문이다.

때로는 약물 요법을 사용하거나 수정된 세포를 제거하기 위해 레이저를 사용하기도 한다.

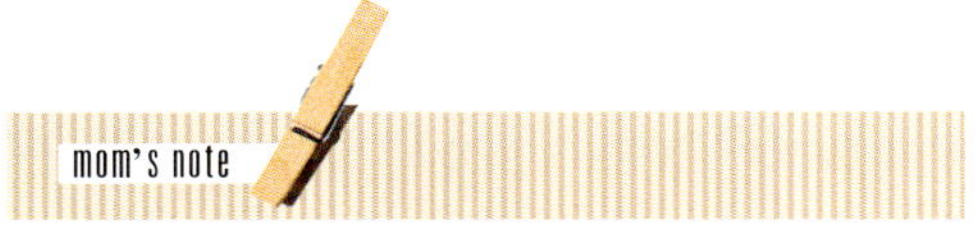

난관 파열

난관 파열은 대개 임신 12주 내에 발생하는데, 태아가 성장함에 따라 나팔관 내벽이 약해져 출혈을 일으키다가 결국 압박을 이기지 못해 파열되는 것이다. 나팔관, 즉 난관이 파열되기 전에 몇 가지 이상 징후가 나타나긴 하지만 실제로 임신 6주까지는 이러한 징후들을 별로 감지하지 못한다.

자궁 외 임신은 보통 월경이 사라져 알게 되는데, 6주가 지난 후부터 하복부에 심한 통증이 느껴지고 소량의 피가 비치는 것이 특징이다.

유산 기미가 있을 때 어떤 조치가 필요할까?

태아가 자궁 밖에서 생존할 능력을 갖추기 전에 임신이 종료되는 것을 유산이라 한다. 유산 중에는 임신 초기에 진행돼 자신이 임신했다는 사실을 모르는 상태에서 일어나는 경우도 있고, 기타 다른 원인으로 태아가 성장할 수 없어서 일어나는 경우도 있다. 유산은 생리통과 비슷한 통증과 질 출혈로 나타나므로 이런 증상이 있을 경우 의사에게 알리고 도움을 청한다.

조기유산 vs 늦은유산

임신 진단이 빨라지고 고령임신 등 위험임신 비율이 높아짐에 따라 자연유산 발생률도 점점 높아지는 추세다. 유산의 원인은 다양하지만 자연유산은 대부분 불완전한 배아를 골라내는 자연의 선별작업이라고 보면 된다.

유산이 발생할 위험이 가장 높은 시기는 임신 초기로, 유산의 3/4은 임신 10주 이내에 일어난다. 실제로 모든 임신의 1/2~1/3은 조기유산으로 끝난다. 하지만 조기유산은 대개 자신이 임신했다는 사실을 알기도 전에 일어나므로 처음부터 너무 걱정할 필요는 없다.

임신이 순조롭게 진행되고 있다면 임신 12주 후에 유산하는 예는 매우 드물다. 늦은유산은 대개 모체나 태반에 문제가 생겼을 때 일어난다. 모체가 임신을 유지하는 데 필요한 호르몬을 성산하지 못하는 경우, 태반이 자궁에서 떨어져 나오거나 비정상적으로 자리를 잡는 경우에도 유산이 된다. 이 외에 복잡한 자가면역체계와도 관련이 있으며, 전염병이나 임신 합병증, 심한 영양실조로도 늦은유산이 일어날 수 있다.

💗 유산의 증세

- **질 출혈** 출혈이 심하거나 가벼운 출혈이 하루 이상 계속되면 즉시 병원으로 간다.
- **급격한 복통** 경련을 동반하는 하복부 통증이 느껴지면 병원으로 향한다.
- **응혈** 질에서 응고된 혈액 덩어리가 나오면 즉시 의사에게 알린다.

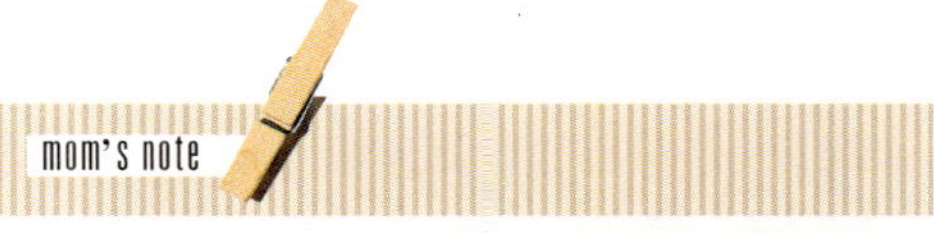

습관성 유산

과거 분만 경험에 관계없이 연속 2회 이상 자연유산이 반복되거나 임신 20주 이전에 3회 이상 자연 임신이 손실된 경우를 습관성 유산이라 한다. 이는 임신 합병증 중 상당수를 차지하고 있으며 아이를 원하는 부부나 가족에게 경제적 부담과 심리적 상처를 안겨 준다.

습관성 유산을 하는 여성 대부분은 면역 억제 유전자, 혈관 형성 유전자, 태아부착 유전자 등 임신 관련 유전자들이 정상 임신 여성보다 비정상적으로 적거나 또는 많이 발현돼 제 기능을 할 수 없어 임신을 유지하기 어렵다.

7

산후조리

아기를 출산했다고 해서 금방 예전의 몸으로
돌아가는 것은 아니다.
커진 유방, 불룩한 배, 늘어난 체중 등 이 모든 것이 제자리를
찾으려면 어느 정도 절대적인 시간이 필요하다.
이 시기에는 지친 몸을 추스르고 회복하는 것이 가장 중요하다.
산후 6주 뒤에는 회음절개 부위와 자궁경부가 아물었는지,
유방이나 체중에 변화는 없는지, 산후 이상은 없는지 산후 검진을
받는다. 이 시기에는 작은 일에도 눈물이 나고 신경이 예민해지기
쉬우므로 산후우울증이나 산후 겪게 될 일들에 대한 정보를
알아 두면 적절하게 대처할 수 있다. 출산 후 달라진 환경에 잘
적응할 수 있도록 산후 관리, 집안일, 남편과의 생활 등에
대한 정보도 알아 둔다.

1. 산후 신체변화

출산 후 몸이 어떻게 달라질까?

체중 변화

아기를 낳자마자 체중이 많이 줄어드는 것은 아니다. 아기가 몸에서 빠져나왔다 해도 커진 유방의 무게만도 많이 나가고 자궁도 임신 전보다 1kg 정도 더 나간다. 임신 기간 동안 축적된 지방 탓에 아직은 체중이 많이 나가지만 곧 살은 빠질 것이다.

산후 체중이 임신 전보다 훨씬 많이 늘었다면 자신의 식습관을 체크해 보고 체중 감량을 위해 저칼로리 식단을 짜서 체중조절에 힘쓴다.

산후 6주가 지난 뒤에도 체중이 줄지 않으면 서서히 운동을 시작한다. 운동은 체중을 조절해 줄 뿐 아니라 산후회복을 빠르게 한다. 운동으로는 걷기 운동이 무리가 없다. 하루에 한 시간 정도 꾸준히 걸으면 살이 빠진다. 단, 산욕기에는 가볍게 몸을 움직이되, 본격적인 운동은 6주가 지난 뒤부터 하는 것이 좋다.

유방 변화

보통 유방은 출산 후 2~3일 내에 딱딱하고 묵직해지면서 젖이 나오고 통증이 느껴진다. 아기에게 모유를 먹이든 분유를 먹이든 유방이 눈에 띄게 커지고 유두의 색도 짙어진다. 아기에게 모유를 먹이는 동안에는 계속 이 상태가 유지되는데, 모유수유를 중단하면 처지기 쉬우므로 주의해야 한다. 이때 유방을 잘 받쳐 주는 수유용 브래지어를 착용하면 도움이 된다.

출산 후 아기가 젖을 빨면 유방 통증은 점차 사라진다. 수유 시 젖을 비우지 않으면 젖이 흘러내리면서 매우 고통스러울 수 있는데, 이때 손이나 착유기를 이용해 젖을 짜내 압력을 덜어 주거나 수유 직전 미지근한 물에 적신 붕대로 유방을 마사지하면 통증이 줄어든다.

유두 통증 완화하는 방법

모유수유를 하는 산모는 유두가 아프고 갈라질 수 있다. 이는 매일 몇 시간씩 유두를 사용하는 데 익숙하지 않기 때문이다.

수유 방법이 잘못되었다든지 아기가 젖을 빨 때 잘못된 방법으로 빤다든지, 유두 관리를 잘못했을 때도 유두 통증을 느끼게 된다. 유두 통증을 완화하려면 무엇보다 유두 관리에 신경 쓴다.

유두가 쓰리고 아플 때는 가능하면 실내 공기에 유두를 노출하고 젖을 먹인 후나 샤워 후에는 유두를 완전히 말린다. 유두를 닦을 때는 물로만 씻는다.

또 젖을 먹일 때 아기가 유륜까지 젖을 잘 물고 있는지 체크한다. 아기가 젖꼭지만 물고 있거나 유두 대신 자기 혀를 빨고 있다면 유두에 상처가 나기 쉬우므로 아기가 바르게 물도록 고쳐 준다.

아기에게 젖을 물리기 전에 젖을 조금 짜내 아기가 쉽게 젖을 빨 수 있게 해 주는 것도 방법이다. 가끔 유두 마사지를 해 주는 것도 효과가 있다. 유두 통증은 1주일 정도 지나면 사라진다.

젖몸살 완화하는 방법

출산 후에는 젖이 불어서 탱탱해진다. 이때 대개 젖몸살을 하는데 생각보다 통증이 심하다. 유선이 젖 분비를 중단하는 데는 14일 정도 걸린다.

젖몸살로 괴로울 때는 냉찜질을 하고 가슴을 자극하지 않는다. 샤워를 할 때도 뜨거운 물을 피하는 것이 좋다.

젖을 먹이지 않는 산모라면 젖을 잘 감싸는 브래지어를 사용하거나 찬 수건으로 압박한다. 젖몸살이 너무 심할 때는 진통제를 복용하는 것도 방법이다.

젖을 먹이는 산모는 출산 후 2~5일 정도 지나면 젖몸살이 자연히 가라앉는다.

● 젖몸살 푸는 유방 마사지

① 유방의 위아래에서 원을 그리며 부드럽게 마사지한다.

② 손바닥으로 젖꼭지를 향해 가볍게 마사지한다. 어느 정도 풀리면 강하게 한다.

③ 유방 주변에서 젖꼭지 쪽으로 문지르며 올라간다. 젖을 짜내듯이 마사지한다.

복부 변화

배가 원상태로 되돌아오려면 시간이 필요하다. 출산 후 불룩하던 배는 대부분 들어갔지만, 아직은 실망스럽기 짝이 없다.

복부의 탄력도 떨어진다. 하지만 출산 후 6주 뒤 정기검진을 받으러 갈 무렵에는 탄력성이 어느 정도 회복된다.

산후 트러블에 어떤 증상이 있을까?

출산이라는 낯설고 힘든 과정을 겪고 나면 산모의 몸은 또 다른 변화를 겪는다. 몸이 회복되는 과정에서 산후통, 오로 배출, 회음부 통증 등 불쾌한 증상들이 나타난다.

회음부 통증

출산 직후에는 생식기 주변이 붓고, 쓰리고, 아파 무척 괴롭다. 이는 대부분 회음절개 부위의 통증 때문이다.

분만을 쉽게 하려고 회음절개를 한 경우에는 절개 부위가 처음에는 쓰리고 따갑다가 나중에는 간지럽다. 출산 시 지나치게 힘을 주다 치질이 생긴 경우에는 회음부와 항문 통증으로 더욱 고통스럽다. 이럴 때 얼음찜질을 하거나 좌욕을 하면 고통을 어느 정도 가라앉힐 수 있다. 앉을 때는 중앙에 구멍이 나 있는 쿠션을 이용하면 아픈 부위를 압박하지 않아 훨씬 편안하다.

산후통

아기를 낳고 난 직후 생리통과 비슷한 복통을 겪게 되는데 이것이 산후통이다. 이는 자궁 수축 때문인데 자궁은 아기가 몸 밖으로 나온 뒤에도 자궁 속에 남아 있는 노폐물을 내보내려고 계속 수축한다. 이때 통증은 심한 정도는 아니다. 하지만 경우에 따라 분만 후 처음 며칠 동안은 심할 수 있다. 물론 통증을 느끼는 정도는 사람에 따라 다를 수 있다. 산후통이 너무 심해 견디기 어려울 정도라면 의사와 상의한다.

오로 배출

분만 후에는 임신 중 자궁내막의 탈락막이 떨어져 나오면서 피나 다른 분비물이 섞여서 배출되는데, 이를 오로라 한다.

분만 직후에는 태반이 떨어진 자궁내막에서 선홍색 피가 나오다가 3~4일 정도 지나면 출혈이 가벼워지면서 밝은 갈색으로 변한다. 그러다가 누르스름한 분비물로 변했다가 사라진다. 오로는 보통 2~3주 정도 흘러나오며 길게는 4주 동안 지속된다.

출산 후 자궁 변화

출산 후 자궁의 크기는 호르몬 작용에 의해 서서히 줄어든다. 이때 산후통이라 불르는 복통이 나타나는데, 이는 자궁이 정상으로 돌아가고 있다는 증거다. 1주일 정도 지나면 자궁의 크기는 반으로 줄고, 6주 정도 지나면 임신 전 상태로 돌아간다.

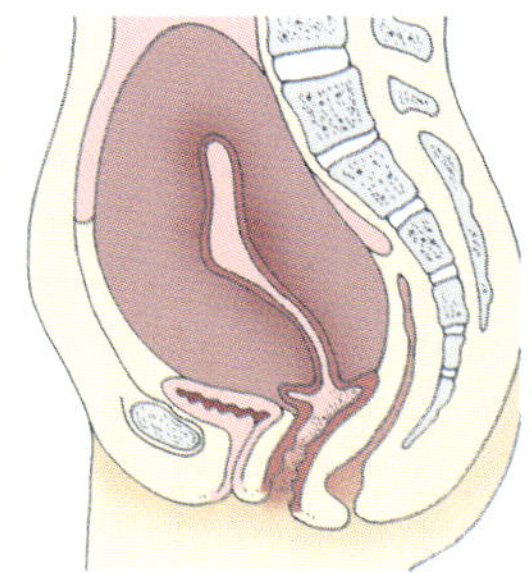 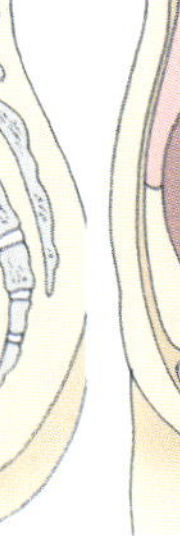 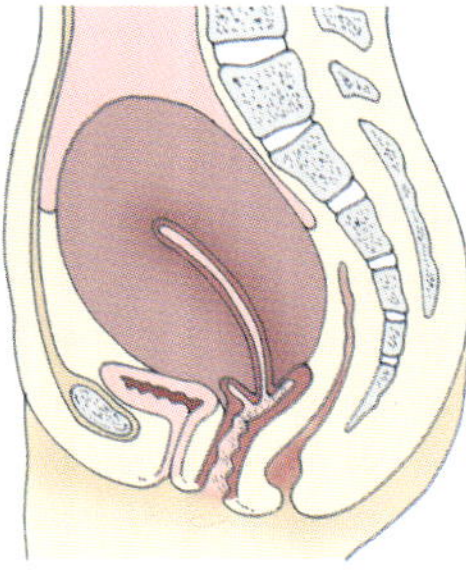 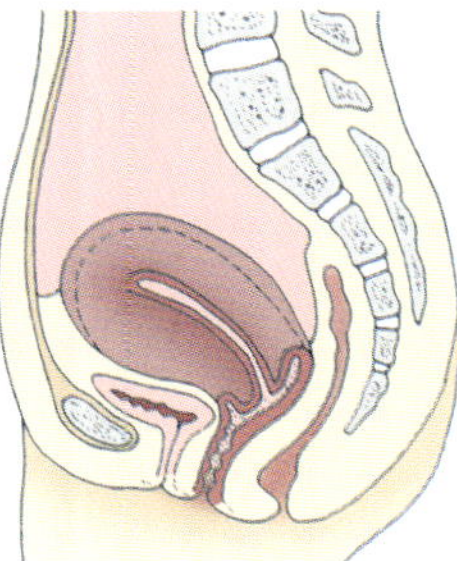

▲ 출산 직후 자궁의 크기　　▲ 출산 1주일 후 자궁의 크기　　▲ 출산 6주일 후 자궁의 크기

변비

변비는 아기를 낳은 산모가 겪는 흔한 증세로, 진통과 분만 과정을 거치면서 일시적으로 내장 근육의 탄력성이 떨어져 나타난다. 특히, 진통제를 사용한 경우는 이런 증세가 더욱 심하다.

산후에는 섬유질이 풍부한 음식을 많이 먹고 수분도 충분히 섭취해야 한다. 배변이 쉽게 이루어지지 않는다고 아랫배에 너무 힘을 주면 회음절개 부위가 터지거나 치질이 생길 수 있으므로 주의한다.

모유 누출

수유를 하거나 일상생활을 할 때 젖이 누출되더라도 당황할 필요는 없다. 한쪽 유방으로 젖을 먹일 때 다른 쪽 유방에서 젖이 누출될 수 있다. 모유 누출은 1분쯤 지나면 저절로 중단되지만, 젖이 누출되면 패드를 대는 것이 좋다.

요실금

출산 시 골반 주위의 인대나 근육이 파열되면서 방광 입구를 조여 주는 괄약근이 약해져 생기는 현상으로 자신도 모르는 사이 소변이 흘러나오는 증상을 말한다. 흔히 나이가 들면서 나타나는 증상으로 알고 있지만 출산 후에도 잘 생긴다.

요실금은 산후 조리 기간에 충분히 관리를 해 주지 않으면 세월이 지나서 괄약근이 약해지면 또 발녕한다. 출산 횟수가 많을수록 질 근육이 늘어나기 쉬우므로 출산 전부터 케겔 운동을 자주 하는 것이 좋다.

무기력증

산후 처음 몇 주 동안은 몸에 힘이 없고 무기력해질 수 있다. 이는 출산 후 나타나는 정상적인 현상으로, 체내의 수액 수치가 달라져 심장혈관계가 적응하는 데 시간이 걸리기 때문이다. 산후 처음 몇 주 동안은 충분한 휴식을 취하는 것이 좋다. 만약 무기력증이 며칠 이상 지속되면 병원에 가서 빈혈 검사를 받아 보는 것이 좋다.

배뇨의 어려움

출산 후에 흔히 바뇨 충동이 줄어드는 수가 있다. 그 원인은 진통 전이나 중의 수분 흡수 감소, 땀, 구토, 출혈 등으로 인한 분만 중의 수분 손실, 진통 중에 생긴 방광이나 요도의 상처, 분관 중에 사용한 약물과 마취제가 일시적으로 방광의 민감성을 감소시키거나 배뇨의 필요성을 감지하는 능력을 방해한 경우, 회음부 통증으로 인한 요로의 반응성 경련, 쓰리고 아픈 회음부에 배뇨할 것 같은 두려움 등 여러 가지가 있다.

배뇨를 원활하게 하려면 골반 근육을 수축했다가 이완시키는 운동을 반복하고 수분 섭취량을 늘리고 회음부에 온팩이나 냉팩 등 어느 쪽이든 배뇨 충동을 일으키는 것을 올려놓으면 다시 자연스럽게 배뇨를 할 수 있다. 이 문제는 시간이 지나면 해결된다.

질의 탄력성과 감각 변화

자연분만을 한 경우에는 분만 후에 질이 늘어나고 탄력이 없어진 듯한 느낌이 들 것이다. 케겔운동(골반저 근육운동)을 하면 질을 출산 전의 상태로 회복하고 요실금을 비롯해 기타 산부인과적 문제를 예방하는데 효과를 볼 것이다. 모유를 먹이는 경우에는 질이 건조해져서 부부관계 시 불편을 느낄 수 있다. 문제가 심각할 때는 의사에게 국부 에스트로겐 크림을 처방해달라고 부탁할 수 있다.

소변 양의 증가

출산 후 소변을 보는 횟수가 늘었다고 호소하는 산모들이 많다. 아기를 낳은 후 며칠 동안은 출산 중 방광에 고여 있던 수분이 배설되면서 소변의 양이 갑자기 증가하는 경우가 있는데 정상적인 현상이므로 걱정하지 않아도 된다.

잦은 소변의 원인을 한방에서는 여성의 음기가 떨어진 것으로 보고 있으며 혹 방광염에 걸렸을 경우도 이런 증상이 나타날 수 있다. 방광염에 걸렸을 때는 따끔거리고 아프며 시원한 느낌이 들지 않으므로 병원에 가보도록 한다.

오한과 발한

출산 직후에 나타나는 오한은 이상한 일이 아니다. 전문가들은 임신이 종료됨에 따라 체온 조절 기능을 다시 설정하기 위해 이런 현상이 일어난다고 본다. 발한은 임신 중에 축적된 여분의 수분을 제거하는 자연적인 방법의 하나다. 특히 한밤중에 심하게 땀을 흘리므로 시트와 베개에 타월을 깔아 땀을 흡수하는 것이 좋다. 전문가들은 산모의 몸에 에스트로겐 수치가 갑자기 떨어져서 땀이 많이 난다고 추정한다.

탈모

출산 후에는 에스트로겐 수치가 급격히 떨어지기 때문에 그동안 빠지지 않았던 것까지 합쳐 머리카락이 많이 빠진다. 임신 중에는 평소보다 모발이 덜 빠지기 때문에 샴푸 광고에 나오는 모델의 모발처럼 풍성해 보인다. 자연적인 성장은 모발이 빠지는 속도를 따라가지 못하기 때문에 풍성하던 모발이 하룻밤 새 듬성해진다. 그러나 이 문제는 곧 해결된다. 6개월 후면 임신 중일 때만큼은 아니지만 출산 직후보다 훨씬 더 모발이 풍성해진다.

산후에 어떤 병을 조심해야 할까?

아기를 낳은 뒤에는 체력이 많이 떨어져 세균에 대한 저항력이 약해 여러 가지 질병에 걸리기 쉽다. 물론 시간이 지나면 오로가 많이 사라지고 체력도 회복되어 일상생활로 돌아가기에 무리가 없지만 출산 후 1개월이 지나면 병원에서 검진을 받아보는 것이 좋다. 산욕기에 걸리기 쉬운 병에 어떤 것이 있는지 알아보자.

태반잔류

태반은 아기가 나오고 난 뒤 20~30분 후에 밖으로 빠져나온다. 그런데 이때 태반이 밖으로 완전히 빠져나오지 않고 한 부분이 자궁 안에 남아있는 것을 태반잔류라고 한다. 산후 10일 정도가 지나도 적색 오로가 계속되거나 출혈이 많으면 태반잔류일 확률이 높다. 자궁경관에 열상이나 질 벽에 상처가 생겨 출혈이 있을 수도 있으므로 반드시 병원에 가보도록 한다.

자궁복고부전

임신기간 중 커졌던 자궁은 출산 후 원래 크기로 돌아가는 것이 정상이다. 출산 직후에는 단단하게 수축되고 아기를 낳은 후 10일 정도가 지나면 밖에서 만져지지 않으며, 6주 정도 지나면 원래의 크기로 돌아가게 된다. 그런데 자궁수축이 제대로 이루어지지 않는 증세를 자궁복고부전이라 한다. 양막이나 태반의 일부가 자궁에 남아 있거나 양수가 디리 터졌을 때, 쌍둥이를 임신했거나 분만 중 진통이 약했던 것 등이 원인이 될 수 있다. 배를 만졌을 때 단단하지 않고 부드럽게 느껴진다면 자궁복고부전을 의심해보아야 한다.

또한 빨간 피가 섞인 오로가 계속되고 빈혈기가 있으며 복통이 있는 경우 의사에게 진단을 받아야 한다.

산후 검진

아기를 출산하고 난 다음에는 산후 회복이 제대로 되고 있는지 의사에게 검진을 받아야 한다. 검진은 대개 산후 6주 후에 하는 것이 일반적이지만 신체에 이상이 있거나, 제왕절개를 했거나, 실밥을 제거할 필요가 있을 때는 이보다 빨리 검진을 받을 수 있다. 의사는 자궁이 정상적인 크기와 위치로 돌아갔는지, 회음절개 부위와 자궁경부가 아물었는지, 감정 상태는 어떠한지 등을 체크할 것이다.

★ **산후 검진 전 병원을 가야 하는 경우**
- 열이 나고 하복부 통증이 심할 때
- 한 시간마다 생리대가 흠뻑 젖을 정도로 출혈이 심할 때
- 배뇨 시 통증이나 발열감이 느껴질 때
- 회음절개 부위의 통증이 지속될 때
- 유방 울혈이 심할 때

방광염

분만 중에는 방광이 압박을 받아 상처가 나거나 늘어나면 소변이 고여도 배출이 힘들어진다. 그런데 소변이 고이면 대장균을 비롯한 세균이 늘어나 염증이 생길 수 있다 소변의 횟수가 잦아지고 소변을 볼 때 아프고 열이 나기도 한다. 소변의 색이 지나치게 하얗거나 노랗거나 하는 등 평상시와 색이 다르면 병원에 가는 것이 좋다. 또한 항상 외음부를 깨끗하게 하고 소변을 보고 싶으면 참지 말고 화장실에 간다.

유선염

아기에게 젖을 물릴 때 아기가 빠는 힘이 강하면 유두의 피부가 벗겨지고 짓무르게 된다. 그러면 세균에 감염돼 유두가 빨갛게 붓고 딱딱해지면서 열이 나고 아픈데, 이 열이 38℃ 이상으로 높고 한기가 나는 경우 유선염의 증상이라 본다. 유선염은 특히 초산인 산모에게 많이 나타나는데 증세가 악화되면 겨드랑이의 임파선이 붓고 유두에서 고름이 나오기도 한다.

산욕열

산욕열은 한마디로 염증으로 인해 열이 높아지는 증세이다. 분만 과정에서 태반이 떨어져 나간 자궁벽, 아기가 나오는 길인 산도와 질, 외음부 등에 여러 가지 상처가 생기는데 이 상처에 세균이 들어가면 염증이 생겨 그 영향으로 고열이 나는 것이다. 제왕절개 수술을 받았을 경우에도 세균에 감염될 수 있고, 산모의 체력이 약해졌거나 오로가 제대로 처리되지 않았을 때도 세균에 감염되어 산욕열이 나타날 수 있다. 증상은 갑자기 오한이 나고 38~39℃ 이상의 열이 이틀 이상 계속된다. 상태에 따라 가벼울 경우 이틀 정도 지나면 열이 가라앉지만 심하면 일주일 이상 계속될 수도 있다.

산후 갑상선염

산후 갑상선염은 일시적인 자가 면역 질환의 일종으로, 임신 중 태아를 보호하기 위해 저하된 면역체계 활동이 출산 후 비정상적으로 증가하면서 생긴다. 보통 출산 후 3개월 정도 지나면 나타나는데, 아기를 돌보느라 피곤한 탓에 나타나는 현상이라 생각하고 제때 치료하지 않으면 월경 불순 및 불임의 원인이 되기도 하며 임신이 되더라도 유산이 될 가능성이 높다.

신우염

방광에 있던 세균이 신장의 신우로 올라가 생기는 병. 출산 직전과 직후에는 요도관으로 소변을 보기 때문에 요도를 통해 세균에 감염되기 쉽다. 증세로는 갑자기 오한이 나고 열이 나는데, 신장 부근에 통증과 심한 압박이 있다는 점이 산욕열과 다르다.

산후 군살 빼는 체조

산후 조리가 어느 정도 끝나면 체중 조절을 의해 노력해야 한다.
너무 일찍 시작하는 것도 몸에 무리를 주지만 반대로 너무 늦게 시작하면 체중 감량에 성공하기 어렵다.

준비운동

★ 몸 전체 근육 풀어 주기
허리를 펴고 양반다리로 편하게 앉은 후 발목을 천천히 돌려가며 뻣뻣해진 근육을 풀어 준다. 심호흡을 하면서 양쪽 발을 번갈아 가며 10회씩 반복해 준다. 굳어진 몸을 풀어 주고 혈액순환을 원활하게 만들어 주는 효과가 있다.

허벅지 군살 빼는 체조

★ 다리 모아 상체 숙이기
양쪽 발바닥을 서로 마주 대고 손으로 두 발을 감싼다. 가슴을 펴고 천천히 숨을 들이 마시면서 얼굴이 바닥에 닿도록 상체를 앞으로 서서히 숙이는 동작을 15회 실시한다. 허벅지 안쪽 살을 자극해 허벅지의 군살을 없애 주고 히프업 효과까지 기대할 수 있다.

종아리살 빼는 체조

★ 양다리 벌려 스트레칭하기
양다리를 양옆으로 벌리고 앉아 허리를 꼿꼿하게 세운 후 옆구리 부분만 왼쪽으로 살짝 돌려 천천히 발끝을 향해 내려 준다. 상체를 일으킨 후 오른쪽으로 숙였다가 방향을 번갈아 가며 10~15회 실시한다. 다리가 아프지 않도록 양쪽의 허벅지를 살살 두드려 가며 동작을 반복한다. 보이지 않는 허리와 등의 살, 허벅지 군살을 동시에 뺄 수 있는 동작이다.

처진 엉덩이와 등의 군살 빼는 체조

★ 양손 모아 사선으로 당겨 주기
다리를 어깨 너비로 벌린 다음 한쪽 무릎을 살짝 굽히고 반대편 무릎은 쭉 펴 준다. 굽힌 무릎에 두 손을 모아 양쪽 어깨와 팔뚝 근육을 위에서 아래 방향으로 당기듯이 쭉 뻗는다. 팔꿈치가 굽혀지지 않는 것이 포인트. 방향을 바꿔 가며 10회씩 실시한다. 등의 군살과 처진 엉덩이를 올려 주는 데 효과적이다.

뱃살 빼는 체조

★ 아랫배 자극하기
다리를 어깨 너비로 벌리고 아랫배에 힘을 주어 똑바로 선 다음 한쪽 무릎을 굽혀 가슴까지 올리고 반대편 손으로 힘차게 무릎 부분을 향해 쳐 준다. 방향을 바꿔 한 번씩 번갈아 가며 20회 실시한다. 늘어진 허릿살과 아랫배가 슬림해지는 효과를 볼 수 있다.

팔뚝살 빼는 체조

★ 두 손 모아 옆구리 틀어 주기
다리를 어깨 너비로 벌리고 등을 곧게 편 후 똑바로 선다. 허리와 복부 부분은 그대로 두고 양손을 가지런히 모은 후 몸을 한쪽으로 튼 후 허리선과 팔뚝 근육이 팽팽한 느낌이 들 때까지 쭉 당긴다. 좌우로 20회씩 3회 반복한다. 늘어지는 팔뚝살을 빼 주고 동시에 허리를 가늘게 만들어 준다.

2. 산후 감정변화

남편과의 관계, 무엇이 달라질까?

아기가 태어나면서 생활에도 전과 다른 많은 변화가 생길 것이다. 달라진 상황을 현명하게 헤쳐 나가려면 부부가 함께 노력해야 한다.

산후 성생활

💗 산후 첫 성관계 시기

첫 관계는 보통 아기를 낳고 4~6주가 지난 다음 시작한다. 자궁 통증이 사라지고 회음절개 부분이 아물고 오로가 중단되고, 질이 어느 정도 탄력성을 되찾은 다음 성생활을 해야 문제가 생기지 않는다. 자칫하면 세균 감염이나 출혈의 위험이 있으므로 성생활을 시작하기 전에 의사와 상의하는 것이 좋다.

💗 성적 욕구의 변화

출산 후 성관계 갖는 것이 싫고 부담스럽다는 여성들이 있다. 이는 몸은 준비되었지만 마음은 준비되지 않았기 때문이다. 심한 경우 몇 달 동안 성적 욕구를 느끼지 못하는 여성도 있는데, 성욕이 감퇴하는 요인에는 여러 가지가 있다.

첫째, 육아로 인해 피로한 상태이므로 성 관계 자체가 성가시게 느껴질 수 있고 둘째, 출산 후 여성 호르몬 수치가 떨어지면서 성적 욕구가 줄어들 수 있다.

셋째, 질이 아물긴 했지만 염증이나 감염에는 약한 상태이므로 성행위에 거부감이 들 수 있으며 넷째, 회음절개 부위를 꿰맨 자국은 사라졌지만 통증이 느껴질 수 있다.

마지막으로, 수유 중에는 애액을 만드는 에스트로겐 호르몬의 분비량이 줄어들어 애액이 충분히 나오지 않으므로 성행위가 고통스럽게 느껴질 수 있다.

남편이 원한다고 해서 산후 성관계를 너무 서두를 필요는 없다. 성욕이 줄어들거나 육아로 인해 지칠 대로 지쳐 있다면 솔직하게 남편에게 자신의 감정을 이야기하는 것이 좋다. 남편 역시 아내의 상황을 고려해 부부관계 시기가 조금 늦더라도 이해해 주려는 자세가 필요하다.

육아 문제

❤ 육아 트러블 최소화하기

출산 후 남편과의 관계가 소원해지지 않으려면 아기 돌보기 책임을 분담하는 것도 한 방법이다.

남편이 아기를 다루는 데 익숙하지 않다고 해서 기회마저 빼앗아버리는 것은 좋지 않은 행동이다.

아기를 제대로 안을 수 있을지, 목욕을 제대로 시킬 수 있을지 많은 것이 걱정이 되겠지만 일단은 남편에게 맡긴다. 아기를 다룰 때마다 아내가 지적하다 보면 남편은 의기소침해질 수 있다. 육아에 익숙해질 수 있도록 남편에게도 시간을 주되, 충분히 잘해내고 있으면 격려해 준다.

실제로 부부가 서로 육아에 함께 참여하다 보면 서로에 대한 믿음이 생기고 애정이 돈독해진다.

❤ 육아에 남편 참여시키기

남편의 육아 방법이 자신과 다르다고 해서 문제가 있는 것은 아니다. 남편이 좋은 아빠가 되기를 바란다면 아기와 보낼 수 있는 시간을 충분히 만들어 준다. 남편의 육아 방법이 마음에 들지 않는다고 해서 중간에 끼어들거나 지적하는 것은 좋지 않은 습관이다.

온종일 집에서 아기를 돌보는 아내와 달리 남편이 아기를 만날 수 있는 시간은 퇴근 후 몇 시간뿐이므로 서투른 것은 당연하다. 남편이 아기 보는 일에 익숙지 않다고 해서 짜증을 내거나 아기를 믿고 맡길 수 없다고 모든 일을 자신이 떠안으려 하지 않는다.

아빠와 아기 사이에 우대감이 충분히 형성될 수 있도록 시간을 준다. 또한 남편의 육아 방법이 서툴다면 격려하고 곁에서 용기를 북돋아 준다.

가사 분담

❤ 집안일 같이 하기

산후 회복이 끝나기도 전에 아내 혼자 육아뿐만 아니라 집안일을 모두 도맡아 하기란 너무나 벅찬 일이다.

남편도 직장일로 피곤하고 힘이 들겠지만, 심신이 지친 아내를 위해 집안일을 돕는 것이 필요하다. 부부가 진지하게 대화를 나눠 가능하면 두 사람이 모두 만족할만한 방법을 찾아 육아와 가사를 분담한다.

산후우울증, 어떻게 대처할까?

출산 후 많은 산모가 산후우울증을 겪는다. 이는 호르몬 수치 변화와 스트레스의 영향이므로 너무 걱정하지 말고 자신의 감정을 컨트롤할 수 있게 노력한다.

산후우울증의 정의

출산 후 웬일인지 마음이 울적이고 변덕스러운 기분이 들며 아기의 울음소리가 짜증스럽게 들릴 수 있다. 이는 출산 후 많은 산모가 겪는 자연스러운 감정으로, 이른바 '산후우울증' 이라 불린다.

출산 후 산모는 큰 감정 변화를 겪게 되는데, 출산 경험이 없는 사람은 이러한 산모의 변덕과 감정 변화를 이해할 수 없다.

산후우울증은 짧게는 일주일에서 길게는 1년까지도 가는데, 산후우울증에 걸리면 분노, 혼돈, 공황, 절망 등의 증세를 보인다. 이러한 산후우울증은 산후 불쾌한 신체 트러블과 육아에 대한 부담감 등으로 인해 나타나는데, 산모 다섯 명 가운데 한 명 정도로 흔한 증상이다.

산후우울증의 정도

출산 직후 나타나는 산후우울증은 어느 정도 시간이 지나면 저절로 사라지므로 혼자 지나치게 고민할 필요는 없다. 하지만 산모 열 명 중 한 명은 산후우울증이 병적인 증세로 발전하므로 무시해서는 안 된다. 이렇게 심각한 산후우울증은 정상적인 산후우울증보다 대개 오래가고 시간이 지날수록 증세가 오히려 악화되는 것이 특징이다. 따라서 출산 후 시간이 꽤 많이 흘렀는데도 증세가 좋아지지 않으면 혼자서 해결하려 애쓰지 말고 의사와 상담한다.

심각한 산후우울증은 조울증과 비슷해서 우울함, 불안, 초조감, 자존감 상실, 무기력감, 비애감, 대인관계 기피 등의 증세를 보인다. 이는 에스트로겐 수치 변화와 스트레스로 인해 주로 생기며 식욕 감퇴, 피로감, 기억력 상실, 성욕 감퇴 등을 동반한다. 이러한 심각한 산후우울증은 남편이나 가족 관계, 아기의 발달에도 영향을 미치므로 적절한 조치가 필요하다.

🌸 산후우울증을 일으키는 위험 요인

- 정서적인 이상, 공황 장애, 과거 우울증 등 병력이 있는 경우
- 임신이나 출산 중 외상이 생긴 경우
- 최근 직계가족의 죽음, 이사, 실직, 이직, 결혼, 별거, 이혼 등 환경 요인이 달라진 경우
- 남편에게 의지할 수 없는 상황이거나 남편이 없는 경우
- 주변에 친구나 가족이 없는 경우
- 우울증, 짜증, 분노 같은 심각한 월경 전 증후군이 있는 경우
- 신체적, 정서적, 성적 학대를 받은 경험이 있는 경우
- 원치 않은 임신일 경우
- 경제적으로 궁핍한 경우
- 아기가 선천성 질병이나 만성적인 질병에 걸린 경우
- 불임 병력이 있는 경우

🌸 산후우울증일 때 자기 관리법

산후 우울증 진단을 받았거나 증세가 보이는 경우 충분한 휴식과 숙면을 취하고, 주위 사람에게 감정 상태를 알려 도움을 청한다. 마사지나 목욕으로 긴장을 풀어주고 맑은 공기를 자주 마시며 영양가 있는 음식을 먹고 수분을 충분히 섭취하는 것도 필요하다.

또한 집안일을 잠시 접어두고 남편의 도움을 받도록 하고 남편과 충분한 대화를 나눈다.

몸과 마음이 빨리 회복되지 않는다고 조급하게 생각할 필요는 없다. 충분한 휴식과 숙면을 취하면서 즐거운 생활을 하다 보면 몸과 마음이 자연스럽게 회복될 것이다.

출산 후에는 무엇보다 아기와 유대감을 형성할 수 있도록 노력하고 소중한 아기와의 시간을 충분히 즐기는 것이 좋다. 출산 후 감정적인 변화로 괴롭다면 남편에게 솔직히 자신의 감정을 이야기하고 대화로 풀어나간다.

산후우울증 정도 체크리스트

- ☐ 기분이 좋았다 나빴다 하는 정도가 심하고, 작은 일에도 쉽게 흥분하고 마음이 흐트러진다.
- ☐ 모든 일에 의욕이 없고, 만사가 귀찮다.
- ☐ 쉽게 울적해지고 다른 사람과 이야기하기가 싫다.
- ☐ 남편이 갑자기 미워지고 아기 돌보기도 싫어진다.
- ☐ 알 수는 없지만 몸 상태가 좋지 않다.
- ☐ 즐거운 일을 권유받아도 거절하는 경우가 많다.
- ☐ 사소한 일에도 눈물이 난다.
- ☐ 무언가 불안하고 초조하다.
- ☐ 마음 상하는 일이 꼬리를 물고 일어날 것 같아 고민한다.
- ☐ 주변에 자신을 알아 주는 사람이 없는 것 같아 언제나 외로움을 느낀다.

★ **0~2가지 해당할 때** 1~2개 정도는 임신부 대부분이 겪는 증세이므로 걱정하지 않아도 된다.

★ **3~5가지 해당할 때** 너무 진지하게 고민하지 말고 음악을 듣거나 친구들과 전화로 지금의 상태를 이야기하면서 적극적으로 기분전환을 한다.

★ **6~8가지 해당할 때** 비관적인 상태에 있는 산모다. 혼자서 고민하지 말고 선배나 주위 사람들과 상담하거나 남편과 지내는 시간을 많이 갖는다. 자신도 마음을 밝게 가지려고 노력한다.

★ **9~10개 해당할 때** 우울증 증세가 심각하다. 몸과 마음이 지쳐버리기 전에 의사나 전문가와 상담하여 치료를 받는다.

산후조리 *Best* 궁금증

Q 제왕절개 수술로 출산하면 방귀가 나오기 전까지 음식을 먹지 말라고 하던데 사실인가요?

A 제왕절개 수술로 출산한 경우에는 마취로 인해 장이 이완되어 있으므로 음식을 먹게 되면 장 기능에 이상이 올 수 있다. 따라서 병원에서는 장이 정상적으로 활동하고 있다는 것을 가스 배출로 확인한 다음 식사를 준다. 하지만 산모의 상태에 따라 가스 배출 전에 물이나 미음을 주는 경우가 있으므로 담당의사의 지시에 따르도록 한다.

Q 출산 후 병원에서 좌욕을 했는데, 퇴원 후에도 집에서 좌욕을 계속해야 하나요?

A 출산 후 좌욕을 하면 혈액순환을 원활하게 해줘 오로 배출을 돕고 질과 회음절개 부위 통증을 완화할 뿐 아니라 치질이나 변비도 막아 준다. 따라서 병원에서는 출산 후 약 12시간이 지나면 좌욕을 권하는데, 퇴원 후에도 꾸준히 좌욕을 해 주면 산후 회복에 도움이 된다.

먼저, 물을 끓인 다음 약 40℃ 정도로 식혀 사용하는데, 퇴원 후에는 2~3회 정도 하는 것이 적당하며, 산후 6주가 지나면 좌욕 없이 샤워만 해도 된다.

Q 산후에는 서서 머리를 감으라고 하던데, 엎드려서 머리를 감으면 안 되나요?

A 출산 후 한동안은 반드시 서서 감아야 한다. 쭈그리고 앉아서 감게 되면 자궁에 압력이 가해지면서 자궁 내막에 출혈이 생길 수 있기 때문이다.

머리는 출산 후 3일이 지난 후부터 미지근한 물로 감되, 출산 후 3주가 지나기 전까지는 서서 감는다. 머리를 감은 뒤에는 찬 기운이 들지 않도록 재빨리 드라이어로 말리는 것이 좋다.

Q 산후에 갑자기 열이 나고 몸살처럼 오한이 나기 시작해요. 검진을 받아야 하나요?

A 산후 2~3일이 지날 무렵 갑자기 오한이 나면서 떨리고 38℃ 이상의 고열이 나면 이는 산욕열 증상일 확률이 높다. 분만 시 자궁벽이나 질벽에 생긴 무수한 상처에 세균이 들어가 화농을 일으켜 나타나는 증상으로, 이미 임신 중 자궁경관이나 질에 세균이 있었던 것이 출산 후 체력이 떨어지면서 번식하거나 조기파수, 제왕절개, 회음절개 등 수술 시 세균에 감염되어 염증이 일어날 수 있다.

예전에는 산후에 일어나기 쉬운 병이었지만 요즘은 출산 시 예방 처치를 하고 있다. 그럼에도 이런 증상이 나타난다면 의사의 검진을 받아 항생제를 투여 받고 충분히 휴식을 취하고 잘 먹는 것이 좋다.

고열이 나는 병으로는 신우신염도 있다. 이것은 대장균 등의 세균이 신장에 들어가 번식하는 것으로, 병이 신장 입구인 신우에 생기는 경우를 말한다. 한기가 느껴지고 몸이 떨리기 시작한 뒤 40℃ 이상 고열이 나며 그 후 열이 올랐다 내렸다 하면 신우신염을 의심해 볼 수 있다. 어느 한 쪽의 신장 주위를 두드리면 통증이 있고 소변이 뿌옇고 탁해지기도 한다. 이 증상 역시 검진이 필수며 처방을 받고 수분을 충분히 취하면 좋아진다. 하지만 자칫 방심하면 만성신장염으로 진행될 수 있으므로 세균이 완전히 사라질 때까지 의사의 지시를 따르는 것이 중요하다.

Q 산후에는 이가 들떠서 이를 닦으면 안 된다고 하던데, 양치질을 하면 안 되나요?

A 이는 잘못 알려진 산후조리 상식으로, 산후에는 오히려 이나 잇몸 건강에 더 신경을 써야 한다. 간혹 산욕기 동안 양치질을 게을리 하여 이가 더 나빠지는 경우가 있는데, 이가 들뜨고 잇몸이 좋지 않은 산모일수록 식후 양치질을 제대로 하는 것이 좋다. 만약 잇몸에 통증이 심하거나 이가 빠지는 듯한 느낌이 들면 너무 무리하게 양치질하지 말고 가제로 부드럽게 닦아 준다.

Q 출산 후 일주일이 지났는데도 질에서 피가 섞인 분비물이 나와요. 이상이 있는 걸까요?

A 산후 얼마간은 오로가 나온다. 오로란 태반이 떨어져 나간 다음 자궁 내벽의 상처로부터 배어 나오는 혈액 성분이나 림프액으로서 자궁경관으로부터 배출되는 분비물도 석여 있다.

오로는 대개 출산 후 2~3일 사이에는 혈액 성분이 많고 색깔은 암적색으로 양이 많으며 독특한 냄새가 난다. 출산 후 3~4일이 되면 갈색이 되며 점차 양도 줄어드는데, 출산 후 10일 이후가 되면 황색에서 크림색으로 한층 양이 적어지다가 4~6주 후에는 저절로 사라지는 것이 보통이다. 만약 10일이 지났는데도 피가 섞인 붉은색의 오로가 계속되면 자궁복고부전증일지도 모르므로 검진을 받는 것이 좋다.

Q 산후에는 몸을 따뜻하게 해야 한다던데 무슨 이유 때문일까요?

A 예로부터 삼칠일, 즉 산후 3주간은 몸을 따뜻하게 하라는 말이 있다. 출산을 하고 나면 몸을 따뜻하게 해서 땀을 내야 한다는 의미다. 땀이 나면 몸 안의 노페물이 빠지면서 신장의 부담이 줄어들기 때문이다. 만약 덥다고 찬바람을 쐬면 말초혈관이 응고되어 노페물이 빠지지 않아 산후 회복이 더딜 뿐 아니라 산후풍으로 이어질 수 있다.

산후에는 아랫배와 외음부를 따뜻하게 해 주고 손목이나 발목 등 관절이 찬바람에 노출되지 않도록 따뜻하게 해 준다. 삼칠일까지는 가능하면 양말을 신고 긴 소매에 발목까지 내려오는 옷을 입는 것이 좋다. 사람이 활동하기 좋은 실내 온도는 16~18℃이지만 산모에게는 다소 높은 22℃, 습도는 60%가 적당하다. 단, 심하게 땀을 내는 것도 좋지 않으므로 주의한다.

Q 제왕절개 수술로 아기를 출산한 산모는 가물치를 먹지 말라던데, 맞는 얘긴가요?

A 그렇다. 가물치는 산모에게 좋은 음식으로 알려져 있지만 기력이 쇠한 경우나 몸에 상처가 있는 임신부는 오히려 회복을 방해할 수 있다. 제왕절개 수술을 했다면 기름기가 많은 음식보다는 당질이나 단백질, 비타민이 풍부한 담백한 음식을 챙겨 먹고 섬유질이 풍부한 과일이나 채소를 먹는다.

Q 출산 후 부기를 빼는 데 호박이 좋다던데, 아무나 먹어도 효과를 볼 수 있나요?

A 산후 보양식으로 널리 쓰이는 호박은 이뇨 작용이 있어 산후 부기를 빼는 데 효과적이다. 하지만 호박은 신장 기능이 떨어져 소변이 잘 배출되지 않을 때 먹으면 효과가 있지만, 출산 후 몸에 수분이 쌓여 생기는 부기에는 오히려 신장에 무리를 줄 수 있으므로 신중하게 먹어야 한다. 자칫 땀과 소변량이 많은 산모에게 수분과 열을 발생시켜 회복을 더디게 할 수 있기 때문이다. 따라서 출산 직후 부기가 자연스럽게 빠지는 산후 1개월 이내에는 오히려 호박을 먹지 않는 것이 좋다. 산후 1개월이 지난 후에도 여전히 부기가 남아 있거나 소변이 시원하지 않을 때 먹는다.

Q 산후 오로 같은 분비물이 많아졌어요. 샤워나 입욕은 언제부터 하는 것이 좋을까요?

A 자연 분만한 산모라면 간단한 샤워는 출산 후 3~4일이면 가능하지만 제왕절개 수술을 한 산모라면 상처 부위가 어느 정도 아물고 실밥을 뽑은 1주일 정도 지난 다음이 좋다. 이때 뜨거운 물을 틀어 욕실 안에 온기가 퍼진 다음 몸을 씻는 것이 좋다.

탕에 들어가는 것은 오로가 끝나는 4주 후부터 가능하다. 간혹 오로가 끝나자마자 대중탕에 가는 산모가 있는데 대중탕은 3개월 후에나 가는 것이 좋다.

Q 남편이 부부관계를 원하는데 출산 후 부부관계는 언제 시작하는 것이 좋을까요?

A 부부관계는 출산 후 첫 생리가 지난 다음 하는 것이 가장 안전하다. 하지만 산후 6주 정도면 생리와 관계없이 부부관계를 시작해도 된다. 자궁이 제대로 회복되었는지 산후검진을 받은 다음 시작하되, 당분간은 격렬한 체위는 삼가는 것이 좋다.

Q 시어머니께서 보약을 지어 오셨는데, 혹시 보약을 먹고 살이 찌진 않을까요?

A 많은 산모가 보약을 먹고 살이 찔까 봐 걱정하는데, 산후 비만은 잘못된 식습관과 운동 부족으로 오는 경우가 많다. 산후조리를 하면서 고열량 위주로 식사하고 몸을 움직이지 않았기 때문이다.

한방에서 처방하는 보약은 몸의 허약한 부분을 보충하고 신체 회복을 돕는 데 목적이 있다. 간혹 살이 붙기를 원하면 도와주는 경우도 있지만 오히려 신진대사를 원활하게 하여 살이 빠지게 돕는다. 산후에 먹는 보약도 허약해진 산모의 기혈을 보강하여 산후 회복을 돕는 것이 주 목적이다.

Q 출산 후 3개월이 지났는데 월경이 나오지 않아요. 혹시 임신한 것은 아닐까요?

A 출산 후 월경이 다시 시작되는 시기는 개인에 따라 다르지만 대개 6주~1년 사이로 다양하다. 월경을 일찍 시작하는 경우에는 임신일 수도 있으므로 출산 후 2~3개월이 되면 피임을 한다.

Q 출산 후 배가 완전히 들어가지 않았어요. 이대로 두면 배가 늘어질 것 같은데 보정 속옷을 입어도 되나요?

A 출산 후 보정 속옷은 최소한 한 달이 지난 다음 착용하는 것이 좋다. 특히 출산 직후에는 여유 있는 속옷이 더 좋으므로 임신 후기에 입었던 산모용 속옷을 1~2주 정도 입는다.

코르셋이나 복대 등을 착용하면 배가 더 빨리 들어갈 것 같지만, 오히려 허리에 무리를 줄 수 있다. 출산 직후에는 땀과 분비물이 자주 배출되므로 편하고 통풍이 잘되는 면 소재로 된 속옷을 입는다. 당장은 늘어진 뱃살과 벌어진 골반이 신경 쓰이겠지만 어느 정도 회복될 때까지 기다린다.

Q 아기에게 젖을 먹이는 기간에는 임신이 되지 않는다는 게 사실인가요?

A 아기에게 젖을 먹일 때 분비되는 프로락틴 호르몬은 배란을 억제하므로, 실제로 임신이 되지 않을 가능성이 높다. 하지만 첫 생리가 지난 다음 피임을 할 계획이라면 주의하는 것이 좋다.

보통 신생아가 이유식을 시작하는 6개월 무렵부터는 불규칙하게 생리가 시작되고 돌 무렵이 되면 정상적인 생리가 나오는데 이때 배란이 될 수 있다.

Q 산후조리를 잘못하면 평생 고생한다던데, 산후풍을 예방하는 방법이 궁금해요.

A 출산 직후에는 관절이 느슨해지고 출혈과 체력소모 등으로 급속한 신체 변화를 겪게 된다. 이를 어느 정도 회복하는 데는 상당한 시간이 걸린다. 산후조리 기간은 평균 6주로, 이 시기에는 찬바람을 쐬거나 아기를 오래 안고 있거나 무리한 운동, 집안일 등으로 관절을 무리하게 사용해서는 안 된다. 가능하면 찬 음식이나 무리한 야외 활동은 피하고 충분한 휴식을 취한다.

Q 출산 후 허리 통증이 너무 심해 움직이는 것조차 괴로워요. 수술을 받아야 할까요?

A 임신을 하면 자궁이 커지면서 허리에 부담을 줄이려고 자꾸 허리를 뒤로 젖히게 된다. 게다가 골반 근육과 인대를 이완해 주는 호르몬으로 인해 허리 근육과 인대도 늘어나고 약해진다. 따라서 출산 후에도 허리 근육이 약해져 있기 쉬운데, 이 상태에서 수유하고 아기를 돌보다 보면 허리 통증이 더 악화된다. 평소 바른 자세를 취하고, 고른 영양 섭취를 통해 약해진 뼈와 근육을 강화하면 점차 좋아지는 것이 보통이나 통증이 너무 심하면 허리 디스크나 후관절에서 비롯된 연관통일 가능성이 높으므로 검사를 받아 보는 것이 좋다.

8

눈높이 육아

열 달 동안 손꼽아 기다리던 아기를 만나면서 부부의
일상생활에는 많은 변화가 생긴다.
모든 생활이 아기 중심으로 돌아가고 부모로서의 역할과 책임이
요구되면서 지켜야 할 일도 많고 해야 할 일도 많아진다.
각종 위험 요소로부터 아기를 지켜야 하고 수유하기, 목욕시키기,
기저귀 채우기 등 아기가 최대한 편안한 상태를 유지하도록
배려해야 한다.
처음에는 이 모든 것이 서툴 수 있다. 하지만 이 책에 나온
육아 정보를 토대로 유연하게 대처하면 아기는 무럭무럭 자라날
것이다. 처음에는 자신의 몸도 제대로 가누지 못했던 아기가
어느새 뒤집고 기고 걷게 되는데, 이 시기에는 영양 섭취에
부족함이 없도록 규칙적으로 수유하되, 성장 속도에 맞춰
이유식을 병행한다.

신생아 키우기

아기의 첫 모습은 어떨까?

임신 10개월 내내 꿈에 그리던 아기를 처음 품에 안은 순간, 지금까지 상상하던 아기의 모습과 달라 실망스러울 수 있다.

갓 태어난 아기는 피부도 쪼글쪼글하고 비좁은 산도를 통과하면서 두개골 모양이 변형되기 쉽다. 아기의 첫 모습은 자궁에서의 자세, 분만 유형 등에 영향을 받는데, 머지않아 통통하면서도 예쁜 아기의 모습으로 변하므로 크게 걱정하지 않아도 된다. 미리 신생아의 생김새나 특징을 알아 두면 안심이 될 것이다.

생리적 특징

- **몸무게와 체격** 출생 시 체중은 보통 2.5~4kg, 신장은 50cm 정도다. 머리둘레는 평균 34.5cm, 가슴둘레는 33.5cm로 머리둘레가 가슴둘레보다 큰 것이 특징이다. 몸 전체의 비율로 보면 4등신이지만 아기마다 조금씩 체격이 다르다.

- **체온** 갓 태어난 아기의 체온은 37~38℃ 정도다. 출생 후 2~3시간이 지나면 수분 부족으로 인한 발열 현상으로 일시적으로 체온이 떨어진다. 하지만 2~3일이 지나면 다시 37℃ 전후로 안정된다.

- **자세** 아기는 출생 후 얼마 동안 엄마 뱃속에서 있을 때와 같은 자세를 취하고 있다. 등은 오그리고 팔꿈치는 굽히며, 손은 주먹을 쥔 채 볼 옆에 두고 있으며 무릎을 굽혀 웅크린 자세로 잔다.

- **호흡** 갓 태어난 아기는 혈액에 필요한 산소를 받아들이기 위해 분당 30~60회

로 호흡한다. 이는 성인보다 2.5배 정도
빠른 수치로, 조그마한 자극에도 호흡이
불규칙해진다.

● **수면** 신생아의 수면 시간은 보통 하루에
20~22시간 정도. 젖을 먹거나 기저귀를
갈아 줄 때 외에는 거의 온종일 잔다.

신체적 특징

● **머리** 몸 전체 비율로 볼 때 머리가 가장
크다. 갓 태어난 신생아의 두개골은 출
산 시 산도를 빠져나갈 수 있게 물렁물
렁하다. 질식 분만한 아기의 두상은 좁
은 산도를 지나느라 원추형을 하고 있을
수 있다. 또한 충분히 팽창하지 않은 자
궁경부에 머리가 부딪히면 '산류'라고
하는 혹같이 생긴 덩어리가 생길 수 있
다. 원추형의 두상은 생후 며칠 내로 둥
그스름해지기 시작하고 산류는 하루이

틀 뒤면 사라진다.

● **천문** 머리 맨 윗부분에 있는 다섯 개의
두개골 조각이 아직 봉합되지 못해 생기
며, 머리 꼭대기 쪽 정수리 부분, 맥박이
뛰는 물렁물렁한 브위다. 이 부위는 뼈
의 성장이 순조롭게 진행됨에 따라 점점
줄어들어 생후 2년이면 거의 닫힌다.

● **머리카락** 아기 중어는 머리카락이 많이
자란 아기도 있고 더리카락이 거의 없는
아기도 있다. 출생 시 머리카락은 생후
몇 개월 내에 교체되는데, 점점 자라면
서 머리숱이 많아진다.

● **얼굴** 갓 태어난 아기는 눈이 붓거나 벌
겋게 충혈되어 있고, 코가 납작하게 밀
린 것처럼 보일 수 있다. 이것은 자궁에
서의 자세와 좁은 산도를 내려오느라 생
긴 현상으로 하루이틀 지나면 개선된다.

● **피부** 갓 태어난 아기는 온몸이 태지로
덮여 있고 주름이 많이 잡혀 있다. 처음

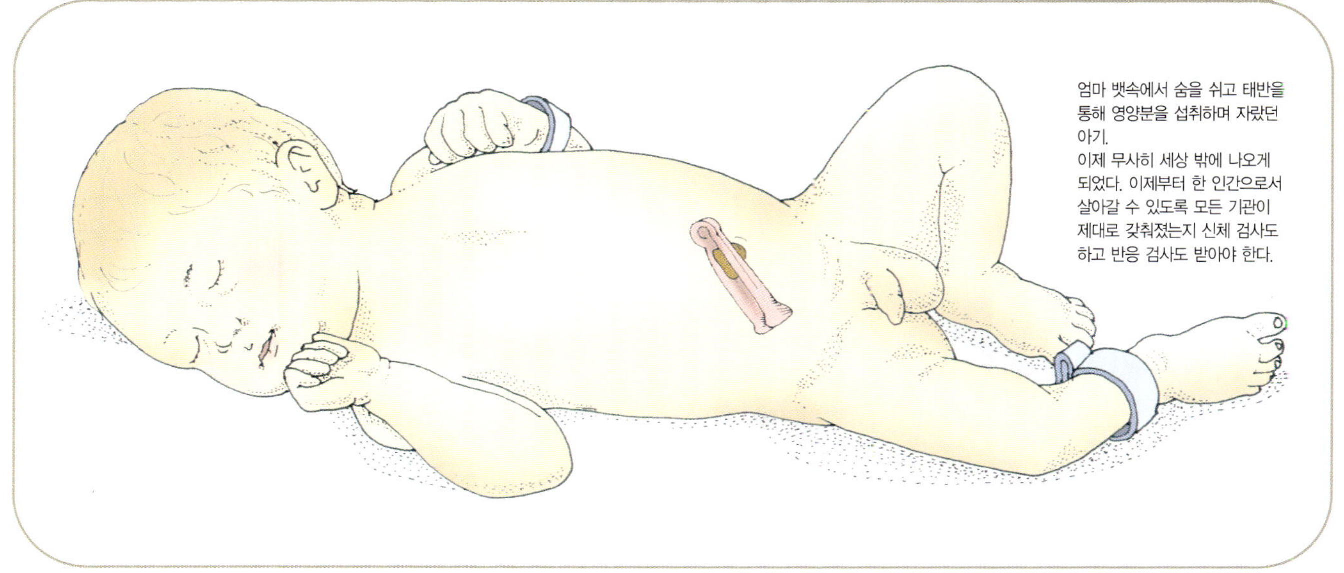

목욕을 시키면 피부가 건조한 것처럼 갈라져 보이기도 하는데 이것은 오랫동안 양수에 잠겨 있었기 때문이다.

● **눈** 생후 6주 이전까지는 사물을 볼 수 없다. 그러나 명암은 느끼기 때문에 빛을 쬐어 주면 눈이 부신 듯 눈을 꼭 감기도 한다. 생후 6주 이전이라도 주위를 둘러보고 엄마 얼굴을 쳐다보기도 하는데 이때 초점 거리는 20~25cm 정도다.

● **배꼽** 출생 후 탯줄을 묶고 자르면 배꼽이 된다. 탯줄은 처음에는 투명한 젤리

신생아의 5가지 감각

★ **청각** 출생 직후라도 강한 소리에 반응한다. 눈을 깜빡이거나 몸을 움찔하는 반응을 보이는데, 이는 아기가 자극을 느끼고 있다는 것을 의미한다.

★ **시각** 강한 빛을 쬐이면 눈을 꼭 감는다. 신생아는 20cm 이내에서는 사물의 윤곽이나 색조를 어렴풋이 감별할 수 있다. 하지만 눈을 움직이는 신경의 조정이 아직 원활하지 못하며 자라면서 성숙한다.

★ **후각** 엄마의 젖 냄새를 분간할 수 있을 정도로 발달했고 자극이 강한 냄새에 대해서도 반응을 보인다.

★ **미각** 단맛, 쓴맛, 신맛 등을 명확하게 구분할 수 있는 것은 아니지만 좋아하고 싫어하는 것은 분명히 구별할 수 있다. 특히, 맛을 느끼는 부위인 미뢰는 태어나기 전에 이미 완성되므로 출생 직후 맛 구별이 가능하다.

★ **촉각** 엄마의 심박동 소리와 포근하게 안기는 느낌을 좋아한다. 온도 감각이 예민해 약간의 온도 차에도 우유를 거부할 수 있다.

같이 말랑말랑하지만 곧 건조되어 며칠 후에는 통증 없이 떨어진다.

● **유방** 남아든 여아든 유방이 볼록하게 부풀어 있는 것을 볼 수 있다. 이는 어머니의 유방을 자극하던 호르몬이 아기의 유선에 영향을 주었기 때문이다. 때로는 젖이 나오기도 하는데 젖을 짜 주면 세균 감염을 일으키기 쉽다.

● **손과 발** 신생아는 생후 며칠 동안 손발이 푸르스름한데, 이러한 말단청색증은 혈액순환이 원활하지 못해 생기는 현상이다. 단, 손발을 제외한 다른 부위는 건강한 분홍색을 띠어야 한다.

● **손톱** 아기가 태어날 때 손톱이 길어 놀라는 사람도 있을 만큼 손톱과 발톱이 완전히 갖춰져 있다. 손톱이 너무 길어 아기가 자기 몸을 할퀼 것 같아 걱정된다면 신생아용 손톱깎이로 조심스럽게 깎아 주거나 손싸개를 씌워 준다.

● **생식기** 남아는 음낭이 약간 부어 있을 수 있는데 이 현상은 고환을 둘러싼 유동체 때문에 생기는 것으로 몇 달 내로 가라앉는다. 그렇지 않으면 수술을 받아야 하므로 주의 깊게 관찰한다.

여아는 생식기가 약간 부어 있고 흰색 질 분비물이 나올 수 있다. 질 분비물이나 질 출혈은 아기 몸속에 남아 있는 임신 호르몬 때문으로 생후 10일 내로 사라진다.

신생아 건강은 어떻게 체크할까?

아기는 태어나자마자 건강에 이상이 없는지 여러 가지 검사를 받게 된다. 이는 아기가 정상적으로 자랄 수 있는지 판단하는 기본 검사이므로 세밀하게 이루어진다.

태어나면 바로 받는 검사

온 몸 검사

아기를 발가벗긴 채 진행하며 머리부터 발끝까지 아기에게 이상이 없는지 구석구석 살핀다. 전체적인 자세, 긴장도, 신경학적인 성숙 상태 등을 세심하게 살펴보고 만약 이상이 있다면 조기에 발견해서 치료하기 위해, 한 번에 끝나지 않고 회진을 하면서 자주 검사한다.

심장 소리 검사

청진기로 심장 소리를 들어서 심장에 이상이 없는지 체크한다. 아직 심장이 완전히 아물지 않았으므로 자주 검사를 하는 것이 좋다.

호흡수나 호흡법 등을 살펴보는 것은 물론, 아기의 장기에도 이상이 없는지 따뜻한 손으로 아기의 배도 만져 본다.

피부색 검사

아기의 피부색이 선홍색을 띠어야 정상이다. 너무 하얗거나 청색이면 의심해 봐야 한다. 전등으로 불빛을 비춰 검진하기도 한다.

혈액 검사

아기의 발뒤꿈치에서 피를 뽑아 여과 종이에 묻혀서 검사한다. 이 검사는 '선천성 대사 이상'을 체크하는 검사로, 생후 이틀이 지난 후 하게 된다. 신생아는 몸 안의 신진대사에 꼭 필요한 효소를 가지고 태어나는데, 이 효소가 없거나 너무 적어도 문제가 된다. 이 검사로 정신 지체나 심신 장애 여부를 조기에 알아낼 수 있다.

머리 상태 검사

아기가 산도를 빠져나오면서 상처를 입지 않았는지 살펴본다. 머리는 특히 중요한 부분이므로 문제점을 빨리 발견하는 것이 중요하다. 머리 꼭대기부터 주변을 천천히 쓰다듬으면서 혹이나 그 밖의 다른 이상은 없는지 검사한다.

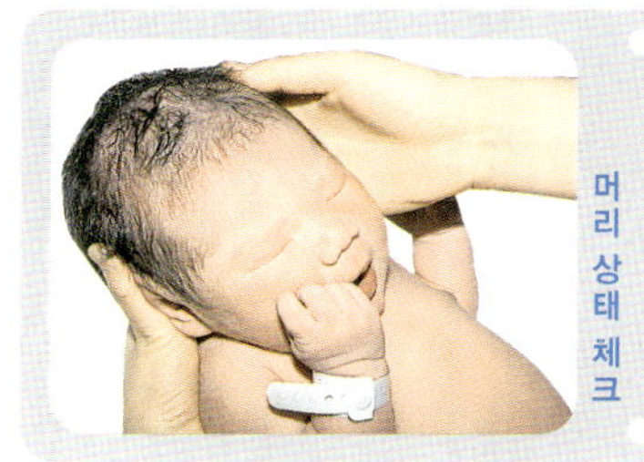

입 속 검사

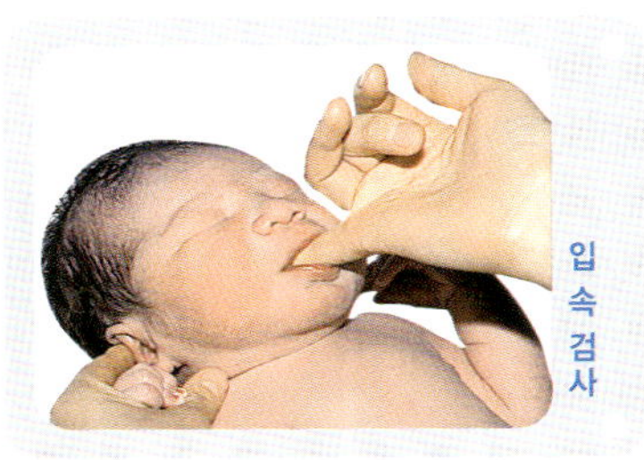

잇몸, 혀, 입천장 등이 제대로 모양을 갖췄는지, 이상한 혹 같은 것은 없는지 알아보는 검사다. 손가락을 아기 입 속에 넣어 더듬어 보는데, 만약 혀의 뿌리가 입 바닥에 많이 붙어 있으면 조기에 발견해서 수술을 해야 한다.

항문 검사

항문에 손가락을 대보아 항문이 제대로 뚫려 있는지 살펴보는 검사로, 이상이 있으면 빨리 조치를 취한다. 배설은 태어나서 바로 이뤄지는 신진대사이므로 이 검사는 매우 중요하다.

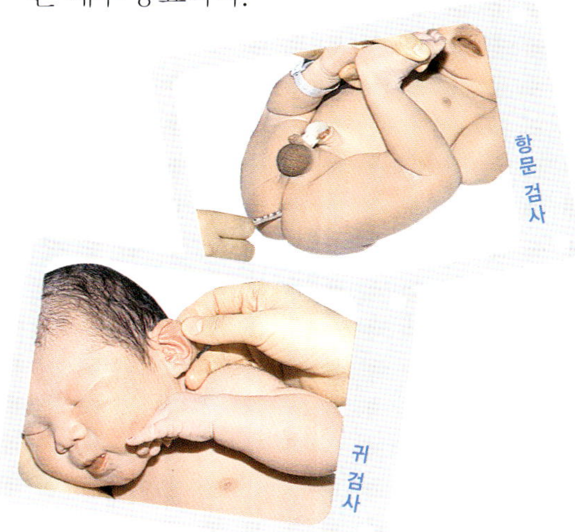

귀 검사

귀의 구멍은 제대로 뚫려 있는지, 귀 바퀴 모양은 이상이 없는지 일일이 세심하게 관찰해야 한다. 양쪽 귀의 안과 밖을 모두 손으로 더듬어 보고 눈으로 봐서 이상이 없는지 살핀다.

성기 검사

여자아이는 외음순과 소음순 등이 잘 아물려 있는지를 살펴보고, 남자아이는 양쪽 음낭의 크기가 같은지 검사한다. 만약 한 쪽이 2~3배 정도 크다면 음낭수종이나 서혜부탈장일 가능성이 있다.

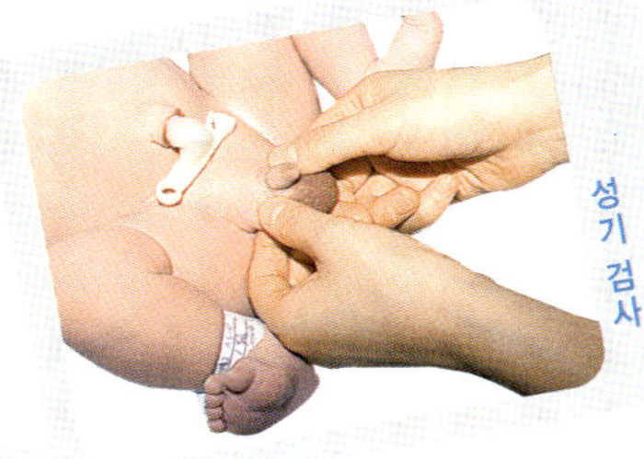

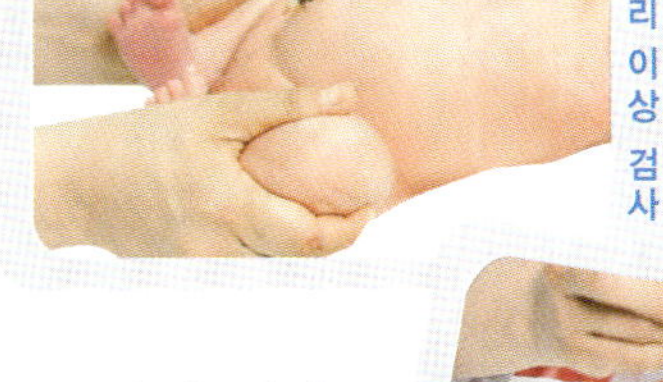

다리 이상 검사

아기의 양 다리를 손으로 벌려 검사한다. 다리가 벌어지는 모습에 이상은 없는지, 다리 길이는 양쪽이 같은지를 살펴본다. 만약 고관절이 탈구되면 다리를 벌리는 모습이 부자연스럽고 다리 길이가 다르다.

황달 검사

신생아 황달은 생후 2~3일경부터 나타난다. 이것은 적혈구가 파괴되면서 생기는 노란 담즙인 빌리루빈 때문에 생기는 것인데 신생아에게 흔히 일어나는 증세로, 며칠이 지나면 자연히 없어진다.

신생아 반사란 무엇일까?

갓 태어난 아기는 어떤 자극에 대해 본능적으로 반응하는데, 이러한 반사 반응이 정상적으로 일어나는지 여부는 신경과 근육의 성숙도를 판단하는 지표가 된다.

일부 반사 반응은 아기가 새로운 기술을 배우고 익히는 데 중요한 역할을 하기도 한다. 신생아의 반사 반응은 차츰 복잡하고 조화된 운동으로 발달하며 생후 6개월 안에 서서히 사라진다.

반드시 체크해 볼 아기 반사

● **먹이 찾기 반사** 구순 반사라고도 불리며 배가 고플 때 가장 강하게 나타나는 반응이다. 아기의 입술에 손가락을 갖다 대면 자극을 받은 방향으로 입술을 내밀며 빨려는 반응이다.

● **파악 반사** 쥐기 반사라고도 하며 신생아의 손바닥을 손가락으로 가볍게 자극하면 무의식적으로 상대의 손가락을 꽉 쥔다. 이때 쥐는 힘이 뜻밖에 강해서 잡아당기면 아기가 두 손에 매달려 딸려 올 정도다. 아기의 이런 행동은 엄마에게 매달리려는 욕구와 깊은 관계가 있다.

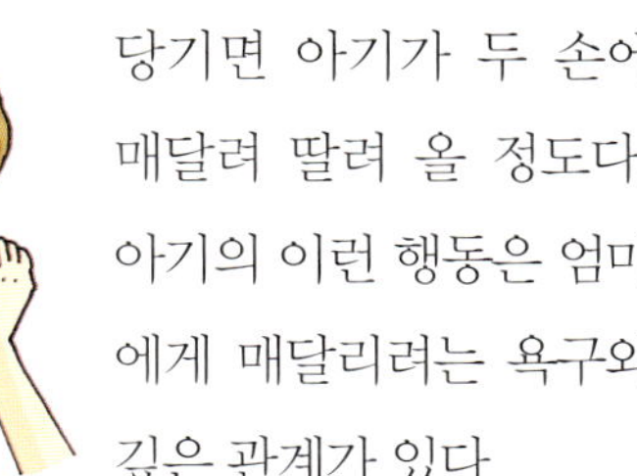

● **모로 반사** 아기를 건드리거나 가볍게 들어 올렸다가 내리면 놀라서 팔과 다리를 벌렸다가 무언가 껴안는 듯한 동작을 하는 것을 말한다. 자극이 심하면 우는 일도 있는데 생후 3~4개월 이후에도 이런 행동이 지속되면 뇌 이상을 의심해 본다.

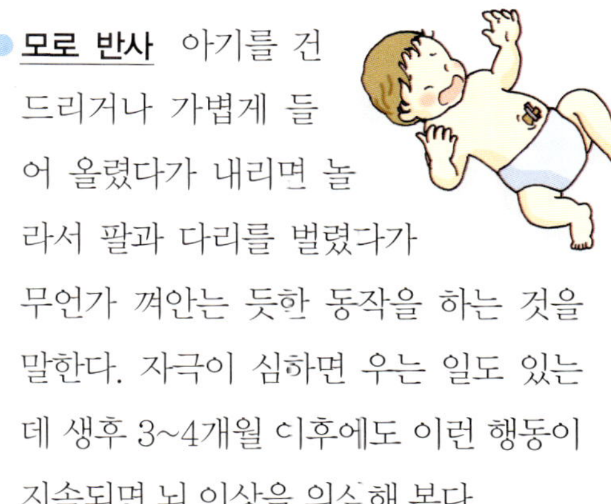

● **걸음마 반사** 아기를 걸음마 시키듯 상체를 약간 앞으로 기울이면 발을 높이 들면서 걷는 흉내를 내는 것을 말한다. 아기의 양쪽 겨드랑이 밑을 감싸고 편평한 바닥에 양발을 딛게 해 똑바로 세우면 나타난다.

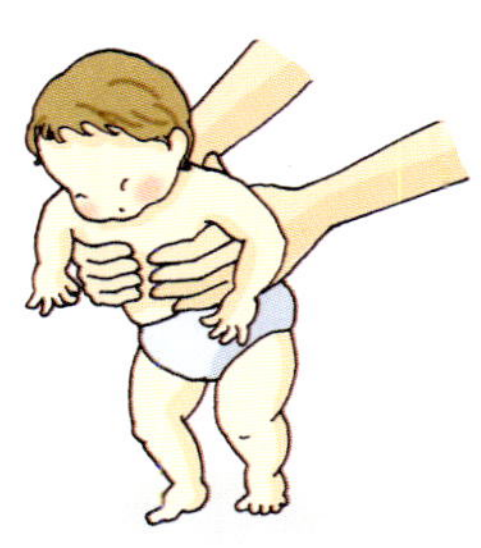

● **일으키기 반사** 아기의 근육이 제대로 움직이는지 알아보는 반사로, 아기의 두 손을 잡고 일으키는 시늉을 하면 아기도 몸을 일으키려고 힘을 준다.

그 밖에 아기의 다른 반사

★ **등 반사** 왼손으로 아기를 받치고 오른손 손가락으로 아기의 등뼈와 평행이 되도록 한쪽으로 길게 선을 긋듯이 자극해 주면 자극받은 몸 전체가 활처럼 휜다. 동시에 반대편 다리를 오므리는데 이러한 반사는 생후 2개월이면 사라진다.

★ **자리 찾기 반사** 걸음마 반사의 일종으로 아기를 안고 탁자 모서리에 아기의 발끝이나 정강이를 대어 보면 마치 계단을 오르듯이 발을 높이 들어 올라선다. 허공에 떠 있는 불안한 상태에서 발을 디딜 물체를 찾아 설 곳을 찾는 본능적인 행동이다.

수유는 어떻게 할까?

엄마 뱃속에서 탯줄을 통해 영양분을 공급받던 아기는 이제 분유나 모유로 영양을 공급받게 된다. 엄마의 건강 상태나 여건이 허락한다면 모유를 먹이는 것이 가장 이상적이지만, 누구나 모유수유가 가능한 것은 아니며 모유를 먹이지 않더라도 얼마든지 건강한 아이로 키울 수 있다. 엄마와 아기의 건강 상태나 상황 등을 고려해 자신에게 맞는 방법으로 수유하면 된다.

엄마가 알아 둘 신생아 수유 상식

🌸 3~4시간 간격이 적당하다

일반적으로 3~4시간 간격이 적당하지만 아기마다 개인차가 있으므로 반드시 지킬 필요는 없다.

생후 몇 주 동안은 아기가 젖을 자주 먹

분유수유하는 아기가 잘 토하는 이유

일반적으로 아기가 수유할 때 공기를 마시게 되는데, 공기를 빼내려고 트림을 시키다 보면 토하는 경우도 생긴다. 특히 젖병을 이용하여 분유수유하는 아기가 잘 토하는데, 이는 아기 입과 젖병이 잘 밀착되지 않아 공기를 많이 마시기 때문이다. 모유수유하는 아기는 유방이 입에 가득 차 공기를 덜 마신다.

고 싶어 하는데, 이럴 때는 아기에 맞춰 주면서 조금씩 젖먹이는 간격을 늘린다. 그럼 어느새 4시간 간격으로 젖을 먹는 패턴이 정착될 것이다. 단, 아기가 젖을 찾지 않더라도 5~6시간은 넘기지 않는다.

🌸 하루 6~8회 수유한다

모유를 먹일 경우에는 양쪽 젖을 번갈아 먹이되, 아기가 엄마 젖을 먹고 싶어 하는 만큼 충분히 먹게 한다. 배가 부르면 아기는 저절로 젖에서 떨어질 것이다.

분유를 먹일 경우에는 보통 아기 체중 0.5kg당 75~100㎖의 우유가 필요하며, 하루 6~8회 수유가 필요하다. 만약 아기 체중이 3.5kg이라면 하루에 415~620㎖는 먹여야 한다.

물을 먹일 경우에는 반드시 끓여서 식힌 것을 먹인다. 모유에는 아기에게 필요한 수분이 풍부하게 들어 있으므로 따로 물을 먹일 필요는 없지만, 아기가 탈수 증세를 보이거나 열이 날 때는 조금 먹일 수 있다.

🌸 수유 시간에 구애받지 않는다

생후 1개월 동안 우유는 하루에 3~4시간 간격으로 6~7회 정도, 모유는 1~2시간 간격으로 10~15회 정도 먹인다. 한 번 먹는 데 걸리는 시간은 15~20분 정도로, 젖이나 우유를 먹으려고 깨서 다 먹고 안정되기까지는 30분 정도 걸린다. 만약 수유 시간이 길면 젖이 충분히 나오지 않거나 우유병의 젖꼭지 구멍의 개수가 적다는 것을 의미하므로 체크해 보는 것이 좋다.

하지만 지나치게 시간에 구애받을 필요는 없다. 아기가 젖을 먹고 싶어 할 때는 언제든지 먹인다. 아기가 자라면서 자연히 수유 간격이 생기고 스스로 리듬을 만들어 가기 때문이다.

대부분 아기는 커가면서 먹는 양이 늘고 수유 간격도 길어지는데, 3~4개월 무렵이면 밤중 수유는 중단해도 될 정도다. 보통 재우기 전에 젖을 충분히 먹이면 자다가 배가 고파 깨는 일 없이 아침까지 잘 잔다.

올바른 수유 자세

🐦 엄마도 아기도 편한 자세로 먹인다

모유를 먹일 때는 엄마와 아기 모두 편안한 자세를 취한다. 피로감도 줄이고 아기를 편하게 안으려면 옆으로 안는 것이 좋은데, 먼저 한쪽 팔로 아기의 머리와 어깨를 받치고 한 손으로 엉덩이를 받쳐 자세를 잡는다. 이때 아기의 머리는 젖을 쉽게 먹을 수 있도록 유두와 직선 높이가 되게 한다.

🐦 아기가 젖꼭지를 완전히 물게 한다

자세가 안정되면 자유로운 한 손으로 유방을 받치듯이 잡고 젖꼭지로 아기의 아랫입술을 가볍게 두드려 먹이 찾기 반사를 자극한다. 아기가 입을 크게 벌리면 아기

를 가슴 쪽으로 끌어당기는데, 이때 젖꼭지가 입 한가운데 수직으로 들어가게 한 다음 젖꼭지의 검은 부분까지 완전히 물린다. 아기의 혀가 젖꼭지가 아닌 유륜을 감싸고 있어야 잘 물린 것이다.

모유를 먹이면 신체 접촉으로 인해 자연스럽게 엄마와 아기 사이에 끈끈한 유대관계가 형성된다고 한다.

🐦 아기와 눈을 맞추고 젖을 먹인다

분유를 먹인다 하더라도 모유를 먹일 때처럼 피부를 접촉시켜 아기가 엄마의 심장 소리를 들을 수 있도록 최대한 유사한 자세로 먹이는 것이 좋다.

이때 아기가 우유를 다 먹을 때까지 따스한 시선을 보낸다. 이렇게 하면 모유를 먹일 때처럼 엄마와 아기의 유대관계가 형성될 뿐 아니라 아기에게 만족감, 안정감을 줄 수 있다.

수유 트러블 예방 & 대책

🦋 울혈 예방

출산 후 2~3일이 지나면 진짜 젖이 나오기 시작한다. 젖이 나오면 유방이 뜨거워지면서 붓는 느낌이 들 것이다. 유방이 지나치게 붓는 듯한 울혈 현상이 생기면 샤워를 하면서 손으로 젖을 약간 짜내면 통증이 완화된다. 하지만 젖을 너무 많이 짜내면 뇌는 아기에게 충분히 먹이기 위해 젖을 더 많이 생산해야 하는 것으로 착각하고 계속 젖을 생산하기 때문에 문제가 생길 수 있다.

울혈이 생기지 않게 하려면 우선 자신에게 잘 맞는 수유용 브래지어를 착용한다. 그리고 1~3시간 간격으로 젖을 먹이며 먹일 때마다 양쪽 유방의 젖을 다 먹이도록 한다. 아기가 한쪽 젖을 각각 10~20분 이상 먹게 하도록 한다.

🦋 유두통증 해소

아기에게 젖을 먹이고 처음 며칠 동안 특히 아기가 젖꼭지를 당겨 입에 넣으면 1~2분 정도 젖꼭지가 따갑고 쓰린 느낌이 들 수 있다. 이때 통증이 너무 심해서 아기에게 젖을 물리기가 겁이 날 정도라면 수유자세가 좋지 않기 때문일지도 모른다. 젖꼭지 끝이 아프고 갈라지고 상처가 난다면 젖을 먹이는 동안 젖꼭지가 아기의 입천장과 마찰을 일으키기 때문일 수 있다. 반면에 젖꼭지 아래쪽이 그렇다면 아기가 입을 충분히 벌리지 않거나 유륜에서 벗어나 젖꼭지를 물고 있거나 아구창 때문에 아기의 잇몸이 유륜이 아니라 젖꼭지를 누르기 때문일 수 있다.

유두통증을 없애려면 아기가 젖을 먹기 전에 젖을 소량 짜낸다. 이렇게 하면 유두가 해지고 찢어지는 현상을 조금 완화할 수 있다. 젖을 먹인 다음에 유두를 공기 중에서 건조시키거나 잠깐 동안 유두를 차가운 팩에 대는 방법도 있다. 또한 아기는 허기질 때 더 힘차게 젖을 빨기 때문에 양쪽 젖 중에서 덜 아픈 쪽의 젖을 먼저 먹이도록 한다. 일시적으로 유두 상처보호기를 사용할 수 있는데, 경우에 따라 상처를 악화시키고 젖의 분비량을 감소시킬 수 있다.

수유 방법별 체크 포인트

🦋 모유를 먹일 때

● 균형 잡힌 식사를 하고 휴식을 취한다

엄마가 먹는 영양분은 모유를 통해 태아에게도 전달되므로 질이 높고 체내흡수율이 높은 음식을 골라 먹어야 한다. 가능하면 인스턴트식품이나 약물 섭취는 금하고 균형 잡힌 식사를 한다.

● 우유병 젖꼭지를 물리지 않는다

모유를 먹이기로 했으면 처음부터 아기에게 우유병 젖꼭지를 물리지 않는다. 아기가 우유병 젖꼭지에 익숙해지면 입을 적게 벌리고 입 안에 딱딱한 우유병 젖꼭지가 느껴질 때까지 젖을 빨지 않고 기다린다.

우유병은 입만 대고 있으면 우유가 저절로 흘러나오는 데 반해 엄마 젖은 1~2분 정도 힘차게 빨아야 젖이 나오기 때문이다.

● 앞이 터진 옷이 젖 먹이기 편하다

모유를 먹이는 신생아와 외출할 때는 앞이 터진 옷을 입는 것이 좋다. 앞이 터진 옷은 가슴을 모두 드러낼 필요 없이 아기에게 젖을 먹일 수 있으므로 편리하다. 이때 수유용 브래지어를 입으면 더욱 편하다.

● 모유는 냉장고에 보관한다

만약 아기와 함께 외출할 수 없는 상황이라면 손이나 유축기로 젖을 짜내 다른 사람이 먹일 수 있도록 젖병에 담아 냉장고에 보관한다. 모유는 냉장고에서 24시간까지 보관할 수 있고 냉동하면 2주까지 보관할 수 있다. 모유를 보관할 때는 병에 착유 날짜와 시간을 적어 놓고 먼저 짜 둔 것부터 순서대로 먹인다.

🌸 모유와 분유를 함께 먹일 때

● 모유에서 분유로 옮겨갈 때 먹인다

분유가 모유를 완벽하게 대신할 수는 없지만, 아기에게 필요한 영양소는 충분히 제공하므로 아기의 발육에는 큰 문제가 되지 않는다. 가능하면 모유를 먹이는 것이 바람직하지만 모유 양이 적거나 여건이 허락지 않을 때, 혹은 젖을 떼는 과정이라면 모유와 분유를 함께 먹인다.

모유와 분유를 함께 먹일 때는 횟수를 조절하는 방법과 매번 모유와 우유를 함께 주는 방법이 있는데 아기가 우유에 익숙해

질 수 있도록 엄마가 배려해 주어야 한다.

모유를 뗄 때는 처음부터 아기에게 무리하게 우유병을 물리지 말고 젖꼭지의 감촉을 익히도록 차차 양을 늘려 주는 것이 좋다. 만약 아기가 우유 맛을 낯설어한다면 처음에는 모유를 짜서 우유병에 담아 먹이는 것도 좋은 방법이다.

🌸 분유를 먹일 때

● 분유의 농도는 제품 표시 방법에 따른다

분유를 탈 때는 각 제품에 표시된 사용 방법에 따라 물과 분유를 섞는다. 농도가 너무 짙으면 살이 찌거나 소화를 잘 못 할 수 있다. 반대로 너무 묽으면 발육에 지장이 생길 수 있으므로 아기의 개월 수나 체중에 따라 규정된 대로 정확하게 계량하여 탄다.

우유 타기

◀ 분유를 타기 전 물을 충분히 끓여 놓는다. 약 50℃ 정도(손등에 대어 보아 따뜻한 정도)로 식힌 후 소독된 우유병에 눈금을 보면서 일정량만큼 붓는다.

▲ 분유를 탈 때는 규정된 숟가락을 사용하고, 숟가락 표면을 반듯하게 깎아내어 정확하게 계량한다.

◀ 젖꼭지를 병에 끼우고 뚜껑을 덮은 다음, 아래위로 충분히 흔들어 준다. 우유는 쉽게 부패하므로 상온에 두지 않는다. 보관할 때는 냉장고에 넣었다가 뜨거운 물에 담가 데워 먹인다.

분유는 먹이기 직전에 한 번 먹을 분량만 탄다. 먼저 끓인 물을 식힌 다음 필요한 물의 2/3만 넣고 분유를 넣어 한 번 흔들어 준다. 그런 다음 나머지 1/3을 넣어 잘 녹도록 흔들어 준 다음 손목 안쪽에 한두 방울 떨어뜨려 보아 따뜻할 정도(약 37℃)로 식힌 다음 먹인다.

● 젖꼭지 구멍은 2~3초당 한 방울이 알맞다

젖꼭지 구멍의 크기는 우유병을 흔들지 않고 수직으로 들었을 때 우유가 2~3초마다 한 방울씩 떨어지는 정도가 이상적이다. 우유가 너무 빨리 떨어지거나 너무 느리게 떨어지면 아기가 먹기가 어렵다.

● 위생관리를 철저히 한다

분유를 먹일 때는 위생 관리에 각별히 신경을 써야 한다. 모유에는 아기에게 필요한 항체가 들어 있으므로 세균 감염으로부터 보호를 받을 수 있지만, 분유는 그렇지 못하다. 따라서 손은 깨끗이 씻고 젖병과 젖꼭지는 늘 청결히 관리한다.

수유 기구를 소독할 때는 우선 젖꼭지를 젖병에서 빼낸 다음 찬물로 병과 젖꼭지를 씻는다. 이때 분리한 젖꼭지는 우유 찌꺼기가 남지 않도록 구석구석 깨끗하게 문질러 씻는다. 우유병도 찬물로 안쪽을 씻어낸 다음 따뜻한 물에 세척제를 타서 흔들어 씻고 병 안에 긴 솔을 넣어 샅샅이 닦는다.

씻은 젖병과 젖꼭지는 찬물이 담긴 용기에 잠길 정도로 물을 넣고 끓이는데, 젖병은 끓는 물에서 5분, 젖꼭지는 2~3초 정도 소독하고 나서 멸균 용기에 보관한다.

수유 후 트림시키기

모유를 먹이건 우유를 먹이건 젖을 먹인 다음에는 반드시 트림을 시켜 공기를 뱉어 내게 한다. 그렇지 않고 아기를 그대로 눕히면 트림을 하면서 토할 수 있다.

모유나 분유를 먹인 후에는 아기의 복부가 엄마의 어깨에 닿게 세워 안고 아기의 등을 쓸어 주면서 가볍게 토닥거려 준다. 만약 아기가 수유 직후 트림을 하지 않으면 무리하게 시키지 말고 30분이나 1시간 후에 다시 시도한다.

🌸 아기 트림시키는 법

● 어깨 위로 안고 트림시키기

아기를 엄마의 가슴 높이로 안은 다음 아기의 머리가 엄마의 어깨 위로 올라가게 한다. 이때 아기의 등과 엉덩이를 잘 받친다. 아기가 트림할 때까지 부드럽게 등을 두드리거나 문지른다.

● 무릎 위에 엎어 놓고 트림시키기

아기를 무릎 위에 엎어 놓고 트림할 때까지 등을 부드럽게 쓸어내리거나 두드린다.

● 무릎에 앉히고 트림시키기

아기를 무릎에 비스듬히 앉힌 다음 엄지손가락과 집게손가락을 아기의 턱 아래에 대고 손바닥으로 아기의 가슴을 지지한다. 다른 손으로는 아기의 등을 지지해 아기를 앞뒤로 부드럽게 흔들어 준다. 아기가 트림할 때까지 아기의 등을 가볍게 문지르거나 두드려도 좋다.

아기의 대소변, 무엇을 체크할까?

대소변 상태는 아기의 건강을 나타내는 바로미터다. 모유를 먹느냐, 분유를 먹느냐에 따라 조금씩 다르지만, 대소변의 상태만 봐도 건강에 이상이 있는지 확인할 수 있기 때문이다. 아기의 배변 색깔이나 상태를 수시로 살펴 보고 아기의 몸에 이상이 없는지 체크하는 것이 중요하다.

엄마가 알아 둘 신생아 배변 상식

첫 배설물은 녹색의 끈적한 변이다

갓 태어난 아기는 출생 후 48시간 이내 소변을 보고 24시간 이내 대변을 본다. 특히 신생아의 첫 대변은 '태변'이라 불리는 흑녹색의 끈적한 변으로, 엄마 뱃속에 있을 때 아기 장안에 모인 분비물이다.

신생아는 대소변을 자주 본다

신생아는 생후 몇 주 동안 깜짝 놀랄 정도로 배설을 많이 한다. 생후 3~4일경에는 하루에 3~4회씩 소변을 보고 생후 7일 정도 되면 횟수가 두 배로 늘어난다. 생후 10일 정도 되면 하루에 12~20회 정도 소변을 보는데, 경우에 따라서는 하루에 20~30회 정도 소변을 보는 아기들도 있다.

대변은 생후 며칠 동안은 하루에 2~3회 정도 보게 되는데, 모유를 먹는 아기는 그보다 잦아 2~3회 이상 보기도 한다. 보통

젖을 먹인 직후 변을 보며, 생후 한 달 정도 지나면 일정한 배변 리듬이 생긴다.

모유 먹는 아기와 분유 먹는 아기는 변 상태가 다르다

● **모유 먹는 아기의 변** 대변에서 독특한 냄새가 나고 2~3주일이 지나면 연한 노란색으로 변한다. 연한 초록색의 점액질이 섞인 변을 보는 일도 있는데 정상이므로 걱정할 필요는 없다. 모유는 아기의 소화계가 제거할 고체의 노폐물을 거의 남기지 않으므로, 생후 6주가 되면 1주일에 한 번 배변을 하기도 한다. 이는 변비에 걸린 것이 아니라 소화 계통이 성숙하여 엄마 젖을 더 효율적으로 받아들이고 있다는 뜻이다. 대변은 일반적으로 땅콩버터보다 점성이 약하다.

▶ **분유 먹는 아기의 변** 보통 하루에 한 번

은 변을 보는데 하루 이상 변을 보지 못하면 변비일 수 있다. 변 색깔은 주로 잿빛 노란색이며 초록색을 띨 때도 있으며 모유를 먹는 아기보다는 굳어 있는 것이 특징이다.

생후 2~3주일이 지나면 하루에서 길면 일주일 동안 대변을 보지 못하다가 갑자기 많은 양의 대변을 보기도 한다.

변으로 체크하는 아기 건강

아기가 단단한 변을 보더라도 항문에서 피가 나오지 않으면 크게 걱정하지 않아도 된다. 하지만 기저귀가 다 젖을 정도로 물기가 많거나 초록색 변을 본다면 위에 탈이 났다는 것을 의미한다.

특히 대변 횟수가 평소보다 많고 점액질이 짙은 초록색일 경우는 몸에 탈수 현상이 일어날 수 있으므로 병원을 찾는다.

또한 점액이 섞인 혈변은 장중첩증, 옅은 잿빛은 선천성 담도 폐쇄증일 수 있으므로 즉시 병원으로 가서 정밀진단을 받는다.

건강한 아기 변을 위한 지침

● 위생 관리를 철저히 한다

분유를 먹이든, 우유를 먹이든 위생 관리를 철저히 하는 것이 중요하다. 아기들은 성인보다 면역력이 떨어지므로 탈이 나기 쉽다.

● 스트레스를 주지 않는다

세상에 태어난 지 얼마 안 돼 모든 것이 낯선 아기에게 큰 소리로 말하거나 스트레스를 주는 것은 좋지 않다. 아기는 작은 일에도 놀라기 쉬우며 생각보다 더 예민하다.

● 배변을 돕는 마사지를 한다

아기의 배 부분을 부드럽게 마사지하면 배변 활동을 돕고 소화 흡수를 돕는다. 아기의 컨디션과 반응을 살피며 손바닥으로 배를 살살 문질러 주다가 손가락 끝으로 배꼽 주변에 작은 원을 그리며 마사지한다. 단, 지나치게 세게 누르지 않는다.

아기는 어떻게 재울까?

갓 태어난 아기는 하루 중 대부분을 잠으로 보내는데, 처음에는 불규칙한 수면을 취하다가 점차 깨어 있는 시간이 길어지고 규칙적으로 잠을 잔다. 엄마아빠는 아기가 충분한 수면을 취하고 규칙적인 생활 습관을 기르도록 보조를 맞춰 준다.

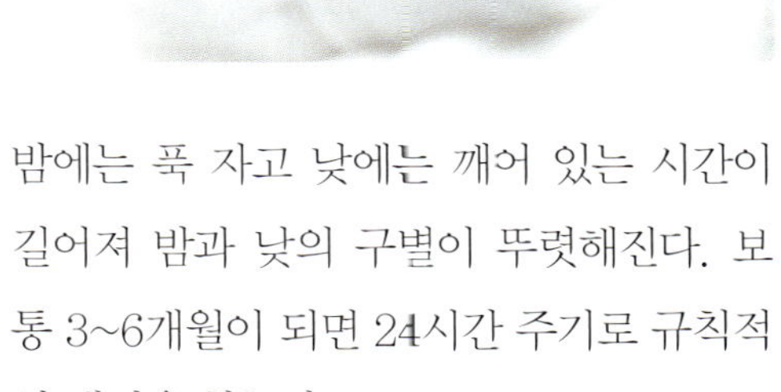

엄마가 알아 둘 신생아 수면 상식

🌸 신생아는 하루 종일 잠만 잔다

신생아는 하루에 16~20시간 정도 잠을 자며 대부분 렘(REM)수면을 취한다.

렘수면이란 몸은 자고 있지만 뇌는 깨어 있는 상태로, 가벼운 외부 자극에도 쉽게 깬다. 아기가 자다가 움직이거나 웃기도 하는데 이렇게 렘수면 상태가 지나면 천천히 호흡하며 깊은 수면으로 빠지게 된다. 즉, 아기는 깊은 잠과 얕은 잠을 반복해서 자는데 자라면서 잠자는 시간도 줄어들고 규칙적으로 변한다.

🌸 2~3개월 무렵이면 밤과 낮의 구별이 뚜렷해진다

밤낮 구분 없이 하루의 70% 이상을 잠으로 보낸다. 1개월이 지날 무렵부터 조금씩 수면 시간이 줄어드는데, 이 시기에는 한 번 깨면 30분 이상 깨어 있는 경우가 많아진다. 그러다가 2~3개월 무렵이 지나면 밤에는 푹 자고 낮에는 깨어 있는 시간이 길어져 밤과 낮의 구별이 뚜렷해진다. 보통 3~6개월이 되면 24시간 주기로 규칙적인 패턴을 찾는다.

아기의 잠버릇

아기마다 잠이 드는 패턴이나 수면 습관이 다르다. 젖을 먹인 다음 자리에 눕히면 그대로 잠이 드는 아기도 있고 잘 때까지 보채고 엄마를 괴롭히는 아기도 있다. 어른 중에도 쉽게 잠이 드는 사람과 잠이 잘 안 와 뒤척이는 사람이 있는 것처럼 아기도 마찬가지다. 또, 일정한 시간에 자리에 눕혀야 잘 자는 아기가 있는가 하면 젖병에 입을 물려 줘야 잠이 드는 아기도 있다. 이 외에 품에 안거나 업고 재워야만 자는 아기도 있다. 어떤 경우든 아기가 편안하게 잘 수 있도록 돕되, 아기가 올바른 수면 습관을 기를 수 있도록 돕는다.

올바른 수면 자세

아기를 똑바로 눕혀서 재우는 것이 무난하지만, 아기에게 젖을 먹인 지 얼마 안 됐거나 건강에 이상을 있을 때는 피하는 것이 좋다. 아기가 토했을 때 토사물이 기도로 넘어갈 수 있기 때문이다.

아기 머리 모양을 예쁘게 하려면 좌우로 돌려가며 재우거나 짱구 베개를 이용한다. 단, 한쪽 머리만 눌리거나 어깨에 무리가 가지 않도록 적당히 간격을 두어 머리 방향을 바꿔 준다.

건강한 수면 환경

실내 온도는 22~23℃, 습도는 50% 전후가 적당하다. 빛이나 소음이 적고 온도 차이가 적은 곳, 실내 공기가 촉촉하고 쾌적한 곳, 간접 조명이 있는 안락한 곳이 좋다.

수면 리듬 만들기

신생아 대부분은 생후 1개월이 될 때까지 배가 고파 밤중에 여러 차례 깬다. 이때 모유나 분유를 주는데, 일정한 수면 리듬이 생길 때까지는 부부가 함께 밤중 수유에 대한 계획을 세우는 것이 좋다. 특히 우유를 먹이는 경우는 낮에 아기가 잘 때 함께 수면을 취하거나 남편과 번갈아 시간을 정해 놓고 먹이는 것이 효과적이다.

밤낮이 바뀐 아이로 인해 고생하는 경우는 낮잠을 조금만 재우고 재우기 전에 가볍게 목욕을 시키거나 조용한 환경을 만들어 주면 정상적인 수면리듬을 갖게 된다.

아기 잠자리 꾸미기

★ 칸막이가 있는 아기 침대를 고른다
칸막이가 있는 침대에 아기를 재우면 조금 뒤척이거나 움직여도 부딪히거나 떨어질 염려가 없다. 침대 가장자리에는 아기의 안전을 위해 이불이나 범퍼 등 보호대를 만들어 둔다.

★ 이부자리에 위험한 물건을 올려놓지 않는다
이부자리나 아기 침대 안에 휴지나 아기 용품 등을 두지 않는다. 아기 돌보기에 자주 쓰는 물건을 무심코 올려놓으면 부딪혀 상처가 나거나 아기 얼굴을 덮어 질식할 위험이 따른다. 모빌을 달더라도 아기 머리 위는 피하고 떨어지는 일이 없도록 단단히 고정한다.

★ 이부자리는 여유 있는 것으로 준비한다
이부자리는 약간 큼직한 것을 고르는 것이 좋다. 이부자리가 여유 있어야 아기가 자라더라도 사용할 수 있고 안전하다.

신생아는 어떻게 돌볼까?

기저귀 갈기

아기가 대소변을 본 후에는 즉시 기저귀를 갈아 준다. 그래야 기저귀 발진을 피할 수 있고 아기도 편안해진다.

기저귀를 채울 때는 아기에게 말을 걸거나 미소를 지어 보이며 따뜻하고 사랑받고 있다는 느낌을 전한다.

윗도리를 걷는다

아기를 편평한 바닥이나 전용 매트 위에 눕히고 윗도리를 배 위로 말아 올려 내려오지 않게 한다. 그래야 오물이 묻지 않는다.

대소변을 닦는다

아기의 발목 윗부분을 잡고 엉덩이 밑에 손을 넣어 살짝 들어 올린다. 이때 발목을 잡거나 양다리의 무릎이 쭉 펴질 정도로 세게 잡아당기지 않도록 주의한다. 소변일 경우는 가제 수건이나 물티슈로 아기의 성기와 항문을 꼼꼼하게 닦고, 대변일 경우는 물티슈로 닦거나 물로 가볍게 씻는다.

항문을 깨끗이 닦는다

초보 엄마는 항문 닦는 것을 잊기 쉽다.

하지만 항문을 꼼꼼히 닦지 않으면 엉덩이가 짓무를 수 있으므로 가제 수건을 이용하여 대변 찌꺼기를 꼼꼼하게 닦는다. 다리와 배가 접힌 부분도 찌꺼기가 끼지 않도록 세심하게 닦는다.

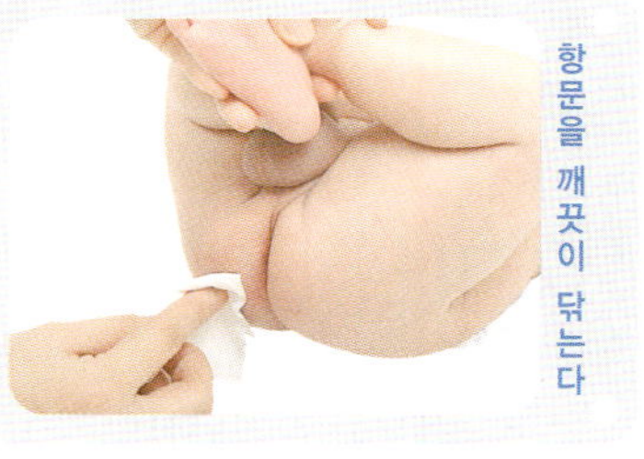

엉덩이를 말린다

대소변을 깨끗이 닦아냈으면 잠시 엉덩이를 보송보송하게 말린다. 그런 다음 기저귀 발진이 생기지 않도록 연고를 발라 준다.

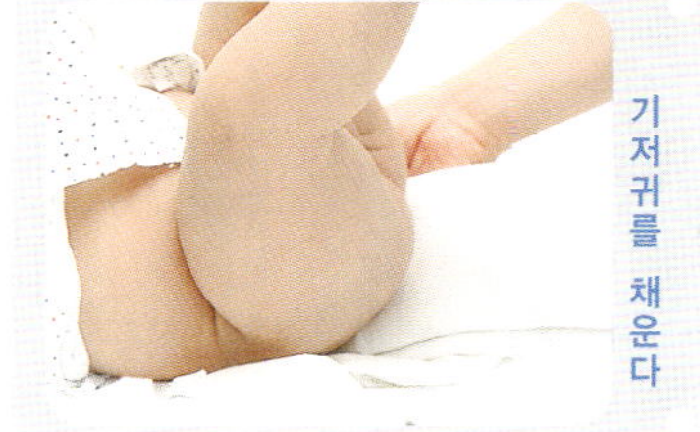

기저귀를 채운다

우선 아기의 엉덩이 밑으로 손을 넣어 허리를 받친 다음 엉덩이를 들어 올려 새 기저귀를 깐다. 이때 아기의 엉덩이를 기저귀의 중심보다 약간 앞쪽에 자리 잡게 해 등 뒤로 대소변이 새지 않게 한다. 그런 다음 기저귀가 닿을 부분에 파우더를 바르고 아기의 다리 사이를 지나 배꼽이 가려지지 않도록 기저귀 끝을 맞춘다. 신생아는 복식 호흡을 하므로 기저귀 끝 부분이 배꼽을 덮지 않게 주의한다.

마지막으로 배와 기저귀 커버 사이에 손가락이 3~4개 정도 들어갈 만큼 여유를 두고 좌우대칭이 되게 밴드를 고정한다.

천 기저귀 간단하게 접는 방법

대체로 신생아는 네모로 접는 것이 좋고 아기가 조금 크면 세모로 접는 것이 좋다.

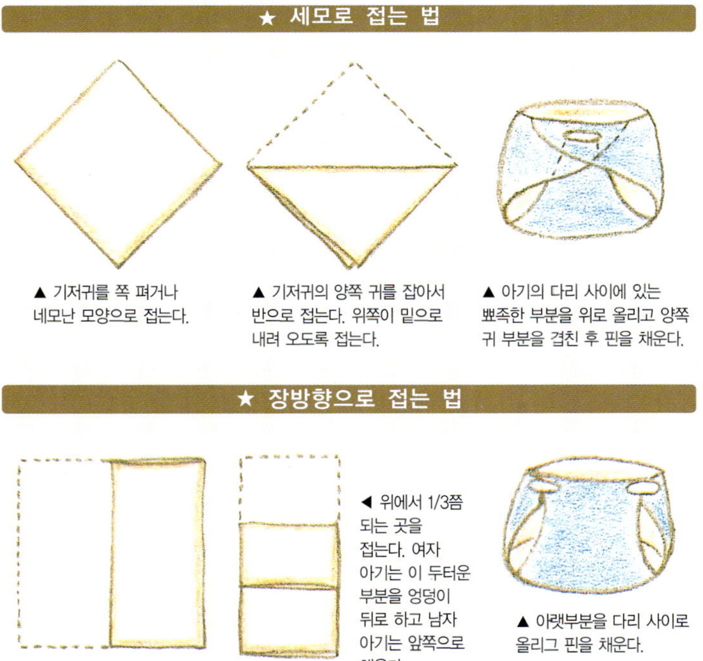

★ 세모로 접는 법

▲ 기저귀를 쭉 펴거나 네모난 모양으로 접는다.

▲ 기저귀의 양쪽 귀를 잡아서 반으로 접는다. 위쪽이 밑으로 내려 오도록 접는다.

▲ 아기의 다리 사이에 있는 뾰족한 부분을 위로 올리고 양쪽 귀 부분을 겹친 후 핀을 채운다.

★ 장방향으로 접는 법

▲ 먼저 기저귀를 그림처럼 반으로 접는다.

◀ 위에서 1/3쯤 되는 곳을 접는다. 여자 아기는 이 두터운 부분을 엉덩이 뒤로 하고 남자 아기는 앞쪽으로 채운다.

▲ 아랫부분을 다리 사이로 올리그 핀을 채운다.

목욕시키기

몸에서 분비물이 많이 나오는 시기이므로 목욕시키는 일은 아주 중요하다. 목욕은 아기의 혈액순환을 촉진하고 기분을 좋게 하며 식욕을 증진하고 마음을 편안하게 한다. 목욕을 시킬 때는 먼저 아기 몸에 이상이 없는지 꼼꼼히 살핀 다음, 37~40℃ 정도로 목욕물 온도를 맞추고 순서에 따라 부드럽게 씻긴다.

🌸 욕조에 아기를 담근다

한손으로 아기의 목을, 다른손으로 아기의 엉덩이 부분을 받쳐 안은 다음 물속에 아기를 천천히 담근다.

이때 아기가 놀라지 않도록 배내옷이나 얇은 가제 수건으로 감싼 다음 아기와 눈을 맞추며 천천히 담근다.

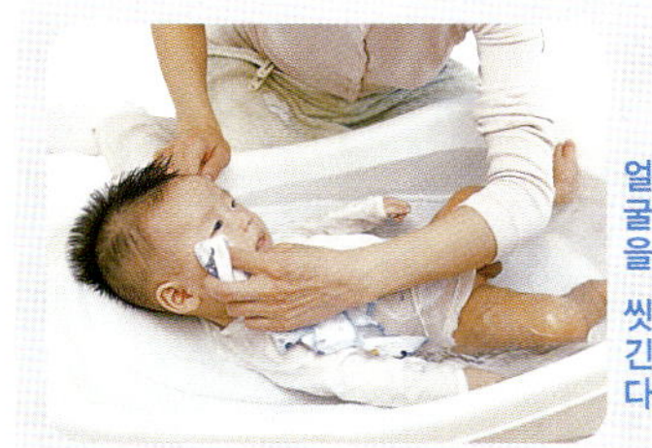

🌸 얼굴을 씻긴다

가제 수건을 물에 적셔 꼭 짠 다음 눈 끝에서 눈꼬리를 향해 한쪽 눈씩 닦는다.

한쪽 눈을 다 닦았으면 가제 수건을 헹

귀 얼굴을 S자 혹은 3자를 그리듯이 닦는
다. 이어서 귀와 귀 뒤, 코도 닦아 준다.

목둘레와 몸을 씻긴다

엄지와 중지를 아기의
목에 끼우듯이 오른쪽,
왼쪽으로 돌려가며 목둘
레를 씻긴 다음 가슴부터
배를 손바닥으로 원을 그
리듯이 빙글빙글 씻긴다.

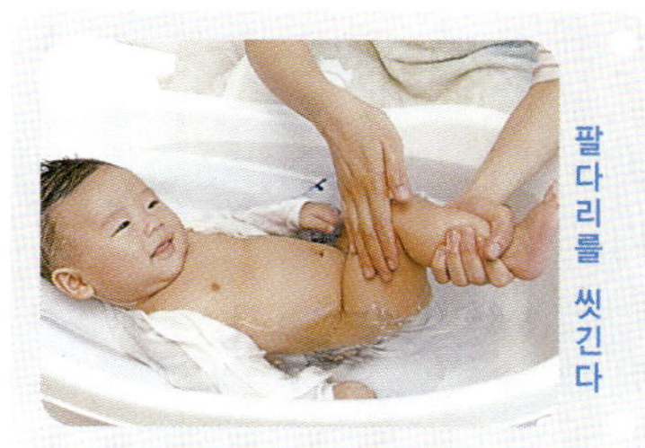

팔다리를 씻긴다

아기의 팔이나 다리를 가볍게 잡고 위에
서 아래로 부드럽게 쓸어내리듯이 닦는다.
젖은 가제로 팔다리의 접히는 부분과 손가
락, 발가락 사이를 깨끗이 씻긴다.

만약 도와줄 누군가가 있다면 엉덩이와
목 부분을 받쳐 주면 목욕시키기가 훨씬
수월하다.

등을 씻긴다

아기를 엎어놓은 다음 등부터 엉덩이까
지 빙글빙글 원을 그리듯이 씻긴다. 비누
를 사용할 때는 아기의 얼굴에 비눗물이
튀지 않도록 주의한다.

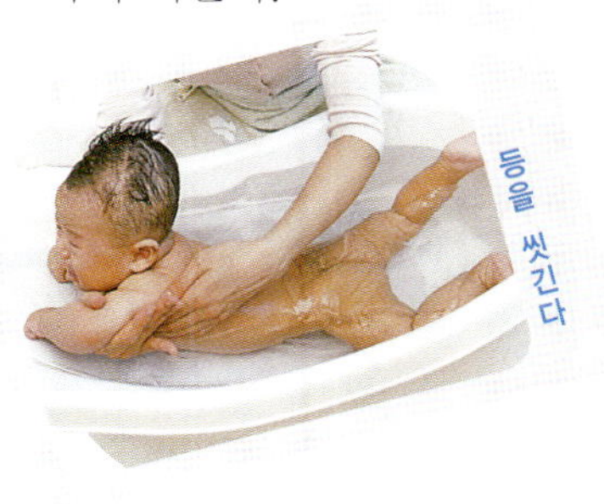

생식기를 씻긴다

아기를 앞으로 눕힌 다음 생식기를 닦아
준다. 특히 여아는 음순 주변
을, 남자아이는 고환 뒤를 잘
씻긴다.

머리를 감긴다

미리 준비한 헹굼 물에 아
기를 담갔다 꺼내 몸을 헹군 다음 타월로
감싸 머리를 감긴다. 손가락으로 부드럽게
아기의 두피를 마사지하듯 감기는데 처음
에는 그냥 물로만 감긴다. 2개월이 지난 후
부터는 아기 샴푸를 사용해도 괜찮다.

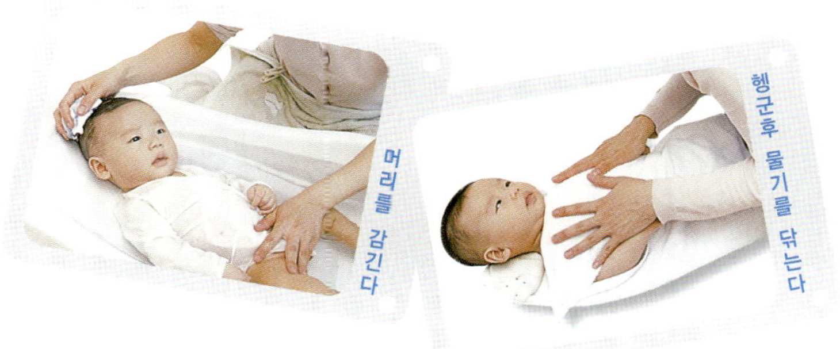

몸을 헹군 후 물기를 닦는다

흡수가 잘되는 타월을 반으로 접어 아기
를 대각선으로 눕힌 다음 몸을 감싸 물기
를 꼼꼼히 닦는다.

머리카락, 등, 목, 겨드랑이, 사타구니
등의 순서로 부드럽게 닦아 준다.

옷 입히기

솜털이 보송보송한 아기는 피부가 연약하고 부드러워 성급하게 옷을 입히려고 하면 다치기 쉽다. 아기에게 옷 입히는 요령을 차근차근 익혀 실수 없이 돌본다.

🌸 옷을 입히기 전에 알아 둘 일

새 옷을 구입한 경우라면 플라스틱 핀이나 클립, 가격표 등을 반드시 확인하고 떼어낸다. 자칫 아기 피부에 닿게 되면 상처가 나거나 빨갛게 부어오를 수 있기 때문이다. 또한, 새 옷이라고 하더라도 먼지나 이물질이 묻어 있을 수 있으므로 반드시 한 번 빨아서 입힌다. 특히, 속옷은 반드시 세탁 후 입힌다.

아기 옷을 고를 때는 땀 흡수율과 통기성이 뛰어나고 입고 벗기기 쉬운 옷, 크기가 약간 넉넉한 옷을 고른다. 또한, 장식이 없고 소재가 부드러운 것이 아기 피부를 보호할 수 있다.

● 앞이 트인 옷을 입힐 때

① 겉옷과 속옷을 겹쳐서 준비한 다음 그 위에 아기를 눕힌다.

② 소매 바깥쪽, 안쪽 양 방향으로 엄마의 손을 넣어 소매에 아기 팔이 들어가기 쉽게 당겨 잡거나 소매에 엄마 손을 끼우면서 아기 팔을 넣는다.

③ 한 손으로 아기의 팔꿈치를 부드럽게 받치고 소매 입구로 아기 손을 가져간 다음 옷을 잡아당긴다.

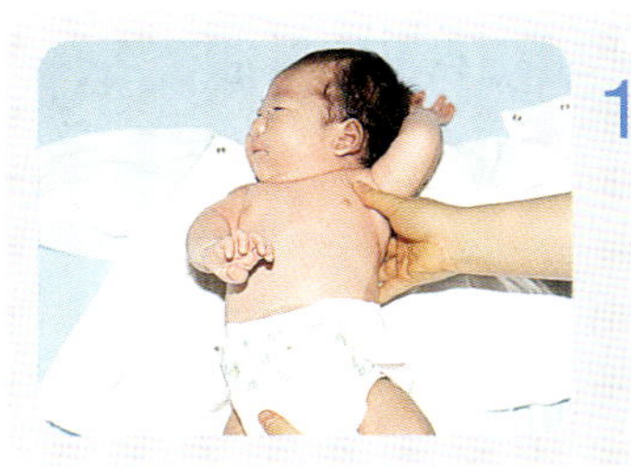

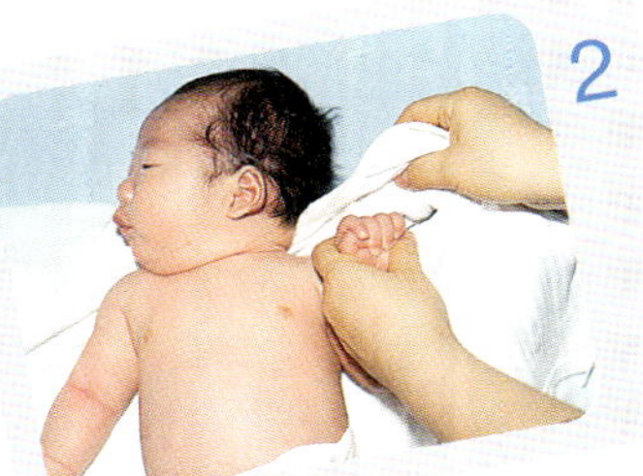

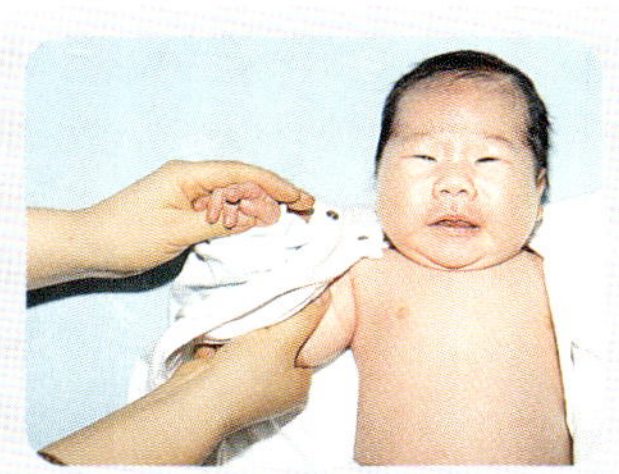

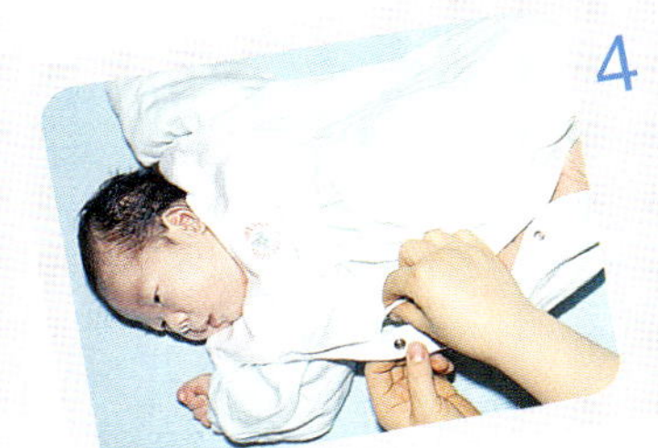

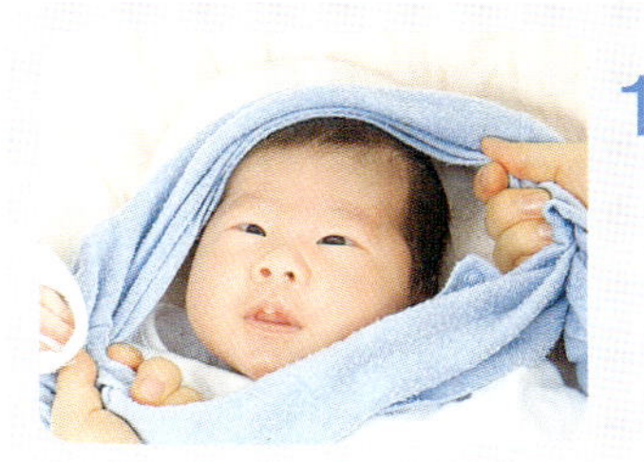

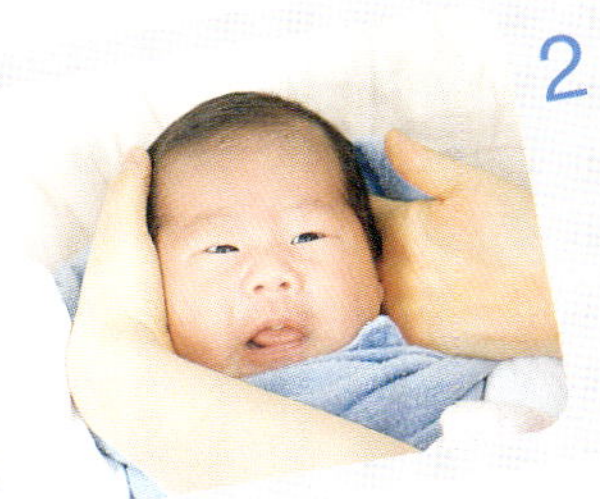

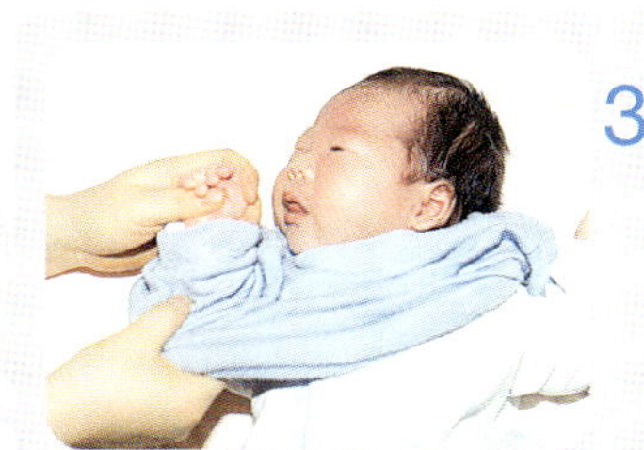

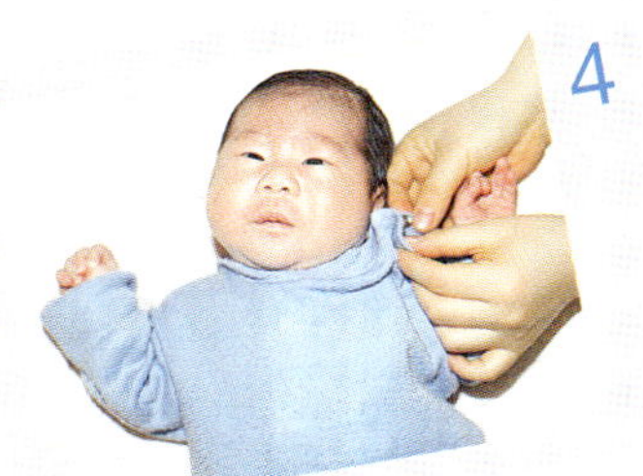

④ 속옷의 끈은 묶고, 단추를 잠글 때는 단추 밑에 엄마 손가락을 대서 아기의 배를 압박하지 않게 여민다.

● **앞이 막힌 옷을 입힐 때**

① 목둘레가 크게 벌어지는 옷을 선택해 옷 전체를 목 부분으로 모아 잡고 목둘레를 크게 벌려 아기의 얼굴을 집어넣는다.

② 아기의 몸에 부담을 주지 않도록 살짝 들어 올린 한 손으로 옷을 잡아 밑으로 잡아 내릴 준비를 한다.

③ 소맷부리를 어깨까지 모아 잡고 엄마의 손을 넣고서 다른 한 손으로 아기의 팔꿈치를 받치면서 손을 소매 입구로 가져가 팔을 뺀다.

④ 소맷부리 안쪽에서 아기 손을 살짝 잡고 그대로 옷을 어깨 쪽으로 당겨 내린다. 다른 한쪽 소매도 팔을 끼웠으면 옷을 당겨 허리까지 내리고 정리한다.

울음 달래기

아기는 배고픔, 고통, 분노 등 자신의 감정이나 상태를 울음으로 표현한다. 그러므로 아기가 우는 원인이 무엇인지 찾아내어 상황에 맞게 달래 주는 노력이 필요하다.

solution 01 기저귀를 갈아 준다

기저귀가 젖어 찝찝한 기분이 들 때 울 수 있다. 이럴 때는 약간 칭얼거리듯 보채면서 울음을 터트리는데 새 기저귀로 갈아 주면 금세 기분이 좋아져 방긋방긋 웃는다.

solution 02 우유나 젖을 준다

숨을 한 번 크게 쉬었다가 잠깐 쉬는 듯한 울음 패턴을 보이면 배가 고파 우는 경우가 많다. 이럴 때 젖이나 우유를 먹이면 아기는 만족스러운 듯 울음을 그칠 것이다. 단, 생후 1개월이 지나면 운다고 무조건 우유나 젖을 주지 말고 수유 리듬을 체크해가며 달랜다.

solution 03 안아 준다

응석을 부리듯이 다소 약하고 작은 목소리로 칭얼댄다면 부모의 관심을 받고 싶어서 우는 경우가 많다.

아기는 혼자 뒤집거나 움직일 수 없으므로 안아 주길 바라는데, 이때 손발을 쭉쭉 펴 주는 간단한 체조나 마사지를 해 주면 아기는 더욱 기분이 좋아진다.

웃음 효과

웃음은 적극적인 성격 형성에 도움이 될 뿐 아니라 삶에 활기를 주고 긍정적인 자세를 갖게 한다. 이는 갓 태어난 아기도 마찬가지다.

평소 자주 웃으면 체내에 엔도르핀이라는 호르몬이 분비되어 근육의 긴장을 풀어 주고 면역력을 높여 건강한 아이로 자랄 수 있게 한다. 또한, 사회성이나 감성 발달에도 좋다. 긍정적인 아기로 키우려면 아기가 자주 웃을 수 있도록 여건을 만들어 준다.

자장가를 불러 준다

solution 04

아기는 잠이 쏟아지거나 졸릴 때 울기도 하는데 이럴 때 아기를 안고서 흔들면서 자장가를 불러 주면 쉽게 잠이 든다. 매일 일정한 시간에 규칙적으로 부르면 잠잘 신호가 되었다는 의미로 받아들여 긴장을 이완하는 데 도움이 된다.

노리개 젖꼭지를 물린다

solution 05

노리개 젖꼭지를 물리면 울음을 그치기도 한다. 단, 노리개 젖꼭지는 사용 전후 반드시 씻는다. 참고로, 아무리 달래도 울음을 그치지 않고 숨이 넘어갈 듯 발작적으로 운다면 건강어 이상이 생겼을 수 있으므로 병원에 데리고 간다.

목욕을 시킨다

solution 06

짜증이 나거나 기분이 좋지 않아 울기도 하는데 이럴 때 따뜻한 물에 목욕을 시키면 도움이 된다. 생후 2개월 후부터는 목욕물에 라벤더 오일을 한두 방울 떨어뜨리면 아기를 진정시키는 데 한층 효과가 있다. 아기 마사지도 긴장을 이완시키고 마음을 가라앉히는 데 좋은 방법이다.

얼러 준다

solution 07

흔들의자나 그네에 앉혀 흔들어 주거나 구령을 붙여가며 손발을 움직이면 울음을 그치기도 한다. 아기는 뜻밖에 단조로운 움직임을 좋아하므로 금세 웃는 얼굴이 된다.

아기의 울음이 주는 메시지

울음은 아기에게 의사소통 수단이자 자신의 욕구를 알리는 언어다. 아기의 울음은 특별한 메시지를 담고 있다. 배가 고프다는 신호일 수도 있고 배가 아프거나 너무 덥다는 신호일 수도 있다. 즉, 자신의 어려움이나 고통을 토로하는 불만의 표현 방식이다.

아기가 울 때는 부모의 교감과 지원을 필요로 한다. 처음에는 아기의 울음에 즉각 대응하지 못할 수도 있고, 달래는 것이 서투를 수 있지만 아기의 상태를 살피며 교감을 나누다 보면 곧 적응되어 익숙해질 것이다.

아기가 울 때 가장 필요한 것은 사랑이 담긴 부드러운 신체 접촉이다. 아기를 포근하게 안아 주거나 산책하거나 노래를 불러 주면 아기는 어느새 울음을 그칠 것이다.

★ 원인별 울음소리

"앙~앙~" 무엇인가에 놀랐거나 충격을 받았을 때 내는 소리로, 이때 머리를 가볍게 쓰다듬어 주거나 부드럽게 만지면 곧 울음을 멈춘다.

"으앙~" 배가 고프거나 화가 났을 때 내는 소리로, 기분이 나쁠 때 더 크고 강렬하다. 아기마다 조금씩 다르지만 울음을 참다가 터뜨리는 듯한 소리를 내는 것이 특징이다.

"잉~잉~" 칭얼대며 우는 것이 특징으로, 엄마에게 무엇을 해달라고 보챌 때 내는 소리다.

"꺽~꺽~" 자신의 욕구가 충족되지 않았을 때 내는 소리로 갑자기 숨이 넘어갈 듯 울다가 중간에 숨을 잠시 멈추기도 한다.

"응애~응애~" 응석을 부리듯이 작고 약하게 우는 것이 특징이며, 엄마가 안아 주기를 원할 때 이런 소리를 낸다.

신생아에 흔한 증세는 무엇일까?

갓 태어난 아기는 면역력이 약하고 부모의 도움이 절실히 필요하므로 이상 증세가 보이면 빠르게 대처해야 한다. 갑작스런 이상 증세에 당황하지 말고 어떻게 대처해야 할지 미리 여러 가지 증상에 대한 정보와 대처 방법을 알아 둔다.

두혈종

● **증세** 분만 중 아기가 엄마의 좁은 산도를 통과하면서 골반뼈와 압박에 의해 머리에 손상을 입은 것으로, 아기의 두개골과 그것을 덮는 골막 사이에 피가 고이면서 부풀어 오른다.

● **처방** 보통 생후 2~3주면 사라지지만, 간혹 2~3개월까지 가기도 한다. 단, 머리에 난 종기도 고름으로 부풀어 오를 수 있으므로 진찰을 받는다.

영아산통

● **증세** 배앓이라고도 불리며 온종일 잘 놀던 아기가 어딘지 아프고 괴로운 듯 숨이 넘어갈 듯 큰 소리로 우는 것이 특징이다.

● **처방** 정확한 원인은 아직 밝혀지지 않았으며 생후 3~4개월이면 증세가 점차 사라진다. 단, 시간이 지나도 증상이 지속되면 전문의와 상담하는 것이 좋다.

신생아 황달

● **증세** 혈액 속에 있는 빌리루빈 수치가 높아서 생기는 현상으로, 아기의 피부나 눈동자의 흰자위가 누런빛을 띤다.
신생아에게는 흔한 증상으로 모든 아기의 4분의 3 정도는 출생 흐 며칠 동안 황달 증세를 보인다.

● **처방** 생리적 황달이므로 생후 1주일이 지나면 간 기능이 원활해지면서 저절로 좋아지지만 생후 10일 이후에도 좋아지지 않으면 치료가 필요하다.

불규칙한 호흡

● **증세** 신생아는 한동안 불규칙적으로 호흡하는데, 잠을 자면서 콧김을 내뿜거나 숨을 가쁘게 몰아쉬거나 신음하듯 소리를 낸다.

● **처방** 불규칙적으로 호흡하는 것은 대개 1~2개월 지나면 사라진다. 만약 입술이 파랗거나 호흡을 할 때마다 가슴이 깊이 들어가면 즉시 의사에게 믄의한다.

기저귀 발진

● **증세** 소변이나 대변, 기타 배설물, 기타 화학 물질에 의해 자극을 받아 피부가 발

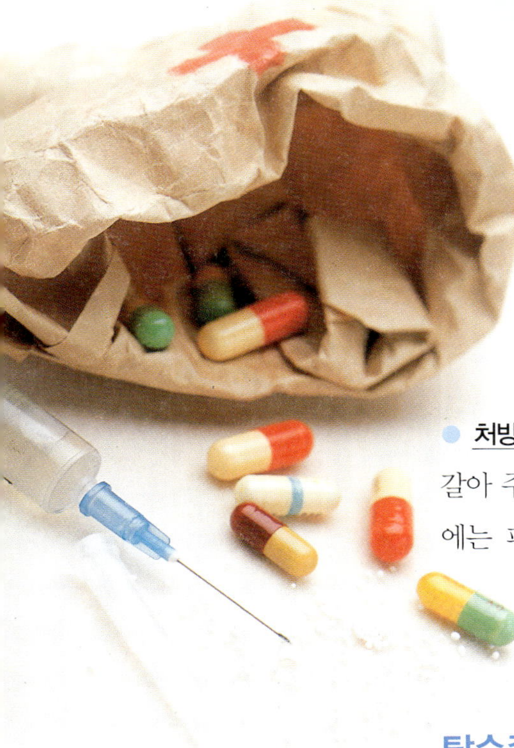

같게 짓무른다. 소변의 주성분인 암모니아는 암모니아 피부병이라 불리는 발진을 돋아나게 한다.

● **처방** 발진을 막으려면 기저귀를 자주 갈아 주는 것이 좋다. 발진이 돋아난 부위에는 피부를 보호하는 크림을 발라 주고 시원한 공기를 쐬게 해 보송보송하게 말려 준다.

탈수증

● **증세** 섭취한 수분보다 배설한 수분의 양이 많으면 탈수 증세가 나타날 수 있는데 소변 횟수가 줄고 울어도 눈물이 거의 나오지 않는다. 몸무게도 줄어든다.

● **처방** 수유 횟수를 늘리거나 끓여서 식힌 물, 묽은 분유 등으로 수분을 공급해 준다. 그래도 탈수 증세가 계속되면 의사의 진찰을 받는다.

신생아 여드름

● **증세** 지루성 피부염이라고도 하며 출생 후 몇 주 동안 아기 얼굴에 피지여드름이 생기는 것을 말한다. 특히 코와 뺨 부분에 집중적으로 나타나는데 이는 임신하는 동안 생긴 성 호르몬이 아기 몸속에 아직 남아 있기 때문이다.

● **처방** 아기 몸속에 남아 있는 성 호르몬은 시간이 지나면서 사라지므로 여드름도 자연히 사라진다.

설사

● **증세** 아기의 변에 수분이 많아져 생기는 것으로 변이 무르고 횟수가 잦다.

● **처방** 신생아의 대변은 부드럽고 횟수가 빈번하기 때문에 묽더라도 횟수가 평소와 같고 특이하게 다른 점이 없다면 걱정할 필요가 없다. 단, 아기가 물을 먹지 않거나 구토를 동반한 설사일 경우에는 탈수 위험이 있으므로 즉시 전문의와 상담한다.

변비

● **증세** 변에 수분이 부족해 생기며 건강한 아기가 1주일에 불과 한 번 정도 배변할 경우, 변이 딱딱하거나 횟수가 드문 경우, 변이 너무 굵고 단단하게 나오는 경우 변비를 의심할 수 있다.

● **처방** 증상에 따라 제때 적절히 치료하면 심각하게 발전하지 않으므로 근본적인 요인을 파악한다.

구토

● **증세** 신생아의 초기 구토 증상은 태어나서 하루 이틀 동안 자궁 내에서 들이킨 양수를 토해 내고 젖을 먹기 시작하면서 나타난다. 2~3일이 지난 다음에는 아기가 젖을 먹기 전 심하게 울었거나 젖을 너무 빠르게 많이 먹은 경우, 젖을 먹으면서 공기를 삼킨 경우 종종 나타난다.

● **처방** 출생 시 지나치게 체중이 적거나 선천성 기형으로 아기의 몸에 이상이 있으면 이로 인해 구토가 장기간 지속되기도 하는데, 이럴 때는 병원에서 진찰을 받는다.

발열

● **증세** 온몸에 열이 나는 것으로, 신생아에게 가장 흔하면서 위험한 증상이다.
● **처방** 아기 체온이 38~39.5℃ 사이를 나타내면 즉시 병원으로 향한다. 열이 날 때는 찬물보다는 미지근한 물로 아기를 닦아 주고 여러 겹으로 입힌 옷을 벗겨 아기를 시원하게 해 준다. 또, 수분 섭취를 늘리고 해열제를 먹이는 것도 방법이다.

신생아 결막염

● **증세** 눈곱이 많이 끼고 눈을 제대로 뜨지 못하며 눈이 붉게 충혈되어 있다.
● **처방** 의사의 진찰을 받아 항생제 등으로 치료한다.

코막힘

● **증세** 아기의 콧구멍에 콧물이 잔뜩 들어 있거나 막히는 증상이다. 출생 직후 코막힘의 주요 원인은 기도에 아직 남아 있는 양수 때문이다.
● **처방** 아기의 코는 아주 민감하여 공기 중에 떠도는 작은 먼지에도 반응을 하는데 이때는 재채기할 수 있도록 돕는 것이 좋다. 콧속 분비물은 면봉에 식염수를 묻혀 닦아낸다.

아구창

● **증세** '모닐리아증' 이라 부르며 목구멍부터 볼, 혓바닥에 우유 찌꺼기 같은 하얀 것이 달라붙어 있다.
● **처방** 소아과 전문의에게 약을 처방 받아 바른다.

배꼽 염증

● **증세** 탯줄 부위가 붉게 변하고 배꼽 주위가 부어오르며 고름 같은 분비물이 생긴다.
● **처방** 혈관과 직접적으로 연결되어 있어 세균 감염이 급속도로 확산할 수 있으므로 신속히 치료를 받는다.

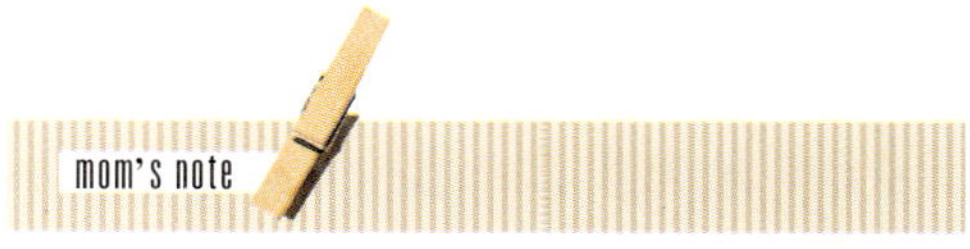

아이 돌보미 서비스

야근이나 출장·질병 등으로 영·유아를 돌보기 어렵다면 정부에서 지원하는 '아이 돌보미 서비스'를 신청하면 도움을 받을 수 있다. 이용 비용은 지원 대상자의 소득 수준과 시간 등에 따라 차이가 있다.

서비스를 희망하는 사람은 여성가족부(1577-2514)에 문의하거나 아이돌봄 홈페이지(www.idolbom.go.kr)를 이용한다

모유수유 *Best* 궁금증

Q 처녀 때 유방확대 수술을 받았는데, 모유수유를 해도 될까요?

A 유방확대 수술을 했다고 해서 모유수유를 할 수 없는 것은 아니다. 수술절개 부위나 방법, 삽입물을 넣은 위치에 따라 다르며 유관이나 수유 신경 혹은 혈관 조직이 손상되지 않았다면 충분히 모유수유가 가능하다.

Q 아기를 낳고 나서 젖을 물리고 싶었는데 젖이 나오지 않아요. 모유수유를 포기해야 하나요?

A 유방 건강에 가장 중요한 시기는 출산 후 1주일이다. 출산 후부터 젖이 돌 준비를 하지만 모유가 바로 나오는 사람은 별로 없다. 하지만 젖이 나오지 않더라도 아기에게 젖을 물리는 것이 좋다.

보통 출산 후 하루이틀이 지나야 아기가 먹을 만큼 젖이 나오기 시작하는데 엄마젖은 아기에게 가장 이상적인 완전 식품이다. 따라서 젖이 잘 나오지 않거나 아기가 잘 빨지 못하더라도 노력하여 가능하면 모유로 키우는 것이 좋다.

일반적으로 출산 후 처음에는 초유가 2~3일간 나오다가 모유 분비가 왕성해지면서 본격적으로 젖이 나온다. 이것을 성숙유라고 하는데 아기가 젖꼭지를 빠는 자극으로 인해 점점 생산량이 많아지고 분비가 촉진된다. 단, 젖이 나오는 형태는 개인마다 차이가 있다. 젖이 잘 나오지 않는다고 처음부터 분유와 함께 먹이는 것은 바람직하지 않다.

Q 분유수유를 할 예정이라도 출산 후 며칠은 모유수유를 하는 것이 좋다던데 왜 그런가요?

A 임신 7개월부터 출생 후 5일 이내에 분비되는 초유는 영양가가 높고 감기나 설사, 감염 등을 막는 면역 물질이 풍부하게 들어 있어 있다. 초유에 들어 있는 면역 글로불린A는 1mℓ당 100mg으로, 초유 후에 나오는 성숙유에는 1mℓ당 1mg이 들어 있는 것을 감안하면 엄청나게 많은 양이라 볼 수 있다. 따라서 분유수유를 할 예정이라도 출산 후 며칠은 반드시 모유를 먹인다.

Q 모유수유를 하는 기간에는 무엇이든 많이 먹는 것이 좋은가요?

A 산욕기에는 식욕이 왕성해지므로 태아의 발육과 분만 때 출혈로 빼앗긴 철분이나 단백질을 보충하는 식사를 해야 한다. 양질의 모유를 충분히 만들어 내기 위해서는 양질의 단백질은 물론 비타민과 무기질이 많이 들어 있는 식사를 하는 것이 중요하다.

또한 모유의 88%가 수분이므로 수분을 많이 섭취하는 것이 좋다. 단백질과 수분을 다량으로 함유한 우유는 수유기에 매우 적절한 음식이다. 모유 분비를 위해서는 하루 세 끼 식사를 고르게 하고 영양 섭취를 균등하게 하도록 조절한다.

Q 다른 아기가 울거나 우유를 먹는 것만 봐도 가슴에서 젖이 흘러요. 왜 그럴까요?

A 아기 냄새나 피부 접촉, 아기의 울음소리를 듣고 생각하는 것만으로도 가슴에서 젖이 나올 수 있는데, 이는 젖의 사출 반사 때문이다.

일반적으로 엄마가 아기 생각을 하면 모유 생성이 자극되고, 가슴에 혈액이 왕성하게 공급되면서 찌릿찌릿한 느낌이 드는데, 이때 젖이 나오며 이는 지극히 자연스런 현상이다.

Q 모유수유를 하고 있는데, 감기에 걸렸어요. 어떻게 하면 좋을까요?

A 산모가 감기에 걸리면 이미 아기에게도 바이러스가 전염되어 있다. 이때 감기에 옮을까 봐 모유수유를 중단하면 모유를 통한 면역 성분이 아기에게 전해지지 않아 아기가 감기에 걸릴 가능성이 더 높아진다. 감기에 걸렸더라도 모유수유를 지속하는 것이 좋다.

Q 모유수유를 할 때 후유까지 먹을 수 있게 충분히 시간을 두고 먹여야 한다는데 왜 그런가요?

A 실제로 젖이 나오려면 몇 분 정도 걸리며, 아기가 후유를 충분히 먹으려면 적어도 10분 이상은 아기에게 젖을 물려야 한다. 전유는 수분 함량이 높아 전유만 먹게 되면 아기의 배가 쉽게 고프다. 또한 후유에는 뇌신경 발달에 유익한 영양 성분이 풍부하므로 젖을 먹일 때는 가슴 한쪽당 15~20분 정도로 시간을 두고 충분히 먹이는 것이 좋다.

Q 하루 전 냉동실에 보관해 둔 모유에서 이상한 맛이 나는데, 상한 걸까요?

A 냉동실에서 보관한 모유는 해동하면 지방 구조에 변화가 생긴다. 따라서 맛이 이상하게 느껴질 수 있지만 대부분의 아기들은 별 거부감 없이 잘 먹는다. 간혹 예민한 아기는 냉동 보관했던 모유를 거부할 수 있는데, 신선한 젖과 해동한 젖을 혼합해 먹이면 잘 먹는다.

Q 아기에게 모유수유를 하다가 여건이 안 돼서 중단했어요. 나중에 다시 모유수유를 시작할 수 있나요?

A 모유수유를 중단했다가 다시 시작할 수 있긴 하지만 언제 수유를 중단하고 다시 시작하느냐에 따라 모유 생산량을 다시 증가시키는 데 1개월 혹은 그 이상의 시간이 걸릴 수도 있다.

아기가 잘 따라 주기만 하면 다시 모유수유를 시작할 수 있다. 아기를 가슴에 자주 갖다 댈수록 더 많은 모유가 생산되며, 수유 시간 사이에 젖을 짜내면 모유 생산량이 더 빨리 늘어난다.

2 월별 육아 포인트

출생~ 01 개월

갓 태어난 아기도 엄마 말에 반응을 보인다

특징

엄마 뱃속을 떠나 세상과 만난 아기는 이제 입으로 산소를 호흡하고 젖이나 분유를 먹으며 빠르게 성장한다. 아직은 몸을 가눌 수도 없고 낮과 밤의 구별이 없으며, 하루 대부분 잠을 잔다. 신체적, 정신적으로 발달이 미숙하지만, 고개를 들어 올리려 애쓰고 좋은 음악이나 큰 소리, 물체의 움직임 등에 반응을 보인다. 스스로 몸을 가눌 수 없으므로 울음으로 자신의 의사를 표현한다.

초유는 꼭 먹인다

모유는 음식물을 흡수하는 데 필요한 장 내 세균의 번식을 돕고 소화·흡수를 원활하게 하며 정서 발달에도 좋은 영향을 미치므로 가능하면 먹이는 것이 좋다. 그중에서도 출산 후 약 1주일간 나오는 초유는 반드시 먹이는 것이 좋다. 초유는 영양도 풍부하고 면역 효과가 있는 항체가 많아 질병으로부터 아기를 보호한다.

편안하고 쾌적한 환경을 만들어 준다

신생아는 피하지방이 거의 없는데다 체온을 스스로 조절하지 못한다. 아이가 건강하고 튼튼하게 자랄 수 있도록 실내 온도를 맞춰 주고 너무 얇거나 두껍지 않게 옷을 입힌다. 갑작스런 외부 세상에 아기가 놀라지 않도록 가능하면 큰 소리는 줄이고 조용한 환경을 만들어 준다.

아기가 원하는 만큼 모유나 분유를 먹인다

세상에 태어난 지 얼마 안 된 아기는 젖을 빠는 것이 서툴고 수유 리듬이 불규칙하다. 한밤중이나 상황이 여의치 않을 때 먹이기가 쉽지 않겠지만, 아기가 먹고 싶어 할 때는 가능하면 먹이는 것이 좋다. 굳이 제한하지 않더라도 성장하면서 자연히 수유 리듬이 생기기 때문이다. 수유 후에는 트림을 시킨다. 젖과 함께 공기를 마시게 되면 토할 수 있기 때문이다. 젖을 먹이고 나면 반드시 아기를 세워 안고 쓰다듬어 트림을 시킨다.

🍼 적절한 자극으로 성장 발달을 돕는다

아기마다 발달 속도는 조금씩 다르다. 출생 후 2~3일까지 생리적 체중 감소를 하다가 젖이나 우유를 순조롭게 먹이면 조금씩 체중도 늘어난다. 이 시기에는 아기가 외부 세상에 적응하고 성장이 원활하게 이루어지도록 지속적으로 자극을 주는 것이 좋다.

🍼 기저귀 차는 부위는 늘 보송보송하게 유지한다

기저귀를 채워 놓는 부위는 소변이나 기타 배설물로 젖어 있기 쉬워 부어오르거나 습진이 생기기 쉽다.

아기가 배설한 뒤에는 오물을 닦은 다음 즉시 기저귀를 갈아 주고 피부는 잠시 바람을 쐬어 보송보송하게 유지되도록 한다.

🍼 위생 관리를 철저히 해 세균 감염을 막는다

아기는 면역력이 약하고 세균에 대한 저항력이 떨어지므로 부모의 특별한 관리와 주의가 필요하다. 아기가 직접 접하는 옷이나 침구, 수유 기구는 청결을 유지하고 아기를 만지기 전에는 항상 손을 씻는다.

쑥쑥! 성장·발달을 돕는 교육 프로그램

👶 인지발달, 신체발달 놀이

흑백모빌 아기에게 모빌을 보여 주고 반응을 유도한다. "딸랑딸랑 이건 뭘까?", "흔들흔들 모빌이 움직이는구나." 아기가 움직이는 모빌을 보면 "○○가 움직이는 모빌을 보았구나."하고 미소를 띠며 부드러운 말로 아기의 반응을 표현한다. 아기는 깨어 있고 평온할 때 모빌의 움직임을 눈으로 따라 쫓는다. 이 시기는 색깔 변별 능력이 떨어지므로 다양한 색보다는 흑백으로 되어 있는 모빌이 좋고, 시각뿐 아니라 청각을 자극할 수 있는 음악 모빌이 더욱 효과적이다. 모빌은 침대와 기저귀를 가는 장소 등 아기가 주로 누워 있는 장소에 달며 높이는 누워 있는 아기에서 20cm~40cm 위면 적당하다.

👶 신체발달, 사회성발달 놀이

일어났어요! 쭈까쭈까 아기가 잠에서 깨어나면 아기와 눈을 마주치며 반응해 준다. "○○가 일어났네.", "우리 아기 잘 잤니?", "○○가 기분 좋게 잘 자고 일어났구나." 하고 부드러운 목소리로 이야기하며 아기가 편안하게 누운 상태에서 온몸을 가볍게 주물러 준다. "쭈까쭈까 아이~ 기분 좋아." 또는 아기에게 자주 불러주는 노래를 부르며 주물러 준다. 엄마는 아기가 눈을 떴을 때 잘 보이는 곳에서 아기의 울음에 즉각적으로 반응해 준다. 이때 아기가 안정감을 느끼도록 기분 좋은 스킨십을 해 준다.

👶 사회성발달, 신체발달 놀이

아기와 눈 맞추기 아기가 보는 앞에서 이쪽저쪽으로 왔다갔다 움직여 본다. 이때 움직임에 따라 아기의 시선이 움직이는지 잘 살펴보고 만약 쳐다보지 않으면 가까이 다가가 말을 걸거나 장난감을 흔들어 준다. 아기와 눈이 마주치면 다정한 음성으로 아기의 이름을 불러 준다. "○○가 어디 있나? 여기 있구나." "○○도 엄마를 바라보네." 아기가 엄마를 보면 아기의 몸을 부드럽게 쓰다듬어 주며 아기의 반응을 이야기한다. "○○가 눈을 깜빡였구나." "엄마도 눈을 깜빡깜빡." "○○가 입을 봤구나. 엄마 목소리 나오지?" "엄마가 '○○야' 하고 불렀네." 하고 아기가 바라보는 것에 대해 반응해 준다. 아기가 엄마의 움직임에 따라 시선을 움직이는 것에 익숙해지면 점점 거리를 멀리한다.

01~ 02개월

포동포동 살이 <u>오르고</u>
밤낮을 가리고
손가락을 빨기 시작한다

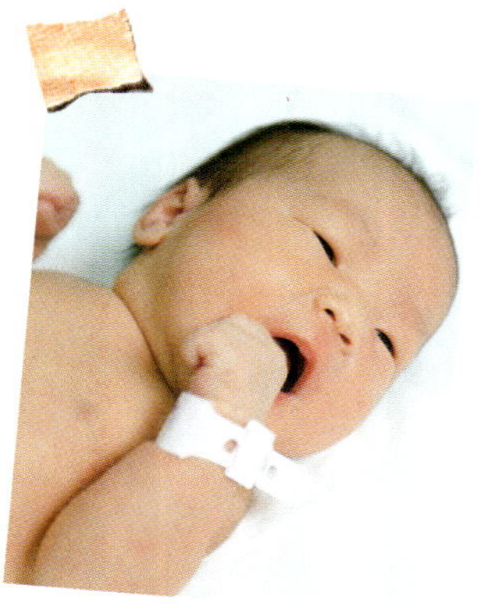

이 시기가 되면 피하지방이 생기기 시작해 포동포동 귀여운 아기의 모습을 갖춘다. 아기마다 개인차는 있지만, 키와 몸무게가 놀라울 정도로 빠르게 자라고 각 신체 기관도 발달해 주위에서 큰 소리를 내거나 자극을 주면 고개를 돌리기도 하고 움츠러드는 등 반응한다. 여전히 제 맘대로 목을 가누지 못하지만, 예전보다 신체 각 부분이 발달하면서 움직임이 조금씩 자연스러워진다. 울음으로 자신의 요구 사항을 전하며 온몸으로 감정과 의사를 표현한다.

 **아기의 신체언어를 이해하고 익힌다**

아기는 아직 목소리를 사용하는 데 무척 서툴다. 따라서 '아', '앙', '우' 등 소리를 내고 몸을 흔들면서 자신의 감정이나 의사를 전한다. 이럴 때는 엄마가 아기의 옹알이에 적극적으로 대꾸해 주는 것이 중요하다.

 **생후 1개월이 지나면 반드시 검진을 받는다**

아기가 세상에 태어난 지 1개월이 지나면 잘 자라고 있는지, 신체에 이상은 없는지 건강 검진을 받는다. 이는 아기의 발육 상태, 선천성 이상, 질병 등을 알 수 있는 좋은 기회로, 소아과나 아기를 낳은 병원에서 받는 것이 보통이다. 만약 아기를 키우는 데 고민이나 걱정거리가 있다면 메모해 두었다가 검진을 받을 때 의사에게 묻는 것이 좋다.

 **아기의 미소에 부드럽게 반응해 준다**

아기가 미소를 띠는 것은 감정이 생겼다는 증거다. 아기의 웃음은 일종의 반응 같은 것으로, 이때 부모가 적절히 반응해 주지 않으면 아기도 웃지 않게 된다. 아기와 눈이 마주칠 때는 웃는 얼굴로 부드럽게 어루만지거나 말을 건다. 그럼 부모의 좋은 감정이 아기에게 전달되어 아기도 환하게 웃는다. 부드러운 스킨십은 아기의 마음을 편안하게 해 줄 뿐 아니라 충분히 사랑받고 있다는 믿음을 준다.

 **수유 패턴이 생기도록 돕는다**

먹는 양이 늘어나고 먹는 시간도 안정되고 일정해지는 시기로, 아기의 생활 리듬에 맞춰 보조를 맞추다 보면 3시간 간격으로 하루 6회, 혹은 4시간 간격으로 하루 5회 정도 젖을 먹는다. 물론 3개월까지는 밤중에 깨어 젖을 달라고 보채는 경우가 있지만 조금씩 수유 간격을 늦춰 주면 적당한 리듬이 생긴다.

수유 시간을 늦추려면 낮잠을 줄이고 함께 놀면서 시간을 보내고, 수유 시간을 당기려면 잠에서 깨어나자마자 바로 젖을 물린다. 이렇게 일주일 정도 하다 보면 자연스럽게 수유 시간이 정해져 아기 돌보기가 훨씬 쉬워진다. 수유에 걸리는 시간은 15~20분 정도가 좋다.

일반적으로 아기들은 처음 5분 동안 필요한 젖의 양의 반 이상을 먹고

그 다음 5분 동안 나머지 양을 먹는
다. 만약 아기가 30분 이상 젖을 물
고도 입에서 떼지 않는다면 젖이 부
족한 것이므로 우유를 더 주어 충분
히 먹인다.

🍼 아기 울음의 의미를 파악한다

아기는 울음으로 자신의 감정이나
의사, 요구 사항을 전한다. 배가 고
플 때, 기저귀가 젖어 불쾌할 때, 잠
이 쏟아질 때 등 울음으로 엄마에게
신호를 보낸다. 만약 이때 엄마가 다
가오지 않거나 아기가 기대하는 것
을 해 주지 않으면 아기는 좌절감을
느끼게 되고 엄마에 대한 기대가 깨
진다. 따라서 엄마는 아기의 울음이
나 표현에 일관성 있게 반응해야 한
다. 그래야만 서로에 대한 신뢰가 생
기고 원만한 사회생활을 할 수 있는
사회성이 길러진다.

🍼 옷을 너무 두껍게 입히지 않는다

간혹 아기가 추울까 봐 잔뜩 옷을
껴 입히는 경우가 있는데 이는 오히
려 아기에게 도움이 안 된다.

엄마 뱃속에서 나온 아기는 스스
로 체온을 조절하면서 주위 환경에
적응하는데 너무 두껍게 입히면 움
직임이 둔해지고 체온 조절 능력이
떨어질 수 있다.

🍼 외부 세계에 적응하도록 바깥 공기를 쐬어 준다

외부 세계에 적응하는 기회를 준다. 바깥 공기를 접하면 피부, 호흡기가
자극되어 저항력도 커지고 빛의 자극으로 인해 밝고 어두움의 구별이 뚜
렷해진다. 처음에는 창문만 열어 바깥 세상을 보여 주고 익숙해지면 밖으
로 나간다. 바깥 공기에 적응되면 집 주위를 가볍게 한 바퀴 돌거나 가볍게
산책한다. 단, 직사광선은 피하는 것이 좋다.

🍼 끊임없이 말을 걸어 준다

아기의 성장과 발달에 가장 좋은 것은 엄마의 목소리다. 아직 알아듣지
못하는 것처럼 보이고 말도 못하지만, 엄마의 이야기는 아기의 두뇌 발달
은 물론 정서 안정과 감수성을 기르는 데 효과적이다. 실제로 평소 엄마가
말을 많이 해 주는 아이일수록 말문이 빨리 트인다.

쑥쑥! 성장·발달을 돕는 교육 프로그램

🧠 신체발달, 인지발달 놀이

불빛잡기 손전등 불빛이 아기에게 잘 보이도록 바닥이나 아기의 몸에 비춘 후 아기
에게 "불빛이 움직이네! 불빛이 빙글빙글 돌며 움직이는구나." "○○ 발에도 불빛이 있
네. 점점 몸으로 올라가 볼까." 하고 말한 후 엄마는 아기의 반응을 보고 "반짝반짝 불
빛이 어디로 갔지?" "(바닥에 비춰 주며) 여기 있었구나." "○○가 잡아 볼까?" 하고 말
로 반응을 표현한다. 생후 2개월 이내 중요한 시각적 탐구가 발달하므로, 엄마가 불빛
을 좌우로 움직여 주면 아기는 눈을 움직이며 고개를 돌린다. 단, 불빛잡기 활동을 할
때 불빛을 아기의 눈이나 얼굴에 직접 쏘이지 않는다.

🧠 언어발달 놀이

옹알이 반응해 주기 젖이나 분유를 먹이거나 기저귀를 갈아줄 때, 안아줄 때 아기에
게 미소를 띠고 말을 건다. 이때 아기의 옹알이와 같은 소리에 반응을 보여 준다.

기저귀를 갈아줄 때 아기가 옹알이하면 "아이 시원해! 축축한 기저귀를 빼니 엉덩이
가 시원해졌구나." 하고 아기 옹알이에 대꾸해 준다. 아기가 하품하거나, 누워서 옹알이
할 때는 "○○가 졸리구나. 엄마가 안아 줄게." 하며 아기의 옹알이에 반응을 보인다.

02~03개월

목을 가누고
손발의 움직임이 활발하며
옹알이를 한다

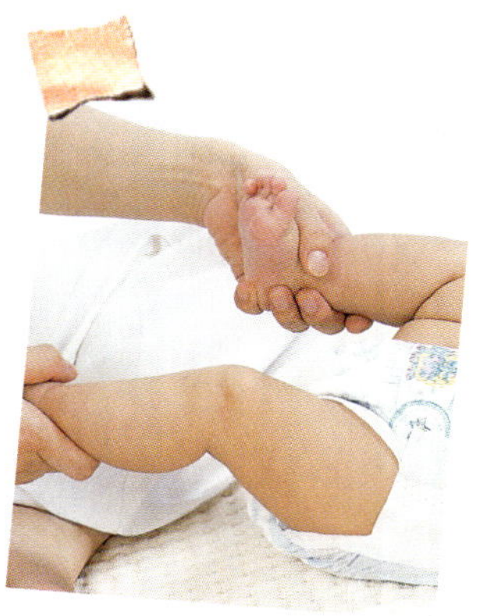

출생 시보다 체중이 2배로 증가하는 시기로, 살이 찌고 튼튼해진다. 손발의 움직임이 한층 자유로워지고 대뇌와 신경이 발달하여 감정 표현이 확실해지고 표정이 다양해진다. 기분이 좋을 때는 소리를 내어 웃기 시작하고 눈을 깜빡거리기도 한다. 고개를 들고 목을 가눌 수 있으며 혼자 손과 발을 휘저으며 놀이를 하는데, 이 시기가 되면 사물의 전체 형태를 인식한다. 옹알이가 더욱 늘어나며 생활 리듬도 일정해진다.

아기의 욕구를 충족시켜 준다

아기가 울 때마다 달래 주고 안아 주면 버릇이 나빠진다고 모른척하는 사람이 있는데, 이는 옳지 않은 행동이다. 이렇게 부모의 무관심과 외면이 반복되면 아기는 무력감을 느끼고 다른 것을 빨거나 집착하는 행동을 보이게 된다. 이런 습관은 신체적, 정신적 발달 지체로 연결될 수 있다.

아기는 자신이 처한 상황이나 환경과는 상관없이 본능에 의해 행동하므로 이 시기에는 반드시 욕구를 채워 준다. 이런 본능적인 욕구가 충족되지 않으면 자아발달이 순조롭게 이루어지지 않는다. 반면, 기본적인 욕구가 충족되면 아기는 자기 확신과 절제력을 갖게 되며 근육과 감각 기관을 최대한 활용할 수 있는 능력이 생긴다.

정기적으로 체중을 체크해 수유량을 조절한다

이 시기가 되면 먹는 양이 눈에 띄게 늘어나므로 젖이나 우유가 부족하지 않도록 항상 신경을 써야 한다. 키와 몸무게 등을 정기적으로 체크해 만약 정상적으로 체중이 늘지 않으면 우유를 보충해 준다.

수유 간격을 일정하게 유지한다

수유 간격이 규칙적이면 위가 주기적으로 활동하고 쉴 수 있어 소화 기관이 튼튼해진다. 수유 간격은 보통 3~4시간 정도가 적당하다. 만약 젖 먹을 시간이 되지 않았는데 젖을 달라고 보채면 보리차를 주거나 노리개 젖꼭지를 물린다. 이렇게 하면 수유 리듬을 유지하기가 비교적 쉽다.

밤중 수유를 서서히 줄인다

한 번에 먹는 젖의 양이 많아지고 낮과 밤의 구별이 생기면서 수유 간격이 길어진다. 어느 정도 수유가 순조롭게 진행되면 서서히 밤중 수유를 줄인다. 밤중 수유를 중단하려면 자기 전에 충분히 먹이되, 아기가 밤중에 배가 고프다고 보채면 우유 대신 끓여서 식힌 보리차 등을 주면서 달랜다.

실내에서는 양말을 신기지 않는다

아기는 어른보다 체온이 높은데다 체온 조절 기능이 떨어져 체온이 쉽게 올라간다. 따라서 손이나 발로 열을 발산하도록 양말이나 장갑은 벗기는 것이 좋다. 겨울철에도 가능하면 맨발로 다니게 하는 것이 좋고 옷은 가능하면 가볍게 입힌다.

 **일광욕이나 외기욕을 시킨다**

일광욕이나 외기욕은 피부나 점막에 공기 자극을 주어 혈액순환을 촉진하고 아기의 호흡 기관을 튼튼하게 한다. 또한, 신진대사를 증진하고 저항력을 길러 주므로 자주 밖으로 나가 신선한 공기를 마시는 것이 좋다. 여름철에는 덥지 않은 이른 오전이나 저녁 무렵을 이용하고 다른 계절에는 따뜻한 낮 시간을 이용한다. 단, 몹시 춥거나 바람이 심하게 부는 날은 피한다.

가볍게 건포마찰을 해 준다

건포마찰은 마른 타월이나 순면의 천으로 피부를 가볍게 마사지하는 것으로 아기의 건강한 성장을 돕는다. 피부 자체를 강화해 주는 것은 물론 체온 조절 능력을 기르는 데도 도움이 된다. 아직 피부가 예민하므로 가볍게 마사지한다.

자주 안아 준다

똑똑하고 감성이 풍부한 아이로 키우려면 가능하면 자주 안아 준다. 부드러운 스킨십은 아기의 뇌를 자극하고 안정감과 감성을 키워 준다.

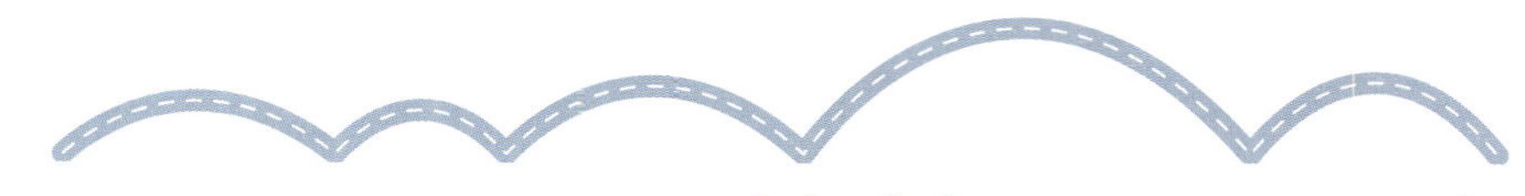

쑥쑥! 성장·발달을 돕는 교육 프로그램

신체발달 놀이

쭉쭉 아기 체조 아기를 편안하게 눕힌 상태에서 몸을 부드럽게 만져 주며 이야기한다. "푹신푹신 매트에 누워 볼까?" "누우니까 ○○ 얼굴이 잘 보이네." "우왜! ○○의 다리가 부드럽구나." 아기의 발과 팔도 주무르듯 만져 준다. "팔도 쭉쭉. 다리도 쭉쭉. 쭈까쭈까 시원하지?" 쭉쭉쭉 아기 체조를 하며 아기의 반응을 살핀다. 팔과 다리를 부드럽게 만져 주되 손에 힘이 너무 들어가지 않도록 주의한다.

(한 손으로 아기의 양 발목을 동시에 가볍게 잡고 나머지 한 손으로 엉덩이를 받친 후 엉덩이를 들어 올리고 내리는 체조를 한다. 아기의 손바닥과 손등에 엄마의 엄지손가락으로 작게 원을 그리듯이 문지른다. 아기의 한 손을 잡고 엄마의 손가락을 써서 아기 어깨 경계부터 손목까지 가볍게 조물조물 누르듯이 마사지한 후 엄마의 손 전체로 힘주어 쓸어 준다. 이때 아기의 좋은 기분이 유지되도록 돕는다.)

인지발달, 사회성발달 놀이

엄마와 놀기 아기를 무릎에 앉히고 딸랑이를 빠르게 혹은 느리게 흔들어 주면서 아기가 잡고 흔들어 보게 한다. "여기에는 무엇이 있을까?" "딸랑딸랑 소리가 나는 딸랑이가 있구나." "○○도 흔들어 볼까?" "여기에 깡충깡충 토끼 인형이 있네." "만져 볼까? 부들부들 아이 부드러워." 딸랑이, 손가락 인형을 아기의 시선 안에서 움직이면 아기의 눈도 따라가며 바라보므로 시각 기능이 발달한다.

신체발달, 사회성발달 놀이

짝짜꿍 놀이 아기 손을 잡고 흔들어 주거나 짝짜꿍 놀이를 시켜 아기가 손의 움직임을 느낄 수 있게 한다. "짝짜꿍, 짝짜꿍. 손뼉이 부딪치네." "○○도 한 번 손뼉을 쳐 볼래?" 아기가 즐거워하면 아기를 잡은 손을 차츰 느슨하게 해서 아기 힘으로 할 수 있게 돕는다.

이 시기에는 과자나 장난감을 쥐어 주고 흘리지 않게 잡을 수 있도록 손의 힘을 길러 주는 것도 좋다.

03~04개월

눈앞의 장난감을
잡을 수 있고
감정이 풍부해진다

이 시기쯤 되면 출생 시 체중의 약 2배가 되고 목이 바로 서게 되며 소리가 나는 대로 고개를 좌우로 돌린다. 대뇌와 신경이 급속도로 발달해 소리 내어 웃기도 하고 울거나 화를 내기도 하는 등 감정 표현이 명확해진다. 또한, 근육이나 신경이 발달해 눈앞의 물체에 손을 뻗으며 관심을 보인다. 색깔이 뚜렷하고 소리 나는 장난감을 좋아하고 호기심도 더욱 왕성해지며 옹알이가 늘어난다.

 **유아기 습관을 지나치게 억제하지 않는다**

손가락 빨기는 아기가 성장하면서 나타나는 자연스러운 행동으로, 아기에게는 즐거운 놀이이므로 4세 전까지는 지나치게 억제하지 않도록 한다.

5세 정도가 되면 아기들의 80%, 6세가 되면 아기들의 95%가 저절로 이런 습관을 고치므로 너무 염려할 필요는 없다.

만약 아기의 손에 상처가 나거나 손가락 빨기에 지나치게 집착한다면 다른 즐거움을 찾을 수 있도록 장난감을 주거나 함께 놀아 준다. 무조건 손이나 팔을 잡아 억지로 고치려 하기보다는 자연스럽게 이런 습관을 버릴 수 있도록 돕는다. 간혹 정서적인 문제로 손가락을 빠는 아이도 있으므로 이상 증세를 보이거나 정도가 심하면 소아정신과 의사와 상담해보는 것이 좋다.

 **성장 단계에 맞는 장난감을 준다**

장난감은 아기들에게 놀잇감이자 성장·발달을 돕는 교육 도구다. 따라서 장난감을 줄 때는 아기의 성장 단계에 맞춰 신중하게 골라 준다. 겉모습만 그럴듯하거나 지나치게 복잡하고 위험하고 잘 부서지는 제품은 아기에게 좋지 않다. 장난감을 고를 때는 색깔이 뚜렷하거나 소리 나는 장난감이 좋은데, 그동안 학습한 기술을 익힐 수 있도록 지적·정서적 발달을 도울 수 있는 제품으로 고른다.

 **이유식 시기를 선택하고 준비한다**

아기는 점점 자라면서 우유만으로는 영양이 부족하다. 4개월 정도 되면 입 안에 들어온 음식물을 혀로 밀어 넣어 삼킬 수 있으므로 빠른 아기들은 이유식을 시작해도 된다. 아기의 성장·발달 상태에 맞춰 이유시기를 정하되, 너무 서두를 필요는 없다.

이유식을 먹이더라도 모유수유는 계속 한다

이유식을 시작했더라도 아기가 돌이 되기 전까지는 젖을 떼지 말고 계속해서 먹이는 것이 좋다.

아기가 이유식을 잘 먹어 비타민과 기타 미네랄을 충분히 섭취한다 하더라도 아기의 정상적인 성장 발달을 위해서 젖이나 우유가 반드시 필요하다는 사실을 기억한다.

젖이 부족한지 살핀다

엄마 젖을 먹을 경우, 젖이 충분히 빨리지 않으면 빨기 본능이 충족되지 않아 이를 보상하기 위해 엄지손가락을 빨 수 있다. 아기가 젖을 빨 때 조금 더 먹기를 원하는 것 같으면 우유를 주거나 젖이 나오지 않더라도 젖을 빨게 해 준다.

좋은 음악을 들려준다

아기가 소리 나는 쪽으로 고개를 돌린다는 것은 소리를 들을 수 있음을 의미한다. 평소 아기를 돌보거나 가벼운 집안일을 할 때 음악을 틀어 주면 아기의 정서 발달에 긍정적인 영향을 준다. 좋은 음악은 태교뿐만 아니라 육아에도 좋은 영향을 준다. 리듬이 느리고 부드러운 음악을 골라 아기에게 들려준다.

3개월이 되면 다시 건강검진을 받는다

생후 1개월 때 건강검진을 받았더라도 3개월이 되면 다시 건강검진을 받는다. 체중 증가나 고관절의 열림, 목 가누기, 시각, 청각 등을 체크하고 아기의 성장 시기에 맞춰 예방접종을 한다. 지적인 발달 상태도 확인해야 하므로 평소 마음에 걸리는 일이 있었다면 반드시 의사와 상담한다.

울게 내버려 두지 않는다

어린 시절 받은 스트레스는 정상적인 뇌의 발달을 방해한다는 연구 결과가 있다. 실제로 아기 때 많이 울지 않고 자란 아이가 커서도 성격이 원만하다는 것이 과학적으로 증명되었다. 성품이 바른 아이로 자라길 바란다면 평소 아기의 상태를 잘 살피고 요구에 즉각 응해 주어 울지 않게 한다.

쑥쑥! 성장·발달을 돕는 교육 프로그램

인지발달, 신체발달 놀이

흔들흔들 오뚝이 아기를 무릎에 앉히고 앞에 오뚝이를 놓아 준다. "이게 무엇일까? 삐악삐악 병아리같이 생겼지?" 오뚝이를 여기저기 건드려 움직이게 하고, 움직일 때 나는 소리를 들어 본다. "엄마가 한번 움직여 볼게." "흔들흔들~ 손으로 치니까 오뚝이가 계속 움직이네." "어! 오뚝이가 움직일 때마다 딸랑딸랑 소리도 나네." 오뚝이의 움직임을 말로 표현해 주며 아기의 반응을 살피고 "이번에는 ○○가 움직여 볼래?" 하고 아기가 손을 뻗어 오뚝이를 만져 볼 수 있게 해준다.

사회성발달 놀이

둥둥둥 북소리 분유통 북을 치며 소리에 흥미를 갖도록 돕는다. "와, 둥둥 재미있는 소리가 나네." 하고 북을 치면서 아기가 즐겨 듣던 노래도 들려주어 아기가 자유롭게 소리 낼 수 있도록 격려한다. "엄마가 노래 부르면서 북 쳐볼까?" "(북소리를 내며) 나비야. 나비야 이리 날아오너라." 반복적인 리듬의 음악이나 북, 악기 등으로 경쾌한 소리를 내면 아기의 시선, 눈빛, 움직임이 달라진다.

신체발달 놀이

머리와 가슴 일으키기 아기가 머리를 들어 올릴 때 머리, 배, 팔, 근육이 발달한다. 아기를 바닥에 엎드려 놓고 위에서 소리 나는 장난감이나 딸랑이, 방울, 공 등을 흔들어 "와, ○○ 머리 위에 소리 나는 장난감이 있네." 하고 이야기하며 아기가 머리를 들고 위를 쳐다보도록 유도한다.

04~05개월

뒤집기 선수가 되며
이유식을 시작하는 시기다

체형의 개인차가 두드러지며 빠른 아기들은 아랫니에 2개의 유치가 보인다. 운동신경이 발달해 목을 잘 가누고 손을 쓰는 기술이 늘어나며 움직임이 활발해진다. 탐이 나는 물건을 보면 손을 쭉 뻗어 잡으려고 애를 쓰고 180° 이상 시선이 좇아온다. 빠른 아이는 5개월이 되면 혼자 몸을 뒤집을 수 있게 된다. 이 시기는 호기심이 왕성해지는 시기로, 엄마와 아빠 목소리를 구분할 수 있으며 다양한 소리에 관심을 갖고 민감한 반응을 보인다.

 ### 위험한 물건은 치운다

아기의 운동량이 늘어나고 행동반경이 넓어지면서 그만큼 위험 요소도 늘어난다. 이 시기에는 관심 있는 물건은 무엇이든 만져 보려 하므로 집안 구석구석에 있는 위험한 물건들은 치운다. 아기가 삼킬 만한 물건은 손이 닿지 않는 곳에 두고 안전한 장난감을 준다. 손가락 움직임을 돕는 장난감이나 몸 전체의 움직임을 도울 수 있는 기구가 좋다.

스킨십을 자주 해 안정감을 준다

분리 불안이 나타나는 시기이므로 아기에게 안정감을 주는 것이 중요하다. 이 시기쯤 되면 관심을 받고 싶어 하고 보채며 칭얼거리는 일이 많아진다. 특히 재우거나 떨어지려고 하면 울거나 떼쓰는 일이 많아진다. 이는 성장 과정에서 나타나는 자연스런 현상이므로 지나치게 걱정할 필요는 없다. 아기가 부모를 믿고 신뢰할 수 있도록 부드럽게 달래고 자주 접촉한다.

 ### 바깥 세상을 자주 보여 준다

날씨가 화창하고 맑은 날은 편안한 시간을 택해 산책한다. 아기도 나뭇잎 사이로 비치는 햇살이나 상쾌한 산들바람을 좋아한다. 집 안에서는 볼 수 없는 풍경들이 아기의 호기심을 자극할 뿐 아니라 기분 전환에 도움이 된다. 가능하면 하루에 한 번 시간을 정해 산책한다.

 ### 수분을 충분히 보충해 준다

침도 많이 흘리고 땀도 많이 흘리는 시기이므로 자칫 탈수현상이 일어날 수 있다. 아기의 몸에 수분이 부족하지 않도록 과즙이나 보리차 등 수분을 충분히 공급해 준다.

 ### 마사지를 해 준다

아기 때부터 마사지에 익숙해지도록 하는 것이 좋다. 본격적인 시작은 생후 2~6개월 사이에 하는 것이 가장 좋으며 2개월 전까지는 손발 정도만 부분적으로 가볍게 마사지한다. 마사지를 받으면 아기는 부모의 사랑을 느끼며 평온함과 만족감을 느낀다. 마사지를 통해 갖게 되는 이러한 감정은 부모와의 유대관계를 강화하고 긴장과 스트레스를 풀어 주는 효과도 있다.

또한, 아기의 성장과 두뇌 발달을 돕고 면역력을 높여 주며 소화 기능을 돕고 근육, 뼈, 피부의 유연성을 기르는 데 도움을 준다. 발표된 연구 자료를 보면 미숙아를 매일 1분 정도만 꾸준히 마사지하면 마사지하지 않은 아기보다 49%나 더 빨리 성장한다고 한다.

부모는 아기를 어루만지면서 아기를 더 잘 이해하게 되고 육아에 자신감을 갖게 된다.

🍼 언어 발달을 자극한다

이 시기에 엄마는 아기에게 많은 말을 해 주어야 한다. 4~5개월이 되면 엄마의 말소리를 알아들으며 반응할 줄도 아는데, 같은 단어를 여러 번 되풀이해서 들려주면 언어 발달에 도움이 된다. 이때 엄마의 말뿐만 아니라 표정, 몸짓, 말투 등도 매우 중요하다. 말이란 주위 사람들과의 관계 속에서 자연스럽게 배우는 것이므로 자주 말을 걸어 자극을 준다. 아기가 말을 배우기 시작할 때는 적극적으로 의사표시를 할 수 있는 환경을 만들어 주는 것이 중요하다.

🍼 숟가락으로 먹이는 연습을 한다

이유시기의 식습관은 커서도 영향을 미치므로 엄마가 올바른 습관을 기를 수 있도록 돕는다. 간혹 이유식을 젖병에 담아 주는 엄마들이 있다. 이유식은 영양 보충뿐 아니라 식사 습관을 형성하는 의미도 크므로 숟가락으로 떠서 아기에게 먹이는 습관을 들인다.

🍼 이유식을 시작한다

이유식은 보통 4~6개월 무렵 시작하는데 처음부터 너무 많은 양을 먹이려 하지 않는다. 처음에는 맛에 익숙해지도록 조금씩 나눠서 주고 잘 먹으면 서서히 양을 늘려 간다. 만으 아기가 먹기를 거부하면 일주일 후쯤 다시 시작한다. 아기에게 이유식을 떠 줄 때는 조그만 숟가락을 이용하되, 떠 넣어 준 것을 다 받아먹을 때까지 기다렸다가 다시 한 숟가락 떠 준다.

쑥쑥! 성장·발달을 돕는 교육 프로그램

🧩 인지발달, 사회성발달 놀이

내 몸에서 나는 소리 엄마의 손목과 팔에 딸랑이를 달고 "엄마 팔에서 소리가 나네? 뭐가 있을까?" "딸랑딸랑 소리가 나는 딸랑이가 엄마 손에 있네". "○○의 손에도 딸랑이를 달아 줄까?" 하며 아기의 손목에도 딸랑이를 달아 소리가 나는 신체 부위에 호기심을 갖게 한다.

엄마가 아기의 손을 잡아 주어 아기가 천천히 움직일 수 있게 해 소리를 내 본다. "손을 움직여 볼까? ○○의 손에서 딸랑딸랑 소리가 나네." " 손을 잡고 팔을 흔들흔들!" 하고 언어적 반응을 보이며 아기가 몸에서 나는 소리에 관심을 갖게 한다.

🧩 신체발달 놀이

매달린 공 잡기 엄마는 천장에 여러 가지 색의 공을 매단 후 아기에게 공을 보여 주며 관심을 갖게 한다. "이건 뭐지? 공이구나." "알록달록 색깔 공이 있네." 엄마 품에 안고 아기가 매달린 공을 잡을 수 있게 한다. "○○야. 이 공을 잡아 볼까? 와! 잡았다." "저기 흔들리는 공도 잡아 놓까?" 하고 다른 공도 잡을 수 있게 한다.

이 시기에는 잡기 활동을 할 수 있으므로 아기가 팔을 뻗으면 닿을 수 있는 위치에 모빌, 장난감 등을 끈으로 낮게 대달아 준다. 잡고, 돌리고, 흔들어 보는 등 다양한 활동을 할 수 있게 놀이 환경을 마련해 준다.

05~06개월

손과 발을 활발하게
움직이고 똑바로 앉으며
낯가림을 한다

 **여유 있는 옷을 입힌다**

6개월 무렵이 되면 손과 발의 움직임이 능숙해지고 몸을 흔들고 뒤집는 등 신체 활동이 활발해지므로 여유 있는 옷을 입혀 움직임에 방해가 되지 않도록 한다.

 **다리에 힘이 생기는 놀이를 한다**

출생 직후보다 눈부시게 성장했지만 앉기, 기기, 보행기 타기 등 좀 더 수준 높은 기술이 요구되는 활동을 하려면 다리근육의 힘을 길러야 한다. 이를 위해 눕혀 놓았다가 업어 놓고, 엎어 놓았다가 기대앉게 하고, 앉혀 놓았다가 일으켜 세우는 등 아기의 자세를 자주 바꿔 주는 것이 좋다.

 **짧은 낱말이나 문장을 들려주고 반복한다**

인지 능력이 눈부시게 성장하는 시기로, 말하는 사람의 입 모양을 유심히 쳐다보기도 하고 엄마가 하는 말을 흉내 내려고 시도한다.

아기는 제일 먼저, 엄마, 아빠, 언니, 오빠 등을 인식하고, 다음으로 '우유', '안녕', '안 돼' 같은 기본적인 단어들을 인식하는데 이때 엄마가 반복해서 들려주면 효과적이다. 그 다음 '우유 먹자', '예쁘다' 등 단순하고 자주 듣는 문장들을 이해하게 된다. 스스로 말을 하는 것보다 남의 말을 먼저 알아듣고 배우므로 엄마나 아빠가 적극적으로 도와주면 언어 발달이 빨라진다.

 **사물의 개념을 이해시킨다**

사과는 빨갛고, 공은 둥글고, 자동차는 빠르다 등 사물의 개념을 아기에게 설명해 준다. 처음에는 아기가 이해하지 못하는 것처럼 보여 의미 없게 느껴질 수 있지만 계속 반복하다 보면 아기도 이해하게 된다.

아기가 그 과정을 즐기는 것 또한 중요하다는 사실을 염두에 두고 지적 능력을 자극한다.

 **편식할 때는 좋아하는 음식과 섞어 먹인다**

건강한 아이로 키우려면 음식을 골고루 균형 있게 먹인다. 만약 아기가 편식을 하면 좋아하는 것을 눈여겨봤다가 적절히 섞어 먹인다.

예를 들어 고기를 싫어하는 아기라면 아기가 좋아하는 채소에 다진 고기를 조금 섞어 먹여 본다. 아기가 잘 받아 먹으면 차츰 고기 양을 늘려 입맛을 들인다.

🍼 비만이 되지 않게 주의한다

어느 정도 통통하게 살이 찌면 귀엽지만 지나치게 비대해지면 운동신경 발달이 늦어질 수 있으므로 주의한다. 아기의 비만 여부를 알아보는 데는 신장과 체중의 밸런스를 계산하는 카우프 지수를 적용한다.

카우프 지수는 체중(g)을 신장(cm)의 제곱으로 나누어 10을 곱한 숫자로, 이 카우프 지수가 20 이상이면 비만이다. 단, 무리하게 먹는 양을 줄이는 것보다는 먹는 양을 적당하게 조절하고 운동을 시켜 균형을 맞추는 것이 좋다.

🍼 알레르기 유발 식품은 신중하게 먹인다

이유식을 할 때는 재료 선택에 특히 주의를 기울여야 한다. 식품 중에는 알레르기를 일으키는 식품이 있는데 그 대표적인 것이 달걀, 두유, 밀가루 음식 등이다.

알레르기 유발 식품을 먹일 때는 먼저 조금만 맛보게 한 다음 피부에 두드러기나 이상이 없는지 살펴본다. 만약 두드러기가 나거나 알레르기 인자를 가지고 태어난 아기에게는 10~12개월이 되기 전까지 그 식품은 먹이지 않는다.

달걀은 특히 흰자가 알레르기를 잘 일으키므로 처음에는 완숙한 달걀의 노른자만 으깨어 먹이는 것이 좋다.

🍼 다양한 연령의 사람들을 만나게 해 준다

이 시기 아기들은 미소 짓고, 웃고, 비명을 지르는 등 여러 가지 방식으로 자신의 의사를 전달한다. 이 구렵이면 낯가림을 시작해 낯선 사람과 친한 사람을 구별하기도 한다. 이 무렵에는 다양한 연령의 사람들을 소개하고 접하게 해 사회화를 돕는다.

외출을 통해 낯선 사람들과 자연스럽게 접하게 하거나 자연스런 자리를 마련해 타인에 대한 불안감을 없애 준다.

쑥쑥! 성장·발달을 돕는 교육 프로그램

🧠 신체발달 놀이

팔, 발 마사지 아기를 편안하기 눕힌 상태에서 엄마는 아기의 발과 팔을 주무르듯 만져 준다. 발가락, 손가락도 만져 준다.

동요– 작은 별(반짝반짝 작은 별♬~) 멜로디에 "꼬물꼬물 ○○ 발가락 예쁘기도 하구나." 하고 개사한 노래를 부르며 마사지한다. 마사지를 할 때 아기의 반응을 살피며 부드럽게 만져 준다.

🧠 사회성발달 놀이

손 내밀어 물건 잡기 아기가 좋아하는 장난감을 아기의 손 가까이에 내민 후 "○○아. 이게 무엇일까?" 하고 물은 다음 아기가 손을 내밀면 "주세요? 그럼 엄마가 줄게" 하고 물건을 주고 아기가 손을 내밀지 않으면 "이건 우리 ○○가 좋아하는 헝겊 장난감이네." 하고 아기 손을 잡아서 물건 쪽으로 내민다. 아기가 물건을 잡으려고 손을 내밀면 웃으며 헝겊 장난감의 모양을 설명해 준다.

06~07 개월

혼자 앉거나
기어다닐 수 있다

특징

이 시기가 되면 아기마다 개인차가 있긴 하지만, 뒤집거나 구르는 등 행동이 자유로워진다. 근육과 신경이 발달해 엎드려 있다가 혼자 앉을 수 있고, 손바닥 전체를 이용해 작은 물건을 잡을 수 있다. 시각과 청각이 매우 발달하고 호기심이 왕성해져 무엇인가 담겨 있는 통이나 상자 등에 관심을 갖고 놀이를 시작한다. 사람들과 대화하듯 표정을 맞추어가며 말하는 시늉을 하기도 한다. 간혹, 걷기, 말하기 등 언어 능력과 신체 발달이 눈에 띄게 빠른 아기도 있다.

혼자 있는 시간을 자주 갖게 하지 않는다

아기가 자라면 혼자 노는 시간이 생긴다. 이렇게 혼자서 노는 동안 창의력이나 탐구심, 자주성이 길러지긴 하지만 지나치게 오래 혼자 방치하면 오히려 부작용이 크다.

엄마가 아기와 함께 놀아 줘야 신체적, 정신적으로 빠르게 성장하고 사회성이 길러지며 엄마에 대한 신뢰감이 싹튼다.

기어다닐 수 있는 넓은 공간을 마련해 준다

아기의 움직임이 왕성해진 만큼 뒤집기도 하고 엎드린 자세에서 앞으로 나아가기도 한다. 이 시기에는 손과 발을 움직여 이리저리 이동할 수 있으므로 위험한 물건을 치우고 가능하면 자유롭게 움직일 수 있도록 넓은 공간을 만들어 준다.

노리개 젖꼭지는 서서히 뗀다

아기가 습관적으로 노리개 젖꼭지를 물고 있다면 엄마가 서서히 뗄 수 있게 돕는다. 6개월 이후 계속해서 노리개 젖꼭지를 물면 치열이 비뚤어지거나 덧니가 날 수 있다. 또한 사물을 탐색해야 할 입을 노리개 젖꼭지가 차지하고 있으므로 아기의 지능 발달을 저해할 수 있다. 장난감이나 다른 물건 등을 이용해 가능하면 다른 곳으로 관심을 돌린다.

수유는 줄이고 이유식 횟수를 늘린다

이유식을 하더라도 젖을 먹이는 것은 계속하되, 이유식 횟수를 점차 늘린다. 7개월에는 하루 2회 이유식을 준다. 아기가 잘 받아먹고 정상적으로 성장하면 다음 달로 넘어가면서 횟수를 3회로 늘린다. 단, 아기의 반응을 살피며 융통성 있게 조절한다.

영양이 풍부한 식품을 잘게 썰거나 으깨 준다

두부, 삶은 감자, 채소 찐 것, 국수 등은 부드럽게 으깨거나 잘게 썰어 아기가 오물오물 씹을 수 있게 한다. 특히 생선·닭고기·쇠고기 등 발육에 필요한 단백질이 풍부한 식품을 먹기 좋게 잘게 썰어 채소와 함께 부드럽게 조리한다.

성장 발달에 맞게 놀아 주고 교육한다

간혹, 앉기, 걷기, 말하기 등 모든 것을 일찍 시작하는 아기도 있다. 이런 아기들을 영재아라고 생각하는 경우가 많은데 영재아들은 기억력과 관찰력이 뛰어날 뿐 아니라 가르쳐 주지 않아도 창의력을 발휘해 어른들을 놀라게 한다. 하지만 이는 아주 소수로, 자신의 아기를 영재로 착각하여 무리하게 교육하면 오히려 성장 발달에 장애가 될 수 있다.

태어나서 뒤집고 안고 서고 말하는 것부터 차근차근 배우고, 타인에 대한 애착과 신뢰감을 형성하면서 성장에 맞는 놀이와 학습을 하는 것이 중요하다.

규칙적인 생활을 유도한다

앉을 수 있게 되고 놀이 시간이 많아지는 시기로, 이럴 때일수록 아기가 규칙적인 생활을 할 수 있도록 돕는다. 자고, 먹고, 노는 시간을 정해 놓아 생활이 규칙적이 되도록 한다. 이런 규칙적인 생활은 같은 자극을 되풀이하는 효과가 있으므로 뇌의 신경회로를 늘려 준다.

예를 들어 일정한 시간에 기저귀를 벗기고 정해진 시간에 소변이나 대변을 보게 하면 나중에 배변 훈련을 쉽게 마칠 수 있다.

쑥쑥! 성장·발달을 돕는 교육 프로그램

인지발달, 사회성발달 놀이

바구니 속 물건 맞추기 물건이 담긴 바구니를 준비하여 아기에게 보여 준 후 바구니를 수건으로 가리며 까꿍 놀이를 한다.

"바구니 속에 또 무엇이 들어 있을까?" 하고 아기에게 물은 후 "까꿍! ○○의 곰돌이 인형이 들어 있구나." 하고 반복적으로 놀이한 후 바구니를 덮은 수건을 아기가 직접 걷어서 볼 수 있게 한다. "수건을 걷어 볼까?" "까꿍! 이번에는 ○○가 좋아하는 딸랑이가 들어 있구나." 하고 반응을 보인다.

신체발달 놀이

신나는 손 그네 한쪽 팔로 아기의 머리를 받치고, 다른 팔로 아기를 감싸 안아 아기와 얼굴을 마주 본다. "○○야, 엄마가 안아 줄게. 엄마 얼굴 잘 보이지?" 하고 말한 다음 아기를 안고 다른 방향으로 가서 "이번에는 저쪽에도 가볼까?" 하고 말한 후 아기의 반응을 살피며 천천히 좌우로 흔들며 손 그네를 태워 준다.

"윙윙 ○○가 움직이네. ○○가 방긋 웃는구나, 이번에는 조금 높이 가볼까? ○○가 날아간다. 윙 어디까지 갈까?" "(꼭 안아 주며) 다 왔다." 하고 아기의 움직임에 대해 이야기하고 놀이가 익숙해지면 여러 가지 자세로 아기를 안아 준다.

언어발달, 사회성발달 놀이

인형과 인사하기 아기에게 헝겊 인형을 보여 주며 인사한다. 인형을 흔들며 "안녕! 나는 강아지야." 하고 말하고 아기의 반응을 살피며 놀아 준다.

"강아지가 ○○ 손에 뽀뽀해 주네. 멍멍 하고 이야기도 하네." 인형 놀이 중 인형을 등 뒤로 숨기며 "강아지가 어디 갔지?" 하고 강아지를 숨긴 후 "짠! 여기 있지." 하고 보여 준다. 이런 놀이를 반복하다 보면 아기의 옹알이가 점점 발전한다.

07~08개월

흉내를 잘 내고
젖니가 나기 시작한다

배밀이에서 기기로 넘어가는 시기로, 혼자 앉거나 뒤집는 것이 능숙해지고 힘없이 앞으로 넘어지는 일도 드물다. 두 손을 자유롭게 사용할 수 있고 손가락의 움직임이 능숙해지면서 우유병을 양손으로 잡고 입으로 가져가는 행동도 보인다. 낯가림이 심해져 낯선 사람을 보기만 해도 울거나 엄마에게 매달린다. 엄마가 시범을 보이면 흉내를 잘 내며 발음이 정확하진 않지만 아주 간단한 음절은 따라 할 수 있다.

잇몸 관리를 해 준다

아기 때 나는 이는 나중에 모두 빠진다는 생각에 관리를 소홀히 하는 경우가 있는데 이는 잘못된 행동이다. 유치 관리를 잘해야 커서도 튼튼하고 건강한 이를 가질 수 있다. 그러려면 이의 토대가 되는 잇몸을 잘 마사지하고 젖은 거즈로 부드럽게 닦아 주는 일을 게을리해서는 안 된다.

위험한 것을 먹지 않도록 주의 깊게 살핀다

엄지손가락과 집게손가락으로 물건을 집는 능력은 보통 9~12개월이 되어야 발달하지만 8개월 무렵에 이미 이런 능력이 있는 아기도 있다.

일단 엄지손가락과 집게손가락을 사용하게 되면 땅콩이나 동전 같은 작은 물건을 집어 올릴 수 있게 되고 그것을 입으로 넣기가 쉽다. 그렇게 되면 질식할 위험이 있으므로 항상 주의를 기울여야 한다.

위생 관리에 신경 쓴다

아기가 혼자서 입으로 음식을 가져갈 수 있게 되면 손으로 집어넣는 음식물이 늘어난다. 이 시기의 아기는 보이는 것은 모두 손으로 집어 입으로 가져가려고 하므로 아기 주변을 늘 깔끔하게 청소하고 아기의 손도 늘 깨끗하게 해 준다. 식품 위생에도 각별히 신경을 써야 한다.

단단하고 자극적인 음식은 주지 않는다

소화 기관이 미숙하고 이도 거의 없으므로 분해되지 않거나 단단한 음식은 주지 않는다. 팝콘, 땅콩, 완두콩이나 당근, 피망같이 단단한 음식, 자극적인 음식, 고깃덩어리 등도 좋지 않다.

손가락을 사용하도록 유도한다

아기에게 놀이는 단순한 놀이에서 그치는 것이 아니라 아기의 인지 발달을 도우므로 머리 좋은 아기로 키우는 데 결정적인 역할을 한다.

특히 손과 손가락을 움직이는 것은 지능 계발에 도움이 된다. 따라서 요즘에는 손을 자극하는 놀이나 교육법이 주목을 받고 있다. 이 시기에는 손으로 동작 표현하기, 사물 집기 등 손동작을 이용하여 자연스럽게 성장·발달을 돕는다.

혼자 먹는 습관을 들인다

이유식 초기에는 엄마가 아기의 입에 음식을 떠 넣어 주었겠지만 이제 스스로 먹을 수 있도록 돕는다. 손으로 숟가락을 잡고 먹을 수 있도록 숟가락을 손에 쥐어 준다. 숟가락을 잡는 것이 서툴러 먹다가 잘 흘리지만 반복하다 보면 점점 익숙해진다.

과자나 과일 등은 손가락으로 집어 먹기 좋게 작은 조각으로 나눠 깨지지 않는 그릇에 담아 준다. 입 안에서 혀와 턱이 움직이는 힘만으로도 부서질 수 있는 부드러운 것이 좋다.

잠투정을 다스린다

간혹 밤중에 깨서 울거나 겨우 잠들었다 싶어 잠자리에 눕히면 바로 깨서 우는 등 엄마를 애먹이는 아기들이 있다. 힘들고 괴롭지만, 먼저 아기마다 개인차가 있다는 사실을 알고 대하는 것이 좋다. 어른 중에도 쉽게 잠드는 사람과 잠이 안 와 고생하는 사람이 있는 것처럼 아기에게도 여러 가지 유형이 있다.

아기가 잠투정을 할 때는 몸을 적당히 흔들어 주고 보듬어 주면서 자장가를 불러 주거나 부드러운 음악을 들려준다. 낮 동안 바깥 놀이를 하면서 많이 움직이게 해 주고 자기 전에 느긋하게 목욕을 시켜 편안하게 해 주는 것도 도움이 된다.

쑥쑥! 성장·발달을 돕는 교육 프로그램

인지발달, 사회성발달 놀이

거울놀이 이 시기의 아기는 거울 보는 것을 즐거워한다. 아기 눈높이에 거울을 놓아 아기가 거울을 볼 수 있게 한다. "○○의 예쁜 얼굴이 여기 있네!" "거울 속에 ○○의 얼굴이 방긋 웃고 있구나." 하고 반응을 보이고 거울 속에 비친 엄마를 찾게 한다. "○○아. 엄마는 어디에 있을까? 까꿍! 그래. 여기 있지! ○○는 어디에 있니? 까꿍! 저기 있다!" 하면서 거울을 가리킨 다음 "○○ 얼굴에 뽀뽀해 줄까?" 하고 아기, 엄마의 얼굴을 찾고 손가락으로 가리킨다.

인지발달 놀이

바스락바스락 감각책 아기가 헝겊 그림책에 관심을 보이면 아기를 무릎에 앉히거나 나란히 앉아 헝겊 그림책을 넘기며 읽어 준다. "왜! 여기 닭이 있네. ○○랑 엄마랑 함께 넘겨 볼까?" 하고 말한다.

이때 아기가 자유롭게 그림책을 만지거나 흔들어 보며 스스로 탐색할 수 있도록 격려한다. "이것 봐! 자동차가 나왔네. 한 장 넘겼더니 바스락바스락 나비 날개가 있어." 하고 아기가 그림책을 만졌을 때의 느낌이나 소리를 흉내 내어 말해 준다. 감각책은 망사, 털, 코르덴, 실크, 고무 등 다양한 감촉을 느낄 수 있는 그림책이다. 그림책 속에서 아기가 흥미를 끌 수 있는 동물이나 장난감 등을 가리키고 사물의 다양한 모습과 느낌을 경험할 수 있게 해 준다.

인지발달, 신체발달 놀이

블록 쌓기 아기와 함께 블록을 만져 보며 "○○가 블록을 만져 볼까? 블록이 폭신하구나." 하고 말하고 아기가 탐색하게 한 다음, 엄마가 먼저 2~3개 블록을 쌓아 무너뜨려 본다. "엄마가 블록을 쌓아 볼게. 왜! 높아졌네! 블록을 무너뜨려 볼까? 와르르 무너졌네. 이번에는 ○○가 블록을 쌓은 다음 무너뜨려 볼까? 와르르 또 무너졌네. 블록 놀이 재미있구나." 하고 함께 블록 놀이를 한다. 아기 손을 잡아 블록을 쌓은 다음 무너뜨리는 놀이를 엄마와 함께 즐긴다.

08~09개월

붙잡고 일어서며 호기심이 커진다

앉고 기어 다닐 뿐 아니라 다리의 힘도 강해져 물건을 잡고 일어서는 등 행동반경이 점차 넓어진다. 성장이 빠른 아기 중에는 물건을 잡고 몸을 일으켜 걸음마를 시작하는 아기도 있다. 근육의 조절 능력이 향상돼 손가락을 이용해 물건을 집고 굴리기도 하며 책을 움켜잡거나 잡아 뜯는 탐색의 과정을 보인다. 지적 능력이 발달해 말을 잘 알아듣고 목소리나 억양을 흉내 낼 수도 있다.

 **억지로 낯가림을 없애려 하지 않는다**

낯가림은 9개월 전후가 가장 심하다. 낯선 사람뿐 아니라 가까운 이웃이 다가가도 아기가 울고 낯을 가리는데, 이는 자신을 돌봐주는 사람을 특별한 존재로 인식하고 구분한다는 것이다. 이러한 낯가림은 아기가 성장하면서 겪는 자연스러운 과정으로, 아기마다 기질적으로 차이는 있지만, 유난히 낯가림이 심하다 해서 문제가 되지 않는다.

오히려 억지로 낯선 사람과 친하게 하려면 거부감이 생기고 엄마에 대한 신뢰가 깨질 수 있다. 갑자기 친하게 다가오는 사람이 있다면 아기가 놀라지 않게 해 달라고 당부한다.

 **일관성 있게 아기를 대한다**

육아에서 가장 중요한 것은 엄마의 일관성 있는 태도다. 만약 엄마가 상황에 따라 다른 태도를 보인다면 아기는 혼란스러울 뿐 아니라 보채는 습관이 생긴다. 아기에게 좋지 않은 것이라고 제한하다가도 아기가 보챌 경우 어쩔 수 없이 허용해 주는 식이 되면 아기는 다음에는 더 집요하게 보챌 것이다. 금지된 행동을 할 때는 따끔하게 주의를 주고 아무리 아기가 보채더라도 일관성 있는 태도를 보인다.

 **단맛에 길들지 않게 한다**

아기에게 단 음식을 주는 시기는 늦으면 늦을수록 좋다. 돌이 되기 전부터 단맛이 나는 음식을 주기 시작하면 입맛이 변해 단 음식을 제한하기 어려워진다. 설탕이 많이 들어 있는 과자나 케이크, 사탕 대신 달콤하면서도 새콤한 맛이 나는 과일을 준다. 그럼 자연스럽게 과일뿐 아니라 채소도 좋아하게 된다.

자연을 느끼게 해 준다

아직 걷거나 자유롭게 움직이지 못하므로 실내에서 주로 생활하지만, 아기의 정서 발달을 위해서는 자연을 자주 찾는 것이 좋다. 날씨 좋은 날 공원이나 동물원을 방문해도 좋고 자연으로 나가 가볍게 산책을 해도 좋다. 아기는 뜻밖에 흙이나 풀의 감촉을 좋아한다. 나무와 꽃이 많은 곳에서 맑은 공기를 마시게 하면 저항력도 길러진다.

외출 전에는 건강 상태를 체크한다

아기와 함께 외출할 때는 먼저 아기의 컨디션을 살핀다.

이동하거나 여행지에서 아기의 건강 상태 때문에 서둘러 집에 돌아오는 일이 없도록 출발 전 아기의 상태를 살피는 것이 안전하다. 평소와 다름없이 잘 먹는지, 혹은 변에 이상이 없는지, 열이 나거나 기침이 나진 않는지 관찰한 다음 컨디션에 이상이 없으면 외출한다.

아기 체조를 시킨다

8~9개월쯤 되면 걸음마를 도와주는 아기 체조를 시킨다. 평소 아기에게 체조를 시키면 튼튼해질 뿐 아니라 체력이나 운동 능력도 향상된다.

아기 체조라고 해서 특별한 형식에 구애받을 필요는 없다. 아기의 발달 상태에 맞춰 진행하되, 엄마나 아빠가 손을 잡고 발 떼기 연습을 시키거나 몸을 쭉쭉 늘려 주면 된다. 아기가 즐거워할 뿐 아니라 걸음마 하는 시기가 빨라진다.

다른 맛이 첨가된 우유는 주지 않는다

시중에 파는 우유 중에는 바나나 맛, 딸기 맛, 초콜릿 맛, 고구마 맛 등 다른 성분이 들어 있는 우유가 있다. 이들 우유에는 설탕이 많이 들어 있어 우유 속의 칼슘 흡수를 방해할 수 있다. 또한 맛을 내는 인공첨가물이 들어 있어 아기의 영양에 도움이 되지 않고 아기들에 따라서는 알레르기 반응을 일으킬 수도 있다.

말을 많이 걸어 준다

이 시기에는 지적 능력이 활달하여 말을 잘 알아듣고 간단한 음절을 사용해 의사를 표현할 줄 안다. 이때 아기와 접촉하는 시간을 늘리고 말을 많이 걸어 주면 언어 능력이 발달하고 지적 능력도 향상된다. 말을 잘 따라 하지 못하더라도 반복해서 말을 걸고 정확한 발음으로 이야기한다. 단, 억지로 학습을 시키려 들지 말고 자연스런 언어 환경을 만들어 준다.

쑥쑥! 성장·발달을 돕는 교육 프로그램

인지발달, 신체발달 놀이

촉감매트 만지기 펠트천이나 두드러운 질감의 천을 바이어스 처리하여 동그라미, 자동차, 별, 하트 등 여러 가지 모양을 만들어 이불에 고정해 놓는다. 여러 가지 모양을 고정한 이불을 편평하게 깔고, 아기가 관심을 보이면 함께 모양을 살펴보며 손으로 만져 본다. "이불에 무엇이 있나? ○○가 한 번 만져 볼까? 여기 반짝반짝 작은 별도 있구나." 하고 탐색한 후 아기가 다른 모양에도 관심을 갖고 만질 수 있게 한다. "○○가 기어가서 자동차 모양을 만져 볼래?" "엄마는 여기 나비를 만지고 있어. ○○도 같이 만져 볼래?" 하고 엄마의 행동이나 아기의 행동을 말로 표현해 주면서 모양의 이름과 촉감을 알려 준다.

신체발달, 사회성발달 놀이

공 굴리기 크기가 다른 공을 제시해 주고 "말랑말랑 공이 많이 있네. ○○가 한 번 만져 볼까? 큰 공도 있고 작은 공도 있구나." 하고 말하고 아기가 스스로 탐색해 볼 수 있게 아기에게 공을 굴려 주고 엄마와 함께 잡아 본다. "○○에게 공이 굴러가네. ○○ 옆으로 공이 지나갔네. 공 잡으러 가자." 하고 함께 놀이한다. 헝겊 공을 아기와 거리를 두고 마주 앉아 굴려 가며 즐겁게 놀아 준다.

09~10개월

붙잡고 서서 발을 떼기 시작한다

다리에 힘이 강화되어 물건을 붙잡고 서서 일어설 뿐 아니라 조금씩 발을 떼기 시작한다. 여러 가지 사물에 흥미를 보이고 호기심도 왕성해져 집 안을 여기저기 헤집고 다닌다. 좋고 싫음이 분명해지고 의사 표현이 확실해지며 자기주장이 눈에 띄게 강해진다. 타인의 감정을 파악하는 데도 능숙해져 같이 따라 울거나 웃기도 한다. 미각도 점점 발달한다.

 **아기의 호기심을 자극한다**

아기들의 지적 성장은 호기심에서 비롯된다. 이 호기심이 바탕이 되어 창의력이 길러지며 지적, 정서적으로 발달한다.

말을 하고 신체가 자유로워지면서 아기들의 탐색 활동이 더욱 활발해지는데 이때 아기의 호기심을 충분히 만족하게 해 줘야 똑똑하고 머리 좋은 아이로 자라나게 된다. 아기에게 세상을 탐색하고 학습할 기회를 주는 것은 지적 발달을 위해 매우 중요한 일이다.

간혹 아기들이 손을 뻗어 만지려 하거나 입으로 가져갈 때 혼내는 부모가 있는데 이는 아기의 호기심에 찬물을 끼얹는 결과가 된다. 오히려 실컷 하도록 그냥 내버려두거나 호기심을 적극적으로 자극하는 것이 좋다. 가끔은 사물에 대한 관심을 유도하면서 호기심의 대상을 바꿔 주는 것도 괜찮다.

 **주변의 위험요소를 제거한다**

아기가 설 수 있게 되면 전보다 한층 시야가 넓어지고, 눈에 보이는 것은 무엇이든 잡고 싶어 한다. 이때 뜻하지 않은 사고가 일어나지 않도록 주의한다. 이 시기에는 테이블보 끝을 잡아당겨 테이블 위의 물건을 떨어뜨리기도 하고 전자 제품 플러그를 뽑기도 하고 뜨거운 냄비를 만지려고 하는 등 위험천만한 일을 곧잘 한다. 아기가 다치지 않도록 몸을 구부려 아기의 눈높이에서 방 안을 둘러보고 아기 손이 닿을 만한 곳에 있는 위험한 물건들은 모두 치운다. 또한 가구의 귀퉁이가 뾰족하게 튀어나온 곳은 없는지, 넘어지거나 부딪힐 만한 물건은 없는지 확인한다.

아기 요구에 적극적으로 반응한다

자기 요구가 받아들여졌거나 스스로 무엇인가를 해냈다는 자신감은 아기의 자주성과 독립성을 기르는 데 아주 중요하다. 예를 들어 아기 혼자서 물을 마시고 숟가락을 사용한다고 했을 때 그것을 엄마가 받아들이고 칭찬해 주면 아기는 자기 스스로 할 수 있다는 자신감을 얻게 되고 스스로 영향력이 있다는 것을 실감하게 된다. 이러한 즐거운 경험은 자아를 형성하는 데도 큰 도움이 된다.

물론 아기의 주장을 전부 받아들일 수는 없다. 안될 때는 왜 안 되는지 설명해 주고 다른 방법을 제시한다. 어떤 경우든 아기의 의사나 행동을 무시해 버려서는 안 된다.

만약 부모가 아기의 행동에 반응을 보이지 않으면 아기는 자신을 의미 없는 존재로 생각하고 무력감을 느끼게 될지 모른다.

🍼 다양한 경험을 통해 창의력을 길러준다

집안에서만 생활하다 보면 아기의 경험은 매일 똑같을 수밖에 없다. 변화 없는 환경은 아기의 발달을 더디게 한다. 반면, 다양한 경험은 아기의 지적 발달을 돕는다. 귀찮더라도 아기에게 바깥 구경을 시켜 준다.

아기와 외출할 때는 길가에 피어 있는 꽃이나 지나가는 사람들, 달리는 차 등을 가리키며 설명해 주는 것이 좋다. 운동장, 박물관, 음식점 등 다양한 곳을 찾는 것도 좋은 방법이다. 이러한 다양한 경험은 아기의 창의력과 지능 발달에 도움이 된다.

🍼 배변훈련을 서두르지 않는다

아기 대소변 가리기에 너무 집착한 나머지 일찍부터 배변 훈련을 시키거나 지나치게 강요하면 오히려 아기가 스트레스를 받기 쉽다. 배변 훈련은 강요하지 말고 어느 정도 준비가 될 때까지 느긋한 마음을 갖고 기다리되 서서히 배변 훈련에 적응할 수 있도록 돕는다.

나중에 배변 훈련에 성공하려면 우선 긍정적인 이미지를 갖게 하는 것이 중요하다. 변을 더럽고 불쾌한 것이라고 느끼게 해서는 안 된다. 대신 "우리 아기 똥도 예쁘게 쌌네. 시원하지?"하고 말하거나 "잘 먹고 똥도 잘 싸는 걸 보니 이제 쑥쑥 크겠네." 하는 식으로 긍정적으로 표현한다.

또한 아기가 갑자기 힘을 준다거나 배변의 징후를 보일 때는 그것이 어떤 행동인지 말해 준다. 아기에게 기저귀를 보여 줌으로써 행동과 결과를 자연스럽게 연결하게 한다.

🍼 생활 리듬을 만들어 준다

아기가 건강하고 튼튼하게 자랄 수 있도록 규칙적인 생활 습관을 들인다. 먹이거나 재울 때도 가능하면 시간을 지키고, 매일 반복하는 목욕, 수유, 취침 같은 일들은 순서를 정해놓고 반복한다. 그럼 어느새 저절로 생활 리듬이 만들어진다.

쑥쑥! 성장·발달을 돕는 교육 프로그램

🧠 신체발달 놀이

아기 체육관 아기가 아기 체육관을 붙잡고 일어서려고 할 때, "○○가 잡고 일어서보려고 하는구나! 엄마가 꼭 잡아 줄게" 하고 반응해 준다.

아기가 아기 체육관을 잡고 일어서면 "와! ○○가 일어났네. 잘하는구나. "일어나서 그거 눌러 보고 싶었어? 딩동 소리가 나네. 또 해 볼까?" 하고 다시 시도해 볼 수 있도록 아기의 행동을 격려해 준다. 아기 체육관 놀이를 하기 전에는 놀잇감이 움직이지 않도록 매트 위에 놓고 아기의 성장·발달 단계에 따라 원하는 자세를 취할 수 있도록 돕는다.

🧠 인지발달, 사회성발달 놀이

얼굴 가리키기 아기와 마주 앉아· 손가락으로 아기의 얼굴을 가리키며 이야기한다. "눈은 어디 있나? 여기!" 하고 엄마와 아기의 눈을 가리킨다. 그런 다음 아기가 직접 자신의 눈을 가리킬 수 있도록 돕는다. 몸을 이용해 적극적인 탐색을 하는 시기로 아기가 신체에 관심을 갖고 즐겁게 놀이할 수 있도록 돕는다.

10~11개월

**걸음마를 하고
말문이 트인다**

체중의 증가 폭이 훨씬 작아지고 움직임이 활발해져 무엇인가 붙잡고 일어설 뿐만 아니라 기는 것도 능숙해진다. 운동 신경이 눈에 띄게 발달해 한 발자국씩 걸음을 내딛기도 하고 손끝이나 손가락도 매우 예민해져 조그만 종이를 집거나 상자를 열고 닫는 등 손을 이용한 탐색 활동을 즐긴다. 대상연속성이 생기며 말문이 트이고 이해력과 기억력도 크게 향상된다. 상대방이 말하는 것을 이해하며 어른들의 말을 따라한다. 장난도 심해진다.

서서히 젖을 뗀다

이유식이 잘 진행되면 모유나 분유는 슬슬 끊는다. 이 시기쯤 되면 이유식만으로도 충분히 영양을 섭취할 수 있다. 한 살이 지나서까지 계속 젖을 먹이면 아기의 성격이 의존적이 되기 쉽고 입 안에 우유가 고여 있어 이가 상할 수 있으며 영양분이 부족하기 쉽다. 단, 준비 단계 없이 무리하게 젖을 떼지는 않는다.

갑자기 젖 주기를 멈추면 아기에게 신체적·정신적으로 깊은 상처를 줄 수 있다. 아기 기분이 좋을 때 젖 대신 이유식을 주면서 서서히 수유 횟수를 줄이면 금세 이유식에 익숙해질 것이다.

여러 가지 언어 자극을 준다

돌이 가까워지면 아기의 지적 능력은 놀라운 속도로 발달한다. 따라서 이 시기에는 이해력 및 언어 능력, 수 개념 등을 적극적으로 가르쳐 지적 능력을 키워 주는 것이 좋다.

집 안의 여러 물건이나 신체 각 부분, 거리에서 보이는 풍경, 주변 사람들의 이름을 가르쳐 주고 소리 내어 말하게 한다.

발음을 정확하게 바로잡는다

아기가 잘못 발음하는 것이 귀엽더라도 엄마가 그냥 지나치거나 똑같이 발음하면 발음이 그대로 굳어버릴 수 있다. 유아어에서 벗어나 차츰 표준어를 발음할 수 있도록 도와주되 잘못 발음할 때는 핀잔을 주거나 야단을 치기보다는 아기 자존심에 상처가 생기지 않도록 용기를 북돋아 가며 가르친다.

수학적 사고를 길러 준다

지능 계발을 위해서 수학적 사고를 키워 주는 것도 중요하다. 계단을 오르며 '하나, 둘, 셋' 하고 세거나 과자를 주면서 '너는 과자 두 개, 엄마는 과자 한 개' 하거나 '공원에 풀은 많고 꽃은 적다' 하는 식으로 생활 속에서 수학적 개념을 키워 준다.

호기심과 흥미를 자극하는 장난감을 준다

아기의 지능 계발과 정서 안정에 도움을 주는 장난감도 있지만, 오히려 아기에게 해가 되는 장난감도 있다. 아기의 성장 발달에 맞는 제품을 고르되 부서지기 쉬운 것, 페인트가 벗겨지거나 지나치게 단순한 것은 피하고 아기의 호기심과 흥미를 자극하는 장난감을 골라 준다.

그렇다고 장난감을 자주 새것으로 바꿔 주는 것은 좋지 않다. 위험하거나 건강에 문제가 되지 않는다면 마음 편히 놀게 둔다.

👆 책에 흥미를 갖게 한다

이 시기 아기들은 3~4분 이상 집중하지 못하므로 책을 읽어 주다가 산만해지거나 지루해하면 아기에게 친근한 물건을 보여 주는 등 다른 자극을 주어 주의를 환기시킨다.

👆 또래 친구와의 시간을 마련해 사회성을 길러 준다

이 시기쯤 되면 아기는 자기 주변의 세계에도 관심과 흥미를 갖기 시작한다. 다른 아기를 보면 반가워하고 같은 또래나 조금 큰 아기에게도 관심을 갖는다. 하지만 관심은 많아도 막상 아기들과 뒤섞여 놀게 하면 잘 어울리지 못할 수 있다. 서로 장난감을 빼앗기지 않으려고 울기도 하고 때를 쓰기도 한다.

처음에는 잘 적응하지 못하더라도 다른 아기와 접촉할 기회를 만들어 주면 곧 어울리게 된다. 공원이나 놀이터에 데리고 나가 또래 친구들과 어울릴 기회를 만들어 준다.

👆 손가락 힘을 길러 준다

숟가락을 쥐어 주거나 블록 쌓기 놀이 등을 하면서 손가락 힘을 길러 준다. 우유병이나 컵 등을 양손으로 들어 입으로 가져가 마시는 연습을 시키는 것도 좋은 방법이다. 우유나 과즙, 물 등을 컵에 조금 따른 다음 아기가 직접 컵을 들어서 마실 수 있도록 돕는다. 이런 활동은 아기의 대뇌를 자극할 뿐 아니라 신체발달을 돕는 좋은 활동이다.

쑥쑥! 성장·발달을 돕는 교육 프로그램

🍓 인지발달, 언어발달 놀이

까꿍! 그림책놀이 아기를 엄마 무릎에 앉혀 놓고 함께 책을 보며 '까꿍' 소리에 몸을 조금씩 움직여 주거나 손가락으로 책을 만져 보게 한다. 아기에게 다양한 동물 소리로 리듬감 있게 책을 읽어 주며 책의 내용에 따라 "책 속에 누가 나올까? 까꿍! 호랑이다. 어흥!" "이번에는 또 누가 나올까? ○○가 넘겨 볼래?" 하고 이야기를 들려준다.

그림책 중에서도 아기의 흥미를 자극할 수 있는 간단한 팝업북이나, 촉감을 느끼고 냄새를 맡을 수 있는 감각책이나, 누르면 동물의 울음소리가 들리는 그림책을 선택하여 함께 본다.

🍓 인지발달, 언어발달 놀이

손인형 놀이 엄마의 손에 손인형을 끼고 인형을 흔들며 "안녕! 나는 토끼야. 만나서 반가워." 하고 인사한 후 "토끼한테 맛있는 밥을 먹여 줄까? 냠냠, 토끼가 잘 먹는구나." 하고 아기와 함께 손인형 놀이를 한다.

아기의 손에도 직접 인형을 끼워 주며 "○○손에도 인형이 쏙 들어갔네. ○○가 움직이니까 인형도 움직이네." 하고 말하며 인형 놀이를 한다. 이때 엄마는 아기에게 눈을 맞추고 정다운 목소리로 반응해 주어야 하며, 엄마의 말을 아기가 모방하도록 격려한다. 손인형을 끼고 아기의 이름을 부르거나 노래를 부르는 것도 좋다.

11~12개월

체형이 잡히고
다양한 단어를 말한다

돌 무렵이 되면 아기 체형에서 벗어나 유아 체형에 가까워진다. 걷기를 하는 시기로, 발달 정도는 천차만별이지만 붙잡고 걸을 수 있는 아기가 많아진다. 아기 중에는 혼자서 한 발 한 발 떼며 걷는 아기도 있다. 지적 수준이 눈에 띄게 발달해 엄마나 아빠의 말귀를 알아듣고 적절히 반응하며 싫은 것은 절대로 하지 않으려 한다. 원하는 결과를 얻으려고 일부러 자신의 행동에 변화를 주기도 한다.

 **탈골에 주의한다**

어린 아기들은 팔꿈치나 손목의 관절이 잘 빠진다. 이것은 뼈와 뼈를 잇는 인대와 뼈의 위치가 어긋나는 것으로, 갑자기 아기의 손을 잡아당기거나 아기가 넘어져 팔이 비틀어질 때 자주 일어난다. 한 번 탈골이 된 아기들은 습관적으로 탈골될 수 있으므로 주의하고, 평소 아기가 다치지 않도록 각별한 주의를 기울인다.

 **위험한 행동을 할 경우 강하게 주의를 준다**

신체 활동이 훨씬 더 자유로워지면서 아이는 아무것이나 만지고 장난을 치려 한다. 그러다 보면 위험한 것에도 손을 댈 수 있으므로 반드시 주의를 준다. 날카롭거나 위험한 것을 만질 때는 반드시 "안 돼."하고 강하고 분명한 어조로 말한다. 단, 한 번 안 된다고 한 것은 어떤 일이 있어도 안 되는 것으로, 일관성 있는 태도를 유지해야 한다. 오늘은 만져도 됐는데 내일은 안 된다고 하면 아기는 무척 혼란스럽다.

 **감성이 풍부한 아이로 키운다**

아기도 기쁨이나 슬픔, 분노, 사랑 등 다양한 정서를 경험하지만, 아직 스스로 이해하고 받아들이기에는 서툴다. 감성이 풍부하고 고운 품성의 아이로 키우려면 그런 감정들을 올바르게 풀어낼 수 있도록 부모가 도와줘야 한다. 만약 스트레스나 나쁜 감정들이 해소되지 못하면 아기는 소리를 지르거나 물건을 부수거나 누구를 때리는 등 엉뚱한 행동으로 억눌린 감정을 발산할 수 있다. 아기가 자신의 감정을 정확히 파악하고 스스럼없이 털어놓을 수 있도록 자연스런 분위기를 만들어 준다. 이때 아기가 하는 행동이나 말에 무조건 화를 내거나 야단을 쳐서는 안 된다.

아기의 이야기를 진지하게 들어주고 아기가 자신의 생각이나 감정을 솔직하게 표현할 수 있도록 돕는 자세가 중요하다.

 **식후에 이 닦는 습관을 들인다**

6~7개월 무렵이면 아래쪽에 앞니가 나기 시작하고 돌 무렵이 되면 위아래에 각각 4개씩 이가 나기 시작한다. 이가 나기 시작하면서부터 특히 충치 예방에 신경을 써야 한다.

젖이나 이유식을 먹이고 나면 물을 먹여 입 안을 헹구고 젖은 거즈로 음식 찌꺼기를 닦아 주는 습관을 들인다. 참고로, 잠자리에 들기 전에는 가능하면 젖병을 물리거나 음식을 주지 않는다. 자기 직전에 음식을 먹여 버릇하면 소화가 잘 안 될 뿐 아니라 충치가 생길 우려가 있다.

그림책을 읽어 주고 음악을 들려준다

색이 아름답고 예쁜 그림책은 아이의 지적 발달과 정서 발달을 돕는다.

특히 엄마가 부드러운 목소리로 구연 동화하듯 재미있게 읽어 주면 책에 대한 관심이 생기고 상상력이 풍부해진다. 음악도 아기의 지적 발달과 정서 발달을 촉진하는 데 중요한 역할을 한다.

평소 음악을 자주 들려주고 아기와 함께 자주 노래를 부른다.

올바른 식습관을 길러 준다

어려서 만들어진 식습관은 성인이 돼서도 그대로 유지된다. 정해진 시간에 규칙적으로 식사하되, 어려서부터 좋은 식습관을 가질 수 있도록 가족 모두가 돕는다.

가능하면 영양이 풍부하고 건강에 좋은 음식을 먹이되, 가공식품이나 인스턴트식품은 피한다.

쑥쑥! 성장·발달을 돕는 교육 프로그램

신체발달 놀이

빵빵 자동차 타기 아기를 아기용 붕붕차에 앉히며 "여기 부릉부릉 붕붕차가 있네. ○○야! 여기에 앉아 볼까? 엄마가 도와줄게." 하고 말한다. "붕붕차 타고 가 볼까? 엄마가 밀어 줄게. 붕~ 출발! ○○가 손잡이를 잡고 잘 앉았구나." 하면서 아기가 앉은 붕붕차를 천천히 밀어 준다. 아기가 탄 자동차를 다양한 방향으로 움직이며 "앞뒤로 움직여 볼까? 부릉부릉. 어디로 갈까요? ○○가 출발합니다." "어디로 갈까? 이쪽으로 가 볼까?" 등 다양한 표현을 한다. 이때 아기가 자동차에서 떨어지지 않도록 아기의 팔과 허리를 부축하고, 조금씩 밀어 준다.

신체발달, 사회성발달 놀이

밀차 놀이 아기가 밀차나 놀이용 유모차에 관심을 보이기 시작하면, 엄마가 밀차를 밀어 움직이는 모습을 보여 주고, "여기 손잡이가 있네. 잡아 볼까? 손잡이를 잡고 천천히 걸어 볼까? 왜! 밀차(유모차)가 움직이네." 라고 이야기하며 아기가 밀차(유모차)의 손잡이를 잡고 천천히 걸을 수 있도록 돕는다. 이때, 엄마는 아기가 넘어지지 않도록 손으로 받쳐 준다. "○○도 잡고 걸어가 볼까? 하나 둘, 하나 둘. ○○가 잘 걷는구나." 하면서 뒤따라간다. 단, 아기가 넘어질 우려가 있으므로 바닥에 매트를 깔고, 맨발로 놀이한다, 부딪히거나 걸려 넘어지지 않도록 놀이하기 전에 주변을 철저히 정리한다.

인지발달, 신체발달 놀이

크레파스로 그리기 아기에게 "바구니를 흔들었더니 소리가 나네. 무엇이 있을까? 크레파스가 바구니 속에 있구나." 하고 아기가 크레파스에 관심을 갖게 한 다음 "○○가 손으로 크레파스를 잡아 볼까?" 하고 크레파스를 보여 주고 손에 쥘 수 있게 한다. 그런 다음 종이를 펼쳐 놓고 "크레파스를 잡고 쓱쓱. ○○가 손으로 쓱 움직이니까 그림이 그려졌네." 하고 자유롭게 움직인다. 이때, 크레파스는 무독성을 사용하고, 아기 입에 크레파스가 들어가지 않도록 주의한다.

육아 Best 궁금증

Q 아기를 잘 키울 수 있을지 걱정되고 불안해요. 좋은 엄마가 될 수 있을까요?

A 처음 부모가 되면 누구나 서투르고 어색하지만, 아기를 잘 기를 수 있다는 자신감을 가지고 남편과 함께 문제를 해결해 나간다. 이때 의사나 주위 선배들의 조언이나 충고를 듣거나 육아 서적을 참고하는 것도 좋은 방법이다. 육아에 대한 정보나 상식이 많을수록 자신감도 커지므로 육아 관련 카페에 가입하거나 부모 교실에 참여하는 것도 좋은 방법이다. 무엇이든 잘해야 한다는 강박관념을 버리고 하나씩 배우고 노력하는 자세가 중요하다.

Q 아기를 번쩍 들어 올렸다가 내려 주면 까르르 웃어요. 이런 놀이가 위험한 건 아니겠죠?

A 아기는 새로운 자극을 좋아한다. 대부분의 아기들이 위로 높이 안아 올렸다 내려 주면 즐거워하는데, 이는 매우 위험한 행동이다. 자칫하면 망막이탈이 일어나 시력 손상을 입을 수 있기 때문이다. 특히, 태어난 지 얼마 안 된 신생아는 목을 제대로 가눌 수 없으므로 더욱 위험하다.

Q 종이 기저귀를 사용하는데, 얼마나 자주 갈아 주는 것이 좋을까요?

A 제품마다 흡수성이 다를 수 있지만 소변을 적게 보는 아기는 소변을 세 번 정도 싸고서 갈아 주는 것이 좋다. 대변을 볼 경우에는 즉시 갈아 준다.

Q 아기를 엎드려 재우면 두상이 예뻐진다고 하던데, 정말 효과가 있나요?

A 머리 모양에 어느 정도 도움이 된다고 추측하고 있지만, 과학적으로 밝혀진 바는 없다. 신생아는 아직 목을 자유자재로 가눌 수 없으므로 오히려 엎드려 재우면 질식할 우려가 있으므로 3~4개월 정도까지는 엎드려 재우지 않는다.

Q 한여름에 출산했더니 아기에게 땀띠가 났어요. 땀띠를 예방하는 방법이 궁금해요.

A 신생아는 피부가 약하고 예민한데다 땀샘의 밀도가 성인보다 높아 땀띠가 생기기 쉽다. 특히 땀이 난 채로 아기를 방치하면 살이 무르고 염증이 생기는데, 이를 예방하려면 겨드랑이나 무릎 뒤처럼 살이 접히는 부분은 따뜻한 물수건으로 자주 닦아 보송보송하게 유지해 주는 것이 좋다. 가능하면 통풍이 잘되고 흡수가 잘되는 면 소재 옷을 입히는 것이 좋다.

Q 아기 침대 위에 모빌을 달아 두었는데 아기가 모빌을 알아차리지 못하는 것 같아요.

A 신생아는 눈에서 20~35cm 정도 떨어진 물건에는 초점을 잘 맞추지만 이보다 더 멀어지거나 가까워지면 초점이 잘 맞지 않아 희미하게 보인다. 어쩌면 옆을 보는 시간이 많아 침대 바로 위에 걸어둔 모빌에는 관심을 보이지 않을 수 있다. 모빌과 아기 사이의 거리가 적당한지 체크해 보고 이상이 있으면 위치를 바꿔 달아 준다.

Q 아기가 도무지 잠을 자려고 하지를 않아요. 잠투정이 너무 심해 괴로운데 어떻게 대처하죠?

A 아기의 이유 없는 잠투정은 일종의 습관이다. 초보엄마들은 잠투정하는 아기 때문에 한밤중에 일어나 아기를 달래거나 업어 주느라 진땀을 흘리는 경우가 많다. 하지만 젖을 충분히 먹이고 기저귀를 갈아 주고 아픈 곳이 없는데도 특별한 이유 없이 자주 운다면 아기가 스스로 잠들 수 있는 여건을 마련해 주는 것이 좋다.

편안한 음악을 틀어 주거나 조명을 낮추고 아기가 평소 좋아하는 인형이나 장난감을 쥐어 준다. 아기가 잠들기 전까지는 반드시 아기 곁에 있어 주어야 하며 잠든 후에도 잠깐은 곁에 머문다.

Q 모유수유를 하고 있는데, 아기가 젖을 충분히 먹었는지 어떻게 알 수 있나요?

A 아기의 몸무게는 매주 평균 150~200g씩 증가한다. 하지만 몸무게가 이 정도에 못 미친다 해도 하루에 두 번 노란 대변을 보거나 배가 동그랗게 나왔거나 뺨이나 손가락 마디가 포동포동하다면 충분히 영양을 공급받고 있으므로 걱정할 필요가 없다. 만약 배가 고프면 아기는 마구 울며 보챌 것이다.

Q 아기가 딸꾹질을 자주 해요. 혹시 이상이 있는 것은 아닐까요?

A 대개 신생아는 신경과 근육이 미성숙해서 딸꾹질을 하게 되는 것이지 몸에 이상이 생긴 것은 아니므로 걱정하지 않아도 된다. 딸꾹질은 호흡 작용을 돕는 횡격막이 갑작스럽게 운동을 하면서 일어나는 현상으로 숨을 저절로 들이쉬게 되면서 본인의 의지와 상관없이 일시적으로 특이한 소리를 내는 것이다. 딸꾹질은 대개 수유 후에 위가 늘어났을 때, 약간 추울 때 자주 나타나며 그냥 두어도 몇 분 지나면 저절로 멎는다. 아기가 딸꾹질을 할 때는 따뜻한 물이나 분유를 먹이거나 발바닥을 손가락으로 튕겨 주면 도움이 된다.

Q 아기가 심심할까 봐 TV를 틀어 주곤 하는데 괜찮을까요?

A 1세 정도까지는 TV를 보여 주지 않는 것이 좋다. 아기는 대개 시력이 어느 정도 발달하는 4~5개월 이후부터 TV에 흥미를 느끼기 시작한다. 이는 빛의 명암이나 움직이는 도형을 보면서 재미를 느끼기 때문이다. 이때 엄마가 온종일 TV를 틀어 주면 오히려 아기의 언어 발달에 방해를 받는다.

언어발달은 아기와 엄마 사이의 대화 양과 질에 많은 영향을 받는다. TV에서 흘러나오는 말들은 대화가 아니라 일방적이기 때문에 언어 발달에는 도움이 되지 않는다.

Q 겨울이 되니 아기 피부가 유난히 예민하고 건조한 것 같아요. 평소 어떻게 관리해야 할까요?

A 아기의 피지 분비량은 성인의 1/3 수준이므로 더 쉽게 건조해진다. 특히 겨울철에는 더 쉽게 건조해져 트기 쉬운데, 이때는 튼 피부에 베이비로션을 바르고 랩이나 가제를 덮어 30분 정도 그대로 두면 피부가 촉촉해진다.

실내에서는 온도를 20~22℃ 정도, 습도는 55~60% 정도로 유지하고, 가능하면 물이나 보리차 등을 충분히 먹여 수분이 부족하지 않게 한다.

Q 생후 2개월이 되었는데 아직도 아기 배꼽이 들어가지 않아요. 혹시 이렇게 튀어나온 채로 성장하는 것은 아닐까요?

A 정상적인 신생아의 피부는 매우 부드러워서 장기 일부가 복벽을 살짝 밀고 나와 그렇게 보인다. 하지만 생후 1년이 될 무렵에는 복벽이 단단해지면서 튀어나온 배꼽도 자연스럽게 들어간다. 만약 두 살이 넘어도 배꼽이 들어가지 않으면 의사와 상의해 보는 것이 좋다.

Q 아기를 데리고 외출한 적이 없는데, 언제쯤 외출하는 것이 좋을까요?

A 아기의 첫 바깥 나들이는 생후 1개월이 지나서 건강진단을 받을 무렵이 좋다. 바깥 공기를 쐬면 아기의 기관지와 폐도 단련이 되고 기분 전환에도 도움이 된다.

하지만 처음에는 바깥 공기와 접촉하는 일이 아기에게 익숙지 않으므로 산책하러 나가기 전에 워밍업으로 외기욕을 하는 것이 좋다. 특별한 장소를 택할 필요는 없고, 날씨가 맑고 바람이 불지 않는 따뜻한 날, 아기가 누워 있는 방 창문을 열고 햇볕이나 바깥 공기를 쐬어 주기만 하면 된다.

본격적으로 아기와 산책을 하는 것은 생후 2개월 무렵이 좋다. 산책을 할 때는 바람이 불지 않고 햇살이 좋은 날 가까운 공원이나 집 주변을 도는 것으로 가볍게 시작한다.

외출할 때는 아기가 칭얼거릴 때를 대비해 기저귀, 분유, 따뜻한 물 등을 준비하고 아기가 손발을 움직일 수 있도록 간단하게 입힌다.

Q 생후 1개월에 건강진단을 받았는데, 언제 또 병원에 가야 하나요?

A 아기에게 별 탈이 없더라도 생후 3개월이 되면 다시 건강진단을 받는다. 소아과나 가까운 보건소에 가서 하면 되는데 이 시기에는 B.C.G 접종을 위한 투베르쿨린 검사를 실시한다. 만약 결과가 음성으로 나타나면 아기의 몸 상태를 살펴 접종해도 좋은지 의사와 상의한다.

생후 3개월에 하는 건강진단에서도 첫 건강진단 때와 마찬가지로 체중 증가를 체크한다. 또한 고관절 열림, 목 가누기를 조사하거나 시각, 청각 체크도 실시한다. 만약 일상생활에서 마음에 걸리는 일이 있었다면 이 기회에 반드시 상담을 받는다.

Q 아기가 최근 자주 젖을 달라고 보채고 울어요. 평소보다 자주 젖을 주는데도 배고파하는데 혹시 수유에 문제가 있나요?

A 수유에 어느 정도 일정한 패턴을 보이던 아기가 갑자기 젖이나 분유를 더 달라고 보채면 수유를 좀 더 충분히 해 주는 것이 좋다. 아기에게는 성장 급등기가 있는데, 보통 생후 5~6주에 한 번, 생후 3개월에 한 번 찾아온다.

물론 생후 3주에 성장 급등기가 찾아오는 아기도 있다. 하루나 이틀 정도 젖을 더 자주 먹이다 보면 모유량이 저절로 늘어나므로 아기가 원하는 대로 먹인다.

Q 아기가 변비 때문에 변을 볼 때마다 자지러지게 울어요. 배변을 도울 방법이 없을까요?

A 아기가 대변을 보지 못해 괴로워할 때는 면봉에 베이비오일을 묻혀 항문에 넣고 돌려 자극을 주면 배변이 이루어진다. 가볍게 항문 주위를 마사지하는 것도 좋다. 만약, 여러 번 반복했는데도 배변이 이루어지지 않는다면 병원으로 가야 한다.

Q 또래 아기보다 발달이 늦은 것 같아 불안해요. 아기가 정상적으로 잘 자랄 수 있을까요?

A 임신부의 배 크기가 제각각이듯 아기의 발달 속도에도 차이가 있다. 많은 엄마가 관심을 갖는 발달 기준표는 발달 정도를 평가하고 지체 여부를 확인하기 위해 정상아들의 평균치를 써놓은 것에 불과하다.

아기의 발달 속도가 조금 늦더라도 너무 예민하게 받아들이지 말고 아기가 신체 운동을 활발히 할 수 있도록 최대한 돕고 다양한 경험을 할 수 있도록 자극을 주는 것이 좋다.

Q 생후 3개월이 되었는데, 아직 불러도 쳐다보지 않아요. 혹시 청각에 이상이 있는 건 아닐까요?

A 생후 3~4개월까지는 보는 것과 듣는 것이 일치하지 않는다. 아직은 시각과 청각이 따로따로 반응하기 때문에 엄마나 아빠가 불러도 반응을 하지 않는다. 특히, 듣는 것보다 보는 것에 열중하면 듣기에 주의를 기울이지 못한다. 하지만 주위에서 큰 소리가 나거나 사람 목소리에 반응을 보이면 귀에 이상이 있는 경우는 드물다.

만약 아기가 4개월이 될 무렵 딸랑이 소리에 반응이 없거나 엄마의 노랫소리에도 돌아보지 않으면 의사에게 진찰을 받아 보는 것이 좋다.

Q 아기의 고추 끝이 빨갛게 변했고 아픈지 자꾸 칭얼대며 우는데 어떻게 해야 할까요?

A 부분적으로 발생하는 기저귀 발진일 가능성이 높다. 남아에게 흔히 나타나는 증세로, 기저귀를 갈아 주기 전에 보송보송하게 말린 다음 연고를 바르면 금세 낫는다.

간혹 소변보기 어려울 정도로 붓는 경우가 있는데, 이것이 요도로 퍼지면 흉터가 생길 수 있으므로 가능하면 빨리 치료를 받는다. 천 기저귀를 빨 때는 반드시 기저귀 전용 세제를 사용하고 발진이 심할 때는 흡수력이 좋은 종이 기저귀를 사용한다.

Q 아기가 수유 중에 이빨로 젖을 깨물어 상처가 났어요. 어떻게 하면 버릇을 고칠 수 있을까요?

A 아기의 행동에 절대 웃음을 보여서는 안 된다. 젖을 깨문다는 것은 아기가 이미 모유를 충분히 먹었다는 얘기다. 이때 비명을 지르거나 웃음을 보이면 아기는 자기와 놀이를 하는 것으로 착각해 더 세게 깨물 수 있다. 만약 아기가 엄마 젖을 깨물고 나서 웃음을 보였을 때 엄마가 자기도 모르게 따라 웃었다면 아기는 정말로 그 버릇을 고치지 못할 것이다. 그럴 때는 단호하지만 너무 가혹하지 않게 "안 돼." 하고 말하고 아기를 가슴에서 떼어놓는다.

Q 최근 손가락을 자주 빨거나 주먹을 입에 가져가요. 정서적으로 불안해서 보이는 행동일까요?

A 아기가 손을 빠는 것은 정서적으로 문제가 있거나 모유가 부족해서 생긴 습관은 아니다.

아기들은 태어나서 한 달만 지나면 손가락이나 손을 빨기 시작한다. 때로는 주먹을 입에 넣기도 하는데, 이는 입으로 여러 가지 물건을 확인하려는 아기의 행동 중 하나이기도 하고 아기가 자기 손가락을 얼굴 한가운데까지 가져갈 수 있을 정도로 발달했다는 증거이기도 하다.

Q 아기에게 장난감을 주었는데 관심을 보이지 않아요. 장난감을 줄 때 주의해야 할 점이 있나요?

A 아기에게 장난감을 줄 때는 연령이나 발달 상태에 맞는 것을 골라 준다. 아기가 흥미를 보이지 않거나 아직 발달 상태가 미숙한데도 상위 기능을 요하는 장난감을 주면 놀잇감 자체에 대한 흥미가 떨어지거나 마음속에 열등감이 자랄 수 있다.

반면, 놀잇감이 연령이나 발달 상태보다 너무 단조로우면 싫증을 느끼기 쉽다. 장난감을 줄 때는 아기에게 새로운 자극을 줄 수 있도록 발달 상황에 맞게 준다.

Q 아기가 감기에 걸려서 약을 먹였더니 토해 버렸어요. 이럴 땐 다시 약을 먹여야 하나요?

A 아기에게 약을 먹인 지 20분 이내에 토하면 다시 먹이는 것이 좋고, 20분이 지난 다음 토하면 먹이지 않아도 된다. 비교적 적은 양을 토했으면 굳이 다시 먹일 필요는 없고, 마음에 걸리면 1회 분량의 양을 조금씩 나누어 먹인다.

Q 장난감이나 숟가락을 집을 때도 왼손을 써요. 혹시 왼손잡이로 크는 것은 아닐까요?

A 그럴 가능성이 크다. 아기가 물건을 집거나 손을 내밀 때 왼손을 쓴다고 해서 모두 왼손잡이로 자라는 것은 아니지만 생후 10~11개월 무렵이면 왼손잡이인지 오른손잡이인지 어느 정도 감을 잡을 수 있다. 이때 아기가 왼손을 주로 사용하는 것 같아 불안하다고 해서 억지로 물건을 뺏거나 오른손 쓰는 훈련을 강요하면 성격이 나빠질 수 있으므로 15개월이 지나기 전까지는 일단 그냥 내버려 두는 것이 좋다. 훈련은 나중에 해도 늦지 않다.

Q 예방접종은 우리 나이를 기준으로 하나요? 아니면 만 나이를 기준으로 하나요?

A 예방접종 기준에서 제시되는 나이는 모두 만 나이다. 아기가 태어난 날을 기준으로 몇 주, 몇 개월, 몇 세 등을 체크한다. 아기의 건강 상태나 상황에 따라 달라질 수 있으므로 예방접종을 하기 전에 먼저 의사와 상의하는 것이 좋다.

Q 예방접종 시 어떤 때는 팔에 주사를 놓고 어떤 때는 엉덩이에 주사를 놓는데 왜 그럴까요?

A 예방접종은 종류에 따라서 근육주사, 피하주사, 피내주사로 나뉜다. 피하주사는 팔에, 피내주사는 어깨에 접종하고 근육주사는 엉덩이나 허벅지에 접종한다.

근육주사는 엉덩이에 놓는 것이 보통인데, 어린 아기는 엉덩이 근육이 발달하지 않아 근육에 들어가지 않는 경우가 있으므로 요즘은 허벅지 근육에 투여하기도 한다. 이렇게 주사를 놓는 부위가 다른 이유는 약의 종류에 따라 최대 효과를 내면서 부작용을 적게 하기 위해서다.

Q 무엇이든 손에 잡히면 깨물어요. 아기의 깨무는 버릇을 어떻게 고칠까요?

A 이가 난 지 얼마 안 된 아기는 이를 테스트하고 싶어 한다. 아기가 물었을 때 무조건 화를 내거나 다그치지 말고 일단 주의를 준다. 아기를 진정시킨 후 "안 돼." 하고 단호하게 말한 다음 아기가 관심을 둘 만한 장난감이나 다른 물건을 줘서 아기의 주의를 돌린다. 이런 훈련을 반복하면 아기는 엄마가 원하는 것을 이해하고 습관을 고칠 것이다.

Q 생후 1년이 다 되어 가는데 아직도 걷질 못해요. 발육에 문제가 있는 건 아닐까요?

A 아기마다 조금씩 성장 속도에 차이가 있을 수 있다. 몇 주 혹은 몇 달 전부터 걷는 아기가 있는가 하면 돌이 훨씬 지난 이후에도 걷지 못하는 아기가 있다. 실제로, 돌이 지나도록 걷지 못하는 아기는 많다. 그렇다고 억지로 걷는 연습을 시킬 필요는 없다. 아기가 몸을 움직이는 데 방해되지 않도록 간편한 옷을 입고 마음대로 기고 설 수 있는 공간을 마련해 준다.

3. 이유식 가이드

이유식, 언제부터 어떻게 먹일까?

이유식은 4개월 이후에 시작한다

이유식은 보통 돌 무렵까지 먹이는데, 생후 4~5개월부터 시작하는 것이 좋다. 생후 4개월 이전의 아기는 소화 기관의 기능이 미숙하고 면역체계가 허술하여 음식에 대한 알레르기가 생길 수 있기 때문이다. 아기가 먹는 것에 어느 정도 관심을 보이기 시작할 때 먹이는 것이 좋은데 대개 이런 사인은 4개월 무렵이다. 하지만 지나치게 월령에 구애받거나 서두를 필요는 없다. 아기의 상태를 세심하게 잘 관찰해 계획을 세우고 이유식을 시작하는 것이 좋다.

알레르기 기질이 있으면 이유 시기를 늦춘다

젖을 먹일 때는 아무런 문제가 없었는데 막상 이유식을 시작했더니 피부에 붉은 반점이 생기고 두드러기가 나는 아기들이 있다. 이런 경우에는 일단 이유식을 중단하고 모유나 우유를 먹인다.

시간을 두고 지켜보면서 서서히 이유식으로 옮기되, 알레르기가 있다고 해서 10개월이 되어도 엄마 젖 외에 채소나 과일만 먹이다 보면 오히려 영양의 불균형이 생길 수 있으므로 주의한다.

이유식에서 가장 중요한 것은 영양의 고른 안배다. 균형 잡힌 식단만이 아기를 건강하게 키울 수 있는 비결이다.

식사 패턴을 만든다

일정한 식사 규칙을 세워 놓고 이유식을 먹이다 보면 올바른 식습관이 길러진다. 이유식을 시작하기 전에는 "아기야, 우리 맛있게 먹자." 하고 말하고 다 먹인 뒤에는 "아유, 우리 아기 잘 먹었네." 하고 식사의 시작과 끝을 확실히 알게 하는 것이 좋다.

식사할 때는 매일 같은 시간, 같은 장소에서 먹이는 것이 좋다. 하지만 지나치게 강요하거나 재촉할 필요는 없다. 식사 자체가 즐거운 시간이 될 수 있도록 아기를 편안하게 해 주는 것이 무엇보다 중요하며, 서서히 적응할 수 있도록 엄마가 도와준다.

다른 아기와 비교하지 않는다

아기마다 성장 속도가 다르듯 이유식에 적응하고 먹는 데도 아기마다 차이가 있다. 태어난 시기가 같다고 해도 이유식에 잘 적응하는 아기가 있는가 하면 엄마 젖 이외에는 거부하는 아기들이 있다. 아기의 상태를 봐 가며 이유식을 시작하되 느긋한 마음을 갖는다. 만약 아기가 이유식을 거부하면 1~2주 기다렸다가 다시 시작한다.

쌀죽부터 서서히 시작한다

이유식은 묽은 쌀죽으로 시작하는 것이 좋다. 쌀에는 알레르기를 유발하기 쉬운 글루텐이 없고 맛이 담백해 젖이나 우유 이외에 다른 음식에 익숙지 않은 아기도 쉽게 먹을 수 있다. 묽은 쌀죽으로 시작해 아기가 적응되면 점차 쌀죽에 채소나 고기를 첨가해 죽을 만들어 준다.

6개월엔 손에 쥐고 먹게 한다

아기가 앉을 무렵인 6~7개월경이 되면 손에 먹을 것을 쥐어 주고 스스로 먹는 연습을 시키는 것이 좋다. 이때 음식은 부드럽고 입에서 살살 녹는 것으로 스스로 쥐고 먹을 수 있도록 작게 조각을 낸 것이어야 한다. 찐 감자나 고구마, 치즈, 부드러운 스낵 등이 적당하다

간하지 않은 음식을 준다

이유식을 줄 때는 가급적 소금이나 설탕 등을 이용하지 않는 것이 좋다. 처음부터 엄마의 입맛에 맞춰 음식을 먹이기 시작하면 소화에 무리를 줄 뿐 아니라 나중에 짠 음식만 찾게 된다. 가능하면 돌 무렵까지는 간을 하지 않은 음식을 먹인다.

조리 형태를 바꿔 나간다

아기의 상태와 이유식 진행 과정을 살펴 서서히 조리 형태를 바꿔 나간다. 음식물을 씹어 먹기까지 여러 가지 과정을 거쳐야 하므로, 먹을 수 있는 상태에 따라 조리 형태를 맞춰 주는 것이 중요하다.

이유식 초기(4~6개월)에 무엇을 먹일까?

이유식을 시작하는 시기가 꼭 정해진 것은 아니지만 대개 전문가들은 생후 4개월 무렵 몸무게가 6~7kg 정도 되고, 어른이 음식을 먹는 모습을 보면서 입 모양을 오물거리며, 입으로 들어온 음식물을 혀로 밀어내지 않을 무렵이면 이유식을 하기 적당한 시기라고 한다.

보통 생후 5개월 전후로 시작하는 경우가 많은데 아기마다 차이는 있다.

이유식 시기를 정한다

이유식을 처음부터 거부하지 않고 먹는 아기가 있는가 하면 그렇지 않은 아기도 있다. 이럴 때는 너무 무리하지 말고 일단 중단한 다음 1~2주 시간을 두고 다시 먹인다. 이유식 시기가 늦더라도 금방 자리를 잡으므로 너무 조급하게 생각할 필요는 없다.

걸쭉한 수프 상태의 쌀죽을 먹인다

처음 이유식을 시작할 때 주로 먹이는 음식은 쌀이다. 일반적으로 10배죽부터 시작해 1개월 정도 지나면 7배죽으로 농도를 조절해 준다. 이때 불린 쌀을 갈아 만든 쌀가루를 이용한다. 7배죽은 쌀가루 1에 물 7의 비율로 만든 죽을 말한다.

이유식 초기에는 아기가 잘 넘길 수 있도록 묽게 만드는데, 처음엔 한 숟가락으로 이틀, 다음에는 두 숟가락으로 이틀, 하는 식으로 진행하다가 아기가 세 숟가락 이상 먹을 수 있으면 채소를 섞어 준다.

변의 상태를 보면서 진행한다

이유식이 시작되면 아기의 변 상태에도 신경을 써야 한다. 만약 변이 묽어지고 평소보다 횟수가 늘었다면 이유식을 한 숟가락으로 줄인다. 그 뒤 변의 횟수가 잦아지지 않는다면 한 숟가락 더 먹이는 식으로 진행한다.

젖이나 모유를 먹던 때와는 달리 새로운 식품을 먹게 되므로 어느 정도 변화는 생기기 마련이다. 아기의 상태를 살피고 주의를 기울이는 것도 중요하지만 너무 예민하게 반응할 필요는 없다.

수유 중 한 번은 이유식을 한다

이 시기에는 수유 시간 중 한 번은 이유식으로 먹인다. 시간은 이른 아침이나 밤 늦은 시간이 아니라면 크게 상관이 없다. 아기의 기분이 좋고 엄마도 느긋하게 먹일 수 있는 시간이 좋다.

아기가 이유식을 적게 먹었다고 해서 이

유식 후 젖을 먹일 때 많이 먹일 필요는 없다. 아기가 원하는 만큼만 먹인다.

먹는 양에 조바심 내지 않는다

아기가 이유식을 잘 먹지 않는다고 걱정할 필요는 없다. 먹는 양은 날마다 조금씩 다르므로 몇 주에 걸쳐 서서히 양을 늘려주면 아기도 익숙해져 잘 먹게 된다.

아기가 우유나 젖에 의존하는 것은 자연스러운 일이므로 느긋한 마음을 가지고 이유식을 시도하는 것이 좋다.

간을 하지 않는다

이유식을 줄 때 맛을 낼 필요는 없다. '맛이 없지 않을까?' 하고 생각하는 엄마도 있겠지만, 그것은 조미료에 익숙해진 어른이기 때문에 느끼는 것이다. 아기 건강을 위해서 싱겁게 먹이는 습관을 들인다.

쌀미음

재료 불린 쌀 1큰술, 생수 1컵
만들기 불린 쌀을 곱게 갈아 생수를 붓고 끓인 다음 체에 한 번 거른다.

감자미음

재료 불린 쌀 2/3큰술, 감자 2/3큰술, 생수 2/3컵
만들기 ① 불린 쌀을 곱게 갈고 감자는 껍질을 벗겨 강판에 간다.
② 믹서에 간 쌀에 생수를 붓고 미음을 끓이다가 믹서에 간 감자를 미음에 넣고 끓인 후 체에 거른다.

이유식 중기(7~8개월)에 무엇을 먹일까?

생후 7~8개월 무렵이 되면 아기들이 먹는 음식이 다양해지고 입을 오물거리며 작은 조각을 씹을 수 있다. 젖이나 우유를 먹이는 횟수를 서서히 줄이면서 으깬 채소나 잘게 다진 고기를 넣어 이유식을 만들어 준다. 가능하면 다양한 재료를 활용해 맛과 영양의 균형을 맞춰 주는 것이 좋다.

부드럽게 익혀 잘게 썰어 준다

이유식에 넣는 재료는 익힌 다음 아기가 목으로 넘기기 좋게 잘게 썰어 준다. 혀로 으깨어 먹는 것에 익숙지 않으므로 음식이 너무 크면 혀를 움직여 먹을 수 없기 때문이다. 고기나 질긴 재료는 덩어리 없이 잘게 다진 다음 죽 등에 넣어 부드러운 상태로 만든다. 그런 다음 숟가락으로 조금 떠서 먹인다. 첫 숟가락은 아주 적게, 아기용 숟가락의 반 이상을 넘지 않는다.

미각 체험을 할 수 있도록 다양한 재료를 쓴다

이유식 초기에는 죽이나 채소 등 단순한 맛을 내는 재료로 구성했겠지만, 이제는 점차 재료의 종류를 늘려서 다양한 맛을 볼 수 있게 해 준다. 곡류나 채소를 죽 상태로 계속 쑨 다음 닭고기, 쇠고기, 흰살생선 등 건뇌 식품을 섞어 메뉴를 구성한다. 다시마국물이나 미역을 잘게 다져 익힌 것 등을 먹여 보는 것도 좋다. 단, 김 등의 건어물은 아직 이르다. 등 푸른 생선 또한 알레르기를 일으킬 수 있으므로 주의한다.

아기가 원하는 만큼 준다

아기가 이유식을 잘 받아먹으면 자연히 모유나 분유 섭취량이 줄어든다. 하지만 아기 중에는 이유식을 많이 먹었는데도 모유나 분유를 예전과 같게 먹는 아기도 있고, 이유식을 잘 먹지 않고 젖이나 분유를 많이 먹는 아기도 있다. 하지만 이 무렵에는 어떠한 경우든 모유나 분유의 양을 제한할 필요가 없다.

먹는 양에 집착하지 않는다

이 시기쯤 되면 잘 먹던 아기의 식욕이 떨어질 수 있다. 이는 생후 7~8개월쯤 일어나는 자연스런 현상이므로 놀라거나 걱정할 필요가 없다. 느긋한 마음을 가지고 아기가 스스로 먹으려 할 때까지 지켜보다가 정 먹지 않으면 식단이나 조리 형태를 바꿔 준다. 아기가 잘 먹지 않는다고 다그치거나 억지로 먹이려 해서는 안 된다.

숟가락에 반응을 보이면 손에 쥐여 준다

아기가 숟가락을 건드려 보거나 잡으려고 한다면 아기용 숟가락 하나, 빈 그릇 하나를 준비해 아기 앞에 놓는다. 아기가 엄마 흉내를 내어 컵으로 먹으려고 하면 깨지지 않는 아기 전용 컵을 준비해 보리차 등을 넣고 조금 먹여 본다.

간식은 맛볼 정도로만 준다

아기용 과자 봉투에 '6개월부터'라고 적혀 있다면 엄마들은 망설이게 된다. 두 번의 이유식과 세 번의 수유로도 충분하지만, 자꾸 간식을 달라고 보채면 극히 조금만, 맛볼 수 있을 정도만 준다. 달콤한 맛에 길들면 이유식을 거부할 수도 있기 때문이다.

밤암죽

재료 쌀 1큰술, 밤 2개, 물 1컵
만들기 ① 쌀은 불렸다가 건져 믹서에 넣고 곱게 간다.
② 밤은 푹 삶아서 속껍질까지 말끔히 벗긴 다음 뜨거울 때 으깨어 체에 내린다.
③ 냄비에 쌀과 밤, 물 1컵을 부은 다음 나무주걱으로 저어 가며 뭉근한 불에서 끓인다.

으깬 고구마

재료 고구마 1/8개, 다시마국물 약간
만들기 ① 고구마는 껍질을 벗겨 작게 썬다.
② 냄비에 다시마국물과 썬 고구마를 넣고 조린다.
③ 조린 고구마를 숟가락 등으로 으깨서 먹인다.

이유식 후기(9~10개월)에 무엇을 먹일까?

이 무렵이 되면 먹는 것에 적극적인 관심을 보이기 시작하고 좋아하는 것과 싫어하는 것이 생겨서 먹고 싶은 음식만 먹으려 한다. 하지만 이 시기 아기의 기호는 대개 일시적이므로 먹지 않는 음식이라도 자꾸 아기 곁에 놓아 두면 손이 간다.

식습관 형성에 중요한 시기이므로 바람직한 식습관을 기를 수 있도록 돕는다.

식사 시간을 정한다

여러 가지 주변에서 일어나는 일들에 관심이 많은 아기는 분명히 이리저리 돌아다니거나 장난을 치면서 밥을 먹는 등 먹을 때도 가만히 앉아 있지 못할 것이다. 놀면서 먹는 것을 아예 막을 수는 없겠지만, 식사와 놀이의 경계만큼은 알려줘야 한다.

식사 시간은 30분 정도로 제한하되, 노는 것에만 집중해 잘 먹지 않는다면 음식을 치워 버린다. 이때 아기가 다시 먹겠다고 보채도 주지 않는다. 이렇게 한두 번 버릇을 들이면 식습관이 몰라보게 달라진다.

잇몸으로 씹기 편한 음식을 준다

이유식 후기에는 잇몸으로 씹기 편한 음식을 준다. 아기가 음식을 입 밖으로 뱉어내거나 목이 메는 것 같으면 더욱 부드럽게 만들어 주어야 한다.

또한 크기가 너무 크면 아기가 통째로 삼켜 버리거나 음식을 제대로 씹을 수 없으므로 크기에 유의한다. 무엇보다 조금씩 천천히 먹는 습관을 들인다.

쥐고 먹을 수 있는 환경을 만든다

손의 움직임이 활발해지는 시기로, 아기가 손으로 음식물을 잡으려 하거나 숟가락으로 집으려 하는 일이 많아진다. 그러다 보면 아기의 손이 더러워지거나 테이블이 지저분해지는데, 입에 넣는 행동이 서투르다고 해서 야단을 치거나 중지하면 의기소침해져 앞으로 혼자 먹으려 하지 않을 수 있다. 아기가 스스로 먹을 수 있도록 집기 편하게 만들어 주고 잘하면 칭찬해 준다.

싫어하는 음식을 억지로 먹이지 않는다

음식에 대한 관심이 늘면서 아기의 기호도 뚜렷해진다. 좋아하는 음식과 싫어하는 음식의 구분이 생기는데 먹지 않는다고 해서 무조건 강요하면 오히려 더 싫어할 수 있다. 고기를 먹지 않는 아기는 생선이나 콩류 등으로 단백질을 보충하고 시금치를 먹지 않는 아기는 당근이나 호박 등 녹황색 채소로 대체하면서 먹지 않는 음식을 식탁에 올린다. 먹지 않는 음식이라도 자꾸 갖다 놓으면 손이 가게 마련이다. 맛을 달리 내거나 조리법을 바꿔 주는 것도 좋은 방법이다.

식후 수유는 서서히 중단한다

하루 3회 이유식을 제대로 먹을 수 있게 되면 대부분의 영양을 이유식으로 섭취할 수 있으므로 식후 수유를 점점 줄이고 젖 뗄 준비를 한다. 하루 3회 이유식을 먹고 나서 젖이나 분유를 찾지 않는다면 수유를 이유식으로 대체한다. 간혹 모유만 먹으려 하고 이유식의 양이 좀처럼 늘지 않는 아기도 있으므로 이유식과 수유 간격을 정확하게 지킨다.

올바른 식습관을 길러 준다

이유식은 하루 3회, 간격은 3~4시간으로 정하되, 아기 식탁을 준비해 엄마아빠와 함께 식사하는 버릇을 들인다.

콩국수

재료 국수 20g, 오이 10g, 흰콩 2큰술, 물 1/2컵, 소금 약간

만들기 ① 흰콩은 불려서 삶은 뒤 껍질을 벗기고 믹서에 갈아 체에 밭쳐 콩국만 받는다.
② 국수는 끓는 물에 삶아 찬물에 헹궈서 짧게 썬다.
③ 콩국에 국수를 넣어 뭉치지 않게 젓고, 심심하게 간을 한 뒤 오이를 채 썰어 얹어 먹인다.

연두부진밥

재료 진밥 40g, 연두부 20g, 시금치 10g, 느타리버섯 10g, 콩가루 1큰술, 참기름 조금, 육수 1/4컵

만들기 ① 연두부는 물기를 뺀 뒤 으깬다. 시금치는 무르게 데친 뒤 잘게 썰고 느타리버섯은 살짝 데쳐 잘게 찢는다.
② 육수(또는 생수)에 콩가루, 연두부, 데친 시금치, 느타리버섯을 넣고 한소끔 끓인 뒤 진밥을 넣어 섞는다. 참기름으로 맛을 낸다.

이유식 완료기(11~12개월)에 무엇을 먹일까?

이유식에서 유아식으로 넘어가는 시기로, 딱딱한 음식을 씹는 것은 무리지만 반고형 식품보다 조금 굳은 상태의 음식을 잇몸으로 으깰 수 있게 만들어 준다. 오전 10시, 오후 2시, 오후 6시에 먹였던 이유식을 어른의 식사 시간에 맞춘다. 식사 횟수는 간식을 포함해서 4회 정도가 적당하지만 아기의 식성에 따라 조금 다를 수 있다.

간식을 포함해 4회식으로 늘린다

젖을 떼고 유아식으로 진행하는 과정에서 빼놓을 수 없는 것이 간식으로, 이유식 완료기로 접어들면서 하루 세 끼 식사와 간식을 먹는다. 하루 세 끼 식사만으로는 발육에 필요한 칼로리를 다 섭취하기 어렵기 때문이다. 이 시기에는 조금씩 딱딱한 음식을 먹게 되는데 아직 소화 기능이 완전히 발달하지 않았으므로 어른과 똑같이 먹일 수는 없다. 어른이 먹는 일반식을 먹기 전, 만 3세까지는 유아식을 먹이는 것이 좋다.

자극적이지 않는 간식을 준다

간식의 비중이 꽤 높은 시기이므로 주식과 마찬가지로 영양분을 생각해서 선택한다. 가능하면 엄마가 손수 만든 비스킷이나 부드러운 과일 등을 주되 맛이 지나치게 달거나 강한 것은 피한다. 아기가 잘 먹는다 해도 인스턴트식품은 피한다. 건강에 좋지 않은 첨가물에 입맛이 길들여지면 커서도 인스턴트식품만 찾게 된다.

편식 습관을 바로잡는다

아기가 특정 식품을 거부하면 조리방법을 다르게 하여 먹이는 것이 효과적이다. 싫어하는 식품은 무르게 삶아 으깬 다음 좋아하는 음식에 섞어 먹이면 의외로 잘 먹을 수 있다. 아기들은 시각적인 것에도 많이 좌우되므로 푸른색 야채를 먹일 때는 붉은색 과일을 섞어 식욕을 북돋아 준다.

채소는 입맛에 맞게 준다

채소는 향이 강하거나 질긴 것 이외에는 모두 사용할 수 있는데 잘게 썰어 부담 없이 삼킬 수 있게 한다. 채소만은 월령에 구애받지 말고 갈아 줘도 좋다.

다양한 식품으로 식단을 짠다

하루 세 끼 다양한 식품으로 식단을 짠다. 예를 들어 아침에는 고기, 점심에는 생선, 저녁에는 달걀을 이용해 이유식 메뉴를 구성하면 영양소의 균형도 잡히고 미각의 발달을 도우며 쉽게 질리지 않는다. 단백질, 탄수화물, 비타민 등 하루에 필요한 영양소를 골고루 섭취할 수 있는지 체크해 메뉴를 짠다.

씹는 환경을 만들어 준다

씹는 것은 소화의 첫 단계로, 아주 중요한 소화 운동 중 하나다. 간혹 아기가 밥을 먹지 않는다고 물이나 국물에 말아 주는 경우가 있는데 이는 바람직한 방법이 아니다.

국물에 밥을 말아 주면 아기가 잘 씹지 않고 목구멍으로 넘기게 된다. 이런 습관이 지속되면 반찬을 잘 먹지 않는 습관이 생기거나 영양 섭취에도 문제가 될 수 있다.

즐거운 식사가 되게 한다

이유식을 잘 먹지 않는다고 해서 억지로 먹이려 하거나 너무 많이 먹이려 하면 음식에 대한 거부감이 생길 수 있다. 자발적으로 원하는 양만큼 먹도록 돕는다.

게새우살 오믈렛

재료 게맛살 1개, 깐 새우 10g, 달걀노른자 1개, 쌀 2큰술, 생수 2/3컵

만들기 ① 게맛살은 잘게 다진다.
② 깐 새우는 끓는 물에서 살짝 데친 후 잘게 다진다.
③ 밥은 질게 지은 후 맛살, 새우 다진 것을 넣고 잘 익힌다.
④ 달걀노른자로 지단을 부쳐 맛살과 깐 새우를 섞어 익힌 밥을 잘 싼다.

두부동그랑땡

재료 두부 1/3모, 당근 1/4개, 쪽파 1/2줄기, 밀가루 1큰술, 달걀노른자 1/2개, 소금·올리브유 약간씩

만들기 ① 당근과 쪽파는 잘게 다지고 두부는 면보에 싸서 물기를 꼭 짜낸다.
② 오목한 볼에 당근, 쪽파, 두부를 넣고 달걀노른자, 밀가루, 소금을 넣어 반죽한 다음 먹기 좋은 크기로 빚는다.
③ 팬에 올리브유를 두르고 동그랑땡을 노릇하게 부친다.

이유식 *Best* 궁금증

Q 직장에 다니다 보니 끼니마다 이유식을 만들어 주기가 어려워요. 한꺼번에 만들어 냉동실에 보관했다가 먹여도 되나요?

A 시중에서 파는 이유식도 아기의 건강과 영양을 충분히 고려해 만들지만, 엄마의 정성이 가득 담긴 이유식만한 것이 없다. 끼니마다 만들어 먹이기 곤란할 때는 한꺼번에 만들어 아기가 한 번에 먹을 수 있는 분량씩 포장해 냉동실에 넣어 두었다가 중탕으로 해동해 먹인다. 단, 일주일 이상 냉동 보관한 것은 신선도가 떨어지므로 가능하면 한 번에 너무 많은 양을 만들어 놓지 않는다.

Q 과일이나 과즙은 언제부터 먹이는 것이 좋을까요? 또 먹일 때 주의할 점이 있나요?

A 미국 소아과의사협회는 6개월 이전의 아기에게는 과일이 영양학적으로 크게 도움이 안 되므로 6개월 이후에 주라고 권하고 있다. 과일 중에서도 귤, 오렌지, 토마토는 생후 1년이 지난 다음 먹이는 것이 좋고, 과즙은 직접 갈아 주는 것이 좋다.

시판되는 주스 중에서 과즙 100%라고 되어 있는 것은 아기가 먹기에는 너무 진하므로 희석시켜 먹이는데 요즘 100% 과즙에 대한 논란이 있으므로 가능하면 자연 상태의 맛에 적응할 수 있도록 과일을 갈아 만들어 준다. 또한 설탕이나 탄산음료 기타 첨가물이 들어 있는 것은 피하는 것이 좋다.

Q 아빠가 알레르기성 체질인데, 아기도 알레르기가 있을까 봐 이유식을 시작하기가 조심스러워요.

A 엄마나 아빠가 알레르기성 체질이라고 해서 반드시 아기가 알레르기 체질을 가지고 태어나는 것은 아니다. 아기의 상태를 살펴가며 이유식을 시작하되 알레르기를 유발하지 않는 미음이나 쌀죽 등으로 시작하는 것이 좋다. 단, 달걀이나 우유, 흰콩 등 알레르기를 유발할 수 있는 식품은 다른 아기들에 비해 조금 늦게 시작하는 것이 좋다.

Q 숟가락으로 먹이면 자꾸 토하거나 사레들린 것처럼 재채기를 해요. 이유가 뭘까요?

A 혹시 아기에게 이유식을 억지로 먹이거나 아기를 안고 먹이는 것은 아닌지 체크해 보는 것이 좋다. 아기에게 음식물을 억지로 밀어 넣거나 아기를 안고 먹이다 보면 아무래도 숟가락을 위쪽으로 해서 목에 흘려 넣는 경우가 많은데, 그러다 보면 기도로 음식물이 넘어가기 쉽다.

숟가락으로 음식을 먹일 때는 아기의 입과 숟가락 끝이 수직이 되게 넣되, 아기가 스스로 삼킬 수 있도록 혀에 올려놓는 것이 좋다. 단, 혀끝에 넣어 주면 흘리기 쉽고 너무 깊숙이 넣어 주면 재채기를 하기 쉬우므로 혀의 중간쯤에 넣어 준다.

Q 아기가 콩이나 치즈, 당근 등을 싫어해서 먹지 않으려고 해요. 아기가 좋아하지 않는 음식을 먹이는 방법이 없을까요?

A 아기도 좋아하는 음식과 싫어하는 음식이 있다. 주로 콩이나 당근, 채소 등을 싫어하는데, 이런 식품들은 뜨거운 물에 무르게 삶아 좋아하는 음식과 섞어 먹이면 대부분 거부감 없이 잘 먹는다.

Q 배가 덜 고픈 모양인지 이유식을 먹지 않아요. 먹다 남긴 것을 다시 데워 먹여도 괜찮을까요?

A 이유식은 그때그때 먹이는 것이 좋다. 만약 한 번에 많은 양을 만들었거나 만든 음식을 먹지 않아 그대로 남길 때는 냉동 보관하는 것이 좋다. 조리한 음식을 그냥 두면 세균이 번식할 수 있기 때문이다. 냉동 보관한 음식은 해동한 다음 충분히 가열해서 먹인다.

Q 처음 주는 음식은 삼키지 않고 그냥 뱉어내요. 어쩌면 좋을까요?

A 처음 먹어 보는 맛이 익숙지 않아 뱉어낼 수도 있고 음식이 단단하게 느껴져 뱉어낼 수도 있다. 아기들은 맛에 아주 민감하므로 이해하려는 자세가 필요하다.

새로운 맛을 처음 경험하는 아기에게는 익숙해지는 데 충분한 시간이 필요하다. 애써 만든 이유식을 뱉어내면 당장은 화가 나겠지만, 다음 번에 느긋한 마음으로 다시 시도하는 것이 좋다. 식사 간격을 좀 더 늘렸다가 주는 것도 좋은 방법이다.

Q 이가 나기 시작할 때부터 음식을 씹어 먹는 습관을 길러 주면 아기가 건강하고 똑똑하게 자란다는데, 사실인가요?

A 아이가 음식을 꼭꼭 씹어 먹게 되면 체온이 올라가 대사 작용이 활발해지고, 턱 근육이 발달하여 치아 건강에도 좋을 뿐 아니라 두뇌 발달에 효과적이다. 또한 오래 씹어 먹는 습관을 들이면 타액이 잘 분비되어 건강에도 좋다.

Q 돌이 되기 전에 아기에게 벌꿀을 주지 말라고 하던데, 왜 그런가요?

A 벌꿀은 클로스트리듐 보툴리늄의 원인이 되는 물질을 함유하고 있는데, 이 물질은 성인에게는 해가 없지만 아기에게는 보툴리누스 중독을 일으킬 수 있다. 보툴리누스 중독은 변비와 함께 젖을 잘 빨지 못하며 식욕이 떨어지고 무기력증을 보이며 심한 경우 폐렴이나 탈수증을 유발한다. 따라서 아기가 만 1세가 될 때까지는 벌꿀을 그대로 먹이거나 음식에 넣어 먹이지 않는 것이 좋다.

index

임신 전부터 모유수유기까지,
엘레비트로 아기와 엄마의 건강을
모두 챙기세요~

임산부용 비타민제
'엘레비트' 바로 알기!

건강한 아기를 출산하기 위한 엄마들의 노력은 끝이 없다. 그 중 균형 잡힌 영양 섭취는 엄마와 아기를 위한 기본적인 준비라고 할 수 있다. 엄마의 영양 상태는 곧바로 태아에게 연결되기 때문이다.[1] 임산부에게는 엽산, 철분, 미네랄 등 여러 영양소가 필요하지만, 균형 잡힌 영양소를 골고루 섭취하기란 쉽지 않다. 식품의약품안정청은 임신부에게 중요한 엽산 및 철분의 섭취는 식품뿐만 아니라 담당의사와 상의하여 보충제를 복용하는 것이 좋다고 권하고 있다.[2,3]

● '엘레비트'는?

임산부의 일일 영양 요구량에 알맞은 종합 영양제
엘레비트는 일반적인 비타민제와 달리 엽산, 철분을 비롯한 각종 비타민과 미네랄을 임산부의 일일 영양 요구량에 맞춰 배합한 이른바 임산부를 위한 종합 영양제이다.

임신 계획부터 출산, 수유기까지 복용 가능
엘레비트는 현대의 불규칙한 라이프스타일, 임신으로 인한 영양 요구량의 증가, 입덧으로 인한 영양 부족, 출산으로 인한 출혈, 수유 등과 같이 임신의 계획에서부터 출산, 수유기에 이르기까지 영양 상태의 균형을 방해하는 많은 요소들을 해소하는 데 도움을 준다.

하루 한 알로 OK!
임산부용 비타민제 엘레비트는 한 알에 임신부가 필요로 하는 엽산 0.8mg과 철분 60mg 등 12가지 비타민과 7가지 미네랄, 미량 원소들이 들어 있어 복용이 편리하다.

[1] 건강한 임신을 위한 임신 전 부부의 영양, J Korean Med Assoc 2011 August; 54(8): 818
[2] 건강한 예비맘을 위한 영양 • 식생활 가이드 2011, 10p 식품의약품안전청
[3] 건강한 예비맘을 위한 영양 • 식생활 가이드 2011, 12p 식품의약품안전청

● 임신 계획부터 임산부용 비타민제를 복용하는 것이 좋은 이유는?

임신 계획 시

태아의 척추, 뇌와 같은 주요 기관이 성장하는 초기 1~4개월은 일반적으로 임신 사실을 모르고 지나가는 경우가 많다. 따라서 임신을 계획하는 순간부터 임산부용 비타민제를 복용하는 것이 권장된다.

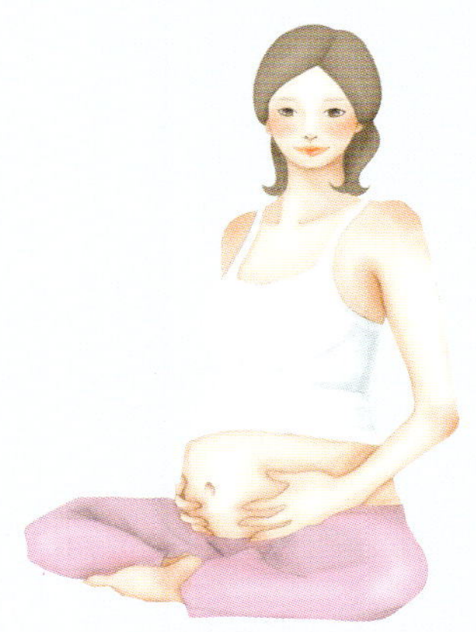

임신 중

비타민과 미네랄은 수정에서부터 출산까지 각각 다른 단계에서 여러 가지 역할을 하는데 건강한 아기를 출산하기 위해서는 산모로부터 충분한 비타민과 미네랄의 공급이 필요하다.[4]

4 한국인 영양 섭취 기준 2010, 한국영양학회
5 한국인 영양 섭취 기준 2010, 한국영양학회
6 엘레비트 프로나탈 정 사용 설명서
7 건강한 임신을 위한 임신 전 부부의 영양, J Korean Med Assoc 2011 August; 54(8): 820

출산 직후

출산 직후 산모는 신체의 회복을 위해 더욱 더 비타민과 미네랄의 보충이 필요하다. 또한 수유기에는 비타민과 미네랄의 수요가 매우 증가되기 때문에 임산부용 비타민제의 복용이 권장된다.[5]

● '엘레비트'엔 어떤 성분이 함유되어 있나?[6]

12가지 비타민

비타민A … 4,000IU	비타민D₃…500IU
비타민B₁ … 1.6mg	비타민E …15IU
비타민B₂ …1.8mg	비타민H … 0.2mg
비타민B₆ … 2.6mg	판토텐산칼슘..10mg
비타민B₁₂…4mg	엽산 …… 0.8mg
비타민C … 100mg	니코틴산아미드..19mg

3가지 미네랄

칼슘 ……125mg	인 ………125mg
마그네슘 …100mg	

4가지 미량원소

철 …… 60mg	망간 ………1mg
구리 … …… 1mg	아연 ………7.5mg

● 비타민에 대한 오해와 진실

비타민이 태아에게 부정적 영향을 끼칠 수 있다는 말은 비타민 A 과다섭취에 대한 주의 때문이다. 하지만 비타민 A는 임신 중 태아의 성장과 산모의 건강 관리에 반드시 필요한 영양소이다. 일반적으로 보충제 및 음식을 통해 비타민 A를 사용할 수 있는 최대 사용량은 10,000 IU이며,[7] 비타민 A는 음식으로 섭취할 수 있는 양이 많지 않다. 엘레비트는 임산부에게 필요한 영양소 일일 권장량을 기준으로 만들어지며 비타민 A의 함유량은 4,000IU이므로 과다 복용하게 될 염려는 없다.